Umweltanalytik und Ökotoxikologie

Springer
Berlin
Heidelberg
New York
Barcelona
Budapest
Hong Kong
London
Mailand
Paris
Santa Clara
Singapur
Tokio

S. Holler · C. Schäfers · J. Sonnenberg

Umweltanalytik und Ökotoxikologie

Mit 186 Abbildungen und 34 Tabellen

Springer

Dr. Stephan Holler
An der Bode 11
06484 Quedlinburg

Dr. Christoph Schäfers
Fraunhofer-Institut für
Umweltchemie und Ökotoxikologie
Auf dem Aberg 1
57309 Schmallenberg

Dr. Joachim Sonnenberg
Institut für Biochemische Forschung
und Analytik (IBFA)
Glückaufstraße 15
31319 Sehnde

ISBN 3-540-58718-7 Springer-Verlag Berlin Heidelberg New York

Die Deutsche Bibliothek – CIP-Einheitsaufnahme
Holler, Stephan:
Umweltanalytik und Ökotoxikologie : mit 34 Tabellen / Stephan Holler ; Christoph Schäfers ; Joachim Sonnenberg. - Berlin ; Heidelberg ; New York ; Barcelona ; Budapest ; Hong Kong ; London ; Milan ; Paris ; Santa Clara ; Singapur ; Tokyo : Springer 1996
ISBN 3-540-58718-7
NE: Schäfers, Christoph:; Sonnenberg, Joachim:

Einbandgestaltung: Meta Design, Berlin
Satz: Reproduktionsfertige Vorlagen vom Autor
SPIN: 10476415 30/3136-5 4 3 2 1 0 – Gedruckt auf säurefreiem Papier

Inhaltsverzeichnis

Vorwort

Das Konzept dieses Buches enstand auf der Basis des Lehrplans eines sechsmonatigen Fortbildungskurses, den das Institut für Biochemische Forschung und Analytik für Ingenieure und Naturwissenschaftler durchführt. Inhalt sind ausschließlich die modifizierten Skripten der theoretischen Vorlesungen. Die Beschränkung auf die theoretischen Grundlagen ermöglicht eine etwas größere Breite der Darstellung. Praktische Hinweise zur Durchführung von Analysen oder ökotoxikologischen Tests sollten den gängigen Vorschriften entnommen werden. Durch die Begrenzung der zur Verfügung stehenden Zeit und auch des hier gebotenen Umfangs werden Grundlagen der anorganischen und organischen Chemie vorausgesetzt. Da in der zur Zeit erhältlichen Literatur die Wechselwirkungen von Chemikalien mit lebenden Systemen im Vergleich zu umweltchemischen Fragestellungen unterrepräsentiert sind, wird den biologischen Grundlagen und der systemischen Betrachtung größerer Raum gegeben.

Die Autoren wollen das Buch nicht als umfassendes Lehrbuch verstanden wissen, sondern als Einführung für Ingenieure und Naturwissenschaftler. Sie soll einen umfassenden Überblick über den Problemkomplex Chemikalien in Ökosystemen vermitteln. Für diesen Gegenstand im Übergangsbereich von wissenschaftlicher Fragestellung, Methodik und politischer Entscheidung gibt es keinen neutralen Blickwinkel. Insbesondere Bewertungen von Wirkungen können je nach Interessenlage und (Ge-)Wissensbreite sehr unterschiedlich ausfallen.

Wir danken den Teilnehmern unserer Kurse für kritische Bemerkungen und Anstöße, dem Springer-Verlag für Geduld und Vertrauen.

Quedlinburg, Lippstadt, Bergen, im Oktober 1995

S. Holler, C. Schäfers, J. Sonnenberg

Einleitung

Umweltanalytik und Ökotoxikologie beschäftigen sich mit Beeinträchtigungen von Ökosystemen durch den Menschen. Da der Mensch Ökosysteme vor allem als seine Umwelt begreift, sind die beiden Disziplinen Umweltwissenschaften; ihre Anwendung dient vor allem dem Umweltschutz. Es muß jedoch klar sein, daß sie sich nur mit einem kleinen Teilbereich anthropogener Beeinträchtigungen von Ökosystemen beschäftigen. In vielen Fällen spielen andere Eingriffe in Lebensgemeinschaften wie Sammeln oder Jagd, mechanische Bodenbehandlung, Drainage, Bachbegradigung, Versiegelung, Verbauung oder Durchschneidung, sowie Belastungen physikalischer (Lärm, Strahlung) oder biologischer Art (Besatz, Artenzusammensetzung) wichtigere Rollen als Beeinträchtigungen chemischer Art. Umweltanalytik und Ökotoxikologie setzen sich nur mit den letztgenannten auseinander: "Die Ökotoxikologie untersucht *schädliche Veränderungen* von Strukturen und Funktionen von *Ökosystemen*, die durch *Umweltchemikalien* verursacht werden" (Nagel 1990).

"Die Organismen einer Lebensgemeinschaft bilden zusammen mit den unbelebten Umweltfaktoren eine umfassende Struktur- und Funktionseinheit, das *Ökosystem*" (Czihak et al. 1992). Dabei sind die biotischen Komponenten, die Lebensgemeinschaften oder Biozönosen, durch ihre Komplexität, Vielfältigkeit und Verletzbarkeit von besonderem Interesse. Biozönosen werden vom Zusammenspiel der sie bildenden Populationen bestimmt, die sich ihrerseits auf Fortpflanzung und Überleben individueller Organismen gründen. Fortpflanzung und Überleben wiederum hängen von der Konstitution der Organismen ab, dem ordnungsgemäßen Zusammenspiel von Organen und Regulationssystemen, deren strukturelle und funktionelle Bausteine die Zellen sind. Für das Verständnis zellulärer Reaktionen, sowie funktioneller Eigenschaften von Ökosystemen wie Stoffkreisläufen und Energieumsätzen sind schließlich Einblicke in die Reaktionsabläufe im subzellulären Bereich der Biomoleküle notwendig. Lebende Systeme lassen sich auf allen Ebenen nur vor dem Hintergrund der Evolution und aus den Mechanismen der Vererbung begreifen. Deshalb beginnt die Einführung mit einem Überblick über die strukturellen Ebenen lebender Systeme vom Biomolekül bis zur Lebensgemeinschaft (Kap. 1). Dabei wird auf die integrativen Eigenschaften einer jeden Ebene, insbesondere auf Aspekte der Regulation und Verletzlichkeit eingegangen.

Nach einer Definition des Umweltbundesamtes sind *Umweltchemikalien* Stoffe, die ohne den Menschen nicht oder in nicht so hoher Konzentration in der Umwelt vorkämen. Ihr Verhalten im Ökosystem wird vom Zusammenspiel seiner belebten und unbelebten Komponenten bestimmt (Kap. 2). In Böden, Gewässern oder in der Atmosphäre herrschen Rahmenbedingungen, die die Verteilung oder Umwandlung eines Stoffes in unterschiedlicher Weise beeinflussen. Das Verständnis der ablaufenden Prozesse erleichtert ihre Nutzung zur Vermeidung oder Verringerung von Umweltbelastungen. Die Beschreibung des Chemikalienverhaltens im Ökosystem ist an analytische Nachweise in den Umweltmedien Wasser, Boden und Luft, sowie in organischem Material gekoppelt. Immense Fortschritte in der analytischen Verfahrenstechnik machen diese Nachweise immer empfindlicher. Dadurch eröffnet sich die Chance, das Schicksal von Umweltchemikalien in nie dagewesener Weise zu verfolgen, aber es vergrößert sich auch das Risiko von Fehlinterpretationen. Deshalb ist eine Übersicht über Prinzipien, Möglichkeiten und Grenzen analytischer Verfahren angefügt (Kap. 3).

Für *schädliche Veränderungen* lebender Systeme durch Umweltchemikalien (Kap. 4) ist eine entsprechende Exposition Voraussetzung; die Prozesse der Aufnahme, Verteilung, Ausscheidung und Anreicherung einer Chemikalie bestimmen die wirksame Dosis. Veränderungen durch Umweltchemikalien können auf allen Integrationsebenen lebender Systeme auftreten. Die Problematik ihrer Feststellung, die Aussagekraft gewonnener Ergebnisse und ihre Bedeutung im Hinblick auf ökosystemare Betrachtungen werden erörtert. Es schließt sich ein Überblick über die Anwendung ökotoxikologischer Tests und Bewertungsverfahren in der Chemikalienprüfung und Umweltüberwachung an.

Die zentrale Frage des Umweltschutzes lautet: Wann ist eine Veränderung als schädlich zu bewerten? Die Einstufung einer Veränderung als Schaden setzt eine Definition von Schutzzielen voraus. Damit wird der Rahmen naturwissenschaftlicher Aussagen und auch der dieses Buches verlassen. Schutzziele werden durch politische Entscheidungen gesetzt: Neben ökologische Schutzgüter wird die Nutzbarkeit und Produktivität von Ökosystemen, die wirtschaftliche Bedeutung der Chemikalienproduktion und -vermarktung, die Abwendung von Gefahren für die menschliche Gesundheit oder der Wert von Ökosystemen als Raum zur Freizeitgestaltung gestellt. Das erkenntnisleitende Interesse wirkt sich auf die Prognosen aus, in denen das Risiko einer Chemikalienbelastung abgeschätzt werden soll.

Häufige Fehler bei der Risikoabschätzung aus ökologischer Sicht sind vor allem die Überschätzung der Fähigkeiten der Schadensvermeidung, -begrenzung, und -reparatur, aber auch die Überschätzung von Prognosemöglichkeiten und damit der Kalkulierbarkeit von Risiken. Beides resultiert oft aus einer Unkenntnis ökologischer Wirkgefüge. Fehler aus pragmatischer Sicht liegen demgegenüber in der Unfähigkeit vieler guter Wissenschaftler, trotz des Wissens um Nichtwissen bei Entscheidungsprozessen beratende Verantwortung zu übernehmen. Entscheidungen werden deshalb häufig auf Anraten derer getroffen, die die Politiker bereitwillig von der Problemlosigkeit eines Unterfangens überzeugen.

Dieses Buch soll Einblicke in die Komplexität der Wechselwirkungen von Chemikalien und Ökosystemen vermitteln, um Ingenieuren und Naturwissenschaftlern einen Einstieg in eine sensible und verantwortungsvolle Gefährdungsabschätzung von Umweltchemikalien zu ermöglichen.

1 Integrationsebenen lebender Systeme

1.1 Eigenschaften lebender Systeme

Lebende Systeme besitzen zahlreiche Eigenschaften, die sie von unbelebter Materie unterscheiden.

Zunächst fällt eine strukturelle Komplexität auf, die von unbelebter Materie nicht erreicht wird. Am basalen Aufbau sind besondere, selbst bereits sehr komplexe Moleküle beteiligt. Lebende Systeme sind darüber hinaus hierarchisch organisiert in Reaktionsräumen, Zellen, Geweben, Organen, Organismen, Populationen und Lebensgemeinschaften. Die Komplexität ermöglicht eine nahezu unbegrenzte Anzahl von Strukturunterschieden, die in einer enormen Vielfalt auf allen hierarchischen Ebenen sichtbar wird.

Um diese Komplexität möglich zu machen, grenzen sich lebende Systeme aktiv von ihrer unbelebten und belebten Umwelt ab, indem sie auf allen Ebenen kontrollierende Barrieren aufbauen (Membranen, Integumente, Fortpflanzungsschranken).

Die strukturelle Komplexität ermöglicht eine funktionale Differenzierung. Auf allen Niveaus kann eine Auffächerung von Funktionen beschrieben werden, die sich bestimmten inneren Strukturen zuordnen lassen.

Lebende Systeme befinden sich in einer ständigen Dynamik des Stoffwechsels. Jede Lebensform kann als reguliertes Fließgleichgewicht aufgefaßt werden. Für die Erhaltung dieses Fließgleichgewichts muß ein hoher Energiezustand gehalten werden. Unbelebte Materie neigt dagegen zur schnellen Entropiezunahme, also zum Erreichen des energieärmsten Zustands. Aus Sicht der Thermodynamik läßt sich daher sagen: "Lebende Organismen stellen den für sie spezifischen Grad an Ordnung (energiereicher Zustand) her, und sie erhalten ihn auf Kosten ihrer Umwelt, der sie dadurch ein erhöhtes Maß an Unordnung aufzwingen" (Lehninger 1985) durch Abgabe nicht verwertbarer Energie in Form von Wärme. Die der Umgebung entzogene Energie kann neben der Selbsterhaltung weiteren lebenstypischen Fähigkeiten dienen.

So sind lebende Systeme in der Lage, auf ihre Umwelt zu reagieren. Sie besitzen reizbare Sinnesorgane, können Reize weiterleiten und verarbeiten. Im Rahmen ihrer Möglichkeiten (Reaktionsnorm) beantworten sie einen Reiz mit einer Lebensäußerung. Die wichtigsten Lebensäußerungen sind aktive Bewegungen, zu denen neben Ortsveränderungen auch alle Wachstumsvorgänge gerechnet werden können. Wachstum ist immer mit Differenzierungsprozessen, also dem gerichteten Aufbau oder der Regeneration spezifischer komplexer Strukturen verbunden.

Schließlich sind lebende Systeme zur Fortpflanzung befähigt. Sie sind in der Lage, sich zu reproduzieren und dabei die für alle Eigenschaften des Lebens wichtigen Informationen von Generation zu Generation weiterzugeben. Dieser prinzipiell unendliche Fluß der Information ermöglicht neben deren zeitlicher Konstanz auch deren schrittweise Veränderung. Damit sind lebende Systeme in der Lage, sich weiter zu entwickeln und sich einer sich verändernden Umwelt anzupassen. Vor dem Hintergrund dieser seit Beginn des Lebens fortschreitenden Evolution lassen sich alle derzeitig lebenden Systeme als vorläufige Endpunkte einer Jahrmilliarden währenden Geschichte auffassen.

Im Hinblick auf die Beeinflussung von lebenden Sytemen durch Umweltchemikalien sind verschiedene der genannten Aspekte interessant. Zum Verständnis von Lebensvorgängen und ihrer Beeinträchtigung müssen die wesentlichen Strukturen und Funktionen bekannt sein, ebenso deren Bedeutung für die Organisation lebender Systeme. Kenntnisse der Komplexität, Vielfalt und Geschichtlichkeit helfen die Einmaligkeit und den Wert lebender Systeme zu begreifen. In diesem Sinne soll ein geraffter Überblick über die strukturellen Niveaus lebender Systeme versucht werden. Besonderes Augenmerk wird dabei Instanzen der Regulation gewidmet: Sie ermöglichen die Organisation, Integration und damit Komplexität von Leben, sind wirkungsvolle Ansatzpunkte der Evolution und, wenn sie gestört werden, von besonderer Bedeutung für die Wirkung von Umweltchemikalien auf lebende Systeme.

1.2 Biomoleküle

Die Biomoleküle stellen die kleinste für lebende Systeme typische Strukturebene dar. Biomoleküle sind organische Verbindungen, die den vierbindigen Kohlenstoff in relativ reduzierter oder hydrogenierter Form enthalten. Sie sind jedoch selten reine Kohlenwasserstoffe, sondern enthalten meist noch die Elemente O, N, P, oder S. Ihr Medium ist eine wässrige Salzlösung.

1.2.1 Die wässrige Lösung

Die wässrige Lösung stellt das Milieu, in dem alle biochemischen Reaktionen ablaufen. Wesentliche Voraussetzung dafür ist der flüssige Aggregatzustand und der Dipolcharakter des Wassers.

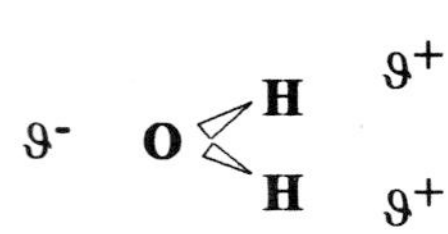

Abb. 1.1. Das Wassermolekül als Dipol.

Der Dipolcharakter des Wassers bedingt eine Aneinanderlagerung von Wassermolekülen. Dies führt zu starker innerer Haftung des Wassers (Kohäsion), zu einem höheren Schmelz- und Siedepunkt und zu höherer Verdampfungswärme als bei anderen Flüssigkeiten. Ebenfalls polare Substanzen werden gut gelöst: Salzionen werden hydratisiert (mit einer Hülle aus Wassermolekülen umgeben), polare funktionelle Gruppen von Biomolekülen bilden zum Sauerstoff des Wassers Wasserstoffbrücken. Unpolare Substanzen werden nicht gelöst und aus der Wasserphase ausgeschlossen. Sie lagern sich zu hydrophoben Phasen zusammen. Amphipathische Verbindungen neigen zur Ausbildung von Grenzschichten, indem ihre polaren Gruppen zur wässrigen, ihre unpolaren Gruppen zur hydrophoben Phase zeigen.

Die im Wasser gelösten Salze beeinflussen über ihre Hydrathüllen die Verfügbarkeit von Wassermolekülen. Sie haben damit auch Einfluß auf die Löslichkeit der Biomoleküle sowie den Siede- und Gefrierpunkt der wässrigen Lösung. Mit ihrer Dissoziation ist eine Ionisation von Wassermolekülen zu H^+ und OH^- verbunden, die wiederum die chemischen Eigenschaften der Biomoleküle beeinflußt.

Im physiologischen Milieu sind jedoch bei den gegebenen Temperaturen die chemischen Reaktionen, die für Lebensvorgänge charakteristisch sind, spontan nicht möglich. Für nahezu alle biochemischen Reaktionen sind Biokatalysatoren, Enzyme, nötig.

1.2.2 Proteine

Proteine stellen die Stoffklasse dar, zu der die Enzyme gehören. Sie sind die häufigsten Makromoleküle und machen mehr als 50 % der Trockensubstanz der meisten Organismen aus. Proteine sind die komplexeste und vielfältigste Klasse von Biomolekülen.

Aufbau. Als Grundbausteine der Proteine dienen 20 verschiedene α-D-Aminosäuren (Abb. 1.2). Sie lassen sich nach dem Verhalten in wässriger Lösung in vier Gruppen einteilen:

a Aminosäuren mit unpolaren (hydrophoben) Resten
  - Kohlenwasserstoffketten: Alanin (Ala), Valin (Val), Prolin (Pro, Ringschluß), Leucin (Leu), Isoleucin (Ile), Methionin (Met, mit eingebautem S)
  - Aromatische Ringsysteme: Phenylalanin (Phe), Tryptophan (Trp, mit Heterocyclus).

b Aminosäuren mit polaren ungeladenen Resten:
  - H: Glycin (Gly)
  - OH (Alkohol- oder Hydroxylgruppe): Serin (Ser), Threonin (Thr), Tyrosin (Tyr, am Benzolring)
  - SH (Sulfhydril-/Thiolgruppe): Cystein (Cys)
  - $CONH_2$ (Säureamidgruppe): Asparagin (Asn), Glutamin (Gln)

c Aminosäuren mit positiv geladenen Resten (basisch, zusätzl. $NH_x{}^+$-Gruppe): Lysin (Lys), Arginin (Arg), Histidin (His) d Aminosäuren mit negativ geladenen Resten (sauer, zusätzliche Carboxylgruppen): Asparaginsäure (Asp), Glutaminsäure (Glu)

Aminosäuren lassen sich über kovalente Peptidbindungen zu Peptidketten verbinden (Abb. 1.2):

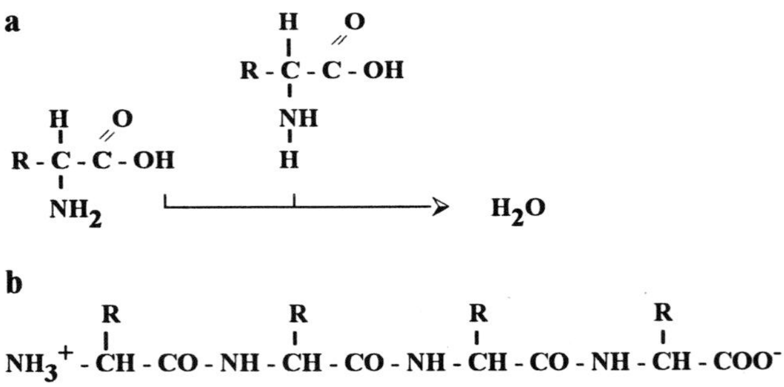

Abb. 1.2. **a** Gemeinsame Struktur der Aminosäuren und Peptidbindung. Die Carboxylgruppe liegt bei neutralem pH als COO^-, die Aminogruppe in α-Stellung als NH_3^+ vor. Rest R unterschiedlich. **b** Peptidkette bei pH 7 mit herausstehenden Resten.

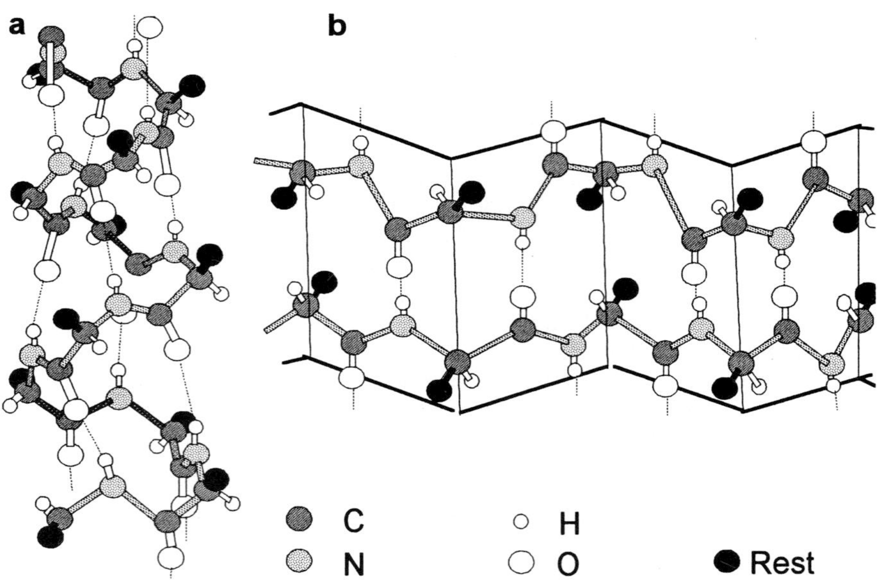

Abb. 1.3. Proteinstrukturen: **a** α-(Helix)-Struktur, **b** ß-(Faltblatt-)Struktur. Gepunktet: Wasserstoffbrücken (nach Czihak et al. 1992).

Sehr lange, unverzweigte Polypeptidketten bilden die Grundstruktur der Proteine. Die Abfolge der Aminosäuren, oft weit über 100 pro Kette, stellt die Primärstruktur der Proteine dar.

Die Polypeptidketten sind aufgrund der Bindungswinkel von Kohlenstoff und Stickstoff abschnittsweise entlang einer Achse helical gewunden oder flächig gefaltet (Abb. 1.3). Diese Sekundärstrukturen werden durch Wasserstoffbrücken zwischen Peptidbindungen, die primär weit voneinander entfernt liegen können, stabilisiert. Die Reste ragen aus der Struktur heraus.

a

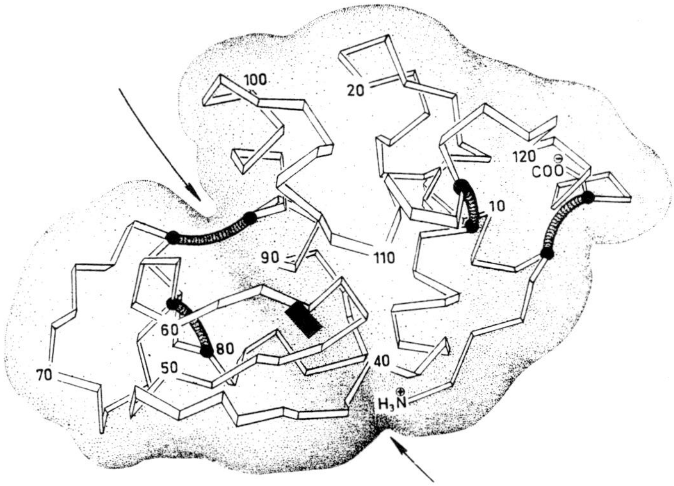

b

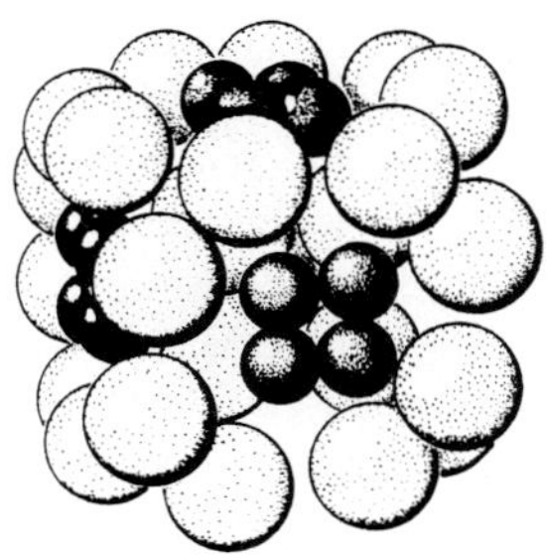

Abb. 1.4. a Tertiärstruktur: Lysozym. Eine Polypeptidkette mit 129 Aminosäuren liegt in teilweise helicalen, teilweise faltblattartig (links unten) angeordneten Abschnitten globulär gefaltet vor. Pfeile: katalytische Stelle. Die acht Cysteinreste bilden vier Disulfidbrücken, welche die Tertiärstruktur stabilisieren.. **b** Quartärstruktur: Multienzymkomplex Pyruvatdecarboxylase. 24 außen gelegene große Untereinheiten (hell) katalysieren die Decarboxylierung. Acht zentral gelegene große Einheiten (hell), die jeweils nochmals aus drei Untereinheiten bestehen (nicht dargestellt), übertragen den entstehenden Acetylrest vorübergehend auf Liponsäure. 24 kleine Untereinheiten (dunkel) übertragen den Acetylrest auf Coenzym A (aus Czihak et al. 1992).

Die in der Sekundärstruktur angeordnete Polypeptidkette ist bei globulären Proteinen durch Drehung der Amidebenen in sich gefaltet und in eine kompakte, sphärische Konformation, die Tertiärstruktur, gepackt (Abb. 1.4). Diese enthält kaum oder keinen Platz für Wassermoleküle. Für die Anordnung der Tertiärstruktur sind die Aminosäurereste verantwortlich: Das cyclische Prolin verursacht Knicke, hydrophobe (unpolare) Gruppen weisen nach innen, polare Gruppen nach außen, Wasserstoffbrücken, Ionenbindungen und kovalente Disulfidbrücken zwischen den SH-Gruppen zweier Cystein-Bausteine stabilisieren die Konformation.

Die meisten großen globulären Proteine (molare Masse > 50 000) sind oligomer: Sie bestehen aus zwei oder mehreren getrennten Polypeptidketten. Diese sind in jeweils charakteristischer Weise, der Quartärstruktur, miteinander angeordnet (Abb. 1.4).

Ein Auflösen der Quartär- und Tertiärstruktur (= Denaturierung) führt bei einer nach wie vor intakten Primärstruktur zum Verlust spezifischer Eigenschaften von Proteinen, wie Löslichkeit oder biologischer Aktivität. Eine Denaturierung wird durch kurzzeitige Hitze, extreme pH-Werte oder die Einwirkung gelöster Substanzen erreicht.

Wichtige Funktionen. Proteine als funktionelle Einheiten besitzen Molekulargewichte zwischen 12 000 und > 1 000 000. Nach Bau und Funktion lassen sich folgende Klassen unterscheiden:

Fibrilläre Proteine bestehen aus langgestreckten, parallelen Ketten. Die faser- oder blattförmigen Strukturproteine sind wasserunlöslich und physikalisch widerständig. Beispiele sind das Keratin (Haare, Federn, Nägel, Haut) und das Collagen (Sehnen, Bindegewebe, Knochen). Kontraktile Proteine können miteinander reversible Bindungen eingehen und kontrolliert aneinander vorbeigleiten. Sie bilden die Grundlage jeder aktiven Bewegung. Beispiele sind Aktin und Myosin (Muskeln) sowie Tubulin und Dynein (Geißeln).

Globuläre Proteine sind kompakt sphärisch, leicht löslich und leicht diffundierend. In diese Gruppe sind die Speicher- und Transportproteine (Serumalbumin für freie Fettsäuren, Hämoglobin für Sauerstoff) ebenso einzuordnen wie die Abwehr- und Schutzproteine (Antikörper, Gerinnungsstoffe). Sofern zu den Proteinen gehörig, sind auch Toxine (bakteriell: Botulin, pflanzlich: Ricin, tierisch: einige Schlangengifte) und Hormone (Somatotropin, Insulin, Glucagon) globulär. Die vielfältigste und für den Stoffwechsel wichtigste Gruppe der globulären Proteine stellen die Enzyme dar.

Enzyme. Enzyme sind Biokatalysatoren: Sie setzen die Aktivierungsenergie für chemische Reaktionen herab, indem sie die reagierenden Moleküle in einen angeregten Zustand überführen. Dabei verändern oder verbrauchen sie sich nicht.

Einige Enzyme enthalten neben Peptidketten andere chemische Komponenten, die für ihre Aktivität notwendig sind. Solche Cofaktoren können Metallionen wie Zn^{2+}, Mg^{2+}, Mn^{2+}, Fe^{2+}, Fe^{3+}, Cu^{2+}, K^{+} oder Ca^{2+} sein. Cofaktoren organischer Natur werden als Coenzyme bezeichnet; sind sie darüber hinaus fest gebunden, werden sie prosthetische Gruppen genannt.

Enzyme sind spezifisch in bezug auf das Substrat, an dessen Umsetzung sie beteiligt sind, und hinsichtlich der Wirkung, die dem Substrat widerfährt. Der Grad der Substratspezifität verschiedener Enzyme ist sehr unterschiedlich: Er reicht von nahezu absoluter chemischer, geometrischer und sogar Stereospezifität bis hin zu breiter Spezifität einiger Enzyme, die nahezu alle Substrate mit einer charakteristischen strukturellen Ähnlichkeit umsetzen, wenn auch mit verschiedenen Geschwindigkeiten (Abb. 1.5).

Die katalysierten Reaktionen spielen sich am aktiven Zentrum des Enzyms ab. Das aktive Zentrum ist ein Bereich innerhalb der Tertiär- oder Quartärstruktur eines Enzyms, in dem die spezifische Bindung und Aktivierung der Reaktionspartner stattfinden kann. Die funktionellen Gruppen des aktiven Zentrums bestehen häufig aus nucleophilen Aminosäureresten (-SH, -OH-Gruppen) oder elektrophilen Metallionen oder Coenzymen.

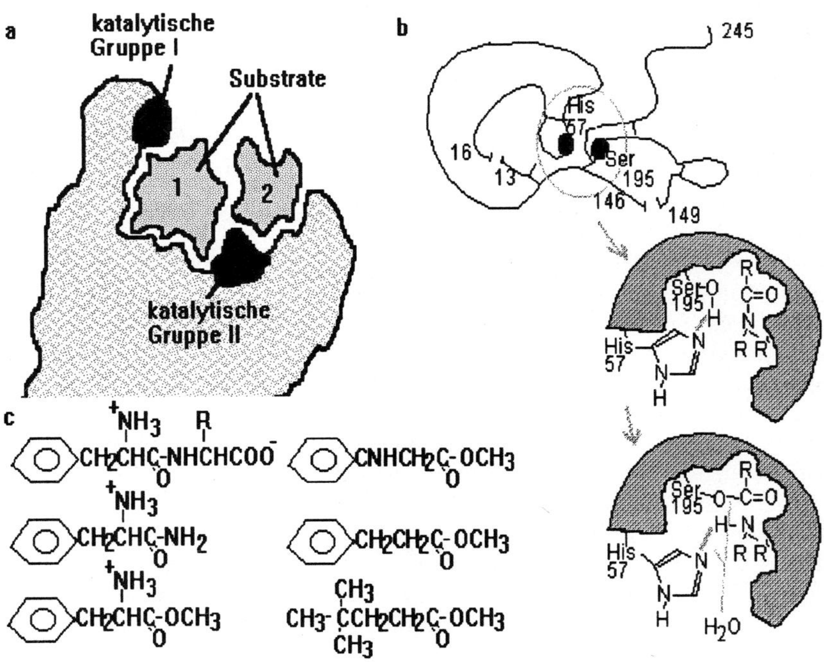

Abb. 1.5. **a** Orientierung zweier Substratmoleküle im aktiven Zentrum eines Enzyms. **b** Substratspezifität des Chymotrypsins. Katalytische Gruppen des aktiven Zentrums sind die weit auseinanderstehenden Aminosäurereste His 57 und Ser 195. Normalerweise hydrolysiert das Enzym Peptidbindungen in Proteinen. Dabei orientiert es sich an der Carbonylgruppe von Aminosäuren, die einen aromatischen Ring besitzen (R = Tyr, Trp, Phe). Die dem Ring benachbarte C-N-Bindung gelangt in die Nähe der katalytischen Gruppen. Diese spalten die Peptidbindung und regenerieren sich durch Wassereinlagerung. **c** Einige durch Chymotrypsin hydrolysierbare Verbindungen: Auch Amid- und Esterbindungen werden gespalten (nach Czihak et al 1992, ergänzt).

Enzymkatalysierte Reaktionen sind durch verschiedene Parameter beeinflußbar. Bezüglich Temperatur und pH-Wert besitzen Enzyme spezifische, meist enge Optima im Bereich physiologischer Werte. Diese sind nicht notwendigerweise mit den Milieuwerten identisch. Außerhalb des Optimums bewirken bereits leichte Temperatur- oder pH-Änderungen starke Unterschiede der Aktivität von Enzymen.

Das Verhältnis von Enzym- zu Substratkonzentration ist entscheidend für die Umsatzgeschwindigkeit einer Enzymlösung. Bei Substratsättigung kann ein Enzymmolekül zwischen tausend und vierzig Millionen Substratmoleküle pro Minute umsetzen. Wird die Temperatur konstant, der pH-Wert im Optimum und die Substratkonzentration im Sättigungsbereich gehalten, ist die Anfangsgeschwindigkeit der Reaktion der Enzymkonzentration proportional. Längerfristig regelt die Höhe der Enzymproduktion die Umsatzgeschwindigkeit und damit die Effektivität eines Stoffwechselweges. Bereitstellung oder Entzug von Substrat sind kürzerfristige Regulationsmechanismen, die im Zusammenhang parallel verlaufenden und komplex verwobenen Stoffwechselgeschehens verstanden werden müssen.

Neben der Steuerung der Aktivität von Enzymen durch Milieubedingungen und Enzym-Substratverhältnis kann auf die vorhandenen Enzymmoleküle auch direkt zugegriffen werden. Eine Vielzahl von Molekülen kann hemmend oder stimulierend die Umsatzgeschwindigkeit am aktiven Zentrum beeinflussen, indem funktionelle Gruppen oder die räumliche Struktur verändert werden. Dies kann auf unterschiedliche Weise geschehen.

Eine irreversible Hemmung wird durch eine kovalente (feste) Bindung eines Hemmstoffs hervorgerufen. Dadurch wird eine für die Enzymaktivität wichtige funktionelle Gruppe verändert, maskiert oder zerstört, so daß keine oder nur noch wenig Umsetzung stattfinden kann. Bindungen des Hemmstoffs an die reaktiven Gruppen des aktiven Zentrums spielen hierbei die wichtigste Rolle.

Für die Regulation des Stoffwechsels sind reversible Hemmungen von größerer Bedeutung. Bei der kompetitiven Hemmung konkurriert ein Hemmstoff (= Inhibitor) mit dem Substrat um die Bindung im aktiven Zentrum. Der Inhibitor besitzt strukturelle Ähnlichkeit mit dem Substrat, kann aber nicht an der katalysierten Reaktion teilnehmen und blockiert so die Substratbindungsstelle. Entscheidend sind die relativen Konzentrationen von Inhibitor und Substrat, die Hemmung ist durch Erhöhung der Substratkonzentration reversibel. In anderen Fällen bindet der Inhibitor nicht an der Substratbindungsstelle, sondern an einer anderen die Funktion beeinflussenden Stelle des Enzyms oder blockiert den Enzym-Substrat-Komplex. Eine Erhöhung der Substratkonzentration führt nicht zur Aufhebung der Hemmung. Im Sonderfall der allosterischen Regulation (allos = gr. ein anderer) besteht das Enzym meist aus mehreren Untereinheiten und enthält zusätzlich zum aktiven Zentrum eine spezifische Bindungsstelle für einen Inhibitor oder Aktivator, das allosterische Zentrum. Wird er gebunden, ändert sich die Enzymkonformation und geht in eine weniger aktive oder aktivere Form über.

Innerhalb eines Stoffwechselweges sind die meisten Enzyme zu Multienzymsystemen zusammengeschaltet, in denen das Produkt der einen Enzymreaktion als Substrat für die nächste dient. In einigen dieser Systeme ist das erste Enzym ein allosterisch regulierbares Schrittmacher-Enzym, welches die Geschwindigkeit des gesamten Systems reguliert, indem es von höheren Konzentrationen des Endprodukts gehemmt wird (feedback inhibition). In anderen Fällen kann das Ausgangssubstrat bei ausreichender Konzentration über die effektorische Aktivierung eines Schrittmacher-Enzyms einen ganzen Stoffwechselweg und damit seinen eigenen Verbrauch stimulieren (feedforward stimulation).

Im Vergleich zur Größe des aktiven Zentrums und der Substrate ist die Proteinstruktur der Enzyme sehr groß. Der energetische und informatorische Aufwand, der zu ihrer Produktion nötig ist, erklärt sich durch die biochemischen Möglichkeiten, die diese Größe und Komplexität eröffnen:

- Auch sehr weit voneinander entfernte Bereiche der Primärstruktur können im aktiven Zentrum vereinigt sein. Daraus ergibt sich die große Vielfalt der Spezifitäten, die sich durch kleinste Abweichungen der Primärstruktur erreichen lassen. Die Vielfalt der Stoffwechselreaktionen liegt in der Vielfältigkeit der Proteinstrukturen begründet.
- Geringfügige Konformationsänderungen bringen das spezifische Substrat nach seiner Bindung näher ans katalytische Zentrum und verbessern die Katalyse.
- Es kann ein günstiges Reaktionsmilieu im aktiven Zentrum erzeugt werden: Die Nachbarschaft verschiedener funktioneller Gruppen ermöglicht Wechselwirkungen, die zu stärkerer Polarisierung und leichterem Austausch von H^+- und OH^--Ionen führen.
- Es können mehrere Funktionen in einem Molekül oder Molekülkomplex vereinigt werden, etwa die der Katalyse und die der allosterischen Regulation.

Proteine sind in ihrer enzymatischen Funktion Organisatoren der biochemischen Reaktionen in wässriger Lösung und damit der basalen Lebensvorgänge. Sie erfüllen aber auch wichtige Funktionen im Stoff- und Informationstransport, indem sie aufgrund ihrer in einem Molekül vereinten unterschiedlichen Polaritäten zwischen wässrigen und fettlöslichen Phasen vermitteln können. Damit sind sie in der Lage, Barrieren lebender Systeme zu kontrollieren und zu überschreiten; letztlich wird nur dadurch eine hierarchische Organisation möglich.

Die sehr unterschiedliche biologische Aktivität der Proteine wird einzig durch die spezifische Sequenz der biologisch selbst inaktiven Aminosäuren in den Peptidketten bestimmt. Wie entsteht diese Sequenz?

1.2.3 Nucleinsäuren

Zur Produktion einer spezifischen Peptidkette bedarf es gespeicherter und abrufbarer Information. Die Moleküle, die diese Information beeinhalten und ihre Umsetzung ermöglichen, gehören zur Stoffklasse der Nucleinsäuren.

Aufbau. Nucleinsäuren bestehen aus Nucleotiden. Diese setzen sich aus einer stickstoffhaltigen Base, einer Zuckerkomponente mit fünf C-Atomen und einem Phosphorsäurerest zusammen (Abb. 1.6). Die Zuckerkomponente ist namengebend.

Die DNA besteht aus zwei gegenläufig parallelen Polynucleotidketten, die in Form einer Doppelhelix um eine gemeinsame Achse gewunden sind (Abb. 1.9). Die hydrophilen Zuckerreste und Phosphatgruppen zeigen nach außen. Die relativ hydrophoben Basen beider Stränge sind im Inneren der Doppelhelix übereinandergestapelt und miteinander in charakteristischer Weise über Wasserstoffbrücken gepaart (Abb. 1.8). Die Basenpaarung gewährleistet die maximal mögliche Zahl an Wasserstoffbrücken und maximale Stabilität der Doppelhelix. Aus der Paarung ergibt sich, daß die beiden Polynucleotidketten nicht identisch, sondern komplementär zueinander sind.

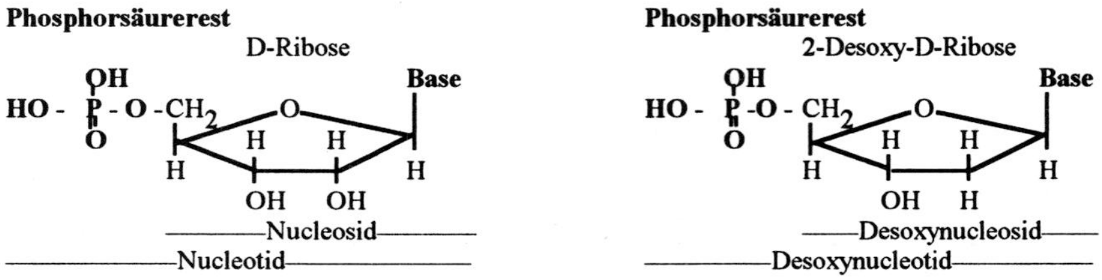

Abb. 1.6. Allgemeine Struktur von Ribonucleotiden und Desoxyribonucleotiden.

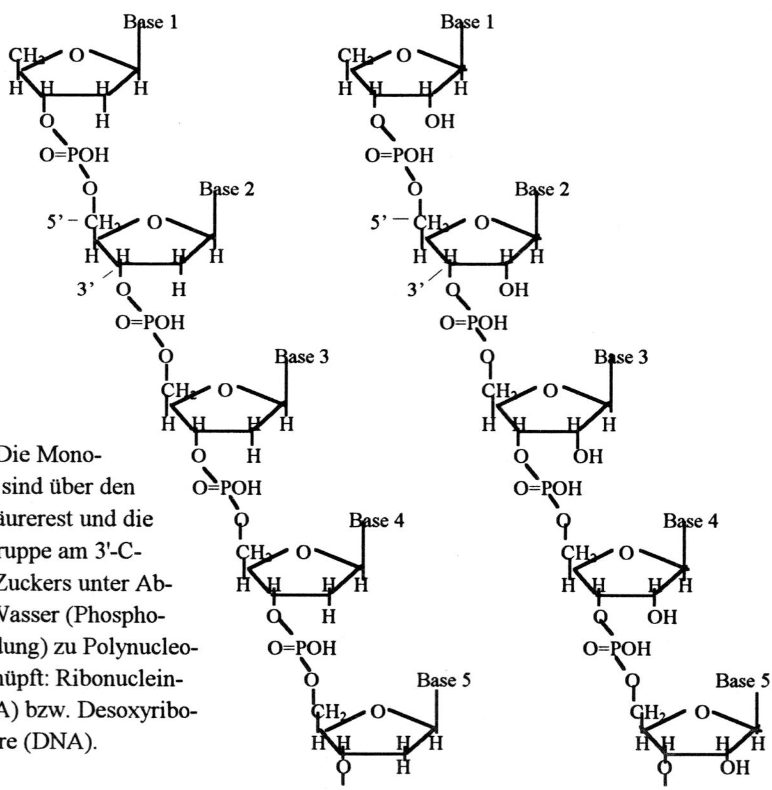

Abb. 1.7. Die Mononucleotide sind über den Phosphorsäurerest und die Hydroxylgruppe am 3'-C-Atom des Zuckers unter Abgabe von Wasser (Phosphodiesterbindung) zu Polynucleotiden verknüpft: Ribonucleinsäure (RNA) bzw. Desoxyribonucleinsäure (DNA).

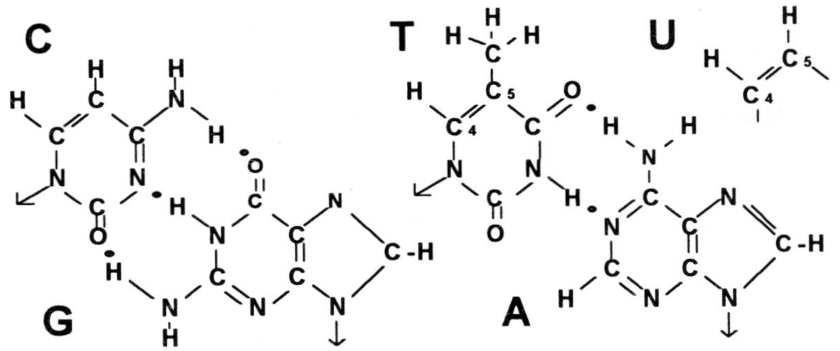

Abb. 1.8. Struktur und Paarung der organischen Basen Guanin (G) und Cytosin (C) **a**, sowie Adenin (A) und Thymin (T) **b**. Das erste Basenpaar enthält drei, das zweite zwei Wasserstoffbrücken. Uracil (U) ersetzt Thymin in der RNA.

Funktion der Nucleotide und Nucleinsäuren. Mononucleotide heißen auch Nucleosid-5'-phosphate (Abb. 1.6). Die Ribo- und Desoxyribonucleosid-5'-phosphate kommen auch als Di- und Triphosphate vor. Als solche sind sie wichtige Träger energiereicher Phosphorsäureesterbindungen und dienen der Energieübertragung bei biochemischen Reaktionen: Durch Übertragung eines Phosphorsäurerests werden energieärmere Gruppen aktiviert und die Knüpfung weiterer Bindungen wird erleichtert. Wichtigster Überträger von Phosphatgruppen aus energieliefernden auf energieverbrauchende Prozesse ist ATP.

Einige Dinucleotide, wie Flavinadenindinucleotid (FAD, aktive Form des Vitamins Riboflavin) oder Nicotinamidadenindinucleotid (NAD, aktive Form des Vitamins Niacin) und seine phosphorylierte Form (NADP) spielen als prosthetische Gruppen oder Coenzyme eine wichtige Rolle bei der Übertragung von Wasserstoffionen und Elektronen bei Redox-Reaktionen. Mono- und Dinucleotide sind somit die entscheidenden Überträger von Energieäquivalenten im Stoffwechsel.

Die aus Nucleotiden aufgebauten DNA und RNA sind die Informationsträgermoleküle lebender Systeme. Die Information ist in der Basensequenz festgelegt. Die DNA enthält die Basen Adenin (A), Guanin (G), Thymin (T) und Cytosin (C). Sie dient als Informationsspeicher und erfüllt zwei wesentliche Aufgaben:

- Die Replikation (Erhalt und Vermehrung der Information).
- Die Transkription (Übertragung der Information auf RNA).

Die RNA dient der Informationsübertragung (Transkription) und -übersetzung (Translation). Als Organisator der Proteinbiosynthese existiert sie in drei Haupttypen:

- Messenger-RNA (mRNA): Enthält statt Thymin Uracil (U). Beinhaltet die Information für ein oder mehrere Proteinmoleküle. Entsteht an der DNA als lange Kette.
- Transfer-RNA (tRNA): Vergleichsweise kleine, kompakte Moleküle, Übersetzungseinheiten in Aminosäuresequenz der Proteine, enthalten bis zu 10 % seltene Basen.

- Ribosomale RNA (rRNA): Enthält die Basen A, G, U, C und einige methylierte Formen. Hauptsubstanz der Ribosomen, der Organisationszentren der Proteinbiosynthese (s.u.).

Replikation. Bei der Replikation der DNA erfolgt eine Trennung der beiden komplementären Stränge. Beide Hälften bilden jeweils die Matrize für die Basensequenz des neuentstehenden komplementären Stranges. So entstehen zwei identische doppelhelicale DNA-Tochtermoleküle, die jeweils einen der beiden früheren Elternstränge enthalten (Abb. 1.9). Die replizierenden Multienzymkomplexe können Einbaufehler erkennen und diese durch Ausschneiden fehlerhafter Nucleotide und ersetzenden Einbau korrigieren. Die DNA-Replikation funktioniert mit weniger als einem Fehler auf 1-10 Milliarden Nucleotide. Sie gewährleistet die Vererbung konstanter Information für Lebensstrukturen und -prozesse über Generationen und die Kontinuität lebender Systeme seit ihrer Entwicklung.

Die nach Anfärbung der DNA mikroskopisch sichtbaren Strukturen werden als Chromosomen (gr. chroma = Farbe) bezeichnet. Kernlose Einzeller (= Prokaryoten) besitzen nur ein einzelnes DNA-Molekül, das zirkulär geschlossen ist. In kernhaltigen (= eukaryotischen) Zellen liegt die Erbinformation auf mehreren linearen Chromosomen im Zellkern vor. Chromosomen kernhaltiger Zellen enthalten neben DNA bis zu 60% eingeschlossene kleine basische Proteine (Histone), die die DNA zu Struktureinheiten (Nucleosomen) verpacken und die Replikation regulieren. Die Vorbehandlung der DNA zur Replikation ist deshalb wesentlich komplexer als in Prokaryoten.

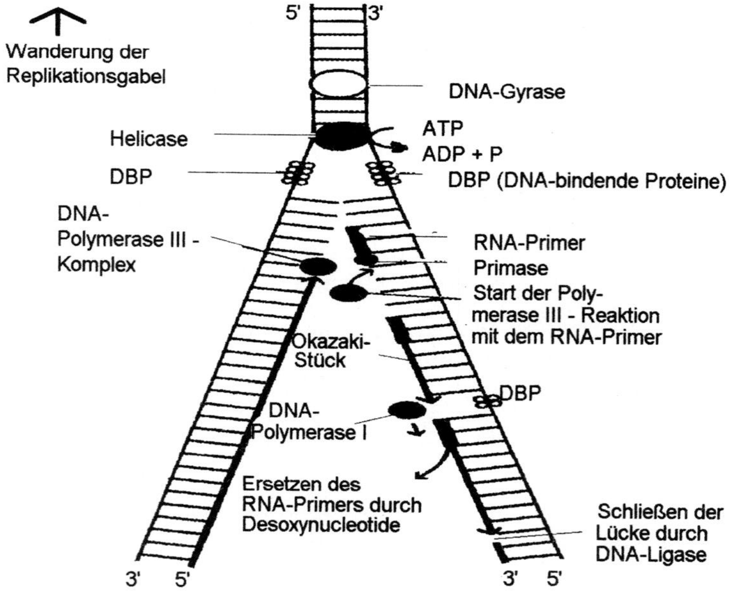

Abb. 1.9. Zusammenfassung der wichtigsten Schritte der DNA-Replikation. Sie ist ein hochkomplexes Zusammenwirken verschiedener sich gegenseitig aktivierender Enzyme.

Als Gen kann ein Segment eines Chromosoms definiert werden, das eine einzelne Peptidkette eines Proteins codiert. Es kann zwischen 300 und 6000 nutzbaren Basenpaaren enthalten. Andere Gene (ca. 5%) enthalten Informationen für tRNA- oder rRNA-Moleküle.

Transkription. Bei der Transkription wird mit Hilfe eines Multienzymkomplexes ein RNA-Strang mit einer zur DNA komplementären Basensequenz synthetisiert. Adenin der DNA wird mit Uracil statt mit Thymin gepaart, es entsteht einsträngige RNA. Es wird nur einer der beiden DNA-Stränge als Matrize gebraucht und nur jeweils ein kleiner Teil "abgeschrieben". Die DNA muß an der Transkriptionsstelle entspiralisiert und geöffnet vorliegen. Die Paarung der neuentstehenden RNA mit dem Matrizenstrang der DNA ist nur kurz. Dies gilt auch für die Lebensdauer der RNA-Moleküle. Ein aufwendiger Kontroll- und Reparaturmechanismus wie bei der Replikation existiert nicht. Die Transkription kann auf vielfältige Weise gehemmt werden.

- Das Antibiotikum Actinomycin D schiebt sich mit seinem flachen Molekülteil zwischen zwei G-C - Basenpaare. Die DNA-Matrize wird verformt, der "Reißverschluß" gestört, die transkribierenden Enzyme können den Störungspunkt nicht mehr passieren.
- Das Antibiotikum Rifampicin bindet an die Untereinheit der bakteriellen RNA-Polymerase, die für die DNA-Bindung und Initiation der Transkription verantwortlich ist und inaktiviert sie. In Eukaryoten hat Rifampicin diese Wirkung nicht.
- Das Gift des Knollenblätterpilzes Amanitin hemmt die eukaryotische RNA-Polymerase II, die die mRNA synthetisiert. Sie hat auf Prokaryoten keine Wirkung.

Nach der Transkription unterliegen eukaryotische Transkripte einem Vorgang, während dem die langen Primärtranskripte enzymatisch behandelt werden (processing). So entstehen verschiedene tRNAs und rRNAs oft zu jeweils mehreren aus einer Vorstufe, die in die einzelnen Bestandteile zurechtgeschnitten wird. Einige Basen der tRNAs werden erst während des processings methyliert, desaminiert oder reduziert. mRNAs werden mit reaktiven oder schützenden Enden versehen und von Intron-RNA befreit. Introns sind Bereiche innerhalb eines Gens, denen keine strukturelle Information zugewiesen werden kann. Die informationstragenden, später umgesetzten (exprimierten) Bereiche heißen Exons. Das Ausschneiden der Introns und das Zusammenfügen der Exons wird als "splicing" bezeichnet. Mit diesem Schritt ist das processing beendet. Die fertige RNA wird aus dem Zellkern ausgeschleust.

Die Nucleinsäuren einiger Viren verhalten sich anders: In RNA-Viren ist RNA in der Lage, sich mit Hilfe einer RNA-Replikase selbst zu replizieren. DNA als Speicher genetischer Information ist hier nicht nötig. Retro-Viren (retro = lat. zurück) sind in der Lage, mit Hilfe einer reversen Transkriptase DNA von RNA-Matrizen herzustellen. Dies bedeutet die Umkehr des für Leben typischen Informationsflusses. Die auf virale RNA zurückgehende DNA wird in Wirts-DNA eingebaut, ständig mit repliziert und kann dort über Generationen als Krebsgen

(Oncogen) schlummern, ohne exprimiert zu werden. Bei einer Aktivierung repliziert sich das Virus, oder es werden, etwa unter Einfluß krebserzeugender (cancerogener) Agentien, Genprodukte exprimiert, die die Zelle in eine Krebszelle transformieren.

Translation. mRNAs transportieren die genetische Information für ein Protein zu den Ribosomen, sphärischen Molekülkomplexen aus Proteinen und rRNA, die elektronenmikroskopisch sichtbar sind. Sie sind die Orte der Proteinbiosynthese. Die Übersetzung genetischer Information in Aminosäuresequenzen, die letztlich die Lebensvorgänge katalysieren, ist der komplexeste bekannte biochemische Prozeß. An der Proteinbiosynthese sind 70 verschiedene tRNAs und rRNAs, 70 ribosomale Proteine, mehr als 20 Enzyme, die die Aminosäurevorstufen aktivieren, ein Dutzend Hilfsenzyme für die Bildung der Polypeptidketten und möglicherweise mehr als 100 Enzyme für die abschließenden Veränderungen bei den verschiedenen Proteinarten beteiligt. Trotz der Komplexität läuft die Synthese eines Proteins innerhalb weniger Sekunden ab. Die Proteinbiosynthese ist streng bedarfsreguliert.

Wichtigstes Bindeglied zwischen der genetischen Information der mRNA und den Polypeptidketten der Proteine sind die als Adapter fungierenden tRNAs (Abb. 1.10). Mit Hilfe dieser Adapter werden Aminosäuren in der charakteristischen Abfolge der zugrundeliegenden Information angeordnet und durch enzymatische Funktionen des Ribosoms zur Peptidkette verknüpft.

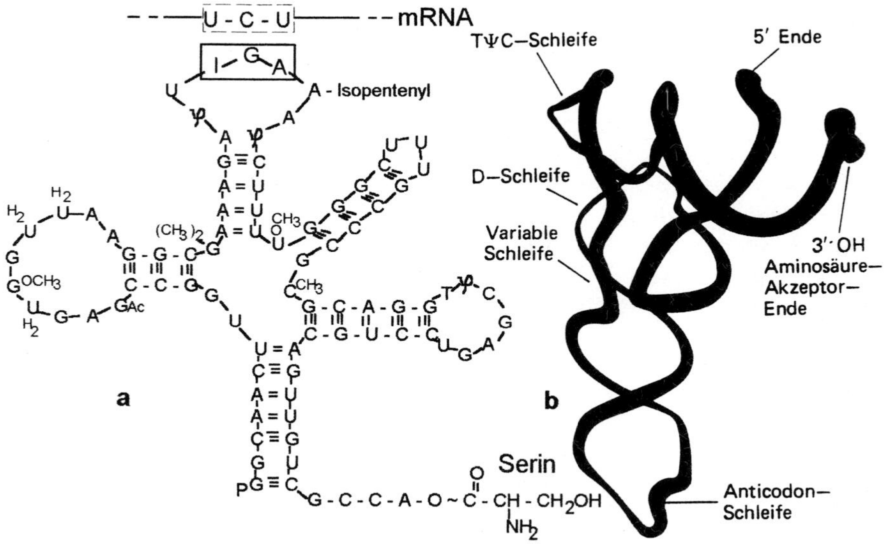

Abb. 1.10. Die Adapter-Funktion der tRNA. **a** Sequenz, **b** räumliche Struktur. Einer kovalent gebundenen Aminosäure auf der einen Seite steht ein für die Aminosäure spezifisches Nucleotid-Triplett auf der anderen Seite der tRNA gegenüber. Mit Hilfe dieses Anticodons werden Codon-Tripletts auf der mRNA durch Basenpaarung erkannt (aus Czihak et al. 1992).

Die tRNAs sind relativ kleine einsträngige Moleküle mit 73 bis 93 Nucleotid-Resten. Sie nehmen durch partielle Basenpaarung eine sogenannte "Kleeblattstruktur" mit vier Armen an, von denen einer eine Aminosäure und einer ein für diese spezifisches Basentriplett trägt. Für dieses Basentriplett (Anticodon) gibt es auf der mRNA ein komplementäres Codon (Abb. 1.10). Zwischen den Codons der mRNA gibt es keinerlei Interpunktion. Es muß eine sehr genaue Ablesung erfolgen, um nicht durch eine Verschiebung des Leserasters nonsense-Informationen zu erhalten. Die Aminosäure-Codewörter sind in allen Lebewesen vom Virus bis zum Menschen identisch. Der genetische Code enthält mehrere Codewörter für eine Aminosäure (Tabelle 1.1). Dabei ist meist die dritte Base des Codons variabel. Als dritte Base des Anticodons tritt häufig Inosin auf, das mit A, U oder C des Codons in lockerer Bindung zu paaren ist. Außerdem kann U an dritter Stelle auch mit G locker gepaart werden. Dadurch ergibt sich ein sogenannter Wackel-Mechanismus, der die Zahl der zu bildenden tRNAs rationalisiert: Für die 61 Aminosäure-Codewörter sind nur noch 32 tRNAs erforderlich.

Am Ribosom werden aufeinander folgende Codons der mRNA mit den passenden tRNAs assoziiert. Die an die tRNAs gebundenen Aminosäuren werden enzymatisch verknüpft. Die entladenen tRNAs werden ins Cytoplasma abgegeben, wo sie erneut Aminosäuren aufnehmen. Die "Wackel"-Base ermöglicht ein leichteres Ablösen der tRNA von der mRNA und damit eine schnellere Proteinbiosynthese. Zwei feste und eine variable Basenpaarung stellen eine evolutionäre Optimierung von Genauigkeit einerseits und Geschwindigkeit andererseits dar.

Tabelle 1.1. Das "Wörterbuch" der in den mRNAs vorkommenden Aminosäure-Codewörter. Die Codons sind in 5'-3'-Richtung geschrieben. Die dritte Base ist weniger spezifisch als die ersten beiden. Die drei Terminations-Codons sind kursiv, das Initiationscodon AUG fett gedruckt. Alle Aminosäuren außer Methionin und Tryptophan besitzen mehr als ein Codon.

	2. Buchstabe des Codons							
1.	U		C		A		G	
U	UUU	Phe	UCU	Ser	UAU	Tyr	UGU	Cys
	UUC	Phe	UCC	Ser	UAC	Tyr	UGC	Cys
	UUA	Leu	UCA	Ser	*UAA*	End	*UGA*	End
	UUG	Leu	UCG	Ser	*UAG*	End	UGG	Trp
C	CUU	Leu	CCU	Pro	CAU	His	CGU	Arg
	CUC	Leu	CCC	Pro	CAC	His	CGC	Arg
	CUA	Leu	CCA	Pro	CAA	Gln	CGA	Arg
	CUG	Leu	CCG	Pro	CAG	Gln	CGG	Arg
A	AUU	Ile	ACU	Thr	AAU	Asn	AGU	Ser
	AUC	Ile	ACC	Thr	AAC	Asn	AGC	Ser
	AUA	Ile	ACA	Thr	AAA	Lys	AGA	Arg
	AUG	Met	ACG	Thr	AAG	Lys	AGG	Arg
G	GUU	Val	GCU	Ala	GAU	Asp	GGU	Gly
	GUC	Val	GCC	Ala	GAC	Asp	GGC	Gly
	GUA	Val	GCA	Ala	GAA	Glu	GGA	Gly
	GUG	Val	GCG	Ala	GAG	Glu	GGG	Gly

An die Synthese der Polypeptidkette schließen sich posttranslationale Modifikationen an, wie z.B. die Befestigung der Kohlenhydrat-Seitenketten von Glycoproteinen (Membranproteine, Schleimproteine). Auch die prosthetischen Gruppen vieler Enzyme werden anschließend angefügt. Nach erfolgter Faltung wird die Struktur durch enzymatische Disulfidbrückenbildung stabilisiert.

Antibiotika und andere Toxine können die Translation auf vielfältige Weise hemmen:

- Puromycin übernimmt die Rolle einer neuen tRNA, bindet kompetitiv an die Anlagerungsstelle der Ribosomen und unterbricht die Kettenverlängerung, da keine weitere Aminosäure gebunden werden kann.
- Tetracycline blockieren die Anlagerungsstelle vollständig. Dabei ist Chloramphenicol für prokaryotische Ribosomen, Cycloheximid für Ribosomen im Plasma kernhaltiger Zellen spezifisch.
- Streptomycin führt zu Fehlablesungen des genetischen Codes.
- Tunicamycin verhindert die Anheftung von Kohlenhydratseitenketten.
- Das Diphterie-Toxin inaktiviert ein Modifikationsenzym.

Differentielle Genaktivität. Eine genaue Regulation der sehr energieaufwendigen Proteinbiosynthese ermöglicht, daß einerseits eine Grundausstattung von ständig gebrauchten (konstitutiven) Enzymen immer in ausreichender Menge zur Verfügung steht. Andererseits kann die Produktion selten benötigter (induzierbarer) Enzyme niedrig gehalten oder unterdrückt werden, um den Energie- und Aminosäurevorrat zu schonen, wenn kein Bedarf vorliegt.

Induzierbare Enzyme werden bei Bedarf innerhalb kürzester Zeit in großen Mengen hergestellt. So wächst die Zahl der ß-Galactosidase-Moleküle einer Bakterienzelle nach 1-2 Minuten von etwa 5 auf über 1000, wenn sie einem reinen Lactose-Nährmedium ausgesetzt wird. Lactose wirkt als Induktor. Neben der ß-Galactosidase, die Lactose in Galactose und Glucose spaltet, wird zusätzlich die Galactosid-Permease induziert, welche die Galactoside in die Zelle transportiert (koordinierte Induktion). Die Induktion stoppt sofort, wenn wieder Glucose statt Lactose zur Verfügung steht. Endprodukte können bei hohen Konzentrationen als Repressoren wirken.

Beide Regulationstypen wirken über die Aktivierung oder Inaktivierung eines spezifischen Repressorproteins, welches an die DNA bindet und die RNA-Polymerase an der Transkription hemmt. Die Möglichkeit der An- und Abschaltung von Genen durch Induktion oder Hemmung der Transkription gestattet auch die ökonomisch günstige und zeitlich korrekte Abfolge komplexer Synthesevorgänge. Sie ist zudem verantwortlich für die räumliche und zeitliche Differenzierung von Lebensvorgängen.

Mutationen. Die DNA wird fortwährend beschädigt. Vor allem energiereiche Strahlung und chemische Agentien sind in der Lage, chemische Veränderungen an der DNA hervorzurufen, die ständig repariert werden müssen. Werden die Veränderungen übersehen oder versagen die Reparatursysteme, kommt es zu dauerhaften Veränderungen, die durch Replikation weitergegeben werden, sogenannten Mutationen.

Ultraviolette Strahlung (200-400 nm) kann die Basen der DNA in einen angeregten Zustand versetzen, der zu kovalenten Strukturänderungen führt. So können zwei benachbarte Thyminreste Thymin-Dimere bilden, die Fehler bei der Replikation bewirken. Die Reparatur erfolgt mit Hilfe der UV-Endonuclease, die den beschädigten Strang auf der 5'-Seite des Thymin-Dimers schneidet, und der DNA-Polymerase I, die neue Nucleotide in die entstehende Lücke einfügt. Bei einem Defekt oder bei Überlastung der UV-Endonuclease kommt es zu Hautkrebs. Ionisierende Strahlung kann Elektronen aus Biomolekülen vertreiben, wodurch unstabile Ionen oder Radikale entstehen, welche wiederum die DNA chemisch verändern können. Kosmische Strahlung, natürliche Radioisotope, radioaktive Niederschläge und Abfälle oder Röntgenstrahlung sind verschiedene Quellen ionisierender Strahlung.

Cytosin verliert in wässrigen Systemen von selbst seine Aminogruppe (spontane Desaminierung) und wandelt sich in Uracil um, welches sich leichter mit Adenin als mit Guanin paart. Ein spezielles Reparatursystem erkennt Uracil in der DNA und tauscht es gegen Cytosin aus; deshalb darf es kein reguläres Uracil, sondern nur Thymin in der DNA geben. Die mit DNA reaktionsfähigen (= mutagenen) Agentien können in drei Hauptgruppen eingeteilt werden:

- Desaminierende Agentien (salpetrige Säure HNO_2, Nitrite, Nitrosamine) entfernen Aminogruppen aus C, A und G und beschleunigen den Spontanabbau von C zu U.
- Alkylierende Agentien führen Alkylgruppen in die Basen ein. So kann Guanin zu O-Methylguanin methyliert werden, welches mit Hilfe eines speziellen Reparatursystems gegen Adenin fehlausgetauscht werden kann.
- Basen-Analoga wie 5-Bromuracil oder 2-Aminopurin werden anstelle der ihnen ähnlichen Basen in die DNA eingebaut und verhindern reguläre Basenpaarung.

Mutationen lassen sich auf molekularem Niveau folgendermaßen klassifizieren:

- Substitutions-Mutationen oder Punktmutationen: Durch den Austausch einer Base wird ein Codon verändert. Dies kann
  - keine Veränderung der Aminosäuresequenz,
  - einen Aminosäureaustausch mit nicht signifikanter Änderung der biologischen Eigenschaften des Proteins (stille Mutation),
  - einen Aminosäureaustausch, der zu einer Inaktivierung des aktiven Zentrums eines Enzyms führt (letale Mutation, häufig bei Austausch eines essentiellen Serin-Rests),
  - einen Aminosäureaustausch, der die Effizienz eines Proteins herabsetzt,
  - in äußerst seltenen Fällen einen Aminosäureaustausch, der unter den gegebenen Lebensbedingungen eine bessere Proteinfunktion gewährleistet,

  zur Folge haben.
- Insertionen und Deletionen: Durch Einfügen oder Wegfall eines oder mehrerer Basenpaare kann eine Leseraster-Mutation entstehen. Die Verschiebung des Leserasters führt zu einem nonsense-Code und häufig zur Entstehung von Terminations-Codons innerhalb des Gens. Die große Mehrzahl aller Ein-Basen-Leseraster-Mutationen hat biologisch inaktive Genprodukte zur Folge

und ist letal. Supressor-Mutationen machen die Wirkung einer vorausgegangenen Mutation rückgängig (Insertion nach Deletion oder umgekehrt).

Mit der Beschreibung der Katalysatoren und Regulatoren biochemischer Reaktionen, der Speicherung und Weitergabe der Information über ihre die Funktion bedingende Struktur und ihrer Synthese sind zentrale Lebenseigenschaften auf molekularem Niveau erfaßt. Bislang weitgehend ausgeklammert ist die Energiegewinnung für die energieaufwendigen biochemischen Prozesse und die Frage nach dem organischen Ausgangsmaterial für die Aminosäuren und Nucleotide, die Bausteine der besprochenen Biomoleküle.

2.2.4 Kohlenhydrate

Kohlenhydrate erfüllen in lebenden Organismen vier wichtige Aufgaben. Sie sind

- Kohlenstoffquelle für die Synthese anderer Biomoleküle,
- wichtigste Energiequelle für alle biochemischen Prozesse,
- Strukturelemente von Zellen und Geweben,
- hauptsächliche Speicherform für chemische Energie.

Kohlenhydrate sind in der Regel Polyhydroxyaldehyde oder -ketone mit der Summenformel $(CH_2O)_n$. Hinzu kommen einige Substanzen mit geringfügig anderem Verhältnis, sowie einige Substanzen, die zusätzlich N, P oder S enthalten.

Monosaccharide oder einfache Zucker sind zumeist weiße, kristalline, leicht wasserlösliche Substanzen. Sie bestehen aus einer einzigen Polyhydroxyaldehyd- oder -ketoneinheit: An jedem ihrer mindestens drei C-Atome tragen sie eine Hydroxylgruppe, nur ein endständiges (Aldose) oder mittelständiges (Ketose) C-Atom trägt eine Carbonylgruppe (Abb. 1.11). Je nach Zahl der C-Atome unterscheidet man Triosen, Tetrosen, Pentosen, Hexosen oder Heptosen. Aldohexosen (Glucose, Galactose, Mannose) Ketohexosen (Fructose) und Aldopentosen (Ribose) kommen in der Natur am häufigsten vor.

Triosen und Tetrosen liegen offenkettig vor, Pentosen, Hexosen und Heptosen bilden cyclische Verbindungen. Der Ringschluß erfolgt zwischen der Carbonylgruppe und einer Hydroxylgruppe, es entsteht ein Halbacetal. Die so maskierten Carbonylgruppen sind weniger reaktiv, die Moleküle stabiler. Aldohexosen reagieren vorwiegend zu sechsgliedrigen Ringen (Pyranosen), Ketohexosen zu fünfgliedrigen (Furanosen) (Abb. 1.12).

Glycerinaldehyd Dihydroxyaceton

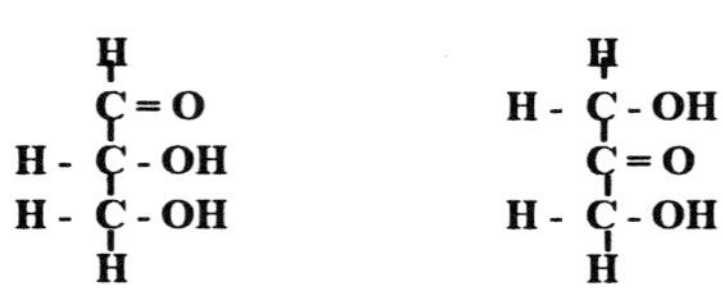

Abb. 1.11. Die Triosen: Links die Aldose Glycerinaldehyd mit endständiger Carbonylgruppe, rechts die Ketose Dihydroxyaceton mit mittelständiger Carbonylgruppe. Die anderen beiden C-Atome tragen Hydroxylgruppen.

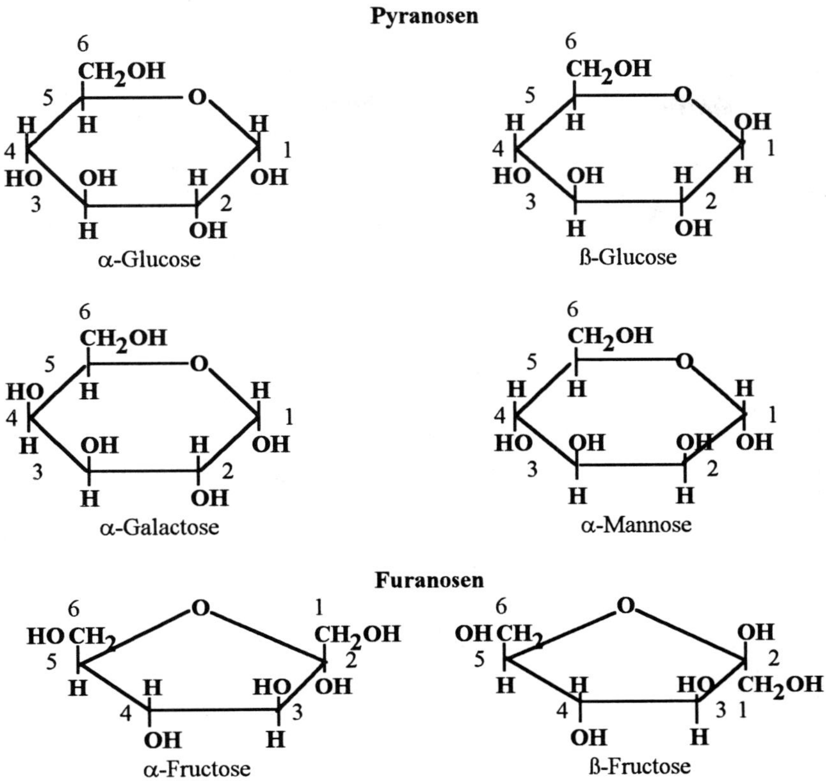

Abb. 1.12. Die wichtigsten Hexosen. Das Carbonyl-C-Atom (1 bei Pyranosen, 2 bei Furanosen) oder anomeres C-Atom entscheidet über α- oder ß-Anomer. Glucose und Galactose unterscheiden sich am C4, Glucose und Mannose am C2.

Monosaccharide, an denen eine oder mehrere der normalen funktionellen Gruppen modifiziert sind, werden als Zuckerderivate bezeichnet. Die wesentlichen Derivate sind

- Phosphorsäureester: -OH + H_3PO_4 -> -O-PO_3H_2 + H_2O
- Desoxyzucker: -H statt -OH, 2-Desoxy-Ribose der DNA.
- Aminozucker: -NH_2 statt -OH, wichtigste Beispiele: Glucosamin in Polysacchariden wie Chitin, Galactosamin in Knorpelsubstanz.
- Zuckersäuren: COOH statt CHO, Gluconsäure. COOH statt CH_2OH, Glucuronsäure. L-Ascorbinsäure (Vitamin C) ist eine Hexonsäure mit einer Doppelbindung zwischen 2./3. C-Atom.

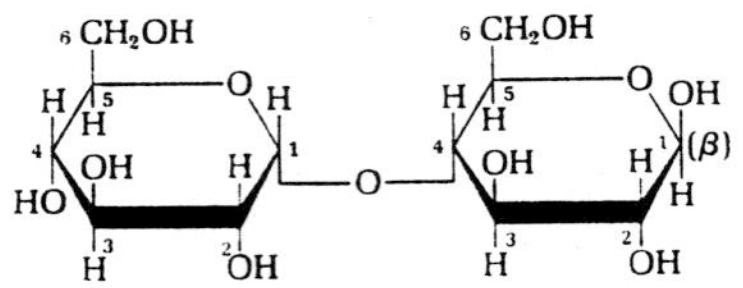

Maltose, Malzzucker (hier: ß-Form)
2 Glucosereste α-(1-4)-verknüpft, α- oder ß-Form. α-Form Disaccharideinheit der Stärke.

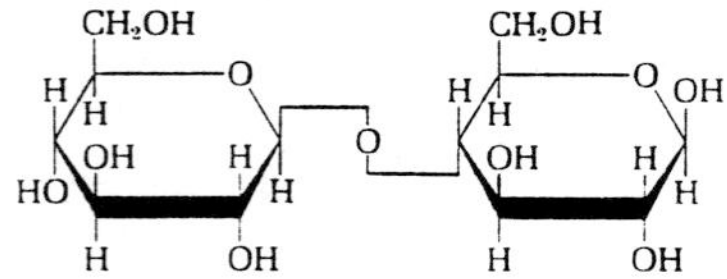

Cellobiose
2 Glucosereste ß(1-4)-verknüpft, Disaccharideinheit von Cellulose.

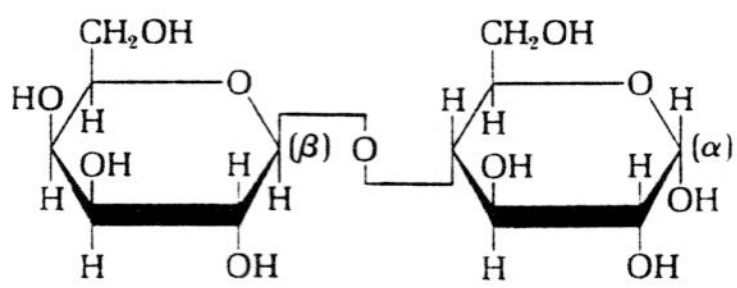

Lactose, Milchzucker (hier: α-Form)
Galactose- und Glucoserest ß(1-4)-verknüpft, α-oder ß-Form, nur in Milch vorhanden.

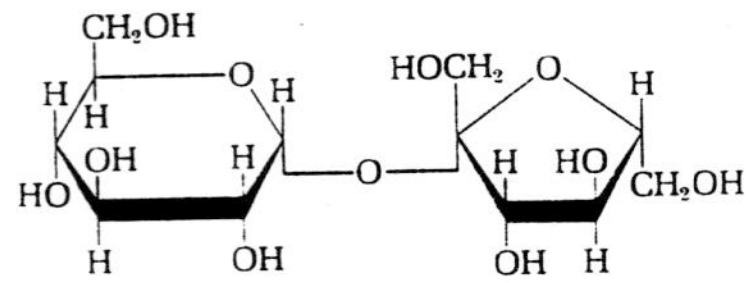

Saccharose, Rohr-, Rübenzucker
Glucose- und ß-Fructoserest α(1-2)-verknüpft, daher keine reaktive Carbonylgruppe mehr frei, in Pflanzen.

Abb. 1.13. Die wichtigsten Disaccharide

Disaccharide sind häufig vorkommende Verbindungen aus zwei Monosacchariden. Sie entstehen durch glycosidische Bindung zwischen zwei Hydroxylgruppen unter Freisetzung von Wasser (Abb. 1.13).

In der Natur kommen Kohlenhydrate meist in Form von Polysacchariden großer molarer Masse vor. Sie unterscheiden sich durch die Anzahl der Monosaccharide, die Kettenlänge und das Ausmaß der Verzweigungen. Homopolysaccharide enthalten nur einen Monomertyp, Heteropolysaccharide mehrere. Polysaccharide haben im wesentlichen Speicher- oder Strukturfunktionen.

Speicher-Polysaccharide sind die pflanzliche Stärke und das tierische Glycogen, welches in der Leber und im Muskel gespeichert wird und zur Regulation des Blutzuckerspiegels dient. Stärke besteht aus Amylose, einer unverzweigten Poly-α(1-4)-Glucose, und aus Amylopectin, welches zusätzlich über α(1-6)-Bindungen stark verzweigt ist. Glycogen besitzt wie Amylopectin α(1-4)- und α(1-6)-Bindungen und besteht ebenfalls ausschließlich aus Glucose. Ein weiteres pflanzliches Speicher-Polysaccharid ist Inulin, das aus ß(2-1)-verknüpften Fructoseresten aufgebaut ist.

Als Struktur-Polysaccharid ist vor allem Cellulose zu nennen. Es ist der Hauptbestandteil der festen pflanzlichen Zellwände und stellt etwa 50% der gesamten organischen Materie der Biosphäre. Die Moleküle aus 300-3000 Glucoseresten in ß-glycosidischer Verknüpfung ordnen sich in Bündeln, parallelen Ketten oder Fibrillen an, die durch Faserlagenbildung Stabilität und Haltbarkeit verleihen. In Bakterienzellwänden sind Polysaccharidketten aus dem Disaccharid N-Acetyl-Glucosamin/N-Acetylmuraminsäure über kurze Peptidketten netzartig verbunden. Der dünne, flexible, klebrige Zellmantel höherer Tiere besteht vor allem aus sauren Mucopolysacchariden. Hier spielt Hyaluronsäure aus dem Disaccharid Glucuronsäure/N-Acetyl-Glucosamin die wichtigste Rolle.

Kohlenhydrate werden als Energie- und Kohlenstofflieferanten in komplexen Stoffwechselwegen genutzt. Diese sind z.T. räumlich voneinander getrennt. Vor der Besprechung des Energiestoffwechsels wird deshalb zunächst auf die Struktur und Funktion der wesentlichen Trenn- (und Verbindungs-) Strukturen biologischer Systeme und der sie aufbauenden Biomoleküle eingegangen.

1.2.5 Lipide

Lipide sind wasserunlösliche Biomoleküle und haben als solche zwei Hauptfunktionen: Sie dienen als langfristige Vorratsform von Brennstoffen für Stoffwechselprozesse. Vor allem aber sind sie die strukturellen Hauptkomponenten der Membranen und damit für die Bildung und den Schutz abgeschlossener wässriger Lösungsräume verantwortlich, ohne die biochemische Reaktionen nicht möglich sind.

Aufbau. Die Bausteine der Lipide sind die Fettsäuren, langkettige, aliphatische Moleküle mit einer terminalen Carboxylgruppe. Die Kette kann gesättigt sein, sie kann auch eine oder mehrere Doppelbindungen enthalten. Die Fettsäuren unterscheiden sich in ihrer Länge, sowie Zahl und Position der Doppelbindungen. Fast alle natürlich vorkommenden Fettsäuren besitzen eine gerade Zahl von C-Atomen zwischen 14 und 22; die häufigsten haben 16 oder 18 C-Atome mit einer Doppelbindung zwischen den C-Atomen 9 und 10. Doppelbindungen sind niemals konjugiert. Ungesättigte Fettsäuren sind an den Doppelbindungen geknickt und starr, gesättigte gestreckt und flexibel. Bei Zimmertemperatur sind ungesättigte Fettsäuren ölige Flüssigkeiten (Ölsäure, 18 C), während gesättigte wachsartig fest sind (Palmitinsäure, 16 C; Stearinsäure, 18 C). Gesättigte Ketten sind chemisch inert, ungesättigte hingegen an den Doppelbindungen reaktiv und anfällig gegen Oxidationen.

Alle Fettsäuren sind wasserunlöslich, können jedoch als Seifen (K- oder Na-Salze) durch Micellenbildung fein in wässrigen Lösungen verteilt werden. Sie sind dann in der Lage, wasserunlösliche Substanzen zu emulgieren, indem ihre hydrophoben "Schwänze" die Substanz umhüllen, während die hydrophilen "Köpfe" zum Wasser ragen.

Neutralfette besitzen keine elektrische Ladung. Sie sind die Hauptkomponenten der pflanzlichen und tierischen Fettdepots. Natürlich vorkommende Fette sind komplexe Mischungen zwischen einfachen und gemischten Triacylglyceri-nen, die verschiedene Fettsäuren aufweisen. Phospholipide finden sich fast ausschließlich in Zellmembranen und den Lipoproteiden des Blutplasmas (Abb. 1.14).

Glycolipide enthalten anstelle der Phosphorsäure eine Zuckergruppe und sind in Pflanzen und Bakterien verbreitet. Membranen von Hirn- und Nervenzellen besitzen komplexe Glycolipide mit abweichender Struktur: Cerebroside und Ganglioside enthalten einen anderen Alkohol anstelle von Glycerin und eine andere

Zahl von Fettsäuren. Wachse sind Ester höherer Fettsäuren (26 bis 34 C-Atome bei Pflanzen) mit langkettigen Alkoholen und strukturell mit Triacylglycerinen verwandt. Sie finden sich als schützende Überzüge auf Haut, Fell, Federn, Blättern, Früchten oder dem Exoskelett vieler Insekten. Bienenwachs besteht aus Palmitinsäureestern langkettiger Fettalkohole.

Weitere schwer wasserlösliche Derivate, die zu den Lipiden gerechnet werden, obwohl sie nicht wieder in Fettsäuren und Alkohol zerlegt werden können, sind

- die Steroide. Sie enthalten vier verknüpfte Kohlenstoffringe. Zu den Steroiden werden die Gallensäuren, die Sexualhormone, viele Nebennierenrindenhormone, einige Gifte (Herzglycoside, Krötengifte) und als Hauptsteroid im tierischen Körper das Cholesterin gerechnet.
- die Prostaglandine. Sie enthalten als Grundgerüst die langkettige geknickte Fettsäure Prostansäure und haben vielfältige hormonale Funktionen.
- die Terpene. Sie besitzen eine lineare oder zyklische Struktur und enthalten oft konjugierte Doppelbindungen. Viele Farb- und Aromastoffe der Pflanzen sind Terpene, so auch die Carotinoide und das davon abgeleitete Vitamin A.

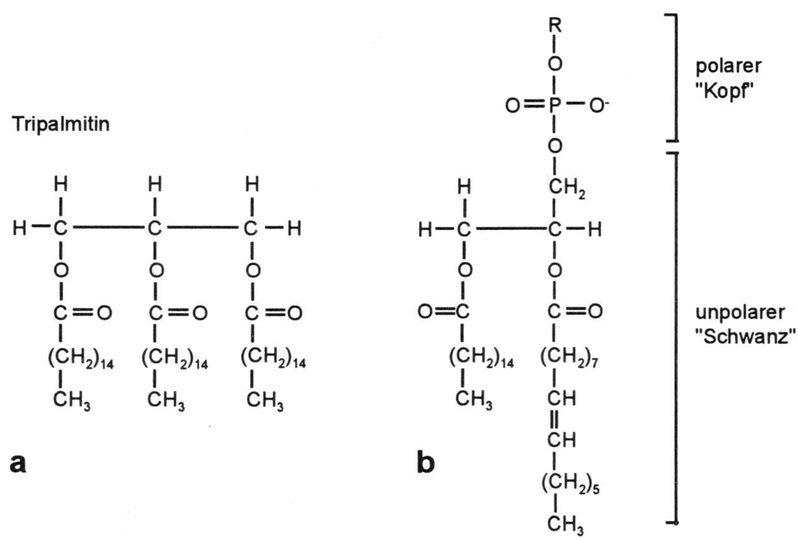

Abb. 1.14. Lipide. **a** Die einfachsten und häufigsten Lipide entstehen aus einer Veresterung des dreiwertigen Alkohols Glycerin mit drei Fettsäuren. Sie werden Neutralfette, Tri- oder Triacylglycerine genannt. **b** Struktur der Phospholipide. Zwei Fettsäuremoleküle sind mit den ersten beiden Hydroxylgruppen des Glycerins verestert. Die dritte Hydroxylgruppe ist mit Phosphorsäure verestert; es entsteht ein Phosphodiester. Phospholipide enthalten einen zweiten Alkohol (RO-), der ebenfalls mit dem Phosphorsäurerest verestert ist und die polare Charakteristik der Kopfseite des Phospholipidmoleküls mitbestimmt. Meist ist eine der beiden beteiligten Fettsäuren gesättigt und liegt an der Außenseite, während die andere ungesättigt und in der Mitte lokalisiert ist.

Polare Lipide können sich mit spezifischen Proteinen zu Lipoproteinen verbinden. In Lipoproteinen des Blutplasmas sind Proteine und Lipide nicht kovalent gebunden. Sie dienen dem Transport von Lipiden (Neutralfette, Cholesterin) vom Dünndarm zur Leber und von dort zu den Fettdepots. Die Lipoproteine der Membranen enthalten kovalente Lipid-Protein-Bindungen.

Polare Lipide können sich spontan auf der Oberfläche wässriger Lösungen ausbreiten und eine monomolekulare Schicht (monolayer) bilden, deren hydrophile Köpfe zum Wasser ausgerichtet sind, während die hydrophoben Schwänze zur Luft weisen. Zwei dieser Schichten können sich spontan zu einer Doppelschicht (bilayer) zusammenlagern, die in sich eine kontinuierliche Kohlenwasserstoffphase birgt.

Membranen. Membranen sind die wichtigsten Strukturelemente der Kompartimentierung von Reaktionsräumen. Sie bestehen aus einem Phospholipid-Bilayer mit spezifischen Proteinen und Enzymen, die an der Oberfläche angelagert sind oder durch die hydrophobe Kohlenwasserstoffschicht hindurchragen. Biologische Membranen befinden sich in einem flüssig-kristallinen Zustand ("fluid-mosaic-model", Abb. 1.15), in dem die streng ausgerichteten Lipidmoleküle seitlich hin- und herdiffundieren können.

Struktur und Funktion der beiden monolayer der Lipiddoppelschicht sind verschieden: Die Außenseite der Membranen dient der Wechselwirkung mit den Nachbarkompartimenten, ihre Kohlenhydrate und Proteine fungieren als Oberflächenstrukturen. Diese können auf der Zellebene als Antigene der Erkennung von

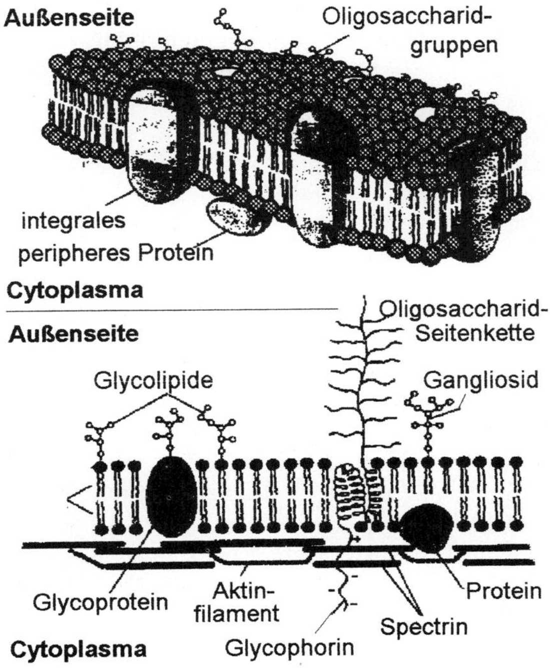

Abb. 1.15. Oben: Das "fluid-mosaic-model" einer Biomembran nach Singer und Nicholson. Unten: Schematische Darstellung eines Teils der Membran einer roten Blutzelle mit asymmetrischem Aufbau: Nach außen ragen die Oligosaccharid-Antennen der Glycoproteine und Glycolipide, zum Zellinneren hin befindet sich das Cytoskelett der Membran aus Spectrin-Molekülen, die über kurze Aktinfilamente miteinander und mit der Membran verbunden sind (aus Lehninger 1985).

Körpereigen- und Fremdstrukturen dienen oder Adhäsionsstellen für den Zellverband sein. Sie bilden Rezeptoren für Hormone, Neurotransmitter und - vor allem auf subzellulärer Ebene - Moleküle des Stoffwechsels, die von außen nach innen durch die Membran transportiert werden sollen. Proteine der Innenseite dienen der Verankerung an das Cytoplasmaskelett, der Fixierung wichtiger Enzymfunktionen, der Ausschleusung von Stoffwechselprodukten aus dem Reaktionsraum und der Vermittlung von äußeren Signalen an das Innere des Reaktionsraums. Die Information für die Membranstruktur ist in den Molekülen enthalten, die sie aufbauen, da sich bei einem Zusammengeben der Einzelkomponenten die Membran einschließlich ihrer spezifischen Struktur spontan, also ohne Hilfe von Enzymen oder Stoffwechselenergie, ausbildet ("self-assembling system").

Durch Nucleinsäuren codierte Proteine organisieren in Reaktionsräumen, die von Lipiden abgegrenzt werden, den Stoffwechsel lebendiger Systeme, dessen Ausgangssubstrat und organischer Energielieferant überwiegend Kohlenhydrate darstellen. Wie funktioniert die Energiegewinnung und -übertragung und wie hat sie sich entwickelt?

1.2.6 Entwicklung des Energiestoffwechsels

Die frühe reduzierende Erdatmosphäre (vgl. Kap. 2.1.3) enthielt vor allem die anorganischen Substanzen H_2, CO_2, CH_4, NH_3 und H_2O. Aus ihnen konnten unter Energiezufuhr im warmen, wässrigen Milieu organische Verbindungen entstehen, die durch ihre ausgeprägte strukturelle Ordnung ein hohes Maß an potentieller Energie besitzen: Alkohole, Zucker, organische Basen, Amino- und Fettsäuren. In flachen, sonnendurchstrahlten Gewässern oder an den Oberflächen katalytisch wirkender Mineralien größerer Wassertiefen konnten sich derartige Moleküle in großen Mengen ansammeln. Die sich daraus entwickelnden ersten Lebewesen nutzten sie, um durch den oxidativen Abbau dieser Substrate für ihre Lebensprozesse Energie zu gewinnen. Diese Energie konnte die in Form von energiereichen Phosphatverbindungen (ATP, Abb. 1.16) und Elektronen zwischengespeichert, transportiert und universell eingesetzt werden.

Gärung. Gärungen, die einfachste Form der Gewinnung von ATP, sind anaerobe Substratkettenphosphorylierungen (Abb. 1.16). Kohlenstoff- und Energiequelle sind organische Verbindungen (heterotrophe Lebensweise). Die mit der Phosphorylierung von ADP zu ATP verbundenen Umsetzungen sind Oxidationsreaktionen, der oxidierte Kohlenstoff wird als CO_2 freigesetzt. Die Oxidationsschritte sind Dehydrogenierungen, der Wasserstoff wird vom Substrat über NAD -> NADH wieder auf Substratabbauprodukte übertragen (finale Reduktion), seine Elektronen können noch nicht genutzt werden.

Viele Bakterien sind obligate Gärer, sie sind auf diese Art der Energiegewinnung angewiesen. Andere heutige Bakterien, Pilze und viele Würmer sind fakultative Gärer: Sie können unter Luftabschluß ihren Energiebedarf vollständig aus Gärungen decken.

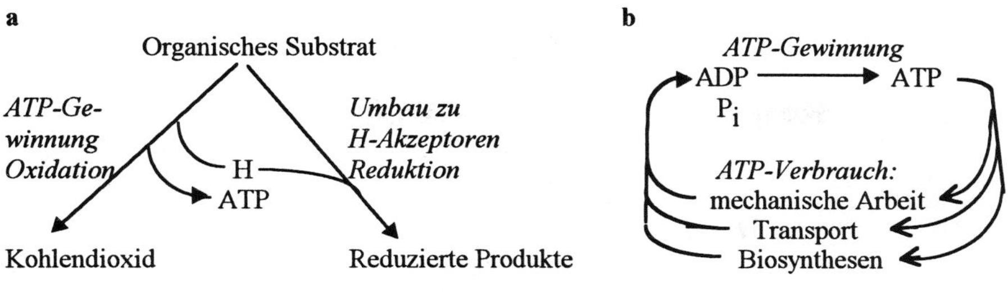

Abb. 1.16. a Prinzip der Gärung. **b** ATP-ADP-Cyclus.

Die wichtigsten Substrate der Gärung sind Kohlenhydrate. Als Gärprodukte treten neben CO_2 einzeln oder im Gemisch Stoffe auf, auf die abschließend Elektronen oder Wasserstoff übertragen wurden: Ethanol, Lactat (Milchsäure), Propionat, Formiat (Ameisensäure), Butyrat (Buttersäure), Acetat (Essigsäure), Succinat, Capronoat, Butanol, 2,3-Butandiol, Aceton, 2-Propanol und molekularer Wasserstoff. Die Vielfalt der Produkte ist auf nur drei Phosphorylierungsreaktionen zurückzuführen.

Der grundlegende anaerobe Stoffwechselweg ist der Fructosebisphosphatweg (Glycolyse, Abb. 1.17). Er findet im freien Lösungsraum der Zelle statt und ist nicht an Membransysteme gebunden. Die Glycolyse wird an mehreren Stellen reguliert:

- Die Hexokinase aktiviert mit Hilfe von ATP das Ausgangssubstrat, eine unter Normalbedingungen irreversible Reaktion. Sie wird durch ihr Produkt Glucose-6-phosphat gehemmt. So wird nur soviel phosphoryliertes Substrat hergestellt, wie in der Glycolyse benötigt wird. Arsenverbindungen und andere Substanzen, die mit SH-Gruppen reagieren, hemmen die Hexokinase ebenfalls und bringen die Glycolyse zum Erliegen.
- Auch die zweite Vorbereitungsreaktion, die Phosphorylierung durch die Phosphofructokinase (PFK), ist unter Normalbedingungen irreversibel. Die PFK ist als wichtigstes Regulationsenzym des Glucoseabbaus (Schrittmacher-Enzym) allosterisch regulierbar. Positive Modulatoren sind ADP, AMP und das Substrat, negativ wirkt ATP. Die Regulation erfolgt also über den augenblicklichen Energiebedarf in Form von ATP.
- Die folgende Aldolase-Reaktion läuft unter physiologischen Bedingungen nur ab, weil (und wenn!) die Produkte schnell durch die folgenden Reaktionen entfernt werden.

In der Glycolyse sind zwei Phosphorylierungsreaktionen verwirklicht. Das Produkt, Pyruvat, kann durch Decarboxylierung (CO_2-Abgabe) in einen Acetylrest umgewandelt werden. Dieser bildet entweder das Substrat weiterer Stoffwechselwege, oder wird nach Umwandlung in Acetylphosphat weiter vergoren:

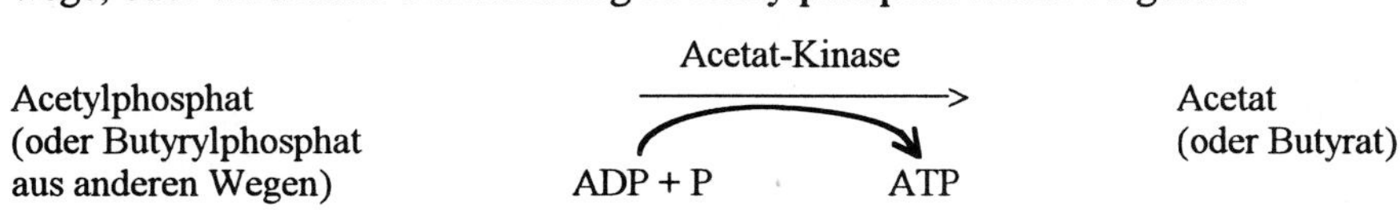

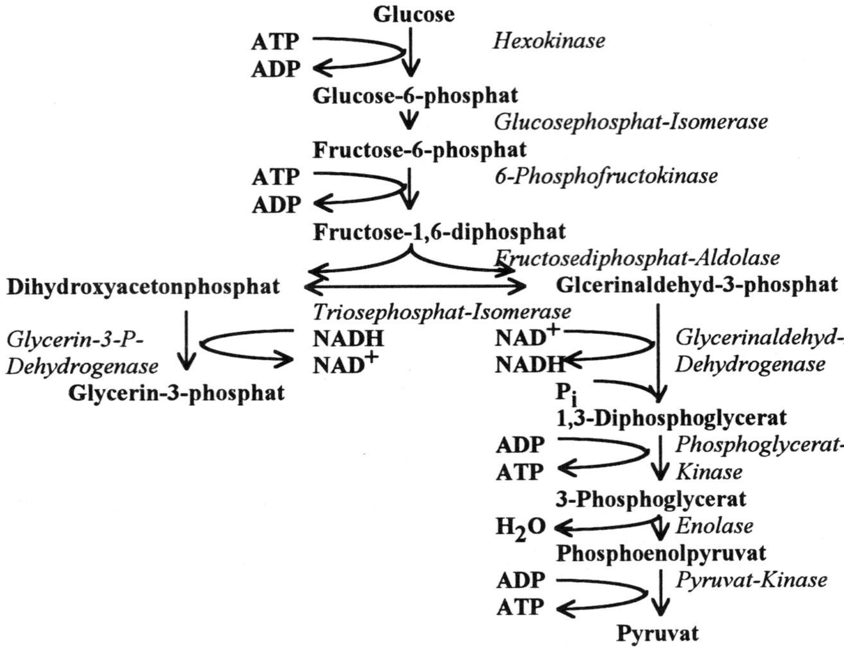

Abb. 1.17. Glycolyse. *Kursiv:* beteiligte Enzyme. Zunächst werden die Ausgangssubstrate mit Hilfe von ATP aktiviert. Die Glycerinaldehyd-P-Dehydrogenase-Reaktion ist entscheidend: Die durch die Oxidation der Aldehydgruppe freiwerdende Energie wird direkt in einer zweiten Phosphatbindung konserviert. Die energiereichen Zwischenprodukte 1,3-Diphosphoglycerat und Phosphoenolpyruvat können eine Phosphatgruppe auf ADP übertragen. Der Verbrauch von Glycerinaldehyd-3-phosophat zieht Dihydroxyacetonphosphat nach, die Nettobilanz beträgt: Glucose -> 2 Pyruvat + 2 ATP + 2 NADH.

Diese Möglichkeit, die den Energiegewinn verdoppelt, besteht nur, wenn molekularer Wasserstoff als Elektronenträger gebildet werden kann; ansonsten wird Pyruvat gebraucht, um Wasserstoffakzeptoren herzustellen und Reduktionsprodukte wie Ethanol oder Lactat zu bilden. Die Wasserstoffbildung hängt wiederum davon ab, ob der entstehende Wasserstoff laufend abgeführt wird.

Die zunächst ausschließliche Nutzung energiereicher, reduzierter Verbindungen der "Ursuppe" verbrauchte viel Substrat bei wenig Biomassegewinn. Die Nutzung anorganischer Wasserstoff- oder Elektronenakzeptoren ermöglichte eine weitergehende Oxidation und höheren Energiegewinn.

Anaerobe Atmung. Die Entwicklung von Cytochromen mit Eisen-Porphyrin-Systemen ermöglichte erstmals die Nutzung externer anorganischer Elektronenakzeptoren, die in der wässrigen Lösung vorliegen, wie CO_2, Sulfat oder Nitrat: Die wasserstoffgetriebene Elektronentransportphosphorylierung entstand. Die bei der Substratoxidation während der Glycolyse anfallenden Reduktionsäquivalente (Elektronen oder Wasserstoff) werden von Coenzymen (NAD^+, FAD) an ein protonenundurchlässiges Membransystem transportiert. Sie werden so durch die Membran geleitet, daß zwischen der Innen- und der Außenseite der Membran ein elektrochemischer Gradient aufgebaut wird. Dieser kommt durch die Anordnung von Proteinen in der Membran zustande, die in der Lage sind, mit Hilfe prosthetischer Gruppen Elektronen oder Wasserstoff aufzunehmen und an eine weitere Komponente der Reaktionskette weiterzugeben. Der funktionelle Zusammenhang dieser Proteine wird Atmungskette genannt. Beteiligt sind im wesentlichen

- Flavoproteine (FAD als prosthetische Gruppe), die Wasserstoff übertragen,
- Eisen-Schwefel-Proteine, die Elektronen übertragen,
- Chinone, die im Überschuß vorliegen, H^+-Ionen und Elektronen binden, aber nur Elektronen auf Cytochrome übertragen,
- Cytochrome (Häm als prosthetische Gruppe), die nur Elektronen übertragen und somit H^+-Ionen freisetzen. Das Eisenatom des Häms nimmt durch Valenzwechsel an der Elektronenübertragung teil. Cytochrome übergeben schließlich die Elektronen an den terminalen anorganischen Akzeptor.

Antransportierter Wasserstoff wird zunächst an der Innenseite der Membran gebunden und zur Außenseite transportiert. Dort wird ein H^+-Ion freigesetzt und ein Elektron übertragen. Bei der Elektronenübertragung auf die jeweiligen Akzeptoren, die sich an der Innenseite der Membran befinden, werden H^+-Ionen aus dem Inneren des Kompartiments gebunden. Wiederum wird Wasserstoff an die Außenseite der Membran übergeben, wo H^+ freigesetzt und das Elektron erneut an die Innenseite weitergegeben wird. Diese "Zickzack-Kaskade" aus Redoxkatalysatoren bewirkt schrittweise die Oxidation des Wasserstoffs, endet beim terminalen Akzeptor und führt zu einem Protonendefizit im von der Membran abgegrenzten Kompartiment. Die Elektronentransportkette wirkt somit als Protonenpumpe (vgl. Abb. 1.20). Der Ausgleich des entstandenen elektrochemischen Gradienten geschieht durch kanalisierten Protoneneinstrom; die dabei freiwerdende Kraft wird durch die als Tunnelenzym in der Membran wirkende ATP-Synthetase genutzt, die die ATP-Synthese aus ADP und P katalysiert.

Die Elektronentransportphosphorylierung ist der Substratkettenphosphorylierung an Energiegewinn weit überlegen. Folgende bakterielle anaerobe Atmungsprozesse sind von ökologischer Bedeutung:

1. Die anaerobe Nitratatmung durch Denitrifikanten ist ein wesentlicher Bestandteil des Stickstoffkreislaufs. Nitrat kann über Nitrit, NO und N_2O zu N_2 reduziert werden; dabei dienen Nitrat und alle Zwischenstufen als terminale Elektronenakzeptoren von Elektronentransportketten. Darmbakterien erreichen als Endprodukt lediglich Nitrit, aus dem bei Anreicherung Nitrosamine entstehen können (vgl. Kap. 1.2.3).
2. Die anaerobe Sulfatatmung durch Desulfurikanten führt zu einer schrittweisen Reduktion des Sulfats über SO_3^{2-}, $S_3O_6^{2-}$, $S_2O_3^{2-}$ zu H_2S.
3. Die Schwefel-Atmung erzeugt H_2S aus elementarem Schwefel.
4. Die Carbonatatmung führt zur Methanbildung in sauerstofffreien Milieus.

Die Nutzung energiereicher, reduzierter Kohlenstoffverbindungen ist abhängig von deren Nachlieferung und erlaubt nur einen relativ geringen Biomasseumschlag. Die Erschließung anorganischer Energie- und Kohlenstoffquellen vergrößert diesen beträchtlich.

Photosynthese. Die Weiterentwicklung von porphyrintragenden Proteinen ermöglichte die Umwandlung von Lichtenergie in biochemisch verwertbare Energie (ATP). Der Photosynthese genannte Prozeß basiert auf der Fähigkeit von Biomolekülen, Licht zu absorbieren. Elektronen, die die für sie spezifische Lichtenergie (~ 1/Wellenlänge) aufgenommen haben, werden auf ein höheres Energieniveau angehoben. Das Molekül geht in einen kurzfristig angeregten Zustand über. Die photosynthetisch aktiven Chlorophylle (Mg-Porphyrine) sind in der Lage, angeregte Elektronen zu übertragen. Der Elektronenakzeptor wird reduziert und gibt die Elektronen über eine Transportkette weiter, mit deren Hilfe ATP und Reduktionskraft in Form von NAD(P)H gewonnen wird (Abb. 1.18). Das Elektronendefizit des Chlorophylls wird durch einen Elektronendonator gedeckt, der durch die Übertragung oxidiert wird.

Durch die Entwicklung des ersten Photosystems (PS I), einer membrangebundenen lichtgetriebenen Protonenpumpe mit Chlorophyllen als Reaktionszentren und cyclischem Elektronentransport, wurde zunächst lediglich die Energiegewinnung im Licht unterstützt und der Aufbau organischen Materials über bereits vorhandene Stoffwechselwege erleichtert, wie es heute noch bei einigen Photobakterien der Fall ist: Als Kohlenstoffquelle dienen organische Verbindungen (photoheterotrophe Lebensweise). Elektronenquelle sind H_2S oder organische Verbindungen.

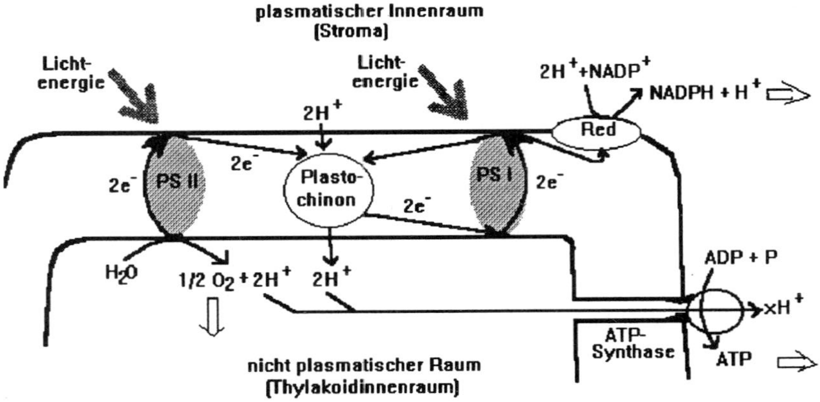

Abb. 1.18. Orientierung des Elektronenflußsystems innerhalb photosynthetisch wirksamer Membranen. PS Photosystem, Red $NADP^+$-Reduktase. PS I kann die Elektronen zyklisch rückübertragen (entsprechend der bakteriellen Photosynthese) oder $NADP^+$ reduzieren. Die ATP-Gewinnung wird von der protonengetriebene ATP-Synthase geleistet. Der reduzierende Transport von Elektronen mit Hilfe von Lichtenergie stellt die Umkehrung der Membranverhältnisse bei der Atmungskettenphosphorylierung (Abb. 1.20) dar. Die im Zuge der photosynthetischen Lichtreaktion gewonnenen NADPH und ATP werden verwendet, um CO_2 zu reduzieren und daraus organische Substanz (Glucose) aufzubauen.

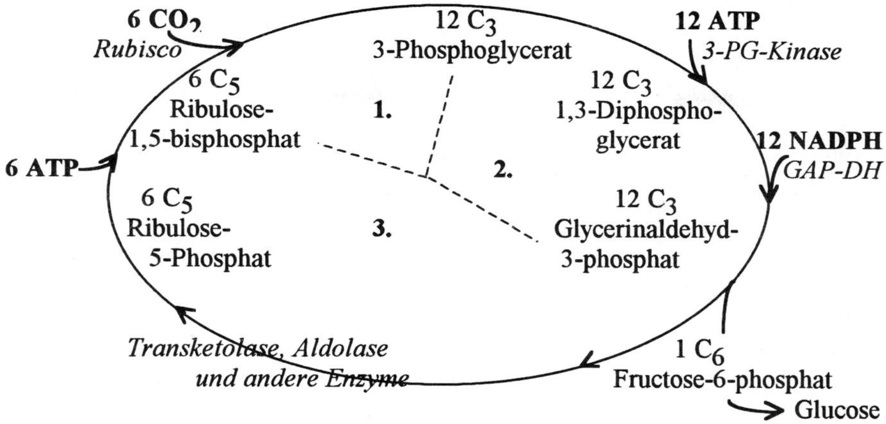

Abb. 1.19. Die Fixierung und Reduktion von CO_2 im Calvin-Cyclus. Wichtigste Enzyme kursiv, C_x Länge der Kohlenstoffgerüste; Untergliederung in drei Schritten:

1. Carboxylierungsreaktion: Ribulose-1,5-bisphosphat (RBP) wird durch Ribulose-bisphosphat-Carboxylase (Rubisco) unter Bindung von CO_2 zu zwei Molekülen 3-Phosphoglycerat (3-PG) umgesetzt.
2. Reduktionsreaktion: 3-PG wird phosphoryliert (3-PG-Kinase) und zu Glycerinaldehyd-3-Phosphat (GAP) reduziert (GAP-Dehydrogenase), Fructose-1,6-bisphosphat (FBP) entsteht; Umkehrung entsprechender Glycolyse-Schritte.
3. Regeneration des CO_2-Akzeptors: Aus GAP und FBP wird über C2-Abspaltung, C4- und C7-Körper Ribulose-5-Phosphat gebildet, welches zu RBP aktiviert wird.

Die gegenseitige Regulation von Licht- und Dunkelreaktion geschieht über die gemeinsamen ATP/ADP- und NADPH/NADP-pools. Die Rubisco arbeitet in alkalischem Milieu des Stromas schneller (-> lichtgetriebene Protonenpumpe).

Die Aneignung der Fähigkeit, CO_2 zu fixieren und als Kohlenstoffquelle zu nutzen (lichtunabhängige oder Dunkelreaktion), ermöglichte neben der Unabhängigkeit von organischen Energiequellen auch die von organischen Kohlenstoffquellen. Die autotrophe Lebensweise entstand. Dieser Entwicklungsstand wird durch die moderneren der heutigen Photobakterien repräsentiert. Sie nutzen reduzierte organische oder anorganische Verbindungen als Elektronenquellen. Die Fixierung von CO_2 über den Calvin-Cyclus (Abb. 1.19) stellt den ersten entscheidenden Schritt zu großer Biomasseproduktion dar. Sie ließ nun die Elektronendonatoren zu limitierenden Faktoren werden.

Die Entwicklung des Photosystems II ermöglichte die katalysierte Photolyse von Wasser in O_2, Protonen und Elektronen und erlaubte einen offenkettigen Elektronentransport mit Wasser als Elektronendonator. Dadurch war

- die Unabhängigkeit von Wasserinhaltsstoffen und organischem Substrat als Elektronendonatoren erreicht,
- die vollständige Nutzung der angeregten Elektronen zur Reduktion von $NAD(P)^+$ gewährleistet und genügend Reduktionskraft für die CO_2-Fixierung sichergestellt,
- die zwangsläufige Freisetzung von Sauerstoff eingeleitet.

Die oxygene Photosynthese führte über Jahrmillionen zu einer oxidierenden Erdatmosphäre mit einschneidenden strahlungs- und witterungsklimatischen sowie mineralogischen Veränderungen. Seit 1.2 Mrd. Jahren beruht das gesamte Leben auf der Erde auf der biologischen Photosynthese und auf dem von den Pflanzen produzierten Sauerstoff. Die Unabhängigkeit von Energie-, C- und Elektronenquelle kam aber erst voll zum Tragen, als der begrenzte Lebensbereich der Flachgewässer verlassen wurde. Die Eroberung des Landes durch die Pflanzen vor 600 Millionen Jahren führte zu einem enormen Anstieg der Biomasseproduktion, der sich in Form fossiler C-Lagerstätten nachweisen läßt.

Der Überschuß photosynthetischer Aktivität brachte eine Einpegelung des O_2-Gehalts der Atmosphäre auf dem heutigen Wert von 21%. Dies war nur möglich, weil der produzierte Sauerstoff über den Aufbau der Ozonschicht die tödliche harte UV-Strahlung der Sonne abschirmte und die Organismen ihrerseits Wege fanden, sich vor dem aggressiven Sauerstoff zu schützen.

Aerobe Atmung. Die Weiterentwicklung von Cytochromen zu Endoxidasen erlaubte die Reduktion und Entschärfung des Sauerstoffs. Die gleichzeitige Nutzung von O_2 als terminalem Elektronen-Akzeptor der Elektronentransportkette ermöglichte schließlich die aerobe Atmung. Dieser jüngste Energiestoffwechselweg ist unabhängig von gelösten Elektronenakzeptoren und gewährleistet eine hohe Energieausnutzung der in der Glycolyse und anderen Stoffwechselwegen gebildeten Reduktionsäquivalente (Abb. 1.20).

Durch die Photosynthese werden große Mengen reduzierter organischer Verbindungen produziert. Mit der Entwicklung der Atmung können die bei der Oxidation dieser Verbindungen entstehenden Elektronen nicht nur "entsorgt" werden; sie liefern durch die Übertragung auf molekularen Sauerstoff sogar besonders effektiv Energie in Form von ATP. So wird eine vollständige Oxidation reduzierter Verbindungen zu CO_2 möglich und sinnvoll. Photosynthese und aerobe Veratmung von Kohlenhydraten stellen heute die Antagonisten des globalen Stoffwechsels dar.

$$6\,CO_2 + 6\,H_2O \underset{\text{aerobe Atmung}}{\overset{\text{Photosynthese}}{\rightleftarrows}} C_6H_{12}O_6 + 6\,O_2$$

Nahezu alle eukaryotischen Zellen und die meisten Bakterien sind heute zu aerober Atmung befähigt. Veratmet werden aber nicht nur organische, sondern auch anorganische Verbindungen: NH_4^+ und NO_2^- werden durch nitrifizierende Bakterien zu Nitrat oxidiert (chemoautotrophe Lebensweise). Gärungen und anaerobe Atmung sind unter den derzeitig überwiegend herrschenden Bedingungen weniger effektiv; sie werden unter vorübergehend anoxischen Bedingungen genutzt. Obligate (ausschließliche) Gärer sind in Extrembiotope verdrängt worden.

Bei allen Elektronentransportphosphorylierungen kann durch chemische Agentien der Elektronentransport von der Phosphorylierung (ATP-Synthetase-Reaktion) entkoppelt werden. Diese Agentien wirken spezifisch membranschädigend und führen zu erhöhter Durchlässigkeit für Protonen: Der elektrochemische

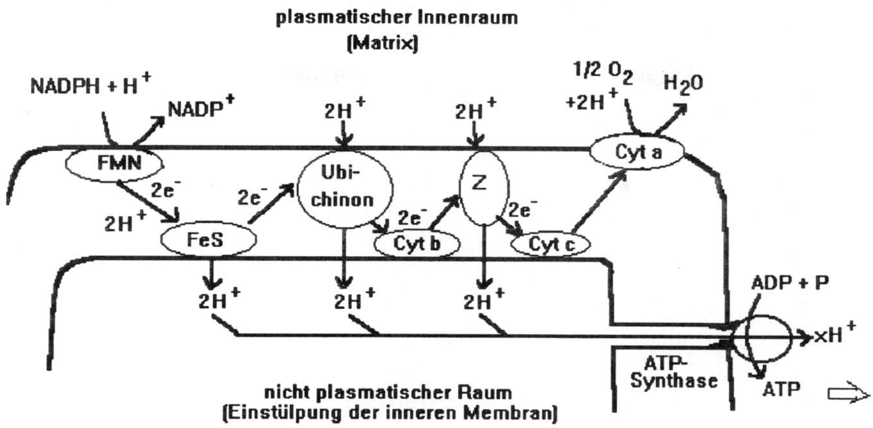

Abb. 1.20. Atmungskettenphosphorylierung. FMN Flavinmononucleotid, FeS Eisen-Schwefel-Protein, Z hypothetischer Wasserstoffüberträger, Cyt Cytochrome. Die Oxidation des NADPH und der anschließende Elektronentransport führen zu einem Protonenverbrauch im plasmatischen und zu einer Protonenabgabe in den nicht plasmatischen Raum; dies entspricht der Situation bei der Photophosphorylierung (Abb. 1.18). Der sich daraus ergebende elektrochemische Gradient ist die Kraft, die zur ATP-Regeneration führt. Bei der aeroben Atmung werden die Elektronen auf Sauerstoff übertragen, der zu Wasser reduziert wird; bei der anaeroben Atmung werden sie auf andere terminale Elektronenakzeptoren übertragen. Im Unterschied zur lichtgetriebenen Photophosphorylierung folgt der Elektronentransport dem Gefälle der Elektronenübertragungspotentiale. Reduzierte Stoffe mit einem niedrigeren Potential (z.B. $FADH_2$) können Elektronen oder Wasserstoff auf der Ebene des Chinons (bzw. Z) einspeisen. Der Energiegewinn fällt durch die geringere Protonenverlagerung entsprechend niedriger aus.

Gradient kann sich nicht einstellen, Atmung oder Photoreaktionen laufen weiter, aber ohne Energiegewinn. Als Folge werden Energievorräte in kurzer Zeit in Wärme umgesetzt, es kommt zu Engpässen oder Überhitzung.

1.2.7 Intermediärstoffwechsel: Citratcyclus

Neben Energie in Form von ATP benötigen lebende Systeme für Wachstumsprozesse mehr oder weniger reduzierte Kohlenstoffgerüste mit funktionellen Gruppen. Der Stoffwechsel (= Metabolismus), der einfache Nährstoffe wie Glucose oder Fettsäuren in einer Sequenz hintereinandergeschalteter, enzymkatalysierter Reaktionen und über viele chemische Zwischenprodukte (= Metabolite) in derartiges Material umsetzt, ist in allen lebenden Systemen prinzipiell gleich. Er läßt sich in drei Schritte gliedern:

1. Katabolismus: Zerlegung von organischen Nährstoffen in wenige, kleinere Bruchstücke (konvergierender Stoffwechsel), meist oxidativ, Energiegewinnung in Form von ATP.
2. Amphibolismus oder Intermediärstoffwechsel: Umsetzung der Bruchstücke zu einer Reihe organischer Säuren und Phosphatester, Substraten für Biomolekül-Bausteine.
3. Anabolismus: Biosynthese von Biomolekül-Bausteinen und vielfältigen Polymeren (divergierender Stoffwechsel) unter ATP-Verbrauch.

Für katabole und anabole Stoffwechselwege (Abb. 1.21) gibt es teilweise unterschiedliche Enzymsysteme. Dies ist aus energetischen Gründen notwendig, da für den Aufbau eines Moleküls mehr Energie benötigt wird, als sein Abbau an nutzbarer Energie liefert. Durch die Möglichkeit der räumlichen Trennung wird zudem ermöglicht, daß beide Vorgänge gleichzeitig und unabhängig reguliert ablaufen können, was ein hohes Maß an Anpassungsfähigkeit gewährleistet.

Der für aerobe Organismen universelle Tricarbonsäure- oder Citrat-Cyclus (Abb. 1.22) dient unter dem Gesichtspunkt des Energiestoffwechsels vor allem der Bildung der Reduktionsäquivalente NADH + H^+ und $FADH_2$ für den Betrieb der Atmungskette. Dies geschieht durch Oxidation eingeschleuster Acetat-Reste zu CO_2 unter Abspaltung des Wasserstoffs.

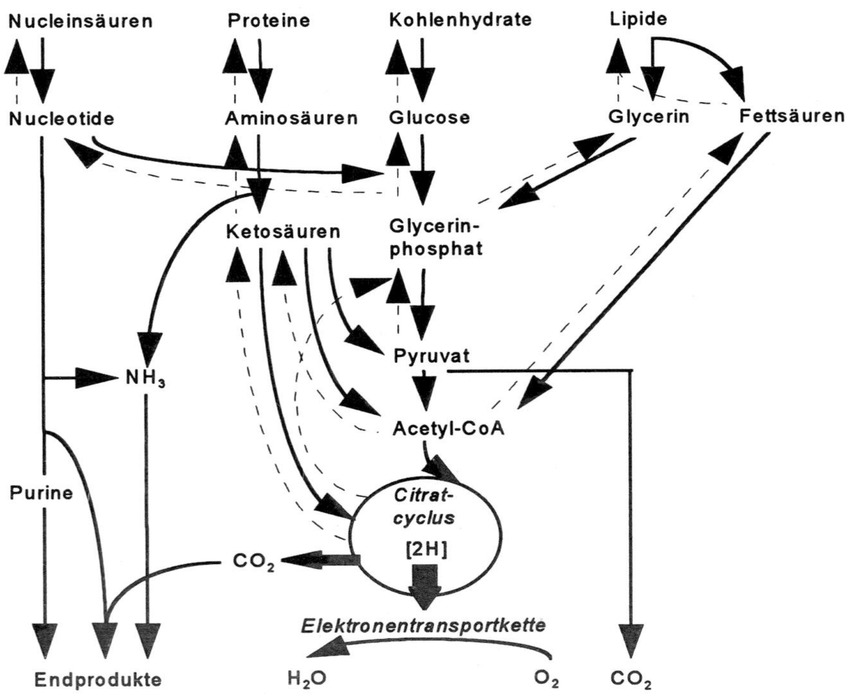

Abb. 1.21. Grundgerüst des Metabolismus. Katabole Stoffwechselwege sind mit durchgängigen, anabole Stoffwechselwege mit gestrichelten Pfeilen dargestellt.

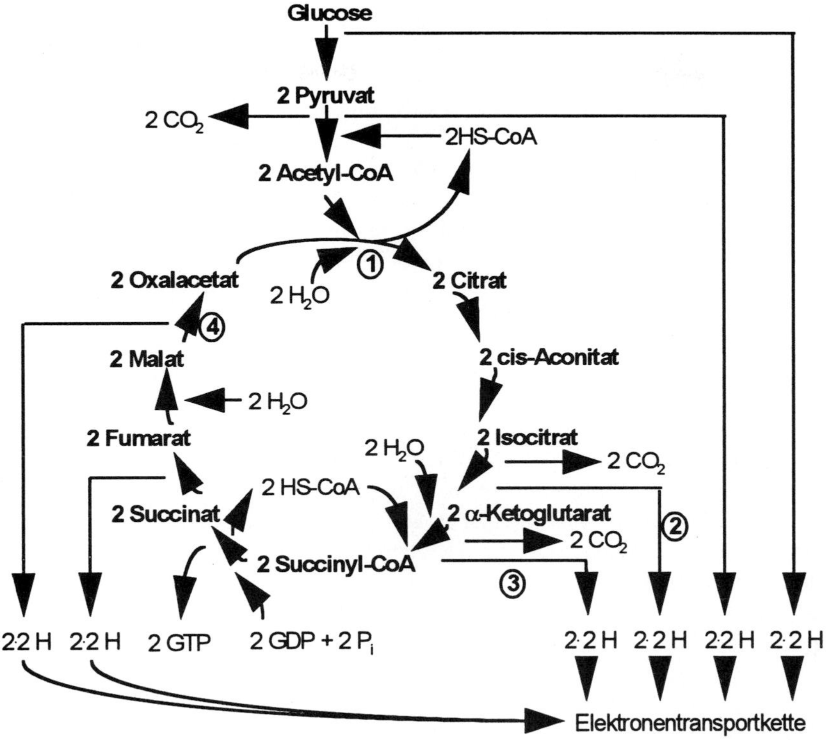

Abb. 1.22. Der Tricarbonsäure- oder Citrat-Cyclus. In der Bilanz ergeben sich aus jedem Acetatmolekül zwei CO_2, ein GTP und acht gebundene Wasserstoffmoleküle, die für die Elektronentransportphosphorylierung verwendet werden können. Die Regulation des Tricarbonsäurecyclus setzt bei den durch Nummern dargestellten Enzymen an:

- Die Citrat-Synthetase (1) ist ein allosterisches (Schrittmacher-) Enzym, deren negative Modulatoren ATP und NADH sind.
- Die Isocitrat-Dehydrogenase (2) ist ein allosterisches Enzym mit ATP und NADH als negativen und ADP und NAD^+ als positiven Modulatoren.
- Die Succinat-Dehydrogenase (3) wird durch Malonat oder Oxalacetat rückkoppelnd gehemmt.
- Die Malat-Dehydrogenase (4) katalysiert eine energieaufwendige Reaktion, die nur abläuft, wenn die Produkte aus dem Gleichgewicht entfernt werden.

Unter dem Gesichtspunkt des Stoffumsatzes ist der Citrat-Cyklus die wichtigste Stoffwechseldrehscheibe für Vorstufen der Biomolekül-Bausteine. So werden beispielsweise Ketoglutarat und Oxalacetat durch Aminierung zu basalen Aminosäuren. Alle spezifischen Synthesewege haben direkt oder indirekt über den Aminosäurestoffwechsel Metabolit-Anschluß an das in Abb. 1.22 dargestellte zentrale Stoffwechselgeschehen.

Nach der Definition von Czihak et al. (1992) sind Lebewesen "diejenigen Naturkörper, die Nucleinsäuren und Proteine besitzen und imstande sind, solche Moleküle selbst zu synthetisieren". Die Energie und Materie für eine solche Synthese wird in Kohlenhydraten gespeichert und transportiert. Zum Zusammenwirken dieser Moleküle bedarf es günstiger Bedingungen, die sich nur in abgeschlossenen Reaktionsräumen herstellen lassen. Diese Reaktionsräume werden durch Lipide gebildet. Lipidvesikel mit Vorstufen von Proteinen und Nucleinsäuren und einfachen katalysierten Reaktionen (Koazervate) lassen sich in Experimenten mit einer künstlichen "Ursuppe" aus anorganischen Bestandteilen herstellen; sie sind jedoch instabil und vermögen noch nicht, sich zu replizieren oder gespeicherte Information zu transkribieren. Leben ist also mit einer ständigen, organisierten komplexen Wechselwirkung spezifischer unbelebter Biomoleküle auch in naturwissenschaftlicher Hinsicht nur unvollständig beschrieben. Ein jedes lebendes System ist (naturwissenschaftlich) nur begreifbar als das Produkt aus vier Milliarden Jahren kontinuierlicher Evolutionsgeschichte, in der sich nicht nachvollziehbar viele Lebensmodelle entwickelt haben und von der Selektion verworfen worden sind.

Auf den weiteren Integrationsebenen entfalten diese Lebensmodelle zunehmende Komplexität und Vielfalt. Sie stehen als vorläufige Endpunkte der Evolution gleichwertig nebeneinander und werden unter funktionalen Gesichtspunkten beleuchtet. Ordnungskriterium ist dabei die eingangs dieses Kapitels aufgestellte Sammlung der Eigenschaften lebender Systeme.

1.3 Zellen

Die Zelle ist die kleinste Einheit, in der sich alle Eigenschaften des Lebens nachweisen lassen. Ihr Bauprinzip hat sich in der Frühzeit der Evolution als beste und entwicklungsfähigste aller Alternativen vollständig durchgesetzt und ist deshalb der Grundbaustein der heutigen Organismen: Alle lebenden Systeme sind zellulär organisiert. Zellen sind abgegrenzte und unterteilte Reaktionsräume für die biochemischen Lebensprozesse. Sie sind die kleinsten Vermehrungseinheiten: Zellen können nur aus schon existierenden Zellen entstehen. Alle (jungen) Zellen enthalten die genetische Information des Gesamtorganismus und damit die prinzipielle Möglichkeit, jede in der Information enthaltene strukturelle und funktionelle Eigenschaft auszuprägen.

1.3.1 Procyten und Eucyten

Eine Zelle besteht aus Cytoplasma und DNA-haltigem Kernmaterial. Sie wird nach außen von einer Cytoplasmamembran abgeschlossen. Die entwicklungsgeschichtliche, morphologische und physiologische Basisstellung der Zelle rechtfertigt eine Grobeinteilung aller Organismen nach zellulären und subzellulären

Gesichtspunkten in Prokaryoten ("Vorkernige") und Eukaryoten ("Echtkernige", Tabelle 1.2). Prokaryoten unterscheiden sich von eukaryotischen Zellen vor allem durch ihre erheblich geringere strukturelle Komplexität und funktionale Differenzierung (Abb. 1.23-1.25). Trotz ihres einfacheren Aufbaus besitzen sie alle Charakteristika lebender Systeme.

Prokaryoten haben Abgrenzungsstrukturen entwickelt, die sich von denen der Eucyten deutlich unterscheiden. Der Mureinsacculus der meisten Bakterien ist ein Makromolekülkomplex mit einem Gerüst aus langen Heteropolysaccharidketten, die über kurze Peptidketten miteinander vernetzt sind. Diese Netze können aus wenigen oder zahlreichen Schichten bestehen. Ein dünner Sacculus ist über die Gram-Färbung nicht anfärbbar. Gram-negative Bakterien besitzen außerhalb des Sacculus eine an diesem befestigte zusätzliche äußere Membran aus Phospholipiden, in der Glycoproteine mit spezifischen Kohlenhydrat-Seitenketten verankert sind (Abb. 1.23). Der Mureinsacculus der Gram-positiven Bakterien ist vielschichtig, anfärbbar und mit unterschiedlichen Substanzen inkrustiert. In der Eigenheit der Mureinwand liegt ein wesentlicher Grund für die selektive Empfindlichkeit vieler Bakterien gegenüber einigen Antibiotika. Penicilline hemmen die Vernetzung der Polysaccharidketten und wirken nur auf wachsende Bakterien. Das Lysozym der Schutzflüssigkeiten des Auges und in Eiern zerstört die Bindung zwischen N-Acetylglucosamin und Muraminsäure und fragmentiert die Polysaccharidkette.

Die wesentlichen Stoffwechselwege sind von Prokaryoten entwickelt und von den sich aus ihnen ableitenden Eukaryoten übernommen und modifiziert worden. Die in Eukaryoten verwirklichten Abbauwege organischer Substanzen sind zwar

Tabelle 1.2. Unterschiede zwischen und Zuordnung zu Pro- und Eukaryo(n)ten

	Procyte der Prokaryoten	Eucyte der Eukaryoten
Größe	0.01 - 5 µm	0.01 µm - 1 m
Organisation	stets als Einzelzelle	Einzelzelle oder Zellverband
Kern, DNA	Kernregion ohne Kernmembran, einfaches Ringchromosom, Plasmide, haploid, keine Kernteilung	echter Kern mit Membran und Nucleoli, mehrere Chromosomen mit Histonen, haploid oder diploid Mitose, z.T. Meiose
Cytoplasma	wenig kompartimentiert	stark kompartimentiert
Organellen	keine Organellen, z.T. Membraneinfaltungen zur Energiegewinnung durch Atmung oder Photoynthese	endoplasmatisches Retikulum (ER) Golgi-Apparat/Dictyosomen Mitochondrien (Atmung) (Chloroplasten, Photosynthese)
Ribosomen	klein, frei im Cytoplasma	groß, oft verbunden mit ER
Zellwand	Mureinsack (Peptidoglucan)	Cellulosefibrillen
Geißeln	Einzelfibrillen	9 + 2 - Mikrotubuli-Struktur
Bakterien, Blaualgen, Archaebakterien		Pflanzen (incl. Algen), Pilze, Protozoen, Tiere

die quantitativ bedeutsamsten, stellen aber nur einen Ausschnitt aus der prokaryotischen Stoffwechselvielfalt dar. Prokaryoten sind mehr als ein Überbleibsel aus den Anfängen der Evolution: Durch ihre Stoffwechselpotenz, ihre extrem kurze Genrationszeit und Stoffumsatzgeschwindigkeit konnten sie sich in allen Lebensräumen gegen die höher organisierten Eukaryoten behaupten. Diese Eigenschaften machen sie im Hinblick auf ökologische Stoff- und Energiekreisläufe zu einer zentralen Komponente von Biozönosen (vgl. Kap. 2).

Die Archaebakterien weisen Membransysteme auf, die stark von denen anderer Lebewesen einschließlich der Bakterien abweichen. Sie enthalten Ether statt Fettsäureester, keine Chinone oder Ferredoxine und Proteine mit anderen Coenzymen. Aus diesem Grund müßten die Archaebakterien, zu denen die meisten Methanbildner gehören, allen anderen Lebewesen als eigene Gruppe gegenübergestellt werden.

Viren. Viren bestehen aus einem mehr oder weniger komplizierten Mantel aus Hüllproteinen und einer Nucleinsäurefüllung (DNA oder RNA). Durch das Fehlen von Membranen und Organellen, also von Reaktionsräumen und Stoffwechsel, lassen sie sich nicht als Zellen oder lebende Organismen überhaupt einordnen: Sie zeigen weder Wachstum, noch Erregbarkeit. Sie sind jedoch imstande, sich höchst spezifisch parasitär zu replizieren und den Stoffwechsel von Wirtszellen umzufunktionieren. Sie sind aus lebenden Organismen oder deren Teilen entstanden und stellen keine "Urform" des Lebens, sondern eine abgeleitete hohe Spezialisierung dar.

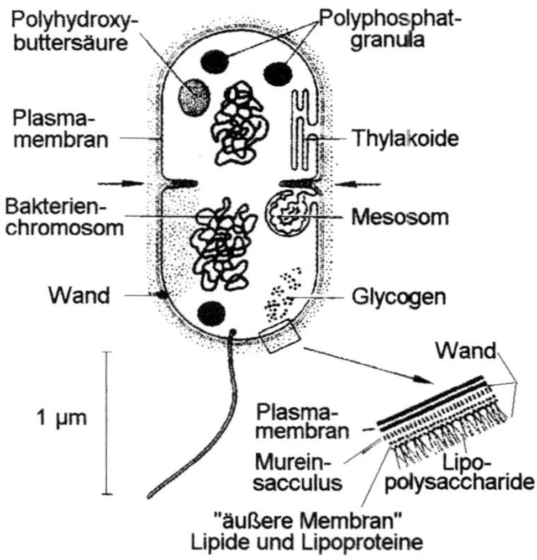

Abb. 1.23. Schema einer prokaryotischen Zelle. Pfeile: Querdurchschnürung führt zur Zellteilung. Unten: Wandaufbau einer Gram-negativen Bakterienzelle (Czihak et al. 1992).

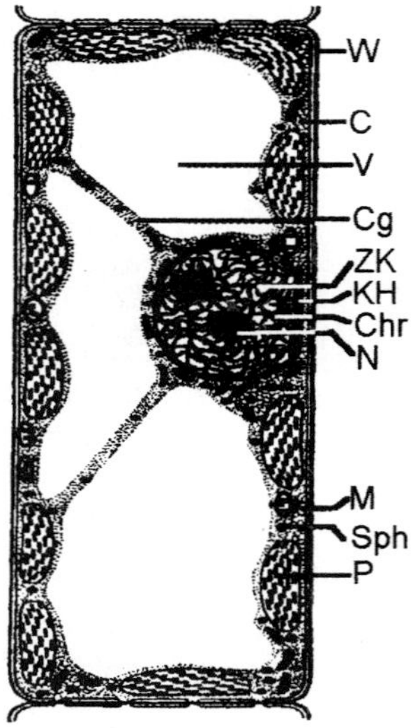

Abb. 1.24. Schema einer Pflanzenzelle. W Zellwand, C Cytoplasma, V Vakuole, Cg Cytoplasmastränge, ZK Zellkern, KH Kernhülle, Chr Chromosomen, N Nucleolus, Sph Lipidvakuolen, M Mitochondrien, P Plastiden (Strasburger 1978).

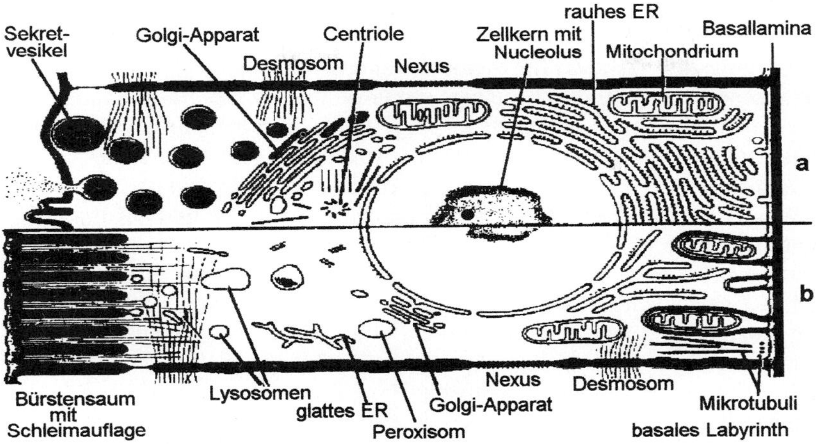

Abb. 1.25. Feinbau tierischer Epithelzellen. **a** Proteinsezernierende Epithelzelle mit stark entwickelten Membransystemen. **b** Resorbierende Epithelzelle mit einem aus Mikrovilli gebildeten Bürstensaum, der außen von einer schleimigen Polysaccharidschicht (Glycocalyx, dunkel) überzogen ist. Im basalen Labyrinth schieben Nachbarzellen Ausläufer zwischen die Basallamina und die dargestellte Zelle. (aus Czihak et al. 1992).

1.3.2 Pflanzliche und tierische Zellen

Schon auf der zellulären Ebene werden wesentliche Unterschiede zwischen (höheren) Pflanzen und Tieren deutlich (Abb. 1.24, 1.25). Pflanzen besitzen außerhalb der eigentlichen membranumschlossenen Zellkörper stützende Zellwände aus Cellulose, die Tieren fehlen. Folglich sind auch die weiteren Zelloberflächenstrukturen unterschiedlich: Eine Basallamina ist nur bei einigen tierischen Zellen nötig. Die Ausbildung von Strukturen zur Oberflächenvergrößerung (Mikrovilli) und die Fähigkeit zur Aufnahme von Stoffen durch Membraneinschluß ist nur tierischen Zellen möglich. Die Zellkontaktstellen unterscheiden sich: Desmosomen und Engkontakten (= Nexus) bei Tieren stehen Plasmodesmen in Tüpfelfeldern bei Pflanzen gegenüber. Mit der Ausbildung starrer Zellwände und deren Wachstum hängt die Ausbildung der pflanzlichen Vakuolen zusammen. Dies sind flüssigkeitgefüllte Räume, die von einer Membran (Tonoplast) umschlossen sind und als Lösungsräume für osmotisch wirksame und Speicher-Substanzen dienen. Mit zunehmender Größe der Zelle nimmt vor allem die Größe des Vakuolraumes zu, während das Cytoplasma sich in den Randbereichen der Zellen verteilt. Es entsteht ein Stützsystem aus druckerzeugender Vakuole und starrer Außenwand, das auch Konsequenzen für die Konsistenz des Cytoplasmas hat: Pflanzliches Cytoplasma ist flüssig und schnellfließend, tierisches Cytoplasma eher gelartig. Schließlich besitzen nur Pflanzen Organellen, die der Photosynthese dienen: Die photosynthetisch aktiven Membranen entwickeln sich in Proplastiden, die zu Chloroplasten reifen.

1.3.3 Strukturelle Komplexität und funktionale Differenzierung: Cytoplasma und Kompartimentierung

Das Cytoplasma ist die allgemeine Lösungsmatrix der Zelle. In ihm laufen Grundprozesse des Stoffwechsels wie die Glycolyse ab. Speziellere Stoffwechselwege des Anabolismus und Katabolismus und wichtige Schritte der Informationsübertragung sind jedoch in speziellen Reaktionsräumen lokalisiert. Dazu ist das Zellumen der Eucyten in komplexer Weise kompartimentiert. Die Bewegung von Wasser und gelösten Molekülen in die Kompartimente und aus ihnen ist von ausschlaggebender Bedeutung für die Erhaltung der Zelle im Zustand des Fließgleichgewichts. Geschieht diese Bewegung ungehindert und aufgrund der thermischen Energie der Moleküle, handelt es sich um Diffusion. Diffusion führt zu einer Angleichung der Konzentrationen eines Moleküls in beiden betrachteten Räumen. Ist die Bewegung für gelöste Moleküle behindert, für Wasser aber nicht, spricht man von Osmose. Osmotische Prozesse laufen an selektiv permeablen Barrieren ab und führen zum Aufbau eines osmotischen Drucks in dem Kompartiment mit der höheren Konzentration an osmotisch wirksamen Teilchen. Dies sind alle polaren, wasserlöslichen Moleküle. Aufgrund ihrer vergleichsweise geringen Konzentration oder Löslichkeit sind Nucleinsäuren, Lipide und Polysaccharide niemals, Proteine nur in Sonderfällen von osmotischer Wirksamkeit.

Die Löslichkeit von Molekülen im Cytoplasma wird durch elektrolytisch wirksame Substanzen (Ionenbildner) beeinflußt. Elektrolyte verändern die Ladungseigenschaften und konkurrieren um Wassermoleküle: Wasserentzug führt zur Fällung von Proteinen. Alle Ionen sind hydratisiert, Ladungsstärke und -konzentration bestimmen den Grad der Hydratation. Proteine sind aufgrund ihrer Ladungen immer hydratisiert und binden 4-5% des Zellwassers. Der Anteil gebundenen (und nicht frierbaren) Wassers kann im Winter erhöht werden, indem vermehrt polare Substanzen (Glycerin) gebildet werden.

K^+ ist das wichtigste Kation in Zellen, Na^+ das häufigste im extrazellulären Raum; die innere Kaliumkonzentration muß also ständig gegen ein Konzentrationsgefälle aufrechterhalten werden. Ca^{2+} und die Anionen Chlorid, Hydrogencarbonat, sowie die Hydrogenphosphate sind weitere wichtige Ionen des inneren und äußeren Milieus. In pflanzlichen Zellen wirken Salze nicht so sehr am Aufbau eines ionenspezifischen inneren Milieus mit wie in tierischen, ihre Ionenzusammensetzung ist stark vom variablen Ionenmilieu des Standortes abhängig. Die Vakuole nimmt aus dem Cytoplasma ausgeschiedene Salze auf und ist bezüglich der Kationen oft dem Außenmedium vergleichbar. Als Anionen dienen meist organische Säuren (Oxalat, Malat, Fumarat, Citrat), die als Substrate energieliefernder Prozesse (Citrat-Cyclus) genutzt werden und gleichzeitig für das Ladungsgleichgewicht sorgen. Hohe osmotische Drücke werden durch stabilisierende Zellwände ermöglicht.

Nicht nur das Cytoplasma als solches, sondern auch zahlreiche Reaktions- und Transporträume innerhalb desselben sind von selektiv permeablen Lipidmembranen umschlossen. Aktive und passive spezifische Transportproteine (= Membranporen) führen zu einem gerichteten Stofftransport durch die Membranen und zum Aufbau und zur Aufrechterhaltung von Konzentrationsgradienten. Membranen trennen (und verbinden) plasmatische von (mit) nichtplasmatischen Räumen.

Plasmatische Kompartimente zeichnen sich durch Ribosomen, DNA, pH-Werte über 7 und Phosphorylasen aus; sie bieten reduzierende Bedingungen. Nichtplasmatische Kompartimente sind sauer und oxidierend, enthalten Hydrolasen und kennen keine Transkription oder Translation. Nichtplasmatische Räume sind die Inhalte von Vakuolen, Zisternen des endoplasmatischen Retikulums und der Golgi-Membranen sowie das Lumen von Cytosomen. Auch das äußere Kompartiment der Mitochondrien und Plastiden gehört dazu.

1.3.4 Stoffaustausch und Stoffwechsel: Membransysteme

Endoplasmatisches Retikulum. Das endoplasmatische Retikulum (ER) ist ein nach Zellfunktion verschieden stark entwickeltes intrazelluläres Membransystem. Es ist der zentrale Ort der Membransynthese und am Aufbau aller zelleigenen Membranen beteiligt. Das rauhe ER (rER) ist außen mit Polyribosomen besetzt. Die an den Ribosomen synthetisierten Polypeptidketten wachsen in die Zisternen des rER hinein, wo die entstehenden Proteine modifiziert und angesammelt werden. Das glatte (smooth) ER (sER) liegt gewöhnlich als verschlungenes Netzwerk von Tubuli vor. Es wird vom rER gebildet und hängt mit diesem und dem Golgi-Apparat zusammen. Seine Aufgabe sind die Lipidsynthese und die Beladung von Lipoproteinen mit Lipiden. Da es auch für die Steroid-Synthese verantwortlich ist, ist es in hormonproduzierenden Zellen stark vertreten. In Leberzellen baut es Glycogen ab und spaltet Glucose-6-phosphat in freie Blutglucose und Phosphat. Des weiteren sind in seiner Membran Enzymsysteme lokalisiert, die in der Lage sind, Fremdsubstanzen zu metabolisieren (s. Kap. 3.3). In Skelettmuskelzellen heißt das sER sarcoplasmatisches Retikulum, speichert Calciumionen und steuert den Kontraktionszustand.

Golgi-Apparat. Der Golgi-Apparat ist die Gesamtheit aller Dictyosomen, Stapel scheiben- bis schüsselförmiger Zisternen, die an ihren Enden kleine Bläschen (Golgi-Vesikel) abschnüren. Dadurch verliert der Apparat ständig Membranmaterial, welches vom ER wieder aufgefüllt wird (Abb. 1.26). So stellen Dictyosomen den Umschlagplatz zwischen ER und Plasmamembran dar, was sich in ihrer Orientierung äußert: Die dem ER und der Kernmembran zugewandte Seite entspricht in Membranstruktur und Zisternenlumen noch dem ER, die der Plasmamembran zugewandte Seite schon dieser.

Vesikeltransport. Während intrazellulärer Transportvorgänge in Vesikeln werden Inhalt und Membranzusammensetzung schrittweise verändert. Voraussetzung für alle Membranflußprozesse ist der fluide Charakter der Lipid-Doppelfilme der Biomembranen. Bei sinkenden Temperaturen kann die Zelle über die Synthese eines größeren Anteils ungesättigter Fettsäuren die Fluidität der Lipidfilme aufrechterhalten. Verschmelzungen von Kompartimenten durch Membranflußprozesse sind nur zwischen vergleichbaren, also nur zwischen plasmatischen oder nichtplasmatischen Kompartimenten, möglich. Nichtplasmatische Bereiche entstehen auf zwei Weisen:

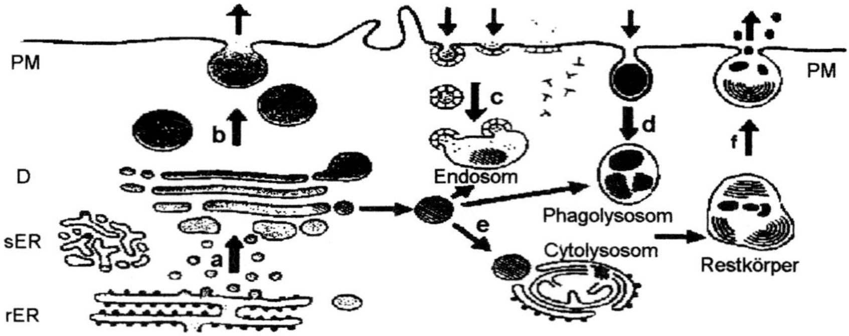

Abb. 1.26. Cytomembranen im intrazellulären Transport (aus Czihak et al. 1992).

Exocytotischer Membranfluß: **a** Sekretproteine werden am rER synthetisiert und über kleine Transitionsvesikel zu Dictyosomen (D) verlagert. Vom sER kann Lipidmaterial angeliefert werden. Die Glycosylierung der Sekretproteine beginnt im ER und wird in den Golgi-Membranen der Dictyosomen verstärkt fortgesetzt. **b** Die fertigen Glycoproteine werden über Golgi-(Sekret-)vesikel zur Plasmamembran (PM) transportiert und dort exocytiert.

Endocytotischer Membranfluß: **c** Rezeptorvermittelte Endocytose. An der PM bilden sich Bereiche, in denen Rezeptoren für bestimmte Stoffe gehäuft sind. Invagination führt zur Bildung von Vesikeln, die zu Endosomen wandern und sich mit ihnen vereinigen. **e** Die zur Verdauung der Stoffe erforderlichen Hydrolasen werden durch primäre Lysosomen vom Golgi-Apparat her angeliefert. **d** Phagocytose (ohne spezifische Rezeptoren) führt zur Bildung von Phagosomen, die mit den Lysosomen zu Phago-Lysosomen verschmelzen.

Die Bildung von Cytolysosomen zur Verdauung von Zellorganellen erfolgt durch Zusammenfluß von ER-Zisternen um das Verdauungsgut. **f** Unverdauliches wird über Restkörper zwischengespeichert und gewöhnlich exocytiert .

- Durch Einstülpungen der Zellmembran und Abschnüren von Vesikeln wird bei der Endocytose Außenraum zum nichtplasmatischen Innenraum. Phagocytose führt zur unspezifischen Partikelaufnahme in Phagosomen. Sie ist vor allem bei heterotrophen Einzellern verbreitet. Als (Mikro-) Pinocytose wird die analoge Aufnahme von Flüssigkeitströpfchen in Körperzellen bezeichnet. Die spezifische, rezeptorvermittelte Endocytose spielt in Organismen höherer Organisationsstruktur eine wichtige Rolle.
- Es gibt neben den Golgi-Vesikeln, die den Membranfluß zur Plasmamembran sicherstellen, zahlreiche weitere aus den Zisternen des ER und des Golgi-Apparats hervorgehende Zellvesikel (Endosomen) mit verschiedenen Stoffwechselfunktionen. Spezielle Stoffwechselreaktionen wie die Oxidierung von Metaboliten oder aromatischen Fremdstoffen bei Tieren, der Glyoxylatzyklus zur Umwandlung fetter Öle in Zucker bei Pflanzen oder die Lichtatmung photosynthetischer Zellen sind an Vesikel mit entsprechender Enzymausstattung gebunden. Andere Vesikel dienen dem Transport und der Speicherung

spezieller Botenstoffe. Auch die Vakuolen der Pflanzen und die pulsierenden Vakuolen der Einzeller des Süßwassers gehen aus Vesikeln hervor. Beide Strukturen dienen auf sehr unter-schiedliche Art dem Wasser- und Ionenhaushalt und der Regulation des Innendrucks.

1.3.5 Energiegewinnung: Mitochondrien und Plastiden

Mitochondrien und Plastiden bestehen aus einer äußeren Membran, mit der sich das Cytoplasma gegen sie abgrenzt, und einer inneren, stark gefalteten Membran, in der die für die Zelle wesentlichen energiegewinnenden Stoffwechselprozesse lokalisiert sind: Die Elektronentransportphosphorylierungen der Atmung und der Photosynthese. Die äußere Membran ist durchlässig für Oligosaccharide und andere Moleküle ähnlicher Größe, während die innere Membran selbst für kleinste Permeanden wie Chloridionen oder Protonen undurchlässig ist. Die Aufnahme von anorganischen und organischen Substanzen ins Innere des Organells geschieht über spezielle Transportstellen. Zwischen den Membranen befindet sich ein nichtplasmatischer Raum. Das von der inneren Membran umschlossene plasmatische Lumen wird als Matrix (Mitochondrien) oder Stroma (Plastiden) bezeichnet.

Mitochondrien. Mitochondrien sind die Orte der Zellatmung und Zellbestandteil aller Eukaryoten. Die innere Membran enthält die Redox-Systeme der Atmungskette, die gallertige Matrix enthält Enzyme des Citratcyclus und des Fett- und Aminosäureabbaus. Mitochondrien treten je nach Energieverbrauch der Zelle in entsprechender Zahl oder Größe auf. Der Feinbau kann ebenfalls variieren: Die Einstülpungen der inneren Membran können flächig oder röhrenförmig entwickelt sein.

Plastiden. Plastiden kommen nur in Pflanzen vor. Die pigmentlosen Leukoplasten finden sich vor allem in Wurzelzellen und dienen als Speicherorganelle: Amyloplasten zur Stärke-, Elaioplasten zur Öl- und Proteinoplasten zur Proteinspeicherung. Die pigmentierten Chloroplasten der Sproß- und Blattzellen sind der Ort der Photosynthese. Chloroplasten und Leukoplasten sind unter geeigneten Bedingungen beliebig ineinander umwandelbar. Die Entwicklung von Chloroplasten erfordert Licht. Im Licht wird Chlorophyll aus seinen Vorstufen gebildet und die Thylakoidstruktur entwickelt. Thylakoide sind membranumschlossene Räume, die sich von der inneren Plastidenmembran abschnüren und die Pigmente und Enzyme der photosynthetischen Lichtreaktion beherbergen. Die Stromamatrix der Chloroplasten enthält große Mengen des Enzyms Ribulosebisphosphatcarboxylase, welches den ersten Schritt des CO_2-Einbaus in organische Substanz (Dunkelreaktion) katalysiert.

Sonderstellung von Mitochondrien und Plastiden. Nach gängiger Auffassung haben sich die Eukaryoten aus Prokaryoten entwickelt. In Procyten werden aber weder Plastiden, noch Mitochondrien gefunden. Beide Organelle haben hingegen selbst viele Eigenschaften mit Procyten gemein:

Mitochondrien und Plastiden vermehren sich ausschließlich durch Teilung, sie sind wie Zellen nur voneinander ableitbar. Beide Organellen besitzen ringförmige, bakterienähnliche DNA (mtDNA, bzw. ptDNA) und ein eigenes System der RNA- und Proteinbiosynthese: kleinere, bakterienähnliche Ribosomen. Antibiotika, die die Prozesse der bakteriellen Translation beeinträchtigen, schädigen auch die der beiden Organellen, während die Translation im eukaryotischen Cytoplasma unbehelligt bleibt. Die DNA liegt in mehreren Kopien vor, ist aber nach Menge und Informationsgehalt gering; Mitochondrien und Plastiden sind nur innerhalb von Zellen lebensfähig. 90-95% der Organellproteine sind zellkerncodiert, werden im Cytoplasma synthetisiert und posttranslational mit Hilfe von Signalsequenzen in die Organelle verlagert. Schlüsselenzyme der Elektronentransportphosphorylierung (ATP-Synthase, Cytochrom-Oxidase) oder der CO_2-Fixierung (Ribulosebisphosphatcarboxylase) beziehen allerdings wichtige Untereinheiten aus der organelleigenen Biosynthese. Ein Verlust der Organell-DNA oder der Organelle selbst ist irreversibel: Abgeleitete mitochondrienlose Zellklone sind obligate Gärer, Nachkommen plastidenloser Pflanzen sind nicht mehr zur Photosynthese befähigt (z.B. Pilze).

Diese Befunde führten zur Endosymbiontenhypothese der Eukaryotenevolution: Große, wandlose, amöboide und zur Phagocytose befähigte Ur-Eucyten haben sich atmende oder photosynthesetreibende Prokaryoten einverleibt und sie nicht verdaut, sondern in das zelluläre Funktionsgefüge eingebaut. Plastiden lassen sich auf die Cyanobakterien-, Mitochondrien auf die Eubakterienvorfahren zurückführen. Eucyten sind folglich keine echten Einzelzellen. Es gibt zahlreiche Beweise aus fast allen Stämmen des Tier- und Pflanzenreichs, daß sich intrazelluläre Symbiosen zwischen Eu- und Prokaryoten bilden und stabilisieren lassen. Im Laufe einer Koevolution über Jahrmilliarden sind die Symbionten "domesti--ziert" worden und haben im Zuge eines DNA-Transfers in den Zellkern den größten Teil ihrer Erbinformation verloren.

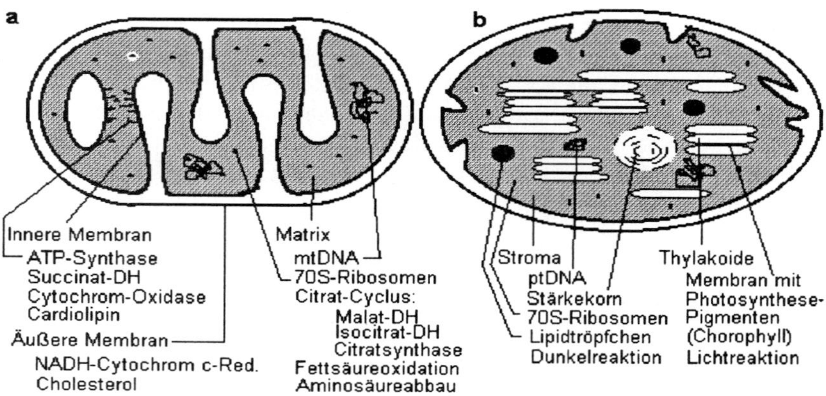

Abb. 1.27. **a** Mitochondriale Strukturkomponenten mit den wichtigsten Enzymen und anderen charakteristischen Bestandteilen. Die Lipidkomponente Cardiolipin ist sonst nur bei Bakterien verbreitet. **b** Strukturkomponenten eines Chloroplasten.

1.3.6 Bewegung: Mikrotubuli und Mikrofilamente

Jede lebende Zelle hat die Fähigkeit zur Kontraktion. Intrazelluläre Bewegungen sind auf die Funktionsweise spezieller Proteinsysteme zurückzuführen: Aus zahlreichen Monomeren polymerisierte Proteinfilamente können miteinander reversible Bindungen eingehen, die durch Zuführung von Energie wieder gelöst werden. Dabei gleiten die Filamente aneinander vorbei und gehen neue Bindungen ein. Ein Gleitfilamentsystem besteht meist aus einer unbeweglichen Strukturkomponente und einer beweglichen Komponente mit ATPase-Funktion. Ist eine schnelle Erregbarkeit des Systems gegeben, so geschieht die Regulation nicht über das ständig im Zellstoffwechsel benötigte ATP, sondern häufig über die Maskierung oder Demaskierung der Bindungsstellen.

In den meisten Zellen fungiert als strukturelles Proteinfilament polymerisiertes Tubulin. Es lagert sich zu langgestreckten, röhrenförmigen Quartärstrukturen, den Mikrotubuli, zusammen. Als ATPase-Träger dienen Dynein (Geißelbewegung) oder Kinesin (axonaler Transport in Nervenzellen), mit deren Hilfe Mikrotubuli auch als Widerlager für Organellen- oder Vesikelbewegung benutzt werden. Mikrotubuli dienen als Strukturelemente wandloser Zellen (Cytoskelett) und sind für die meisten Abweichungen von der Kugelform verantwortlich. Sie sorgen zusammen mit weiteren Filamenten für den festen Gel-Zustand tierischen Cytoplasmas. Polymerisierungen und Kontraktionen von Filamenten auf der einen Zellseite, Depolymerisierungen zu Monomeren, Verflüssigungen und Pseudopodien- (= Scheinfüßchen-) Bildung der anderen Zellseite führen zu amöboiden Bewegungen. Mikrotubuli und mit ihnen die gebildeten Strukturen und davon abhängigen Funktionen können durch Kälteeinwirkung, hohen Druck, erhöhte Calciumkonzentrationen oder Agentien wie Colchicin zerstört werden.

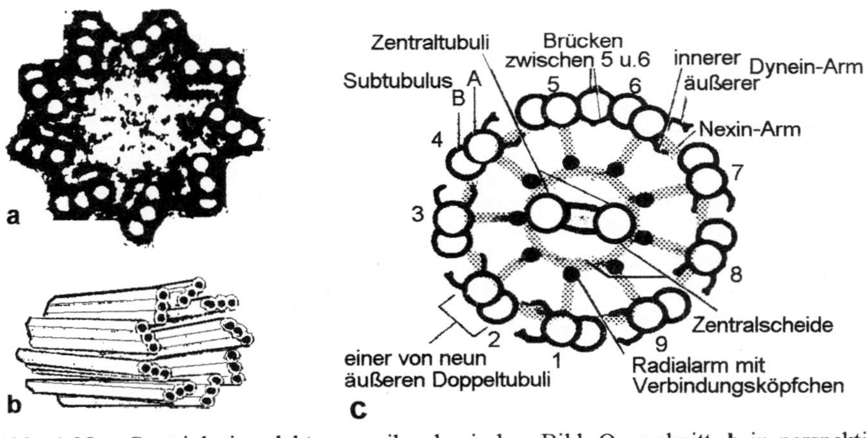

Abb. 1.28 a Centriole im elektronenmikroskopischen Bild, Querschnitt, **b** in perspektivischer Darstellung. **c** Querschnitt durch eine Cilie oder Flagelle. Reagieren die neun Doppeltubuli nacheinander, ergibt sich eine Rotationsbewegung; reagieren nur die gegenüberliegenden Doppeltubuli abwechselnd, ergibt sich eine Wellenschlagbewegung. Nexin und Zentralscheide dienen der Versteifung (aus Czihak et al. 1992).

Die Bildung der Mikrotubuli geht von Mikrotubuli-organisierenden Zentren wie Centriolen, Basalkörpern und Spindelpolen (s. Mitose, Kap. 1.3.7) aus. Centriolen liegen in einem speziellen Plasmabezirk (Centroplasma) und bestehen aus neun Dreiergruppen längsverwachsener Mikrotubuli (Abb. 1.28 a, b). Die Basalkörper der Wimpern (= Cilien) und Geißeln (= Flagellen) gehen unmittelbar aus Centriolen hervor, die unter die Plasmamembran gewandert sind. An der Kontaktstelle zur Membran wird eine Basalplatte gebildet; es wächst eine Cilie oder Geißel aus. Die Basalkörper werden durch Bündel von Mikrotubuli oder andere Filamente im Cytoplasma verankert. Ab der Basalplatte besitzen Cilien und Geißeln zusätzlich zwei zentrale Mikrotubuli, die der Bewegung als Widerlager dienen (9+2-Muster). Die neun peripheren Doppel- (statt Tripel-) Tubuli (Abb. 1.28c) sind mit Dyneinärmchen ausgerüstet, die wechselnde Verbindungen mit dem Nachbardublett knüpfen können. Geißeln oder Cilien von Eukaryoten folgen demselben Bauprinzip und sind vom Einzeller bis zum Wirbeltier verbreitet (Spermien, Flimmerepithelien).

1.3.7 Vererbung: Zellkern

Der Zellkern (= Nucleus) ist das auffälligste morphologische Merkmal der eukaryotischen Zelle und enthält den weitaus größten Teil ihrer genetischen Information. Er ist durch eine charakteristische doppelte Kernhülle vom Cytoplasma getrennt. Die Kernhülle und die von ihr umschlossene perinucleäre Zisterne haben Kontakt zum endoplasmatischen Retikulum. Der Kern sorgt mit seinen Nucleinsäuren für die Regulation des gesamten Bau- und Betriebsstoffwechsels der Zelle. In Kernen stoffwechselaktiver Zellen liegt die DNA stark entspiralisiert vor, was auf eine hohe RNA-Produktion hinweist. Durch hochdifferenzierte Kernporen werden RNA-Moleküle aus- und Zellkernproteine eingeschleust; aktive Kerne besitzen eine große Porenzahl. Reicht die Oberfläche nicht aus, werden Segmentkerne gebildet. Wird der ständige Informationsfluß von der DNA zum proteinsynthetisierenden Apparat durch Entkernung unterbrochen, sind die Zellen nur noch begrenzt lebensfähig. Kern-DNA weist gegenüber prokaryotischer, mitochondrialer oder plastidialer DNA einige Besonderheiten auf.

- Kern-DNA liegt nicht ringförmig, sondern linear in mehreren Chromosomen vor und ist stark spiralisiert (Abb. 1.29).
- Eingeschnürte Abschnitte verschiedener Chromosomen lagern sich häufig zu einem Kernkörperchen (Nucleolus) zusammen. Mit Hilfe dieser Struktur wird ribosomale RNA gebildet; in Zellen mit geringer Proteinsynthese fehlt sie.
- Für die Replikation stehen mehrere Initiationsstellen zur Verfügung, die eine schnelle parallele Verdopplung ermöglichen.
- Die genetische Information zeichnet sich durch häufige repetitive Sequenzen (bis 1 Mio Wiederholungen) und große Anteile nicht codierender DNA (Introns) aus. Daraus ergibt sich die Notwendigkeit des splicings (s. S. 16).

Die Produktion von RNA geschieht in der Interphase, der Phase zwischen den Kernteilungen, oder in nicht mehr teilungsfähigen Dauerzellen. Sie wird als vegetative Aufgabe, der Kernzustand als "Arbeitskern" bezeichnet. Die generative

Aufgabe des Kerns ist die Verteilung des genetischen Materials auf zwei Tochterzellen während der Kernteilungsphase ("Teilungskern").

Chromosomen. Die Replikation der DNA erfolgt während der Interphase. Die gesamte genetische Information liegt in der Folge doppelt vor. Im Teilungskern stoppen Transkription und Replikation, und das Chromatin kondensiert zu den anfärbbaren Chromosomen, wobei der Nucleolus verschwindet. Die Anordnung der genetischen Information auf einer bestimmten Zahl linearer Chromosomen (Chromosomensatz) ist für jede eukaryotische Organismenart charakteristisch. Durch die vorangegangene Replikation liegt jedes Chromosom im Teilungskern als Doppelchromosom vor, bei dem die beiden identischen Schwesterchromatiden am Centromer verbunden sind. Über den Centromer sind die Chromosomen in der Kernhülle aufgehängt. Auf dem Höhepunkt der Kondensation (Verkürzung auf 1/10 000) kann man die Chromosomen nach Lage des Centromers als metazentrisch (in der Mitte verbunden), submetazentrisch, akrozentrisch oder telozentrisch (am Ende verbunden) ansprechen.

Bei den meisten Eukaryoten liegt die Erbinformation als doppelter Chromosomensatz (2n) vor. Diese diploiden Organismen enthalten zwei Versionen eines jeden Chromosoms, wobei jeweils eine vom Vater und eine von der Mutter stammt (homologe Chromosomen). Der menschliche Teilungskern besitzt somit 46 Doppelchromosomen, wovon 2 x 22 Autosomen und zwei Heterosomen (Geschlechtschromosomen) sind. Das X-Chromosom enthält lebenswichtige Infor-

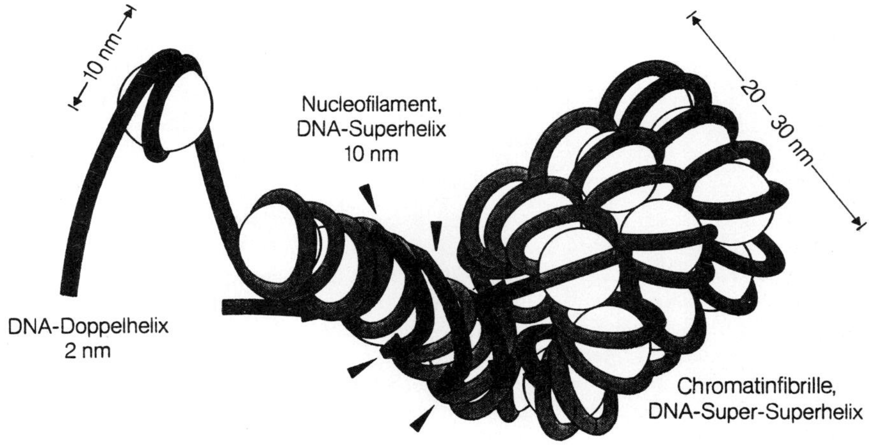

Abb. 1.29. Modell des molekularen Aufbaus von Chromatinfäden (Chromatiden). Die DNA-Doppelhelix (hier als einheitlicher, dicker Strang gezeichnet) umwindet "Kugeln", die aus jeweils acht Histonproteinen bestehen, und bildet Nucleosomen. Ein weiteres Histonprotein (Pfeil) zieht die Nucleosomen zu Nucleofilamenten zusammen, die ihrerseits eine schraubige Struktur ausbilden. Chromatinfibrillen besitzen noch 1-5% der Länge der in ihnen aufgewickelten DNA-Doppelhelix (aus Czihak et al. 1992).

mationen, ist in jedem Chromosomensatz enthalten und stammt somit von Vater oder Mutter; das in jedem Fall väterliche Y-Chromosom codiert dominante männliche Faktoren, aber keine lebenswichtigen Informationen. Das Verhältnis der beiden homologen Informationen kann dominant-rezessiv oder intermediär ausgeprägt sein. Im ersten Fall überprägt eine Variante (= Allel) der Merkmalsinformation (= Gen) die andere vollständig. Im anderen Fall sind beide homologe Informationen an der Merkmalsausprägung beteiligt.

Mitose und Zellteilung. Ein grundlegender Vorgang beim ständigen Erhalt oder der Vermehrung von Zellen ist die Zellteilung, der bei Eukaryoten in der Regel eine Kernteilung vorausgeht. Die exakte Verteilung der linearen Eukaryotenchromosomen auf zwei genetisch identische Tochterkerne erfordert einen speziellen Kernteilungsmechanismus, die Mitose. Die Kernteilungsphase gliedert sich in verschiedene Abschnitte (Abb. 1.30).

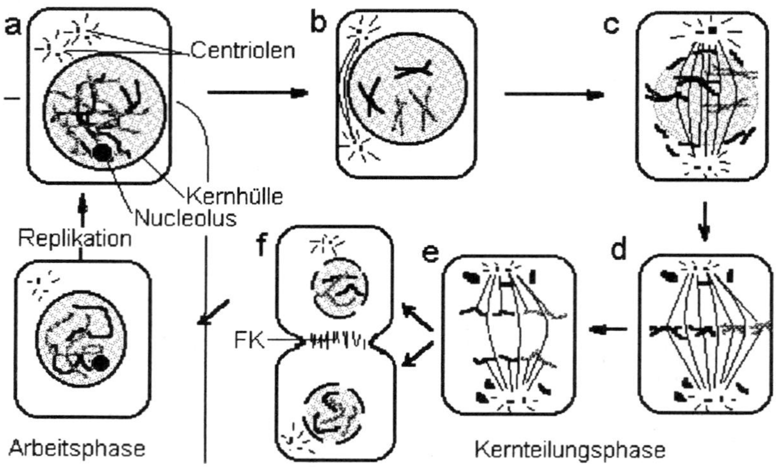

Abb. 1.30. Mitosephasen für n = 4. **a-c** In der Prophase verdichtet sich das Chromatin zu sichtbaren Doppelchromosomen, der Nucleolus löst sich auf. Gleichzeitig bildet sich außerhalb der Kernhülle im Cytoplasma eine Kernteilungsspindel aus Mikrotubuli, die von Centriolen organisiert wird. Die Spindelmikrotubuli erreichen die Kernhülle, die zerlegt und als fragmentale Vesikel zu den Spindelpolen verlagert wird. **d** Während der Metaphase kontakten Mikrotubuli die Spindelansatzstellen der Chromosomen, die nun innerhalb weniger Minuten in die Äquatorebene (Symmetrieebene zwischen den Spindelpolen) gelangen. **e** In der Anaphase werden die Chromatiden der Doppelchromosomen entlang der Spindelfasern zu den Spindelpolen gezogen. **f** Die Telophase schließt die Kernteilung ab: Das Chromatin entspiralisiert sich, Kernhülle und Nucleolen werden neu gebildet. Gleichzeitig beginnt die Zellteilung. Während der Zellteilung löst sich die Kernteilungsspindel auf. Zwischen den entstehenden Tochterkernen bildet sich in Pflanzenzellen ein Phragmoplast aus Mikrotubuli, der die Zellkörper trennt. Bei tierischen Zellen entsteht ein Mittelkörper (Flemming-Körper FK), der sich mit Hilfe kontraktiler Filamente einschnürt. Golgi-Vesikel verschmelzen im Bereich dieser Mittelkörper zu einem neuen Plasmamembranbereich. Im Gegensatz zur exakten Gleichverteilung der Mitose kann die Zellteilung inäqual verlaufen. Arbeits- entspricht Interphase (nach Czihak et al. 1992).

Auch die Interphase gliedert sich in mehrere Abschnitte: Nach vollzogener Zellteilung und der Wiederausbildung des Arbeitskerns beginnt in der Regel zunächst eine Phase des Zellwachstums ohne Replikation, gefolgt von der Replikationsphase, in der sich die Centriolen durch Tochtercentriolenbildung ebenfalls verdoppeln. Zwischen Replikationsphase und Mitose liegt meistens eine vorbereitende Ruhephase, in der nur transkribiert wird.

Spindelgifte wie Colchicin oder Colcemid binden an Tubulin-Dimeren und verhindern die Polymerisierung zu Mikrotubuli. Dadurch wird die Anaphase blokkiert, die Chromosomen bleiben in der Äquatorebene, eine Zellteilung unterbleibt. Die Chromosomen teilen sich und werden in einem einzigen Kern eingeschlossen (Endomitose). Bei erneuter Replikation entstehen so Zellen mit einem mehrfachen (polyploiden) Chromosomensatz.

Meiose und Rekombination. Die Mitose sorgt für eine erbgleiche Informationsweitergabe bei der vegetativen Zellvermehrung. Eukaryoten haben eine weitere Möglichkeit entwickelt, genetische Informationen weiterzugeben: Durch Kombination des Erbgutes zweier verschiedener Zellen/Organismen (sexuelle Fortpflanzung). Durch sie entsteht, anders als bei der Mitose, eine Zelle mit neuen Eigenschaften. Die Entwicklung dieser Art der Informationsweitergabe geht mit zwei Vorgängen einher: Der Verdopplung des einfachen (haploiden) zum diploiden Chromosomensatz und der Ausbildung von speziellen Fortpflanzungszellen mit haploidem Chromosomensatz, die verschmelzungsfähig sind (Gameten). Dazu ist eine andere Form der Chromosomenverteilung notwendig: Die meiotische Reduktionsteilung.

Die Meiose vollzieht sich in zwei Reifeteilungen: In der Prophase der 1. Reifeteilung (1. RT) kondensieren die Chromosomen. Anders als während der Mitose paaren sich jedoch die homologen Doppelchromosomen (Synapsis): Eine parallele Chromatidentetrade entsteht. Diese Paarung verläuft sehr präzise und wird durch einen speziellen Apparat von Strukturproteinen vermittelt, der an der Kernhülle verankert ist. An der Erkennung der parallelen Abschnitte der Homologen sind wahrscheinlich repetitive Sequenzen der DNA beteiligt. Nach vollzogener Paarung führen enzymatisch erzeugte Doppelstrangbrüche der DNA und eine "Verheilung über Kreuz" (= crossing over) zu einem Stückaustausch zwischen Nichtschwester-Chromatiden. Dadurch werden Allele, die auf einem Chromosom gekoppelt vorlagen, voneinander getrennt und neue Kombinationen hergestellt (intrachromosomale Rekombination). Beim Auseinanderweichen der Homologen bei Abschluß der Prophase werden die crossing-over-Stellen als Überkreuzverbindungen sichtbar; die Kernhülle fragmentiert sich.

In der sich nun anschließenden Metaphase der 1. RT ordnen sich die Tetraden in der Äquatorebene an, aber dergestalt, daß jeweils ein Homologes zu einem der Spindelpole ausgerichtet ist. In der nachfolgenden Anaphase werden die homologen Doppelchromosomen voneinander getrennt (nicht die Chromatiden der Doppelchromosomen wie bei der Mitose!) und auf die beiden Tochterkerne verteilt. Dabei geschieht die Zuordnung der vom Vater oder der Mutter stammenden Chromosomen zufällig (interchromosomale Rekombination).

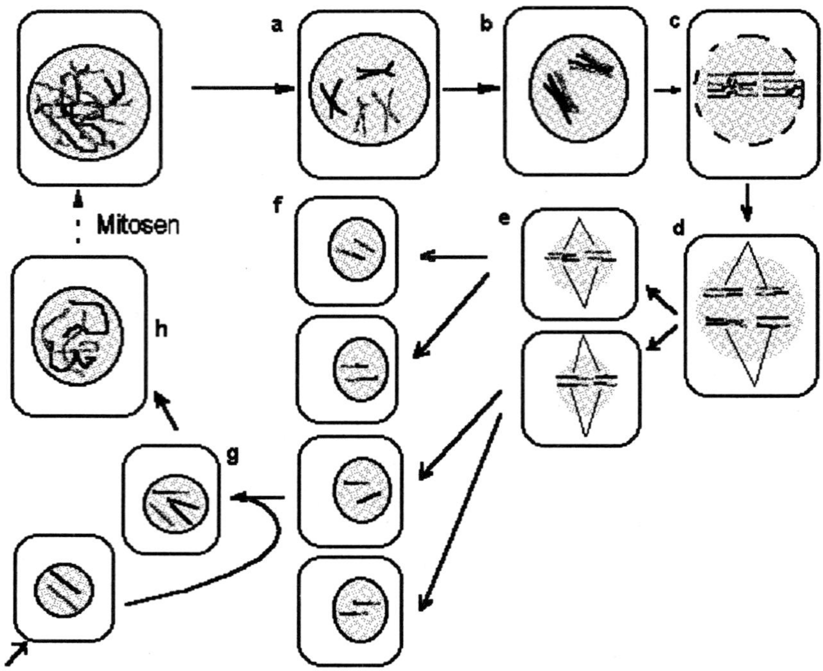

Abb. 1.31. Meiose, n = 2. Mütterliche Chromosomen hell, väterliche dunkel, links oben: Keimbahnzelle mit 2n Chromosomen zu je zwei Chromatiden. a-e 1. RT. **a** Kondensierung. **b** Paarung der homologen Chromosomen zu Tetraden. **c** Öffnen der Tetraden mit Haftstellen, wo crossing over stattgefunden hat, Anordnung in Äquatorialebene. **d** Reduktionsteilung. **e** Verteilung von n Chromosomen zu je zwei Chromatiden. **f** 2.RT, jeder Gamet erhält n Chromatiden. **g** Befruchtung, **h** Zygote.

Zumeist unmittelbar anschließend werden in der 2. RT die zwar schon haploid, aber noch in Form von Doppelchromosomen vorliegenden Chromosomensätze der zwei Tochterkerne durch Chromatidentrennung auf insgesamt vier Folgekerne verteilt. Dieser Vorgang entspricht formal einer Mitose, wenn man davon absieht, daß nur noch ein haploider Chromosomensatz zu teilen ist und nicht identische Chromatiden verteilt werden. Es entstehen insgesamt vier unterschiedliche haploide Gameten, die zur Verschmelzung mit den Gameten eines anderen Organismus der gleichen Art zur Verfügung stehen. Die Rekombinationsvorgänge sorgen dafür, daß sexuell entstandene Eukaryoten mit Ausnahme von eineiigen Mehrlingen genetisch niemals untereinander oder mit ihren Eltern identisch sind.

Chromosomen- und Genommutationen. Chromosomenmutationen sind Veränderungen einzelner Chromosomen. Sie entstehen beispielsweise durch Paarungsfehler während der meiotischen Synapsis und ungleiches crossing-over. Letztliche Folge ist immer ein Stückverlust (= Deletion) oder eine Stückverdopplung (= Duplikation).

Genommutationen betreffen die Chromosomenzahl. Meiotische Fehlverteilungen führen zu Genommutationen, es entstehen Organismen mit einer abweichenden Chromosomenzahl (= Aneuploidien). Vervielfachungen des Chromosomensatzes durch unterbliebene Zellteilungen haben vollständig polyploide Organismen zur Folge. Dieser Vorgang ist im Pflanzenreich weit verbreitet und eine Ursache der Artbildung. Polyploide Rassen sind aufgrund ihres Größenwachstums (Kern-Plasma-Relation) Ziel von Züchtungen.

Bei (partiellen) Monosomien fehlt ein Chromosom(enstück), bei Trisomien ist eins zuviel. Bei höheren Wirbeltieren hat beides negative Folgen, Trisomien oder Monosomien größerer Autosomen sind immer tödlich; demnach ist das Zusammenspiel der homologen Informationen wichtig. Fehlverteilungen aufgrund von Defekten der Kernteilungsspindel nehmen mit dem Alter der Keimzellen zu. Sie können, ebenso wie Chromosomenmutationen, auch durch Strahlung oder folgende mutagene Agentien hervorgerufen werden:

- Senfgas vernetzt die DNA, hemmt die Transkription und führt zu Chromosomenbrüchen.
- Alkylierende Substanzen verursachen neben Punktmutationen Abspaltungen von Purinbasen vom Zuckergerüst der DNA, was Deletionen zur Folge hat.
- Ionisierende Strahlung führt zur Radiolyse des Zellwassers und zu Hydroxyl- und Peroxylradikalen, die unspezifisch Biomoleküle angreifen.
- Gamma-Strahlung verursacht neben Punktmutationen Deletionen durch Zerstörung der Phosphodiesterbrücken des DNA-Rückgrats.

Einzelstrangbrüche verursachen keine DNA-Trennung und sind schnell reparabel. Doppelstrangbrüche führen zu Deletionen und partiellen Monosomien, da nur die Bereiche des Chromosoms weitergegeben werden, die eine Spindelansatzstelle besitzen. Insekten sind durch polyzentrische Chromosomen erheblich strahlungsresistenter, polyploide Organismen resistenter als diploide; Alpenpflanzen sind einer höheren Einstrahlung ausgesetzt und häufiger polyploid.

Mutagene Wirkungen in meiotischen Zellen (genetische Mutationen) führen zu Veränderungen im gesamten Folgeorganismus, mutagene Wirkungen in mitotischen Zellen (somatische Mutationen) erstrecken sich lediglich auf begrenzte Zellinien. Sind dort Tumorgene, Zellteilungseigenschaften oder Zellkontakt- und Kommunikationssysteme betroffen, kann Krebs entstehen: Mutagene sind immer auch potentielle Cancerogene. Während der Embryonalentwicklung führen somatische Mutationen zu abnormen Entwicklungen und sind eine Quelle teratogener Effekte.

1.3.8 Zellen von Vielzellern

Die bei Eukaryoten entwickelte chromosomale Situation führte zu deutlichen Vorteilen gegenüber Prokaryoten.

- Durch den diploiden Chromosomensatz kommen nicht alle Merkmale sofort zur Ausprägung. Schwächere rezessive Merkmale sind der Selektion nicht voll zugänglich und können konserviert werden, bis sich die Umweltbedingungen so gewandelt haben, daß sie einen selektiven Vorteil haben. Dies ist besonders bei Mutationen von Bedeutung, die in der Regel Verschlechterungen des Erbmaterials bedeuten und normalerweise der negativen Selektion unterliegen.
- Das Zusammenspiel zweier homologer Merkmalsausprägungen bei intermediären Erbgängen erlaubt eine breitere Reaktionsnorm.
- Die Einwirkung von Steuerfunktionen auf Gene des anderen Chromosoms eröffnen weitere Möglichkeiten der Merkmalsausprägung.
- Die Rekombination stellt der Selektion genetisches Material zur Verfügung, das in seiner Vielfalt durch Mutationen nur bei extrem kurzer Generationsdauer erreicht werden kann.

So erreichen Eukaryoten eine gute Anpassungsfähigkeit und Konkurrenzstärke auch mit wesentlich längeren Generationszeiten als Prokaryoten. Diese Generationszeiten sind nötig, um größere und komplexere Organismen auszubilden: Im Zuge der stammesgeschichtlichen Evolution kam die Vielfalt der Organismen nicht so sehr durch eine Änderung der Bauelemente (Biomoleküle, Organelle, Zellen) zustande, sondern vielmehr durch Änderungen der Zellzahl und -anordnung. Lineare Chromosomen und Mechanismen wie Mitose und Meiose ermöglichten die Informationsmenge und -weitergabe, die zur Steuerung solcher Organismen nötig ist. Die Zellen vielzelliger Organismen zeichnen sich durch folgende Eigenschaften aus:

- Zellvielfalt. In vielzelligen Organismen gibt es zahlreiche Zelltypen mit Abweichungen vom besprochenen Grundbauplan: Bestimmte Substrukturen fehlen oder sind in großen Mengen oder abgewandelten Formen vorhanden. Diese Vielfalt ist Ausdruck der Spezialisierung. Durch sie wird eine interzelluläre Aufgabenteilung ermöglicht. Spezialisierte Zellen entstehen aus totipotenten Embryonalzellen. Zunehmende Differenzierung ermöglicht eine Zunahme der spezifischen Leistungen, wird aber mit dem Verlust der Totipotenz oder gar der Teilungsfähigkeit (Nervengewebe) erkauft. Eine interzelluläre Aufgabenteilung erfordert ein hohes Maß an Organisation und Austausch.
- Interaktion, Zellkontakte. Flächige Verbindungen mit lokal fibrillärer Verstärkung (Desmosomen) bei tierischen Zellen und Tüpfelkanäle durch die Zellwände der Pflanzen (Plasmodesmen) ermöglichen Stoffaustausch. Erregbare Membranen und Hormonrezeptoren sorgen für Informationsweiterleitung.

Die grundlegende Spezialisierung von Zellen ist die in generative Keim- und vegetative Somazellen. Durch die Weitergabe von nur noch geringen Mengen organischen Materials an die Tochtergeneration und das zwangsläufige Absterben der Somazellen entstanden erdgeschichtlich die ersten Leichen: Bei Vielzellern sind nur noch die Keimzellen potentiell unsterblich.

1.3.9 Gewebe

Gleichartig differenzierte Zellen sind zu Funktionsverbänden (= Geweben) zusammengeschlossen. Die wesentlichen Gewebetypen sind Epithel-, Binde-, Muskel- und Nervengewebe.

Epithelgewebe besteht aus einschichtigen oder mehrschichtigen Zellagen, die äußere Oberflächen oder innere Hohlräume begrenzen. Sie besitzen keine nennenswerte Interzellularsubstanz und dienen dem Schutz, der Resorption, Sekretion oder Rezeption. Häufig scheiden Epithelzellen an der freien Oberfläche eine Schutzschicht (Cuticula), an ihrer Basis eine Basalmembran (Lamina) aus. Cilienbesetzte Flimmerepithelien dienen der Fortbewegung des ganzen Tieres, oder sie befördern ein flüssiges Medium. Plattenepithelien, die Leibeshöhlen von Tieren innen auskleiden, werden Endothelien genannt. Drüsengewebe ist spezielles mehrschichtiges Epithelgewebe mit Sekretionsfunktion und starker Ausbildung von ER, Golgi-Apparat und Mitochondrien.

Bindegewebe sind Verbände mit reichlich entwickelter Interzellularmasse und der Fähigkeit zu ständiger Erneuerung. Sie haben statische und mechanische Aufgaben und sind Orte spezifische Aufbau- und Depotstoffwechselleistungen. Gallertgewebe bilden Glycoproteine, fibrilläre Bindegewebe lagern Skleroproteinfibrillen (Kollagen) ein. Knorpelgewebe enthalten Mucopolysaccharide, die den Stoffaustausch besorgen. Knochengewebe lagern Mineralsalze (Calciumphosphat und -carbonat) in organische Grundmassen ein. Diese Hartsubstanz wird in Form von Lamellen durch die Kristallstruktur gerichtet in die Zellzwischenräume ausgeschieden. Knochengewebe dienen nicht nur als Stützstruk-tur, sondern auch als Depot des Mineralstoffwechsels.

Muskelgewebe dient der Bewegung. Es besteht aus elastischen Zellen mit wenig kontraktilen Filamenten und Mitochondrien für Dauerkontraktionen, oder aus vielkernigen Verschmelzungszellen (= Syncytien) mit komplexen Filamentapparaten (= Sarcomeren), zahlreichen Mitochondrien und stark ausgebildetem sarcoplasmatischen Retikulum für schnelle und wiederholte Muskelbewegungen.

Nervengewebe sind hochdifferenzierte Dauergewebe ohne nennenswerte Erneuerungsfähigkeit. Sie dienen der Reizaufnahme, Erregungsleitung und Reizverarbeitung. Neuronen leisten die spezielle Erregungsleitung, Neurogliazellen sind bindegewebsartige Füll- und Stützzellen. Neurone enthalten zahlreiche Mitochondrien und Lysosomen, z.T. einen ausgedehnten Golgi-Apparat (Neurosekretion) und Altersablagerungen. Ihre charakteristischen Zellfortsätze (Dendriten, Axone) werden von Mikrotubuli und Neurofilamenten durchzogen. Sie stehen über komplexe Kontaktstellen (Synapsen) miteinander in Verbindung. Motorische Endplatten stellen den Kontakt zu Muskelgewebe her.

Der Zusammenschluß von Zellen zu Geweben und das koordinierte Zusammenspiel verschiedener Gewebe ermöglicht eine leistungsfähige Integration der Lebensfunktionen auf höherem strukturellen Niveau. Vielzellige Organismen verfügen über komplexe Struktureinheiten, in denen zahlreiche Funktionen koordiniert werden.

1.4 Organe und Organsysteme

Abgegrenzte Bereiche des Tier- und Pflanzenkörpers von charakteristischer Form, Lage und Funktion, die im allgemeinen aus mehreren Gewebetypen bestehen, bezeichnet man als Organe. Art und Anordnung der Organe bestimmen den Bauplan eines Organismus. Organe und Organsysteme sind isoliert nicht lebensfähig. Sie können sich in der Regel nicht fortpflanzen. Sie verfügen jedoch über die anderen Eigenschaften lebender Systeme und stellen in regulativer Hinsicht eine wichtige Zwischenebene zwischen Zelle und Organismus dar.

Pflanzen und Tiere unterscheiden sich aufgrund ihrer Ernährungsweise erheblich in ihren Bauplänen: Die autotrophen Pflanzen nehmen die Ausgangssubstrate ihres Stoffwechsels, Licht, CO_2, Wasser und Mineralien, direkt aus der Umgebung auf. Dazu bilden sie große stoffresorbierende und lichtabsorbierende Außenflächen aus (Wurzeln, Blätter). Die heterotrophen Tiere müssen organische Substanzen abbauen, um sie resorptionsfähig zu machen. Dazu dienen ihnen innere Hohlräume, die Darmsysteme. Die Art des Nahrungserwerbs ist für weitere wesentliche Unterschiede verantwortlich: Gezielte schnelle Ortswechsel erfordern einen Bewegungsapparat, Organe der Reizwahrnehmung und -weiterleitung, sowie der Informationsverarbeitung.

1.4.1 Organe höherer Pflanzen

Die vielzelligen Vegetationskörper höherer Pflanzen (Farn- und Samenpflanzen) lassen bei aller Vielfalt der Erscheinungsformen einen einheitlichen Bauplan aus den drei Grundorganen Sproßachse, Blatt und Wurzel erkennen. Diese Grundorgane sind bereits am Embryo bzw. Keimling als Keimachse, Keimblätter und Keimwurzel angelegt (Abb. 1.32). Höhere Pflanzen besitzen Abschlußgewebe, Leitungsgewebe und Festigungsgewebe, die sämtlich bei Algen unnötig und bei Moosen nur in Ansätzen entwickelt sind.

Die oberirdischen Teile Sproßachse und Blätter bilden den Sproß, an dessen Spitze sich der Vegetationspunkt befindet. Der Vegetationspunkt besteht aus totipotentem Teilungsgewebe (= Meristem). Es ist meist von einer Endknospe aus neuen, noch nicht entfalteten Blättern umgeben. Diese entstehen sämtlich in spitzenwärts fortschreitender Reihenfolge aus dem Flankenmeristem der Sproßspitze. Stellen des Sprosses, an denen Blätter ansitzen (= Nodien) wechseln sich mit Zwischengliedern ohne Blattansatzstellen (= Internodien) ab. Zusätzliche Vegetationspunkte an den Internodienbasen können für eine Internodienstreckung sorgen, Vegetationspunkte in den Achseln der Blätter ermöglichen eine Verzweigung des Sprosses. Mit zunehmender Länge nimmt der Sproßscheitel an Dicke zu (= primäres Dickenwachstum), was durch ein sekundäres Dickenwachstum von der Sproßbasis her ergänzt wird. Die Wurzel wächst mit einem eigenen Vegetationspunkt in die Gegenrichtung, sie bildet keine Blattorgane aus. Verzweigungsmeristeme sind endogen angelegt, Seitenwurzeln müssen die äußeren

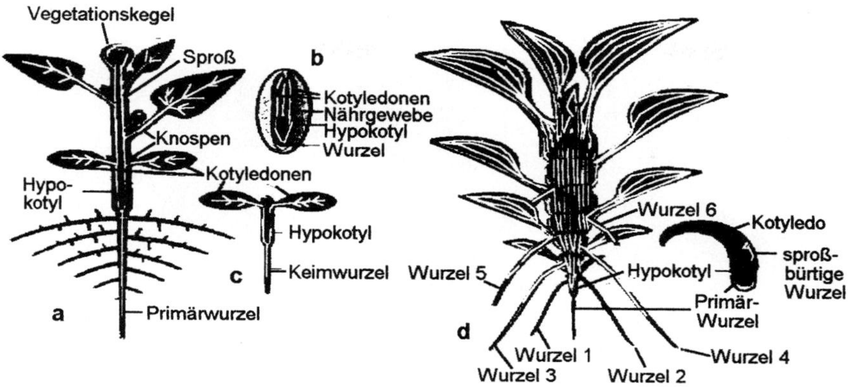

Abb. 1.32. Gliederung des Vegetationskörpers bei höheren Pflanzen. **a** Beispiel einer dicotylen (zweikeimblättrigen) Pflanze. **b** Dicotylenembryo im Samen. **c** Dicotylenkeimling. **d** Monocotyle (einkeimblättrigen) Pflanze. **e** Monocotylenembryo (aus Czihak et al. 1992).

Schichten der Hauptwurzel erst durchstoßen. Wurzelverzweigungen sind wesentlich häufiger als Sproßverzweigungen. Neben Primärwurzeln können durch endogene Bildung aus der Sproßachse sproßbürtige Wurzeln gebildet werden, die die Primärwurzel an Bedeutung weit übertreffen können (Einkeimblättrige) oder sogar die einzigen Wurzeln darstellen (Farne).

Die Arbeitsteilung der pflanzlichen Gewebe und Organe ist nicht so strikt wie bei tierischen Geweben und Organen. In Sonderfällen kann jede Funktion von jedem Organ übernommen werden; bei Epiphyten gibt es sogar photosynthetisch aktive Wurzeln (Orchideen) oder wasser- und salzaufnehmende Blätter oder Sproßachsen (Bromelien).

Sproßachse. Die Sproßachse dient vor allem der Stoffleitung und Festigung. Zwischen dem zentralen Mark und der außen abschließenden Epidermis ist ein hochdifferenziertes Leitgewebe ausgebildet. Es gibt getrennte Leitungsbahnen für Wasser (= Xylem) und organische Substanzen (= Phloem). In den versteiften Leitungsbahnen des Xylems führt der Transpirationssog an den Blättern zu einem ständigen Unterdruck; Wasser und gelöste Mineralien werden von der Wurzel nachgezogen. Dabei wird keine Stoffwechselenergie aufgewendet. Die durch Photosynthese gebildeten organischen Substanzen werden in den Siebzellen des Phloems bevorzugt abwärts transportiert. Leitgewebe und Festigungsgewebe mit verstärkter Zellwandbildung sind in ein stark wasserhaltiges Grundgewebe (Parenchym) eingebettet.

Sekundäres Dickenwachstum erfolgt mit Hilfe des Cambiums, eines meristematischen Gewebes zwischen Phloem und Xylem, das in Einkeimblättrigen nicht vorkommt. Subepidermale Schichten bilden ein Korkcambium aus, das nach Zerreißen der Epidermis durch das Dickenwachstum ein sekundäres Abschlußgewebe bildet. Dieser Vorgang wiederholt sich nach innen; die äußeren aufgerissenen Schichten werden als Borke abgestoßen.

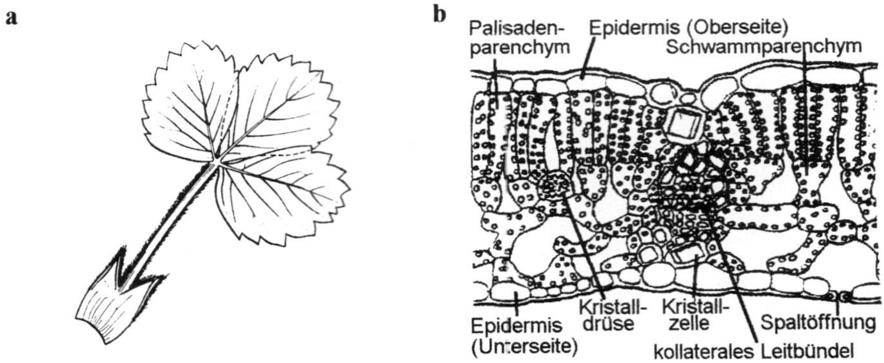

Abb. 1.33. Aufbau eines Blattes. **a** Laubbblatt der Walderdbeere (*Fragaria vesca*) mit Stipeln, Blattstiel und gefiederter Spreite. **b** Querschnitt durch die Spreite eines Buchenblatts; um das Leitbündel ist eine Scheide aus Festigungsgewebe ausgebildet (beide aus Czihak et al. 1992).

Blätter. Die Blattorgane dienen vor allem der Photosynthese und der Transpiration. Sie gliedern sich in das Unterblatt, welches den Blattansatz und die basalen Nebenblätter (Stipeln) umfaßt, und das Oberblatt, welches Stiel und Spreite liefert (Abb. 1.33a). Stipeln sind oft schuppig, dornig, drüsig oder nur rudimentär vorhanden. Die flächige Blattspreite wird von Adern durchzogen, die mit dem Leitgewebe der Sproßachse korrespondieren. Diese Nervatur kann parallel (Einkeimblättrige) oder verzweigt (Zweikeimblättrige) sein. Bei gefiederten Blättern beschränkt sich die Ausbildung der Spreite auf den Bereich der von der Mittelrippe abzweigenden Seitenadern.

Die Blattflächen der Landpflanzen werden beidseitig von einer chloroplastenfreien Epidermis abgeschlossen (Abb. 1.33b). Vor allem in der unteren Epidermis liegen Spaltöffnungen (= Stomata). Diese dienen dem Gasaustausch und spielen eine wichtige Rolle im Wasserhaushalt. Eine die Epidermis bedeckende wasser- und gasundurchlässige Wachsschicht (= Cuticula) und epidermale Auswüchse wie pflanzliche Haare dienen dem Transpirationsschutz. Zwischen den Epidermen liegt das Mesenchym, welches häufig in ein langzelliges, dichtes Palisadenparenchym nahe der Oberseite und ein lockeres interzellularenreiches Schwammparenchym nahe der Unterseite gegliedert ist. Das Palisadenparenchym ist chloroplastenreich und dient der Assimilation, das Schwammparenchym ist ein Durchlüftungsparenchym mit Kontakt zu den Spaltöffnungen.

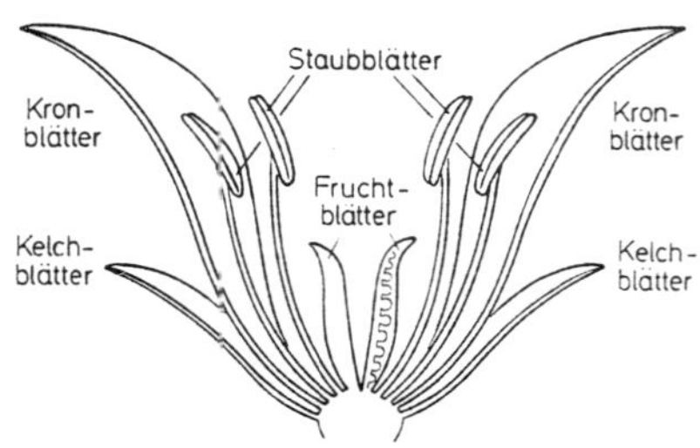

Abb. 1.34. Schematischer Axialschnitt durch eine Blüte (aus Czihak et al. 1992).

Die sexuelle Fortpflanzung geschieht in höheren Pflanzen mit Hilfe von Blüten (Abb. 1.34). Sie entsprechen einem gestauchten Sproß mit begrenztem Wachstum und bestehen aus stark modifizierten und spezialisierten Blättern: Kelchblättern (Schutz), Kronblättern (Schauapparat), Staubblättern (Träger der männlichen Pollen) und Fruchtblättern (Träger der weiblichen Samenanlagen). Bei der Samenreife wird die Blüte zur Frucht.

Regulation der Photosynthese. Auf der Ebene der Biomoleküle oder zellulärer Strukturen ist die photosynthetische Leistung von hoher Konstanz. Auf der Ebene der Gewebe oder Organe treten jedoch drastische Unterschiede auf, die mit der metabolischen Arbeitsteilung in den Pflanzenorganen und standortspezifischen physiologischen Anpassungen zusammenhängen. Da die photosynthetische Energiegewinnung einen zentralen Faktor für das Überleben darstellt, führte die scharfe Selektion zu besonders ausgeprägten Anpassungen von Kapazität und Effektivität der Photosyntheseleistung an die sehr unterschiedlichen Standortbedingungen.

Der Brutto-Aufbauleistung organischer Substanz (= reelle Photosynthese) stehen die Abbauvorgänge (= Dissimilation) der oxidativen Atmung, der alkoholischen Gärung und der Lichtatmung (= Photorespiration[1]) gegenüber. Die verbleibende Nettoleistung bezeichnet man als apparente Photosynthese. Wird die apparente Photosynthese gleich Null, ist ein photosynthetischer Kompensationspunkt erreicht, unterhalb dessen aufgrund negativer Kohlenstoffbilanz keine dauerhafte Lebensfähigkeit gegeben ist.

Sonnenpflanzen sind im Starklicht deutlich leistungsfähiger als Schattenpflanzen, da sie über eine erheblich größere photosynthetische Kapazität verfügen, zu deren Aufrechterhaltung allerdings viel Energie aufgewendet werden muß. Schattenpflanzen sind effektiver in der Ausnutzung niedriger Beleuchtungsstärken und in lichtarmen Biotopen überlegen (Abb. 1.35). Auch ein und dieselbe Pflanze kann ihren Lichtkompensationspunkt in gewissen Grenzen variieren: So besitzen Buchen je nach Lichtexposition Sonnen- und Schattenblätter (Abb. 1.36).

Im Schatten ist die Beleuchtungsstärke limitierender Faktor der Photosynthese. An sonnigen Tagen liegt die Beleuchtungsstärke jedoch selbst für die meisten Sonnenpflanzen weit über dem Sättigungswert. Limitierende Faktoren für die Nutzung der Lichtenergie sind

- Transpirationsprobleme bei mit hoher Einstrahlung korrelierten hohen Temperaturen.
- die wesentlich stärkere Erhöhung der Intensität von Atmung und Photorespiration bei erhöhten Temperaturen im Vergleich zur reellen Photosynthese. Der obere Temperaturkompensationspunkt der apparenten Photosynthese liegt oberhalb von 40°C.
- der CO_2-Gehalt der Luft, der in der Regel nicht ausreicht, um den Photosyntheseapparat von Sonnenpflanzen bei Starklicht zu sättigen.

---

[1]Photorespiration: Bildung von Glycolat und CO_2 aus Ribulosediphosphat durch konkurrierende Oxygenasereaktion der Ribulosebisphosphatcarboxylase.

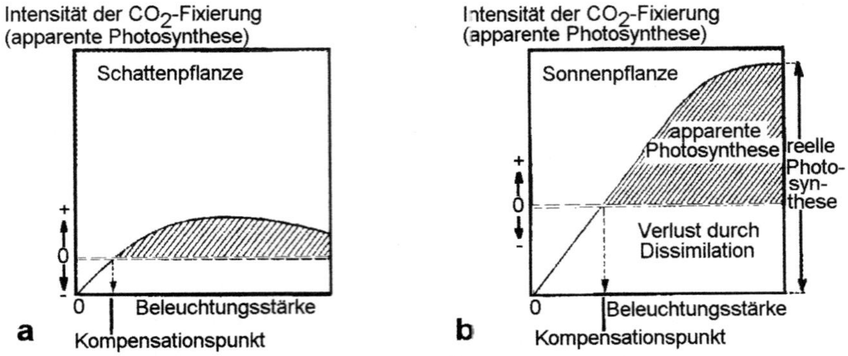

Abb. 1.35. Schematische Lichtkurven der Photosynthese bei typischen Schattenpflanzen **a** und Sonnenpflanzen **b**. Bei einer Sonnenpflanze liegen die Lichtsättigung und der Lichtkompensationspunkt bei wesentlich höheren Beleuchtungsstärken als bei einer Schattenpflanze. In dieser vereinfachten Darstellung ist die Atmung als konstant angenommen; sie steigt jedoch durch die Zunahme der Photorespiration mit zunehmender Beleuchtungsstärke (aus Czihak et al. 1992).

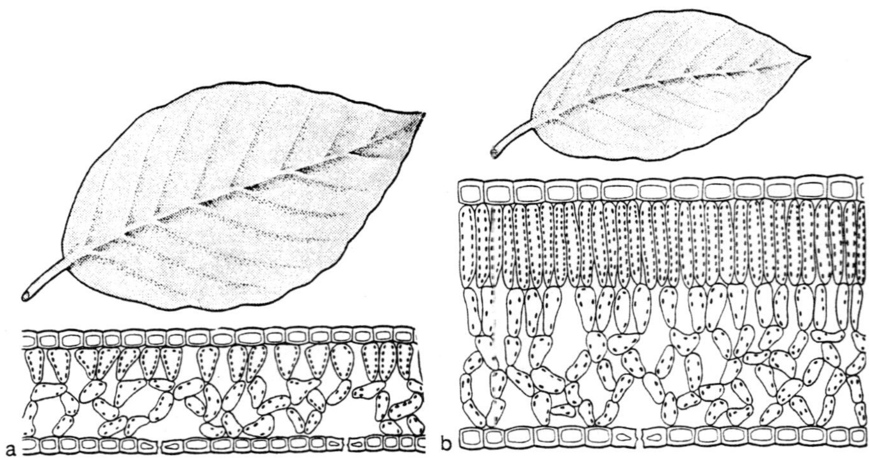

Abb. 1.36. Schematische Querschnitte durch ein Schattenblatt **a** und ein Sonnenblatt **b** der Buche. Die phänotypischen Unterschiede betreffen nicht nur die Größe der Blätter, sondern auch deren anatomischen Aufbau, das Pigmentverhältnis, die Dichte der Photosysteme in der Thylakoidmembran und somit die physiologischen Eigenschaften des Photosyntheseapparats (aus Czihak et al. 1992).

Der Gashaushalt wird über die Stomata geregelt: Bei hohem inneren Wasserdruck (= Turgor) öffnen sie sich und lassen CO_2 ein, wobei Wasserdampf ausströmt. Bei niedrigem Turgor schließen sie sich, was vor weiterem Wasserverlust schützt, aber auch die CO_2-Versorgung unterbricht. Im Licht wird ein Turgoran-

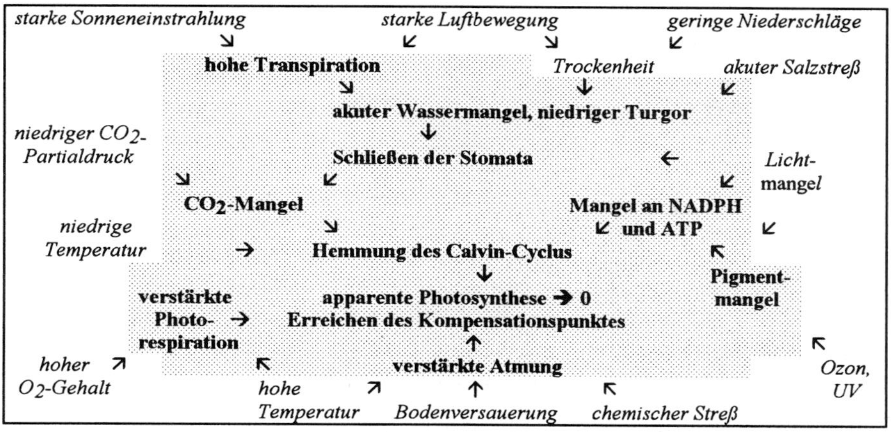

Abb. 1.37. Hemmfaktoren der apparenten Photosynthese. *Kursiv*: Umweltfaktoren. Jeder Streßfaktor führt zu erhöhtem Energiebedarf und verringert die apparente Photosynthese.

stieg und damit eine verbesserte CO_2-Versorgung durch eine Erhöhung der Saugspannung erreicht: Die als einzige Epidermiszellen photosynthetisch aktiven Schließzellen der Stomata pumpen mit Lichtenergie Protonen oder Kaliumionen aus den Nachbarzellen herein. Bei Trockenstreß wird Abscisinsäure gebildet, die als Botenstoff für einen Kaliumausstrom und das Schließen der Stomata sorgt. Trockene, warme, lichtreiche Standorte erfordern einen hohen Transpirationsschutz und führen zu CO_2-Knappheit. Als eine spezielle Anpassung an derartige Standorte haben verschiedene Pflanzen Stoffwechselmechanismen entwickelt, die den CO_2-Kompensationspunkt stark herabsetzen.

C_4-Pflanzen besitzen kein Palisaden- oder Schwammparenchym, sondern Scheidenzellen, die um die Gefäßbündel liegen und ihrerseits kranzförmig von Mesophyllzellen umgeben sind. Mesophyllzellen sind in der Lage, CO_2 im Gewebe abzufangen: Mit Hilfe von ATP, NADH und Pyruvat wird CO_2 in einem C_4-Körper (Malat) fixiert. Malat wird in die Scheidenzellen transportiert, wo CO_2 wieder freigesetzt wird und in den Calvin-Cyclus einfließt. Die räumliche Trennung von CO_2-Fixierung und Calvin-Cyclus ermöglicht auch eine Wiedergewinnung des in der Photorespiration produzierten CO_2. Die bei hohen Temperaturen besonders ausgeprägte Hemmwirkung der Photorespiration wird damit außer Kraft gesetzt. Es wird eine sehr niedrige CO_2-Gewebekonzentration erreicht und ein hoher CO_2-Gradient aufgebaut: Eine kurzfristige Öffnung der Spaltöffnungen reicht zur Deckung des CO_2-Bedarfs. Der C_4-Metabolismus funktioniert nur am Tag, denn er wird erkauft mit zusätzlichem Energieaufwand, der aus dem im Überschuß vorhandenen Licht gedeckt wird.

Viele an Trockenheit angepaßte Pflanzen helfen sich mit einer hohen Saugspannung und besonders effektivem Transpirationsschutz, wie geringen Oberflächen oder Wachsschichten. Es werden dickfleischige Sproßachsen oder Blätter ausgebildet (Sukkulenz). Einige Sukkulenten haben eine zeitliche Trennung der CO_2-Fixierung und -Assimilation (crassulacean acid metabolism CAM) entwickelt: Nachts, wenn die Spaltöffnungen geöffnet sind, wird CO_2 in Malat fixiert. Dieses wird in den reichlich ausgebildeten Vakuolen zwischengelagert und dient gleichzeitig als Osmotikum. Die Energie wird durch die nächtliche Veratmung von Speicherstärke gewonnen, die tagsüber im Lichtüberschuß und mit Hilfe des Malat-CO_2 bei geschlossenen Spaltöffnungen aufgebaut wird.

Wurzel. Die Wurzel verankert den Pflanzenkörper im Boden und versorgt ihn mit Wasser und anorganischen Salzen. Sie kann darüber hinaus Speicherfunktionen und Syntheseaufgaben wahrnehmen. Hinter der Wachstumszone an der Wurzelspitze liegt die Wurzelhaarzone, deren Haare die resorbierende Oberfläche vergrößern und ein Widerlager für die vorwärtsstoßende Wurzelspitze bilden. Auf die Wurzelhaarzone folgt die Verzweigungszone; hier ist die haartragende Epidermis bereits abgestorben und durch die darunterliegende verkorkte Exodermis ersetzt.

Leitende und festigende Gewebe sind zu einem axialen Strang, dem Zentralzylinder, zusammengefaßt. Zwischen der Exodermis und dem Zentralzylinder erstreckt sich die meist recht dicke Wurzelrinde, die vor allem Speicheraufgaben erfüllt. Sie wird zum Zentralzylinder hin von der Endodermis begrenzt, deren radiale Zellwände mit lipophilen Substanzen imprägniert sind (Caspary-Streifen). Daher muß der Wasser- und Mineralstofftransport an dieser Stelle die Plasmamembranen der Endodermis passieren (symplastischer Transport) während er sonst in den Zellwänden und Zwischenzellräumen nach den Gesetzen der freien Diffusion erfolgt (apoplastischer Transport). Der Zentralzylinder enthält Phloem und Xylem, in deren Gefäßen ebenfalls apoplastischer Transport dominiert. Zwischen Zentralzylinder und Endodermis liegt das Perizykel, ein Meristem, aus dem die Seitenwurzeln entstehen (Abb. 1.38).

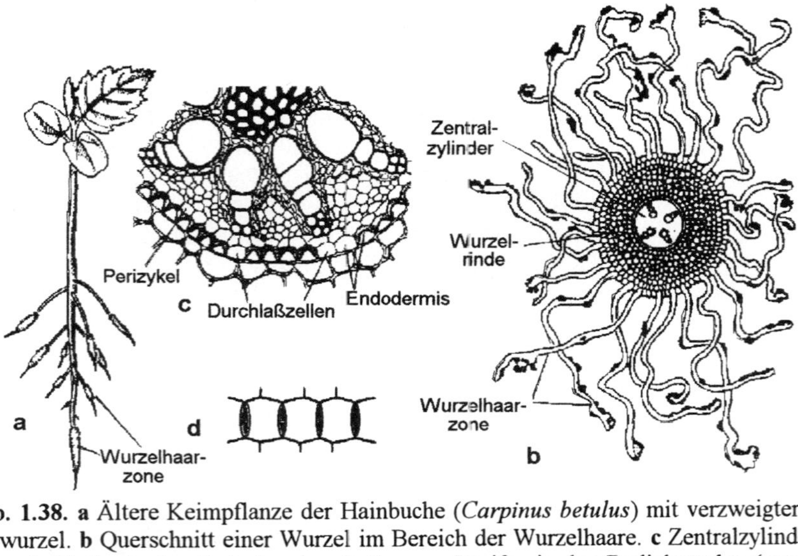

Abb. 1.38. a Ältere Keimpflanze der Hainbuche (*Carpinus betulus*) mit verzweigter Primärwurzel. **b** Querschnitt einer Wurzel im Bereich der Wurzelhaare. **c** Zentralzylinder. **d** Querschnitt durch eine Endodermis mit Caspary-Streifen in den Radialwänden (aus Czihak et al. 1992).

Die Wasseraufnahme der Wurzel wird von dem Wasserpotentialgradienten zwischen Boden und Atmosphäre getrieben: Transpiration erzeugt einen Wassersog. Bei niedrigem Gradienten (Trockenheit) muß die Transpiration erniedrigt werden, um nicht mehr Wasser an die Luft zu verlieren, als aus dem Boden nachgezogen werden kann. Gleichzeitig muß die osmotische Saugspannung erhöht werden, damit kein Wasser zurück in den Boden fließt. Der Widerstand, den die Wurzel dem Strömungssytem entgegensetzt, ist vor allem auf den symplastischen Transport durch die Endodermis zurückzuführen.

Viele Zellwandpolymere üben mit Hilfe freier Carboxylgruppen die Funktion eines Kationenaustauschers aus. Die freie Diffusion von Ionen im Apoplasten ist daher durch reversible Austauschreaktionen eingeschränkt. Diese folgen rein physikalischen Gesetzen; der Apoplast der Wurzelrinde ist demnach noch als Außenwelt anzusehen. An der Plasmamembran des Symplasten werden Ionen aktiv und höchst selektiv in die Wurzel aufgenommen. Die Energie für diese Ionenpumpen wird durch aerobe Atmung bereitgestellt. Die Ionenaufnahme reagiert deshalb empfindlich auf Atmungsgifte (entkoppelnde Substanzen) und Sauerstoffmangel. Der wichtigste aktive Transportprozeß ist der Kationenaustausch (vor allem K^+) gegen H^+. Dazu scheiden Wurzeln erhebliche Protonenmengen in die Bodenlösung aus. Ist diese bereits mit Protonen angereichert, bedarf es verstärkter Stoffwechselaktivität; der Boden wird noch weiter versauert.

1.4.2 Bau und Leistung tierischer Organe

Tierische Organe enthalten fast durchweg Epithel-, Binde- und Nervengewebe, oft auch Muskelgewebe in mehr oder weniger großem Umfang. Sie sind zwar abgrenzbare strukturelle Einheiten, erfüllen aber meistens viele Funktionen. So dienen Kiemen von Wasserorganismen gleichzeitig der Atmung, der Ausscheidung und der Osmo- und Ionenregulation. Im folgenden werden deshalb Organe im Rahmen größerer Funktionszusammenhänge behandelt.

Organe der Abgrenzung und des Kontakts. Die Haut oder das Integument der Vielzeller stellt die Grenzfläche zwischen Tier und Umwelt dar. Sie ist Schranke und Kontaktfläche. Zu ihren wichtigsten Funktionen gehören die

- Schutzfunktion gegen schädliche Umwelteinflüsse,
- Stoffaustauschfunktion,
- Sinnesfunktion (Rezeptoren),
- Signalfunktion (Pigmente),
- Fortbewegung (Wimpern).

Je nach Lebensweise stehen unterschiedliche Funktionen im Vordergrund. Das Integument von Bewohnern wässriger Medien dient stärker dem Stoffaustausch, das Integument von Landbewohnern stärker der Abgrenzung und dem Schutz. Extrembeispiele liefern einerseits die Darmparasiten, die ihren Stoffaustausch ausschließlich über die Membranen des einschichtigen äußeren Epithels vollziehen, andererseits die Landwirbeltiere, die über ein mehrschichtiges Abschlußgewebe verfügen: Hornsubstanz (Schuppen, Haare, Federn) bildende Epidermiszellen rücken nach außen und sterben ab, wobei ständig Substanz verloren geht. Der aufwendige Vorgang gewährleistet Schutz vor Einstrahlung, mechanischer Belastung, Wärme- und Wasserverlust und wird auch nach einer Wiederbesiedlung wässriger Medien aufrechterhalten.

Organe der selektiven Stoffaufnahme. Wassertiere oberhalb bestimmter Grössen und Landtiere können sich nicht mehr allein über die äußeren Körperoberflächen mit Nahrung versorgen. Sie müssen die Nahrung erwerben (filtrieren oder suchen), zerkleinern und in verdauende Hohlräume schaffen.

Das Organ, in dem der chemische Aufschluß und die Resorption stattfinden, ist der Darm. Sein Lumen ist noch ein Teil der Außenwelt; erst diejenigen Substanzen, die aus der aufgenommenen Nahrung freigesetzt und durch die Membranen des Darmepithels in die Körperzellen gelangt sind, können zum Bestand des Organismus gerechnet werden. Bei einfachsten Vielzellern (Hohltiere: Polypen) ist er ein ungefalteter Sack mit einer einzigen Mund-After-Öffnung. Bei Quallen und Plattwürmern ist er stark verzweigt: Dies dient der Vergrößerung der resorbierenden Oberfläche und ermöglicht seine gleichzeitige Nutzung als Verteilungssystem. Die meisten Vielzeller besitzen einen durchgängigen Darm mit Mund und After, der in morphologisch und funktionell verschiedene Abschnitte gegliedert ist. Vorder- und Enddarmabschnitte sind zum Teil Einstülpungen von äußerem Epidermalgewebe; so sind die entsprechenden Abschnitte bei Insekten und Krebsen von einer Chitin-Cuticula ausgekleidet. Der Darmkanal steht vielfach mit Anhangdrüsen unterschiedlicher Funktion in Verbindung:

- Speicheldrüsen sezernieren Gleitsubstanzen, Verdauungsenzyme und anorganische Ionen zur Einstellung eines bestimmten pH-Wertes in den Darm. Sie können zu Gift-, Spinn- oder Nährsaftdrüsen umgebildet sein.
- Die stark verästelten Mitteldarmdrüsen vieler wirbelloser Tiere sind Darmblindsäcke, die meist auch mit Nahrungsbrei gefüllt werden. Sie sezernieren Verdauungsenzyme, resorbieren die Spaltprodukte, leisten intrazelluläre Verdauung in den Drüsenepithelzellen und sind Zentralorgane des Stoffwechsels (= Lebern der Wirbellosen). Diese Funktion wird bei vielen Insekten vom Fettkörper und bei Ringelwürmern vom dem Darm aufsitzenden Chloragoggewebe übernommen.
- Die Leber der Wirbeltiere erhält über die Pfortader die vom Darmepithel resorbierten Stoffe. Sie ist Zentralorgan des Stoffwechsels und reguliert den Gehalt des Blutes an Transport-, Brenn- und Aufbaustoffen. Über die Produktion und Abgabe der Gallenflüssigkeit durch die Gallenblase in das Darmlumen reguliert sie die Fettsäureresorption und besitzt gleichzeitig die Möglichkeit zur Ausscheidung hochmolekularer Substanzen (= biliäre Exkretion).
- Die Bauchspeicheldrüse (= Pankreas) der Wirbeltiere ist der Hauptort der Produktion von Verdauungsenzymen und pH-Regulatoren. Sie gibt zudem Hormone zur Regulation des Glucosestoffwechsels ins Blut ab.

Die Größe der resorbierenden Oberfläche ist ein wesentlicher Parameter für die zeitliche Aufnahmerate. Sie wird beispielsweise bei Wirbeltieren gesteigert durch die Faltenbildung der gesamten Darmwand, fingerförmige Ausstülpungen, die durch eigene Muskelfasern kontraktil sind (= Darmzotten), und den lumenseitigen dichten Mikrovillibesatz aller stark resorbierenden Darmepithelzellen (Abb. 1.25b, S. 40).

Verdauung. Mit wenigen Ausnahmen sind die Nährstoffe Substanzen mit hohem Molekulargewicht, die teilweise nicht wasserlöslich sind und nicht in die Zellen diffundieren können. Im Laufe der Verdauung werden sie durch Hydrolyse in resorptionsfähige niedermolekulare Teile zerlegt. Dazu nötige Verdauungsenzyme, schützender Schleim für die Epithelien, Ionen zur pH-Einstellung und Wasser werden nicht nur von den großen Darmanhangdrüsen, sondern auch von den Epithelzellen selbst und eingelagerten kleinen Drüsen gebildet. Die verschiedenen Enzyme greifen nicht gleichzeitig ein, sondern sind nach Wirkweise, Wirkort und dort herrschendem pH-Wert gestaffelt. Bei Säugetieren wird die Nahrung im Mund zerkleinert und der Kohlenhydratanteil durch Amylasen angedaut. Schlucken und die Kontraktionswellen der Speiseröhre befördern den entstandenen Brei in den Magen. Das saure Milieu des Magens von etwa pH 3 denaturiert Proteine und ist Voraussetzung für die Wirksamkeit der Protease Pepsin. Außerdem tötet es mit aufgenommene Mikroorganismen ab. Kontraktionen des Magens durchmischen die Nahrungsmasse und drücken sie in den Dünndarm. Dort wird die Salzsäure durch Natriumhydrogencarbonat aus dem Pankreas neutralisiert. Der Bauchspeichel enthält zudem die Vorstufen von Enzymen zur Hydrolyse aller Biomolekülklassen. Sie haben ihr Wirkoptimum im leicht alkalischen Bereich und werden erst im Lumen aktiviert. Zunächst spalten Endoenzyme die Polymerketten in kleinere Einheiten, dann zerlegen Exoenzyme aus den Epithelzellen diese von den Enden her in resorptionsfähige Bausteine.

Resorption. Für eine gute Aufnahme durch die Epithelmembranen in das Körperinnere muß die Konzentration des zu transportierenden Stoffes in den Epithelzellen gering sein. Es bedarf eines ständigen Abtransports oder Umbaus resorbierter Stoffe; eine Aufkonzentration im Darmlumen durch osmotischen Wasserentzug unterstützt das Konzentrationsgefälle. Dies ist besonders notwendig für die Resorption durch Diffusion, für die eine entsprechende Membrandurchlässigkeit gegeben sein muß. Bei Wirbeltieren ist diese Art der Resorption nur für einige wasserlösliche Vitamine von Bedeutung.

Die meisten Substanzen werden durch aktiven Transport resorbiert: Membranständige Proteine transportieren unter ATP-Verbrauch selektiv Biomolekülbausteine in die Epithelzellen. Transportsysteme für Aminosäuren sind mäßig spezifisch, Monosaccharide werden stereospezifisch resorbiert. Der aktive Transport ist in seiner Kapazität begrenzt und wird bei sehr hohen Substratkonzentrationen durch konkurrierende Moleküle verlangsamt. Fettsäuren werden in Gallensäuremicellen an die Mikrovillimembran der Darmepithelzellen gebracht und durch die Abschnürung kleinster Vesikel aufgenommen (= Pinocytose). Die Gallensäuren erreichen auf dem Blutweg wieder die Leber (enterohepatischer Kreislauf der Gallensäuren).

Eine wichtige resorptive Aufgabe des Darms von Landlebewesen ist die Wiederaufnahme von Wasser. Im Dickdarm wird durch eine starke Resorption von

Mineralsalzen, insbesondere Natriumionen, dem Darminhalt weiteres Wasser entzogen, bis er auf die Konsistenz des Kots eingedickt ist. Die Darmperistaltik, regelmäßige Kontraktionsserien der Ring- und Längsmuskulatur, befördert den Darminhalt, der nun fast keine verdaubaren und resorptionsfähigen Bestandteile enthält, in den Enddarm. Der ausgeschiedene Kot besteht nur noch aus Restwasser, unverdaulichen Nahrungsbestandteilen, Bakterien, Resten abgestoßener Darmepithelzellen und nicht resorbierten Mineralstoffen.

Im Darmtrakt der meisten Tiere leben symbiotische Mikroorganismen, die teilweise hochspezialisiert sind. Sie genießen Schutz und finden ein konstantes Milieu vor. Dafür brauchen sie Schutzmechanismen gegen Verdauung und müssen wegen des Sauerstoffmangels im Darm mit der energetisch ungünstigen anaeroben Lebensweise zurechtkommen, was wegen des Überangebots von Nahrung unproblematisch ist. Die Wirtstiere haben vielfältigen Nutzen:

- Die Gärungsvorgänge durch Bakterien und tierische Einzeller schließen Substanzen auf, die durch eigene Enzyme nicht angreifbar sind. Herausragendes Beispiel ist die Celluloseverwertung, die nur den Mikroorganismen möglich ist. Pflanzenfresser besitzen eigene Gärkammern zur Kultivierung der lebensnotwendigen Symbionten.
- Der Aufschluß pflanzlicher Zellwände macht den Zellinhalt besser zugänglich, was auch für Allesfresser von Bedeutung ist.
- Einige qualitativ wichtige Ergänzungsstoffe zur Nahrung werden in Form resorbierbarer Vitamine von Darmsymbionten produziert.
- Mikroorganismische Stoffwechselendprodukte oder Biomasse liefern einigen Wirtstieren auch einen quantitativen Beitrag zur Ernährung. Weidegänger gleichen ihre Stickstoffbilanz aus, indem sie einen Teil der Symbionten verdauen. Diese sind in der Lage, abfallenden Ammoniumstickstoff in Form von Aminosäuren zu refixieren.

Organe der Atmung: Gasaustausch und Gastransport. Die Atmung hat drei physiologische Aspekte: Den Gasaustausch an der respiratorischen Körperoberfläche (äußere Atmung), den Gastransport in den Körperflüssigkeiten und die Zellatmung (innere Atmung), die von den Mitochondrien geleistet wird.

Gasaustausch. Der Austausch der Gase zwischen den Geweben und dem Umgebungsmedium unterliegt gänzlich den Gesetzen der Diffusion. Die Austauschregionen sind deshalb dünnwandig und besitzen große Oberflächen. Für kleine, abgeplattete oder verzweigte Tiere mit großen Oberflächen/Volumen - Verhältnis genügt der Austausch über die Haut. Größere und leistungsfähigere Tiere haben spezielle Organe der äußeren Atmung entwickelt und nutzen die Hautatmung noch noch zur Unterstützung. Es gibt drei Grundformen von Atmungsorganen:

- Kiemen sind die Atmungsorgane wasserlebender Tiere. Sie stellen dünnhäutige, zuweilen verzweigte Ausstülpungen oder Anhänge des Körpers dar, die von äußeren (Extremitäten) oder inneren (Darm) Oberflächen ausgehen. Ihre Membranen stehen in enger Verbindung mit den zirkulierenden Körperflüssigkeiten. Äußere Kiemen werden aktiv bewegt oder in strömendem Wasser gehalten. Innere Kiemen in geschützten Körperhöhlen müssen mit einem eigens erzeugten Atemstrom versorgt werden. Der Gasaustausch erfolgt sehr effektiv im Gegenstrom der Körperflüssigkeit.

- Lungen sind die Atmungsorgane vieler Landtiere. Sie sind auf kleine Körperbereiche beschränkte Einstülpungen der Körperoberfläche oder des Darmkanals ins Körperinnere und sind vielfach gefaltet oder gekammert. Ihre Membranen stehen in enger Verbindung zu den zirkulierenden Körperflüssigkeiten. Diffusionslungen sind selten, aktive Ventilationslungen die Regel.
- Tracheen sind Atmungsorgane vieler landlebender Gliederfüßer (Insekten, Tausendfüßer, Spinnen). Als gefäßartige Einstülpungen der Körperoberfläche dienen sie dem direkten Gasaustausch mit den verbrauchenden Geweben und Zellen; feine Verästelungen erreichen sogar einzelne Mitochondrien. Das Tracheensystem ersetzt die Gastransportfunktion von Flüssigkeitssystemen; der Transport erfolgt durch Diffusion. Es ist bis zu 100fach effektiver als das Gasversorgungssystem der Säugetiere, wird aber mit einer geringen Körpergröße (maximaler Durchmesser: ca. 5 cm) erkauft.

Aufgrund der geringen Löslichkeit und Diffusionsgeschwindigkeit von Sauerstoff in Wasser muß ein im Wasser atmendes Tier mehr als das zwanzigfache Volumen seines Außenmediums über die respiratorischen Oberflächen bewegen, um dieselbe Menge Sauerstoff zu erhalten wie ein in Luft atmendes Tier. Wasser ist zudem wegen seines spezifischen Gewichts und seiner Viskosität viel schwerer zu bewegen als Luft; ein kontinuierlicher Atemwasserstrom ist besonders wichtig. Luftatmern reicht eine diskontinuierliche Ventilation, ein Rest sauerstoffentladener Altluft bleibt zurück. Die Vögel brauchen beim Fliegen besonders viel Sauerstoff. Sie haben als einzige Luftatmer das effektive Gegenstromprinzip von konstantem Atemluftstrom und Körperflüssigkeit verwirklicht: Röhrenförmige Lungenpfeifen mit konstantem Volumen werden durch ein System von Luftsäcken, die über Ventile umgeschaltet werden, beim Ein- und Ausatmen in gleicher Richtung durchströmt.

Gastransport in Körperflüssigkeiten. Der Abtransport des Sauerstoffs von den Austauschflächen ist Voraussetzung für das zur Aufnahme nötige Konzentrationsgefälle. Die Organdifferenzierung und Aufgabenteilung erfordert zudem geeignete Versorgungssysteme für Sauerstoff, Brenn- und Aufbaustoffe. Diese Aufgaben werden in Tieren durch zirkulierende Flüssigkeiten wahrgenommen. Deren Bewegung wird durch rhythmischen Cilienschlag oder durch die Pumpwirkung alternierender Muskelbewegungen erzeugt. Dabei können sich der gesamte Körper, ein Körperabschnitt oder nur spezielle Hohlmuskeln (= Herzen) kontrahieren. Die Körperflüssigkeiten müssen im letzten Fall wenigstens zum Teil durch ein besonderes Gefäßsystem geleitet werden, welches offen oder geschlossen sein kann. In geschlossenen Systemen liegt eine vollständige Trennung von Blut- und Gewebeflüssigkeit durch Gefäßwände (= Endothelien) vor.

In vielen Transportsystemen wird der Sauerstoff ausschließlich in physikalisch gelöster Form zu den verbrauchenden Organen geleitet. In leistungsfähigen Tieren haben sich spezielle Pigmentproteine entwickelt, die Sauerstoff binden und seine Transportkapazität bis zum Hundertfachen erhöhen. Die in Erythrocyten eingelagerten Hämoglobine der Säuger sind die kleinsten Transportproteine. Jede der vier Untereinheiten besitzt eine assoziierte Häm-Gruppe mit Fe^{2+}-Zentralatom und kann ein O_2-Molekül binden. Frei in Blut- oder Körperflüssigkeit vorkommende Transportproteine (z.B. Hämocyanine) sind erheblich größer und besitzen bis zu 160 O_2-Bindungsstellen. Dadurch ist eine hohe Sauerstoffaufnahme bei gleichzeitig geringer Steigerung des osmotischen Wertes der Flüssigkeit gewährleistet. Über Aufnahme oder Abgabe von O_2 entscheidet der O_2-Partialdruck der Umgebungen, sowie die Konzentration und Affinität des Transportpigments. Diese kann durch allosterische Effektoren wie ATP oder ADP der Bedarfssituation angepaßt werden. Niedrige Temperaturen steigern die Affinität, führen aber unter Umständen dazu, daß nicht mehr genügend Sauerstoff an die Gewebe abgegeben werden kann. Sinkende pH-Werte verringern meist die Affinität: Eine hohe CO_2-Produktion der atmenden Gewebe erleichtert dort die O_2-Abgabe aus den Transportpigmenten. Ebenso wirkt die Milchsäureabgabe arbeitender Skelettmuskeln. Beides verstärkt die Wirkung des niedrigeren O_2-Partialdrucks der atmenden Gewebe und führt zu einer verbesserten Sauerstoffversorgung bei erhöhtem Umsatz.

Das bei der Zellatmung freiwerdende CO_2 wird infolge seiner höheren physikalischen Löslichkeit in Körperflüssigkeiten ohne spezielle chemische Bindung transportiert. Das Verhältnis zwischen Wasser, CO_2 und Kohlensäure wird durch verschiedene Faktoren beeinflußt.

- Das Enzym Carboanhydratase beschleunigt die Gleichgewichtseinstellung.
- Puffernde Blutproteine verhindern eine Änderung des pH-Wertes vom arteriellen (wenig Kohlensäure) zum venösen (viel Kohlensäure) Blut.
- Oxygeniertes Hämoglobin ist saurer und bindet mehr als doppelt so viel Alkali-Ionen wie desoxygeniertes. Diese werden bei der Sauerstoffabgabe freigesetzt und puffern HCO_3^- ab.
- CO_2 wird z.T. unmittelbar an desoxygeniertes Hämoglobin gebunden.

Organe der Exkretion und der Osmo- und Ionenregulation. Trotz des ständigen Stoffaustauschs mit der Umgebung wird die stoffliche Zusammensetzung eines Organismus weitgehend konstant gehalten; Schwankungen sind meist nur in engen Grenzen unschädlich. Dies gilt für die Gesamtkonzentration an Stoffen (Osmoregulation) wie für die Mengenverhältnisse der einzelnen Ionen, die den Hauptanteil der osmotisch wirksamen Teilchen ausmachen (Ionenregulation). Bei der Verarbeitung von Nährstoffen in den Körperzellen zur Gewinnung von Energie oder Körpersubstanz entsteht neben Kohlendioxid ein Überschuß an Stickstoff, der eliminiert werden muß (Exkretion). Dies kann in Form von Ammoniak oder von spezifischen Ausscheidungsprodukten geschehen.

Bei aquatischen Tieren wird diese Ausscheidungs- und Regulationsfunktion vom Integument und den Kiemen übernommen. Die ausgeschiedenen Stoffe verteilen sich sofort im vergleichsweise großen Außenvolumen des Umgebungswassers, so daß sie kaum zurückgewonnen werden können. Daneben existieren häufig spezifische Exkretionsorgane, die in einem Körperhohlraum Flüssigkeit produzieren, deren Zusammensetzung durch Austauschprozesse verändert werden kann. Diese sind von Landorganismen zu Hauptorganen der Exkretion weiterentwickelt worden.

Die ursprünglichsten Exkretionsorgane sind die Protonephridien der Plattwürmer, Schnur- und Rundwürmer und vieler Larvenformen. Es sind durch Terminalzellen nach innen blind geschlossene Kanäle, die nach außen führen. An den Reusen der Terminalzellen wird durch Filtration der Körperflüssigkeit der Primärharn gebildet, der im anschließenden Kanal weiter verändert wird.

Die Metanephridien der Ringelwürmer, Weichtiere und mancher Gliederfüßer sind ebenfalls nach außen führende Kanäle, die sich jedoch zur Leibeshöhle (Coelom) hin öffnen. Die Öffnung ist meist ein weiter Wimpertrichter, der Primärharn gleicht der Coelomflüssigkeit. Diese ist bereits ein Filtrat, welches aus dem geschlossenen Blutkreislaufsystem in die Leibeshöhle abgepreßt wird.

Die Malpighi-Gefäße der landlebenden Insekten und Spinnen sind gegen die Leibeshöhle blind geschlossene Schläuche, die in den Verdauungskanal einmünden. Der Harn wird durch aktiven Transport von Stoffen in das Schlauchinnere gebildet, wodurch ein passiver Nachstrom von Wasser und anderen Substanzen erfolgt. Erst im Enddarm erfolgt eine Rückresorption von Ionen und verwertbaren organischen Substanzen, die mit einer Rückgewinnung von Wasser gekoppelt ist.

Die Nieren der Wirbeltiere setzen sich aus einer Vielzahl funktioneller Einheiten zusammen, die in engem Kontakt mit dem Blutgefäßsystem stehen. Diese Einheiten bestehen aus einem blind geschlossenes Rohr (= Nierenkanälchen), in dessen Anfang einige Schleifen von Blutkapillaren (= Glomerulum) so eingesenkt sind, daß ein doppelwandiger Becher entsteht. Das abführende Nierenkanälchen bildet eine Schleife und mündet zusammen mit anderen in ein Sammelrohr. Durch die Kapillarenwände des Glomerulums wird aus dem Blut ein Ultrafiltrat (Blutplasma ohne großmolekulare Anteile) in das Lumen des Nierenkanälchens abgesondert. Der nötige Druck wird durch den unterschiedlichen Durchmesser der zu- und abführenden Arterien erzeugt. Aus dem gewonnenen Primärharn werden Stoffe rückresorbiert (Glucose, Aminosäuren, Ionen mit Wasser im Gefolge), andere von den Zellen der Kanälchenwandung in das Lumen sezerniert. Beide Prozesse sind energieverbrauchende aktive Transportvorgänge mit einer gegebenen maximalen Kapazität. Wasser und einige Ionen werden passiv entsprechend den vorliegenden Konzentrationsgradienten transportiert.

Für kleinmolekulare Substanzen kann eine clearance angegeben werden: Es ist das Volumen an Blutplasma, das während einer bestimmten Zeit vollständig von der Substanz befreit wird. Bei ausschließlicher Abgabe durch Ultrafiltration ist der aus dem Blut entfernte Anteil maximal so groß, wie der Anteil des Blutplasmas, der den Primärharn bildet (ca 10% des die Nieren durchströmenden Blutvolumens). Kleinere Werte weisen auf unvollständige Filtration hin, größere auf zusätzliche Sekretion.

Organe der Rezeption, Erregungsleitung und -verarbeitung. Die Fähigkeit der aktiven Reizbeantwortung, der Erregungsbildung und -leitung besitzen bereits Einzeller. Bei Vielzellern sind diese Eigenschaften in speziellen Geweben und Organen (= Nervensystem) besonders ausgebildet und dienen der Koordination der Organtätigkeiten und der Reaktionsfähigkeit des Gesamtorganismus. Nervenzellen (= Neuronen) zeichnen sich besonders durch ihre charakteristischen Fortsätze (= Dendriten und Axone) am eigentlichen Zellkörper (= Perikaryon) und die Art ihrer Verbindungsstellen (= Synapsen) aus (Abb. 1.39). Die Nervenzelle nimmt mit ihren Fortsätzen über Synapsen Kontakte zu anderen Nervenzellen, Sinnes-, Muskel- oder Drüsenzellen auf. Empfangende Ausläufer sind die mehr oder weniger verzweigten Dendriten, sendende Ausläufer die meist in Einzahl vorhandenen Axone.

Gliazellen sind mit Nervenzellen vergesellschaftet und haben Bedeutung für den Stoffwechsel und die extrazelluläre Ionenregulation des Nervengewebes. Sie bilden bei den meisten Tieren schützende Hüllen um Nervenzellen und deren Ausläufer. Die Axone des peripheren Nervensystems werden, teils zu mehreren, von speziellen Hüllzellen (Schwann-Zellen) umgeben. Das Bündel aus Axonen und Hüllzellen wird als Nervenfaser bezeichnet. Schwann-Zellen können sich mehrfach um die Axone wickeln und bilden die dicken, elektrisch isolierenden Myelin- oder Markscheiden der markhaltigen Nervenfasern.

Reizaufnahme. Die Sinneszellen (Rezeptoren) sind für bestimmte Reize und deren Rezeption (Betrag, Richtung) spezifisch und häufig zusammen mit Hilfsstrukturen in komplexen Sinnesorganen zusammengefaßt. Diese bilden die Eingangspforten für Reize und sind die Basis für einen Informationsaustausch mit der Umwelt. Die Hilfsstrukturen dienen der Zuführung und Verstärkung von für die Rezeptoren spezifischen (= adäquaten) oder der Abschirmung vor inadäquaten Reizen. Exterorezeptoren reagieren auf Reize aus der Umwelt, Interorezeptoren vermitteln dem Organismus innere Zustände oder deren Veränderungen (Blutdruck, Sauerstoffkonzentration, Stellung der Extremitäten). Man unterscheidet Mechanorezeptoren (Tastsinn, Gleichgewichtssinn, Gehörsinn), Elektrorezeptoren (Orientierung vieler Fische), Thermorezeptoren, Chemorezeptoren (Geruchsinn als Fernsinn, Geschmacksinn als Nahsinn) und Photorezeptoren (Sehsinn). Je nach Rezeptoreigenschaft bewirkt die Energie eines adäquaten Reizes Permeabilitätsänderungen der Zellmembran. Die dadurch erzeugten Ionenflüsse wirken sich in einer Änderung des Membranpotentials (= Erregung) aus.

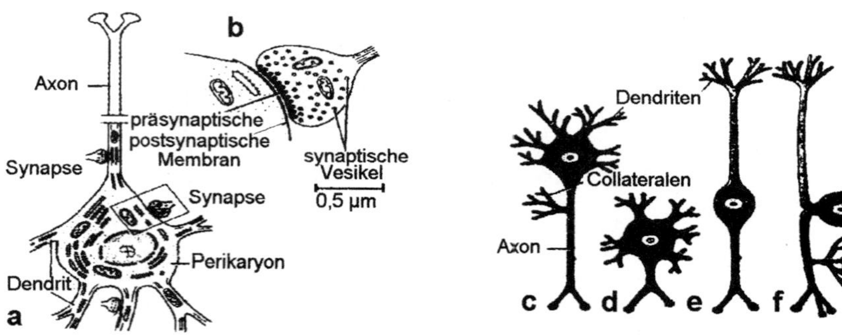

Abb. 1.39. Nervenzellen. **a** Schema einer Nervenzelle, **b** einer Synapse. **c-f** Verschiedene Nervenzellformen (aus Czihak et al. 1992).

Ruhepotential und Erregung. Das Ruhepotential der Membranen kommt dadurch zustande, daß sie für verschiedene Ionen unterschiedlich permeabel sind: Organische Anionen verbleiben in der Zelle. Dadurch werden die Kationen Na^+ und K^+ zum Ausgleich des elektrochemischen Gradienten passiv in die Zelle, Chlorid nach außen befördert. Da die Membran für K^+ durchlässiger ist als für Na^+ und da eine aktives Na^+-Transportsystem ständig Natriumionen aus der Zelle befördert, entsteht in der Zelle ein Kaliumüberschuß. Es stellt sich ein Gleichgewichtspotential zwischen elektrochemischem und Konzentrationsgradienten ein, wobei wenige überschüssige negative Ladungen innen und positive Ladungen außen ein großes Ungleichgewicht der Konzentrationen zu halten vermögen.

Ein adäquater Reiz bewirkt eine Öffnung selektiver Natriumkanäle und führt zu einem schnellen Konzentrations- und Ladungsausgleich. Die dadurch hervorgerufene Depolarisierung (= Rezeptorpotential) entsteht lokal an dendritischen Enden einer Sinneszelle und hängt von der Reizintensität ab. Durch passive Fortpflanzung an der Membran mit entsprechendem Verlust breitet sie sich über das Perikaryon bis zur Ansatzstelle des Axons (= Axonhügel) aus. Liegt das Rezeptorpotential dort noch hoch genug, um den Membranbezirk über eine Impulsschwelle zu depolarisieren, wird eine Serie von gleichförmigen Aktionspotentialen ausgelöst. Ihre Dauer entspricht der überschwelligen Reizdauer, die Reizgröße drückt sich nicht wie beim Rezeptorpotential in der Amplitude, sondern in der Frequenz aus. In den meisten Fällen ist eine kurzfristige Öffnung elektrisch reizbarer Natriumkanäle nach dem Alles-oder-Nichts-Gesetz für eine starke Depolarisation mit Überschießen in den positiven Bereich verantwortlich. Infolge des Na^+-Einstroms strömt K^+ aus und senkt das Potential wieder unter 0 mV. In der folgenden Refraktärzeit wird die Membran wieder auf das Ruhepotential repolarisiert und ist kurzfristig nicht erregbar; die Frequenz ist also begrenzt. Eine Störung der ATP-abhängigen Natriumpumpe durch Stoffwechselgifte führt zu erhöhten Natriumkonzentrationen in der Zelle und folglich zu Kaliumverlusten; das Ruhepotential wird nicht mehr erreicht, die Erregbarkeit unterbunden.

Erregungsleitung. Die Weiterleitung geschieht über sich ausbreitende Ausgleichsströme entlang der Membran, die depolarisierend wirken und ihrerseits Natriumkanäle öffnen. Die Refraktärzeit nach dem Aktionspotential führt zu einer Erregungsleitung in einer Richtung. Der überall gleichgroße Druck der Natriumionen sorgt für die konstante Größe der Aktionspotentiale. Die Geschwindigkeit der Erregungsleitung kann auf zwei Weisen gesteigert werden: Eine Verdickung der Axone verringert den elektrischen Längswiderstand und ermöglicht Geschwindigkeiten von mehreren Metern pro Sekunde. Die sprunghafte (= saltatorische) Erregungsleitung an myelinisierten Fasern der Wirbeltiere steigert die Geschwindigkeit auf über 100 m/s: Die Myelinscheiden lassen keinen Stromfluß über die Axonmembran zu. Nur an Einschnürungen der Scheiden haben die Axone mit dem Extrazellularraum Kontakt und können depolarisiert werden. Die zwar energieaufwendige, aber verlustfreie Weiterleitung von Aktionspotentialen ermöglicht den Tieren eine schnelle Informationsübermittlung über lange Strekken und die Steuerung von Leistungen an Effektororganen.

Erregungsübertragung. Die Signalübertragung auf Zellen des Effektororgans oder weitere Nervenzellen erfolgt an den Synapsen. An ihnen grenzen Axonenden mit einer präsynaptischen und Empfangsstrukturen mit einer postsynaptischen Membran aneinander. Es gibt zwei unterschiedliche Typen: Elektrische Synapsen zeichnen sich durch enge und großflächige Kontakte zwischen prä- und postsynaptischer Membran aus. Die zusätzliche Herabsetzung des elektrischen Widerstands der postsynaptischen Membran ermöglicht ein direktes unverzögertes Übertreten der Ausgleichsstromschleifen auf die empfangende Zelle. Elektrische Synapsen finden sich in marklosen Schnelleitungssystemen und im Gehirn der Wirbeltiere.

Die in peripheren Nervensystemen häufigste Signalübertragung geschieht mit Hilfe chemischer Synapsen (Abb. 1.40). Ein synaptischer Spalt mit einem hohen elektrischen Widerstand verhindert ein Übertreten der Stromschleifen auf die postsynaptische Membran. Die Depolarisation der präsynaptischen Membran bewirkt die Freisetzung von Transmittersubstanzen aus den synaptischen Vesikeln der Axonendigung in den synaptischen Spalt. Diese diffundieren zur postsynaptischen Membran und binden dort an spezifische Rezeptormoleküle. Die Bindung erzeugt eine kurzfristige Öffnung von Ionenkanälen und damit eine Potentialänderung der postsynaptischen Membran. Der gesamte Vorgang benötigt etwa eine Millisekunde. Die Transmitter werden aus den Rezeptoren entfernt, die dann für die nächste Erregungsübertragung empfänglich sind.

Die erzeugten postsynaptischen Potentiale sind amplitudenmoduliert, von der Menge an freigesetzten Transmittern bestimmt und breiten sich bis zum nächsten Axonhügel passiv aus. Sie können unterschieden werden in

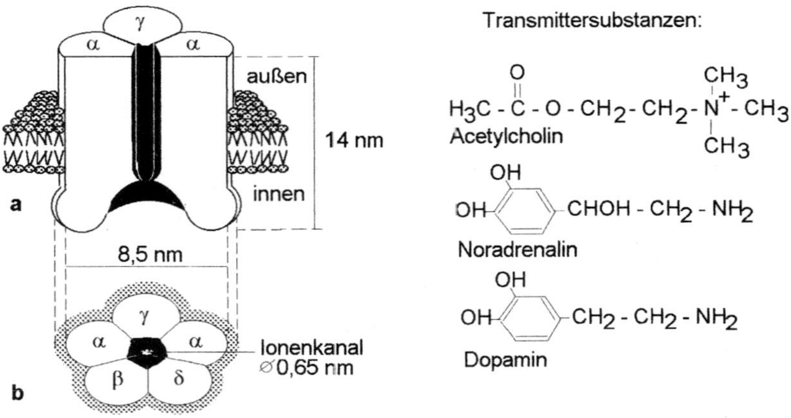

Abb. 1.40. Transmittersubstanzen und -rezeptoren. Links: Molekulare Struktur des Acetylcholinrezeptors. **a** Einpassung in die post-synaptische Membran. Das Rezeptormolekül besteht aus fünf Untereinheiten; sein oberer Teil ragt in den synaptischen Spalt. Es durchsetzt die postsynaptische Membran als Ionen-kanal. Im Gegensatz zu den spannungsgeschalteten Ionenkanälen beim Aktionspotential handelt es sich dabei um einen ausschließlich transmittergeschalteten Ionenkanal: Je zwei Moleküle Acetylcholin werden benötigt, um eine Konformationsänderung zu bewirken, die den Ionenkanal öffnet. **b** Ansicht von oben. Rechts: Verschiedene Transmittersubstanzen. (aus Czihak et al. 1992).

- erregende postsynaptische Potentiale (EPSP): Die Leitfähigkeit für Na^+ und K^+ wird erhöht, die Membran wird depolarisiert; erreicht das EPSP das Schwellenpotential, wird in der postsynaptischen Zelle ein Aktionspotential ausgelöst;
- inhibitorische postsynaptische Potentiale (IPSP): Die Leitfähigkeit für Cl^- oder K^+ wird erhöht, es kommt zur hyperpolarisierenden Potentialen, die einer Depolarisation entgegenwirken.

Die gleiche Transmittersubstanz kann unter Umständen an dem einen Zelltyp erregend, an einem anderen hemmend wirken. In Nervensystemen sind sehr viele Nervenzellen durch Synapsen mit einer postsynaptischen Zelle verschaltet. Da der Ionenstrom an einer einzelnen Synapse sehr klein ist, bedarf es meist mehrerer aktiver Synapsen, um eine postsynaptische Zelle über den Schwellenwert zu erregen. Die räumliche und zeitliche Summe der EPSP und IPSP entscheidet über die Auslösung von Aktionspotentialen. Dieses Zusammenspiel und Gegeneinanderwirken ermöglicht bei ausreichend großer Verschaltungsdichte eine hohe Differenzierung von Wahrnehmung und Motorik.

Nervensysteme. Die Verbindung der einzelnen Nervenzellen läßt im einfachsten Fall einer verstreuten Lage ein Nervennetz entstehen. Daneben können sich zentralisierte Anteile bilden: Nervenstränge als lineare und Ganglien als punktuelle Verdichtungen von Nervenzellen. Ein System aus Ganglien und verbindenden Nervensträngen nennt man Zentralnervensystem (= ZNS); aus ihm treten zu Nerven gebündelte Nervenfasern aus. Diese bilden das periphere Nervensystem mit peripheren Ganglien und Nervennetzen. Es läßt sich unterteilen in sensorische oder afferente Anteile, die Erregungen von den Sinneszellen dem ZNS zuleiten, und motorische oder efferente Anteile, die die Erregung den Erfolgsorganen zuleiten. Bilateralsymmetrische Tiere bilden im Zusammenhang mit der Lage grosser Sinnesorgane im Vorderbereich (= Kopf) starke Konzentrationen des ZNS zu Gehirnen aus, die dem übrigen Nervensystem übergeordnet sind. Dort können komplexe Reizkombinationen verarbeitet und in Reaktionen umgesetzt werden. Phylogenetisch spätere, übergeordnete Instanzen setzen ursprüngliche Reiz-Reaktions-Zusammenhänge unter Dauerhemmung, die erst nach entsprechender Verarbeitung zusätzlicher Information aufgehoben wird. Davon weitgehend unabhängige Anteile, die die Tätigkeit der verschiedenen Organe steuern, werden als vegetatives Nervensystem zusammengefaßt.

Für die integrierende Verarbeitung vielfältiger Informationen zu komplexen Reiz-Reaktions-Schemata sind Verschaltungen zwischen vielen Neuronen und ein gewisser Zeitaufwand nötig. Die Sinnesmeldungen zum Gehirn benötigen mindestens drei Umschaltungen, was einen Filtereffekt beinhaltet. Für möglichst schnelle Reaktionen wie Angriff oder Flucht steht vielen Organismen ein gesondertes Schnelleitungssystem zur Verfügung. Dessen besonders dicke Fasern durchsetzen die übrigen Teile des ZNS, sind nicht an örtlichen Umschaltungen beteiligt und besitzen nur sehr wenige chemische Synapsen. Sie durchbrechen damit die hierarchische Höherdifferenzierung von Reaktionen.

- Schnelleitungsfasern sind bei Wirbellosen besonders dick, da sie keine Markscheiden und somit nicht die Möglichkeit zur saltatorischen Reizweiterleitung besitzen. Die Neuronen sind elektrisch verschaltet und beanspruchen keine Synapsenzeiten.
- Die Pyramidenbahnen der Säugetiere besitzen Zellkörper im motorischen Bereich der Hirnrinde. Ihre myelinisierten Axone durchziehen ohne synaptischen Kontakt Thalamus, Zwischenhirn, Mittelhirn und Stammhirn und enden auf Höhe der Motoneuronen des Rückenmarks. Die Pyramidenbahn sorgt für eine schnelle Umsetzung von Signalen der Großhirnrinde in Körperbewegungen. Sie entwickelte sich parallel zu bestehenden extrapyramidalen Bahnen und ist mit Zunahme des Organisationsgrades stärker ausgeprägt.

Organe der Bewegung. Bewegung geschieht mit Hilfe zellulärer Gleitfilamente. In Vielzellern sind spezialisierte Zellen ausgebildet, deren intrazelluläre Membransysteme (= sarcoplasmatisches Retikulum) und plasmatische Gleitfilamente (Aktin und Myosin, Abb. 1.42) in besonderer Weise angeordnet sind. Bei Wirbeltieren entstehen durch Fusion von Zellen sehr langgestreckte, vielkernige Syncytien (= Muskelfasern). Sie sind häufig zu Bündeln zusammengefaßt (Abb. 1.41).

Alle Muskeln unterliegen der Steuerung durch das Nervensystem. An den Kontaktstellen, den neuromuskulären Synapsen (= motorischen Endplatten), erfolgt die Informationsübertragung zwischen dem Nervensystem und dem Effektorgan Muskel: Die Ankunft eines Aktionspotentials an der motorischen Endplatte bewirkt eine kurzfristige Depolarisation der Nervenendigung durch Na^+ und Ca^{2+}-Einstrom. Ca^{2+}-Ionen bewirken die Fusion synaptischer Vesikel mit der Membran, wodurch der Vesikelinhalt, der Neurotransmitter Acetylcholin, in den synaptischen Spalt ausgeschüttet wird. Acetylcholin bindet an die Acetylcholinrezeptoren (Abb. 1.40) der postsynaptischen Muskelmembran und öffnet einen Ionenkanal der Muskelmembran. Na^+ und K^+ passieren, die Muskelfasermembran wird depolarisiert, es entsteht das Endplattenpotential. Ist es ausreichend groß, um ein Aktionspotential auszulösen, breitet es sich über das sarcoplasmatische Retikulum in der gesamten Muskelfaser aus. Das gebundene Acetylcholin wird noch während der Dauer des Endplattenpotentials von der Acetylcholinesterase hydrolysiert. Eine Hemmung dieses Enzyms führt zur Blockade der Rezeptoren und zu Dauerreizung .

Die Depolarisation am sarcoplasmatischen Retikulum führt zur Freisetzung von Ca^{2+} aus Reservoiren (T-Tubuli, Abb. 1.41) ins Innere der Muskelfaser. Die Erhöhung der Ca^{2+}-Konzentration hält nur kurz an, da Ca^{2+} aktiv ins sarcoplasmatische Retikulum zurückgepumpt wird. Ca^{2+} bindet an das Troponin, dessen assoziiertes Tropomyosin-Filament die Aktin-Bindungsstellen für das Myosin (Abb. 1.42) maskiert hält. Eine Konformationsänderung des Troponins führt zur Demaskierung, durch ATP aktivierte Myosinköpfchen binden an das Aktin und klappen nach hinten. Diese Umwandlung chemischer in mechanische Energie führt zu einem Ineinandergleiten der Filamente. Nur unter Anwesenheit von ATP können sich die Myosinköpfchen wieder lösen und zu einer weiteren Bindung ansetzen. Zehntausende von Myosinköpfchen pro Funktionseinheit (= Sarcomer) vollziehen diese Ruderschläge, die Vorgänge summieren sich über viele Sarcomere, die Muskelfaser kontrahiert sich. Diese Bewegung ist einseitig gerichtet; eine Streckung kann nur mit Hilfe elastischer Rückstellkräfte oder Gegenmuskeln (= Antagonisten) erfolgen.

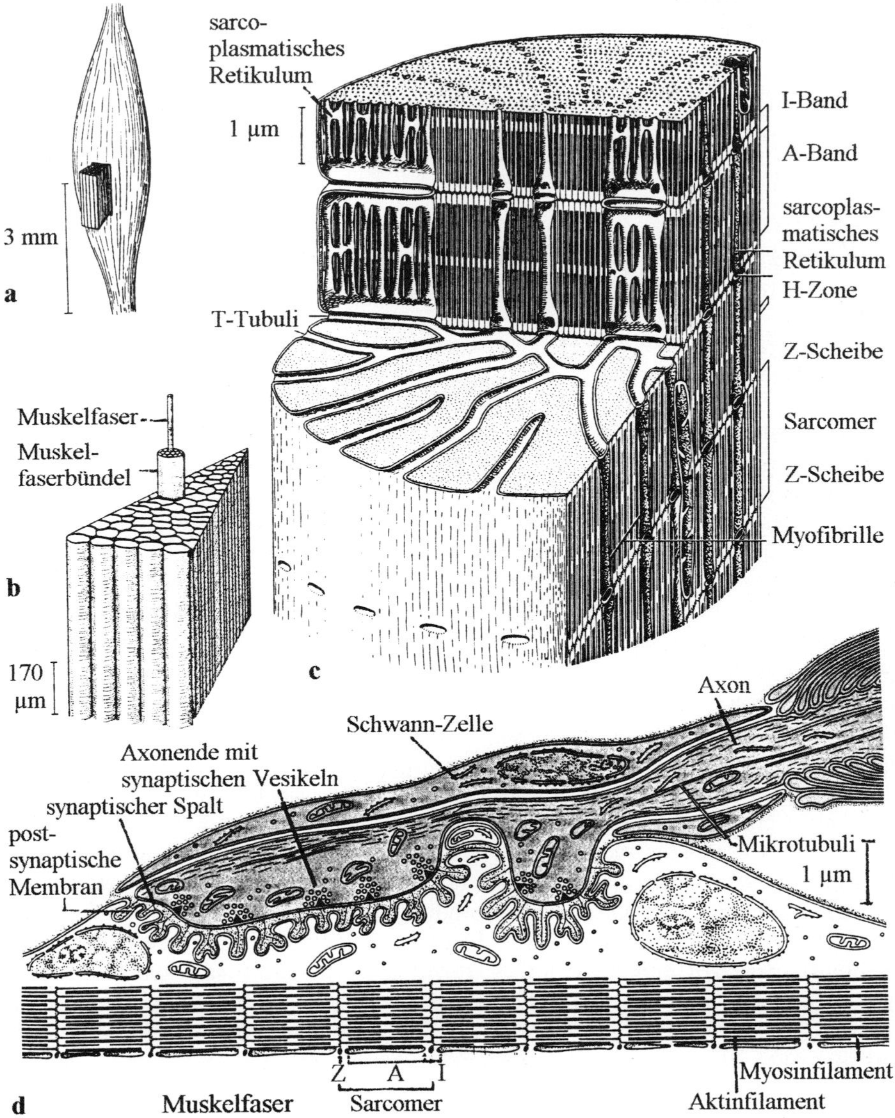

Abb. 1.41. Aufbau eines quergestreiften Muskels: **a** Ganzer Muskel; **b** der herausgehobene Teil des Muskels stärker vergrößert, bindegewebige Hülle des Muskels entfernt, ein Muskelfaserbündel und davon wieder eine Muskelfaser herausgezogen gezeichnet; **c** die Ultrastruktur einer Muskelfaser; **d** Feinbau der motorischen Endplatte (aus Czihak et al. 1992).

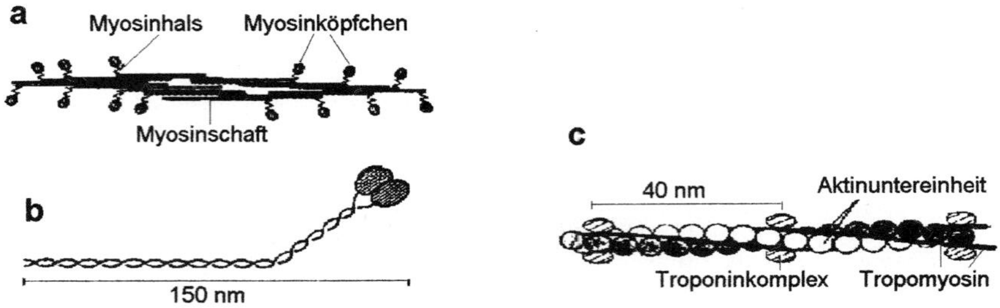

Abb. 1.42. **a** Myosinfilament, **b** Myosinmolekül, **c** Aktinfilament (Czihak et al. 1992).

Eigenschaften von Muskeln. Quergestreifte Muskulatur zeigt ein charakteristisches Bandenmuster, welches durch die Anordnung der Sarcomere gebildet wird (Abb.1.41). Dadurch wird eine schnelle Kontraktion ermöglicht, die aus der Summe vieler kurzer, asynchroner Verkürzungen resultiert (Skelettmuskulatur, Zuckungsmuskeln). Glatten Muskeln fehlt eine periodische Längsgliederung, ihre Gleitfilamente sind länger. So sind sie für langsame, starke und dauerhafte Kontraktionen geeignet (Organmuskulatur, Schließmuskeln).

Der quergestreifte Skelettmuskel der Wirbeltiere reagiert auf einen Einzelreiz mit einer einzelnen Zuckung (synchrone Muskeln). Erhält ein solcher Muskel einen zweiten Impuls, bevor die durch den ersten ausgelöste Kontraktion ganz abgeklungen ist, summiert sich die mechanische Antwort. Erhöht sich die Frequenz, fusionieren die Einzelkontraktionen immer mehr, bis ein Krampf (= Tetanus) entsteht. Weitere Erhöhungen der Frequenz bleiben nun ohne Effekt, da die kontraktilen Elemente maximal aktiviert sind. Nach Kontraktionsgeschwindigkeit können schnelle und langsame Muskeln unterschieden werden. Dabei entwickeln langsame Muskeln eine größere Kraft (Kaumuskulatur). Schnelle Muskeln werden bei Frequenzen von 350 Impulsen pro Sekunde tetanisiert, langsame bereits bei etwas mehr als 30. Während der Arbeit steigern manche Skelettmuskeln ihren Stoffwechselumsatz auf das Hundertfache des Ruhewertes. Die großen Mengen benötigter Phosphatbindungsenergie müssen dem Muskel bei plötzlichen Belastungen möglichst schnell zur Verfügung stehen. Der innerhalb weniger Sekunden aufgebrauchte ATP-Vorrat kann kurzfristig aus einem begrenzten Vorrat an Kreatinphosphat (Wirbeltiere) oder Argininphosphat (Wirbellose) regeneriert werden. Damit wird die Zeit von einigen Sekunden überbrückt, die zur Aktivierung des Energiestoffwechsels und zur Verstärkung der Blutversorgung benötigt wird. Muskeln, die nur kurzfristig mit ihrer vollen Leistungsfähigkeit benötigt werden, enthalten weniger Mitochondrien und einen größeren Fibrillenanteil (weiße Muskeln der Extremitäten). Bei hoher Leistung wird die meiste Energie anaerob freigesetzt, was schlechte Energienutzung bedeutet und energiereiche Folgeprodukte (Lactat) hinterläßt. Der Muskel ermüdet schnell und muß Lactat abführen. Langzeitig aktive Muskeln sind stark durchblutet, haben einen hohen Myoglobingehalt (rote Muskeln) und enthalten viele Mitochondrien.

Charakteristisch für glatte Muskeln sind periodische Schwankungen des Membranpotentials. Ca^{2+} gelangt nicht aus besonderen Reservoiren, sondern aus dem Extrazellularraum ins Zellinnere. Die Kontraktionszeit ist 15-100mal langsamer als bei quergestreiften Muskeln.

Die indirekten Flugmuskeln schnell fliegender Insekten (Fliegen, Hautflügler) setzen an den Innenwänden des Brustpanzers an und kontrahieren sich, den Schwingungseigenschaften des Exoskeletts entsprechend, mehrfach häufiger, als erregende Nervenimpulse eintreffen (asynchrone Muskeln). Die Nervenimpulse stellen lediglich eine Anfangsaktivierung dar; das Kontraktionssignal ist der ruckartige mechanische Zug des oszillierenden Skelettsystems.

Biomechanische Einheiten. Effektive Bewegungsarbeit kann nur gegen ein Widerlager geleistet werden. Zu diesem Zweck bilden mechanisch feste oder in definierbarer Weise verformbare Elemente zusammen mit den Muskeln biomechanische Einheiten. Die größten aktiven Massebewegungen sind mittels biomechanischer Einheiten möglich, deren Stützstruktur von den Knochen des Endoskeletts gebildet wird. Diese sind ein hoch evolviertes Leichtbausystem mit geringstem Materialaufwand, dessen struktureller Feinbau entsprechend den möglichen Belastungen nur auf Druck- und Zugspannungen ausgerichtet ist. Exoskelette bieten den Vorteil eines zusätzlichen Körperschutzes, aber den Nachteil komplizierterer Wachstumsvorgänge (Häutung) und biomechanisch bedingt geringerer Körpergröße. Sehnen und Bänder als Halte- und Rückstellstrukturen sowie die Anordnung und Verschaltung antagonistischer Muskeln vervollständigen eine biomechanische Einheit.

Organe des inneren Selbstschutzes: Immunsystem. Die Aufgabe des Immunsystems besteht darin, an der Erhaltung der biologischen Integrität des Individuums mitzuwirken und sein Überleben zu gewährleisten. Es ist in der Lage, eine Unterscheidung zwischen "Selbst" und "Fremd" zu treffen und somit Bakterien, Viren, Pilze, Parasiten, transplantierte Zellen, Toxine oder Allergene zu erkennen. Es unterscheidet aber auch zwischen "normalem Selbst" und "verändertem Selbst" in Form von virusinfizierten Zellen oder Krebszellen. Das "Fremde" oder ein "verändertes Selbst" wird in der Immunologie generell als Antigen bezeichnet, wenn es gerichtete Reaktionen zu seiner Unschädlichmachung und Eliminierung hervorruft. Als Antigene wirksam sind Proteine, Kohlenhydrate und Membrankomponenten wie Glycoproteine, Glycolipide, Lipoproteine und Lipide. RNA und DNA haben keine antigenen Eigenschaften. Die Abschnitte von Antigenen, die von Antigenrezeptoren gebunden werden, werden Epitope genannt. Ein großes Proteinantigen kann mehrere hundert, ein Bakterium mehrere tausend Epitope tragen.

Organe und Zellen des Immunsystems. Die Reaktionen des Immunsystems können in unspezifische und spezifische Abwehrreaktionen gegliedert werden und humoral (über lösliche Substanzen) oder zellulär (über spezialisierte Zellen) vermittelt werden.

Unspezifische Abwehrmechanismen sind im gesamten Tierreich verbreitet. Neben mechanischen und chemischen "Schilden" und "Waffen" besteht das Rückgrat der unspezifischen Abwehr vor allem in der Aktivität phagocytierender Zellen, die Fremdkörper erkennen und ohne vorherige Selektion, Differenzierung oder Vermehrung (= Proliferation) attackieren und unschädlich machen. Zu diesen Freßzellen zählen Granulocyten und Macrophagen. Beide können sich amöboid fortbewegen und nehmen Antigene durch Umfließen in sich auf. Durch ihre essentielle Zusammenarbeit mit spezifischen Immunzellen und ihre Stimulierbarkeit zu verstärkter Phagocytose durch andere Komponenten des Immunsystems erfüllen die Macrophagen bei den Wirbeltieren auch wichtige Funktionen der spezifischen Abwehr.

Die wesentlichen Zellen, Organe und Funktionen der spezifischen Immunabwehr sind nur bei Wirbeltieren entwickelt. "Heimatorgan" des Immunsystems ist das lymphatische System. Zentrale Lymphorgane sind die Bildungs- und Reifungsorgane für die spezifischen Immunzellen (= Lymphocyten). Lymphocyten werden, wie alle Blutzellen, von den Stammzellen des Knochenmarks der großen Röhrenknochen, des Brustbeins und des Beckenknochens gebildet. B-Lymphocyten reifen im Knochenmark (oder in der Bursa fabricii bei den knochenmarklosen Vögeln); sie sind zur Produktion von Antikörpern in der Lage. T-Lymphocyten reifen und differenzieren sich im Thymus. Cytotoxische T-Zellen, die antigentragende Zellen abtöten, können von regulierenden T-Zellen unterschieden werden, die Immunreaktionen als Helferzellen initiieren oder als Suppressorzellen beenden.

Die peripheren lymphatischen Gewebe Mandeln, Lymphknoten, Blinddarm und Darm-Lymphgewebe befinden sich bevorzugt an Stellen des Körpers, an denen Fremdmaterial eindringt, so etwa im Nasen-, Rachen- oder Darmbereich. Sie sind Filter und Initiationsort der spezifischen Immunantwort.

Selbst- und Fremderkennung. Entscheidend für die "Selbst"- und "Fremd"-Erkennung von Zelloberflächen sind die MHC-Antigene (major histocompatibility complex, auch Selbstantigene oder Transplantationsantigene). Jedes Individuum verfügt über einen bestimmten Satz an MHC-Antigenen und ist diesbezüglich einmalig. Die Erkennung des eigenen MHC-Antigensatzes als "Selbst" ist eine zentrale Funktion der T-Zellselektion im Thymus: Alle T-Zellen, deren Antigenrezeptor (= T-Zellrezeptor) auf eigene Oberflächenstrukturen anspricht, werden vernichtet. Von besonderer Bedeutung sind die MHC-I- und MHC-II-Antigene. MHC-I-Antigene kommen auf allen kernhaltigen Körperzellen vor, MHC-II-Antigene nur auf Zellen des Immunsystems. Sie werden von besonderen Rezeptoren der T-Zellen erkannt: Helfer-T-Zellen (= T_H) erkennen MHC-II-Moleküle, Cytotoxische T-Zellen (T_C) MHC-I-Moleküle. Die Erkennung von Fremdantigenen erfolgt unabhängig durch den T-Zellrezeptor und den B-Zellrezeptor, der im Bau den später produzierten Antikörpern entspricht. Die erkennenden Rezeptor- und Antikörperstrukturen zeichnen sich durch variable Bereiche ihrer Polypeptidketten aus. Diese entstehen während der Zelldifferenzierung aus der Stammzelle durch ein einzigartiges System von Zufallskombinationen aus etwa 500 verschiedenen speziellen Genabschnitten, die etwa 100 Mio unterschiedliche Erkennungsstrukturen erzeugen können.

Spezifische Antwort auf Fremd-Antigene. Vor einer spezifischen Immunantwort nehmen Macrophagen das Antigen in sich auf, verdauen es, zerlegen es dabei in kleinere Untereinheiten und präsentieren diese Bruchstücke auf ihrer Oberfläche. Dort sind sie mit MHC-II-"Selbst"-Antigenen des Macrophagen vergesellschaftet. Dieser Komplex aus "Selbst"- und "Fremd"-Strukturen auf der Macrophagenoberfläche wird von T_H-Zellen mit dem fremdantigenspezifischen T-Zellrezeptor erkannt. Wird zusätzlich vom Macrophagen das Aktivierungsprotein Interleukin 1 (IL-1) sezerniert, werden die T_H-Zellen aktiviert, vermehren sich (proliferieren) und sezernieren selbst verschiedene lösliche Faktoren (u.a. IL-2). Damit aktivieren sie B-Zellen. Diese brauchen neben den Stimulationsfaktoren der Helferzellen ihrerseits das Antigen, welches an ihren spezifischen B-Zellrezeptor bindet. Die B-Zellen proliferieren und differenzieren sich zu aktiven Plasmazellen, die zu dem Antigen, für das sie spezifisch sind, passende Antikörper bilden.

Die von den B-Zellen gebildeten Antikörper sind globuläre Proteine charakteristischer Struktur (Abb. 1.44). Der variable Bereich eines Antikörpers ist ausschließlich für die Bindung eines Epitops zuständig. Das Zusammenspiel der leichten und schweren Kette führt zu einer sehr festen Bindung des Antigens über hydrophobe Wechselwirkungen, elektrostatische Anziehung, Wasserstoffbrücken und van der Waals-Kräften.

Eine B-Zelle produziert nur Antikörper, die für ein bestimmtes Epitop spezifisch sind. Eine Form ihres spezifischen Antikörpers trägt sie als Antigenrezeptor auf der Oberfläche. Ein Epitop selektioniert somit seine spezifischen B-Zelle, aktiviert sie zur Proliferation (Klonbildung) und zur Antikörperbildung.

Die in Abb. 1.43 dargestellten Mechanismen der humoralen Immunantwort laufen bei einer primären Immunantwort innerhalb der ersten zwei Tage nach Erstkontakt mit einem Antigen ab (Latenzphase). Nach 24 Stunden finden die er-

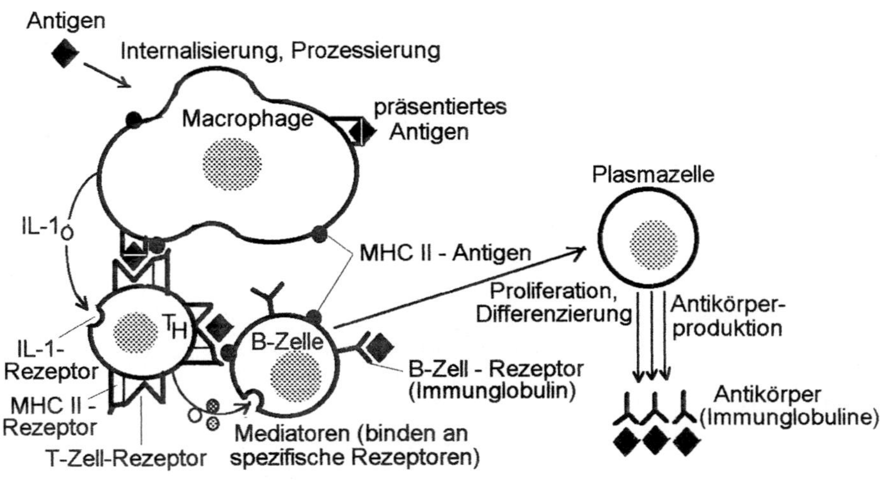

Abb. 1.43. Die einzelnen Phasen der humoralen Immunantwort. T_H Helferzelle, IL-1 Interleukin 1, MHC zelleigene Oberflächenantigene.

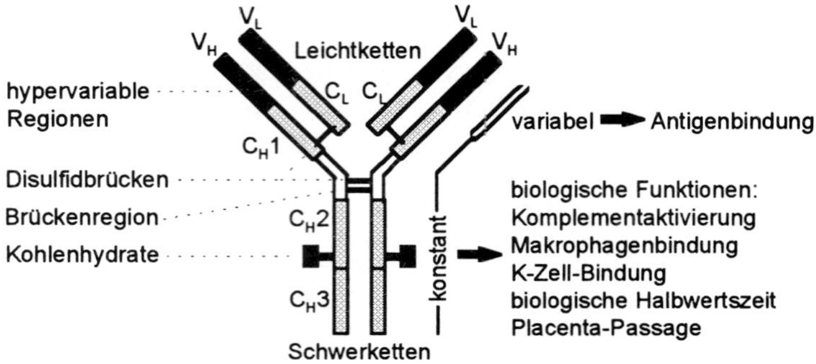

Abb. 1.44. Aufbau eines monomeren Antikörpers mit den biologischen Aufgaben der variablen *v* und konstanten *c* Molekülabschnitte. Antikörper sind Immunglobuline *Ig*, Glycoproteine, deren Grundbausteine aus je zwei leichten *L* und zwei schweren *H* Polypeptidketten über Disulfidbrücken zusammengesetzt sind. Neben den als Monomer vorkommenden IgG-, IgD- und IgE-Antikörpern gibt es die an der Basis der schweren Ketten verbundenen dimeren IgA- oder pentameren IgM-Moleküle (aus Czihak et al. 1992).

sten Zellteilungen aktivierter B-Zellen statt; die ersten Antikörper werden produziert. Zwischen dem zweiten und vierten Tag liegt die exponentielle Phase mit massiver Antikörperproduktion: Alle 6 bis 9 h verdoppelt sich die Antikörpermenge, alle 9 bis 12 h die Zahl der Plasmazellen. In der zweiten und dritten Woche liegt die stationäre Phase mit Zellverdopplungszeiten von 24 bis 36 h. In der folgenden Rückgangsphase (mehrere Wochen bis Monate) fällt die Antikörperkonzentration auf ein niedriges Grundniveau, Zellteilungen finden kaum noch statt, die aktiven, vergrößerten Zellen bilden sich zu kleinen, ruhenden Lymphocyten zurück. Vom vierten bis sechsten Tag an werden die ersten Gedächtniszellen gebildet.

Kommt das Immunsystem ein zweites oder wiederholtes Mal mit einem Antigen in Kontakt, wird eine sekundäre Immunantwort ausgelöst: Die Latenzphase dauert nur einen halben Tag; bei der Aktivierung kann auf die voraktivierten und zahlreichen B-Gedächtniszellen zurückgegriffen werden, die sofort Antikörper produzieren.

Die Wirkungsweisen von Antikörpern sind vielfältig: Neben der Vernetzung und Immobilisierung von Antigenträgern über mehrere Bindungsstellen (vor allem IgA und IgM) aktivieren sie Komponenten der unspezifischen Immunabwehr wie Macrophagen oder das Komplementsystem.

Komplementsystem. Das Komplementsystem besteht aus neun löslichen, im Blutstrom zirkulierenden Proteinen, die im wesentlichen von Macrophagen und Leberparenchymzellen gebildet werden. Bei der Aktivierung des Systems werden einzelne Komplementkomponenten in einer festen Reihenfolge gespalten und dadurch ihrerseits aktiviert, in einer kaskadenartigen Verstärkung die weiteren Komponenten zu aktivieren. Diese Kaskade kann durch bakterielle Oberflächenstrukturen oder durch die konstanten Bereiche von IgG- und IgM-Antikörpern in Gang gesetzt werden. Die letzten Komponenten lagern sich um eine frühere auf der Fremdoberfläche anhaftende Komponente an und bilden einen Hohlzylinder, der die Membran perforiert. Durch die Störung des Elektrolythaushalts bricht das Membranpotential zusammen, die angegriffene Zelle stirbt. Die abgespaltenen Teilkomponenten sind wirkungsvolle Aktivatoren für die unspezifische Abwehr. Das Komplementsystem ist ein an sich unspezifisches, rein humorales und sehr brisantes Vernichtungssystem, das durch vielfältige Inhibitoren und regulierende Enzyme im Zaum gehalten werden muß.

Spezifische Antwort auf verändertes Selbst-Antigen. Die Zerstörung von entarteten oder virustransformierten körpereigenen Zellen wird von T_C-Zellen geleistet. Ehe diese aktiv werden können, bedarf es einer Induktion, die der der humoralen Immunantwort gleicht (Abb. 1.45, vgl. Abb. 1.43): Eine infizierte oder entartete Zelle wird von einem Macrophagen gefressen, der auf seiner Oberfläche verschiedene Erkennungsstrukturen präsentiert: Seine eigenen MHC-II-Marker werden in Kombination mit verändertem Selbst-Antigen von T_H-Zellen erkannt, die dadurch aktiviert werden. Das von den aktivierten T_H-Zellen abgegebene IL-2 aktiviert nun die noch ruhenden T_C-Zellen. Diese brauchen dazu einen zweiten Stimulus: Die Kombination von verändertem Selbst-Antigen und den MHC-I-Molekülen der eigenen Körperzellen, die sich auch auf der entarteten Zelle befanden und ebenfalls vom Macrophagen präsentiert werden.

Die aktivierten T_C-Zellen differenzieren sich, vermehren sich durch klonale Expansion um den Faktor 1000 und greifen die Zielzellen an. Die Zellzerstörung geschieht nach einem Zell-Zell-Kontakt über den T_C-zellspezifischen Rezeptor und zelluläre Mikrofilamente. Aus membrangebundenen Granula werden Enzyme und Toxine freigesetzt, die die Zielzelle durch Zerstörung der Membran zum Absterben bringen. T_C-Zellen können hintereinander mehrere Zielzellen lysieren, ohne von den eigenen Zelltoxinen angegriffen zu werden.

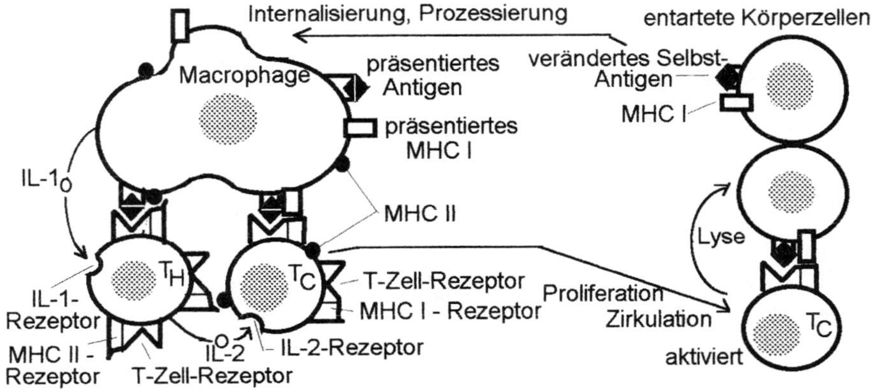

Abb. 1.45. Die einzelnen Phasen der zellulären Immunantwort. IL Interleukin, MHC zelleigene Oberflächenantigene, T_H Helferzelle, T_c cytotoxische T-Zelle.

T_H-Zellen stehen im regulatorischen Zentrum der spezifischen Immunabwehr. Sie können ihrerseits von Suppressorzellen (T_S) gehemmt werden. Analog zu den B-Zellen bilden sich bei der Proliferation der T-Zellen Gedächtniszellen aus, die eine beschleunigte Sekundärantwort ermöglichen. Eine selektive Zerstörung der T_H-Zellen, etwa durch das HIV-Virus, führt zu einem völligen Verlust der spezifischen Abwehr und einer starken Einbuße an Effizienz der unspezifischen Abwehr: Der Tod durch ständig vorhandene und normalerweise harmlose Erreger oder ungebremste zelluläre Entartung ist die Folge.

Allgemeine Schwäche des Organismus, spezifische Störungen der Regulation oder zufällige Übereinstimmungen von eigenen MHC-Antigenen mit Fremdantigenen können zu Schwächungen des Systems oder fehlender Fremderkennung führen. Fehlende Eliminierung der gegen die eigenen MHC-Antigene gerichteten T-Lymphocyten, aber auch Antikörper gegen Fremdantigene, die mit eigenen MHC-Antigenen kreuzreagieren, lassen die spezifische Abwehr gegen eigene Zellen vorgehen (Autoimmunreaktionen).

1.5 Organismen

Der Organismus stellt die Erscheinungsform des Lebens dar; auf dieser Integrationsebene zeigt sich Vielfalt in ihrer differenziertesten Form. Ein Organismus ist die integrierte und koordinierte Gesamtheit der Organe oder Organellen, die in verschiedenster Weise organisiert sein kann. Die Prokaryoten, aber auch die eukaryotischen Protophyten und Protozoen, sind Einzeller, die bereits komplex strukturiert sein können. Eine höhere Leistungsfähigkeit der Organismen wurde über die Vielzelligkeit bei weitgehender Spezialisierung der Einzelzellen innerhalb des Organismus erreicht. Der Übergang vom Einzeller zum Vielzeller wurde im Pflanzenreich wahrscheinlich mehrmals, im Tierreich dagegen wohl nur einmal vollzogen.

Das Leben eines Organismus besteht zum einem in der Aufrechterhaltung seiner Organisation in einem energiereichen Fließgleichgewicht. Die jeweilige Ausprägung dieses Gleichgewichtszustands ist eine durch die Umwelt modifizierte Verkörperung individueller genetischer Information. Das individuelle Konzept muß dabei seine Tauglichkeit beweisen. Bedarf es eines zu hohen Energieaufwandes oder ist der Verschleiß zu groß, kann das Gleichgewicht nicht mehr aufrecht erhalten werden: Der Organismus stirbt. Zum anderen besitzen Organismen die Möglichkeit der Weitergabe ihrer genetischen Ausstattung, indem sie sich fortpflanzen. Tod und Fortpflanzung werden auf der Ebene des Organismus manifest.

Als Individuum ist der Organismus der Angriffspunkt der Selektion, die aus der Vielfalt der verwirklichten Konzepte diejenigen "auswählt", die längere Zeit überleben und vor allem letztlich zur Fortpflanzung kommen. Wegen der seit der Entstehung des Lebens wirksamen Selektion durch die Umweltbedingungen sind die verschiedenen verwirklichten morphologischen Baupläne, physiologischen

Leistungen, Verhaltensmuster und ihre individuelle Variabilität nur im ökologischen und evolutionären Zusammenhang verständlich.

1.5.1 Strukturelle Komplexität: Organismische Vielfalt und Systematik

Das "Reich des Lebendigen" läßt sich zunächst anhand zellulärer Organisation in unterschiedliche Gruppen aufteilen: Der Gruppe der Prokaryoten werden die Eukaryoten gegenübergestellt, wobei von den den Eukaryoten näherstehenden Bakterien morphologisch und physiologisch die Archaebakterien abgetrennt werden müssen (s. Kap. 1.3). Bei den Viren fällt aufgrund ihrer stark abgeleiteten Spezialisierung eine Zuordnung schwer.

Die Eukaryoten werden aufgrund ihrer Ernährungsweise in die autotrophen Pflanzen und die heterotrophen Tiere eingeteilt. Die Pilze stehen morphologisch den Pflanzen sehr nahe, werden aber aufgrund ihrer heterotrophen Lebensweise als besondere Gruppe behandelt. Eine scharfe Grenze zwischen Einzellern und Vielzellern ist bei den Pflanzen nicht zu ziehen, da innerhalb mehrerer Untergruppen viele Übergangsformen verwirklicht sind. Innerhalb der Pilze und Tiere ist diese Grenze deutlicher.

Archaebakterien
z.B. methanogene Bakterien

Bakterien

- Eubakterien
- Actinomyceten
- Mycoplasmen
- Spirochaeten
- Cyanobakterien (= Blaualgen)
- Scheiden-/Gleitbakterien u.a. unabhängige Gruppen
- Chlamydien, Rickettsien

PROKARYOTEN

EUKARYOTEN

Tiere

- Verschiedene Protozoengruppen (Einzeller)
- Porifera (Schwämme)
- (Eu)Metazoen (echte Vielzeller)

Pilze

- Schleimpilze (Einzeller)
- Niedere Pilze (z.B. Oo- und Zygomyceten)
- Höhere Pilze (Asco- und Basidiomyceten)

Pflanzen

- Verschiedene unabhängige Algengruppen (mit Einzellern, Vielzellern, gewebigen Tangen)
- Grünpflanzen
    - Grünalgen (Ein-, Vielzeller)
    - Moose
    - Gefäßpflanzen (Farngewächse, Samenpflanzen)

Abb. 1.46. Stark vereinfachter systematischer Überblick über die Organismen.

Alle Eukaryoten scheinen von einem eukaryotischen Urzellmodell abzustammen. Innerhalb der genannten Großgruppen besteht aber nicht immer ein gleichberechtigter verwandtschaftlicher Zusammenhang: Die Eumetazoen, höheren Pilze und Grünpflanzen sind natürliche Gruppen (stammesgeschichtlich näher verwandt), die Protozoen, Algen und niederen Pilze nicht. Sie müßten noch einmal stärker differenziert den anderen gegenübergestellt werden.

Pflanzen und Pilze. Ausgehend von der komplexesten Organisationsform, die ein Organismus während seines Entwicklungszyklus erreicht, können bei Pflanzen und Pilzen einzellige Protophyten, fädige und gewebige Thallophyten und - nur bei Pflanzen - in Wurzel, Sproß und Blatt gegliederte Cormophyten unterschieden werden.

Die verschiedenen Algengruppen unterscheiden sich aufgrund von Pigmentausstattung, Reservestoffen, Chloroplastenbau, Geißeln und Lebenszyklus. Alle Landpflanzen sind aus Grünalgenvorfahren hervorgegangen. Protophytische Grünalgen können monadal (durch Geißeln beweglich) und coccal (unbeweglich, geißellos) organisiert sein. Coccale Arten bilden häufig nach Teilungen lockere Zellverbände, die durch gemeinsame Gallerten zusammengehalten werden; ihre Zellwände bestehen bereits aus Cellulose. Bei Arten verschiedener Algengruppen bleiben Zellen als Kolonien zusammen, deren Zellzahl häufig fixiert ist. Korrelationen zwischen den Zellen, beginnende Spezialisierung bis hin zur Aufgabenteilung und Einbindung in ein kommunikatives Netz kennzeichnen den Übergang zu vielzelligen Organismen.

Innerhalb verschiedener Algen- und Pilzstämme führte zunehmende Arbeitsteilung zur Entwicklung von festen Zellverbänden, die im Wasser durch den Auftrieb gehalten werden oder an Land flach am Boden liegen, sogenannten Thalli. Diese Vegetationskörper haben gemeinsame Zellwände aus Cellulose (Pflanzen) oder Chitin (viele Pilze), aber kein echtes Stütz- oder Leitgewebe. Sie können sich durch Gleichorientierung der Kernteilungsspindeln oder Wachstum von Scheitelzellen fädig entwickeln. Scheitelzellwachstum kann zu mehrreihigen Fäden und regelmäßigen oder unregelmäßigen Verzweigungen führen. Der Vegetationskörper kann polar differenziert sein. Bei niederen Pilzen und Grünalgen ist eine Organisation in vielkernigen Zellfäden häufig. Die Fäden höherer Pilze, Flechten und Rotalgen können sich zu flächigen oder räumlichen Plectenchymen oder Pseudoparenchymen vereinigen und Fruchtkörper bilden. Hochentwickelte Braunalgen besitzen echte, kompakte Gewebe, die sich sogar in Assimilations-, Speicher- und Ansätze von Festigungs- und Leitgewebe differenzieren können. Lebermoose besitzen komplexe Gewebethalli, Laubmoose deuten mit ihrer klaren Differenzierung in Stengel mit Leitbahn und Blatt bereits die Organisationsstufe der höheren Pflanzen an. Der Grundbauplan der höheren Pflanzen wurde bereits in Kap. 1.4 besprochen. Zu ihnen gehören die Farngewächse (Bärlappe, Schachtelhalme, Farne) und die Samenpflanzen mit den Nacktsamern (Cycadeen, Ginkgos, Palmen und Nadelgewächse) und Bedecktsamern (Blütenpflanzen).

Tiere. Tiere unterscheiden sich bezüglich ihrer Entwicklung von Pflanzen: Pflanzen legen zeit ihres Lebens neue Organe an. In tierischen Organismen entwickeln sich alle Organe und Organsysteme frühzeitig und werden später nur noch ausgeformt. Die Anlage ist bereits im Embryonalstadium abgeschlossen. Echte Vielzeller (Eumetazoen) werden nach ihrer primären Symmetrie in radiär- und bilateralsymmetrische Tiere unterteilt. Letztere unterscheiden sich bezüglich ihrer Entwicklung: Die Protostomia behalten ihren bei der Eifurchung eingestülpten Urmund bei; bei den Deuterostomia wird er zum späteren After. Das Nervensystem ist bei den Protostomia auf der Bauchseite (Gastroneuralia), bei den Deuterostomia auf der Rückenseite (Notoneuralia) angelegt. Mit den Hauptsträngen des Blutgefäßsystems (falls vorhanden) verhält es sich umgekehrt.

Organismengruppen mit gleichem Bauplan weisen grundsätzliche Gemeinsamkeiten auf, die nur aus der Abstammung von gemeinsamen Ahnen zu erklären sind und als Beweise für die Verwandtschaft dieser Organismen dienen. Äußerlich können sich nah verwandte Arten aufgrund unterschiedlicher Anpassungen an Lebensweise und Lebensraum jedoch stark unterscheiden. Die Abwandlungsfähigkeit der Baupläne spiegelt die Anpassungsfähigkeit an verschiedene Selektionsbedingungen wider. Unter gleichen Selektionsbedingungen können Organismen unterschiedlicher Bauplantypen unabhängig voneinander große funktionale Ähnlichkeiten entwickeln.

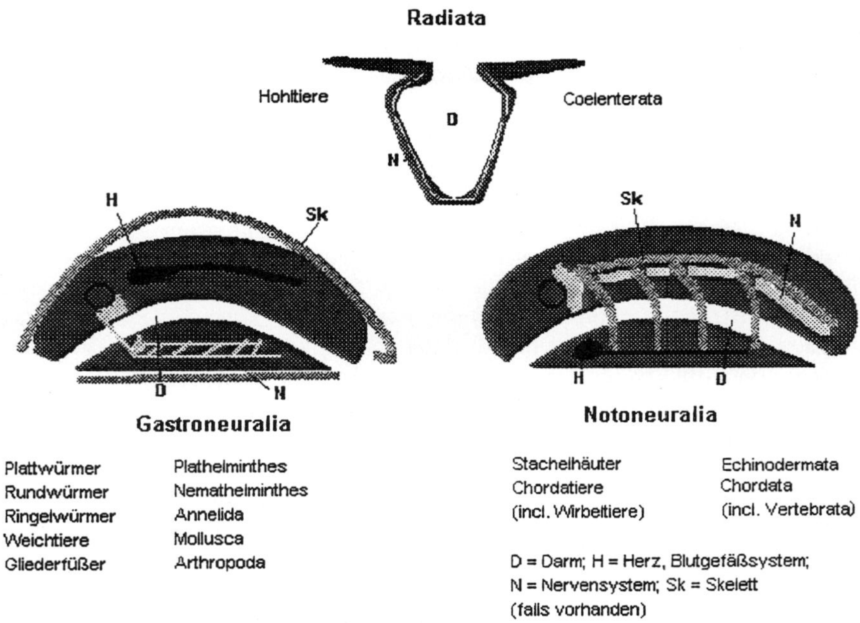

Abb. 1.47. Grundbaupläne der Radiata, Gastroneuralia und Notoneuralia.

1.5.2 Fortpflanzung

Die Fortpflanzung ist eine zentrale, an Zellen gekoppelte Eigenschaft lebender Organismen. Sie ist immer eine Weitergabe genetischer Information von Elter- auf Tochterorganismen und dient so der Verjüngung, entweder in Form kleinerer, wieder wachstumsfähiger Organismen, die sich bei Vielzellern als Zellverband aus dem elterlichen Organismus lösen (Teilung, Sprossung, Knospung, Brutkörper), oder in Form totipotenter Ursprungszellen, die sich zu vielzelligen Organismen entwickeln und differenzieren können (Sporen, Samen, Eier). Weitere Eigenschaften sind häufig mit Fortpflanzung verbunden, aber nicht zwangsläufig mit ihr oder miteinander gekoppelt:

- Sexualität: Die Neukombination genetischer Information.
- Produktivität: Die Vermehrung genetischer Information.

Einzeller nehmen mit ihrer gesamten Körpermasse an der Fortpflanzung teil; sie sind potentiell unsterblich. Das aus einer einfachen Zellteilung oder Knospung hervorgegangene Fortpflanzungsprodukt unterscheidet sich nur durch die Größe vom (häufig nicht mehr existierenden) Elter. Oft ist allein die erreichte artspezifische Maximalgröße ein Grund zur Teilung. Bei Vielzellern hat die fortgeschrittene Spezialisierung der Zellen zu einer Differenzierung in vegetative, sterbliche Somazellen und wenige generative, potentiell unsterbliche Keimbahnzellen geführt (Abb. 1.48). Nur über diese wird die genetische Information weitergegeben. Die Fortpflanzungsprodukte brauchen eine komplizierte ontogenetische Entwicklung, bis sie als adulte Organismen selbst Eltern werden können. Dieser Entwicklungsabschnitt zwischen den Fortpflanzungsvorgängen von Elter- und Tochterorganismus wird als Generation bezeichnet. Bei allen Pflanzen und vielen Tieren geschieht die Trennung in somatische und generative Zellen spät, bei anderen Tieren ist bereits nach wenigen Zellteilungen eine Urkeimzelle auszumachen, von der allein die Keimbahn ausgeht.

Sexualität. Als Sexualität bezeichnet man die Reduktionsteilung und die genetische Rekombination während der Meiose, bei der aus diploiden Zellen haploide Gameten entstehen, und die Befruchtung, bei der zwei Gameten wieder zu einer diploiden Zygote verschmelzen. Die Haplophase und die Diplophase wechseln sich bei allen Eukaryoten mit Sexualität ab, können aber je nach Art unterschiedlich gewichtet sein (Abb. 1.49): Bei Haplonten (viele Einzeller, einige Algen und Pilze) erfolgt die Meiose direkt nach der Befruchtung, bei Diplonten (alle Tiere) ist es umgekehrt. Die meisten Pflanzen sind Diplohaplonten: Aus der Zygote entstehen diploide Organismen, die durch Meiose zunächst nicht befruchtungsfähige Sporen erzeugen, die zu einer (oft reduzierten) haploiden Zwischengeneration heranwachsen. Erst diese bildet die Gameten. Meiose und Befruchtung sind weit getrennt.

Die ursprünglichste Form sexueller Fortpflanzung ist die Fusion ganzer, durch Meiose haploid gewordener einzelliger Organismen im wäßrigen Medium. Mit zunehmender Differenzierung geht die Aufgabe der Rekombination und Fort

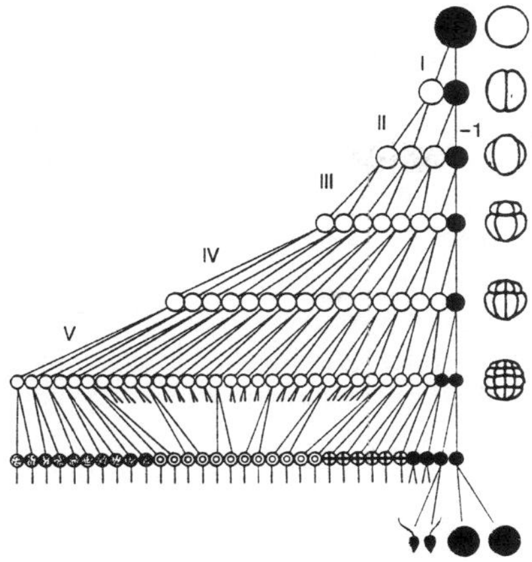

Abb. 1.48. Prinzipschema der Sonderung von Keimbahn (= 1, Urkeimzellen und Gameten dunkel) und Soma (Zellen weiß, determinierte Zelltypen verschieden gemustert) im Lauf der ersten Furchungsteilungen (I-IV) bei einem Metazoenembryo (aus Czihak et al. 1992).

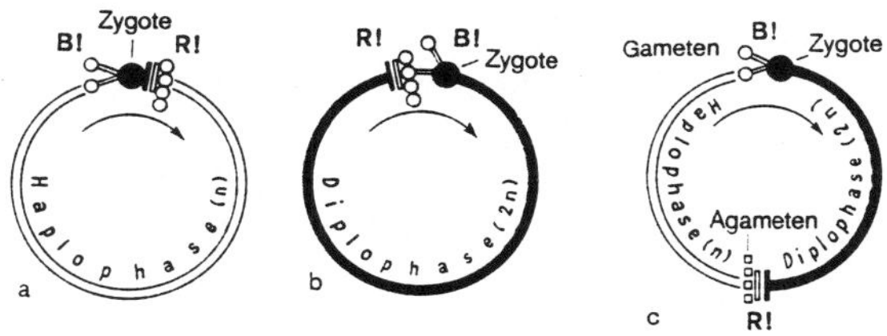

Abb. 1.49. Kernphasenwechsel bei Haplonten **a**, Diplonten **b** und Diplohaplonten **c**. Haplophase weiß, Diplophase schwarz; B! Befruchtung, R! Meiose, Gameten = weiße Kreise, Zygoten = schwarze Kreise, -> = Entwicklungsrichtung (aus Czihak et al. 1992).

pflanzung auf kleine, generative Zellen über. Die zwei sich befruchtenden Gameten gehören meist verschiedenen Geschlechtern an, die sich nur wechselseitig befruchten können. Dadurch wird eine Selbstbefruchtung verhindert und eine genetische Neukombination erzwungen. Unterscheiden sich die Gameten beider Geschlechter nur hinsichtlich ihrer Membraneigenschaften, so liegt Isogamie vor. Bei morphologischen Unterschieden (Anisogamie) werden die Individuen, die bewegliche Gameten erzeugen, als Männchen bezeichnet. Sind die Gameten beider Geschlechter begeißelt, so entscheidet die Größe: Mikrogameten werden den Männchen, Makrogameten den Weibchen zugeordnet. Bei der Oogamie bewegen sich schließlich nur noch kleine, hochspezialisierte männliche Spermatozoen aktiv auf große, stationäre weibliche Eizellen zu. Diese entstehen oft in Einzahl aus den meiotischen Teilungen, die restlichen drei kleinen Teilungsprodukte gehen zugrunde oder bleiben als Geleitzellen erhalten. Die Sicherstellung der Befruchtung führte zu einer Geschlechtsdifferenzierung auch der Erzeugerindividuen. Dies betrifft in erster Linie die Fortpflanzungsorgane, aber auch weitere Eigenschaften des Körpers, die nur indirekt mit der Fortpflanzung in Verbindung stehen wie Körpergröße, -form oder -färbung. Im Extremfall eines Geschlechtsdimorphismus ist die gesamte anatomische, physiologische und ethologische Organisation des Organismus betroffen. Bei Moosen, Gefäßpflanzen und Metazoen ist ausschließlich die Oogamie verwirklicht.

Bei höheren Tieren werden Spermien und Eizellen in den meisten Fällen in speziellen Geschlechtsorganen, den Keimdrüsen (= Gonaden) gebildet. Die von der Urkeimzelle mitotisch abstammenden Spermien- und Eimutterzellen (= Gonien) wandern während der Embryonalentwicklung in die Gonaden ein. Die Eizellreifung ist ein langwieriger Prozeß, während dem eine Oogonie in der meiotischen Prophase verharrt und an Größe und Speicherstoffgehalt zunimmt. Die Reifung und Freisetzung der Eizellen wird bei Wirbeltieren über mehrere Hormone geregelt. Die Reservestoffe werden oft außerhalb der Eizelle produziert und dem Ei über den Blutweg zugeführt. Umgebende Zellen können als Nährzellen (Geleitzellen) oder Follikel (somatisches Nährgewebe) zur Versorgung der Eizellen beitragen.

Bei der Fortpflanzung werden die Gameten aus den Gonaden durch Gonodukte nach außen abgegeben. Die Individualdistanz zwischen den Geschlechtspartnern muß, besonders bei Landtieren, durch geeignete Samenübertragungsmechanismen überwunden werden. Bei der Befruchtung dringt ein Spermium durch die äußere Eimembran, die sich anschließend so verändert, daß sie in der Regel für weitere Spermien undurchdringbar ist. Nach der Plasmaverschmelzung des Spermienkopfes und der Eizelle kommt es zur Kernverschmelzung, auf die die ersten Furchungen der Embryonalentwicklung folgen. Mit der inneren Besamung und Befruchtung eröffnet sich für viele Tiere die Möglichkeit, die befruchteten Eier bis zum Schlupf der Jungen im Schutze des weiblichen Genitaltraktes zu halten (Ovoviviparie) oder sie sogar bis zu einem weit entwickelten Zustand über spezielle Organe (Plazenta) dort zu versorgen (Viviparie der Säugetiere).

In einigen Fällen sind Reduzierungen sexueller Vorgänge zu beobachten. Sie sind meist auf umweltbedingte oder konstitutionelle Störungen der Meiose zurückzuführen. Die Tendenz, die Meiose durch mitotische Vorgänge zu ersetzen, ist erkennbar; in der Regel sind die Nachkommen erbgleich (Klone). Da die wichtigste systematische Klassifikation der Organismenvielfalt, die der Art, vor allem über die Möglichkeit sexueller Vorgänge definiert wird ("Gemeinschaft inzüchtender Individuen"), ist eine Arteinteilung bei reduzierter oder fehlender Sexualität schwierig; sie kann nur nach morphologischen oder biochemischen Merkmalen vorgenommen werden.

Ungeschlechtliche Fortpflanzung. Die ungeschlechtliche Fortpflanzung verzichtet auf spezielle Mechanismen der Rekombination und dient allein der Verjüngung und Vermehrung: Es entstehen Klone. Bei von starker Heterozygotie profitierenden Organismen stellt sie auch genetisch einen Vorteil dar, da eine Meiose zu einer starken Aufspaltung der Gameten und eine Befruchtung zu größerer Homozygotie vieler Tochterorganismen führen würde. Zwei wesentliche Typen der ungeschlechtlichen Fortpflanzung sind grundsätzlich zu unterscheiden:

1. Die Agametenbildung (Agamogonie) ist monocytogen: Die Vermehrungsprodukte sind Sporen, totipotente, einzellige Ausgangsorganismen, die oft lange Zeiten latenten Lebens verbringen können. Ihre Bildung wird durch Außenfaktoren induziert und findet häufig in speziellen Organen (Sporangien) oder durch Abschnürung oder Fragmentierung statt. Die Sporen werden zumeist in großer Zahl produziert und sind z.T. die einzige Vermehrungsmöglichkeit (viele Schimmelpilze).

Die ungeschlechtliche Zweiteilung oder Mehrfachteilung der Protozoen führt direkt zu voll funktionstüchtigen Tochterorganismen unter Verlust des Elterorganismus, kann aber auch als Agamogonie gesehen werden. Bei Metazoen kommt Agamogonie nicht vor.

2. Die vegetative Fortpflanzung ist polycytogen: Ein Zellverband, meist ausgehend von meristematischem Gewebe, ist Ausgangspunkt eines neuen Individuums. Anstelle von Blüten können vegetative Fortpflanzungskörper gebildet werden, die zu neuen Pflanzen auswachsen können. Bei vielen rosettenbildenden Pflanzen wachsen blattachselständige Sproßknospen zu Ausläufern (Stolonen) aus, die oberirdisch oder unterirdisch verlaufen können, neue Wurzeln und Sprosse treiben und nach ihrem Absterben selbständige Pflanzen hinterlassen. Blätter, Sproß- und Wurzelstockteile höherer Pflanzen besitzen eine hohe Regenerationsfähigkeit, was bei künstlicher Ablegervermehrung genutzt wird.

Manche ursprüngliche Metazoen haben aufgrund enormer Regenerationsfähigkeit die Möglichkeit, ihren Körper in zwei oder mehrere Teile durchzuschnüren, die die fehlenden Organe ergänzen. Die Abschnürung von Körperbereichen, die zu vollständigen Organismen heranwachsen, wird als Knospung bezeichnet. Oft bleiben die durch Knospung entstandenen Organismen lebenslang mit ihren Eltern verbunden und bilden durch überindividuelles Wachstum Tierstöcke (z.B. Korallen, Seescheiden). In diesen kann ein Stockpolymorphismus zur Ausbildung unterschiedlich spezialisierter Mitglieder führen. Teilung und Knospung kann bereits im Embryonalzustand auftreten: Polyembryonie und Mehrlingsgeburten sind auf eine vegetative Vermehrung der Embryonen zurückzuführen.

Generationswechsel. Geschlechtliche und ungeschlechtliche Vermehrung kommen bei vielen Arten von Organismen nebeneinander vor. Wechselt der Fortpflanzungstyp bei ein und demselben Organismus, spricht man von Fortpflanzungswechsel. Wechseln sich Generationen mit verschiedenen Fortpflanzungstypen ab, spricht man von Generationswechsel. Dieser kann obligatorisch und regelmäßig oder fakultativ und unregelmäßig sein.

Geschlechtsbestimmung. Viele Organismen bilden männliche und weibliche Geschlechtsorgane aus, sie werden als Zwitter oder Hermaphroditen bezeichnet. Die Geschlechtsorgane können in einem Organkomplex vereinigt (zwittrige Blüten) oder räumlich getrennt sein. Sie können zu gleichen Anteilen oder unterschiedlich gewichtet angelegt sein und gleichzeitig oder zeitlich versetzt entwickelt werden.

Bei zweihäusigen Organismen, deren genetische Reaktionsnorm nur eine alternative und dauerhafte Ausprägung eines Geschlechts zuläßt, wird in der Ontogenese jedes einzelnen Individuums darüber entschieden, welcher Geschlechtscharakter entwickelt wird. In der Regel besitzt jeder Organismus eine bisexuelle Potenz: Die genetischen Anlagen für eine Ausprägung beider Geschlechter sind vorhanden. Erst die alternative Zuordnung oder das Mengenverhältnis genetischer Geschlechtsrealisatoren (genotypische Geschlechtsbestimmung) oder/und die Einwirkung vom Genom unabhängiger Außenreize (modifikatorische oder phänotypische Geschlechtsbestimmung) geben den Ausschlag für eine Determination einer der beiden Möglichkeiten.

Die diploiden Metazoen sind während ihres gesamten Lebenszyklus sexuell geprägt. Die genotypische Geschlechtsbestimmung erfolgt häufig, wie auch bei den wenigen zweihäusigen Blütenpflanzen, durch Homozygotie, bzw. Heterozygotie bezüglich eines Geschlechtsrealisators. Meist sind die weiblichen Organismen diesbezüglich homozygot und die männlichen heterozygot, indem sie einen weiblichen und einen männlichen Faktor besitzen. Bei Schmetterlingen und Vögeln ist es umgekehrt. Der nur bei Heterozygotie auftretende Faktor ist dominant. Im statistischen Mittel ergibt sich für die Nachkommenschaft ein Geschlechterverhältnis von 1:1.

Weichen die die Geschlechtsfaktoren tragenden Chromosomen morphologisch voneinander ab, werden sie als Geschlechtschromosomen oder Heterosomen den Autosomen gegenübergestellt. Ist das weiblicher Geschlecht homozygot, heißen die weiblichen Heterosomen X-Chromosomen. Beim heterozygoten Geschlecht steht einem X-Chromosomen meist ein Y-Chromosom gegenüber, das - wie bei Säugetieren - den dominanten männlichen Geschlechtsfaktor trägt. In anderen Fällen, etwa bei Fliegen, liegen die dann schwach rezessiven männlichen Faktoren auf den Autosomen verteilt, so daß das X-Chromosom ohne homologen Partner bleibt (X0) oder mit einem für die Geschlechtsbestimmung bedeutungslosen Y-Chromosom gepaart ist. Hier entscheidet allein die Zahl der X-Chromosomen über das Geschlecht: Ist das Verhältnis zu den Autosomen ausgeglichen (XX), bildet sich das weibliche Geschlecht heraus. Sind die autosomalen männlichen Anlagen in der Überzahl (XY, X0), entsteht ein Männchen.

Bei polyfaktorieller Geschlechtsbestimmung entscheidet ein Zusammenspiel vieler Faktoren über die Ausprägung eines Geschlechts. Das Geschlechterverhältnis hängt von der Verbreitung der dominanteren Faktoren ab. In speziellen Fällen ist das Faktorenverhältnis so ausgeglichen, daß ein Patt entsteht: Entweder entwickeln sich unfruchtbare Intersexe, bei denen trotz gleichen Genoms ein Mosaik unterschiedlich ausgeprägter Zellen besteht, oder Umwelteinflüsse geben den Ausschlag. Auch die Begegnung mit bereits geschlechtsgeprägten Artgenossen, Parasitenbefall oder Symbiontenbesiedlung entscheidet bei einigen Arten über das Geschlecht.

Vor allen bei Wirbeltieren und höheren Krebsen mit genotypischer Geschlechtsbestimmung führt die genetische Determination primär zur Ausprägung bestimmter endokriner Strukturen und zur Produktion bestimmter Sexualhormone. Erst diese rufen sekundär in den kompetenten Zellen des Körpers die Ausbildung des entsprechenden Phänotyps hervor. Die Geschlechtsmerkmale werden nicht, wie bei den meisten Insekten, direkt vom Genom und zellautonom, sondern hormonal vermittelt entwickelt. Bei Fehlsteuerungen kann dies zu Tieren mit abweichendem Phäno- und Genotyp führen. In der Regel ist das homogametische weibliche Geschlecht das basale. Es wird im Falle genotypischer Männlichkeit lediglich durch männliche Sexualhormone überformt; die Abwesenheit der Hormone führt zur Entwicklung weiblicher Gonaden. Bei Amphibien und Fischen ist auch die Gonade umwandelbar. Juveniler Hermaphroditismus ist bei vielen Fischen beschrieben. Meist entwickelt sich später das genotypische Geschlecht; wenige Arten bilden nacheinander beide Geschlechter aus oder sind auch natürlich zu einem durch Außenfaktoren angestoßenem Geschlechtswechsel in beide Richtungen in der Lage.

1.5.3 Wachstum und Entwicklung

Lebewesen entwickeln sich fortwährend, indem sie aus Sporen, Samen, Knospen oder Eiern über Embryonal- und Jugendstadien bis zu einem Stadium höchster Komplexität fortschreiten. Die im Genotyp verankerte Möglichkeit, zu verschiedenen Zeitpunkten unterschiedliche Phänotypen hervorzubringen, wird als Individualentwicklung oder Ontogenese bezeichnet; sie wird der stammesgeschichtlichen Entwicklung oder Phylogenese gegenübergestellt. Die Ontogenese der Metazoen umfaßt abgrenzbare Abschnitte (Tabelle 1.3).

Larven als besondere Jugendstadien zeichnen sich dadurch aus, daß sie Larvalorgane besitzen, die nicht in den Adultkörper übernommen werden. Der Übergang vom Larval- zum Adultstadium kann fließend sein, sich in kleinen Schritten (Häutungen) vollziehen oder mit einer tiefgreifenden Umgestaltung der Organisation verbunden sein. Bei einer solchen Metamorphose entstehen die Imaginalorgane der geschlechtsreifen Tiere durch im Embryo angelegt Imaginalscheiben, die larvale Zellen verdrängen und Teile der Körperoberfläche mit Extremitäten, Flügeln, Sinnes- und Geschlechtsorganen bilden.

Entwicklung vollzieht sich immer im Rahmen der vom Genotyp vorgegebenen individuellen Reaktionsnorm. Neben direkten Einwirkungen des Genoms sind häufig Wechselwirkungen der einzelnen Komponenten des sich entwickelnden Systems entscheidend. Wie jedes andere Lebensphänomen läuft Entwicklung in Beziehung zur Umwelt ab. Umweltparameter können sich negativ auswirken, wenn sie bestimmte, durch die Reaktionsnorm vorgegebene Grenzwerte überschreiten. Einzelne Umweltparameter können aber auch als notwendige äußere Faktoren Entwicklung in bestimmte Bahnen lenken. Die Kompetenz von Zellen,

Tabelle 1.3. Abschnitte der Individualentwicklung von Metazoen.

Beginn	Prozeß	Bezeichnung
Aktivierung der Eizelle, meist durch Befruchtung	Furchungsteilungen der Zygote, Gestaltungsbewegungen Entwicklung der Körpergrundgestalt	Blastula, Gastrula, Morula, Embryo
Schlupf	Größenwachstum	Larve, Fetus
Verpuppung, Geburt	Metamorphose, Differenzierung	Puppe, Juvenilstadien
Emergenz	Maximale Komplexität,	Imago
Geschlechtsreife	Fortpflanzungsfähigkeit	Adult- oder Reifestadium
Ende der Fortpflanzungsperiode	Abbauerscheinungen, enden mit dem Tod	Senilstadium

Geweben und Organismen, auf innere und äußere Faktoren spezifisch zu reagieren, folgt aus der vorangegangenen individuellen Ontogenese. Die hohe Komplexität der räumlichen und zeitlichen Wechselwirkungen führen zu Differenzierungs- und Determinationsprozessen, die häufig einmalig sind. Entwicklung in ontogenetischer wie phylogenetischer Hinsicht ist also ein geschichtlicher Prozeß, dessen Erfassung die Biologie deutlich von den exakten Naturwissenschaften Physik und Chemie unterscheidet.

Wachstum. Im Ablauf der Ontogenese überlagern sich quantitative Veränderungen (Wachstum) und qualitative Aufspaltungen (Differenzierung), die die Komplexität des Organismus erhöhen. Fast alle Lebewesen erreichen eine von der genetischen Reaktionsnorm vorgegebene Endgröße.

Die Grundlage des Wachstums lebender Organismen ist die mitotische Zellvermehrung und vor allem die Zellvergrößerung. Die Furchungsteilungen tierischer Zygoten und früher Embryonalzellen erfolgen mit sehr kurzen Interphasen und ohne Wachstum; die Eizelle wird in zunehmend kleinere Tochterzellen zerlegt. Pflanzliche Meristemzellen wachsen hingegen vor jeder erneuten Teilung erst wieder zu voller Größe aus. Mit zunehmender physiologischer Spezialisierung beenden viele Zellen ihre Teilungsaktivität; sie können aber auch dann noch ihr Volumen stark vergrößern und deutlich zum Wachstum des Gesamtorganismus beitragen. Zellvergrößerung postembryonaler Zellen geschieht durch:

- Plasmazuwachs; in extremen Fällen wird die Kern-Plasma-Relation durch Polyploidisierung gewahrt.
- Osmotische Wasseraufnahme und Vakuolvergrößerung bei Pflanzenzellen. Zellen können bis zum Faktor 100 wachsen, ohne Plasma zu vermehren.

Wachstum erfolgt koordiniert mit unterschiedlichen Wachstumsgeschwindigkeiten in verschiedene räumliche Dimensionen. Genetisch festgelegt sind neben Endgrößen zumeist relative Wachstumsgeschwindigkeiten, etwa für die Verhältnisse der räumlichen Dimensionen eines Organs, der Organe zueinander oder zum Gesamtkörper. Dazu sind hemmende und fördernde Wechselwirkungen zwischen Zellen und Organen nötig. Die Veränderung der Wachstumsregulation ist für die Evolution von großer Bedeutung.

Äußere Wachstums- und Entwicklungsfaktoren. Viele äußere Wachstumsfaktoren sind selbst nicht eigentlich limitierend, sondern dienen nur als Reize, die für einen Umweltfaktorenkomplex repräsentativ sind. Dies gilt beispielsweise für Lichtspektren oder Tageslängen, die eindeutiger und früher wahrzunehmen sind als die letztlich wachstumslimitierenden Faktoren Temperatur oder Trockenheit. Dies ist besonders für Organismen von Bedeutung, die nicht kurzfristig mit einem Ortswechsel auf sich verändernde Umweltbedingungen reagieren können, also vor allem für Pflanzen in Jahreszeitenklimaten.

Photomorphogenese. Die Keimung vieler Samen höherer Pflanzen wird durch hellrotes Licht (660 nm) induziert und durch dunkler rotes Licht (730 nm) gehemmt. Rezeptor für diese Wellenlängen ist das Pigment Phytochrom. Bei Dunkelheit oder eher langwelligem Licht liegt das Phytochrom überwiegend in der für hellrotes Licht empfänglichen "Warteposition" vor und ist als Keimungsinduktor inaktiv. Bei Bestrahlung mit 660 nm wandelt es sich innerhalb weniger Sekunden in die keimungsaktive Form um, die nun für dunkelrotes Licht empfindlich ist. Fehlende kurzwellige Lichtanteile oder Dunkelheit führen zu einer langsamen Rückbildung in die inaktive Form.

Neben dieser qualitativen Steuerung ist das Phytochromsystem auch für quantitative Steuerungen des Keimwachstums zuständig. Die "Dunkelform" führt zu starker Internodienstreckung; die durch kurzwellige Strahlung gebildete Form dient als Effektor für frühes Blattwachstum und Hemmer des Internodienwachstums. So werden die im Samen vorhandenen begrenzten Ressourcen optimal genutzt, um zu einer möglichst frühen photosynthetischen Eigenversorgung zu kommen. Viele weitere morphologische und physiologische Veränderungen, wie Haar- oder Pigmentbildungen und Blattbewegungen, werden durch Lichtqualitäten über das Phytochromsystem induziert. Dabei ist nicht nur das atmosphärische Einstrahlungsverhältnis der Wellenlängen wirksam; auch der Grünschatten eines sommerlichen Blätterdachs, in dem kurzwellige Anteile ausgefiltert sind, kann zur Unterdrückung der Keimung oder zu Internodienstreckung führen.

Photoperiodismus. Die Anpassung des Lebenszyklus an wechselnde Jahreszeiten ist nötig zur Überdauerung ungünstiger Klimabedingungen wie Winterkälte oder Sommerhitze. Sie ist aber auch wichtig zur Synchronisation von Aktivitäten aufeinander angewiesener Organismen, etwa bei Blüte und bestäubenden Insekten, oder zur Synchronisation sexueller Aktivität: Verschiebungen führen zu sexueller oder (bei Wahl von Standorten mit geeigneteren Tageslängen) räumlicher Isolation und Artbildung.

Die für photoperiodische Phänomene entscheidende Wirkung des Lichts hängt nicht von seiner Qualität, sondern seiner tageszeitlichen Verteilung ab. Kurztagpflanzen gehen zur Blütenbildung über, wenn die tägliche Belichtungsdauer unterhalb einer kritischen Tageslänge bleibt, Langtagpflanzen blühen bei Überschreitung einer solchen Tageslänge. Die kritische Tageslänge variiert von Art zu Art. Bei fakultativen Kurz- oder Langtagpflanzen entscheidet die Tageslänge über die Geschwindigkeit der Blütenbildung oder die Zahl der gebildeten Blüten. Auch die Induktion der Knospenruhe oder der Anlage von Speicherorganen ist von der Photoperiode abhängig. Tiere nutzen die Photoperiode zur Induktion von Ruhestadien oder Zugaktivität, zur Steuerung der Geschlechtsreife und des Eireifezyklus oder zur Veranlassung des Generationswechsels, etwa zwischen Parthenogenese (Langtag) und Sexualität (Kurztag).

Bei Pflanzen geschieht die Rezeption über das Phytochromsystem, wobei bei Lang- bzw. Kurztagpflanzen die Wirkung des aktiven Phytochroms entgegengesetzt ist. Tiere besitzen in der Regel Photorezeptoren im Kopfbereich. In beiden Fällen wird das Signal über Hormone zu den Erfolgsorganen weitergeleitet.

Vernalisation. Haben niedrige Temperaturen Signalwirkungen für Wachstumsvorgänge, bezeichnet man diese Wirkungen als Vernalisation. Die in einer Meristemzelle wahrgenommene niedrige Temperatur führt zu einer physiologischen Umstellung, die über mehrere Zellgenerationen weitergegeben wird. Beispiele sind die Erkennung der zweiten Vegetationsperiode bei zweijährige Pflanzen mit Rosettenstadium (1. Jahr) und Blühstadium (2. Jahr) und das Austreiben der Winterknospen einheimischer Bäume und Sträucher bei Frühjahrstemperaturen nach winterlichem Kältereiz. Auch die Beschleunigung der Keimung gequollener Getreidekörner nach Kälteeinwirkung in Klimaten mit kurzer Vegetationsdauer und die Beendigung der Ruhephase bei manchen Insekten ist auf Vernalisation zurückzuführen.

Häufig induziert Vernalisation Wachstum nicht direkt, sondern stellt erst eine photoperiodische Kompetenz her, etwa eine Reaktionsfähigkeit der Pflanze auf den letztlich induzierenden Langtag.

Quellung. Oft besteht ein äußerer Wachstumsreiz in der Wiederherstellung permissiver Umweltbedingungen, etwa geeigneter Temperatur oder Feuchtigkeit. Die unter ungünstigen Bedingungen überlebenden Dauerstadien - bei niederen Pflanzen meist Zygoten oder Sporen, bei höheren Pflanzen Samen mit vorentwickeltem Embryo - sind in hohem Grade wasserarm, müssen also Wasser aufnehmen, um keimen zu können. Das aufgenommene Wasser wird an hydrophile Kolloide gebunden. Der auftretende Quellungsdruck wird noch erhöht durch die Aktivierung von Amylasen: Die Spaltung von Speicherpolysacchariden führt zur Erhöhung des osmotischen Wertes. Die Samenschale wird gesprengt, die Keimwurzel tritt aus. Oft ist das Keimungswachstum oder bereits die Aktivierung der Amylasen an weitere Reize gebunden: Lichtkeimer keimen nur mit, Dunkelkeimer nur ohne Lichtreiz; viele gequollene Samen benötigen Kältereize.

Weitere äußere Faktoren. Eier von wirbellosen Tieren werden häufig durch die Änderung des äußeren Milieus bei der Eiablage aktiviert, etwa durch die Erhöhung der Sauerstoffspannung oder die Absenkung des osmotischen Wertes. Häufig lassen sich Eier durch künstliche Reize wie Nadelstiche, Elektro-, Kälte-, Hitzeschocks oder Chemikalien zur Entwicklung anregen, die jedoch nur wenige Tage anhält.

Die wesentlichen biotischen Außenfaktoren der Entwicklung sind Kontakte zu Geschlechtspartnern oder Geschlechtsprodukten, vor allem aber Nahrung und Konkurrenz. Bei zur Neige gehender oder noch nicht vorhandener Nahrung werden häufig Ruhestadien eingenommen.

Innere Faktoren: Genwirkungen in der Ontogenese. Jeder Zellkern enthält im Regelfall das gesamte arteigene Genom und ist potentiell totipotent. Die Unterschiede zwischen verschieden differenzierten Zellen beruhen auf unterschiedlicher Aktivierung oder Inaktivierung bestimmter Teile des Genoms. In verschiedenen Tieren wurden sich stark ähnelnde und an verschiedenen Stellen des Genoms vorkommende evolutionär stabile Sequenzen (Homöoboxen) gefunden, denen man eine regulatorcodierende oder -bindende Funktion zuschreibt.

Differentielle Genexpression kann sich räumlich oder zeitlich auswirken. Sie hängt vom inneren Differenzierungszustand ab, kann aber durch Außenfaktoren induziert werden. Die Regulation kann auf verschiedenen Ebenen erfolgen:

- Der wichtigste Mechanismus ist die differentielle Transkription. Sie führt zu qualitativ oder quantitativ unterschiedlicher mRNA in verschiedenen Zelltypen oder -stadien mit gleichem Genom.
- Differentielles processing kann bei gleichen Primärtranskripten darüber entscheiden, welche Bereiche als Intron oder Exon behandelt werden.
- Differentielle Translation geschieht durch stadienspezifische oder pH-induzierte rRNA-Induktion und -Aktivierung.

Das Cytoplasma besitzt eine Mittlerfunktion: Die zu bestimmten Zeiten transkribierten, mehr oder weniger kurzlebigen mRNAs werden im Cytoplasma in regulatorische Proteine umgesetzt. Diese wandern in den Kern und gestalten processing oder regulieren Transkription. Genwirkung kann daher auch mittelbar ohne momentane Beteiligung der DNA erfolgen: Außerhalb des Kerns in Form von stabilen mRNA-Molekülen "gespeicherte" Erbinformation kann cytoplasmatisch auf die Tochterzellen übertragen oder von der Eizelle in die Zygote eingebracht werden. Diese Cytoplasmafaktoren sind häufig ungleich in der Zelle verteilt. Bei vielen Insekten und Nematoden besitzen die Eizellen einen Pol, in dessen Bereich bei den späteren Zellteilungen die Keimbahn entsteht. Nur diese Zellen behalten den vollen Chromosomensatz; die Erbinformation der späteren Somazellen wird durch die Einwirkung von Plasmafaktoren vermindert.

Determination und Differenzierung. Differenzierung ist das voneinander Verschiedenwerden der einzelnen Teile eines sich entwickelnden Systems, aber auch die Veränderung gegenüber einem früheren Zustand, und damit sowohl räumlich als auch zeitlich zu verstehen. Es gibt zwar räumlich, doch nie zeitlich undifferenzierte Strukturen. Jede ontogenetische Entwicklung ist eine Umdifferenzierung, die in der Regel von Zellen mit vorübergehenden Entwicklungsfunktionen zu solchen führt, die eine Dauer- oder Abschlußfunktion erfüllen. Als Sonderfälle treten Dedifferenzierungen oder Transdifferenzierungen (Übergang in einen anderen Endzustand) von eigentlich terminal differenzierten Zellen auf. Die Festlegung der Differenzierungsrichtung und der Kompetenz zur Reaktion auf Entwicklungssignale wird als Determination bezeichnet. Determination bedeutet immer auch eine Reduktion der gesamten Entwicklungspotenz.

Als determiniert gelten Zellen, die unabhängig von ihrer Umgebung ihren spezifischen Entwicklungsweg einschlagen. Zeitpunkt und Koordination der Determination kann im Tierreich von sehr frühen gleichzeitigen Vorgängen bis zu späten, progressiven Determinationsvorgängen bei Wirbeltieren variieren. Dabei werden die einzelnen Zellen auf zunehmend speziellere Entwicklungsaufgaben festgelegt; der Embryo wird in ein immer feiner gegliedertes Mosaik verschieden determinierter Zellbezirke unterteilt. Diese Musterbildung ist nur als systemisches Wechselspiel vieler Genprodukte verständlich, das noch orientierende Einflüsse von außen braucht. Was aber ist die Ursache von Musterbildung?

Zellpolarität liefert Fixpunkte und Vorzugsrichtungen für den Aufbau räumlicher Unterschiede. Sie führt zu differentieller Anordnung von Zelleinschlüssen und Organellen, die durch inäquale Zellteilungsmuster gesetzmäßig auf Tochterzellen mit spezifischen Entwicklungsfunktionen verteilt werden. Zellpolarität entsteht

- durch äußere Faktoren, bei Pflanzen häufig durch Licht. Chloroplasten wandern zum Licht, der Kern wandert entgegengesetzt. Es entsteht eine große Tochterzelle mit vielen Chloroplasten, die zum schnell wachsenden Sproß wird. Die kleine Tochterzelle mit wenig Chloroplasten wird zur sich selten teilenden Rhizoidzelle. Weitere äußere Faktoren sind pH-Gradienten, elektrische Felder oder die Eintrittsstelle des Spermiums.
- durch innere Faktoren während der Oogenese vieler Tiere. Asymmetrien der Anordnung von Umgebungszellen oder konkreter Nährzellen führen über molekulare Signale zu differentieller Verteilung von Zellinhaltsstoffen und einer exzentrischen Lage des Oocytenkerns während der meiotischen Prophase. Diese Polarität schlägt auf die Eizelle durch. Bei der anschließenden Furchung liefert die kleinere dotterarme Tochterzelle (animaler Pol) später das Ektoderm mit Sinnesorganen und ZNS; die größere dotterreiche Tochterzelle (vegetaler Pol) liefert später Eingeweide (Entoderm, Mesoderm, s. Abb. 1.50, 1.51). Die animal-vegetal-Achse wird häufig zur Körperlängsachse.

In jedem Fall werden selektiv Membraneigenschaften verändert, was zu einem Ionenstrom und zu einer Selbstelektrophorese führt: Die Zellbestandteile werden nach Ladungseigenschaften sortiert und durch Komponenten des Cytoskeletts stabilisiert. Die entstandene Polarität ist auch durch Zentrifugation meist nicht mehr zu ändern. Die polaren Ausgangszellen teilen sich nach artspezifischen raumzeitlichen Zellteilungsmustern. Aus den durch die Teilungen entstandenen regionalen Unterschieden gestaltet sich durch korrelative Wechselwirkungen allmählich das endgültige Differenzierungsbild. Zwei Gruppen von Wechselwirkungen werden bei dieser Gestaltbildung (= Morphogenese) unterschieden:

- Fernwirkungen durch chemische Signale (Hormone). Das Signal geht an alle oder viele Zellen des Organismus, wird aber nur von denen wahrgenommen und beantwortet, die die momentane Kompetenz dazu haben. Die apikale Dominanz und die Förderung von Wachstum und Differenzierung bei Pflanzen wird auf diese Weise vermittelt. Bei vielen Tieren liefert die Metamorphose ein komplexes Beispiel: Bei Insekten ist der sinkende Spiegel eines metamorphosehemmenden Hormons für die Auslösung verantwortlich, bei Amphibien der steigende Spiegel eines fördernden Hormons. In beiden Fällen ist das ZNS über Neurohormone beteiligt.
- Nachbarzellwirkungen (Induktionssysteme). Der Kontakt zwischen zwei Zellbereichen führt zur wechselseitigen Induktion aufeinander abgestimmter Strukturen. Dabei kann sich die Bedeutung der Kompetenz des "Empfängers" einerseits und der Induktionskraft des "Senders" andererseits bei nahe verwandten Arten stark unterscheiden.

Die hohe Affinität gleichdifferenzierter Zellen zueinander (differentielle Zelladhäsion) ist ein wichtiger Mechanismus zur Aufrechterhaltung der räumlichen Ordnung im Körper. Sie beruht auf spezifischen Membraneigenschaften; ihr Versagen hat schwerwiegende Folgen für den Gesamtorganismus.

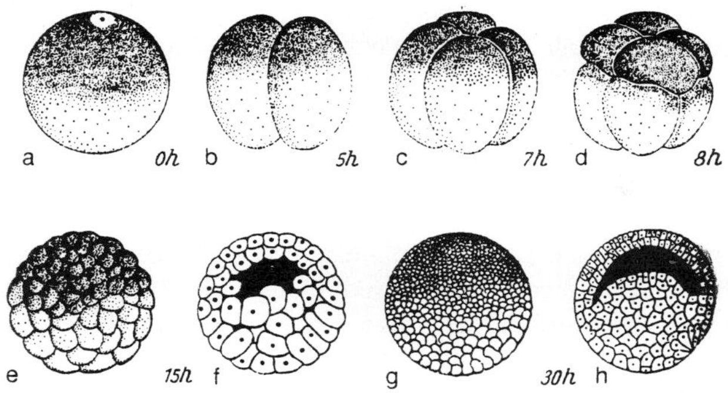

Abb. 1.50. Die Eizelle des Molches wird durch viele Zellteilungen in mehrere tausend Furchungszellen zerlegt (**a-e, g**). Zwischen ihnen tritt früh eine Furchungshöhle (Blastocoel) auf (Schnitte **f, h**). Die Altersangaben gelten für 18 °C und beginnen mit der Besamung (aus Czihak et al. 1992).

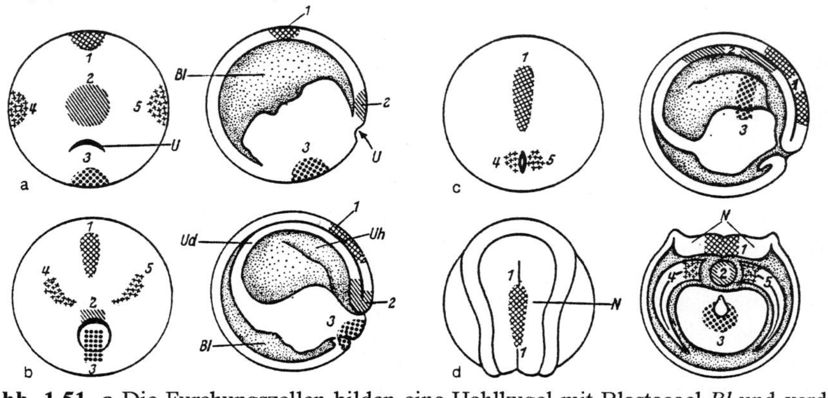

Abb. 1.51. **a** Die Furchungszellen bilden eine Hohlkugel mit Blastocoel *Bl* und verdicktem Boden (Blastula). **b** Dann stülpen sich Wandbereiche an einer Stelle nahe der Bodenverdickung ein (Urmund *U*) und wachsen als Urdarm *Ud* nach innen, so daß ein zweiter innerer Hohlraum entsteht (Urdarmhöhle *Uh*). Dieser ist über den Urmund mit der Außenwelt verbunden und verdrängt allmählich das Blastocoel (Gastrulation). **c** Aus der Urdarmwand sondern sich zwei "Keimblätter" ab: Das untere geht im wesentlichen aus dem dicken Blastulaboden hervor. Die Wände dieses trogförmigen Entoderms (-> Darm-, Lungen-, Leberepithel) wachsen oben zusammen und grenzen das spätere Darmrohr ab. Das Urdarmdach schiebt seine Ränder gegenläufig nach unten. Das dadurch entstehende Mesoderm (-> Muskeln, Knochen, Gefäße, Bindegewebe, Urogenitalsystem) trennt schließlich vollständig das entodermale Darmrohr vom außen verbliebenen Ektoderm (-> Haut). Gleichzeitig wird im dorsalen Ektoderm ein zungenförmiges Areal (Neuralplatte) symmetrisch zur Mittellinie des zukünftigen Körpers abgegrenzt. **d** Die Neuralplatte des Neurula-Stadiums schließt sich später zum Neuralrohr und bildet das zentrale Nervensystem. Rechts Aufsicht, links **a-c** Längs-, **d** Querschnitt. Farbmuster: *1* ektodermale Neuralplatte *N*; *2* mesodermale Chorda-Anlage; *3* Boden des Darmrohres, das durch Zusammenschluß der freien Entodermränder entsteht; *4, 5* Somiten = Mesodermsegmente (aus Czihak et al. 1992).

Alterung und Tod. Alterung und Tod beruhen auf Wechselwirkungen innerhalb des Organismus. Blätter haben relativ zum Gesamtorganismus kurze Lebensdauern. Schneidet man sie ab, altern sie noch schneller; bilden sie Adventivwurzeln, wird der Alterungsprozeß hormonell gestoppt und in einen Wachstumsprozeß umgekehrt. Wird bei ein- oder zweijährigen Pflanzen die Blütenbildung unterdrückt, wachsen sie vegetativ jahrelang weiter. Das einmalige Fortpflanzungsereignis limitiert also die Lebensdauer. Ähnliches trifft auch für einige Wirbeltiere wie Lachs oder Aal zu.

Diesem strikt genetisch gesteuerten Absterben steht das Phänomen der Seneszenz gegenüber. Bei vielen Pflanzen und Tieren folgt auf eine kurze Fortpflanzungsperiode ein programmierter Abbau des Körpers, der als Seneszenz bezeichnet wird. Dieser Lebensabschnitt wird bei Arten mit langer Fortpflanzungsperiode und Brutpflege oder komplexer, durch Individuen geprägter Sozialstruktur herausgezögert. Bäume und die meisten Tiere haben ein mehr oder minder präzise definiertes maximales Lebensalter, das mit der üblichen genetischen Variabilität im Genom festgeschrieben zu sein scheint. Gegen Ende des Lebens tritt mit der Seneszenz eine unterschiedlich stark ausgeprägte Phase ein, in der die Anpassungsfähigkeit gegenüber Umwelteinflüssen abnimmt und die so indirekt zum Tod führen. Günstige Umweltbedingungen können innerhalb des genetischen Rahmens eine Erhöhung der durchschnittlichen Lebenserwartung bewirken, also eine stärkere Ausnutzung der Reaktionsnorm ermöglichen. Der letztendliche Tod wird multifaktoriell verursacht. Als inneren Faktoren von Alterung und Tod kommt der Stoffwechselrate in bezug auf Abnutzungserscheinungen und besonders der Akkumulation somatischer Mutationen Bedeutung zu. Anhäufungen von Kollagen oder Abfallprodukten sind eher Folgen als Ursachen des Alterns.

Entwicklungsanomalien, Entartung. Abnorme Entwicklungen werden als Teratogenese bezeichnet. Teratogene Entwicklungen lassen sich auf innere oder äußere Störfaktoren zurückführen; sie sind nicht direkt durch Veränderungen des elterlichen Genoms der Keimbahn ("Erbfehler") bedingt. Die Reaktionsnorm, also auch die Anfälligkeit gegenüber Störungen, hängt jedoch sehr wohl von elterlichem Erbmaterial ab. Ob die Störung oder deren Wirkung vor ("angeboren"), während oder nach der Geburt, dem Schlüpfen oder der Keimung auftritt, spielt für die Definition keine Rolle.

Entwicklungsanomalien. Die Entwicklung als komplexer Regulationsprozeß kann auf viele Weisen gestört werden. Als äußere Auslöser wirken Viren, Bakterien, Protozoen, Chemikalien, ionisierende Strahlung oder Sauerstoffmangel. Ein Ausfall hormonaler Wachstumsregulation kann nicht nur Auswirkungen auf Grössenverhältnisse, sondern auch auf Organmuster haben, da Differenzierungsprozesse gestört werden.

Blütenpflanzen können durch bakterielle Infektionen in der Ausbildung ihrer Organe behindert werden. Insekten und Milben rufen das Wachstum von Gallen auf Pflanzenblättern hervor. Die Wachstums- und Differenzierungsvorgänge, die zu parasitspezifischen Galltypen führt, werden durch das Zusammenspiel der Genome zweier völlig verschiedenartiger Organismen gesteuert.

Fehlbildungen bei Tieren sind vielgestaltiger, da komplexere Differenzierungsprozesse zugrunde liegen. Ein für eine spezifische Fehlbildung verantwortlicher Fremdeinfluß (Noxe) ist nur im begrenzten kritischen Zeitabschnitt der jeweiligen Organogenese wirksam. Frühere Noxen sind wirkungslos oder führen zum Absterben, da sie verschiedene Entwicklungsschritte gleichzeitig fehllenken: Ist z.B. bei Säugern auf molekularer Ebene früh die Bildung von Knorpelmaterial beeinträchtigt, entstehen u.a. Wirbeldefekte, Fehlen von Schädelknochen, Wasserkopf, offene Lider, Hirnblutungen. Spätere Noxen beeinflussen einzelne Organe. Nach der Anlage der Körpergrundgestalt führen Noxen nur noch zu diffusen Unterentwicklungssymptomen.

Entartung. Führen somatische Mutationen zu einem Versagen der Regelmechanismen von Wachstum und Differenzierung, entartet Gewebe; es entsteht ein Tumor.

Die Wurzelhalstumoren höherer Pflanzen werden durch das Bodenbakterium *Agrobacterium tumefaciens* hervorgerufen. Durch Verletzungen im Übergangsbereich zwischen Sproß und Wurzel dringen die Bakterien extrazellulär ins Gewebe ein und geben an die Zellen ein tumorinduzierendes Plasmid ab, also bakterielle außerchromosomale DNA. Die Pflanzenzellen verlieren in Anwesenheit des Plasmids einen großen Teil ihrer Differenzierungsfähigkeit und produzieren Substanzen, deren genetische Information vom bakteriellen Plasmid stammt und die von den Bakterien verwertet werden können. Weitere Kennzeichen sind erhöhte Mitose- und allgemeine Stoffwechselaktivität: Aus dem Muttergewebe bricht durch intensive Teilung ein amorpher Tumor hervor. Eine solche Überformung durch Fremdgene bezeichnet man als Transformation, die hier die Kluft zwischen Pro- und Eukaryoten überspringt.

Tierische Krebszellen heben sich durch zahlreiche Besonderheiten von ihren Muttergeweben ab:

- Ständige Teilungen. Aus nicht mehr teilungsfähigem Gewebe (Nervensystem) oder sich ständig natürlich teilendem Gewebe (Dünndarmepithel) kann deshalb kein Krebs entstehen.
- Einfachere cytologische Struktur, insbesondere des Cytoskeletts.
- In der Regel veränderte genetische Struktur, sichtbar an Veränderungen der Chromosomen.
- Einfachere Stoffwechselmuster.
- Keine kommunikativen Zellverbindungen.
- Spezifische Oberflächenantigene.
- "Sinnlose" Produktion von Luxusproteinen, wie etwa Kasein beim Brustzellkrebs der Säuger.
- Andere Membraneigenschaften: Keine Kontaktinhibition, höhere Oberflächenladung, veränderte Permeabilität.
- Hohe Stabilität des Entwicklungszustands: Keine weitere Differenzierung, Fehlen von Alterungsprozessen.

Trotz der herabgesetzten Kommunikationsfähigkeit von Krebszellen stehen diese in vielfältiger Wechselwirkung mit ihrer zellulären Umgebung. Über die Produktion von induzierenden Faktoren können sie z.B. ihre intensive Versorgung sicherstellen: Der Angiogenesefaktor veranlaßt die Blutgefäße der Nachbarschaft, vermehrt Gefäße auszusenden, die zur optimalen Blutversorgung des Tumors beitragen.

Die starke Zellvermehrung von Krebszellen bedeutet einen Selektionsvorteil im Gewebe; Krebszellen verdrängen die gesunden Zellen. Durch die spezifischen Oberflächenmarker und Stoffwechselraten sind sie durch das Immunsystem oder Chemotherapeutika spezifisch angreifbar. Andererseits können sie sich durch ihre Vermehrungsrate und unpräzise Genweitergabe selektiv anpassen: Mutationen, die Oberflächenmarker betreffen, können die Aufnahme von Chemotherapeutika oder die Erkennung durch das Immunsystem erschweren; die überlebenden Krebszellen wuchern weiter. Eine Krebsbekämpfung wird also mit zunehmender Progression auch qualitativ schwieriger. Sich prinzipiell fehlentwickelnde Zellen, die nicht getötet werden können, führen zum Tod des Organismus.

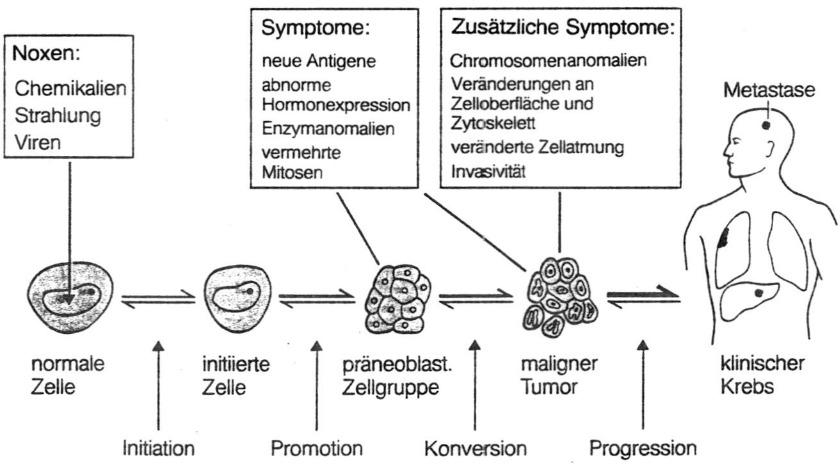

Abb. 1.52. Die aufeinander folgenden Phasen der Krebsauslösung (aus Czihak et al. 1992). Die Initiation durch Noxen ist ein kurzfristiges Ereignis; sie hat eine somatische Mutation oder eine Oncogen-Aktivierung zur Folge. Die Promotion, etwa durch zellteilungsfördernde Substanzen, vergrößert die Nachkommenschaft der initiierten Zelle. Die Konversion läßt die Abkömmlinge durch weitere Genänderungen bösartig werden: Sie breiten sich aus und dringen zerstörend in anderes Gewebe ein. Im Laufe der Progression vernichten sie nicht nur Nachbargewebe des Entstehungsortes, sondern breiten sich auch als Initiatoren von Tochtergeschwulsten (Metastasen) über Blut und Lymphe in anderen Geweben aus. Bis zur Konversion und Progression können viele Jahre vergehen.

Interne Ursachen der Krebsentstehung sind vor allem somatische Mutationen oder (mittelbar) Fehlregulationen. Sie können spontan entstehen oder hervorgerufen werden. Viele Krebszelltypen enthalten in ihrem Genom oncogene Sequenzen, die durch geringfügige Veränderungen aus Genen hervorgehen, die als Protooncogene bei allen Eukaryoten verbreitet sind. Diese Protooncogene haben wahrscheinlich grundlegende Steuerfunktionen, die bei der Mutation zum Oncogen gestört werden; dies ist gleichbedeutend mit einer Krebsauslösung. Krebs ist in dieser Sicht eine Kehrseite komplexer Regulation von Differenzierungsvorgängen. Da er vor allem als Altersphänomen auftritt (Kumulierung von Noxen und somatischen Mutationen) ist er für die phylogenetisch wirksame Selektion unbedeutend. Krebs kann also, wie andere Entwicklungsvorgänge auch, als Zusammenspiel von genetischer Kompetenz, ontogenetischer Determination und gestaltbildender Differenzierung betrachtet werden.

Physikalische (Strahlung), chemische (cancerogene Substanzen) und biologische Noxen (Virale Nucleinsäuren) stellen Risikofaktoren dar, deren Einwirken durch Kompensationsreaktionen unschädlich gemacht werden kann. Ein streßbelasteter Organismus verfügt über ein geringeres Kompensationspotential und unterliegt einem erhöhten Risiko. Auf allen Ebenen ist die genetische Prädisposition von Bedeutung: Unterschiedliche Genotypen haben gegenüber den einzelnen Risikofaktoren eine unterschiedlich große Krebsanfälligkeit.

1.5.4 Physiologisches Gleichgewicht

Lebende Organismen befinden sich in einem physiologischen Gleichgewichtszustand, der als Homoiostase bezeichnet wird. Der Bereich der beteiligten Reaktionsgrößen bleibt zumindest mittelfristig konstant, auch wenn sich Umweltfaktoren oder die Organismen selbst ständig verändern. Dies ist nur möglich, weil die ablaufenden Lebensvorgänge ein eigengesetzlich geordnetes Wirkungsgefüge bilden. Gleichgewichts- und Koordinationsleistungen befinden sich in ständiger Auseinandersetzung mit der Umwelt. Bedarf es nur einer Anpassung an sich relativ langsam verändernde Umweltbedingungen, etwa bei Pflanzen oder sessilen Tieren, genügt eine Steuerung mit Hilfe eines Kommunikationssystems aus Spiegeln löslicher Stoffe, einer humoralen Integration. Bei frei beweglichen, Sinneseindrücke empfangenden und verwertenden, Erfahrung nutzenden, denkenden und autonom entscheidenden Tieren ist zusätzlich ein Steuerungssystem über elektrochemische Leitungsbahnen verwirklicht, die neuronale Integration. Es gibt verschiedene Prinzipien der Steuerung in lebenden Systemen:

- Steuerungen mit Rückkopplung (Regelkreise).
- Überlauf- oder Schwellenreaktionen.
- Chemische Pufferung.
- Mechanische Rückstellreaktionen.
- Vorauskopplungsreaktionen: Unabhängige Wirkung von Reizen auf einen Effektor und dessen Stellgröße.

- Führung durch den schnellsten Prozeß: Taktsynchronisation durch die Möglichkeit, auch außerhalb der eigenen Taktfrequenz Erregungen aufzunehmen und auszusenden.

Energieumsatz. Der Energieumsatz von Tieren ist vor allem von folgenden Bedingungen abhängig:

Körpergröße. Ein größeres Verhältnis von Körperoberfläche zu Volumen, wie es bei kleineren Tieren gegeben ist, begünstigt den Austausch mit der Umgebung und bewirkt eine schwierigere Aufrechterhaltung des physiologischen Gleichgewichts. Daraus folgt ein höherer Energieumsatz pro Gewichtseinheit. Kleine Tiere altern schneller und haben eine kürzere Generationsdauer. Sie sind vergleichbaren größeren Tieren bei der Konkurrenz um Nahrungsquellen überlegen.

Bei Tracheenatmern ist der Sauerstoffverbrauch dem Körpergewicht proportional; es besteht kein Unterschied zwischen kleineren und größeren Tieren. Die Tracheenlänge, die gerade noch einen ausreichenden Gasgradienten für einen effizienten Austausch gewährleistet, ist jedoch ein limitierender Faktor der Körpergröße.

Alter und Entwicklungsstadium. Während der Embryonalentwicklung steigt der Energieumsatz, ohne daß das Embryogewicht zunimmt. Wachsende Tiere haben einen ähnlich hohen Grundumsatz wie gleichgroße nichtwachsende Tiere, benötigen aber zusätzliche Nahrung für den Aufbau von Körpermasse. Während der Seneszenz sinkt der Energieumsatz deutlich. Bei Insekten bestehen große Unterschiede bei den Energieumsätzen von Larven, Puppen und Imagines (geschlechtsreifen Adulten nach der Metamorphose).

Aktivität und Streß. Körperaktivitäten wie Verdauung, Nachkommen- und Milchproduktion oder Fortbewegung steigern den Energieumsatz bis zum Mehrfachen des Ruhewertes. Beim Flug wird bis zu hundertfach mehr Energie umgesetzt.

Physiologischer Streß führt zu Kompensationsreaktionen und zu erhöhtem Sauerstoff- und Nahrungsverbrauch, ohne daß sich dieser in Form von Substanzzuwachs oder Körperaktivität niederschlagen kann.

Umgebungsmedium. Die Sauerstoffkonzentration ist im Wasser wesentlich öfter der limitierende Faktor der Stoffwechselaktivität (vgl. Kap. 1.4.2, S. 66). Bei Konformern hängt die Aktivitätsrate direkt vom Sauerstoffangebot ab, Regulierer können durch Sauerstoffmessung und Variation der Atmung die Sauerstoffaufnahme in Grenzen dem Bedarf anpassen.

Luftatmer brauchen weniger respiratorische Oberfläche und weniger Energie zum Atmen, sie können leichter regulieren, setzen pro Zeiteinheit mehr Energie frei und sind wesentlich leistungsfähiger als Wasseratmer. Allerdings ist die Abgabe von Kohlendioxid in die Luft verhältnismäßig schwieriger, während es sich in Wasser wesentlich besser löst als Sauerstoff oder Stickstoff. Für Luftatmer ist die Entlastung von CO_2 der wichtigere Regulationsaspekt: CO_2-Sensoren messen den Gehalt der Atemluft und lösen bei Bedarf verstärkte Atmung aus.

Thermoregulation. Organismen befinden sich im thermischen Gleichgewicht mit ihrer Umgebung, wenn ihre Wärmeabgabe der Summe der Wärmeproduktion ihres Stoffwechsels und ihrer Wärmeaufnahme entspricht. Der Energieaustausch mit der Umgebung wird bestimmt durch die vorhandene thermische Strahlung und die Wärmeaustauschprozesse. Dies sind vor allem der Austausch durch Molekularbewegung (= Konduktion), der Massentransport in strömenden Medien (= Konvektion) und Transpiration. Letztere ist für Landorganismen von großer Bedeutung. Die Umwandlung von Wasser in Wasserdampf findet bei Tieren an den Oberflächen des Integuments und der Atmungsorgane, bei höheren Pflanzen vor allem im Mesophyll der Laubblätter statt. Die Transpiration bedeutet neben einem Wasser- auch einen erheblichen Energieverlust, der sich in einer Abkühlung der Oberflächen äußert, an denen die Verdampfung geschieht.

Pflanzen und die meisten Tiere sind wechselwarm, ihre Körpertemperatur wird im wesentlichen durch die Außentemperatur bestimmt. Bei Pflanzen spielen die Erwärmung durch Strahlungsabsorption und die Kühlung durch Transpiration und verstärkende Konvektion die Hauptrolle beim Wärmeaustausch mit der Umgebung. Nur in wenigen Ausnahmefällen ist eine Temperaturerhöhung durch gesteigerte Stoffwechselaktivität zu messen.

Im Wasser atmende Tiere haben durch den Gasaustausch mit großen Mengen notwendigen Atemwassers und die hohe Wärmeleitfähigkeit des Wassers einen sehr hohen Wärmeaustausch mit dem Umgebungswasser. Die Wassertemperaturen der Weltmeere sind weitgehend konstant, jahreszeitliche Schwankungen können durch langfristige Anpassungsvorgänge des Stoffwechsels (Akklimatisation) oder besondere Entwicklungsstadien kompensiert werden. Eine autonome Thermoregulation ist nicht vorhanden.

Landtiere sind wesentlich größeren und kurzfristigeren Temperaturwechseln ausgesetzt. Außerdem produzieren sie bei ihrer Fortbewegung, insbesondere beim Fliegen, erheblich mehr Wärme, die an die Luft mit ihrer geringen Wärmeleitfähigkeit schlechter abgegeben werden kann. Die evolutionär angepaßte optimale Betriebstemperatur liegt deshalb häufig höher als die Umgebungstemperatur.

Insekten steigern vor dem Beginn einer Aktivität ihre Betriebstemperatur durch "Sonnenbaden" und die synchrone Aktivierung der antagonistischen Muskulatur. Neben die individuelle Regulation tritt bei sozialen Insekten die kollektive Regulation des "Überorganismus" Insektenstaat durch Nestarchitektur, Flügelfächeln (Wärmeabfuhr durch Konvektion), Wassereintrag (Verdunstungskühle) und wärmeproduzierendes Muskelzittern.

Auch Reptilien zeigen Ansätze zu autonomer Wärmeregulation: Verstärkung der Atmung (Wärmehecheln) erhöht die Verdunstungsrate, eine Veränderung der Hautdurchblutung beeinflußt den Wärmeaustausch mit der Umgebung. Beide Mechanismen werden über Thermorezeptoren gesteuert; vielleicht waren einige Dinosaurier bereits annähernd gleichwarm. Die von Reptilienvorfahren abstammenden Säuger und Vögel sind imstande, ihre Körpertemperatur in engen Grenzen (36-41°C) konstant zu halten. Thermorezeptoren in der Haut und temperaturempfindliche Neuronen im ZNS kontrollieren ständig die Gewebetemperatur. Temperaturabweichungen wird durch thermoregulatorische Reaktionen gegengesteuert: Eine Erwärmung wird durch erhöhte Stoffwechsel- und/oder Muskeltätigkeit (z.B. Kältezittern) erreicht, eine Abkühlung durch Verdunstungsförderung in Form von Hecheln in Verbindung mit vermehrter Speichelsekretion oder auf der Haut durch Schweißsekretion. Je nach Gegensteuerung werden Energie- oder Wasserhaushalt stark belastet, was nur eine begrenzte Zeit möglich ist. Gleichwarme Tiere können ihre Körpertemperatur über einen bestimmten Außentemperaturbereich aber auch ohne besonderen Energieaufwand durch Wärmeisolation konstant halten (thermoneutrale Zone, Abb. 1.53):

- Eine Erweiterung der konduktiven Grenzschicht zwischen Haut und Luft durch Sträuben der Haare oder Aufplustern der Federn
- Eine Herabsetzung der Periphertemperatur gegenüber der Kerntemperatur vermindert den Wärmeaustausch mit der Umgebung. Dies geschieht durch Herabsetzung der Hautdurchblutung oder die Durchblutung der peripheren Bereiche im Gegenstromprinzip.
- Verhaltensreaktionen, die die Wärmeabgabe beeinflussen: Einrollen, Zusammenkriechen, Aufsuchen sonniger oder schattiger Plätze, Baden.

Fast alle Warmblüter zeigen einen Tagesgang der Körpertemperatur. Der Sollwert wird zur Energieeinsparung während der Ruhephasen abgesenkt; dies geschieht nachts bei tagaktiven Tieren und tags bei nachtaktiven Tieren.

Jahreszeitlichen Niedrigtemperaturen entgehen viele Vögel durch Zugverhalten, viele Säuger hingegen durch Winterschlaf: Der Sollwert wird auf bis zu 5 °C abgesenkt, der Energieumsatz auf 10-15 % reduziert. Beide Mechanismen werden über den Zeitgeber "Photoperiode" hormonell gesteuert und gehen mit deutlichen physiologischen und ethologischen Veränderungen einher: Es werden große Mengen an Depotfett angelegt; während des Aufsuchens von Ruheplätzen oder des Sammelns zum Zug ändert sich das Sozialverhalten oft tiefgreifend. Die Anlage eines Winterpelzes oder -gefieders und die Zunahme des Unterhautfettgewebes dienen der Isolierung und erhöhen die Effektivität des Kältezitterns.

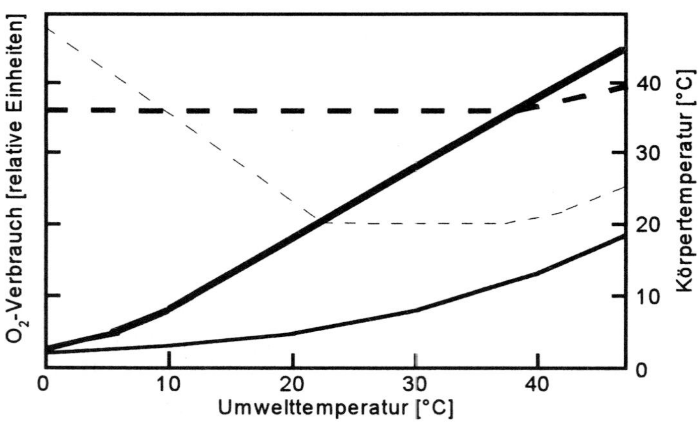

Abb. 1.53. Körpertemperatur (fett) und O_2-Verbrauch (dünn) wechselwarmer (durchgezogen) und gleichwarmer (gestrichelt) Tiere als Funktionen der Umwelttemperatur.

Ionen- und Osmoregulation. Pflanzen halten ihre Form über das Zusammenspiel von Zellinnendruck (Turgor) und Zellwandsteifigkeit aufrecht. Sie beeinflussen den osmotischen Wert ihrer Zellen durch die Steuerung der Wasserabgabe über die Stomata. Dafür ist neben der Umgebungswärme und der Windgeschwindigkeit die Wasserverfügbarkeit des Bodens entscheidend. Nicht nur auf trockenen, auch auf salzhaltigen oder feinporigen, dichten Böden sind wegen des zu überwindenden osmotischen oder kapillaren Widerstandes der Bodenlösung starke Sogkräfte notwendig. Um diese zu erreichen, wird die Osmolarität des Zellsaftes durch Konzentration von Ionen oder organischen Osmotika erhöht. Dies und die Möglichkeit, einen niedrigen Hydratisierungsgrad zu tolerieren, erhöht die Wasserpotentialdifferenz und damit die Saugspannung, ohne daß dabei Transpiration und Wasserverlust gesteigert werden.

Bei Tieren ist bis auf wenige Ausnahmen (Süßwasserprotozoen) eine zelluläre Osmoregulation zur Formerhaltung nicht notwendig; tierische Zellen sind in der Regel mit ihrer Umgebung isoosmotisch. Die artspezifische Ionenzusammensetzung weicht jedoch oft stark von der Umgebung ab und wird sehr konstant gehalten, da pH-Wert, Pufferungsfähigkeit, osmotische und elektrische Eigenschaften und die Reaktivität vieler Funktionssysteme von ihr abhängen. So wird eine Ionenregulation von allen tierischen Zellen geleistet. In einigen Tiergruppen ist darüber hinaus die Möglichkeit entwickelt, den osmotischen Wert der zellumgebenden Körpersäfte zu regulieren. Diese integrative Leistung des Organismus ist vor allem für Landtiere von Bedeutung.

Wirbellose Meerestiere. Die meisten marinen Wirbellosen hängen durch ihre isoosmotischen Körpersäfte von der Salzkonzentration des umgebenden Mediums ab, die im Meer sehr stabil ist. Im Brackwasser ändern sich die osmotischen Werte häufig: Das Körpervolumen wächst durch Wassereinstrom mit der Abnahme der umgebenden Salzkonzentration. Fehlende Osmoregulation muß durch Volumenregulation kompensiert werden. Osmo-Regulierer halten den osmotischen Wert ihrer Körperflüssigkeiten, der meist gleich oder geringer als der des Meerwassers ist, auch bei schwankenden Werten des Umgebungswassers konstant. Die osmotische Spanne, innerhalb der die Lebensfunktionen möglich sind, wird als Toleranzbereich bezeichnet. Euryosmotische Tiere besitzen einen weiten, stenoosmotische Tiere hingegen einen engen Toleranzbereich.

Marine Wirbeltiere. Marine Wirbeltiere sind ursprünglich hypoosmotisch. Ihr Salzgehalt liegt bei etwa einem Drittel von dem des Meerwassers.

- Knochenfische sind Osmoregulierer. Ihre Wasserverluste an das salzreichere Medium gleichen sie durch Trinken von Meerwasser aus: Einwertige Ionen werden im Darm aktiv resorbiert, um Wasser nachströmen zu lassen, und durch die Kiemen aktiv wieder ausgeschieden. Dafür sind spezialisierte Kiemenepithelzellen entwickelt ("Chloridzellen"), deren Membranen Systeme für aktiven $Na^+K^+Cl^-$-Cotransport und Na^+K^+-ATPasen besitzen. Zweiwertige Ionen werden über die Nieren ausgeschieden. Eine Konzentration des Harns ist nicht möglich; durch kleine Harnmengen wird der Wasserverlust gering gehalten.

- Das Blut der Haie enthält solche Mengen an Harnstoff, daß die niedrige Salzkonzentration bis zu einem mit dem Meerwasser isoosmotischen Wert kompensiert wird. Dadurch entfällt die Notwendigkeit zur Osmoregulation. Das Ionenverhältnis wird durch NaCl-Sezernierung in den Enddarm reguliert.
- Meeressäuger besitzen eine undurchlässige Haut. Mit der Nahrung aufgenommenes Salz wird über die Nieren mittels eines hyperosmotischen Harns eliminiert.
- Reptilien und Vögel eliminieren NaCl über Drüsen im Kopfbereich, wie die Orbitaldrüsen der Meeresschildkröten oder die Nasendrüsen vieler Seevögel.

Süßwassertiere. Süßwassertiere sind zum Umgebungswasser hyperosmotisch; sie müssen für die Osmoregulation eine erhebliche Menge an Stoffwechselenergie aufwenden: Zum einen muß einströmendes Wasser herausbefördert werden, zum anderen müssen die kostbaren Ionen aktiv rückresorbiert werden. Dies erfordert die Produktion eines hypoosmotischen Harns. Gleichzeitig muß der Mineralbestand über aktive Resorption aus dem Außenmedium aufgefüllt werden. Ein Weg zur Minimierung des Aufwandes ist eine möglichst geringe innere Salzkonzentration, ein anderer die Reduktion der Wasserdurchlässigkeit von Körperoberflächen durch Chitinpanzer.

Landtiere. Landtiere müssen vor allem dem Wasserverlust durch Verdunstung und Exkretion entgegenwirken, haben also ähnliche Probleme wie hypoosmotische Meerestiere. Unterschiedliche Strategien zur Wasserersparnis sind

- wasserundurchlässige Körperoberflächen, Trinken von Süßwasser oder Salzwasser bei Ausscheidung von NaCl über Salzdrüsen,
- Leben in Biotopen mit hoher Luftfeuchtigkeit, Wasseraufnahme durch die Haut,
- Verringerung der Atmung durch stärkere Ausnutzung des Sauerstoffgehaltes; Abatmung überschüssigen Kohlendioxids in Schüben,
- Aufnahme und Kondensation von Wasserdampf über hygroskopische Strukturen im End- oder Vorderdarm.

Einige Tiere extremer Trockenbiotope können allein mit dem bei der Verbrennung trockener Nahrung entstehenden Oxidationswasser überleben.

Stickstoffregulation. Im Zusammenhang mit Stoffhaushalt, Osmoregulation und Wasserhaushalt muß auch die Stickstoffexkretion der Tiere gesehen werden. Der mit der Nahrung aufgenommene organische Stickstoff wird durch Desaminierungen als Ammoniak frei. Diese Substanz ist giftig und muß entsprechend schnell entsorgt werden.

- Die meisten Wassertiere sind ammoniotelisch: Sie geben Ammoniak über Haut oder Kiemen direkt an das Umgebungswasser ab, in dem er sich schnell verteilt.
- Landtiere müssen Ammoniak unter Energieaufwand in ungiftige organische Verbindungen überführen:

- Die Ausscheidung als Harnstoff (ureotelisch) ist mit Wasserverlusten verbunden. Haie und terrestrische Amphibien leben in feuchten Biotopen, Säuger produzieren einen gegenüber dem Blut hyperosmotischen Harn.
- Harnsäure kann in kristalliner Form ohne Wasserverlust abgegeben werden. Zu den uricotelischen Tieren gehören Insekten, Reptilien, Vögel und viele Schnecken. Spinnen scheiden Stickstoff in Form des chemisch verwandten Guanins aus.

Organismen mit wasser- und landlebenden Stadien wechseln auch den N-Exkretionsmodus.

Kreislaufregulation. Die meisten Vielzeller verfügen über Ferntransportsysteme, die aus zirkulierenden wässrigen Lösungen außerhalb der Zellen bestehen. Diese Systeme erfüllen folgende Aufgaben:

- Versorgung: Wasser-, Nahrungs- und Gastransport.
- Gleichgewicht: Bereitstellung von Ionen zur Aufrechterhaltung des Ionenmilieus.
- Entsorgung: Abtransport von Abfallstoffen.
- Information: Verteilung von Hormonen.
- Fortpflanzung: Transport von Geschlechtszellen in die Außenwelt.

Die Flüssigkeitssysteme können wie bei Stachelhäutern Abkömmlinge der Leibeshöhle (= Coelom) sein. Die Coelomflüssigkeit wird von Cilien des Coelomepithels oder durch Druckunterschiede bewegt, die bei Körperbewegungen entstehen.

In vielen anderen Tierstämmen ist ein gesondertes Blutgefäßsystem entwickelt worden, das sich vom Mesoderm ableitet. Bei geschlossenen Systemen ist die Blutflüssigkeit ausschließlich von Endothel umgeben, bei offenen Systemen existieren Bereiche, in denen sich das Blut mit interstitieller Flüssigkeit zur Hämolymphe vermischen kann. Die Blutbewegung wird durch rhythmische Kontraktionen von Gefäßwandmuskeln erzeugt. Sind diese auf ein Kontraktionszentrum (= Herz) beschränkt, kann man zwischen Gefäßen unterscheiden, die das Blut vom Herzen weg führen (= Arterien), und solchen, die das Blut dem Herzen zuleiten (= Venen). Die Arterienwände müssen großen Drücken standhalten. Sie bestehen aus wechselnden elastischen und muskulösen Schichten. Damit sind sie in der Lage, den rhythmischen Vortrieb in einem gleichmäßigen Blutstrom zu verwandeln.

Die verbrauchenden Organe werden durch zuführende Arterien versorgt und durch Venen entsorgt. In geschlossenen Systemen spinnt sich zwischen beiden ein verzweigtes Netz dünnwandiger Kapillaren. Durch deren Endothelien findet ein reger Wasser- und Stoffaustausch statt. Er wird reguliert durch ein sensibles Gleichgewicht zwischen Blutdruck und Osmolarität der beteiligten Flüssigkeiten. Die Arteriolen besitzen einen hohen Innendruck und große lipophile Poren; sie verlieren Wasser und Makromoleküle an das umliegende Gewebe. Die anschliessenden Venolen verfügen über einen geringeren Innendruck; der hohe osmotische Wert des Blutes läßt Interstitialflüssigkeit eintreten. Aus Arteriolen ausgetretene Makromoleküle sind für die Poren der Venolwände zu groß. Bei Wirbeltieren werden die Restanteile überschüssiger Interstitialflüssigkeit einschließlich der Makromoleküle durch das Lymphgefäßsystem abgeführt, das kurz vor dem Herzen in das venöse System einmündet. Die wasser- und lipidlöslichen Atemgase können über die gesamte Fläche der Kapillarwände diffundieren. Das geschlossene Röhrensystem zeichnet sich durch hohe Geschwindigkeit und Präzision des Transports aus und ermöglicht über die nervöse und hormonale Veränderung der Gefäßdurchmesser eine flexible und lokal unterschiedliche Regulation der Versorgung.

Auf eine Erhöhung des Sauerstoffbedarfs oder CO_2-Anfalls im Muskel und die Erhöhung des Glucoseumsatzes bei erhöhter Leistung reagiert der Organismus mit einer Steigerung der Durchblutungsrate. Das absolute Blutvolumen und die Transportkapazitäten können kurzfristig nicht gesteigert werden. So muß das bewegte Volumen pro Zeiteinheit erhöht werden, was über die Erhöhung von Herzschlagvolumen und -frequenz oder über die glatte Muskulatur der Arteriolenwände erfolgen kann. Diese ist von vasomotorischen Gefäßnerven innerviert, die zum Sympathicussystem (s.u.) gehören. In Abhängigkeit von der Impulsfrequenz dieser Nerven ändern sich muskulärer Spannungszustand und Gefäßquerschnitt: Geringe Frequenzen bewirken Dilatation (Erweiterung), hohe Frequenzen Konstriktion (Verengung). Dilatation setzt den Strömungswiderstand herab, was zu einer stärkeren Durchblutung oder sogar erst Öffnung von Kapillaren führt; Konstriktion bewirkt das Gegenteil. Einzelne Organe können je nach Bedarf unterschiedlich stark durchblutet werden.

Herztätigkeit und Arteriolenquerschnitt sind Stellglieder eines Regelkreises. Als Meßfühler für den Istwert fungieren Chemorezeptoren, die auf eine Ansäuerung des arteriellen Blutplasmas (CO_2-Überschuß) reagieren oder direkt dessen CO_2-Partialdruck messen. Ihre Signale gelangen zu den Kreislauf- und Atemzentren des ZNS, die eine Hemmung der vasomotorischen Neuronen der zu regelnden Organgebiete veranlassen. Die folgende Dilatation der Arteriolen bewirkt eine stärkere Durchblutung. Der sich aus der Dilatation ergebende Abfall des Blutdrucks wird von Dehnungsrezeptoren in den Aortawänden gemessen und an die Kreislaufzentren des ZNS gemeldet. Von dort wird über vasomotorische Reaktionen für eine Umverteilungen des Blutvolumens und eine Anpassung des Herzminutenvolumens gesorgt, was den Abfall des Blutdrucks kompensiert. Gleichzeitig sorgt das Atemzentrum für eine Steigerung der Lungenventilation.

Die Kreislaufregulation der Warmblüter kann stark durch die Thermoregulation belastet werden, weil das Blut für den Wärmetransport zwischen Körperkern und Peripherie genutzt wird. Bei äußerer Hitze und Muskelaktivität werden Haut und Skelettmuskulatur gleichzeitig gut durchblutet. Die zusätzlich stattfindende Transpiration zur Kühlung kann über Eingriffe in den Wasser- und Ionenhaushalt zu Kreislaufzusammenbrüchen (Hitzekollaps) führen. Dabei spielen pH-Änderungen des Blutplasmas eine wichtige Rolle; Hyperventilation hat über die Anreicherung von CO_2 einen ähnlichen Effekt.

In offenen Gefäßsystemen ist der Strömungswiderstand und daher auch die Regelmöglichkeit der Blutdruckwerte gering. Das aus den Arterien austretende Blut fließt in frei zugängliche Lückenräume und berührt die Körperzellen direkt. Der Stoffaustausch ist unkomplizierter und schneller, das vergleichsweise große Blutvolumen stellt einen großen Lösungsraum mit entsprechender Sauerstoffreserve dar. Der Blutumlauf ist langsamer, eine hormonale Steuerung entsprechend träger.

Humorale Integration. Neben Nährstoffen, Osmotika und Gasen können über die Körperflüssigkeiten auch Informationen in Form von Botenstoffen transportiert werden. Die Botenstoffe sind im Gegensatz zu Enzymen überzelluläre Wirkstoffe; sie gelangen über Diffusion oder Leitungssysteme an ihren Wirkort. Sie sind Komponenten von Regelungssystemen komplexer physiologischer Prozesse und unterliegen einer strengen qualitativen und quantitativen Koordination. Die meisten Botenstoffe sind Vertreter der chemischen Stoffklassen der Aminosäurederivate, Peptide, Steroide, Isopren- und Purinnucleosidderivate. Nach ihrer Funktion unterscheidet man zum Teil recht willkürlich fünf Gruppen von Botenstoffen: Phytohormone, Hormone, Parahormone, Neurotransmitter und Pheromone.

Phytohormone. Phytohormone sind in pflanzlichen Organismen wirksame Botenstoffe, sie werden von normalen Gewebszellen synthetisiert. Wuchshormone oder Auxine (z.B. Indolessigsäure IES) werden von ihren Bildungsorten in den Vegetationspunkten von Sproß und Blattanlagen strikt polar durch die Sproßachse in Richtung Wurzelsystem transportiert. Liegt eine Zellachse schräg zur Schwerkraftrichtung, steigt einseitig die Auxinkonzentration und das Zellwachstum: Schieflagen des Sprosses werden ausgeglichen. Cytokinine und das Blattfallhormon Abscisinsäure werden mit dem Saftstrom im Xylem von der Wurzel in den Sproß transportiert. Ethylen wirkt entwicklungshemmend. Sehr hohe Auxinkonzentrationen stimulieren die Ethylensynthese und hemmen das Wachstum. Da künstliche Auxine häufig nicht von der Pflanze abgebaut, also reguliert werden können, sind sie wirksame Herbizide (z.B. 2,4-Dichlorphenoxyessigsäure).

Hormone. Im Gegensatz zu Phytohormonen zeichnen sich tierische Hormone durch ihren spezifischen Syntheseort, ihren Ferntransport und ihre hochspezifische Wirkung aus. Neurohormone werden von spezialisierten Neuronen auf einen zugeleiteten Reiz hin ins Gewebe oder Blut ausgeschüttet. Sie vermitteln zwischen Nerven- und Hormonsystem. Drüsen- oder glanduläre Hormone werden von spezifischen endokrinen Drüsen direkt ins Blut abgegeben. Neurosekretorische und endokrine Gewebe können Organkomplexe bilden, wie die Hypophyse der Wirbeltiere. Gewebshormone entstehen in Zellen von primär anders spezialisierten Geweben.

Die Freisetzung erfolgt bei wasserlöslichen Peptidhormonen durch Exocytose, bei fettlöslichen Steroidhormonen durch Abgabe über die Membran in den extrazellulären Raum. Außerhalb der Zellen werden die meisten Hormone reversibel an Trägermoleküle gebunden. Dies sind meist Plasmaproteine. Sie schützen einerseits vor einem schnellen Bioabbau, andererseits ermöglichen sie den Transport im wäßrigen Medium der Körperflüssigkeiten, was vor allem bei Steroidhormonen nötig ist.

Die Wirkung von Hormonen beschränkt sich auf ihr Vorhandensein, bzw. Fehlen an für sie spezifischen Rezeptoren der Zellen des Zielorgans und ist eine

Funktion ihrer Konzentration am Wirkort. In einer Primärreaktion bilden sich nach dem Schlüssel-Schloß-Prinzip Hormon-Rezeptor-Komplexe. Diese sind erstes Glied in einer Kaskade von Folgereaktionen mit Verstärkereffekt auf jeder Stufe der Kaskade.

Die wasserlöslichen Peptidhormone und Catecholamine (Adrenalin und Noradrenalin) binden an membrangebundene Hormonrezeptoren. Die Hormon-Rezeptor-Komplexe aktivieren die membranständige Adenylat-Cyclase, die bei Anwesenheit von Mg^{2+} aus ATP cyclisches AMP (cAMP) herstellt. cAMP aktiviert als sogenannter "second messenger" im Cytoplasma allosterisch beeinflußbare Proteinkinasen, welche z.B. durch Aktivierung von Reservestoffen eine Kette von Stoffwechselprozessen einleiten können. Eine weitere, antagonistische Sekundärreaktion kann die Öffnung von Calciumkanälen in der Membran sein: Einströmendes Ca^{2+} aktiviert die cAMP-Diesterase, die cAMP zu AMP umwandelt.

Die fettlöslichen Steroid- und Schilddrüsenhormone passieren die Membran und binden an cytoplasmatische Rezeptoren. Die intrazelluläre Konzentration des Rezeptors bestimmt die Stärke der Hormonwirkung. Viele Endrezeptoren für Sexualhormone befinden sich im Inneren des Zellkerns. Hormon-Rezeptor-Komplexe beeinflussen dort direkt die Transkription von Enzymen oder anderen Proteinen.

Ein wirksamer Hormonspiegel muß gegen den biologischen Abbau etabliert und gehalten werden. Der Zeitbedarf für diesen Vorgang ist relativ hoch, die Bindung an die Rezeptoren löst in der Regel längerfristige physiologische

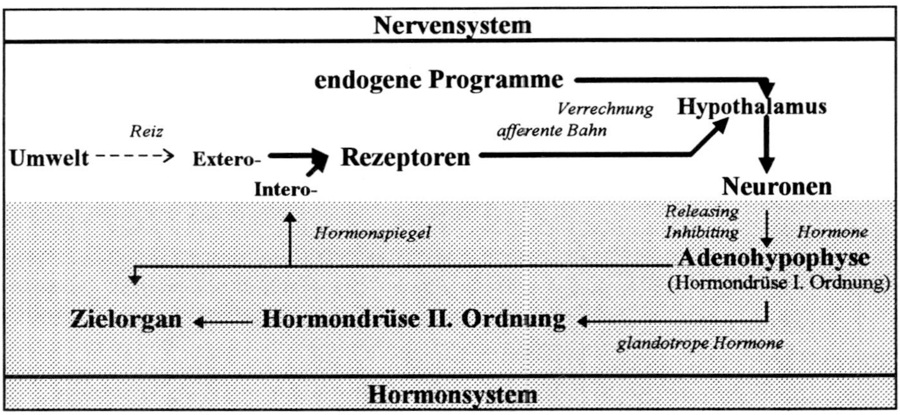

Abb. 1.54. Zusammenspiel zwischen Hormon- und Nervensystem bei Wirbeltieren. → humorale, ➔ nervöse Signalübertragung. Zentrale Steuereinheit ist der Hypothalamus im Zwischenhirn. Seine neurosekretorischen Neuronen (= Neurohypophyse) schütten Hormone aus, welche die Adenohypophyse steuern: Releasing Hormone (RH) bewirken die Ausschüttung direkt wirkender oder ihrerseits drüsenwirksamer (glandotroper) Hormone, Inhibiting Hormone (IH) hemmen diese. Die über glandotrope Hormone gesteuerten Hormondrüsen II. Ordnung sind vor allem die Nebennieren, die Schilddrüse und die Gonaden. Daneben gibt es noch autonome Hormondrüsen, die direkt nervös oder über Endprodukte des Zielorgans gesteuert werden. Rückkopplungsmechanismen im Sinne von Regelkreisen oder endogene Einflüsse können auf allen Ebenen des Systems wirken.

Prozesse aus oder unterbricht sie. Kurzfristigere Reaktionen werden über das Nervensystem reguliert. Beide Systeme kooperieren häufig miteinander: Eine Information wird vom Nervensystem aufgenommen und direkt oder indirekt dem Hormonsystem übermittelt. Dieses reagiert mit einer Hormonausschüttung und beeinflußt die Zielorgane in einem neuroendokrinen Reflexbogen. Bei höheren Wirbeltieren steht das Hormonsystem unter strikter Kontrolle des zentralen Nervensystems (Abb. 1.54).

Parahormone. Parahormone sind alle Kommunikationsstoffe, welche die Kriterien von Hormonen nicht erfüllen. Zu ihnen werden anorganische Stoffe, Diffusionsaktivatoren (Interleukine) oder durch Abbau von Blutplasmaproteinen entstehende Botenstoffe (Komplement-, Gerinnungsfaktoren) gerechnet. Einige wichtige Parahormone der Wirbeltiere werden von induzierbaren Enzymen, die ins Blut ausgeschüttet werden, aus Plasmaglobulinen gebildet. Dazu gehören das blutdrucksteigernde Angiotensin, welches durch Renin der Niere induziert wird, das Erythropoietin, welches durch niedrige O_2-Konzentration induziert wird und die Bildung von Erythrocyten fördert, sowie die blutdrucksenkenden Plasmakinine, die kontrahierend auf die Uterus- und Darmmuskulatur wirken.

Prostaglandine sind langkettige, mehrfach ungesättigte Fettsäuren, kommen in fast allen Geweben vor und vermitteln dort verschiedenste Hormonwirkungen. Endogene Morphine sind Peptide, die durch Spaltung aus dem Lipotropin der Hypophyse entstehen. Sie binden an Opiatrezeptoren in der Membran von Neuronen und hemmen die Erregungsübertragung, etwa bei starken Schmerzreizen in Extremsituationen.

Auch das Vitamin D_3 (Cholecalciferol) kann als Parahormon angesehen werden: Es entsteht aus Dehydrocholesterin durch UV-Bestrahlung in der Haut. Nach einer Hydroxylierung in der Leber wird es erst in der Niere in die aktive Form umgewandelt, die auf den Darm einwirkt: Die Stimulation eines Calcium-Transportproteins fördert die Resorption von Calciumionen.

Neurotransmitter. Neurotransmitter werden als sehr kurzlebige Substanzen von den Axonenden der Nervenzellen freigesetzt und diffundieren direkt zu ihrem Ziel, der postsynaptischen Membran. Mit ihrer eng begrenzten Wirkung sind sie funktionaler Bestandteil des Nervensystems.

Pheromone. Pheromone entfalten ihre Wirkung über das Individuum hinaus und dienen der Kommunikation innerhalb einer Population. Sie werden in das Umgebungsmedium abgegeben und vom Zielorganismus über Chemorezeptoren wahrgenommen. Die Aktivität von Pheromondrüsen kann hormonell gesteuert werden. Die weit verbreiteten Signalpheromone dienen meist der Revierabgrenzung oder der Anlockung eines Sexualpartners. Primerpheromone bewirken über Wechselwirkungen mit dem Hormonhaushalt des Empfängers langfristige physiologische Veränderungen, so etwa die Kastendetermination bei sozialen Insekten. Die Paarungszeit vieler Wirbeltiere wird durch Pheromone synchronisiert.

1.5.5 Reaktion und Aktion

Um- und Inweltbedingungen oder deren Änderungen können von Organismen als Reize aufgenommen und mit Reaktionen beantwortet werden. Bei Einzellern oder bestimmten Zellen von Vielzellern (Nesselzellen der Hohltiere) liegen beide Fähigkeiten in ein und derselben Zelle. Sind Reizaufnahme und Ort der Reaktion getrennt, bedarf es einer Signalübertragung zwischen Sinneszellen und Effektor. Erfolgt diese über Nervenbahnen, kann ein Neuron direkt vermitteln; in den meisten Fällen sind Umschaltungen nötig. Von einer afferenten Nervenfaser, die von der Sinneszelle zu einem Ganglion führt, kann die Erregung über eine Synapse direkt auf eine efferente Nervenfaser übergehen, die den Effektor erreicht. Ein derartiger Reiz-Reaktionszusammenhang wird monosynaptischer Reflex genannt. An polysynaptischen Reflexen sind mehrere Synapsenschaltungen beteiligt: Bei den Fremdreflexen der Wirbeltiere werden Sinnesmeldungen über afferente Axone auf zwischengeschaltete Neuronen (= Interneuronen) des Rückenmarks übertragen, die wiederum mit bewegungsauslösenden Neuronen (= Motoneuronen) verbunden sind (Reflexbögen). Auf diese Weise kann von jeder Stelle des Körpers aus an jeder anderen Stelle ein aktiver Vorgang ausgelöst werden. Gleichzeitig können über die Interneuronen zusätzliche Informationen, die hemmend oder erregend wirken, zugeschaltet werden.

Bewegungssteuerung. Die Steuerung der Wirbeltierextremitäten wird durch eine Koordination verschiedener Regelsysteme geleistet. Reflexbögen ermöglichen direkte Reaktionen auf Reize, die Extrapyramidal- und die Pyramidenbahn greifen auf die Motoneuronen zu und stellen sie unter zusätzliche Kontrolle durch das übergeordnete Zentralnervensystem. Alle Regelsysteme sprechen gleichzeitig und entgegengerichtet die jeweilige antagonistische Muskulatur an. Weitere Ergänzungen dieser Steuerung sind Eigenreflexe und Entlastungsreflexe der Muskulatur, die über Spannungsmessung und Zugriff auf das Motoneuron dafür sorgen, daß die Leistung des Muskels seinem Arbeitswiderstand angepaßt wird. In den Sehnen liegende Sinneselemente reagieren auf Überspannung, erregen die hemmenden Interneuronen des Rückenmarks und führen zu einer sofortigen Entspannung des Muskels; dieser Mechanismus verringert die Gefahr von Muskel- und Sehnenrissen. Gleichzeitig wird durch die Erregung der Extremität der Gegenseite eine größere Stützleistung gewährleistet.

Für die Fortbewegung eines Organismus sind koordinierte Kommandos an unterschiedliche Muskelgruppen notwendig. Die periodische Erzeugung von Kommandos im Bauch- oder Rückenmark von Wirbellosen in bestimmten Zeit- oder Phasenabständen führt zu Kontraktions- und Bewegungswellen. Alternierende Kommandos für Beuger und Strecker der Wirbeltiere haben pendelnde Bewegungen zur Folge, wie sie bei (Schreit-)Extremitäten auftreten. Abwechselnde Kontraktionen von Muskelgruppen erzeugen auch letztlich hochdifferenzierte Bewegungsfolgen (Gangarten der Säugetiere). Jede Extremität besitzt ihren eigenen Periodengeber im Rückenmark und ist mit den anderen wechselseitig verschaltet. Über eine Phasenkopplung übt einer der Rhythmen eine Zugwirkung auf die anderen aus. Bewegung läßt sich hier als Systemerscheinung verstehen, die bei fließender Beschleunigung oder Verlangsamung der Eigenfrequenzen der Rhythmusgeber sprunghafte Übergänge zwischen Koordinationsformen wie Schritt, Trab oder Galopp zeigt.

Im Kleinhirn der Wirbeltiere werden aus verschiedenen Sinnesgebieten stammende Meldungen verrechnet, die mit der Wahrnehmung der eigenen Körperposition und der Steuerung aktiver Körperbewegungen zu tun haben. Bei Organismen mit überwiegend dreidimensionaler Bewegungsrichtung, vor allem bei Vögeln, ist es im Vergleich zu anderen Hirnteilen besonders stark entwickelt. Eine charakteristische Architektur von Leitungsbahnen und synaptischen Verbindungen empfängt Sinnesdaten, verrechnet sie und gibt Steuersignale an die Motorik.

Zur Bewertung, ob Sinnesreize durch Ereignisse in der Umwelt oder eigene aktive Körperbewegungen hervorgerufen werden, muß ein funktioneller Kontakt zwischen efferentem und afferentem Sektor des ZNS bestehen. Eingehende Sinnesmeldungen werden mit Informationsdaten über vorangegangene Eigenbewegungen verrechnet und führen zum Nichtreagieren auf den selbst erzeugten Reizanteil (Reafferenz).

Synergie von Organleistungen: Sympathicus und Parasympathicus. Häufig müssen verschiedene Organleistungen koordiniert werden, um ein Funktionsziel des Gesamtorganismus zu erreichen. Dazu sind zumeist Teilsysteme des Zentralnervensystems entwickelt worden, die nach Aktivierung diese Koordination

Tabelle 1.4. Steuerfunktionen des Sympathicus-Systems

Zielorgan	Einwirkung	Ziel
Magen und Darm:	Unterbrechung von Peristaltik und Mischbewegungen.	Stop aller zur motorischen Reaktionsbereitschaft unnötigen Tätigkeiten.
Drüsen des Verdauungstrakts:	Stop der Magen- u. Darmsaftproduktion. Erhöhung der Schleimproduktion.	Bereitstellung von Versorgungskapazitäten (Blut mit Nährstoffen u. Sauerstoff) für motorischen Bereich.
Gallenblase:	Verminderung des Wand-, Erhöhung des Schließmuskeltonus.	
Blutgefäße in Verdauungstrakt, Milz, Haut:	Verengung.	
Gefäße aktiver Muskeln:	Bis 10fache Erhöhung der Durchblutung.	Erhöhung der motorischen Leistungsfähigkeit durch optimierte Versorgung:
Atemmuskeln :	Vergrößerung des Zugvolumens.	Grundlegende Umverteilung des Blutes
Leber:	Förderung des Glycogenabbaus zu Lasten anderer Funktionen.	
Herz:	Erhöhung von Schlagfrequenz und Schlagvolumen.	Kreislaufaktivierung.
Herzkranzgefäße:	Erweiterung, bessere Durchblutung.	
Nebennierenmark:	Ausschüttung von Adrenalin.	Zusätzliche Unterstützung durch Hormonsystem.
Pupillen:	Erweiterung.	Erhöhung der Wahrnehmungsbereitschaft.
Haut:	Sträuben der Haare.	Abschreckwirkung.

übernehmen. Bei Säugern dient das Sympathicussystem der Umstellung auf höchste Alarmbereitschaft und motorische Leistungsfähigkeit bei Gefahr (Tabelle 1.4). Es stellt den überwiegenden Teil des vegetativen Nervensystems, das die dem Stoff- und Energiewechsel dienenden Organe (Verdauungstrakt, Kreislauforgane) versorgt.

Gegenspieler des Sympathicussystems sind verschiedene andere Teilsysteme, die vereinfacht als Parasympathisches System zusammengefaßt werden und die betroffenen Organe zusätzlich zum Sympathicus innervieren. Die Einstellung auf Ruhe, Erholung und Verdauung wird vor allem über den Nervus vagus vorgenommen. Ein weiteres System aktiviert die Entfernung von Schadstoffen aus dem Verdauungstrakt.

Angeborenes und erlerntes Verhalten. Verhalten ist die sichtbare Reaktion auf Umweltreize oder eine Handlung aus innerem Antrieb. Sind alle Funktionsglieder, die eine Verhaltensweise ermöglichen, durch die körperliche Entwicklung bis zur Geburt angelegt und "betriebsbereit", spricht man von angeborenem Verhalten. Es ist in aller Regel genetisch bedingt. Auch genetisch programmierte Verhaltensweisen, die in späteren Lebensabschnitten zum Tragen kommen, werden als angeboren bezeichnet. Angeborene Verhaltensweisen können, so weit sie als solche erkennbar sind, wie genetisch fixierte morphologische Merkmale zur Klärung von evolutionären Verwandtschaftsbeziehungen verwendet werden. Ist die Ausprägung einer Verhaltensweise von individuellem Erleben abhängig, spricht man von (erfahrungs)bedingtem Verhalten. Erlebtes kann im individuellen Gedächtnis gespeichert werden; seine Verarbeitung kann zur Entwicklung neuer Verhaltensweisen dienen. Häufig überlagern und kombinieren sich angeborene und erlernte Verhaltensweisen in schwer differenzierbarer Weise.

Reflexe und Assoziationen. Der Übergang von polysynaptischen Reflexen zu dem, was als angeborenes oder instinktives Verhalten bezeichnet wird, ist fliessend. Viele angeborene Verhaltensweisen werden durch komplexe Reizkombinationen und -konstellationen ausgelöst, deren Anteile zuvor analysiert und verglichen werden müssen. Die derartig verarbeitenden und reaktionsauslösenden Teilsysteme des ZNS werden als angeborene auslösende Mechanismen bezeichnet. Schon auf der Ebene des Reflexes können Ansätze zu erlerntem Verhalten beobachtet werden. Empfangene Signale können in zeitliche Beziehung zueinander gesetzt und verknüpft werden. Bedingte Reflexe sind die Folge: Die Reaktion erfolgt nicht auf den adäquaten Reiz sondern auf einen zugeordneten Reiz. Dazu braucht es Orte im ZNS, die für das Zusammentreffen von Signalen aus verschiedenen Bereichen empfänglich sind und an denen neue signalleitende Verbindungen geknüpft werden können. Die Fähigkeit zu solchen Verschaltungen besitzt bereits das Rückenmark der Wirbeltiere. Vorgang und Ergebnis einer Verknüpfung von bedingtem Reiz und Reaktion nennt man Assoziation. Nicht alle Reflexe sind bedingt auslösbar.

Appetenz und Endhandlung. Für viele Reaktionen gilt, daß ihre Auslösung nicht von der Darbietung von äußeren Reizen allein, sondern auch von einer inneren

Reaktionsbereitschaft abhängig ist. Diese variiert in Abhängigkeit von Versorgungs- oder Entwicklungszuständen des Individuums. Häufig sind Reaktionsbereitschaften mit Hormonspiegeln korreliert. Komplexere instinktive Verhaltensweisen bestehen vielfach aus aufeinanderfolgenden Abschnitten, die verschiedene Formen der Reizsuche bei innerer Reaktionsbereitschaft (= Appetenzverhalten) beinhalten und mit einer instinktiven Endhandlung abschließen. Manche instinktive Verhaltensweisen bestehen nur aus Appetenzverhalten (Flucht, Vogelzug). Appetenzverhalten, aber auch Endhandlungen können als sehr komplexe Verhaltensabläufe (= Erbprogramme) ausgebildet sein.

Bei lernfähigen Organismen können auslösende Reize und Verhaltensweisen der Appetenz beliebig bedingt sein. Lernen von Verhaltensweisen wird erleichtert, wenn gute oder schlechte Erfahrungen mit Handlungsweisen verknüpft werden können. Gute Erfahrungen sind in der Regel Möglichkeiten zur Ausführung instinktiver Endhandlungen und damit Antriebsbefriedigungen, schlechte Erfahrungen meistens Schmerz oder Schreck.

Verhaltenssteuerung. Auch wenn gleichzeitig mehrere angeborene auslösenden Mechanismen durch Sinnesreize aktiviert werden, laufen Instinkthandlungen nie gleichzeitig ab. So gut wie alle Verhaltenstendenzen stehen im Verhältnis gegenseitiger Hemmung zueinander. Die am stärksten aktivierte Verhaltenstendenz unterdrückt alle schwächeren vollständig. Sinkt die Aktivierung der einen bei gleichzeitiger Steigerung der Aktivierung einer anderen Tendenz, so bildet sich keine Mischform aus, sondern das Verhalten "kippt um". Bei der Verhaltenssteuerung ist das Prinzip des Höchstwertdurchlaßes bei doppelter Quantifizierung (Reiz und Bereitschaft) verwirklicht (Abb. 1.55).

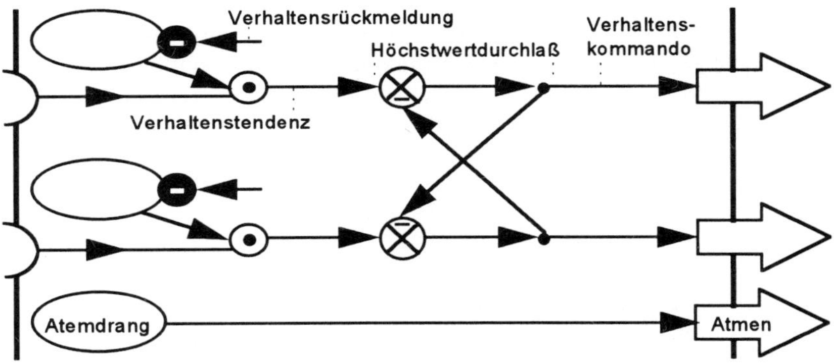

Abb. 1.55. Idealisiertes Funktionsschaltbild für das Zusammenwirken der drei Teilprinzipien der Verhaltenssteuerung: 1. Doppelte Quantifizierung durch Reizintensität und Bereitschaftsstärke; 2. Verringerung der Bereitschaft durch Ablauf der Instinkthandlung; 3. Höchstwertdurchlaß. Das Gesamtsystem verwandelt ein Nebeneinander zugleich aktivierter Verhaltenstendenzen in ein Nacheinander der zugehörigen Verhaltensweisen und verhindert dadurch Mischverhalten. Der Atemdrang ist nicht in dieses System eingeschlossen: Die Handlung geht unbeeinflußt vom sonstigen Verhalten vor sich (nach Czihak et al. 1992).

Wird einer begonnenen Verhaltensweise die Basis ihrer Aktivierung entzogen, kann es zu einer Umorientierung des Verhaltens kommen. Die Handlung läuft antriebsbedingt weiter, wird aber auf ein anderes Ziel gelenkt. Werden Reiz oder Bereitschaft schwächer, kann das Verhalten kurz nach dem Beginn abbrechen. Derart angedeutetes Verhalten wird als Intentionsbewegung bezeichnet. Hemmen sich zwei gleichstark aktivierte Verhaltenstendenzen gegenseitig, heben sie durch ihre gegenseitige Blockade die Hemmwirkung auf die übrigen, schwächer aktivierten Tendenzen auf. Dadurch kommt es zum Ablauf eines Verhaltens, welches nach eigener Reiz- und Bereitschaftssituation ständig oder stärker als andere nachgeordnete Tendenzen aktiviert ist. Ein solches "Übersprungverhalten" ist häufig Putz- oder Freßverhalten.

Lernen und Gedächtnis. Lernen kann definiert werden als angeborene Disposition, funktionale Strukturen durch Erfahrung zu verändern. Dies kann geschehen durch Abwandlung von angeborenem Verhalten, durch Aneignen neuer Verhaltensweisen, etwa durch Nachahmung, oder durch Umlernen erlernten Verhaltens. Viele Verhaltensweisen können nur während einer sensiblen Phase der Entwicklung gelernt werden. Solche Prägungen sind später nicht mehr umlernbar.

Wenn Erfahrungen beständig sind, werden sie als Engramme bezeichnet. Engramme sind Schaltungsänderungen im ZNS und bilden in ihrer Gesamtheit die Gedächtnisinhalte. Unter Gedächtnis wird der psychische und physische Träger der Fähigkeit verstanden, Gelerntes zu behalten und im Verhalten oder Bewußtsein (Erleben) zu reproduzieren. Manche Gedächtnisinhalte bleiben über Jahre erhalten, auch wenn sie nur in einem einzigen kurzen Lernvorgang entstanden sind. Beim Lernen aufgenommene Information geht jedoch nicht sofort in ein Langzeitgedächtnis ein, sondern wird zunächst in einer vorläufigen Form im Kurzzeitgedächtnis gespeichert. Engramme gehen fließend von einen löschbaren in einen löschfesten Zustand über. Die Löschbarkeitszeitspannen sind artspezifisch sehr unterschiedlich und zudem abhängig von den Eingangspforten, über die die Reize aufgenommen werden.

Gedächtnisinhalte können durch starke Reizverarbeitung oder Bereitschaftszustände derart überlagert werden, daß sie nicht mehr abrufbar sind. So unterdrückt Streß, insbesondere Angst, Gedächtnisleistungen. Lerninhalte können aber auch allmählich unklarer werden und verschwinden.

Abstraktion, Denken, Einsicht. In eine Lernsituation gehen örtliche, zeitliche und soziale Merkmale ein, die mit ihr verknüpft werden. Eine größere Leistung als die Verknüpfung ist die Abstraktion von der allgemeinen Situation und die Konzentration auf das entscheidende Reizgefüge, in das das erlernte Verhalten eingepaßt werden muß. Bei Organismen mit hohem Organisationsniveau des ZNS besteht darüberhinaus die Möglichkeit, Erlerntes auch in andere Funktionszusammenhänge zu stellen und in nicht gelernten Situationen anzuwenden. Ein weiterer Schritt ist die Erstellung eines Gedächtnisbildes aufgrund einer Wahrnehmung. Anhand dieses Bildes werden Erwartungen gebildet und erfüllt, bzw. enttäuscht. Werden Engramme aus verschiedenen Funktionszusammenhängen völlig neu kombiniert, kann man von Denken sprechen. Bei Kausalverknüpfungen von Ursache und Folgen ist die Stufe der Einsicht erreicht.

Soziales Verhalten. Soziales Verhalten ist die Interaktion zwischen Individuen einer Population. Es ist ein wesentlicher Regulationsfaktor für die Populationsentwicklung. Selektion greift am Individuum an. Daß soziales Verhalten dennoch einen positiven Selektionswert besitzt, liegt

- am größeren Nutzen des Gruppenverhaltens für jedes beteiligte Individuum. Vorteile kurzlebiger Zweckverbände wie bei der Gemeinschaftsjagd führen zu Guppenselektion.
- an der Erhöhung der Fähigkeit zum Überleben bis ins reproduktive Alter und der Sicherung eines hohen Fortpflanzungserfolgs durch Brutpflege oder andere Verwandtenunterstützung. Sippenselektion dient indirekt auch der Verbreitung der eigenen "sozialen" Gene.

Der Selektionswert von verhaltensbeeinflussenden Genen besteht im Resultat aus genetisch bedingter eigener Überlebensfähigkeit, hoher Nachkommenzahl und der sozialen Fürsorge verwandter Individuen. So kann bei intensiver Brutpflege, aus der eine hohe Überlebensrate folgt, die Nachkommenzahl pro Elterntier auf ein Minimum sinken. In einigen Familienverbänden konnte sich sogar die gänzliche Unfruchtbarkeit vieler mit dem Ziel optimaler Fürsorge für die Nachkommenschaft weniger Individuen durchsetzen.

Kommunikation. Artgenossen kommunizieren über spezifisches Signalverhalten miteinander. Viele dieser sozialen Auslöser sind stammesgeschichtliche Umwandlungen von vorhandenen basaleren Verhaltensweisen, sogenannte Ritualisierungen. Häufig sind die besonders gut wahrnehmbaren Züge bei ritualisierten Handlungen stärker betont als bei den ursprünglichen Handlungen. Ritualisierte Anteile des Balzverhaltens leiten sich vom Verhalten der Jungenfürsorge ab oder entstammen dem Nestbauverhalten oder dem Angriff. Ritualisierte Anteile des Drohens sind oft Intentionsbewegungen des Angriffs, Grüßen leitet sich aus umorientierten Angriffs- und Drohgebärden ab. Unterlegenheitsverhalten entspricht häufig dem Verhalten von Jungtieren gegenüber Elterntieren. In anderen Fällen besteht es in der Aufführung ritualisierten weiblichen Sexualverhaltens, während Überlegenheitsgesten sich vom männlichen Sexualverhalten herleiten; dabei wird beiderlei Verhalten von beiden Geschlechtern präsentiert und ist in der Rolle als sozialer Signalgeber völlig aus dem ursprünglichen Verhaltenskontext herausgelöst.

Beim Drohen sind die Verhaltenstendenzen Angriff und Flucht gleichzeitig aktiviert. Droh- und Imponierverhalten kann Auseinandersetzungen entscheiden, ohne daß es zu Kämpfen und Verletzungen kommen muß. Unterlegene Tiere nehmen häufig eine Demutshaltung ein, die bei überlegenen zu einer Tötungshemmung führt. Bei Tieren mit guten Fluchtmöglichkeiten und geringer Bewaffnung ist Kampfverhalten wenig ausgeprägt; sie kennen deshalb auch keine Demutshaltung oder Tötungshemmung. Auch bei einigen wehrhaften Tieren wie bei Löwen und Ratten gibt es in Kämpfen zwischen Angehörigen fremder Rudel und im Umgang mit Jungtieren anderer Rudel keine Tötungshemmung.

Revierverhalten. Revierverhalten ist die Verteidigung eines Raums um sich herum gegen Konkurrenten, ist weit verbreitet und kann verschiedene Ursachen haben. Es kann der Vorbereitung auf eine empfindliche Lebensphase dienen, etwa auf eine Häutung oder Eiablage. Es kann andererseits knappe, raumgebundene Ressourcen, wie Schlaf- oder Nistplätze, Nahrung, Trinkplätze oder örtlich vorhandene Sexualpartner, gegen inner- und außerartliche Konkurrenten behaupten helfen. Reviere sind meistens nicht nur räumlich, sondern auch zeitlich begrenzt. Ein Individuum kann räumlich verschiedene funktionale Reviere (Brut- und Jagdreviere) gleichzeitig benutzen und verteidigen. Die Kampfbereitschaft bei der Revierverteidigung hängt von der Kenntnis räumlicher Gegebenheiten ab; sie ist im Zentrum des Reviers am größten. Auch schwache Individuen verteidigen ihre Reviere gegen ortsfremde Eindringlinge, ihre Stärke zeigt sich in der Größe des Reviers. Reviere werden häufig akustisch oder olfaktorisch markiert. Nur bei einer Verletzung der Reviergrenzen oder kritischen Mindestdistanzen zum Revierzentrum kommt es zum Kampf. Revierverhalten stellt eine wirksame Dichteregulation dar und dient der innerartlichen Selektion wie der Stabilität der Population. Gerade zur Fortpflanzungszeit begrenzt es die Zahlen der zur Fortpflanzung kommenden Tiere auf relativ konstante Größen.

Fortpflanzung. Einige soziale Verhaltensweisen sind unabdingbare Voraussetzung für die Fortpflanzung:

- Erkennung des Geschlechtspartners: Art- und Geschlechtserkennung durch Reaktionen des Partners wie Imponier- oder beginnendes Balzverhalten.
- Balz: Werbungsverhalten vor der Paarung. Austausch von Signalen von einzelnen Sinnesreizen bis zu hoch ritualisiertem Verhalten aus allen Lebensbereichen. Häufig ist die Überwindung weiblichen (Revier-) Verteidigungsverhaltens oder Beutefangverhaltens nötig. Bei einigen Vögeln kommt es zu einer ritualisierten Gesellschaftsbalz, die die Voraussetzung für individuelle Balz und Paarung schafft.
- Paarung: Instinktive Endhandlung als Reaktionskette im Wechselspiel beider Partner; hoch spezifisch und häufig artabgrenzend. Bei höheren Säugern ist das Paarungsverhalten z.T. unabhängig vom Funktionszustand der Gonaden und enthält erlernte Anteile. Häufige Tendenz zu längeren bis lebenslangen Partnerschaften (Ehe), wobei Säuger häufig in Vielehe, Vögel häufiger in Einehe leben.
- Verhalten gegenüber Jungen: Brutpflegehandlungen werden von Müttern, Vätern oder beiden Elternteilen ausgeführt. Sie sind zumeist angeboren und umfassen Ernährung, Schaffung eines günstigen Entwicklungsmilieus, Verteidigung und Aufsicht (Zurücktragen zum Nest). Die Jungen zeigen ihrerseits charakteristische Verhaltensweisen wie Betteln, Nachlaufen oder Tragstarre. Ihre Aktivität ist Voraussetzung für die Brutpflegebereitschaft der Eltern.

Fortpflanzungsverhalten wird durch partnerschaftliche Reize ausgelöst. Diese stoßen Reaktionsketten an und stimulieren Hormondrüsen, deren Hormone die jeweils nächste Phase partnerschaftlichen Verhaltens auslösen.

Rangordnung und Sozialverband. Artgleiche Organismen, die auf begrenztem Raum zusammenleben, bilden einen Sozialverband. Ihr Verhältnis zueinander drückt sich häufig in Rangordnungen aus. Die Stellung in diesem System aus Über- und Unterordnungen bestimmt den ersten Zugang zu Ressourcen und wird durch meist ritualisierte Rangordnungskämpfe erlernt. Der soziale Gradient zwischen den Rängen ist artabhängig, wird aber auch von der Begrenztheit der Ressourcen bestimmt.

Brutgemeinschaften bei Vögeln oder Großfamilien bei Säugern sind Sozialverbände, deren Mitglieder sich zumindest teilweise individuell kennen. Bekannte Artgenossen werden begrüßt, unbekannte Artgenossen angegriffen und vertrieben. Innerhalb der Verbände werden soziale Rollen wahrgenommen, etwa als Leittier oder Wächter. Ältere Tiere hindern jüngere daran, sich zu weit von der Gruppe zu entfernen, bei Streit stiften unbeteiligte Individuen Frieden, kranken oder verletzten Tieren wird in einigen Fällen Hilfe geleistet. Ein Gruppenfeind wird gemeinsam angegriffen dabei spielt der soziale Rang des bedrohten oder der verteidigenden Artgenossen keine Rolle. Die Gruppenstrukturen entsprechen selten der natürlichen Geschlechterverteilung und Altersschichtung. Bei vielen Säugern gibt es neben dem Familienverband eingeschlechtliche Gruppen von Heranwachsenden oder Ausgestoßenen, sowie Einzelgänger. Es können sich gruppenspezifische Traditionen bilden.

Tiergruppen ohne gegenseitiges individuelles Erkennen, wie Heuschrecken-, Fisch- oder Vogelschwärme, bilden keine Rangordnungen oder Reviere aus. Ihre Mitglieder halten akustischen oder visuellen Kontakt mit den Artgenossen. Ganzjährige anonyme Gruppen wie Insektenstaaten und Rattenrudel besitzen einen spezifischen "Nestgeruch"; Individuen mit fremdem Geruch werden wie Feinde der Art behandelt. Nahrungserwerb, Fortpflanzung und Jungenaufzucht geschehen entweder kollektiv oder arbeitsteilig. Individuen von Insektenstaaten verhalten sich angeborenermaßen streng gemeinnützig, so daß man einen Insektenstaat als Über-Organismus mit koordinierten Aufgaben der Fortpflanzung und Aufrechterhaltung eines physiologischen Gleichgewichts bezüglich der Nahrungsaufnahme, Thermo- und Feuchteregulation betrachten kann.

1.6 Populationen

Eine Population ist eine räumliche Teilmenge von artgleichen Individuen, die sich in genetischem Austausch befindet. Zum einen kann der Informationsgehalt einer Population betrachtet werden: Menge, Verteilung und Veränderung des genetischen Materials einer Population sind Gegenstand der Populationsgenetik. Zum anderen kann die Entwicklung der Populationsgröße oder -dichte in Abhängigkeit von verschiedenen Einflußfaktoren beschrieben werden (Populationsdynamik). Die Demographie beschäftigt sich mit der Alters- oder Geschlechtsstruktur von Populationen.

Die Population ist die Grundeinheit ökologischer Vorgänge. Interaktionen von Populationen verschiedener Arten, die gemeinsam Biotope bewohnen, untersucht die Synökologie. Die Komplexität dieser Interaktionen macht die genaue Klärung und Darstellung von realen Ursache-Wirkungs-Gefügen fast unmöglich. Deshalb ist eine eher grundsätzliche und theoretische Betrachtung einzelner Wirkzusammenhänge hilfreich: Sie ermöglicht einen tieferes Verständnis für populationsbiologische Prinzipien und ein sichereres Gefühl für Einschätzungen der Wirklichkeit dort, wo wissenschaftliche Methoden aus zeitlichen, finanziellen oder erkenntnistheoretischen Gründen nicht anwendbar sind.

1.6.1 Vererbung und Evolution: Populationsgenetik

Die Gesamtheit aller Gene einer Population wird als Genpool dieser Population bezeichnet. Jedes Individuum besitzt nur einen Teil dieser genetischen Information. Kommen bezüglich eines Genorts verschiedene Allele in der Population vor, so ergibt sich in Abhängigkeit vom Anteil der jeweiligen Merkmalsträger für jedes Allel eine bestimmte Häufigkeit (= Allelfrequenz). Die Veränderung dieser Frequenz ist ein evolutionärer Vorgang. Die Populationsgenetik beschäftigt sich mit der Herkunft der Allele und den Ursachen für die Veränderung der Allelfrequenzen.

Ursachen für die Entstehung neuer Allele sind Mutation und Rekombination. Beide Mechanismen sind in Kap. 1.2.3 und 1.3.7 behandelt und bewirken für sich genommen keine Veränderung der Allelfrequenz. An dieser Stelle kommen nur Mechanismen zur Sprache, die Evolution und damit ökologische Anpassung in sich ändernden Systemen ermöglichen.

Das Hardy-Weinberg-Gleichgewicht. Ein Gen sei in einer Population mit den Allelen A (dominant) und a (rezessiv) vertreten. Die Allele besitzen die Häufigkeiten p (A) und q (a). Daraus ergibt sich

$$p + q = 1 \qquad \text{oder} \qquad q = 1 - p$$

Jedes Individuum produziert durchschnittlich Gameten mit der Frequenz (p + q), wenn folgende Voraussetzungen bestehen:

- Diploide Organismen.
- Panmixie: Freie Kombination der Gameten.
- Keine Evolution: Keine Veränderung von p und q.
- Große Population: Genügend Paarungen, um zufällige Häufungen zu vernachlässigen.

Die Genotypen der Folgegeneration verteilen sich nach $(p + q)(p + q) = p^2 + 2pq + q^2 = 1$, wobei p^2 und q^2 die Frequenzen homozygoter, pq die heterozygoter Merkmalsträger darstellen. Das Allel A wird mit den Frequenzen p^2 und $^1/_2\ 2pq$ weitergegeben. Wird q durch (1-p) ersetzt, ergibt sich als Häufigkeit des Allels A für die nächste Generation $p^2 + p(1-p) = p^2 + p - p^2 = p$, die Weitergabe der Gameten verändert unter diesen Bedingungen die Allelfrequenzen nicht.

Ein auf diese Weise beschreibbares Gleichgewicht von Allelen wird nach dem Mathematiker Hardy und dem Biologen Weinberg (1908) als Hardy-Weinberg-Gleichgewicht bezeichnet. Weisen natürliche Allelfrequenzen Abweichungen von diesem Gleichgewicht auf, ist dies ein Hinweis auf nicht panmiktische Zustände oder auf evolutionäre Verschiebungen der Frequenzen. Veränderungen der Allelfrequenzen und damit Evolution kann im wesentlichen folgende Ursachen haben:

- Mutationsdruck
- Genfluß
- Selektion
- Genetische Drift.

Die ersten drei Faktoren sind in Richtung und Geschwindigkeit zu berechnen. Der letzte Faktor stellt den zufälligen Restanteil an der Evolution dar.

Mutationsdruck. Mutationen tragen nur dann zur Evolution bei, wenn sie ein vorhandenes Allel mit einer Wahrscheinlichkeit in ein anderes verwandeln, die größer ist, als die Wahrscheinlichkeit, daß das Ausgangsallel durch Rückmutation erneut entsteht. Auf einem tendenziell verschwindenden Allel lastet ein Mutationsdruck, der sich unter Einbeziehung der Zeit in folgender Differentialgleichung ausdrücken läßt:

$$dp/dt = -\mu p \qquad (1)$$

Dabei ist μ die Mutationsrate. Natürliche Mutationsraten liegen im Größenordnungsbereich von 10^{-4} bis 10^{-6} Ereignissen pro Generation. Durch Lösung der Gleichung nach p ergibt sich für p zum Zeitpunkt t (Generationen):

$$p_t = p_0 e^{-\mu t}$$

Wenn $t = {}^1/_\mu$, ergibt sich für p_t in etwa ${}^1/_3 p_0$. Somit bedarf es 10 000 bis 1 Mio Generationen, um p auf ein Drittel zu drücken.

Genfluß: Migration. Stehen zwei geographisch getrennte Populationen in einem gewissen Genaustausch, entsteht ein gerichteter Genfluß, wenn zwei Bedingungen erfüllt sind:

- Die Frequenzen der betrachteten Allele müssen sich in beiden Populationen unterscheiden.
- Eine Migrationsrichtung muß im langfristigen Mittel überwiegen (= Migrationsdruck).

Eine Population mit der Frequenz $q_\alpha$des betrachteten Allels bekomme mq_β Individuen einer Population mit der Frequenz q_β desgleichen Allels. Der Migrationsdruck führt zur Veränderung der Frequenz q_α nach q_α' innerhalb einer Generation.

$$q_\alpha' = (1-m)q_\alpha + mq_\beta$$

Dabei ist m = Migrationskoeffizient,
1-m = nicht eingewanderter Teil der Population.

Von Generation zu Generation ändert sich q um

$$dq = q_\alpha' - q_\alpha = -m\,(q_\alpha - q_\beta). \qquad (2)$$

Es wird deutlich, daß neben der Größe der Migrationsrate der Frequenzunterschied von entscheidender Bedeutung ist. Dies ist wichtig bei intraspezifischem Genfluß zwischen geographisch stark getrennten Populationen, besonders aber bei interspezifischer Bastardisierung, da in der Regel noch größere Gen- und Frequenzunterschiede auftreten.

Selektion. Selektion kann bezeichnet werden als unterschiedliche Veränderung der relativen Frequenzen von Genotypen aufgrund der unterschiedlichen Fähigkeit ihrer Phänotypen, in der nächsten Generation vertreten zu sein. Phänotypen können sich unter anderem im direkten Wettbewerb um Ressourcen, durch Resistenz gegen Parasiten, Räuber oder Umweltveränderungen, durch Reproduktionsfähigkeit oder Flexibilität bei der Besiedlung neuer Lebensräume durchsetzen. Die Durchsetzungsfähigkeit wird durch die relative Fitness W der Träger der möglichen Allelkombinationen bestimmt. Ist $W < 1$, liegt ein Selektionsdruck mit dem Selektionskoeffizienten $s = 1-W$ auf dem Phänotyp der betrachteten Allelkombination. Nach Ansatzpunkt und Ergebnis können drei Arten von Selektion unterschieden werden:

- Stabilisierende Selektion wirkt durch Eliminierung der Extreme und weist auf eine optimale Anpassung der Population an ihren Lebensraum (= Habitat) hin. Sie arbeitet einer Verbreiterung der Vielfalt durch Mutation, Rekombination oder Migration entgegen; Evolution findet nicht mehr statt. Stabilisierende Selektion kann über längere Zeiträume zu einer starken Verringerung der Variation führen.
- Disruptive oder aufspaltende Selektion ist ein eher theoretischer, in der Praxis kaum nachweisbarer Mechanismus der Bildung neuer Rassen oder Arten. Damit ein solcher Fall eintreten kann, müssen zwei adaptive Normen entstehen, in deren Richtung selektiert wird. Gleichzeitig müssen die Individuen der beiden sich bildenden Subpopulationen bevorzugt inzüchten. Es ist fraglich, ob ein solcher Vorgang ohne geographische oder genetische Isolation (z.B. durch Polyploidisierung) ablaufen kann.
- Gerichtete oder dynamische Selektion führt zu einer Verschiebung der phänotypischen Merkmalsverteilung. Dies hat nur Folgen, wenn unterschiedlich selektierten Merkmalen ein eigener Genotyp zugrunde liegt. Selektive Einflüsse auf durch unterschiedliche Umweltbedingungen hervorgerufene Modifikationen des gleichen Genotyps bleiben folgenlos. Je erblicher ein Merkmal ist, desto schneller kann die Frequenz seines Genotyps durch Selektion verändert werden. Eine Verschiebung von Genfrequenzen ergibt sich bei diploiden Organismen nicht direkt, sondern durch Zugriff auf den Genotyp, an dem sie beteiligt sind.

Zur vollständigen Elimination von rezessiven Allelen durch gerichtete Selektion bedarf es sehr langer Zeiträume: Bei Letatilität homozygoter Individuen ($s = 1$) vermindert sich q nach 10 Generationen von $q_0 = 0.5$ auf 0.083. Nach 100 Generationen ist $q = 0.016$ erreicht, nach 1000 Generationen 0.001, also immer noch ein Promille. Ist aa nicht letal, also $s < 1$, ergibt sich für q_1 gegenüber der Ausgangsfrequenz q_0:

$$q_1 = \frac{p_0 q_0 + q_0^2(1-s)}{p_0^2 + 2p_0 q_0 + q_0^2(1-s)} = \frac{q_0(1-sq_0)}{1-sq_0^2}$$

Die Veränderung von q pro Generation t ist

$$dq/dt = q_1 - q = \frac{q-sq^2-q(1-sq^2)}{1-sq^2} = \frac{-sq^2(1-q)}{1-sq^2}$$

Bei kleinem s geht der Ausdruck $1-sq^2$ gegen 1. So kann man für die Veränderung von q annehmen:

$$dq/dt \approx -sq^2(1-q) \qquad (3)$$

dq wird demnach sehr klein, wenn sich q 0 oder 1 nähert.

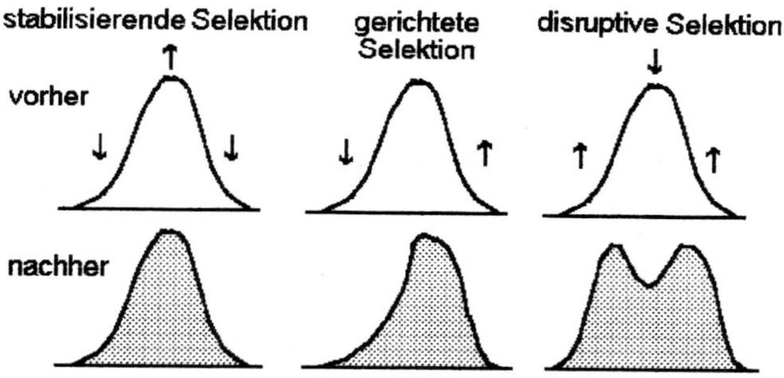

Abb. 1.56. Wirkung nachteilhafter (↓) und vorteilhafter (↑) Selektion auf verschiedene Abschnitte der Frequenzverteilung eines phänotypischen Merkmals in einer Population. Ordinaten: Häufigkeiten der Individuen in den Populationen. Abszissen: Phänotypische Variation. Oben vor, unten nach der Selektion (aus Wilson und Bossert 1973).

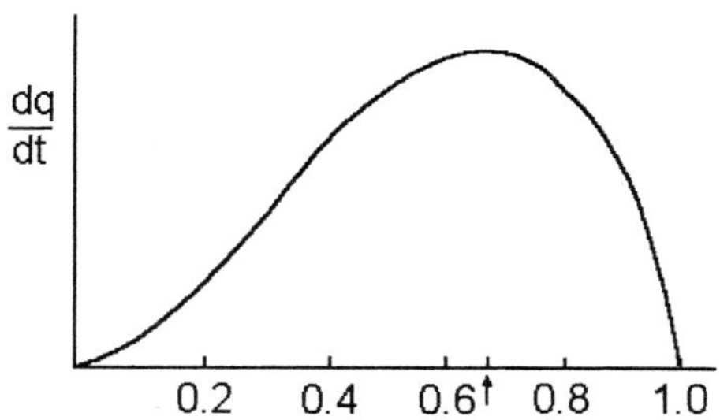

Abb. 1.57. Graphische Darstellung der Gleichung $dq/dt = -sq^2(1-q)$. Die verschiedenen Werte für q sind entlang der Abszisse aufgetragen. Der Selektionskoeffizient s ist eine Konstante. Die stärkste Veränderung von q ergibt sich bei $q = 2/3$. Günstige, neu auftretende Allele setzen sich in einer Population zu Beginn nur sehr langsam durch, ungünstige halten sich entsprechend lange (aus Wilson und Bossert 1973).

Auf der Ebene der Allelfrequenzen ist Evolution umkehrbar. Veränderte Umweltbedingungen können ein im Verschwinden begriffenes Allel begünstigen und die Erhöhung seiner Frequenz bewirken. Eine adaptive Veränderung der Reaktionsnorm kann bei kurzen Generationsdauern auf diese Weise sogar im Jahresverlauf Frequenzen verschieben. Die Persistenz rezessiver Allele im Genpool diploider Organismen erhöht die Variabilität des Genpools und die Flexibilität einer Population, sich auf Umweltbedingungen einzustellen.

Wechselwirkungen zwischen Selektion und den anderen Faktoren. Zwischen den besprochenen Evolutionsfaktoren gibt es beliebige Wechselwirkungen. Welches Gewicht haben die einzelnen Faktoren für die Richtung und Geschwindigkeit der Evolution?

Mutationsdruck wirke steigernd auf die Allelfrequenz q, Selektion vermindernd. Die Frequenz q verändert sich nach (1) und (3) bei völliger Dominanz pro Generation um

$$dq = \mu(1-q) - sq^2(1-q).$$

Im Gleichgewicht von Mutationsdruck und Selektion ist $dq = 0$. Daraus folgt

$$sq^2(1-q) = \mu(1-q)$$

$$q^2 = \mu/s$$

Mutationsrate und Selektionskoeffizient determinieren die Gleichgewichtsfrequenz in gleicher Weise, obwohl sich μ auf Gene und s auf Genotypen (hier rezessive Homozygote) bezieht. Bei natürlichen Mutationsraten von 10^{-4} bis 10^{-6} pro Generation reicht ein sehr geringer Selektionsdruck, um dem Mutationsdruck entgegenzuwirken. Bei Auftreten gerichteter Selektion kann der Mutationsdruck als Evolutionsfaktor in der Regel vernachlässigt werden. Betrachtet man Genfluß und Selektionsdruck, verändert sich die Ausgangsfrequenz q_α nach (2) und (3) um

$$dq_\alpha = -m(q_\alpha - q_\beta) - sq_\alpha^2(1-q_\alpha).$$

Da die Selektion von rezessiven Homozygoten bei $q_\alpha = 2/3$ am schnellsten ist (s. Abb. 1.57), ergibt sich für diese Frequenz

$$dq = -m(0.67 - q_\beta) - 0.15s.$$

Bei einem Abstand der Allelfrequenzen von Spender- und Empfängerpopulation von mehr als 0.15 wirkt sich ein dem Selektionskoeffizienten entsprechender Migrationskoeffizient immer stärker aus. Bei allen anderen Ausgangsfrequenzen genügen noch kleinere Frequenzunterschiede, um den Genfluß stärker als die Selektion wirken zu lassen. Da rezessive Allele teilweise vor der Selektion geschützt sind, kann eine kleine Einwanderungsrate eine stabile Allelfrequenz gegen starke Selektion aufrechterhalten.

Allelfixierung, Inzucht, balancierter Polymorphismus. Bleibt die Umgebung konstant, kommt es entweder zur Fixierung des einen (p = 1) und zur Elimination des anderen Allels (q = 0), oder die genannten Evolutionsfaktoren führen zu einem Gleichgewichtspunkt beider Frequenzen zwischen null und eins.

Eine Möglichkeit zur Verbreitung von Anpassungen stellt die Inzucht dar. Sie erhöht die Zahl homozygoter Merkmalsträger und damit die Selektion gegen Konkurrenz-Genotypen. Mechanismen der Inzuchtvermeidung führen zu erhöhter Heterozygotie, was die Fixierung (q = 1) eines vorteilhaften Gens erschwert, aber die Variabilität des Genpools erhält.

Halten sich zwei Allele unbegrenzt lange nebeneinander, ohne daß sich ein Gleichgewicht der genannten Evolutionsfaktoren einstellt, besteht ein Zustand des balancierten Polymorphismus. Dieser die kann verschiedene Ursachen haben:

- Frequenzabhängige Selektion führt dann, wenn bei niedrigerer Frequenz eine höhere Eignung besteht, zu einer Stabilisierung in einem Gleichgewichtsbereich. Ein Beispiel stellt sexuelle Selektion nach dem "rare male effect" dar: Weibchen bevorzugen Männchen, die ungewöhnlich gefärbt sind.
- Sind heterozygote Genotypen von der Selektion bevorzugt, stellt sich ebenfalls ein Gleichgewicht ein.

Genetische Drift. Als Genetische Drift werden zufällige und damit ungerichtete Veränderungen von Allelfrequenzen bezeichnet. Werden Veränderungen von q innerhalb einer Generation dq betrachtet, sind in diesem Zusammenhang vor allem Varianzen von dq einzelner Populationen unter gleichen und konstanten Umweltbedingungen interessant. Da sich bei ausreichend großen Populationen frequenzerhöhende und frequenzerniedrigende Zufälle kompensieren (dq = 0), ist beobachtbare Genetische Drift vor allem ein Vorgang kleiner Populationen. Dabei können drei Situationen unterschieden werden:

- Kontinuierliche Drift: Die Population bleibt klein, Zufallsvorgänge wirken in jeder Generation.
- Zeitweilige Drift: Populationen gehen durch einen populationsdynamischen Engpaß (bottleneck), in dem die Populationsgröße Minimalwerte annimmt. Zufallsvorgänge wirken zyklisch oder in Extremsituationen.
- Gründereffekt: Die Neubesiedlung eines Habitats geht von wenigen Gründerindividuen aus, die über einen begrenzten Genpool verfügen. Geschieht die Auswahl der Gründer nicht ausschließlich durch Selektion, sondern auch per Zufall (Verdriftung), so ist auch die Allelzusammensetzung zufällig.

In derartigen kleinen Populationen können sich auch eigentlich weniger geeignete Allele durchsetzen, da fehlende innerartliche Konkurrenz den Selektionsdruck mindert. Der Tod einzelner Individuen kann unter Umständen die Frequenzverteilung ganzer Folgegenerationen nachhaltig beeinflussen. Aus diesen Gründen tendieren isolierte Inselpopulationen besonders schnell zur Rassenbildung.

Da durch Genetische Drift keine neuen Allele geschaffen werden, führt sie, wenn sie Folgen hat, immer zu einer Verarmung der genetischen Vielfalt. Dabei ist, ausgehend von einem Gleichgewichtszustand der Genfrequenzen, eine Veränderung in Richtung Verlust ($q = 0$) oder Fixierung ($q = 1$) eines Allels möglich; die Heterozygotie nimmt letztendlich immer ab. Genetische Drift spielt in Populationen bis 100 Individuen eine entscheidende Rolle, bei 10 000 Individuen eine untergeordnete Rolle und kann ab 100 000 Individuen vernachlässigt werden.

Eine starke Zergliederung der Landschaft führt zu immer kleineren isolierten Restpopulationen, in denen Genetische Drift zu genetischer Verarmung und Auseinanderentwicklung führt. Die Anpassungsfähigkeit an Umweltbedingungen sinkt, unter Druck brechen die Populationen schneller zusammen. Biotopvernetzung und Verhinderung weiterer Flächenvernichtung und -zerschneidung müssen daher vorrangige Ziele des Naturschutzes sein.

1.6.2 Wachstum und Entwicklung: Populationsdynamik

Die Populationsdynamik beschäftigt sich mit der Veränderung der Populationsgröße N (Abundanz) in Raum und Zeit. Da die Gesamtgröße der Population nicht immer zu bestimmen ist, wird häufig die Populationsdichte (N in bestimmtem Raum) verwendet. Die wichtigste Eigenschaft, die die Veränderung der Abundanz bestimmt, ist die Vermehrung der Individuen einer Population. Der Nachwuchs übersteigt in der Regel die Zahl der Eltern, daher ergibt sich bei ungehindertem Populationswachstum ein exponentieller Zuwachs (Abb. 1.58):

$$dN/dt = r N$$

$$N_{(t)} = N_0 e^{rt}$$

Dabei ist r die Wachstumsrate, die sich aus der Geburtenrate b und der Sterberate d errechnet:

$$r = b - d$$

Unbegrenztes Populationswachstum ist jedoch nur in Habitaten möglich, die über Ressourcen im Überschuß und keine Konkurrenz verfügen. Wachstumskurven zeigen deshalb mit der Zeit ein Einlenken auf einen Sättigungswert, also eine sigmoide Charakteristik (Abb. 1.58).

$$dN/dt = r \frac{K-N}{K} N$$

Erreicht N den Sättigungswert K, so gilt $dN/dt = 0$ und $b = d$; die Kapazitätsgrenze des Lebensraums für die betrachtete Population ist erreicht. Wird K überschritten, beginnt die Abundanz zu sinken. Dies, wie auch schon das Einschwenken auf den K-Wert, wird durch dichteabhängige Regulationsfaktoren erreicht: Hunger oder andere Mangelzustände durch Ressourcenverknappung, Parasitenbefall oder Räubereinwirkung führen zu erhöhter Auswanderung, zu einer Erhöhung der Mortalität d oder einer Verminderung der Reproduktion. K-Wert und limitierende Faktoren sind populationsspezifisch und können - je nach Konstanz der Umweltbedingungen - Schwankungen unterliegen.

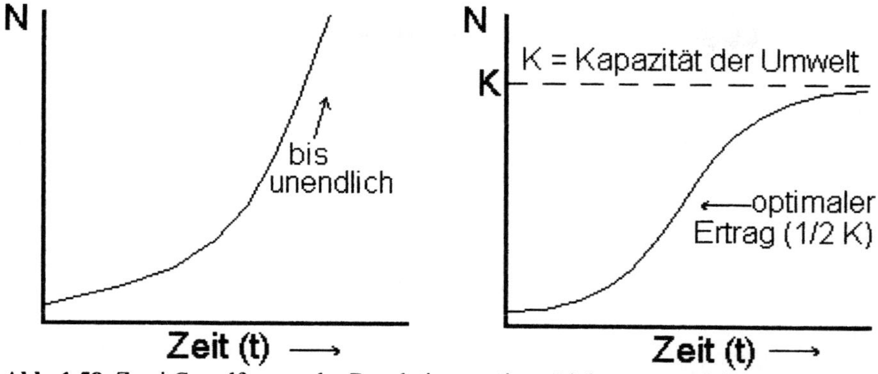

Abb. 1.58. Zwei Grundformen des Populationsanstiegs: Links exponentielles Wachstum, rechts logistisches Wachstum (aus Wilson und Bossert 1973).

Dichteabhängige, also durch negative Rückkopplung auf N wirkende, Regulation kann die Geburten- oder die Sterberate beeinflussen. Bei steigenden N-Werten nähern sich b und d einander an, K wird erreicht. Eine stärkere Regulation über die Sterberate geht mit hohem Selektionsdruck einher und führt zu Anpassungen zur Vermeidung des Todes. Eine Regulation über die Geburtenrate bewirkt eine präzisere Annäherung an den K-Wert unter Vermeidung direkter Konkurrenz; sie kann nur in längeren Evolutionsprozessen erreicht werden. Auch Entwicklungsverzögerungen bis hin zum Unterbleiben der Geschlechtsreife gehören in diesen Zusammenhang.

Die Frage, wo Kenngrößen der Populationsentwicklung optimale Werte erreichen, ist nicht einheitlich zu beantworten. Ist ein Zustand höchster Produktivität, also etwa bei K/2, optimal, ist es der Zustand geringster Mortalität (kleine N) oder der eines konstanten N (=K)? Kann der K-Wert von allen Populationen über einen längeren Zeitraum gehalten werden?

K- und r-Strategie. K und r-Werte unterliegen der Selektion. Während Phasen starker Expansionsmöglichkeiten bei ausreichend zur Verfügung stehenden Ressourcen setzt eine r-Selektion ein, die eine Vermehrungsstrategie begünstigt: Populationen mit schneller und überschießender Reproduktion sind im Vorteil. In Habitaten, die kontinuierlich dicht besetzt sind, führt eine K-Selektion zur Begünstigung einer Anpassungsstrategie: Populationen mit hoher Konkurrenzfähigkeit und großen, die Ressourcen optimal nutzenden Populationsdichten setzen sich durch.

Populationsdynamische Strategien lassen sich in ein r-K-Kontinuum einordnen, wobei verschiedene Eigenschaften von Populationen durchaus in verschiedene Richtungen selektiert sein können. Dabei sind die Differenzierungen in "r-" und "K-Strategien" grundsätzlich relativ zueinander zu verstehen: Nur bei einem Vergleich - am einfachsten in einer realen Konkurrenzsituation - macht die Zuordnung Sinn. K-Strategen besitzen eine Tendenz zu größeren Körpermaßen, zu

Langlebigkeit, zu geringerer Mortalität und Erneuerung, zu hoher Konkurrenzfähigkeit und großer Investition für ihre Nachkommen. Ihre Populationsgröße befindet sich in einem von der Habitatkapazität abhängigen Gleichgewichtszustand, ihr Fortpflanzungsverhalten ist der Gleichgewichtsdichte angepaßt. Kleine, kurzlebige Formen sind eher für eine r-Strategie prädestiniert. Ihre opportunistische Strategie der Überschußproduktion wenig entwickelter Nachkommen mit hohen Mortalitäten führt zu instabilen, dichteunabhängig regulierten Populationen, die oftmals oszillieren. Konkurrenzfähigkeit der Individuen ist nicht so entscheidend, stattdessen ist Migration ein häufig zu beobachtendes Phänomen.

Zwischen beiden Strategietendenzen sind Wechsel möglich. Blattfußkrebse wie *Daphnia* zeigen im Frühjahr Massenentwicklungen: Auf ein sich stark vergrösserndes Futterangebot reagieren sie mit einem großen r-Wert, indem sie sich parthenogenetisch fortpflanzen. Einbrüche der Nahrungsressourcen und hoher Konkurrenzdruck führt zur Produktion weniger, aber genetisch diverser Dauereier.

Wird K überschritten und reagiert N mit Verspätung, ergibt sich für die Populationsentwicklung eine Totzeit, innerhalb der das Habitat übernutzt wird. Als Folge ergibt sich ein Rückgang von N unter K. Je länger die Totzeit ist, desto stärkere Ausschläge zeigt N, desto stärkere Zusammenbrüche der Population sind zu erwarten. Totzeitlängen sind verantwortlich für unterschiedliche Zyklen von r-Strategen: In Eurasien sind viele 4-Jahreszyklen beschrieben (Maikäfer, Mäuse, Lemminge), in Nordamerika dauern sie oft 9 Jahre, bei Zikaden gar 13 oder 17 Jahre. Die mehr oder wenig zyklischen Fluktuationen führen zur Extinktion von Populationen, wenn ein Minimalwert (M-Wert) unterschritten wird:

$$dN/dt = r N \frac{K - N}{K} \frac{N - M}{N}$$

Dieser Minimalwert ergibt sich aus einer Mindestgröße des Sozialverbandes oder der minimalen Dichte, bei der Sexualpartner noch in ausreichender Zahl zueinander finden. Wird eine Population überwiegend durch dichteunabhängige Faktoren reguliert, hat sie ein großes Extinktionsrisiko: Eine beliebige Schwankung der Populationsgröße führt mit einer bestimmbaren Wahrscheinlichkeit zur Unterschreitung des M-Wertes und damit zu zufälligem Aussterben. Derartige Populationsstrukturen können nur durch ständige Neubesiedlung von Habitaten (r-Strategen) zu einer längerfristigen Konstanz der Metapopulation führen, bei der Kolonialisation und Migration wichtige Faktoren sind.

1.6.3 Strukturelle Komplexität: Demographie

Eine Population besteht in der Realität nicht lediglich aus der homogenen Größe N, sondern ist vielfältig strukturiert: Geschlechts-, Alters- und Sozialstruktur prägen die Populationsdynamik.

Das Sozialverhalten bestimmt die Größe und Dichte der Unterverbände einer Population und ihre Verteilung im Raum. Diesbezüglich strukturlose Populationen zeigen eine Zufallsverteilung ihrer Individuen. Häufiger sind jedoch positive Beziehungen zwischen den Individuen, die zu lokalen Aggregationen führen. Sozialverteidigung, Sozialjagd und Paarungsverhalten sind hier als bindende Verhaltenselemente zu nennen. Bei negativen Beziehungen ergeben sich gleichmäßige Abstände zwischen Individuen oder Gruppen: Gleichartige Abhängigkeit von lokalen Ressourcen wie Nahrung, Platz oder Licht führt zu innerartlicher Konkurrenz, die sich in mehr oder weniger ausgeprägtem Territorialismus äußern kann. Die optimale Dichte wird durch dichteabhängige Faktoren reguliert, die jedoch stark von dichteunabhängigen (Klima-) Faktoren abhängig sein können.

Die Altersstruktur einer Population ergibt sich aus den unterschiedlichen Sterblichkeiten für bestimmte Altersgruppen. Ist r hoch, entstehen viele Junge mit hoher Mortalität (r-Strategie, Abb. 1.59, Kurve III). Ist r niedrig, ist die Überlebensrate entsprechend höher; im Extremfall stirbt der überwiegende Anteil der Population an Altersschwäche (K-Strategie, Kurve I).

Die Altersklassenverteilung einer Population ist in Form von Alterspyramiden darstellbar, aus denen die altersabhängigen Mortalitäten, aber auch die jüngere Geschichte und die nähere zukünftige Entwicklung der Populationsgröße ablesbar sind. Bei vergleichbarer Lebenserwartung der Individuen zeigen die Pyramiden stark wachsender Populationen eine konkave Pyramidenform, die mäßig wachsender Populationen die eines gleichseitigen Dreiecks. Schwaches Wachstum spiegelt sich in konvexen Formen wider, schrumpfende Populationen werden durch eine sich zur Basis verjüngende "Urnenform" charakterisiert.
Wird durch Jagd oder Befischung versucht, eine Populationsgröße im Wert des optimalen Ertrags zu halten (K/2), muß jährlich ein kontrollierter Anteil bestimmter Altersgruppen bejagd oder für eine Befischung aller Altersstufen in gleichen Relationen gesorgt werden. Im Fall einer einseitigen Befischung einzelner Altersklassen wird der Altersaufbau gestört: Die Population durchläuft

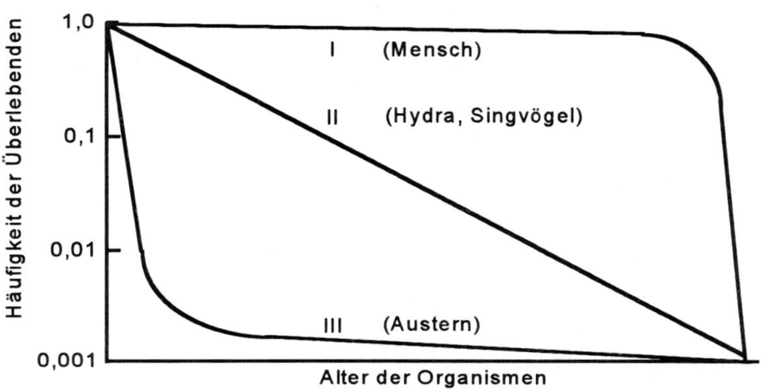

Abb. 1.59. Drei Grundformen von Überlebenskurven. Der Ordinate liegt der logarithmische Maßstab zugrunde (aus Wilson und Bossert 1973).

zwangsweise einen "bottleneck". Experimente zeigen, daß Populationen mit gestörter Altersstruktur unter konstanten Umweltbedingungen etwa sechs Generationen benötigen, um wieder stabile Altersstrukturen auszubilden.

Der Altersaufbau bestimmt die Populationsentwicklung in besonderem Maße über die Altersabhängigkeit der Reproduktion. Die Geburtenrate b kann sich unterschiedlich über die Lebenszeit der Weibchen verteilen. Die Extreme von Fortpflanzungsstrategien reichen von einer einmaligen Eiablage, nach der die Weibchen sterben, bis zur regelmäßigen Produktion von Nachkommen vom Erreichen der Geschlechtsreife bis ins hohe Alter (Abb. 1.60).

Selektion in diesem Bereich bewirkt eine "life history evolution", wie sie etwa für den Guppy (*Poecilia reticulata,* lebendgebärende Zahnkärpflinge) beschrieben ist: In Habitaten mit Räubern, die große, adulte Guppies bevorzugen, gelangen Guppyweibchen schneller und kleiner zur Geschlechtsreife. Sie produzieren kleinere, aber zahlreiche Nachkommen in kurzen Wurfintervallen, investieren also unmittelbar in die Reproduktion. Ihr Wert für die Population erreicht früh sein Maximum. In Habitaten mit Räubern, die kleine Guppies bevorzugen, wachsen die Weibchen schneller, gelangen später zur Geschlechtsreife und produzieren seltener und weniger, aber größere Nachkommen. Diese Weibchen investieren mehr in Wachstum und damit zukünftigen Fortpflanzungserfolg, ihr Wert steigt stark mit zunehmendem Alter und erreicht erheblich später sein Maximum. Der Altersaufbau einer Population allein sagt also noch nichts über ihr Fortpflanzungspotential.

Nettoreproduktion. Als Nettoreproduktionsrate R_0 bezeichnet man die durchschnittliche Anzahl weiblicher Nachkommen, die jedes Weibchen im Verlauf des gesamten Lebens zur Welt bringt. Der "Wert" eines Weibchens für die Populationsentwicklung kann an seinem noch leistbaren Beitrag zur Fortpflanzung und seiner Überlebenswahrscheinlichkeit gemessen werden.

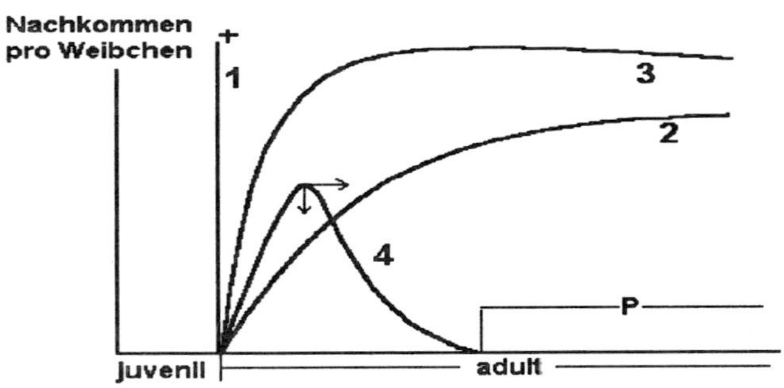

Abb. 1.60. Altersabhängigkeit der Reproduktion. Abszisse: Alter der Mutter. Juv. Juvenilphase. Ordinate: Anzahl der Nachkommen pro Altersklasse. **1** Insekten, die nach einmaliger Eiablage sterben. **2** Muscheln, Fische, viele Bäume mit langdauerndem Größenwachstum. **3** Vögel, Säugetiere. **4** Mensch. P Postreproduktive Phase. Die Pfeile zeigen die beiden Möglichkeiten, die Geburtenrate b einer Population zu reduzieren.

$R_0 = \Sigma\, l_x n_x$	l	Teil der Weibchen, der seit Geburt in jedem Alter überlebt
	n	durchschnittliche Anzahl weiblicher Nachkommen pro Weibchen dieses Alters

Die Größen l und n werden als "life history traits" oder Lebensdaten bezeichnet. Aus diesen Lebensdaten kann die Reproduktionsrate r präzise ermittelt werden.

Seneszenz in Populationen. Postreproduktive Tiere sind zumeist "wertlos", postreproduktive Phasen in der Natur deshalb selten. Sollen seneszente Tiere überleben, müssen sie genügend Konkurrenzkraft besitzen oder von der Sozialstruktur gefördert werden. Folgende Aspekte können Seneszenz in Populationen positiv selektieren:

- Erfahrung, insbesondere in langlebigen und lernfähigen Arten: Wissen um Futterplätze, Wasserstellen, Jagdstrategien.
- Ablenkung von Räubern. Das Töten alter und kranker Tiere durch Räuber ist weniger ein regulativer Akt im Hinblick auf eine Reduktion der Populationsgröße, da die Opfer keinen aktiven Einfluß auf das Populationswachstum nehmen. Vielmehr kann es durch die Reduktion innerartlicher Futterkonkurrenten und Parasitenträger einerseits und das Verschonen jüngerer und gesünderer Tiere andererseits steigernd auf die Populationsgröße wirken.
- Eine erhöhte innerartliche Konkurrenz um Ressourcen durch seneszente Tiere erhöht die Selektion, optimiert langfristig die Anpassung der gesamten Population und hebt den K-Wert.

1.6.4 Wechselbeziehungen zwischen Populationen

Populationen verschiedener Arten stehen in vielfältigen Wechselbeziehungen zueinander (Tabelle 1.5).

Tabelle 1.5. Wechselbeziehungen zwischen Populationen unterschiedlicher Arten. Im englischen Sprachbereich wird Symbiose allgemein als Zusammenleben aufgefaßt. Gegenseitiger Nutzen wird als Mutualismus bezeichnet.

Beziehung	Wirkung auf Art 1	Wirkung auf Art 2
Symbiose	positiv	positiv
Kommensalismus	positiv	neutral
Neutralismus	neutral	neutral
Amensalismus	negativ	neutral
Raub, Parasitismus	positiv	negativ
Konkurrenz	negativ	negativ

Die Übergänge von der Symbiose über Kommensalismus, Neutralismus und Amensalismus zum Parasitismus sind fließend und zumeist schwierig zu quantifizieren. Klar definierbar sind Fälle von obligaten Symbiosen, deutlicher Konkurrenz und Raub, gleich ob es sich bei den Räubern um Fleischfresser (= Carnivoren), Pflanzenfresser (= Herbivoren) oder um Parasitoide handelt. Letztere sind definiert als Parasiten, die ihren Wirt töten, und sind vor allem durch Insekten (z.B. Schlupfwespen) vertreten.

Symbiosen entstehen durch lange Koevolution, die den Partnern zunächst Vorteile gegenüber Konkurrenten sichert. Im Falle obligater Symbiosen werden beide Partner derart voneinander abhängig, daß sie nur miteinander überleben können. Sie haben wichtige physiologische oder morphologische Strukturen verloren, da sie diese vom Partner gestellt bekommen oder miteinander neue Strukturen entwickelt haben. So "parasitieren" beide Partner aneinander.

Räuber-Beute-Verhältnisse. Räuber-Beute-Verhältnisse stellen innerhalb der beteiligten Populationen durch den erheblichen Selektionsdruck, den sie erzeugen, einen wichtigen Evolutionsfaktor dar. Sie sind darüber hinaus ein wichtiger dichteabhängiger Regulationsfaktor der Populationsgröße und halten Systeme im Gleichgewicht. Ein Ökosystem trägt erheblich mehr Tier- und Pflanzenarten, als es ohne Räuber-Beute-Verhältnisse möglich wäre. Räuber-Beute-Verhältnisse bestimmen über die Ausprägung trophischer Ebenen die strukturelle Komplexität von Biozönosen und sind als die wichtigsten Kanäle des Energieflusses auch bei der funktionellen Betrachtung von Ökosystemen von größter Bedeutung.

Alfred J. Lotka (1925) und Vito Volterra (1926) haben unabhängig voneinander Räuber-Beute-Verhältnisse erstmals mathematisch beschrieben. Aus der Annahme, daß der Fraß direkt aus dem Aufeinandertreffen der Individuen beider Populationen, also ihrer Dichte, resultiert, ergeben sich Abhängigkeiten zwischen Geburten- oder Sterberaten der einen von der Populationsgröße der anderen Art. Danach steigt die Geburtenrate b des Räubers mit N der Beute, während die Sterberate d der Beute mit N des Räubers steigt. Ausgehend von der exponentiellen Wachstumsgleichung ergibt sich:

Räuber: $dN_R/dt = (N_B b_R - d_R)N_R = b_R N_R N_B - d_R N_R$

Beute: $dN_B/dt = (b_B - d_B N_R)N_B = b_B N_B - d_B N_B N_R$

Im Gleichgewicht ($dN/dt = 0$) beider Populationen gilt:

$dN_R/dt = 0$ $\quad b_R N_R N_B - d_R N_R = 0$ $\quad N_B = d_R/b_R$

$dN_B/dt = 0$ $\quad b_B N_B - d_B N_B N_R = 0$ $\quad N_R = b_B/d_B$

N_R wächst, wenn $N_B > d_R/b_R$; N_B wächst, wenn $N_R < b_B/d_B$.

Oszillationen nach dem Lotka-Volterra-Modell sind in der Natur selten zu beobachten. Im Labor sind Lotka-Volterra-Systeme schwierig nachzustellen. In der Regel vernichtet der Räuber die Beute schneller, als sie sich vermehren kann. Nach dem Aussterben der Beute verhungert schließlich auch der Räuber. Der Fehler solcher Systeme liegt an dem Punkt, an dem beide Populationen aufhören

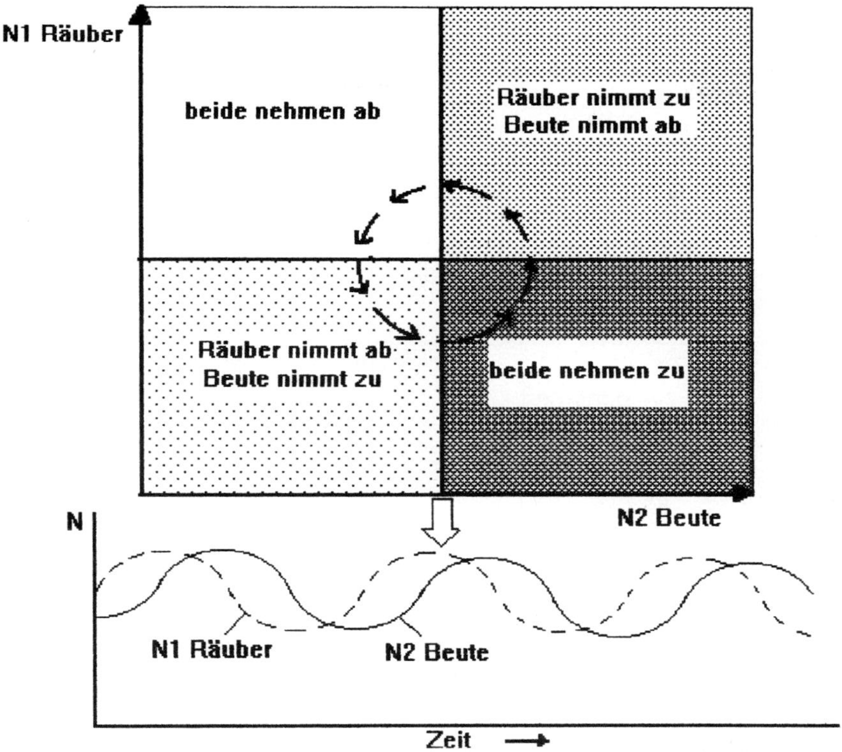

Abb. 1.61. Räuber-Beute-Wechselbeziehung gemäß der Lotka-Volterra-Gleichung. Das obere Schema zeigt die gemeinsame Häufigkeit der zwei in Wechselbeziehung stehenden Populationen. Das untere Schema zeigt das Ergebnis, wenn die Häufigkeiten der beiden Arten als Funktion der Zeit aufgetragen werden (aus Wilson und Bossert 1973).

zu wachsen. Nur wenn N_R deutlich kleiner bleibt als N_B, bildet sich ein stabiler Zyklus aus. Das bedeutet jedoch, daß die Beutepopulation noch von anderen dichteabhängigen Faktoren reguliert werden muß. Die Einführung von K- und M-Werten bewirken einen anderen Verlauf der Kurve $dN_B/dt = 0$ (Abb. 1.62).

Schneidet die Nullwachstumskurve des Räubers die der Beute in ihrem Optimum, bildet sich ein stabiler Zyklus analog zu Abb. 1.61 aus. Schneidet sie die Beutekurve in Richtung K-Wert, liegt die Beutekurve größernteils außerhalb der Räuberkurve, und es entsteht ein gedämpfter Zyklus mit hoher Stabilität beider Populationen. Schneidet die Räuberkurve die Beutekurve in Richtung M-Wert, liegt die Beutekurve größernteils innerhalb der Räuberkurve, und es entsteht ein unstabiler Zyklus mit katastrophalen Folgen für beide Populationen. Die Einführung eines Refugiums in eine solche Situation wirkt stabilisierend. Ein Refugium ist definiert als Ort, an dem die Beute dem Zugriff des Räubers entzogen ist. Viele ausgewogene Räuber-Beute-Systeme in der Natur verdanken ihre Sta-

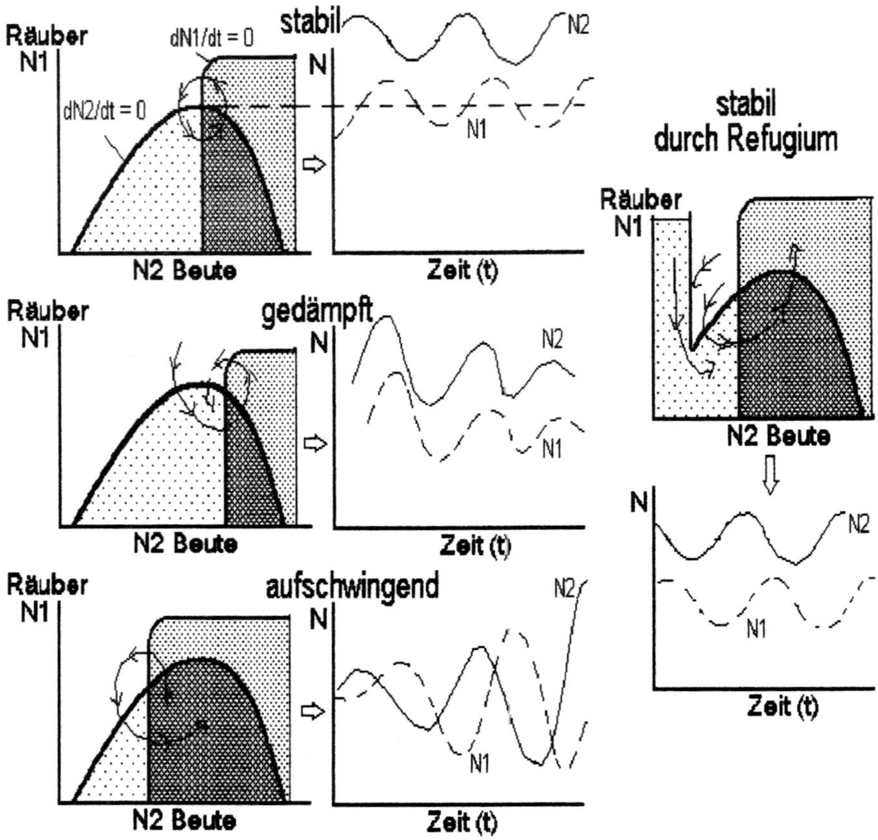

Abb. 1.62. Wachstumskurven von Räuber- und Beutepopulationen. $N_2 = N_B$ wird von populationsinternen Dichtefaktoren mitreguliert. Die Pfeile zeigen die Richtungen an, denen die gemeinsamen Häufigkeiten der wechselwirkenden Populationen folgen (aus Wilson und Bossert 1973).

bilität der Existenz verschiedenster Refugien. Diese können spezifische Verstecke sein, ebenso aber auch Räume, die vom Räuber aufgrund niedriger Beutekonzentration gemieden werden. So kann eine Beute, die als r-Stratege schnell neue Habitate erobert, solange sicher sein, bis der Räuber diese Habitate entdeckt hat. Wenn die Zeit genügt, um weitere Kolonialisationen anzustoßen, stellt sich ein stabiles Metapopulationssystem aus entstehenden und vergehenden Subpopulationen ein.

Die Erklärung für eine wichtige Beobachtung aus der Natur läßt sich aus den Lotka-Volterra-Gleichungen ableiten: Werden Räuber und Beute zu gleichen Anteilen durch äußere Einflüsse vernichtet, werden die Populationen der Beute stark wachsen. Das Produkt aus beiden reduzierten Größen $N_R N_B$ senkt mit seinem dominierenden Einfluß nämlich die Geburtenrate des Räubers und die Sterberate der Beute (Volterra-Prinzip). Dies ist bei der Anwendung von Pestiziden zu berücksichtigen.

Konkurrenz. Konkurrenz entsteht durch aktive Nutzung eines lebensnotwendigen Faktors durch zwei oder mehrere Organismen und ist somit ein dichteabhängiges Phänomen. Wird der Faktor, um den konkurriert wird, zum limitierender Faktor für einen oder beide Konkurrenten, entsteht beträchtlicher Selektionsdruck. Eine Konkurrenzsituation kann direkt ausgefochten werden, etwa, wenn es um Nahrung oder Wasser geht. Konkurrenten können sich aber auch indirekt messen, etwa durch akustische oder olfaktorische Signale bei der Markierung von Revieren.

Da Pflanzen in der Regel keine Möglichkeit besitzen, durch Ortswechsel einer Konkurrenzsituation auszuweichen, sind in Pflanzengesellschaften besonders harte Konkurrenzbedingungen zu verzeichnen. Die Entwicklung von Behauptungsstrategien in ständiger Wurzel- und Lichtkonkurrenz bestimmt daher weitgehend die Evolution der meisten Pflanzenarten.

Konkurrenz kann innerartlich (intraspezifisch) und zwischenartlich (interspezifisch) auftreten. Dabei ist die innerartliche Konkurrenz immer die härteste, da sich die Lebensansprüche der Konkurrenten am meisten gleichen. In der Folge werden lediglich Konkurrenzsituationen zwischen den Populationen verschiedener Arten betrachtet.

Die Ansprüche, die eine Art an ihre Umwelt stellt, können als ökologische Nische bezeichnet werden. Diese Nische kann beliebige Dimensionen einnehmen (Raum, Nahrung, Temperatur, Feuchte, u.a.). Sind die Ansprüche zweier Arten zu ähnlich, stimmen sie gar in allen Dimensionen überein, ist keine Koexistenz möglich: Die schwächere Art stirbt aus (Exklusionsprinzip).

K- und r-Werte haben Einfluß auf die Konkurrenzstärke. In neuentstehenden Habitaten bewirkt ein höherer r-Wert ein schnelleres Durchsetzen und eine erfolgreichere Kolonialisation. Ein höherer K-Wert ermöglicht eine höhere Abundanz und bewirkt eine Verdrängung der Konkurrenten. Ist die Verschiedenheit der Ansprüche so groß, daß die innerartliche Konkurrenz überwiegt, wird also bei beiden Arten der K-Wert erreicht, bevor sich gegenseitige Konkurrenz zu stark auswirkt, unterbleibt Exklusion.

Das Maß, mit dem Konkurrenten einander beeinflussen, ergibt sich aus den für die Beziehung spezifischen Konkurrenzkoeffizienten (α und β) und der Abundanz der Konkurrenten: Art 2 reduziert den K-Wert K_1 der Art 1 um αN_2, Art 1 reduziert K_2 um βN_1. Aus der logistischen Wachstumsgleichung läßt sich ableiten:

$$dN_1/dt = r_1 N_1 \frac{K_1 - N_1 - \alpha N_2}{K_1} \qquad dN_2/dt = r_2 N_2 \frac{K_2 - N_2 - \beta N_1}{K_2}$$

Bei Nullwachstum gilt:

$K_1 - N_1 - \alpha N_2 = 0$ $\quad N_1 = K_1 - \alpha N_2$

$N_2 = K_2 - ßN_1$

Ist ein Ausweichen in einer Dimension auf andere Ansprüche möglich, steigt die Wahrscheinlichkeit der Koexistenz, da sich eine neue Nische eröffnet. Aufgrund des Selektionsdrucks gegen Nischenkonkurrenz sind Arten da, wo sie koexistieren, verschiedener als dort, wo sie nicht koexistieren. Dies wird durch selektiven Räuberdruck und Selektionsdruck gegen Bastardisierung noch verstärkt.

Je größer die genetische und modifikatorische Variabilität einer Population ist, desto breiter ist ihre Gesamtnische im Vergleich zur Individualnische ihrer einzelnen Mitglieder, desto größer ist ihr räumlich-zeitlicher Existenzbereich und damit ihre Konkurrenzkraft. In diesem Sinne führen Funktionsteilungen innerhalb von Populationen und Stadien mit unterschiedlichen Ansprüchen bezüglich Lebensraum, Ernährung, usw. zu einer Erhöhung der Konkurrenzkraft gegenüber anderen Populationen bei Minimierung der innerartlichen Konkurrenz.

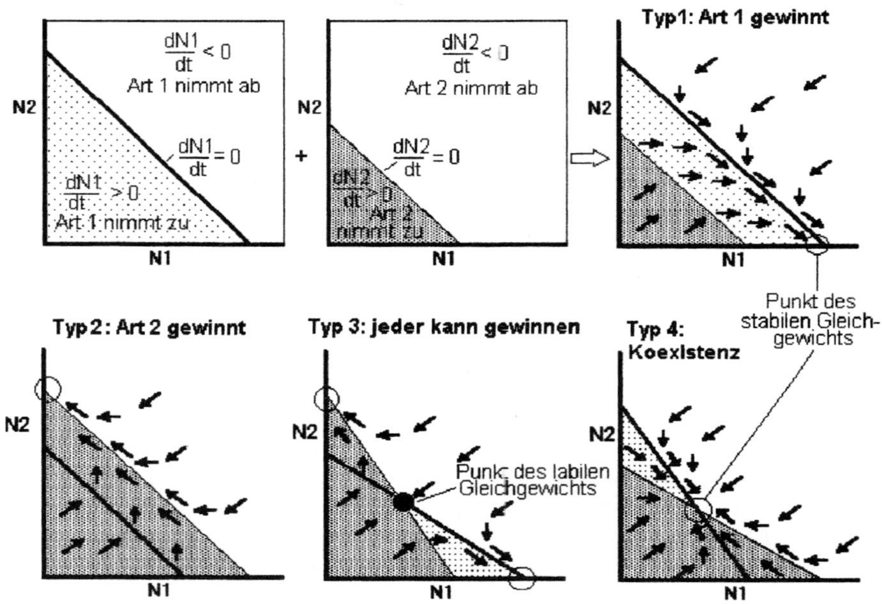

Abb. 1.63. Konkurrenz zwischen zwei Arten. Oben: Die Nullwachstumskurve für Art 1 liegt außerhalb der Nullwachstumskurve für Art 2. Als Folge davon verlaufen die Veränderungen der gemeinsamen Häufigkeiten (Pfeile) im Laufe der Zeit ständig zugunsten von Art 1 auf Kosten von Art 2, die schließlich verdrängt wird. Unten: Die anderen drei Möglichkeiten (aus Wilson und Bossert 1973).

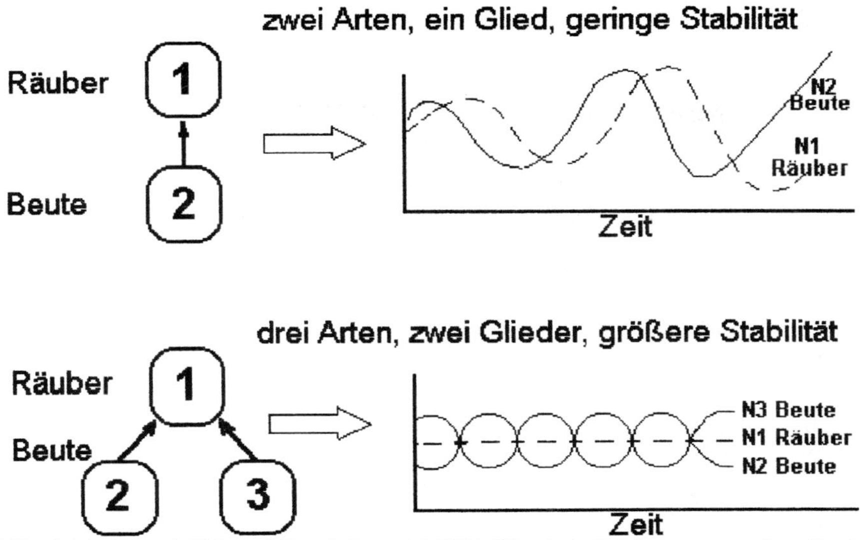

Abb. 1.64. Artenvielfalt und Populationsstabilität. Hängt ein Räuber nur von einer Beuteart ab, werden beide Populationen leicht instabil. Sind zwei Beutepopulationen vorhanden, gleichen ihre unabhängigen Fluktuationen die Räuberfluktuation aus (aus Wilson und Bossert 1973).

Kombinierte Wechselwirkungen. Die Einwirkung eines Räubers auf zwei Konkurrenten kann das Konkurrenzverhältnis stark verändern. Auch wenn ein Konkurrent dem anderen in r- und K-Wert weit überlegen ist, kann eine einseitige Bevorzugung der stärkeren Art durch den Räuber das Überleben der schwächeren Art sichern. In jedem Fall vermindert ein Räuber die Konkurrenz zwischen zwei Beutearten und fördert damit die Koexistenz. Schaltet der Räuber sein Beuteschema zwischen beiden Beuteorganismen hin und her, jagt also jeweils die Art, deren Dichte am höchsten ist, führt dies zu einer starken ausgleichenden Dichteregulation. Schon eine einfache Dreierbeziehung wirkt nischenbildend und stabilisierend. Die wesentlich komplexeren Beziehungen von Arten in einer Biozönose beinhalten die Möglichkeit zu erheblicher Vielfalt und Stabilität.

1.7 Biozönosen

Biozönosen können als Lebensgemeinschaften in geographisch abgrenzbaren räumlichen Einheiten (= Areal) definiert werden. Besonders zutreffend ist dies für Pflanzengesellschaften. Die fest an ein Areal gebundenen Pflanzen entwickeln infolge starker Konkurrenz ausgeprägte ökologische Nischen und Symbiosen.

Als abgeschlossene Beschreibung ist die genannte Definition dennoch auch für Pflanzen unbrauchbar, da Populationsgrenzen unabhängig voneinander sein können. In der Regel bilden sich verschiedene Dichtegradienten aus. So kann man unter dem Begriff Biozönose nicht die kompletten Populationen der Gemeinschaft subsumieren, sondern alle Individuen aller Arten in einem Areal. Treten zur Biozönose die abiotischen Faktoren des Areals hinzu, spricht man von einem Ökosystem.

Die Organisation von Biozönosen unterscheidet sich von der anderer Integrationsebenen lebender Systeme in wesentlichen Punkten:

- Die Zustandsparameter unterliegen stärkeren Schwankungen.
- Es gibt keine Steuerzentrale.
- Die Integration der Teilsysteme ist weniger durchorganisiert.
- Biozönosen können sich nicht replizieren.

Biozönosen sind hochkomplexe dezentrale Wirkungsgefüge, die nicht miteinander verwandt sind. Jedes Ökosystem ist mit seiner Biozönose ein Unikat, das nur durch vergleichbare Randbedingungen strukturelle Ähnlichkeiten mit anderen Ökosystemen aufweist oder über analoge Funktionsprinzipien verfügt.

1.7.1 Strukturelle Komplexität

Nahrungssysteme. Nahrungssysteme sind Räuber-Beute-Beziehungen auf der Ebene der Biozönose, also unter Einbeziehung aller Arten eines Areals. Der Prozeß, bei dem Beuteindividuen durch eine Räuberart verzehrt werden, wird als Glied in einer Nahrungskette bezeichnet. Werden mehrere Arten von einem Räuber gefressen oder dient eine Art mehreren Räubern als Beute, verweben sich an derartigen Stellen Nahrungsketten zu einem Nahrungsnetz.

Analysiert man die Nahrungsketten eines komplexen Nahrungsnetzes, kann man den beteiligten Arten anhand ihrer Stellung in der Kette einzelnen Trophieebenen zuordnen. Die grünen Pflanzen, die mit Hilfe der Strahlungsenergie der Sonne organische Substanz aufbauen, stellen als Produzenten die erste Trophieebene. Die zweite Trophieebene wird von den Herbivoren gebildet, die als Primärkonsumenten bezeichnet werden. Carnivoren, die von Herbivoren leben, nehmen als Sekundärkonsumenten die dritte Trophieebene ein. Die vierte Trophieebene bilden die Carnivoren 2. Ordnung (Tertiärkonsumenten), usw. Auf der höchsten Trophieebene stehen die Endkonsumenten, meist wenige große Tierarten, die sich von Tieren der niedrigeren Trophieebenen ernähren, aber selbst kaum noch von Räubern gefressen werden. Extreme Universalisten sind Arten, die in mehr als einer Trophieebene Nahrung aufnehmen. Omnivoren, die sowohl Pflanzen als auch Tiere fressen, kommen in vielen Ökosystemen vor und führen zu besonders komplexen Nahrungsnetzen.

Neben Räuberketten zwischen Produzenten und Konsumenten lassen sich kürzere Parasitenketten zwischen Parasiten und Wirten und Reduzentenketten beschreiben. Reduzentenketten aus Aasfressern, Pilzen und Bakterien bauen tote

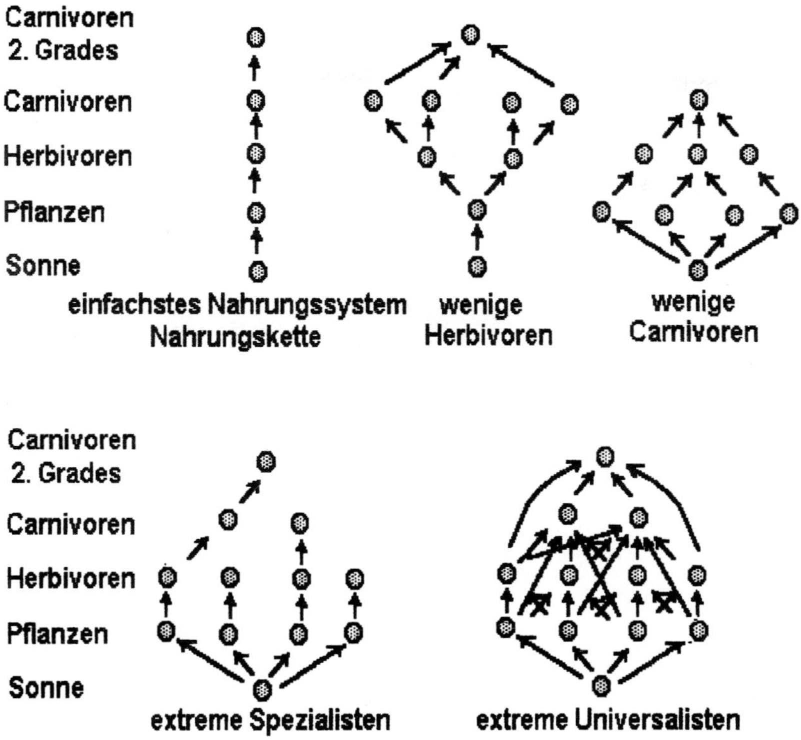

Abb. 1.65. Nahrungssysteme aus miteinander verbundenen Nahrungsketten in den Lebensgemeinschaften verschiedener Ökosysteme. Mitte oben: z.B. Mangrovenzone. Rechts oben: z.B. Landwirtschaft mit starker Weidenutzung. Pfeilrichtung: "Wird gefressen durch" (aus Wilson und Bossert 1973).

Gewebe und Abfallprodukte von Organismen aller Trophieebenen ab und mineralisieren sie letztlich zu Ausgangsmaterial für die Produzenten. Sie schließen damit globale Stoffkreisläufe (vgl. Kap. 2.2.1).

Diversität. Die Komplexität einer Lebensgemeinschaft ist abhängig von stabilisierenden Räuber-Beute-Verhältnissen, vor allem aber von der Ausprägung von Konkurrenzphänomenen und den Ausweichmöglichkeiten der Populationen der beteiligten Arten. Ein vielfältig strukturiertes Areal mit Bedingungen, die im Toleranzbereich vieler Arten liegen, bietet zahlreiche ökologische Nischen und eine entsprechend hohe Komplexität.

Diese ist jedoch kaum quantifizierbar. Da die Zahl und Art der Wechselbeziehungen als Maß der Komplexität (connectivity = Vernetzungsgrad) nur unter sehr großem Zeitaufwand festgestellt werden kann (vgl. Abb. 1.66), werden

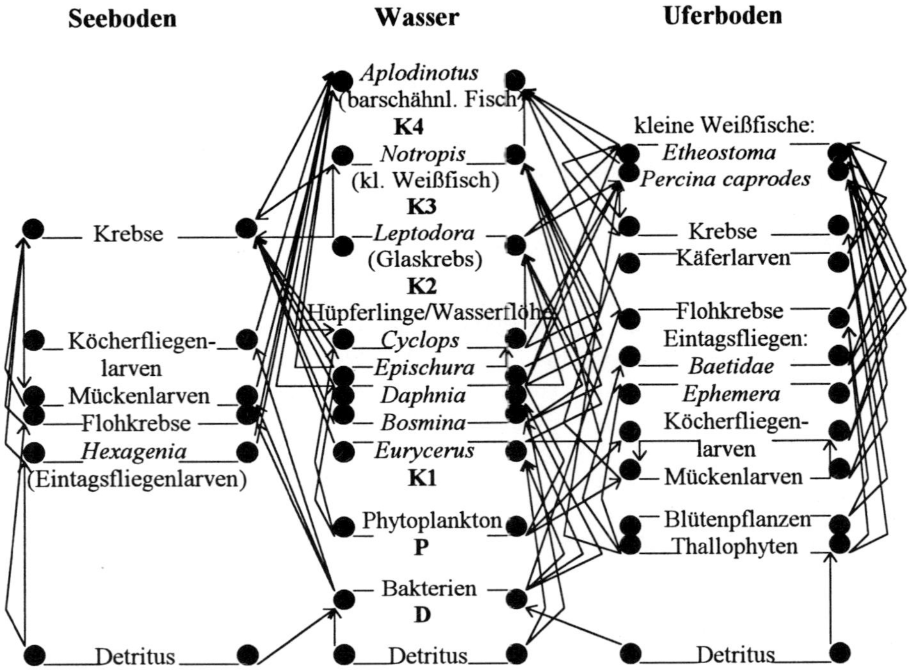

Abb. 1.66. Nahrungsgefüge im Erie-See, USA (stark vereinfacht). Die verschiedenen Trophieebenen sind übereinander angeordnet. Destruenten (Bakterien) und Abfall (Detritus) sind unten eingefügt. Eine Art kann von mehreren anderen Arten leben (z.B. der räuberische Kleinkrebs *Leptodora*) aber auch von mehreren Arten gefressen werden (z.B. der Wasserfloh *Daphnia*). Hieraus resultiert die Vernetzung einzelner Nahrungsketten. Aus Gründen der Übersichtlichkeit ist nur eine Fischart als Konsument 4. Ordnung angegeben (nach Czihak et al. 1992).

quantifizierbare Größen herangezogen, die die Komplexität einer Lebensgemeinschaft indirekt widerspiegeln: Anhand von Stichproben werden die Artenzahl und die relativen Häufigkeiten der Organismen der einzelnen Arten bestimmt.

Der Grad der Gleichverteilung der gefundenen Organismen auf die repräsentierten Arten wird als evenness bezeichnet. Sind alle gefundenen Arten mit der gleichen Individuenzahl vertreten, ist die evenness maximal (= 1); dominiert eine Art und treten daneben zahlreiche Arten mit äußerst geringer Individuenzahl auf, ist sie minimal (-> 0). Die Diversität oder Mannigfaltigkeit einer Biozönose kombiniert die Häufigkeitsverteilung, also die evenness, mit der Artenzahl. Deshalb gilt:

- Bei gleichbleibender Artenzahl steigt die Diversität, wenn die evenness steigt.
- Bei gleichbleibender evenness steigt die Diversität, wenn die Artenzahl steigt.

Da das Verhältnis der Individuenzahlen entscheidend ist, hat die absolute Zahl der gefundenen Individuen keinen Einfluß auf die Diversität. Für den Vernetzungsgrad eines Systems ist Diversität eine zwar notwendige, aber nicht hinreichende Bedingung. Neben der Diversität ist die Stärke der Beziehungen wichtig. Diese ist jedoch, ebenso wie die Stabilität des Systems, ein funktionaler Parameter, der mit rein strukturellen Beschreibungen der Diversität nicht erfaßt werden kann.

Die gebräuchlichste Gleichung zur Berechnung der Diversität stellt der Shannon-Wiener-Index dar:

Diversität t $$H'_S = -\sum_{1}^{S} p_i \ln p_i$$

S = Artenzahl (spezies)
p_i = relative Abundanz der Art i

evenness $$E = H'_S / \ln S$$

Analog zu entsprechenden Gleichungen in der Physik oder Informationstheorie beschreibt der Shannon-Wiener-Index das Entropiemaß oder den Informationsgehalt eines Systems. H'_S ist der Grad der Ungewißheit H, welche Art (S) bei einer Stichprobe gezogen wird. Ist nur eine Art im Areal vorhanden, ist $H_S = 0$; bei maximaler Evenness ist auch H'_S maximal. Ein System aus zwei gleichhäufigen Arten ist demnach diverser als ein System aus 11 Arten, in dem Art 1 mit 90 %, die Arten 2-11 mit je 1 % der Individuen vertreten sind.

H' hat keine obere Grenze und kann bei zusätzlichen Informationen oder einer Vergrößerung des Stichprobenumfangs erweitert werden. Neben der Artzuweisung (H'_S) können andere Klassifikationen (Größe, Nahrung, Habitat) auf die gleiche Weise vorgenommen werden. Die einzelnen H-Werte lassen sich addieren, was eine Vergleichbarkeit der Vielfalt bezüglich vieler ökologischer Merkmale ermöglicht. Literaturangaben über die Diversität von Lebensräumen dürfen allerdings nicht verglichen werden, da die erhobenen Daten in den seltensten Fällen vergleichbar sind.

Diversitätsindizes sind geeignet, Veränderungen in Biozönosen festzustellen. Zur Bewertung dieser Veränderungen sind sie jedoch ungeeignet:

- Starke Eingriffe in Ökosysteme können zu einer Verarmung der Artenvielfalt führen; dies ist meist begleitet von Massenentwicklungen weniger resistenter Arten, die die verbliebenen Ressourcen nutzen: Die Diversität sinkt stark.
- Eingriffe in Ökosysteme können neue Lebensräume schaffen, in denen die Artenzahl unter Umständen steigt, aber wenige dominierende r-Strategen das Gros der Individuen stellen: Die Diversität sinkt schwach.
- Plötzliche Eingriffe in Ökosysteme treffen häufige Arten absolut stärker. In Stichproben werden seltene Arten häufiger. Die Eveness steigt, die Diversität steigt mit: Katastrophen können nivellierenden Charakter haben.

Diversitätsindizes sollen die komplexe Ökologie auf eine handhabbare Zahl reduzieren, um sie bewertbar zu machen. Da ökologische Zusammenhänge unabhängig von ihrer Komplexität nicht a priori bewertbar sind, ist es ein gutes Korrelat auch nicht. Bewertbar sind Unterschiede vom Sollzustand. Ein Sollzustand von Ökosystemen muß definiert und begründet werden; dies gilt auch für die entsprechenden Indizes. Arten mit geringen Individuenzahlen dürfen nicht unter den Tisch fallen; sie müssen stärker gewichtet werden, als es ihre Individuenzahl nahelegt.

Zur Bewertung von Veränderungen in Lebensgemeinschaften sollte die absolute Individuenzahl mit berücksichtigt werden. Wird die Biomasse als störbare Größe mit einbezogen, ergeben sich Informationen über den Grad funktioneller Beeinträchtigungen, die in Kombination mit individuenbezogenen Indizes Rückschlüsse zulassen. Bei gleichbleibender Biomasseproduktion können große Arten durch kleine ersetzt werden: Die Individuenzahl steigt, ebenso evenness und Diversität.

1.7.2 Stoff- und Energiewechsel

Als wesentliche funktionale Parameter von Lebensgemeinschaften sind Stoff- und Energieflüsse zu nennen. Auf stoffbezogene Funktionen wird im Rahmen dieses Kapitels nicht näher eingegangen, siehe dazu Kap. 2. Im folgenden wird der Fluß der Energie in Form reduzierter und damit oxidierbarer Kohlenstoffverbindungen betrachtet.

Der Energiegehalt eines Tieres beträgt 5-7 kcal/g verbrennbarer Substanz, der Energiegehalt von Pflanzen variiert stärker und ist im allgemeinen niedriger. Raub und Abbau ist die Nutzung eines Teils dieser Energie durch Organismen, die sich von den Körpern anderer Organismen ernähren: Nahrungsketten sind als Wege des Energieflusses aufzufassen. Die aufgenommene Energie wird investiert in

- Atmung und Gärung: Gewinnung chemischer Energie zur Aufrechterhaltung des Stoffwechsels und des physiologischen Gleichgewichts, sowie zur Bewegung; schließlich Verlust in Form von Wärme.
- Export: Verlust für die Nahrungskette in Form von Auswanderung, Transport von totem Material.
- Produktion: Festlegung der Energie durch Wachstum, Entwicklung, Reproduktion, Reservestoffspeicherung, Weitergabe an die nächste Trophieebene.

Der Quotient des Energiewertes, der von einer Population in Form organischer Substanz als Nahrung für die nächste Ebene produziert wird, zu den von der Population selbst als Nahrung aufgenommenen Kalorien wird als ökologischer Wirkungsgrad bezeichnet. Dieser kann für einzelne Populationen wie auch für ganze Trophieebenen berechnet werden (Tabelle 1.6).

Die einzelnen Trophieebenen lassen sich nach ihrem Energiegehalt zu Nahrungspyramiden anordnen, die sich zur Spitze stark verjüngen. Diese Verjüngung in Abhängigkeit vom ökologischen Wirkungsgrad illustriert, daß Nahrungsketten nicht mehr als 4 oder 5 Glieder aufweisen können.

Meistens wird der Energiegehalt von trophischen Ebenen anhand der Biomasse bestimmt. Wird lediglich die im Moment der Messung vorhandene Biomasse zugrundegelegt, ergeben sich häufig keine sinnvollen Daten (Abb. 1.67).

Tabelle 1.6. Beispiel für ökologische Wirkungsgrade: Aquatische Lebensgemeinschaft bei Silver Springs, Florida, untersucht von H.T. Odum. Zahlenwerte: kcal unter jedem m^2 Wasseroberfläche pro Jahr (Daten aus Wilson und Bossert 1973).

Trophieebene	aufgenommen	gespeichert	Wirkungsgrad
Pflanzen	20 810	8 833 = 42 %	
Pflanzenfresser	3 368	1 478 = 44 %	16 %
primäre Fleischfresser	383	67 = 17 %	11 %
sekundäre Fleischfresser	21	6 = 29 %	5.5 %

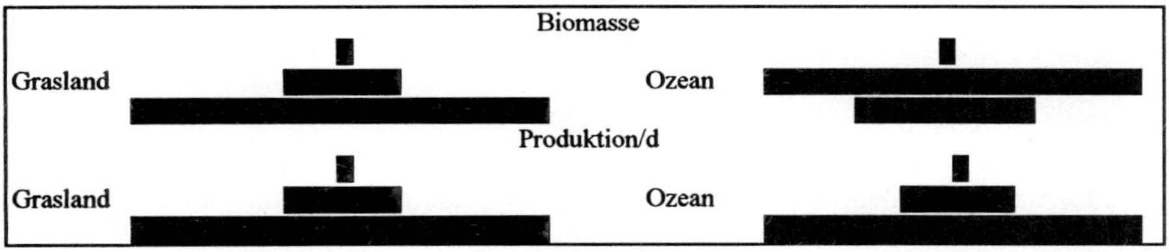

Abb. 1.67. Pyramiden der Biomasse und der Produktionsrate in zwei verschiedenen Ökosystemen. Jeweils (von oben nach unten) Carnivoren, Herbivoren, Pflanzen.

In der schwebenden Lebensgemeinschaft des Freiwassers mariner Ökosysteme (= Plankton) erreicht die Zooplanktonmasse häufig das doppelte der Phytoplanktonmasse. Da die Algen als kleinste existierende Pflanzen über eine extrem hohe Reproduktionsrate r und eine sehr kurze Generationsdauer verfügen, haben sie einen wesentlich höheren Biomasseumsatz als das von ihnen lebende Zooplankton: Die tägliche Produktion liefert genügend Energie, um die nächste Trophieebene zu versorgen. Die Menge der aktuellen Biomasse ("standing crop") muß demnach umso größer sein, je länger die durchschnittliche Lebensdauer der Organismen der jeweiligen Trophieebene ist. Im Grasland und erst recht im Wald verschieben sich die Biomasseverhältnisse deshalb stärker zu den Pflanzen.

1.7.3 Wachstum und Entwicklung: Biozönotische Dynamik

Biozönosen sind ständigen Veränderungen unterworfen und befinden sich im Falle scheinbarer statischer Konstanz in einem dynamischen Fließgleichgewicht, das hier vorwiegend in struktureller Hinsicht betrachtet wird.

Stabilität. Die Stabilität von Biozönosen ist Gegenstand vieler sehr unterschiedlicher Betrachtungen. Sie ist Ziel vieler Naturschützer und Rechtfertigung vieler Naturnutzer. Vor allem ist unklar, was genau unter Stabilität zu verstehen ist und welche Parameter sie beeinflussen. So ist die Annahme, daß Artenvielfalt die

Stabilität erhöht, zwar grundsätzlich richtig, weil sich in der Regel damit auch die Komplexität der Wechselwirkungen und die Zahl der ökologischen Nischen erhöht. So sind Räuber-Beute-Systeme mit vielen Beutearten sehr stabil. Andererseits verursacht eine Erhöhung der Zahl der Räuberarten unter Beibehaltung weniger Beutearten vermehrte Instabilität in Form von starken Abundanzschwankungen. Typ und Spezifität der Wechselbeziehungen sind letztendlich wichtiger als die reine Zahl der Arten oder Interaktionen.

Die Konstanz der Abundanzen über die Zeit ist für sich genommen noch kein Zeichen für die Stabilität einer Biozönose. Sie deutet zunächst einmal auf konstante Umweltbedingungen hin. Erst bei Auftreten größer Umweltvarianzen erweist sich die Stabilität des Systems:

- Die Auslenkung zeigt die Beeinflußbarkeit des Systems. Stabilität ist in diesem Sinne die Fähigkeit, strukturellen und funktionellen Veränderungen ohne große Auslenkung standzuhalten. Es gibt keine dichteabhängigen Zyklen oder nur solche mit kleiner Amplitude.
- Die Auslenkbarkeit zeigt die Elastizität des Systems. Sie ist ein Maß dafür, wie stark eine kurzfristige Beeinträchtigung sein darf, ohne daß das System langfristig verändert wird. Stabilität ist in diesem Sinne die Fähigkeit, nach Veränderungen den Ausgangszustand wieder zu erreichen. Hohe Auslenkbarkeit führt zu hoher Persistenz auch bei geringer Konstanz. In solchen Systemen werden dichteabhängige Zyklen mit großer Amplitude verkraftet.
- Ausmaß und Geschwindigkeit der Rückkehr in Ausgangszustand zeigen die Regenerationsfähigkeit des Systems. Stabilität ist in diesem Sinne eine hohe Toleranz gegenüber inneren Veränderungen. Die Zahl der möglichen Auslenkungen ist ein weiteres Maß für die Erholungsfähigkeit. Hohe Regenerationszeiten und weite Auslenkungen verlängern die Zeiträume der Instabilität und verkürzen die Länge der Nahrungskette.

Systeme mit genau und effizient regelnden Wechselbeziehungen lassen sich von vornherein weniger stark durch Umweltschwankungen auslenken. Hier kommt der Koevolution eine wichtige Bedeutung zu: Eine lange gemeinsame Anpassung der Arten führt in diesem Sinne zu erhöhter Stabilität. Parasiten aus dem Herkunftsgebiet einer eingeführten und nun zu bekämpfenden Wirtsart regulieren den Wirt erheblich besser als einheimische, schlechter angepaßte Parasiten: Die Abundanzschwankungen beider Arten bleiben kleiner, die Abundanz des Wirts bleibt auf niedrigerem Niveau.

Wenig komplexe, aber für Störungen selektierte Systeme kehren unter Umständen schneller in den Ausgangszustand zurück als hochkomplexe Systeme von großer Konstanz. Ein vergleichsweise artenarmer Nadelwald ist diesbezüglich stabiler als ein tropischer Regenwald: Er zeigt bei kleinen Umweltveränderungen zwar erheblich schneller Wirkung, verkraftet aber auch noch Störungen, die einen Regenwald irreversibel schädigen.

Sukzession. Biozönosen besitzen wie alle lebenden Systeme ein Entwicklungspotential. Entsteht ein Areal neu (Marsch, Vulkaninsel) oder ist die Biozönose eines Areals durch eine Katastrophe weitgehend vernichtet worden, kommt es zur

Neubesiedlung dieses Areals. Während der Entwicklung der neuen Biozönose kommt es zur zielstrebigen Aufeinanderfolge von Zuständen unterschiedlicher Artenzusammensetzung (= Serien), die bestimmten Gesetzmäßigkeiten folgt. Dieses zuerst an Pflanzengesellschaften beobachtete und dort am besten untersuchte Phänomen wird Sukzession genannt.

Die erste Phase einer solchen Folge kann als Entwicklungsphase des Ökosystems bezeichnet werden. Aus den umliegenden Ökosystemen dringen zahlreiche Arten in das zu besiedelnde Areal ein und besiedeln es neu, sobald es Bedingungen aufweist, die im Toleranzbereich der einzelnen Arten liegen. Die ersten Besiedler sind r-Strategen, die sich aufgrund ihrer Schnellwüchsigkeit und hohen Vermehrungsrate einen Startvorteil verschaffen. In jungen Sukzessionsstadien ist der Quotient aus Biomasse und Bruttoproduktion durch den hohen Energieumsatz kleiner r-Strategen klein. Während dieser ersten Phase steigen der Artenreichtum und die Diversität stark an. Die Artenzunahme ist selbstfördernd, da sie die Komplexität des Systems und damit auch die Zahl der ökologischen Nischen steigert.

Die zweite Phase ist die Konsolidierungsphase des Ökosystems. Die Veränderungsgeschwindigkeit nimmt ab, die verschiedenen Serien folgen nicht mehr so schnell aufeinander. Neubesiedlungen werden zunehmend von Abwanderung oder Aussterben von Arten kompensiert, die Diversität steigt langsamer. Die zu Beginn dominierenden r-Strategen bekommen Konkurrenz durch gut angepaßte K-Strategen, die die entstandenen Nischen effektiver zu nutzen imstande sind.

In der Endphase verändert sich das Ökosystem nicht mehr. Einwanderung und Aussterben halten sich die Waage, es ist ein stabiles Fließgleichgewicht eingespielt. Dieses Endstadium wird als Klimax bezeichnet und wird nur in konstanten Umwelten erreicht. Unter gleichen Umweltbedingungen führen auch unterschiedliche Ausgangssituationen und Serien meist zur gleichen Klimaxgesellschaft. Die r-Strategen sind durch K-Strategen weitgehend auskonkurriert worden. Konkurrenzschwächere Organismen können sich nur an ungünstigen Stellen halten, wenn ihr Toleranzbereich den der konkurrenzstärkeren überschreitet. Große K-Strategen erzeugen einen hohen Wert des Quotienten Biomasse/Bruttoproduktion und damit viel "standing crop". Die Diversität kann in einer Klimaxgesellschaft ihr Maximum erreichen, weil die Komplexität und die Zahl ökologischer Nischen maximal ist. Sie kann aber auch gesunken sein, wenn wenige konkurrenzstarke Arten viele andere verdrängen.

Sukzession kann in Ökosystemen unterschiedlichster zeitlicher und räumlicher Ausdehnung beobachtet werden. Die Biozönose eines Dungfladens oder einer Pfütze zeigt prinzipiell die gleiche Grobfolge von Zuständen wie die einer Vulkaninsel, wenn auch bei derart kurzlebigen Systemen der Begriff Klimax nicht angebracht scheint. Die jahreszeitlichen Zyklen der Ökosysteme höherer Breiten führen alljährlich zu Sukzessionserscheinung bei kurzlebigen Organismen. Lediglich mehr- bis vieljährige Arten können unter solchen Umständen eine Klimaxgesellschaft prägen. Letztlich hängt aber auch die Betrachtung größerer und langlebiger Systeme von der zeitlichen Skalierung ab. Konstante Umweltbedingungen, die zur Ausprägung einer Klimaxgesellschaft notwendig sind, können nur über bestimmte Zeiträume ihre Konstanz wahren. Vor dem Hintergrund erdgeschichtlicher Prozesse, etwa der Ausbildung von Eiszeiten, ist selbst die

Konstanz tropischer Regenwälder relativ und jede rezente Zustandsform von Ökosystemen als vorübergehendes Sukzessionsstadium zu betrachten. So bedarf der Begriff Klimax einer Klärung der räumlichen und zeitlichen Skala, innerhalb der ein Ökosystem definiert wird.

Ökosysteme unterliegen einer ständigen Dynamik. Starke Klimaeinbrüche, Waldbrände und andere Katastrophen sind bei ausreichend langer Betrachtung nahezu regelmäßige Vorgänge, die die Sukzession stören oder die Voraussetzungen für neue Sukzession schaffen. Da Katastrophen wie Waldbrände, Kahlschläge oder Insektenfraß sich räumlich begrenzt auswirken, entsteht nebeneinander ein Mosaik aus verschiedenen Zuständen während der Sukzession. So ist eine parallele und zusammenführende Beobachtung von Vorgängen möglich, die für sich genommen Jahrhunderte oder Jahrtausende in Anspruch nehmen. Dieses dynamische Mosaik ist die Gewähr für eine schnelle Wiederbesiedlung durch Lebensgemeinschaften benachbarter anderer Zustandsformen und die Voraussetzung für die Existenz von r-Strategen. Als zusätzlicher Faktor greift der Mensch in Sukzessionsvorgänge ein:

- Klimaxgesellschaften werden gestört durch direkte Eingriffe in die Biozönose und mittelbare oder unmittelbare Veränderungen der abiotischen Umweltfaktoren.
- Anthropogene Ersatzgesellschaften werden geschaffen (Äcker, Forst).
- Sukzessionsstadien werden als Dauergesellschaften konserviert (Wiesen, Weiden, Heide).

Alle diese Eingriffe führen zu einer Verschiebung des Arteninventars. Langlebige K-Strategen der Klimaxgesellschaft werden zugunsten von relativ kurzlebigeren r-Strategen verschiedener Sukzessionsstadien zurückgedrängt. Da diese Arten und ihre Habitate (Streuobstwiesen, Trockenrasen, Heideflächen) bei einer Renaturierung durch die natürliche Klimaxgesellschaft verdrängt würden, müssen ihre Lebensräume bei entsprechend definiertem Schutzziel künstlich erhalten werden.

Dynamisches Gleichgewicht der Arten. Lokales Aussterben von Populationen und (Wieder-)Besiedlung durch dieselben oder andere Arten sind ständig ablaufende Prozesse. Ihre Entwicklung und die Ausbildung von dynamischen Gleichgewichten zwischen ihnen läßt sich besonders gut an isolierten Arealen betrachten und quantitativ beschreiben. Je nach Aktionsradius der betrachteten Arten können abgeschlossene Habitate sehr unterschiedlich ausgedehnt und strukturiert sein. Näherungsweise können die meisten Habitate als Inseln aufgefaßt werden (Abb. 1.68).

Betrachtet man das Arteninventar von Inseln, läßt sich eine Beziehung zwischen Arealgröße und Artenzahl ableiten. Die Anzahl der Arten S einer taxonomischen Einheit wächst bei zunehmender Inselgröße etwa wie die dritte bis vierte Wurzel des Inselareals A. Bei doppelt logarithmischer Auftragung ergibt sich eine gradlinige Areal-Arten-Kurve. Für die Lage des dynamischen Gleichgewichts der Arten einer Insel sind zwei Größen maßgeblich: Die Einwanderungsrate und die Aussterberate des Areals.

Abb. 1.68. Wirkliche Inseln (oben) und Habitatinseln (untere drei) werden mit Hilfe der gleichen quantitativen Theorie untersucht (aus Wilson und Bossert 1973).

Einwanderungsrate $i_{(S)}$	=	Anzahl neuer Arten pro Zeit t
Aussterberate $e_{(S)}$	=	Anzahl verschwindender Arten pro Zeit t

Mit der Zeit und den vorhandenen Arten sinkt i, da die Wahrscheinlichkeit abnimmt, daß eine Art die Insel erreicht, die noch nicht dort vorhanden ist. Gleichzeitig steigt e, da bei höherer Artenzahl S die Wahrscheinlichkeit steigt, daß auf der Insel angelangte Arten den dortigen Lebensbedingungen und der Konkurrenz der bereits vorhandenen Arten nicht gewachsen sind. Entscheidend für die Artenzahl der betrachteten Insel ist zudem die Artenzahl P des Ursprungsbiotops, von dem aus die Besiedlung stattfindet: S kann maximal den Wert von P annehmen (Abb. 1.69).

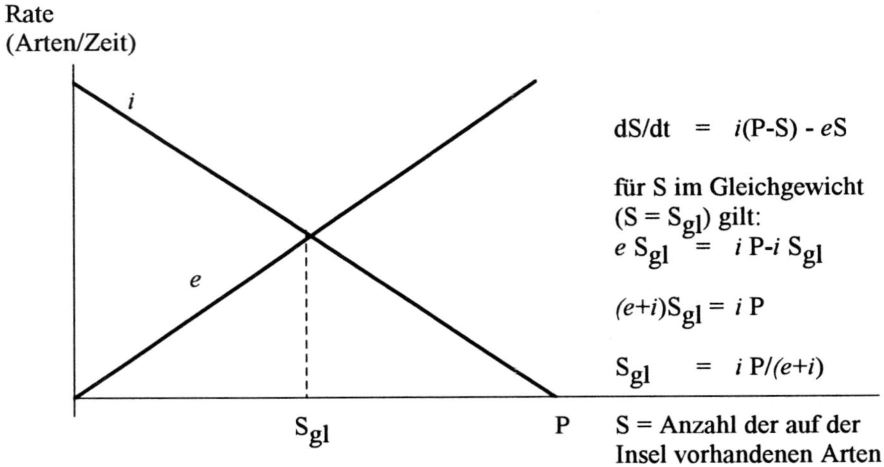

Abb. 1.69. Grundmodell des Artengleichgewichts. Im Punkt S_{gl} ist eine Artenzahl vorhanden, bei der die Aussterberate gleich der Einwanderungsrate ist (nach Wilson und Bossert 1973).

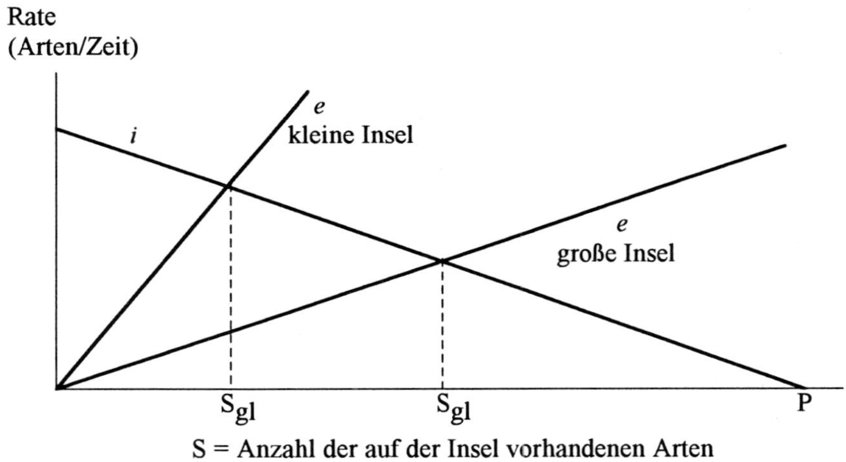

Abb. 1.70. Arealeffekt. Eine Zunahme der Inselfläche senkt die Aussterberate und hebt dadurch die Anzahl der Arten im Gleichgewichtszustand (nach Wilson und Bossert 1973).

Die Inselgröße beeinflußt die Lage des Gleichgewichtspunktes. Die Artenzahl zeigt einen Arealeffekt (Abb. 1.70). Die Besiedlungsrate ist weitgehend unabhängig von der Arealgröße, während die Aussterberate eine deutliche Abhängigkeit zeigt: Kleinere Inseln tragen kleinere Populationen, deren Aussterbewahrscheinlichkeit höher ist.

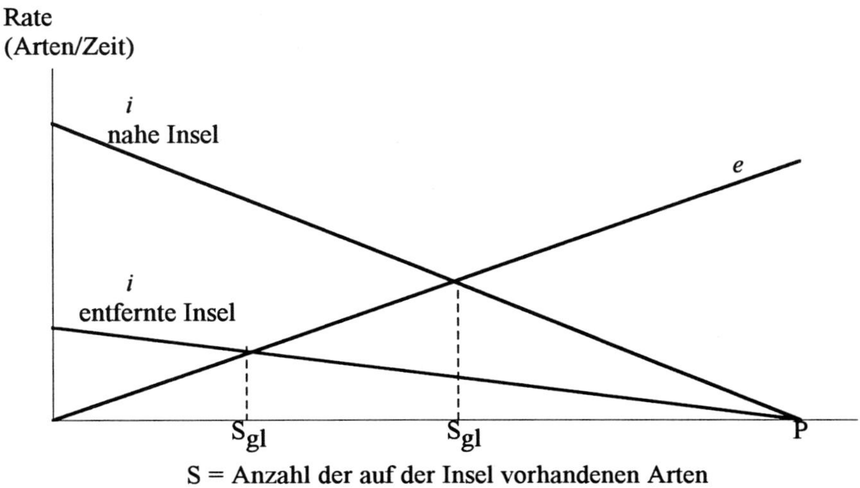

Abb. 1.71. Entfernungseffekt. Eine Vergrößerung des Abstandes zum Auswanderungsgebiet senkt die Einwanderungsrate und damit die Artenzahl im Gleichgewichtszustand (nach Wilson und Bossert 1973).

Eine weitere Einflußgröße auf den Gleichgewichtspunkt ist die Entfernung zwischen der betrachteten Insel und dem Herkunftsgebiet der besiedelnden Arten. (Abb. 1.71). Nähere Inseln werden öfter von neuen Arten erreicht. Die Einwanderungsrate ist somit vom Inselabstand abhängig, während die Aussterberate davon unabhängig ist.

Der Besiedlungsverlauf einer Insel ergibt sich aus der Summe der Unterschiede von Einwanderung und Aussterben im Verlauf der Zeit. Da Einwanderungsrate und Aussterberate mit der Zeit und steigender Artenzahl immer aufeinander zulaufen, läßt sich die Besiedlung in Form einer Sättigungskurve darstellen, die gegen die Gleichgewichts-Artenzahl strebt (Abb. 1.72).

Aus quantitativen Modellen können keine qualitativen Aussagen abgeleitet werden: Das Erreichen einer bestimmten Artenzahl bedeutet noch lange nicht die Einstellung einer bestimmten Artenzusammensetzung. Die qualitative Struktur von Biozönosen regeneriert sich erheblich langsamer oder gar nicht mehr. Deshalb kann auf eine qualitative Erhebung des Arteninventars nicht verzichtet werden. Die Erfassung von Leitarten bestimmter Umweltbedingungen (= Bioindikatoren) ermöglicht es, den momentanen Zustand einer Biozönose und des gesamten Ökosystems abzuschätzen. Werden Untersuchungen im Bereich des Artenschutzes durchgeführt, steht die Erfassung einzelner seltener Arten im Vordergrund. Deren Verschwinden beeinträchtigt die übrige Lebensgemeinschaft möglicherweise nicht und hat keinen Einfluß auf die Produktivität eines Ökosystems. Es trägt aber zu einer weiteren Verarmung der in vier Milliarden Jahren entstandenen genetischen Vielfalt bei.

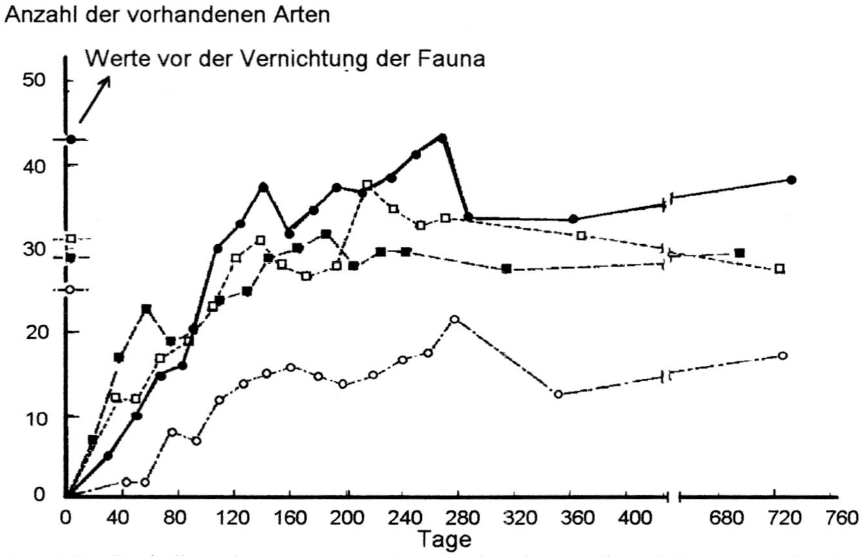

Abb. 1.72. Besiedlungskurven von Insekten und anderen Gliederfüßerarten auf kleinen Mangroveninseln in den Florida Keys. Die ursprünglich vorhandenen Faunen wurden durch Behandlung mit Methylbromid entfernt und die darauffolgende Wiederbesiedlung wurde anhand häufiger Zählungen beobachtet (aus Wilson und Bossert 1973).

2 Verhalten von Chemikalien in der Umwelt

2.1 Eigenschaften von Umweltkompartimenten

2.1.1 Umweltmedium Wasser

Wasser ist mengenmäßig die wichtigste Komponente der belebten Natur, ohne die Leben nicht möglich ist. Quallen bestehen zu 98-99%, der Mensch immerhin noch zu 58,5% aus Wasser. Der Mensch muß täglich etwa 3 l Wasser zu sich nehmen, Wasser ist daher unser wichtigstes Lebensmittel. Wasser tritt in der Natur nicht in chemisch reiner Form auf, sondern es enthält stets gelöste Stoffe. Auch Regenwasser enthält natürlicherweise Kohlendioxid und einige Salze, die aus dem Spray der Ozeane stammen. In unserer dicht besiedelten Welt ist der Bedarf an Wasser als Nahrungsmittel, für die Nahrungsmittelproduktion und industrielle Zwecke so groß, daß die Wasserversorgung und Abwasserbeseitigung nicht mehr dem Zufall überlassen werden kann. Wasser ist jedoch auch Lebensraum von Organismen. Mit Ausnahme von Regen- und tiefem Grundwasser ist es in der Natur fast nie frei von Organismen. Gewässer, die keine Organismen enthalten, sind Folge von Umweltbelastungen.

Einige Eigenschaften des Wassers. Das Wassermolekül weist einen Dipolcharakter auf. Wegen dieser Eigenschaft bilden die Wassermoleküle auch untereinander Aggregate, sogenannte Cluster (Abb 2.1). Die Größe dieser Cluster nimmt mit zunehmender Temperatur ab. Dazwischen liegen einzelne Wassermoleküle. Wird nun ein Salz, z.B. NaCl, in Wasser gelöst, so lagern sich die Wassermoleküle entsprechend ihrer Polarität um die freiwerdende Na^+- und Cl^--Ionen. Die Bildung dieser Hydrathüllen um geladene Teilchen ist wesentlich für die Lösung von Salzen im Wasser. Polare Substanzen werden hydrophil genannt. Andererseits werden unpolare Substanzen schlecht bis garnicht im Wasser gelöst, sie werden als hydrophob bezeichnet. Diese Eigenschaften sind von entscheidender Bedeutung für die Verteilung von Stoffen.

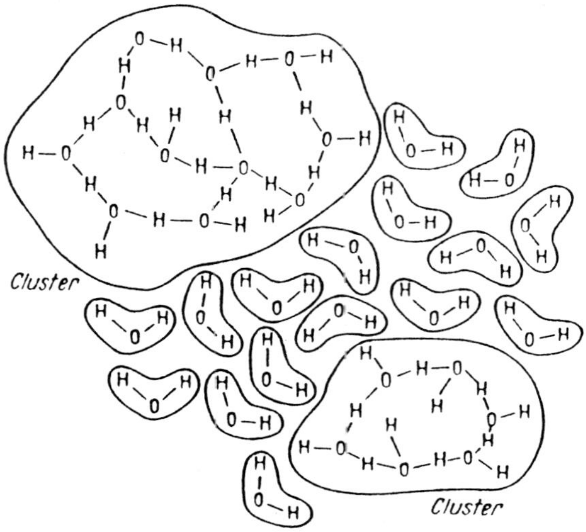

Abb.2.1. Cluster von Wassermolekülen, die Zwischenräume sind mit einzelnen Wassermolekülen ausgefüllt (aus Schwoerbel 1980)

Für die Organismen im Gewässer ist die Löslichkeit von Gasen von entscheidender Bedeutung. Sie nimmt mit zunehmender Temperatur und abnehmendem Druck ab. Für einen Druck von 1 bar gelten für die natürliche Zusammensetzung der Atmosphäre (20,99% O_2, 0,03% CO_2) folgende Löslichkeiten (mg/l):

	0°C	10°C	20°C	30°C
O_2	14,5	11,1	8,9	7,2
CO_2	1,005	0,70	0,51	0,38

Sind diese Mengen im Wasser enthalten, so liegt 100% Sättigung vor. Bei größeren oder kleineren Gehalten im Wasser liegt Unter- bzw. Übersättigung vor. Es ist durchaus möglich, Gasgehalte über der für den jeweiligen Druck gegebenen Sättigungskonzentration zu finden.

Der Wasserkreislauf. Die Wassermenge auf der Erde wird auf 1,348 Milliarden km^3 geschätzt, wovon jedoch 97,39% auf salziges Meerwasser entfallen (Tabellen 2.1, 2.2). Das Süßwasser ist ebenfalls zu einem großen Teil nicht nutzbar, da es als Eis festliegt oder als Grundwasser in sehr großen Tiefen lagert. Analog zu den Kreisläufen der Elemente kann ein globaler Wasserkreislauf aufgestellt werden (Abb. 2.2). Die am Kreislauf beteiligte Wassermenge beträgt nur 0,034% der gesamten Wassermenge der Erde. Wichtigste Quelle des atmosphärischen Wasserkreislaufs ist die Verdunstung über den Ozeanen. Der größte Teil dieses Wassers regnet über dem Ozean wieder ab. Der Rest bildet zusammen mit der Verdunstung der Landflächen die Niederschlagsmenge auf die Landfläche. Die Ein-

Tabelle 2.1. Verteilung der Gesamtwassermenge der Erde auf verschiedene Kompartimente (nach Klee 1991)

	Menge (km^3)	%
Weltmeer	1 348 000 000	97,390
Polareis, Gletscher	27 820 000	2,010
Grundwasser	8 062 000	0,580
Seen und Flüsse	225 000	0,020
Atmosphäre	13 000	0,001
	1 384 120 000	100,000

Tabelle 2.2. Verteilung des Süßwassers auf der Erde (nach Klee 1991)

	Menge (km^3)	%
Polareis, Meereis, Gletscher	27 818 246	77,230
Grundwasser bis 800 m Tiefe	3 551 572	9,860
Grundwasser von 800 - 4000 m Tiefe	4 448 470	12,350
Bodenfeuchte	61 234	0,170
Seen (süß)	126 070	0,350
Flüsse	1 081	0,003
hydrierte Erdmineralien	360	0,001
Pflanzen, Tiere, Mensch	1 081	0,003
Atmosphäre	14 408	0,040
	36 022 521	100,000

zelposten des Wasserkreislaufes an Land stehen in folgender Beziehung zueinander:

Niederschlag = Abfluß + Verdunstung + Speicherung

Der Abfluß wird über Fließgewässer zum Meer zurückgeführt. Für die Trinkwasserversorgung spielen die Binnengewässer eine große Rolle. Rein rechnerisch wird das Rheinwasser mehrmals genutzt, bevor es in die Nordsee fließt. Die Binnengewässer können folgendermaßen klassifiziert werden:

I. Unterirdische Gewässer: Grundwasser und Höhlengewässer.
II. Oberirdische Gewässer:
1. Fließende Gewässer: Quellen, Bäche, Flüsse, große Ströme.
2. Stehende Gewässer:
a) Große ausdauernde Gewässer: Seen, Weiher, große Teiche,
b) ausdauernde oder periodische Kleingewässer wie Regentümpel,
c) Binnensalzgewässer,
d) Übergangs- und Verlandungsbiotope

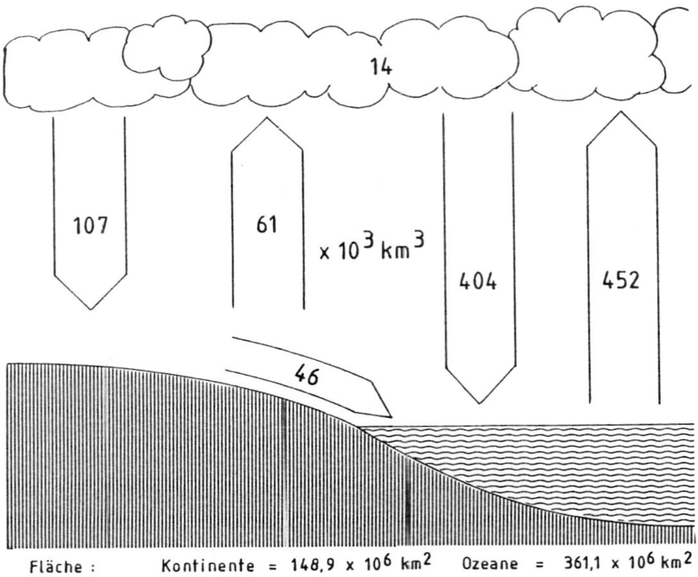

Abb.2.2. Schematische Darstellung des Wasserkreislaufs der Erde (nach Klee 1991)

Die zweite große Gruppe stellen die Ozeane einschließlich der Rand- und Binnenmeere dar. In ihnen sammelt sich letztendlich alles Wasser und die mit ihm transportierten Schadstoffe an. Die wichtigsten Gewässertypen sollen in ihren Eigenschaften kurz charakterisiert werden.

Seen. Für die Vorgänge in einem See sind die Temperaturen in den Wasserschichten von entscheidender Bedeutung. Das Schichtungsverhalten von Seen wird durch die Dichteanomalie des Wasser (größte Dichte bei 4°C) bestimmt. Das Zirkulationsverhalten von Seen ist in Abb. 2.3 dargestellt. In unseren Breiten sind dimiktische Seen die Regel. Ausnahmen sind der Bodensee und andere Seen südlich der Alpen, die als warmmonomiktische Seen im Winter nicht zu frieren. Dieses Mischungsverhalten ist für die Verteilung von Stoffen im See von Bedeutung. Die thermische Schichtung bewirkt, daß der Stoffaustausch zwischen Schichten unterschiedlicher Temperatur ausschließlich durch Diffusion stattfindet.

Im Herbst und im Frühjahr ist keine Schichtung zu beobachten und damit das Vermischen von Tiefenwasser und Oberflächenwasser möglich. Treibende Kraft sind die Winde. Sauerstoff, Nährstoffe und Umweltchemikalien können durch diese Zirkulation verteilt werden. Es kommt zum Ausgleich von Konzentrationsunterschieden zwischen den Wasserschichten. Sedimentation von Partikeln bewirkt einen Stofftransport in das Sediment. Die Sedimentation ist während der Schichtungsphase im Sommer besonders ausgeprägt. Da viele Schadstoffe an

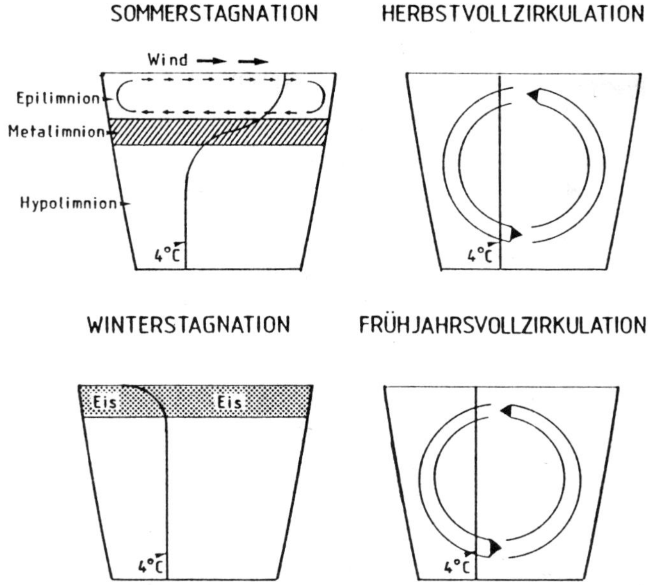

Abb.2.3. Temperaturschichtung und Zirkulationsverhalten eines dimiktischen Sees (aus Klee 1991)

Partikeln adsorbiert werden, werden sie ins Sediment verlagert. Das Sediment ist ein ständiges Reservoir für Rücklösungen. Organismen, die auf oder im Sediment leben, können Schadstoffe anreichern und über bodenlebende Fische an die Nahrungskette weitergeben.

Zur Charakterisierung von Seen bezüglich ihres Nährstoffhaushaltes werden die Trophiestufen herangezogen (Tabelle 2.3). Für das Wachstum von Algen ist in erster Linie der Phosphatgehalt entscheidend. Hohe Produktion der Algen führt zu hoher Sedimentation und hoher Sauerstoffzehrung in der Tiefe, wo die sedimentierte Biomasse mineralisiert wird. Die Trophiestufen sind besonders wichtig, wenn die Belastbarkeit eines Sees als Vorfluter für Kläranlagen interessiert.

Fließgewässer. Wie bei den Seen wird der Wärmehaushalt bei den Fließgewässern jahreszeitlich abhängig von der einfallenden Strahlung bestimmt. Direkt am Quellaustritt ist dieser Einfluß nicht feststellbar, die Wassertemperatur entspricht der des Grundwassers. Mit zunehmender Entfernung von der Quelle treten tageszeitlich und jahreszeitlich Schwankungen auf, die von der Ein- und Ausstrahlung bestimmt werden. Aufgrund der auftretenden Turbulenzen treten keine Schichtungen auf. Ausnahme bilden Stauhaltungen, die vom Temperaturverhalten eher einem See entsprechen. Mündung anderer Fließgewässer mit anderer Temperatur

Tabelle 2.3. Trophiestufen stehender Gewässer

Trophie-stufe	Bezeichnung *Nährstoffgehalt*	Algenpro-duktion	O_2-Sättigung in der Tiefe (Ende Stagnation)	Farbe des Sedimentes
I	oligotroph *nährstoffarm*	gering	70%	hell
II	mesotroph *gering*	gering	30-70%	grau
III	eutroph *nährstoffreich*	hoch	0-30%	schwarzgrau
IV	polytroph *hoch*	sehr hoch	0% (H_2S)	schwarz

führt zur Bildung von Temperaturfahnen, die noch kilometerweit flußabwärts beobachtet werden können. Die Durchmischung ist also nicht ideal.
Die Fließgeschwindigkeit des Wassers ist im Gewässerquerschnitt unterschiedlich. In der Mitte ist die Strömungsgeschwindigkeit größer als am Rand. Es wird laminare und turbulente Strömung unterschieden. Bei laminarer Strömung laufen die Strömungsfäden parallel, bei turbulenter Strömung werden sie verflochten. Welcher Strömungstyp auftritt, hängt ab von der Fließgeschwindigkeit, dem durchströmten Radius und der Zähigkeit des Wassers ab. Laminare Strömung findet nur bei sehr geringen Strömungsgeschwindigkeiten und kleinem Radius statt, beispielsweise im wassergefüllten Porenraum der Flußsedimente oder im Grenzschichtbereich von festen überströmten Substraten.

Das Aufwirbeln von Sedimentpartikeln setzt turbulente Strömung voraus. Für den Transport von Sedimentpartikeln ist weiterhin die Rauhigkeit der Stromsohle von Bedeutung. Je größer die Rauhigkeit, umso mehr Wirbel bilden sich an der Stromsohle und umso größer sind die transportierten Partikel. Andererseits je größer die transportierten Partikel sind, umso größer sind die erforderlichen Kräfte, damit sie nicht sedimentieren. Bei Verringerung der wirdenden Kräfte werden die erodierten Partikel wieder abgelagert. Deshalb sind im Oberlauf die Sedimente in der Regel grobkörniger als im Unterlauf, Partikel werden flußabwärts transportiert.

Das Auftreten turbulenter Strömung hat jedoch nicht nur für den Sedimenttransport Bedeutung, sondern auch für den Sauerstoffeintrag. Durch die Verwirbelung kommen verschiedene Wassermassen mit dem Luftsauerstoff in Kontakt; dies wirkt der Ausbildung von Sauerstoffgradienten entgegen, die Sauerstoffversorgung des Fließgewässers wird verbessert.

Zur Charakterisierung der Fließgewässer bezüglich der Belastung mit sauerstoffzehrenden Substanzen wird der Begriff der Saprobie herangezogen (Tabelle 2.4). Der Saprobienindex wird aufgrund der Besiedlung des Gewässers mit Organismen berechnet, wobei die Häufigkeit einer Art und ihr Zeigewert in die Berechnung eingehen. Neben dem Sauerstoffeintrag und dem Grad der organischen

Tabelle 2.4. Zusammenhang zwischen Güteklasse, Grad der organischen Belastung, Saprobienstufe und Saprobienindex von Fließgewässern

Güteklasse	Grad der organischen Belastung	Saprobienstufe	Sapribienindex	Farbe für Gewässerkartierung
I	unbelastet bis sehr gering belastet	oligosaprob	1,0-1,5	dunkelblau
I-II	gering belastet	oligosaprob mit β-mesosaprobem Einschlag	1,5-1,8	hellblau
II	mäßig belastet	β-mesosaprob	1,8-2,3	blaugrün
II-III	kritisch belastet	α-β-mesosaprob	2,3-2,7	gelbgrün
III	stark verschmutzt	α-mesosaprob	2,7-3,2	gelb
III-IV	sehr stark verschmutzt	polysaprob mit α-mesosaprobem Einschlag	3,2-3,5	orange
IV	übermäßig verschmutzt	polysaprob	3,5-4,0	rot

Belastung spielt die Wassertemperatur eine Rolle, da von der Wassertemperatur die Löslichkeit des Sauerstoffs abhängt.

Meere. Alle Fließgewässer, aber auch das Grundwasser münden letztendlich unter dem Meeresspiegel. Diese Tatsache spielt besonders für die Belastung küstennaher Meeresgebiete durch Schadstoffe eine Rolle. Aufgrund der Größe der Ozeane und der angrenzenden Randmeere sind weiträumige Strömungen zu beobachten, die auf verschiedene Kräfte zurückführbar sind. Dies wird beispielsweise durch den Golfstrom verdeutlicht, der warmes Meerwasser aus tropischen Gebieten bis in unsere Breiten transportiert. In küstennahen Gebieten werden durch zuströmendes Süßwasser oft Salzgradienten hervorgerufen. Die daraus resultierenden Dichteunterschiede führen zu Schichtungen, die oft noch von temperaturbedingten Schichtungen überlagert werden. Dies hat Konsequenzen für die Verteilung von Sauerstoff in diesen Meeresgebieten, aber auch für die Verteilung von eingeleiteten Schadstoffen. Davon besonders betroffen ist beispielsweise die Ostsee, die permanente und jahreszeitliche Schichtungen zeigt.

Grundwasser. Das Grundwasser entsteht aus der Versickerung von Niederschlagswasser, das nicht von Pflanzen aufgenommen und transpiriert wird, an der Bodenoberfläche verdunstet oder abfließt.

Grundwasserneubildung = Niederschlag - Abfluß - Evapotranspiration

In Mitteleuropa tragen die Niederschläge des Sommers, abgesehen von extrem nassen Sommern, nicht zur Grundwasserneubildung bei, da der gesamte Niederschlag durch Evapotranspiration an die Atmosphäre zurückgegeben wird. Die Transpiration der Pflanzen ist im Sommer sehr hoch. Abgesehen von Frostperioden erfolgt die Grundwasserneubildung in unseren Breiten in den Monaten Oktober bis März.

Das im Boden versickernde Niederschlagswasser hat intensiven Kontakt mit der Bodenmatrix und damit Möglichkeit zur Aufnahme oder Abgabe von Stoffen. Hydrophile bzw. lipophile Eigenschaften der Stoffe spielen für diesen Vorgang eine wichtige Rolle. Die mikrobielle Aktivität der oberen Bodenschichten ist sehr hoch. Deshalb werden leicht abbaubare organische Substanzen nicht in tiefere Bodenschichten vordringen. Dies gilt allerdings nur, wenn die Mikroorganismen ausreichend aktiv sind, um die organische Belastung abzubauen. Ist die Menge der organischen Substanzen zu groß, so werden diese mit dem Sickerwasserstrom in die Tiefe transportiert. Der Transport in das Grundwasser findet auch beim Versickern organischer Flüssigkeiten statt.

Gewässer werden oft als zutage tretendes Grundwasser bezeichnet. Offensichtlich wird dies bei Quellen, die aus dem Grundwasser gespeißt werden. Aber auch der umgekehrte Fall ist möglich, die Abgabe von Wasser eines Gewässers an das Grundwasser. Spektakuläres Beispiel sind Flußversickerungen, wie die Donauversickerung im Karstgestein der Schwäbischen Alb. Ein Beispiel eines hydrologischen Querschnittes ist in Abb 2.4 dargestellt. Zum Studium der Grundwasserverhältnisse werden Beobachtungsbrunnen niedergebracht. Wird ein gespannter Grundwasserleiter von einem Geländepunkt unterhalb des zugehörigen Grundwasserspiegels angebohrt, so sprudelt aus diesem Wasser

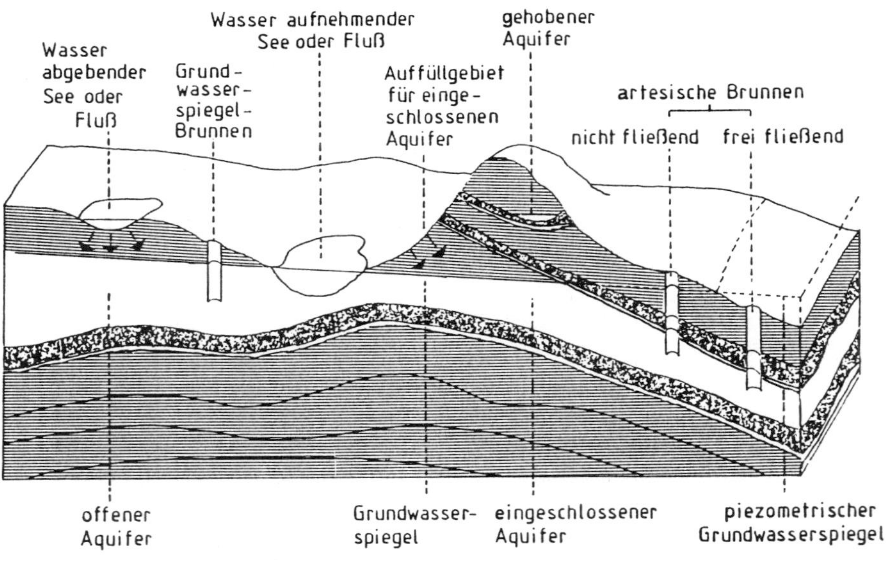

Abb.2.4. Beispiel eines hydrogeologischen Querschnitts. Der Grundwasserspiegel fällt von links nach rechts ab. Zur Beobachtung der Grundwasserverhältnisse werden Brunnenbohrungen niedergebracht (aus Klee 1991)

hervor. Ein solcher Brunnen wird artesisch genannt. Ebenso wie im Fließgewässer kommt es im Grundwasser zu einer Strömung entlang dem hydraulischen Gefälle. Tritt Wasser aus dem Grundwasser in ein Gewässer ein, so besteht ein hydraulisches Gefälle in Richtung des Gewässers. Umgekehrt, beim Übertritt von Flußwasser in das Grundwassers, verläuft das hydraulische Gefälle in Richtung Grundwasser. Dieses hydraulische Gefälle kann durch die Entnahme von Grundwasser künstlich erzeugt werden, wodurch die Fließrichtung des Grundwassers beeinflußt werden kann. Der Übertritt von Flußwasser in das Grundwasser wird bei der Gewinnung von Uferfiltraten zur Trinkwassergewinnung ausgenutzt. Für die Trinkwassergewinnung können auch Grundwasseranreicherungen vorgenommen werden.

Das durchströmte Volumen des Grundwasserleiters beschränkt sich auf dessen Porenraum (Interstitial). Da dieser sehr eng ist, machen sich die Kapillarkräfte der Porenwandung bemerkbar, die der Grundwasserströmung entgegenstehen. Die Grundwasserströmung ist daher oft laminar. Geradlinige Bewegung des Wassers ist nicht möglich, da der Porenraum verwinkelt ist. Die effektive Strömung im Porenraum (Porengeschwindigkeit) ist daher größer als die beim Tracertransport beobachtbare Ausbreitung des Tracers entlang dem hydraulischen Gefälle (Abstandsgeschwindigkeit). Weiterhin ist für den Stofftransport der intensive Kontakt des Wassers mit der Porenwandung entscheidend. Wenn es zur Wechselwirkung mit der Porenwandung kommt, kann die Transport einer im Wasser gelösten Substanz durch Adsorptionsvorgänge an der Porenwandung wesentlich verschieden sein von der Fließgeschwindigkeit des Wassers. Zudem kann mikrobieller Abbau oder Umwandlung der Substanz erfolgen, da die Porenwandung häufig mit einem Aufwuchs von Mikroorganismen überzogen ist. Dies spielt insbesondere bei der Beurteilung von Grundwasserkontaminationen

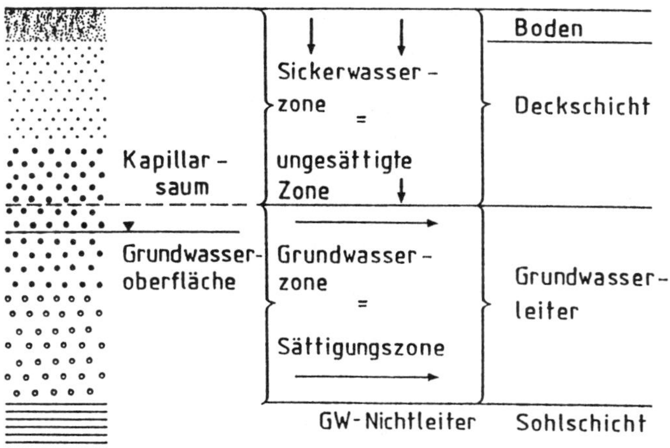

Abb.2.5. Hydrogeologische Gliederung des Untergrundes einschließlich des ersten Grundwasserstockwerkes (aus Weber 1990)

eine Rolle. Die Adsorptions- und Abbaueigenschaften der Mikroorganismen der Porenwandungen wird bei der Gewinnung von Uferfiltraten ausgenutzt.

Die Gliederung des Untergrundes einschließlich des ersten Grundwasserleiters ist in Abb. 2.5 zusammengefaßt. Unter dem dargestellten ersten Grundwasserleiter (Aquifer) können sich noch weitere Grundwasserleiter befinden, die voneinander zumindest partiell, durch Grundwassernichtleiter getrennt sind. Grundwasserleiter werden auch als Grundwasserstockwerke bezeichnet.

Kohlendioxid, Kohlensäure und Carbonate. Für die Gewässer, aber auch für die Böden, sind die Kohlensäure und ihre Salze, die Carbonate, von entscheidender Bedeutung für das Aufrechterhalten des pH-Wertes. Kommt Kohlendioxid in Kontakt mit Wasser, so wird dieses zunächst physikalisch gelöst. In einem zweiten Schritt reagiert das Kohlendioxid mit Wasser zur Kohlensäure.

$$CO_2 + H_2O \rightarrow H_2CO_3$$

Die Kohlensäure dissoziiert zu einem Proton und einem Hydrogencarbonation.

$$H_2CO_3 \rightarrow H^+ + HCO_3^-$$

In einem zweiten Schritt entsteht ein weiteres Proton und ein Carbonation.

$$CO_3^- \rightarrow H^+ + CO_3^{2-}$$

Das Hydrogencarbonation erfüllt alle Eigenschaften eines Puffers. Bei Zusatz von Säure bildet sich unter Verbrauch eines Protons Kohlensäure, bei Zusatz von Hydroxylionen gibt es ein Protons ab und wird zum Carbonation. Wird Kohlensäure innerhalb eines Gewässers gebildet, kann das Carbonation das Proton abfangen, bei Verbrauch von Kohlendioxid werden aus Hydrogencarbonationen Carbonationen und Kohlensäure gebildet. Der Anteil von Kohlendioxid, Hydrogencarbonat und Carbonat im Wasser ist pH-abhängig (Abb. 2.6). In Gegenwart von Calcium-

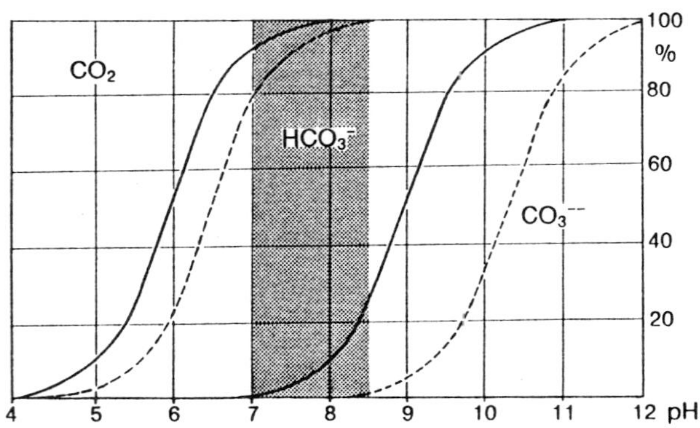

Abb.2.6. Relativer Anteil der drei Formen des Carbonatsystems in Abhängigkeit vom pH-Wert; durchgezogene Linien Meerwasser, gestrichelte Linien Süßwasser (aus Ott 1988)

ionen wird das Carbonation als Calciumcarbonat gefällt. Geht dieser Vorgang auf die Carbonatbildung durch Entzug von CO_2 im Rahmen der Photosynthese zurück, so spricht man von biogener Entkalkung.

2.1.2 Umweltmedium Boden

Der Boden ist ein Teil der belebten Erdkruste. Nach unten wird er begrenzt durch festes oder lockeres Gestein, nach oben durch die Vegetationsdecke bzw. die Atmosphäre. Nach der Seite geht er in andere Böden über. Nach Verständnis der Bodenkunde gehören die Sedimente der Gewässer, sofern es sich nicht um lockeres Gestein handelt, mit zu den Böden. Sie werden als subhydrische Böden bezeichnet. Dies ist sicher berechtigt, da die selben anorganischen und organischen Substanzen vorliegen und auch die Mechanismen des Stofftransportes identisch sind. Ein solcher Boden besteht aus mineralischen Bestandteilen und dem Humus. Diese Bestandteile können in unterschiedlicher Weise räumlich angeordnet sein. Diese räumliche Anordnung wird Gefüge genannt. Die Bodenpartikel bilden ein Hohlraumsystem aus Poren unterschiedlicher Form und Größe. Diese Poren sind entweder mit der Bodenluft oder der Bodenlösung erfüllt. Im Tiefenprofil können meist Horizonte beobachtet werden, die an der Oberfläche durch die organische Substanz, in der Tiefe durch das Gestein geprägt sind. In Abhängigkeit vom herrschenden Klima und der Vegetation sind die verschiedenen bodenbildenden Prozesse, Zersetzung und Humifizierung, Verwitterung und Mineralbildung, Gefügebildung und Verlagerung, unterschiedlich stark ausgeprägt. Zudem ist für viele Böden der Einfluß des Menschen feststellbar.

Verwitterung. Darunter werden die Veränderungen der Minerale und Gesteine unter dem Kontakt mit der Atmosphäre, der Hydrosphäre und der Biosphäre verstanden. Es werden physikalische, chemische und biologische Prozesse unterschieden. Die physikalischen Verwitterung beruht auf Veränderungen durch Druckabnahme, Temperatur-, Frost- und Salzsprengung sowie dem mechanischen Druck durch Pflanzenwurzeln. Es können sehr kleine Partikel rein durch physikalische Verwitterung entstehen. Der chemischen Verwitterung liegen chemische Reaktionen zugrunde. Wichtig ist die Hydrolyse von Gesteinen unter Einfluß von Säuren, die sowohl silikatische wie auch carbonatische Gesteine betrifft. Bei Silicaten kommt es zum Austausch von oxidisch gebundenen Metallionen M (Fe, Al, Ca, Mn, Mg u.a.) gegen Protonen.

$$\text{-Si-O-M} + H^+ \rightarrow \text{-Si-OH} + M^+$$

Carbonate, wie das Mischcarbonat Dolomit $CaMg(CO_3)_2$ reagieren mit Kohlensäure zu Calciumhydrogencarbonat und Magnesiumhydrogencarbonat. Es können auch oxidative Prozesse stattfinden, wie die Reaktion von Fe^{2+} mit Sauerstoff zu Fe^{3+}. Auch die Oxidation von Mn^{2+} zu Mn^{3+} oder Mn^{4+} ist möglich. Weiterhin können Hydrolysegleichgewichte durch Komplexierung von Metallionen durch organische Säuren und Huminstoffe zur Seite der Hydrolyseprodukte verschoben werden. Unter biologischer Verwitterung versteht man chemische Prozesse, bei denen die Reaktionspartner durch biologische Aktivitäten zur Verfügung gestellt werden.

Korngrößenfraktionen. Wesentlicher Bestandteil der Böden sind Mineralkörner unterschiedlicher Größe. Die Häufigkeit der einzelnen Korngrößenfraktionen bestimmt wesentlich die Eigenschaften der Böden hinsichtlich der Durchlässigkeit für Wasser und Luft, der Filtereigenschaften für organische und anorganische Stoffe sowie die Fruchtbarkeit der Böden. Mineralische Bestandteile größer als 2 mm werden als Kies (rund, 2-63 mm), Grus (eckigkantig, 2-6,3 mm) oder Steine (eckigkantig, 6,3-200 mm) bezeichnet. Die Einteilung der Fraktionen kleiner 2 mm geht aus Abb. 2.7 hervor. Sand (S, 63-2000 µm), Schluff (U, 2-63 µm) und Ton (T, 0-2 µm) werden jeweils nach fein (f), mittel (m) und grob (g) weiter unterteilt. Aus der Häufigkeit der einzelnen Korngrößenfraktionen lassen sich die in Abb. 2.7 gezeigten Summenkurven ermitteln. Bei der Ansprache der Böden wird die häufigste Korngrößenfraktion als Hauptwort (Großbuchstabe) benutzt, die weitere Unterteilung erfolgt mit den Begriffen sandig (s), schluffig (u) und tonig (t). Lehme nehmen eine Mittelstellung zwischen den drei anderen Bodenarten ein, alle Korngrößenfraktionen sind etwa gleichrangig vertreten.

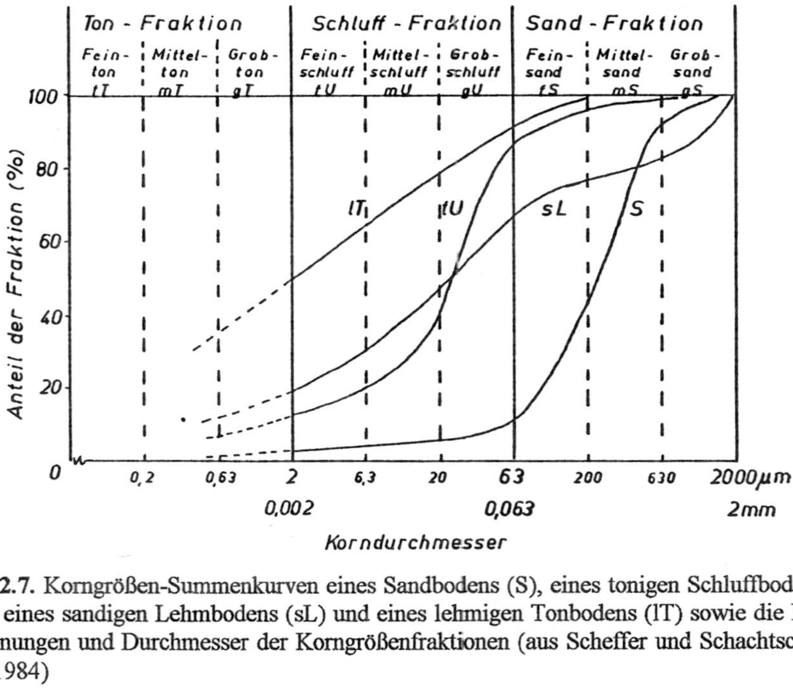

Abb.2.7. Korngrößen-Summenkurven eines Sandbodens (S), eines tonigen Schluffbodens (tU), eines sandigen Lehmbodens (sL) und eines lehmigen Tonbodens (lT) sowie die Bezeichnungen und Durchmesser der Korngrößenfraktionen (aus Scheffer und Schachtschabel 1984)

Tonminerale. Bei den Tonmineralen handelt es sich um durch Verwitterung entstandene Minerale. Es sind OH-haltige Silicate, die vorwiegend der Tonfraktion und eventuell auch der Schluffffraktion angehören. Sie bilden blättchenförmige Kristalle mit einem Durchmesser von meist weniger als 0,2 μm und einer Dicke von 2-50 nm. Die hohe Plastizität von tonreichen Böden ist darauf zurückführbar. Wichtig ist ihre Fähigkeit zum Ionenaustausch (Abb. 2.8). Die in den Schichten ursprünglich eingelagerten Kalium-Ionen können gegen größere Ionen (Ca, Mg) ausgetauscht werden, die ihre Hydrathülle teilweise behalten; dies führt zur Aufweitung der einzelnen Schichten. Andererseits können K-Ionen und mit ihnen Ammoniumionen (ähnlicher Durchmesser) in den Schichten sehr fest eingelagert und damit fixiert werden. Für ihre Bildung ist primär physikalische Verwitterung zur Zerkleinerung von Schichtsilikaten (Glimmer) in Blättchen erforderlich. Mit zunehmender Zerkleinerung spielt auch die chemische Verwitterung durch Austausch der K-Ionen eine Rolle. Tonminerale können jedoch auch aus Verwitterung von nicht schichtartig aufgebauten Gesteinen neu gebildet werden. Sie sind daher in allen Böden innerhalb der Tonfraktion zu finden.

Oxide und Hydroxide. Gelegentlich werden beide auch einfach als Oxide bezeichnet. Sie sind rein durch chemische Verwitterung gebildet und entstehen, wenn das freigesetzte Silicium rasch abgeführt wird. Es sind also hauptsächlich Aluminium-, Eisen- und Manganoxide. Sie gehören ebenfalls zur Tonfraktion, besitzen jedoch keine Blättchenstruktur; man spricht auch von amorphen Oxiden. Auf Oberflächen von anderen Mineralkörnern stellen sie eine wichtige Kittsubstanz dar.

Obwohl es der allgemeinen Vorstellung widerspricht, ist Siliziumoxid, relativ zu anderen Oxiden, gut wasserlöslich (60 mg/l). Auch wird die Löslichkeit innerhalb des für Böden wichtigen pH-Bereiches (pH 2-8) vom pH-Wert nicht beeinflußt. Bei höherem pH-Wert nimmt sie sogar zu. So ist die Abreicherung von Silicium relativ zu Al, Fe und Mn im Boden zu verstehen. Eisenoxide, die kaum an der Bildung von Tonmineralen beteiligt sind, liegen meist als Fe(III)-Oxide vor, die unter dem Einfluß von Säuren, aber auch durch Reduktion zu Fe(II), im

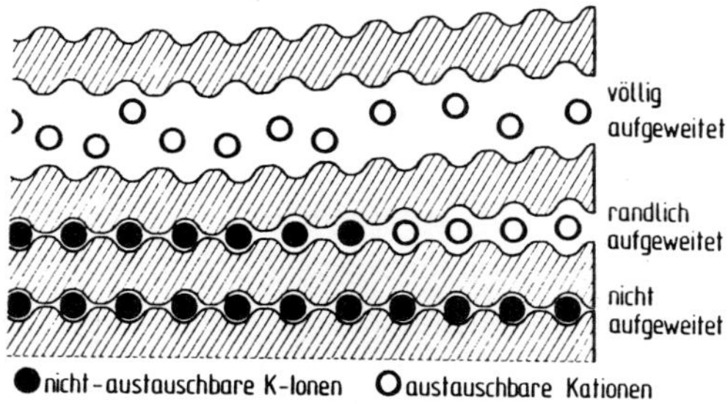

Abb.2.8. Schema eines unterschiedlich aufgeweiteten Tonminerals (aus Scheffer und Schachtschabel 1984)

Boden verlagert werden können. Die Verlagerung von Manganoxiden wird noch stärker durch das Redoxpotential bestimmt. Aluminiumoxide hingegen werden ausschließlich unter dem Einfluß von Säuren verlagert; dies geschieht erst bei pH-Werten, bei denen Eisen und Mangan bereits ausgewaschen sind.

Organische Substanz. Die im oder auf dem Boden liegenden organischen Bestandteile können sowohl von Pflanzen, aber auch von Tieren abstammen. Lebende Tiere werden nicht der organischen Substanz zugerechnet. Die Trennung in lebende Organismen und totes Material wird unterhalb des makroskopischen Bereichs schwierig. Die unzersetzte organische Substanz ist Quelle des Humus, der eine wichtige Funktion im Boden besitzt. Der Abbau der strukturierten organischen Substanz wird als Zersetzung bezeichnet, die Umwandlung der Zersetzungsreste in Huminsäuren als Humifizierung. Im Gegensatz dazu bedeutet Mineralisierung vollständiger Abbau. Bei der Mineralisierung werden alle Nährstoffe in Form von anorganischen Verbindungen frei, wohingegen die Huminsäuren organisch gebundenen Stickstoff (einige Prozent) enthalten können. Sie wirken daher als Stickstoffreserve. Die Zusammensetzung verschiedener Organismen als Ausgangssubstrat von Zersetzungs- und Mineralisierungsprozessen ist in Tabelle 2.5 zusammengefaßt. Der Vorgang der Mineralisierung und Humifizierung läuft in drei ineinandergreifenden Phasen ab:

1. Kurz vor oder unmittelbar nach dem Absterben der Organismen werden unter dem Einfluß von organismeneigenen Enzymen Biopolymere in ihre Bestandteile zerlegt (Protein $\rightarrow$ Aminosäuren, Stärke und Glykogen $\rightarrow$ Zucker).
2. Durch mechanische Zerkleinerung von detritusfressenden Bodentieren werden die abgestorbenen Pflanzenrückstände für die weitere Zersetzung aufbereitet. Insbesondere durch die Aktivität von Regenwürmern werden sie mit mineralischen Bestandteilen vermengt und auch in tiefere Bodenschichten eingearbeitet.
3. Die verbleibenden Reste werden nun durch Bakterien und Pilze weiter mineralisiert oder humifiziert. Leichtabbaubare Bestandteile (Stärke, Eiweiß) werden rascher umgesetzt, als die resistenteren Strukturen (Cellulose und Lignin).

Huminstoffe. Bei den Huminstoffen handelt es sich um organische Verbindungen von dunkler Farbe. Ihr Molekulargewicht liegt im Bereich von einigen 100 bis zu 10 000. Sie liegen teilweise löslich, teilweise in unlöslicher Form vor. Sie können an Tonminerale und Oxide absorbiert sein. Ihr Umsatz im Boden erfolgt nur langsam, wodurch es zu einer Anreicherung im Boden kommen kann. Das Ausmaß der Mineralisierung hängt wesentlich von der Temperatur und der Verfügbarkeit des Wassers ab. Die Bausteine der Huminstoffmoleküle sind aromatische Ringsysteme, die Carbonyl-, Carboxyl- oder Hydroxylgruppen tragen. Diese Bausteine polymerisieren miteinander über ihre Seitenketten unter Bildung größerer Moleküle. Sie besitzen saure Eigenschaften und können als Ionenaus-

Tabelle 2.5 Durchschnittliche Zusammensetzung verschiedener Organismen(teile) in % der Trockensubstanz (nach Scheffer und Schachtschabel 1984 verändert; *nach Schlegel 1985)

	Cellulose	Lignin	Hemicellulose	Zucker Stärke	Eiweiß	Fette Wachse Harze	Asche	C/N
Nadelhölzer								
Holz	44	30	15	1,1	1,3	7,7	0,3	100-400
Zuwachs	44	18	9	16	4,0	5,8	4,2	40-80
Laubhölzer								
Holz	47	20	24	0,8	2,5	1,8	0,3	100-400
Zuwachs	37	12	14	23	6,4	2,8	4,2	30-50
Feinwurzeln	19	33	10	>3	5,4	3,1	3,4	55
Wiesenpflanzen	77				8,1	5,6	7,6	10-40
Seen Algen	18			50	17	1,5	14	5-12
Konsumenten Insekten		Chitin 6		23	65	3	3	
Zersetzer Pilzmycel		Chitin 10		32	25	10	6	10-15
Bakterien*		Zellwand 10-20			50	10		

tauscher, auch für Schwermetalle, fungieren. Durch Einbau aliphatischer Kohlenwasserstoffketten, Fettsäuren und Aromaten besitzen sie auch hydrophobe Eigenschaften, die für die Bindung organischer Schadstoffe eine Rolle spielen. Auch nicht vollständig hydrolysierte Biopolymere sind am Aufbau der Huminstoffe beteiligt. Die Kopplung von Huminstoffmolekülen an ein Tonmineral ist in Abb. 2.9 dargestellt.

Metallorganische Komplexe. Komplexierend wirkende organische Stoffe sind von besonderer Bedeutung für die Löslichkeit von Metallen. Für das Verhalten von toxischen Schwermetallen (Hg, Cd, Pb u.a.) in der Umwelt gilt dies ebenso, wie für Spurenelemente (Mn, Cu, Zn, in höheren Konzentrationen ebenfalls toxisch) und die häufig vorkommenden Elemente Eisen und Aluminium.

Als Komplexbildner fungieren einerseits lösliche Huminstoffe, andererseits auch viele organische Stoffe, die beim Abbau organischen Materials anfallen, beim mikrobiellen Abbau neu gebildet werden oder von Pflanzenwurzeln ausgeschieden werden. Es sind Dicarbonsäuren (z.B. Oxalsäure, Fumarsäure), Ketocarbonsäuren (Oxalessigsäure, Ketoglutarsäure u.a.), Hydroxycarbonsäuren (z.B. Citronensäure, Weinsäure, Salicylsäure), Aldehyde, Polyphenole und Aminosäuren. Anthropogen produzierte Komplexbildner, die auf die Böden gelangen, können ebenfalls eine Rolle spielen. Trägt ein Molekül mehrere funktionelle

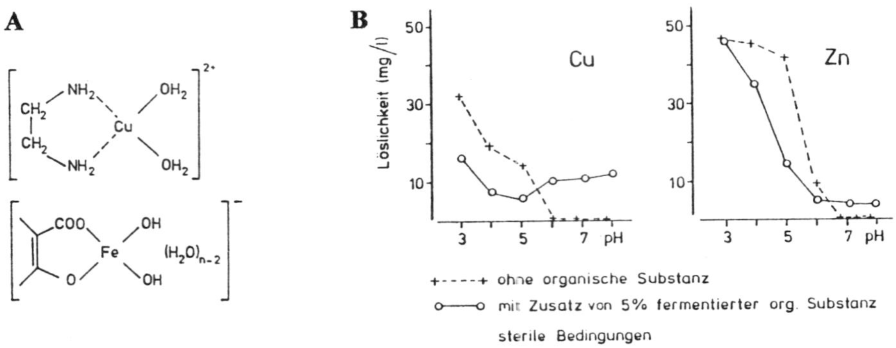

Abb.2.9. A Beispiele für Chelatkomplexe mit Carboxyl-, phenolischen OH- und Aminogruppen; **B** Einfluß von pH-Wert und organischen Komplexbildnern auf die Löslichkeit von Kupfer und Zink im Boden (aus Scheffer und Schachtschabel 1984)

Gruppe, die zusammen an der Komplexbildung beteiligt sind, so spricht man von Chelaten (Abb. 2.10 A). In Abhängigkeit vom pH-Wert der Bodenlösung können die Metallionen in großem Ausmaß als metallorganische Komplexe vorliegen und in dieser Form transportiert werden (Abb. 10 B). Für die Stabilität der Metallkomplexe wird folgende Reihe angegeben:

$Fe^{3+} > Al^{3+} > Cu^{2+} > Pb^{2+} > Fe^{2+} > Ni^{2+} > Co^{2+} > Cd^{2+} > Zn^{2+} > Mn^{2+} > Ca^{2+} > Mg^{2+}$

Letztendlich sind jedoch die Komplexbildungskonstanten zwischen den zur Verfügung stehenden Komplexbildnern und den Metallen entscheidend. Diese bestimmen auch, ob die Metallionen von Organismen aufgenommen werden können. Generelle Prognosen sind schwierig, da das chemische Milieu eines Bodens sehr unterschiedlich sein kann. Tests mit Organismen können die Frage nach der Bioverfügbarkeit beantworten helfen.

Unter reduzierenden Bedingungen kommt es zur Freisetzung größerer Mengen von Zwischenprodukten, die als Komplexbildner fungieren können. Die Mobilisierung von Metallen durch Reduktionsprozesse kann wesentlich zur Mobilisierung von Metallionen unter reduzierenden Bedingungen beitragen. Tritt unter anaeroben Bedingungen Sulfidbildung auf, so werden viele Schwermetalle in Form von Sulfiden festgelegt.

Ionenaustausch und Sorption. Betrachtet man die Wechselwirkung von Wasser mit einem Bodenpartikel, so wird dieses an die Oberfläche des Partikels angelagert, ohne daß dafür eine andere Substanz abgegeben wird. Anders verhält es sich bei der Anlagerung von Ionen an Bodenpartikel; hier werden äquivalente Mengen anderer Ionen oder Protonen an die Bodenlösung abgegeben. Dieser Vorgang wird als Ionenaustausch bezeichnet, je nach Art der beteiligten Ionen spricht man von Kationen- oder Anionenaustausch. Im Boden sind die aktiven

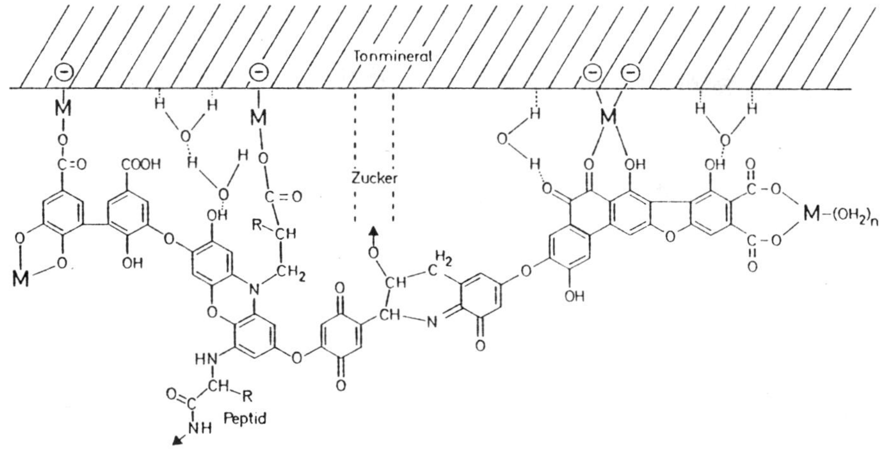

Abb. 2.10. Schema der Bindung eines Huminstoffmoleküls an die Oberfläche eines Tonminerals; M = Metallkation (aus Scheffer und Schachtschabel 1984)

Oberflächen überwiegend die Tonminerale oder die organische Substanz, sie werden Austauscher oder Sorbentien genannt. In Abb. 2.11 ist ein solcher Austausch gebundener Kationen gegen Ammonium gezeigt. Bezüglich der freigesetzten Kationen spricht man von Desorption, bezüglich des angelagerten Ammoniums von Adsorption, beide Prozesse zusammen sind der Ionenaustausch. Die Austauschkapazität eines Bodens hängt von der Menge der vorhandenen Austauscher, also dem Gehalt an Tonmineralen und organischer Substanz, ab.

Ebenso wie Kationen können auch Anionen an Bodenbestandteilen adsorbiert werden. Dabei kann es sich um Nährstoffe, wie Sulfat, Phosphat u.a., handeln oder um umweltrelevante Substanzen, beispielsweise Arsenat oder Fluorid. Phosphat zeigt eine starke Adsorption an Bodenpartikel (Abb. 2.12). Dies hat den Vorteil, daß gelöstes Phosphat nicht mit dem Sickerwasserstrom in die Gewässer transportiert wird, der Nachteil ist jedoch, daß es für Pflanzen nicht verfügbar bleibt. Nitrat oder Chlorid werden kaum adsorbiert und folglich mit dem Sickerwasserstrom transportiert. Das Ausmaß der Adsorption ist auch hier von der Oberfläche des Adsorbens und dem pH abhängig. Phosphat-beladene Bodenpartikel, die in die Gewässer geschwemmt werden, besitzen eutrophierende Wirkung, wenn das gebundene Phosphat mobilisiert werden kann.

Redoxpotential. Das Redoxpotential, das von der Anwesenheit des Sauerstoffs mitbestimmt wird, hat erheblichen Einfluß auf die Vorgänge im Boden. Oxidations- und Reduktionsprozesse sind von grundlegender Bedeutung für alle biologischen und auch viele nichtbiologischen Vorgänge in der Umwelt. Sie sind stets miteinander gekoppelt.
Ein Beispiel:

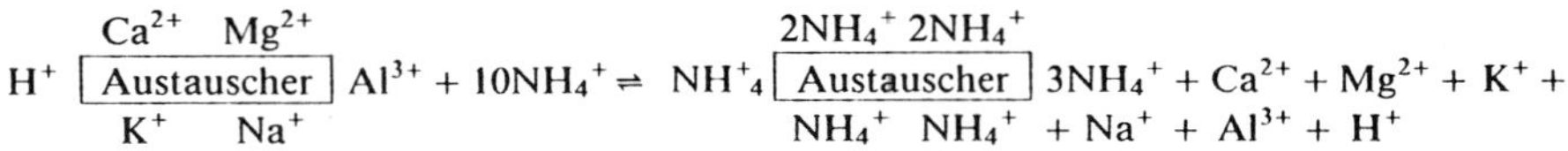

Abb.2.11. Schema eines Kationenaustausches verschiedener Kationen gegen Ammoniumionen

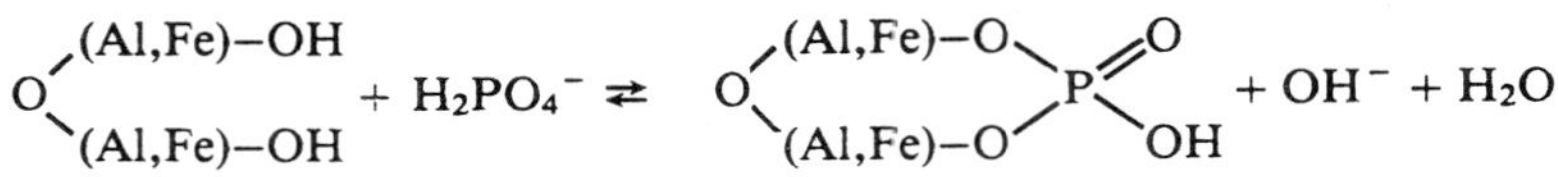

Abb.2.12. Adsorption von Phosphat an Al- und Fe-Atomen an der Oberfläche von Oxiden und Tonmineralen

$$4\,\overset{+2}{Fe}{}^{2+} + \overset{0}{O}_2 + 10H_2O \rightarrow 4\,\overset{+3}{Fe}(\overset{-2}{O}H)_3 + 8H^+$$

Das Redoxpotential wird nach der Nernstschen Gleichung berechnet.

$$E = E^0 + \frac{RT}{nF} \ln \frac{a_{ox}}{a_{red}}$$

E: Redoxpotential
E^0: Standardpotential
R: Gaskonstante
T: Temperatur in Kelvin
n: Zahl der an der Reaktion beteiligten Elektronen
F: Faradaykonstante
a_{ox}: Aktivität der oxidierten Stufe
a_{red}: Aktivität der reduzierten Stufe

Für stark verdünnte Lösungen kann die Aktivität der beteiligten Stoffe gleich der Konzentration gesetzt werden. Durch Einsetzen der Zahlenwerte und Einführen des dekadischen Logarithmus erhält man für 25°C:

$$E = E^0 + \frac{0{,}059}{n} \lg \frac{c_{ox}}{c_{red}}$$

Wichtig für das Auftreten anaerober Verhältnisse sind einerseits die geringe Nachlieferung von Sauerstoff, andererseits der Verbrauch von Sauerstoff für Oxidationsprozesse. Für die Nachlieferung von Sauerstoff ist das Auftreten von wassergefüllten Poren von entscheidender Bedeutung, da in wassergesättigten Poren die Diffusionsgeschwindigkeit des Sauerstoffs etwa um den Faktor 10 000 kleiner ist als in luftgefüllten Poren. Somit ist das Auftreten anaerober Verhältnisse bei Stauwassereinfluß, Grundwasseranstieg oder Überflutung innerhalb kurzer Zeit

Tabelle 2.6 Experimentell ermittelte Redoxpotentiale für verschiedene Redoxreaktionen bei pH 7, 25°C (nach Scheffer und Schachtschabel 1984, verändert)

Reaktionen	E [V]
Atmung mit Sauerstoff	0,8
Beginn der Nitrat-Reduktion	0,45-0,55
Beginn der Mn^{2+}-Bildung	0,35-0,45
Sauerstoff nicht mehr nachweisbar	0,33
Nitrat nicht mehr nachweisbar	0,22
Beginn der Fe^{2+}-Bildung	0,15
Beginn der Sulfatreduktion	-0,05
Beginn der Methan-Bildung	-0,12
Sulfat nicht mehr nachweisbar	-0,18

nerhalb von Stunden bis wenigen Tagen ein. Anstelle von Sauerstoff dienen nun Nitrat, Mn(III, IV), Fe(III), Sulfat und zuletzt CO_2 als alternative Elektronenakzeptoren für die Endoxidation der organischen Substanz. Entsprechend werden Stickstoff, Mn(II), Fe(II), Sulfid und Methan gebildet. Als Zwischenprodukte treten, je nach Gärungstyp, Essig-, Propion-, Butter- oder Milchsäure auf, weiterhin werden Polyhydroxycarbonsäuren, Aldehyde, Amine und Mercaptane gebildet. In der Tabelle 2.6 sind experimentell ermittelte Redoxpotentialwerte für verschiedene Reaktionen angegeben.

Bodengefüge. Unter dem Bodengefüge versteht man die Art der räumlichen Anordnung der Bodenbestandteile. Man unterscheidet:

- Einzelkorngefüge, das sind einzelne Körnchen, die nicht miteinander verklebt sind.
- Kohärentgefüge, die Teilchen werden durch Kohäsionskräfte infolge von Wassereinlagerung zusammengehalten. Es besitzt geringe Stabilität.
- Aggregatgefüge, die Bodenpartikel sind zu größeren Teilchen zusammengelagert und als solche sichtbar.

Die krümelige Struktur, die beim Umgraben von Gartenböden sichtbar wird, ist eine Folge der Gefügebildung. Beim Austrocknen des Bodens zerfallen instabile Aggregate, während stabile Gefügeformen, beispielsweise von tonigen Böden, erhalten bleiben. Der Gefügetyp ist, wie auch die Korngrößenzusammensetzung, bedeutend für das Eindringen von Wasser und den damit verbundenen Wassertransport. Im Extremfall versickert das Niederschlagswasser in den Schrumpfungsrissen zwischen den Bodenkrümmeln, ohne daß es in diese eindringen kann. Die mögliche Anordnung von Bodenpartikel in einem Krümel ist in Abb. 2.13 dargestellt.

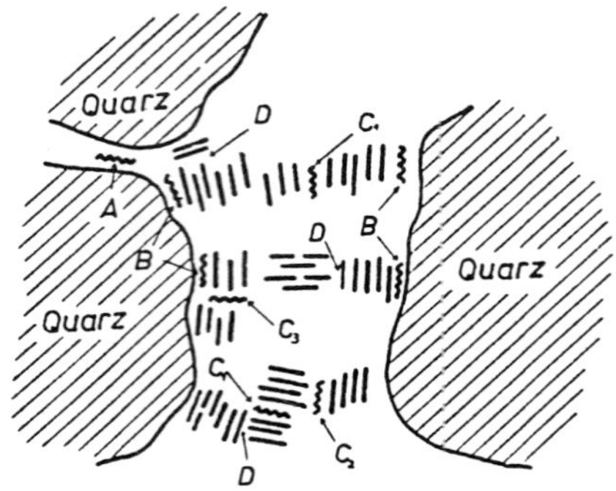

A. Quarz — org. S. — Quarz B. Quarz — org. S. — Tonmineral
C. Tonmineral — org. S. — Tonmineral
(C_1: Fläche — Fläche, C_2: Kante — Fläche, C_3: Kante — Kante
D. Tonmineral — Tonmineral (Kante — Fläche)

Abb.2.13. Modell der Anordnung von Tonmineralpaketen, organischer Substanz und Quarz in einem Bodenkrümel (aus Scheffer und Schachtschabel 1984)

Bodenhorizonte. Der Entwicklungszustand eines Bodens läßt sich an der horizontalen Gliederung ablesen, die beim Aufgraben oder durch Entnahme eines Bohrkern sichtbar wird. Böden, die unter ähnlichen Bedingungen gebildet wurden, zeigen eine ähnliche horizontale Gliederung. Diese Gliederung wird als Bodenprofil bezeichnet. Alle Böden, die eine einheitliche Entwicklungsstufe und ein ähnliches Bodenprofil zeigen, werden zu einem Bodentyp zusammengefaßt. Die Bodenhorizonte werden mit Großbuchstaben bezeichnet, denen Kleinbuchstaben als Index nachgestellt werden. Durch die Indices soll der Horizont näher charakterisiert werden. Dabei sind:

- O-Horizonte organische Auflagen, die über den mineralischen Horizonten liegen.
- A-Horizonte sind humose Bodenschichten, die im oberen Teil des Bodenprofils liegen
- B-Horizonte sind mineralisch geprägte Bodenzonen unter den A-Horizonten, die vom Ausgangsgestein deutlich verschieden sind.
- C-Horizonte bestehen überwiegend aus dem Ausgangsgestein der Bodenbildung, wobei die Verwitterung bereits erkennbar sein kann. C_n-Horizonte sind aus unverwittertem Gestein.
- G-Horizonte sind Bodenschichten, die Anzeichen von Grundwassereinfluß zeigen.
- h steht für Huminstoff-akkumuliert.
- e (Elution) bezeichnet Horizonte, die in Folge von Versauerung an Eisen und Mangan verarmt sind (sauergebleicht).
- r bedeutet reduziert,
- o steht für oxidiert.

- s steht für sesquioxidakkumuliert, die Einlagerung von Eisen und Mangan.
- v bedeutet verwittert.
- A_l (lessiviert) bedeutet, Ton wurde aus einem oberen Bodenhorizont ausgewaschen,
- B_t (tonakkumuliert), hier wurde der ausgewaschene Ton eingelagert.
- O_l (engl.: litter=Streu) bezeichnet eine unzersetzte organische Auflage.
- O_f (fermentiert) steht für eine zersetzte organische Auflage, in der jedoch Pflanzenstrukturen erkennbar sind.

Die in der Natur auftretenden Bodentypen sind nicht isoliert zu sehen, sondern es gibt Reihen von Bodentypen, die bei ungestörter Entwicklung nacheinander durchschritten werden können (Abb. 2.14). Dabei spielt die chemische Zusammensetzung des Ausgangsgesteins, insbesondere der Gehalt an basisch wirkenden Metallionen, eine wichtige Rolle. Ein Prozeß für den der Basengehalt wichtig ist, ist die Verlagerung von Eisen und Mangan in Folge einer Absenkung des pH-Wertes in oberen Bodenschichten und Wiederausfällen in Schichten mit höherem pH. Ein anderer Prozeß der Bodenentwicklung ist die Tonverlagerung, bei der Partikel der Feintonfraktion (< 0,2 µm) mit dem rasch fließenden Sickerwasserstrom in die Tiefe verlagert werden. Die Tonverlagerung findet daher nur in groben Bodenporen und Schrumpfungsrissen statt. Voraussetzung ist die vorangegangene Bildung von Tonmineralen und feinkörnigen Oxiden durch Verwitterungsprozesse. An den Ton angelagert können auch Huminstoffe transportiert werden. Die Tonverlagerung ist ein wichtiger Prozeß, über den im Bodenwasser unlösliche Stoffe verlagert werden können. Die Bodenentwicklung spielt sich in erdgeschichtlichen Zeiträumen ab. An zahlreichen Böden ist menschliche Aktivität durch landwirtschaftliche Bearbeitung oder auch Bauaktivität und die damit verbundenen Umlagerungen von Erdmassen zu beobachten.

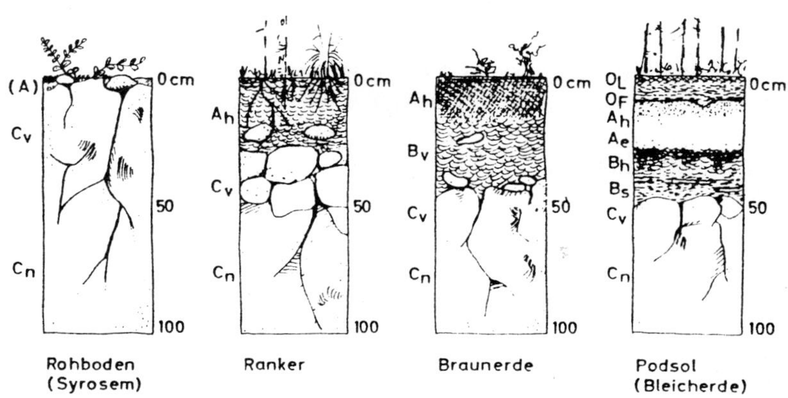

Abb. 2.14 Entwicklung eines Podsols aus einem Silikatgestein (aus Kuntze et al. 1983)

2.1.3 Umweltmedium Luft

Zusammensetzung und Entstehung der Erdatmosphäre. Die lebenswichtigen Gase der Atmosphäre sind Kohlendioxid, Sauerstoff und Stickstoff. Die Zusammensetzung der Atmosphäre wird wesentlich durch Aktivitäten der Organismen mitbestimmt (siehe Stoffkreisläufe). Die heutige Zusammensetzung der Atmosphäre beträgt [Vol.-%]:

Stickstoff	78,09
Sauerstoff	20,95
Argon und Spurengase	0,93
Kohlendioxid	0,03

Das in der Atmosphäre vorhandene Kohlendioxid ist nur der geringste Teil des auf der gesamten Erde vorhandenen Kohlenstoffs. Der weitaus größte Teil ist in Form von carbonatische Gesteinen gebunden oder als Biomasse der Lebewesen und in Lagerstätten organisch gebunden. Würde sich der gesamte Kohlenstoff, einschließlich der Carbonate, als Kohlendioxid in der Atmosphäre befinden, so wäre Kohlendioxid mit ca. 96% die Hauptkomponente. Die Atmosphäre entspräche dann dem Urzustand. In dieser Uratmosphäre fehlte der Sauerstoff, der in Form von Metalloxiden gebunden war. Der hohe Gehalt an Wasserdampf und Kohlendioxid führte zu einer Aufheizung der Atmosphäre durch die eingestrahlte Sonnenenergie (Treibhauseffekt). Durch Kondensation des Wasserdampfs bildete sich der Urozean. In diesem löste sich ein Teil des Kohlendioxids zu Kohlensäure.

$$CO_2 + 3\,H_2O \rightarrow 2\,H_3O^+ + CO_3^{2-}$$

Infolge der leicht sauren Reaktion kam es zur Lösung von Calciumionen aus dem freiliegenden Gestein. Dieses wurde am Grund des Ozeans als $CaCO_3$ wieder abgelagert. Magnesium konnte analog aus den Gesteinen gelöst werden. Durch diesen Prozeß wurden riesige Mengen Kohlendioxid der Atmosphäre entzogen und als Carbonatgestein festgelegt. Flüssiges Wasser als Lösungsmittel war für diesen Vorgang unbedingt erforderlich. Erste Formen des Lebens, die Eobionten, entwickelten durch Mutation die Fähigkeit zur oxygenen Photosynthese. Durch deren Aktivität (Wasserspaltung) traten erstmals Spuren von Sauerstoff in der Atmosphäre auf. Diese reagierten jedoch mit dem aus der Gesteinsverwitterung reichlich vorhandenen Fe^{2+}:

$$4\,Fe^{2+} + 12\,H_2O + O_2 \rightarrow 2\,Fe_2O_3 + 8\,H_3O^+.$$

Ein weiterer Prozeß, der zum Verbrauch von Sauerstoff führte, war die Oxidation von Sulfid zum Sulfat. Erst nach Verbrauch dieser reduzierten Verbindungen kam es zur Akkumulation von Sauerstoff in der Atmosphäre. Damit war die Voraussetzung zum Abbau organischen Materials durch Atmung gegeben. Diese bietet gegenüber Gärungen den Vorteil einer wesentlich höheren Energieausbeute. Die Evolution der heutigen Formen des Lebens konnte beginnen.

Gliederung der Atmosphäre. Die Gliederung der Atmosphäre ist in Abb. 2.15 angegeben. Mit zunehmender Höhe nimmt der Luftdruck exponentiell ab, es gilt die Faustregel, daß der Druck alle 5,5 km auf die Hälfte des Ausgangswertes abfällt. Wie aus der Graphik ersichtlich, ist die Temperatur innerhalb der Atmosphäre nicht einheitlich. Die beobachtbaren Anstiege der Temperatur sind durch vermehrte Strahlungsabsorption in den jeweiligen Atmosphärenschichten zu erklären. Hier spielt insbesondere die Anwesenheit von Ozon (Stratosphäre), beziehungsweise die Ionisation der Gasmoleküle oberhalb der Mesopause eine Rolle.

Strahlungsklima der Atmosphäre. Für das Geschehen in der Atmosphäre ist das Strahlungsklima von entscheidender Bedeutung. Hierunter werden die solare Einstrahlung und die terrestrische Ausstrahlung (Albedo) verstanden. Die Strahlenflußdichte in Abhängigkeit von der Wellenlänge und der Einfluß von Spurengasen auf den Strahlungshaushalt sind in Abb. 2.16 dargestellt. Einerseits wird der Schutzeffekt des stratosphärischen Ozons (Maximum ca. 25 km Höhe) deutlich, da dieses erhebliche Absorption im ultravioletten Bereich zeigt. Andererseits kann man erkennen, daß ein Teil der möglichen Ausstrahlung durch IR-Absorption durch Spurengase verhindert wird. Wirksame Gase sind beispielsweise das Kohlendioxid und der Wasserdampf der Atmosphäre. Diese Absorption von ausstrahlender Energie, die entsprechend der Atmosphärendichte in der Troposphäre besonders hoch ist, wird als Treibhauseffekt bezeichnet. Es handelt sich

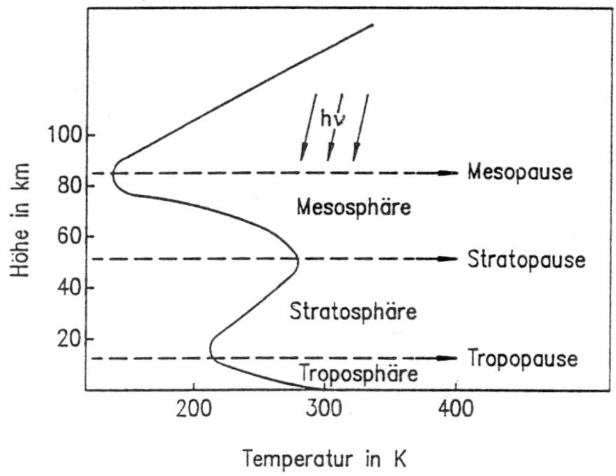

Abb. 2.15. Temperaturverlauf der Erdatmosphäre als Funktion der Höhe über dem Meeresspiegel (aus Heintz und Reinhardt 1991)

um einen natürlichen Vorgang, der durch die Aktivitäten des Menschen seit Beginn der Industrialisierung verstärkt wurde. Die hierfür verantwortlichen Gase sind die Treibhausgase. Neben Kohlendioxid und dem Wasser ist hier besonders das Methan zu nennen. Auch wenn Methan in der Atmosphäre zu Kohlendioxid oxidiert werden kann, so spielt das Methan selbst wegen seiner starken IR-Absorption eine bedeutende Rolle für den Wärmehaushalt der Erde. In gleicher Weise wirksam sind N_2O und das troposphärische Ozon (Tabelle 2.7a). Diese Wirkung hat nichts mit chemischen Reaktionen in der Atmosphäre zutun und muß daher separat betrachtet werden.

Der Wasserdampf ist durch Verdunstung und Niederschlag ständig im Kreislauf begriffen. Wegen des raschen Umsatzes dürften sich lokal auftretende anthropogene Emissionen lediglich lokal auswirken, da die zusätzliche Menge Wasser zu erhöhten Niederschlägen führt. Infolge der zunehmenden Erwärmung erhöht sich jedoch der Wasserdampfgehalt der Atmosphäre wegen der Zunahme des Dampfdruckes des Wasser. Dieser Effekt ist jedoch indirekt, weil eine Folge bereits bestehender Temperaturerhöhungen. Kritisch wirkt sich eher der von

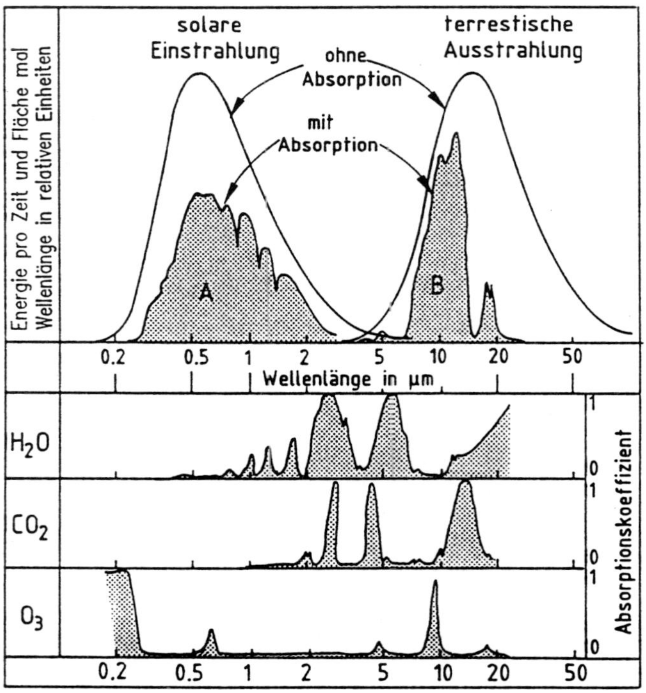

Abb. 2.16. Strahlenflußdichte der solaren Einstrahlung und der terrestrischen Ausstrahlung in Abhängigkeit von der Wellenlänge. Zusätzlich sind die Absorptionsspektren von Wasserdampf, Kohlendioxid und Ozon angegeben, die für die Differenz zwischen den Kurven ohne und mit Absorption verantwortlich sind (aus Heintz und Reinhardt 1991)

Flugzeugen in die Tropopause und untere Stratosphäre emittierte Wasserdampf aus, da dieses Wasser nicht am normalen Wettergeschehen beteiligt ist und den Strahlungshaushalt der Erde beeinflußen kann.

Anders ist die Situation beim CO_2. Obwohl ein nicht unerheblicher Teil des durch den Menschen freigesetzten CO_2 über das Kalk-Kohlensäure-Gleichgewicht im Ozean abgefangen wird, kommt es zu einer Zunahme der CO_2-Konzentration der Atmosphäre. Da für die Zukunft mit einer Zunahme der CO_2-Emissionen gerechnet werden muß, wird angenommen, daß in weniger als 100 Jahren die CO_2-Konzentration auf über 600 ppm angesteigen sein wird. Der Verlust von Waldflächen als wichtiger Senke im Kohlenstoffkreislauf wirkt sich in diesem Zusammenhang besonders fatal aus. Ebenso wie für das CO_2 ist für andere Treibhausgase mit zunehmender Emission aufgrund des Bevölkerungswachstums zu rechnen. Beispiele sind die Methanemissionen durch zunehmenden Reisanbau und Rinderhaltung und N_2O-Freisetzungen aus der mikrobiellen Zersetzung der Stickstoffdünger.

Verteilung von Schadstoffen über die Atmosphäre. Für die Verteilung von Schadstoffen über die Atmosphäre ist das Wettergeschehen von ausschlaggebender Bedeutung. In die Stratosphäre können Umweltchemikalien nur vordringen, wenn sie die Troposphäre durchwandert haben. Alle anderen Schadstoffe können über das Wettergeschehen auf die Erdoberfläche zurückgebracht werden. Die Deposition kann in Form von Staub erfolgen (trockene Deposition) oder die Schadstoffe werden über Niederschläge auf die Erdoberfläche zurücktransportiert (nasse Deposition.). Bei der nassen Deposition wird die Ausregnung und die Auswaschung unterschieden. Ausregnung bezieht sich auf Stoffe, die im kondensierten Wasser der Wolken bereits enthalten sind. Auswaschung ist die Aufnahme von Schadstoffen durch fallende Niederschläge.

Der Ort der trockenen oder nassen Deposition ist wesentlich vom Wettergeschehen abhängig. In Normalwetterlagen steigen die Schadstoffe mit der bodennah erwärmten Luft (Thermik) nach oben, während an anderen Stellen in der Landschaft ein Absinken von Luftmassen zu beobachten ist, beispielsweise über Waldgebieten. Zwischen Aufstiegs- und Absinkgebieten findet ein Luftaustausch, mehr oder minder parallel zur Erdoberfläche, statt. In den höheren Atmosphärenschichten überwiegt in unseren Breiten der Westwind. In bodennahen Schichten treten in Abhängigkeit von den landschaftlichen Gegebenheiten lokal wirksame Winde auf. In Küstenregionen sind dies tageszeitlich auftretende

Tab. 2.7a Anteile der Spurengase am natürlichen Treibhauseffekt (nach Heintz und Reinhardt 1991, verändert)

	H_2O-Dampf	CO_2	O_3 (Trop.)	N_2O	CH_4	Rest
Temperaturbeitrag in K	20,6	7,2	2,4	1,4	0,8	0,6
Temperaturbeitrag in %	62,4	21,8	7,3	4,3	2,4	1,8

Land-/Seewinde, während in gebirgigen Regionen kleinräumig wirksame Winde auftreten, die durch die Geländemorphologie bestimmt werden (Berg-/Talwinde). Dies hat weitgehende Konsequenzen für die Richtung des Schadstofftransportes insbesondere bei lokal auftretenden Emissionen.

Wie aus Abb 2.15 ersichtlich, nimmt in der Troposphäre die Temperatur mit zunehmender Höhe ab. Im Fall von Inversionswetterlagen kommt es zu einer Umkehr dieses Temperaturverlaufs, in dem sich wärmere Luftmassen über am Boden liegende kalte Luftmassen schieben. Hierfür ist der großräumige Luftaustausch der höheren Troposphärenschichten verantwortlich. Vom Boden aufsteigende, wärmere Luftmassen können nur bis in die Höhe aufsteigen, in der ihre eigene Temperatur herrscht. Weiterer Luftaustausch ist nur nach der Seite möglich. Ist in Tallagen der vertikale Luftaustausch behindert, so kommt es zur Anreicherung von Schadstoffen innerhalb dieser austauscharmen Luftschichten.

Der vertikale Schadstofftransport kann einige tausend Kilometer betragen. Für die alte Bundesrepublik wurde geschätzt, daß etwa die Hälfte des emitierten Schwefels über die Ländergrenzen hinweg in die Staaten des ehemaligen Ostblocks exportiert wurde, etwa die gleiche Menge wurde aus den westlichen Anrainerstaaten herantransportiert. Ein bekanntes Beispiel für diesen Ferntransport sind die skandinavischen Länder, deren Probleme der Boden- und Gewässerversauerung auf ausländische Emissionen zurückgehen.

Partikeltransport in der Atmosphäre. Staubpartikel und gasförmige Emissionen können in der Atmosphäre durch den Wind verfrachtet werden. Dies trägt erheblich zur Verteilung von Chemikalien in der Atmosphäre bei. Beim Schadstofftransport in Form von Partikeln spricht man von Aerosolen, unabhängig davon, ob es sich um Flüssigkeitströpfchen oder Feststoffpartikel handelt. Aerosole im Größenbereich 0,2 bis 20 µm sind in der Atmosphäre relativ stabil, größere neigen dazu, in Form von trockener Deposition auf die Erdoberfläche abzusinken. Kleine Partikel können durch Koagulation vergrößert werden. Größere Partikel werden auch durch Aufwirbelung von Gischt über den Ozeanen oder Staub über den Landflächen in die Atmosphäre gebracht. Die Seesalz-Aerosolbildung wird auf $3 \cdot 10^{15}$ g/Jahr geschätzt, die Produktion von Aerosolen aus Staub durch den Wind soll $5 \cdot 10^{14}$ g/Jahr betragen. Ein geologisch wichtiges Phänomen des Partikeltransportes durch den Wind sind die Lößablagerungen, die fruchtbare Böden bilden. Der derzeitige Transport von Partikeln über Westeuropa ist in Abb. 2.17 dargestellt. Durch trockene oder nasse Deposition kommen diese Aerosole auf die Erdoberfläche zurück. Dies ist besonders kritisch, wenn es sich dabei um Schadstoff-belastete Partikel handelt. Beispielsweise stehen Rußpartikel aus Dieselmotoren im Verdacht, krebserregende polycyclische aromatische Kohlenwasserstoffe (PAK) zu enthalten. Aber auch andere Partikel können aufgrund ihrer relativ großen Oberfläche erheblich mit Schadstoffen beladen sein. Solche partikelgebundenen Schadstoffe können also durch Windereignisse über die Atmosphäre verbreitet werden, ohne daß diese Schadstoffe einen nennenswerten Dampfdruck besitzen.

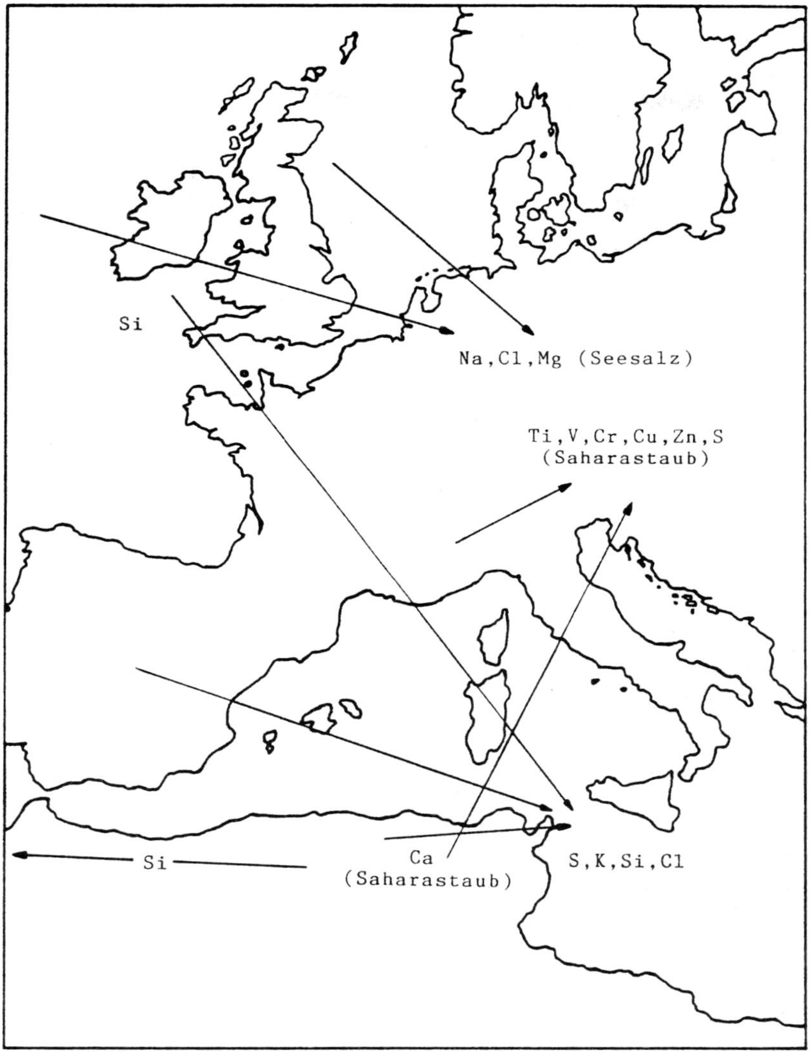

Abb. 2.17. Weiträumiger Partikeltransport über Westeuropa (aus Parlar und Angerhöfer 1991)

2.2 Eigenschaften und Quellen von Umweltchemikalien

Unter dem Begriff "Umweltchemikalien" sollen alle chemischen Substanzen verstanden werden, die in die Umwelt gelangen und sich damit außerhalb der direkten Kontrolle durch den Menschen befinden. Es können sowohl organische als auch anorganische Substanzen sein. Die Bildung und Freisetzung von chemischen Substanzen kann durch natürliche Prozesse oder durch Aktivität des Menschen erfolgen. Vielfach fördert der Mensch durch seine Handeln natürliche Prozesse, sodaß die Endprodukte vermehrt gebildet werden. Bei den anthropogen freigesetzten Chemikalien kann es sich um Substanzen handeln, die in der Natur vorkommen, die jedoch vom Menschen für seine Zwecke produziert werden. Viele Chemikalien, die vom Menschen hergestellt werden, kommen in der Natur nicht vor. Einmal freigesetzt, unterliegen sie oft Umwandlungsprozessen, wodurch auf natürliche Weise Chemikalien entstehen, die in der Natur nicht vorkommen. Chemische Substanzen der belebten Natur unterliegen nach ihrer Ausscheidung oder dem Absterben der Lebewesen meist raschen Umwandlungen, die mit einem Nutzen für andere Lebewesen verbunden sind. Dadurch werden Akkumulationen einzelner Elemente in bestimmten Verbindungen vermieden, die Elemente durchlaufen ständig Stoffkreisläufe. Diese Stoffkreisläufe sind notwendig, da sonst das Leben auf der Erde rasch zum Erliegen kommen würde.

2.2.1 Stoffkreisläufe

Der Kohlenstoffkreislauf. Aufgrund ihrer Rolle im Stoffhaushalt der Natur werden die Organismen in drei Gruppen unterteilt:

- Produzenten
- Konsumenten
- Destruenten.

Bei den Produzenten handelt es sich um Organismen, die in der Lage sind, ihre eigene Körpersubstanz aus dem Kohlendioxid der Luft unter Ausnutzung einer Energiequelle zu synthetisieren. Die bekanntesten und bedeutendsten Vertreter sind die Grünen Pflanzen. Unter Ausnutzung der Lichtenergie bauen sie aus Kohlendioxid und Wasser Biomasse auf.

$$6\ CO_2 + 6\ H_2O + \text{Licht} \rightarrow C_6H_{12}O_6 + 6\ O_2$$

Diese Formel gibt nur den Vorgang der Kohlenstoffixierung wieder. In nachgeschalteten Reaktionen werden aus den so synthetisierten Zuckern andere Inhaltsstoffe der Pflanzen aufgebaut, die in ihrem Zusammenspiel einen funktionsfähigen Organismus ergeben. Hierzu werden noch andere Elemente (Stickstoff, Phosphor, Schwefel und andere, s.u.) benötigt, die von den Pflanzen in Form von Nährsalzen aufgenommen werden.
Die Konsumenten fressen die Biomasse der Produzenten und gewinnen daraus Energie.

$$C_6H_{12}O_6 + 6\ O_2 \rightarrow 6\ CO_2 + 6\ H_2O + \text{Energie}$$

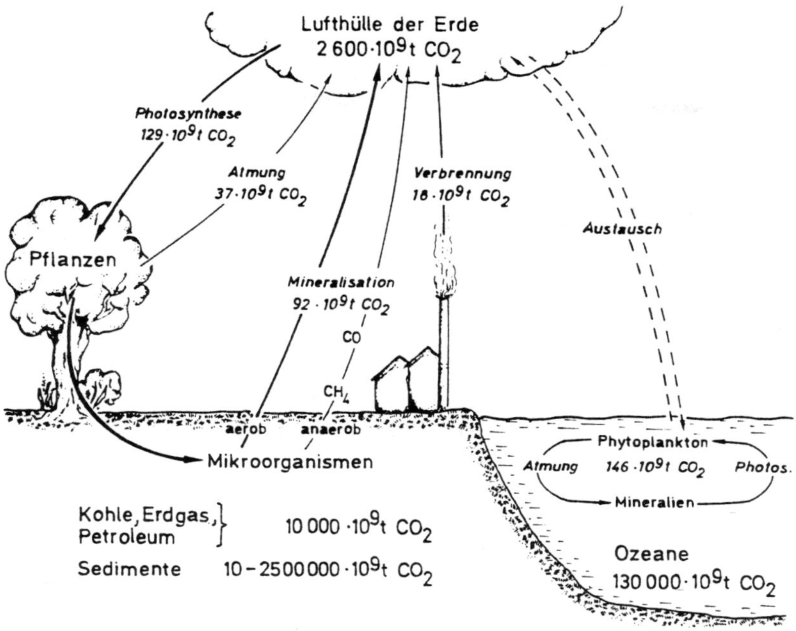

Abb. 2.18. Schematische Darstellung des Kohlenstoffkreislaufs in der Biosphäre. Die angegebenen Mengen an den Pfeilen beziehen sich auf den Umsatz des jeweiligen Prozesses pro Jahr. Die Bilanz verdeutlicht den anthropogen verursachten Anstieg der atmosphärischen Kohlendioxidkonzentration. Zusätzlich sind die Mengen in den jeweiligen Depots angegeben (aus Schlegel 1985)

Im Prinzip handelt es sich dabei um den umgekehrten Vorgang der Photosynthese. Die gewonnene Energie kann für verschiedene Prozesse, wie Bewegungen oder chemische Synthesen zum Aufbau der eigenen Körpersubstanz, genutzt werden.

Bei den Destruenten handelt es sich um Organismen, die abgestorbene Biomasse der Produzenten und Konsumenten in ihre mineralischen Bestandteile zerlegen. Die ablaufenden Vorgänge entsprechen im wesentlichen dem des Nahrungsabbaus durch die Konsumenten. Die organischen Stickstoff-, Phosphor-, und Schwefelverbindungen werden mineralisiert, d.h. in anorganischer Form freigesetzt.

Aus diesem Zusammenhang wird klar, daß alle Organismen des Kohlenstoffkreislaufs aufeinander angewiesen sind. Keine dieser Gruppen kann dauerhaft ohne die anderen Gruppen existieren. Im Kohlenstoffkreislauf (Abb. 2.18) treten noch zwei wichtige Depots auf. Der CO_2-Vorrat der Atmosphäre und der Ozeane bildet einen Kohlendioxid-Vorrat für die Produzenten. Der in den Sedimenten, dem Boden und teilweise auch der in den Lagerstätten befindliche organisch gebundene Kohlenstoff sind der Kohlenstoffvorrat für die Destruenten, soweit sie zur Nutzung dieser teilweise schwer abbaubaren Verbindungen in der Lage sind.

Der Stickstoffkreislauf. Die Organismen bestehen nicht nur aus Zuckern (Kohlenhydraten), sondern auch aus Eiweißen (Proteinen). Diese enthalten zusätzlich zu den Elementen Kohlenstoff, Wasserstoff und Sauerstoff das Element Stickstoff im Form von $-NH_2$ Gruppen. Die Produzenten nehmen den Stickstoff in der Regel in Form von Ammonium auf. Steht kein Ammonium zur Verfügung muß Nitrat aufgenommen werden, daß dann unter Aufwand von Energie zum Ammonium reduziert werden muß (assimilatorische Nitratreduktion). Beim Abbau der pflanzlichen Biommasse durch die Konsumenten und die Destruenten wird der Stickstoff im Rahmen der Proteolyse in Form verschiedener Spaltprodukte oder als Ammonium freigesetzt. Die Spaltprodukte werden von Bakterien abgebaut, sodaß letztendlich Ammonium gebildet wird. Dieses kann wiederum von Pflanzen genutzt werden. Die im Ammonium enthaltene Energie kann von einigen Bakterien, den Nitrifikanten, zur Erzeugung von Stoffwechselenergie genutzt werden.

$$NH_4^+ + 2\,O_2 \rightarrow NO_3^- + H_2O + 2H^+ + \text{Energie}$$

Der Vorgang wird als Nitrifikation bezeichnet. Einige Bakterien können, wenn kein Sauerstoff vorhanden ist, auch mit Nitrat atmen.

$$2\,NO_3^- + 2\,H^+ + 10\,[H] \rightarrow N_2 + 6\,H_2O$$ [1]

Dieser Vorgang wird Denitrifikation oder Nitratatmung genannt, er führt zum Verlust von gebundenem Stickstoff an die Atmosphäre. Deshalb muß ein zur Denitrifikation gegenläufiger Prozeß existieren, sonst würde der gesamte gebundene Stickstoff an die Atmosphäre verloren gehen und damit das Leben auf der Erde zum Erliegen kommen. Einige Photosynthese betreibende Bakterien, aber auch andere Bakterien sind in der Lage, unter Aufwand von Stoffwechselenergie molekularen Stickstoff aus der Atmosphäre in ihre Biomasse einzubauen. Dieser Prozeß wird als Stickstoffixierung bezeichnet.

$$N_2 + 2\,H^+ + 6\,[H] \rightarrow 2\,NH_4^+$$

Unter den stickstoffixierenden Bakterien gibt es Arten, die in Symbiose mit höheren Pflanzen leben, wodurch diese weitgehend autark bezüglich der Stickstoffversorgung werden. Der Stickstoffkreislauf in Abb. 2.19 dargestellt.

Auftreten von Nitrit als Zwischenprodukt der Nitrifikation. Nach der oben dargestellten Formel ist die Nitrifikation ein einstufiger Prozeß. Dies ist jedoch nicht richtig. In Wirklichkeit sind hierbei zwei Organismen beteiligt. Im ersten Schritt

---

[1] Das Symbol [H] steht für an biochemische Träger gebundenen Wasserstoff, der aus oxidativen Prozessen stammt.

wird von Ammoniumoxidierern (sie tragen Namen, die mit *Nitroso-* beginnen, z.B. *Nitrosomonas*) Ammonium zu Nitrit oxidiert.

$2\ NH_4^+ + 3\ O_2 \rightarrow 2\ NO_2^- + 4\ H^+ + 2\ H_2O$

Anschließend setzen die Nitritoxidierer (ihr Name beginnt mit *Nitro-*, z.B. *Nitrobacter*) Nitrit zu Nitrat um.

$2\ NO_2^- +\ O_2 \rightarrow 2\ NO_3^-$

Normalerweise kommt es nicht zur Akkumulation von Nitrit, sodaß der Vorgang einstufig erscheint. Bilden nun die Ammoniumoxidierer rascher Nitrit als dieses von den Nitritoxidierern umgesetzt werden kann, so kommt es zur Anhäufung von Nitrit. Das Auftreten von Nitrit in Umweltproben kann als Hinweis auf gestörten biologischen Abbau gewertet werden. Nitrit ist eine hochgiftige Substanz, ihr Auftreten in Gewässern kann zum Tod aller Lebewesen führen. Auch die Nitrit-oxidierenden Bakterien tolerieren dieses nur in geringen Mengen. Wegen seiner antibaktertiellen Wirkung wird es beispielsweise im Nitritpökelsalz zur Konservierung von Fleischwaren eingesetzt.

Phosphor in der Biosphäre. Phosphor kommt in der Biosphäre fast ausschließlich als Phosphat vor. In der Form des Orthophosphates wird er von den Pflanzen aufgenommen. In der Biomasse ist er als Phosphorsäureester gebunden. Die Verfügbarkeit des Phosphates in den Böden und Gewässern wird durch die Bildung

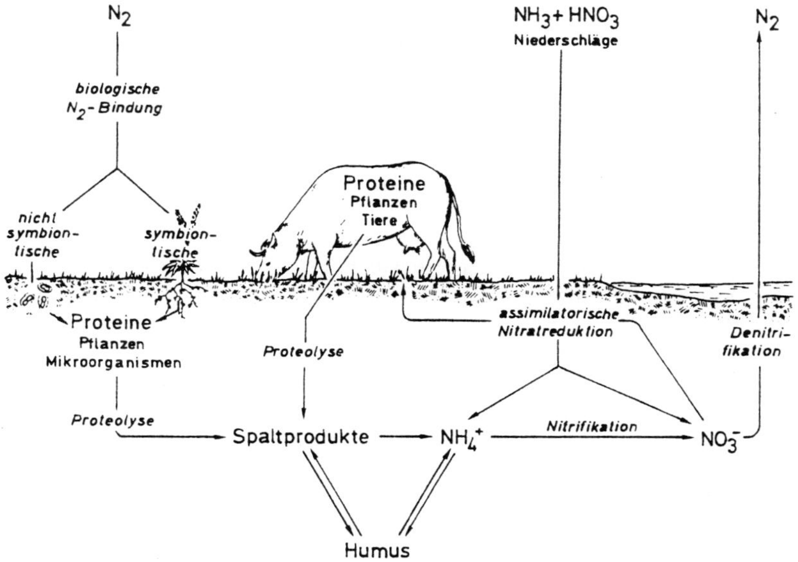

Abb. 2.19. Kreislauf des Stickstoffs in der Atmosphäre. An den Pfeilen sind die Namen der jeweiligen Prozesse angegeben (aus Schlegel 1985)

von schwerlöslichen Phosphatverbindungen (Calciumphosphat, Eisenphosphat) verringert. Gelangen Phosphate über das Abwasser oder als abgeschwemmtes Material von den Landflächen in die Gewässer, kann es zur Eutrophierung kommen. Unlösliche Phosphorverbindungen sedimentieren auf den Grund des Gewässers und werden dort gespeichert. Kommt es in Folge von vermehrtem Algenwachstums zu einem nennenswerten Eintrag biologisch abbaubarer Substanzen in das Sediment, so treten im Sediment anaerobe Verhältnisse auf, falls die Sauerstoffnachlieferung nicht ausreicht. Fe(III)-phosphat wird unter Rücklösung des Phosphates zu Fe(II)-ionen reduziert. Diffundieren beide Ionen in Bereiche höheren Redoxpotentials, so kommt es zur erneuten Ausfällung. Wird jedoch das Eisen wegen des Auftretens von Sulfidionen aus anaeroben Abbauprozessen (Eiweißfäulnis, Sulfatreduktion) als Eisensulfid gefällt, so kann das nun freie Phosphation zur Eutrophierung des Gewässers beitragen. Man spricht von innerer Düngung (Abb. 2.20)

Dieser Vorgang ist in Böden wegen ihrer andersartigen Struktur nicht beobachtbar. Das Verhalten des Phosphates im Boden ist in Abb. 2.21 dargestellt. Die Freisetzung aus organischen Phosphorverbindungen und die Lösung aus schwerlöslichen Bodenphosphaten können für das Pflanzenwachstum limitierend werden. Wegen der hohen Pufferkapazität des Bodens für Phosphat wird dieses jedoch kaum in gelöster Form ausgetragen. Bedeutender ist die Erosion von Bodenpartikeln in die Gewässer, wodurch deren Eutrophierung mitverursacht wird. Die Stickstoffdüngung spielt für die Eutrophierung nährstoffarmer Böden eine größere Rolle und führt zudem zur Nitratbelastung des Grundwassers, da Nitrat in den Böden nicht gespeichert werden kann.

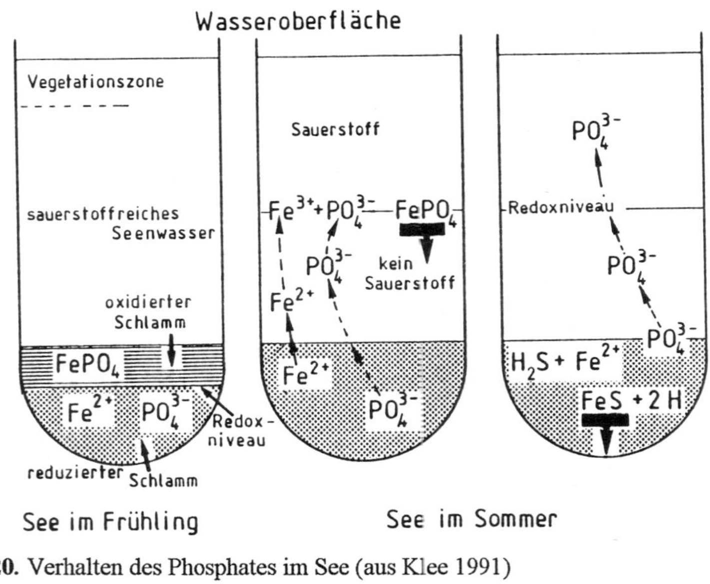

Abb. 2.20. Verhalten des Phosphates im See (aus Klee 1991)

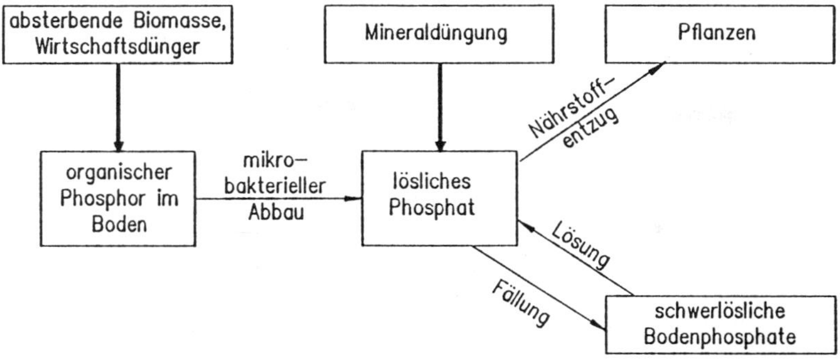

Abb. 2.21. Verhalten des Phosphates im Boden (aus Heintz und Reinhardt 1991)

Der Schwefelkreislauf. Der Schwefelkreislauf ist in Abb. 2.22 zusammengefaßt. Schwefel kommt in der unbelebten Natur als Element, in sulfidischen Erzen und in Form von Sulfatsalzen vor. In den Organismen spielen schwefelhaltige Aminosäuren eine wichtige Rolle. Der Schwefel liegt in den Aminosäuren auf der Oxidationsstufe des Sulfids vor. Bei der Eiweißfäulnis wird er als Schwefelwasserstoff frei und ist für den Geruch fauler Eier verantwortlich. Schwefelwasserstoff ist für aerobe Organismen eine hochgiftige Substanz, einige Bakterien können jedoch geringe Konzentrationen tolerieren. Mit Luftsauerstoff wird Schwefelwasserstoff chemisch oxidiert, wobei verschiedene Zwischenprodukte auftreten können, die teilweise ebenfalls giftig sind. Die Reaktion mit dem Luftsauerstoff ist relativ langsam, sodaß Bakterien diese Reaktion ausnutzen können, um die im reduzierten Schwefelwasserstoff enthaltene Energie in Stoffwechselenergie umzuwandeln. Diese Bakterien werden farblose Schwefelbakterien genannt. Die Zellen schichten sich so ein, daß sie gerade genug Sauerstoff und ausreichend Schwefelwasserstoff zur Verfügung haben. Eine andere Gruppe von Bakterien benötigt keinen Sauerstoff, sie benutzen den Schwefelwasserstoff anstelle von Wasser für die anaerobe Photosynthese.

Schwefelwasserstoff wird, neben der Freisetzung im Rahmen der Eiweißfäulnis, durch sulfatreduzierende Bakterien gebildet. Diese nutzen Sulfat als Elektronenakzeptor für den oxidativen Abbau organischer Substanz aus. Dieser Prozeß ist verläuft analog der Nitratatmung ab, die Organismen sind jedoch nicht ausreichend tolerant gegenüber Sauerstoff, sodaß sie auf ein sauerstofffreies Milieu angewiesen sind. In anaeroben Sedimenten ist die Immobilisierung von Schwefelwasserstoff in Form von Eisensulfid zu beobachten. Eisensulfid ist sehr wenig löslich, sodaß die giftige Wirkung des Sulfidions abgefangen wird. Auch Schwermetalle bilden solche schlecht löslichen Sulfide. Die Metallsulfide sind für die schwarze Färbung der anaeroben Sedimente und des Faulschlammes verantwortlich. Haben solche Schlämme ausreichenden Kontakt mit Luftsauerstoff, so kann das Eisensulfid oxidiert werden. Viele Metalle kommen in der Natur als

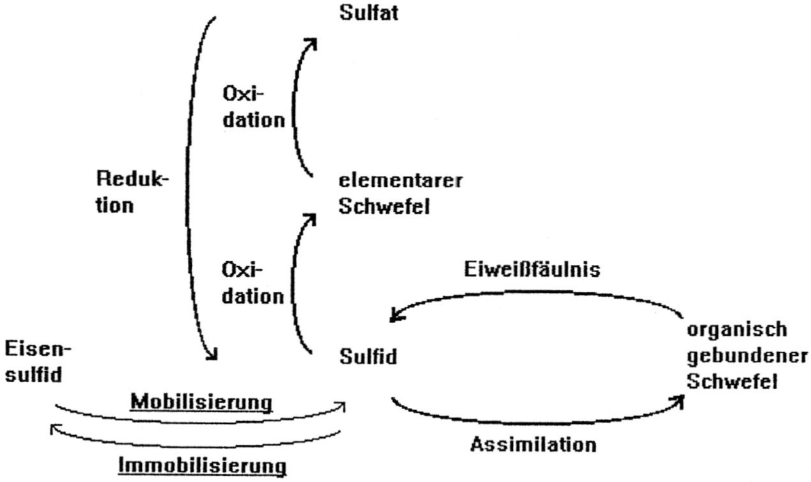

Abb. 2.22. Kreislauf des Schwefels unter Beteiligung aerober und anaerober Gewässerzonen. Je höher eine Substanz in der Graphik steht, desto höher ist sie oxidiert. Dicke Linien deuten Vorgänge unter Beteiligung von Organismen an, dünne Linien stehen für chemische Prozesse

sulfidische Erze vor. Pyrit (FeS_2) ist mit diesen Erzen vergesellschaftet. Ein Bakterium, *Thiobacillus ferrooxidans*, kann sowohl Sulfid, wie auch Fe^{2+} oxidieren. Das dabei gebildetet Fe^{3+} ist für die Freisetzung anderer Metallionen aus sulfidischen Erzen erforderlich. In der Praxis macht man sich das bei der Laugung minderwertiger Erze zunutze. Die Metallionen der Sulfide (Kupfer, Zink, Nickel, Molybdän, Uran) werden durch die Aktivität der Bakterien in Lösung gebracht. Der Prozeß findet auch auf den Abraumhalden des Berbbaus sulfidischer Erze statt, wodurch diese zum Umweltproblem werden.

2.2.2 Düngemittel als Umweltchemikalien

Durch die Ernte werden den Böden ständig Nährstoffe entzogen. So wurden im Jahre 1987 durch Getreideernte in der Bundesrepublik (ca. 27 Mio t) etwa 675 000 t Stickstoff und 132 000 t Phosphor den Böden entzogen. Da dieser Nährstoffentzug nicht durch Rückführung mineralischer Abbauprodukte des Erntegutes ausgeglichen wird, müssen die Nährstoffe durch Düngung zugeführt werden. Hierzu werden Mineraldünger, aber auch organische Dünger, wie Kompost, Mist oder Klärschlamm, verwendet.

Für optimales Pflanzenwachstum sind jedoch nicht nur Stickstoff und Phosphor erforderlich (Tabelle 2.7b). Diese Stoffe müssen im Boden in ausreichender Menge verfügbar sein. Es gilt das von Justus von Liebig formulierte *Gesetz des*

Tab. 2.7.b Relative Zusammensetzung trockener Pflanzenbiomasse bezogen auf Phosphor (nach Sauerbeck 1985)

Hauptbestandteile		Spurenelemente	
H	470	Cl	0,66
C	250	S	0,553
O	170	Si	0,31
N	9,1	Na	0,20
K	3,5	Fe	0,12
Ca	1,6	B	0,003
Mg	1,5	Mn	0,001
P	1,0	Zn	0,0002
		Cu	0,0001
		Mo	0,000005
		Co	0,000001

Minimums: "Das Wachstum einer Pflanze wird durch denjenigen Nährstoff bestimmt, der am wenigsten verfügbar ist". In fruchtbaren natürlichen Böden ist dies normalerweise der Stickstoff. Wird dieser durch Stickstoffdüngung zugeführt, so geraten Kalium und Phosphor ins Minimum. Calcium und Magnesium sind aus der Verwitterung von Mineralien in der Regel ausreichend vorhanden. Wird trotzdem mit Kalk gedüngt, so soll damit der pH-Wert des Bodens stabilisiert werden. Organische Dünger, wie Stallmist, Stroh, Ernterückstände, Jauche und Gülle, fallen direkt in der landwirtschaftlichen Produktion an. Knochenmehl, Klärschlamm und Müllkompost sind, Schadstofffreiheit vorausgesetzt, wertvolle Dünger, die in nicht-landwirtschaftlichen Bereichen anfallen. Leider war die Schadstofffreiheit von Klärschlamm in der Vergangenheit nicht garantiert. Die rechtlichen Voraussetzungen der Ausbringung von Klärschlamm auf landwirtschaftlichen Flächen werden in der Klärschlammverordnung geregelt. Wesentliche Vorteile organischer Dünger sind die in der Regel langsame Freisetzung der Nährstoffe und der Eintrag von organischer Substanz in den Boden. Mineralische Dünger, die Phosphor enthalten, sind Superphosphat, ein Gemisch aus Calciumdihydrogenphosphat und Gips, oder Thomasmehl, das bei der Stahlproduktion entsteht. Stickstoffdünger können durch die großtechnische Produktion von Ammonium nach dem Haber-Bosch-Verfahren hergestellt werden. Der Verbrauch an Mineraldüngern zeigt steigende Tendenz.

Obwohl die mineralischen Bestandteile der Düngemittel durch biologische und chemische Prozesse in der Natur gebildet werden, sind sie den Umweltchemikalien zu zuordnen. Gelangen diese Nährsalze in nährstoffarme Biotope, können sie dort unerwünscht eutrophierende Wirkung zeigen und zu einer nachhaltigen Veränderung der Umwelt führen. Zudem ist eine zunehmende Belastung der Grundwässer mit Nitrat zu beobachtet, die wegen der davon ausgehenden Gesundheitsgefahren nicht toleriert werden kann. Die geringe Haltekapazität der Böden für Nitrat, die im wesentlichen auf der Bildung von Biomasse beim Abbau stickstoffarmer organischer Substanz beruht, ist schon bei leichter Überdüngung erschöpft. Eine weitere Möglichkeit Stickstoffreserven im Boden zu halten, ist die Aussaat raschwüchsiger Pflanzen, die dann untergepflügt werden. Dadurch werden die Stickstoffreserven in organischer Form gebunden. In einigen Bundesländern wird versucht, die Verwendung von Mineraldünger und die damit verbundene Umweltbelastung zu minimieren. Den Landwirten werden preiswerte Analysen der Stickstoffreserve im Herbst und eine Düngeempfehlung für die folgende Vegetationsperiode angeboten.

2.2.3 Biozide

Zur Erhöhung der landwirtschaftlichen Produktion und zum Schutz der Produkte vor Vernichtung durch Tiere werden Gifte eingesetzt. Diese Gifte werden häufig als Pestizide bezeichnet. Eigentlich bedeutet der Begriff Pestizid Schädlingsvernichtungsmittel. Jedoch auch gegen Unkräuter gerichtet Chemikalien werden als Pestizid bezeichnet. Der allgemeinere Begriff Biozid für Substanzen, die gegen unerwünschte Organismen wirken, sollte bevorzugt werden. Unkräuter sind im eigentlichen Sinne keine Schädlinge, sondern sie treten mit den Nutzpflanzen in Konkurrenz um die Nährstoffe. Dadurch wird der Ertrag der Nutzpflanzen verringert. Mit Hilfe selektiv wirkender Chemikalien versucht man diese Konkurrenten auszuschalten. Je nachdem gegen welche Gruppe von Organismen ein Biozid gerichtet ist, wird sie bezeichnet (Tabelle 2.8).

Die Zuordnung zu bestimmten Gruppen ist etwas willkürlich, gegen Insekten-

Tabelle 2.8. Einteilung der Biozide nach den Zielorganismen, Anwendungsbereiche und die in den Gruppen vertretenen Stoffklassen. Beispiele sind in Klammern angegeben (nach Odzuck, 1982)

Biozidgruppe	Anwendung	Stoffklasse (Beispiele)
Insektizide	Insektenabtötung	halogenierte Kohlenwasserstoffe (DDT, Lindan), Pyrethroide, Phosphorsäureester (Malathion, Parathion), Carbamate (Pyramat)
Akarizide	Milbenabtötung	unterschiedliche Stoffklassen
Molluskizide	Schneckenabtötung	substituierte Phenole (Pentachlorphenol)
Rodentizide	Nagetierabtötung	Kumarinderivate (Racumin)
Fungizide	Pilzvernichtung	unterschiedliche Stoffklassen, häufig metallorganische Verbindungen
Herbizide	Unkrautvernichtung	Phenoxycarbonsäuren (2,4-D, 2,4,5,-T, heterocyclische Verbindungen (Atrazin, Paraquat)
Ovizide	Vernichtung von Insekteneiern	substituierte Phenole (Sinox, Dinoseb)
Sterilantien	Schädlingssterilisation	organische Phosphorstickstoffverbindungen
Repellents	Schädlingsvertreibung	ätherische Öle, Alkohole und cyclische Ester (Dimethylphthalat)

eier gerichtete Ovizide zeigen Wirkung auf Insektenpopulationen. Sie töten zwar keine Insekten ab, verhindern aber deren Fortpflanzung und damit weiteren Schädlingsbefall. Das Problem, daß Biozide auch für den Boden und die Pflanze nützliche Organismen vernichten, dürfte hinreichend bekannt sein. Dennoch sind Biozide prinzipiell zielgerichtet in ihrer Anwendung, lediglich die Zahl der betroffenen Organismengruppe ist zu hoch. Idealerweise trifft ein Biozid nur den Schadorganismus, schont jedoch alle anderen Lebewesen. Die Spezifität soll durch die laufende Forschung verbessert werden. Sexuallockstoffe, die bei Insekten eine große Rolle spielen, werden teilweise recht erfolgreich eingesetzt, um die Vermehrungsrate von Schadinsekten (z.B. Borkenkäfer) zu verringern. Da solche Sexuallockstoffe artspezifisch sind, können sie als ideale Biozide betrachtet werden. Ähnlich spezifisch sind die gegen Schmetterlingsraupen wirkenden parasporalen Körper von Bakterien der Art *Bacillus thuringiensis*. Das Protoxin wird im Darm der Raupen in das Toxin umgewandelt. Nicht empfindliche Insekten bleiben verschont.

Der Verbrauch an Bioziden in den hochentwickelten Ländern zeigte nach dem Krieg zunächst steigende Tendenz, um den steigenden Bedarf an Nahrungsmittel zu decken. Doch bereits zu Beginn der 70er Jahre zeichnete sich eine Verringerung des Verbrauchs an Bioziden in den Industrienationen ab, nicht zuletzt, da sie einen erheblichen Kostenfaktor in der landwirtschaftlichen Produktion darstellen. Die mit der Anwendung verbundenen Umweltprobleme wurden erkannt. Es stellte sich heraus, daß Biozide auch dort in den Organismen zu finden sind, wo sie niemals angewandt wurden. In den Entwicklungsländern, die bis heute zuwenig Nahrungsmittel produzieren, ist zunehmender Verbrauch an Bioziden auch für die Zukunft prognostiziert. Die Produktionszahlen für Biozide in der BRD weiterhin steigende Tendenz. Der Grund liegt im zunehmenden Export in die Entwicklungsländer. Wegen umfangreicher Lebensmittelimporte aus den Anwenderländern gelangen die Gifte letztendlich wieder auf den Tisch der Bevölkerung der Erzeugerländer. Weiterhin sollten auch die mit der Produktion verbundenen Umweltrisiken bedacht werden.

Insektizide. Bei Pflanzenschutzmittel kann zwischen systemischen und nicht systemischen Mitteln unterschieden werden. Systemische Mittel werden über die Pflanzenwurzel aufgenommen, verteilen sich in der Pflanze und machen diese vorübergehend giftig. Nicht systemische Mittel wirken entweder als Kontaktgifte, d.h. sie müssen auf die Oberfläche der Schadinsekten gelangen, oder als Fraßgifte, die mit der Nahrung aufgenommen werden. Fraßgifte können Eier oder Puppen von Insekten nicht erfassen.

Wichtige Gruppen sind die chlorierten Kohlenwasserstoffe, die Phosphorsäureester und Carbamate (Abb. 2.23). Pflanzliche Insektizide, Inhaltsstoffe einer Pflanze mit dem Namen *Pyrethrum*, und die synthetisch hergestellten Pyrethroide gewinnen zunehmend an Bedeutung. Als natürliche Verbindung bzw. deren Strukturanaloge wurde von diesen Substanzen geringere Umweltgefahren erwartet. Es stellte sich heraus, daß Pyrethroide tatsächlich eine geringere Giftigkeit

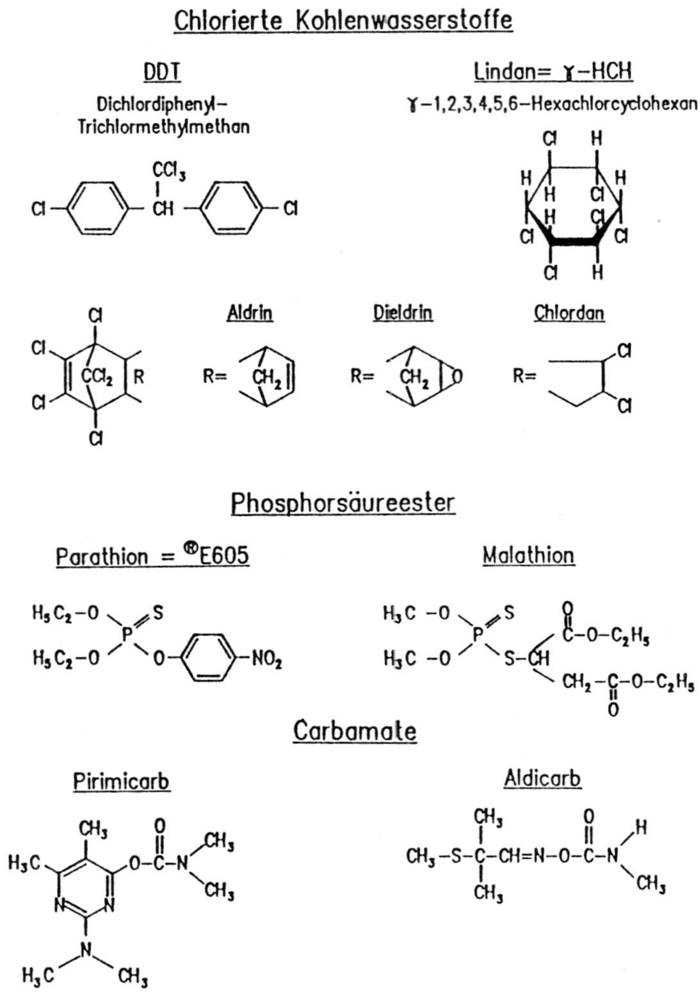

Abb. 2.23. Beispiele für Insektizide verschiedener chemischer Wirkstoffgruppen (aus Heintz und Reinhardt 1991)

bei Säugern und Vögeln zeigten. Aquatische Organismen (Fische, Invertebraten) sind jedoch empfindlicher als die Organismen, gegen die diese Verbindungen eingesetzt werden.

Der bekannteste Vertreter aus der Gruppe der chlorierten Kohlenwasserstoffe ist das DDT. Die Anwendung ist in der BRD verboten. Die Problematik eines Einsatzes irgendwo auf der Welt dürfte hinreichend bekannt sein. Angesichts der in der Dritten Welt herrschenden Ernährungsprobleme wollen diese Länder nicht auf den Einsatz dieser Chemikalie verzichten. Zudem ist es einfach und kostengünstig auch in Entwicklungsländern herstellbar.

Ein weiterer Vertreter der Gruppe der chlororganischen Verbindungen ist das Hexachlorcyclohexan (HCH), das leicht durch Chlorierungsreaktionen hergestellt werden kann. Von den möglichen Isomeren ist nur γ-HCH wirksam, das bei der Synthese zu etwa 15% gebildet wird. Nach der Aufarbeitung kommt es unter dem Namen Lindan (99,5% γ-HCH) in den Handel. Abgesehen von einigen Anwendungen (z.B. Lebensmittelproduktion) ist es in der BRD zugelassen. Es ist als toxisch eingestuft. Andere chlororganische Pestizide, wie Hexachlorbenzol, DDT, Dieldrin und PCP dürfen in der BRD nicht mehr angewandt werden.

Chlororganischer Verbindungen reichern sich sehr stark innerhalb der Organismen an und haben eine hohe toxische Wirkung. Insbesondere die Anreicherung in Fischen und den Eiern von Wasservögeln kann dazu benutzt werden, Umweltbelastungen nahe oder unterhalb der Nachweisgrenze festzustellen (Biomonitoring). Weiterhin haben chlororganischer Verbindungen haben den prinzipiellen Nachteil, daß sie nur langsam biologisch abgebaut werden.

Insektizide aus der Gruppe der Phosphorsäureester sind in dieser Hinsicht unbedenklicher, da ihr Abbau rasch erfolgt, wenn sie für die Mikroorganismen verfügbar sind. Aus diesem Grunde sind die Gehalte in Gewässern sehr gering. Dennoch besitzen die Phosphorsäureester hohe Toxizität. Parathion, verkauft unter dem Namen E 605, gehört zur Gruppe der Phosphorsäureester. Es ist ein hoch giftiges Mittel mit breitem Wirkungsspektrum unter den Insekten, aber auch für den Menschen. Es kann über die Haut aufgenommen werden. Etwa die Hälfte aller Biozidvergiftungen geht auf dieses Mittel zurück.

Einige Insektizide, wie das Carbaryl, gehören in die Gruppe der Carbamate. Sie sind ebenfalls warmblütertoxisch, also auch für den Menschen. Trotz der relativ guten biologischen Abbaubarkeit einiger Carbamate, ist mit unbeabsichtigter Verteilung in der Umwelt zu rechnen.

Herbizide. Vertreter der wichtigsten Herbizidgruppen sind in Abb. 2.24 abgebildet. Es handelt sich um Harnstoffderivate, Phenoxycarbonsäuren und heterocyclische Verbindungen. Harnstoffherbizide werden über die Pflanzenwurzel aufgenommen und hemmen die Photosynthese. Sie verbleiben relativ lange im Boden, besonders, wenn sie chloriert sind. Durch Abbau verlieren sie ihre Wirksamkeit.

Phenoxycarbonsäuren sind Strukturanaloge zu Pflanzenhormonen aus der Gruppe der Auxine. Auxine fördern das Längenwachstum von Pflanzen. Einkeimblättrige Pflanzen (Gräser, Getreide) besitzen eine wesentlich höhere Toleranz für Auxine als zweikeimblättrige Pflanzen (Unkräuter). In den richtigen Konzentrationen angewandt, wachsen sich die Unkräuter "zu Tode", während das Getreide nicht geschädigt wird. 2,4-D wird als Unkrautvernichtungsmittel beim Anbau von Getreide eingesetzt. Wesentlich problematischer ist 2,4,5-T, weil es mit Dioxinen aus der Produktion verunreinigt ist. Mit anderen Phenoxycarbonsäuren vermengt, wurde es als Entlaubungsmittel "Agent Orange" im

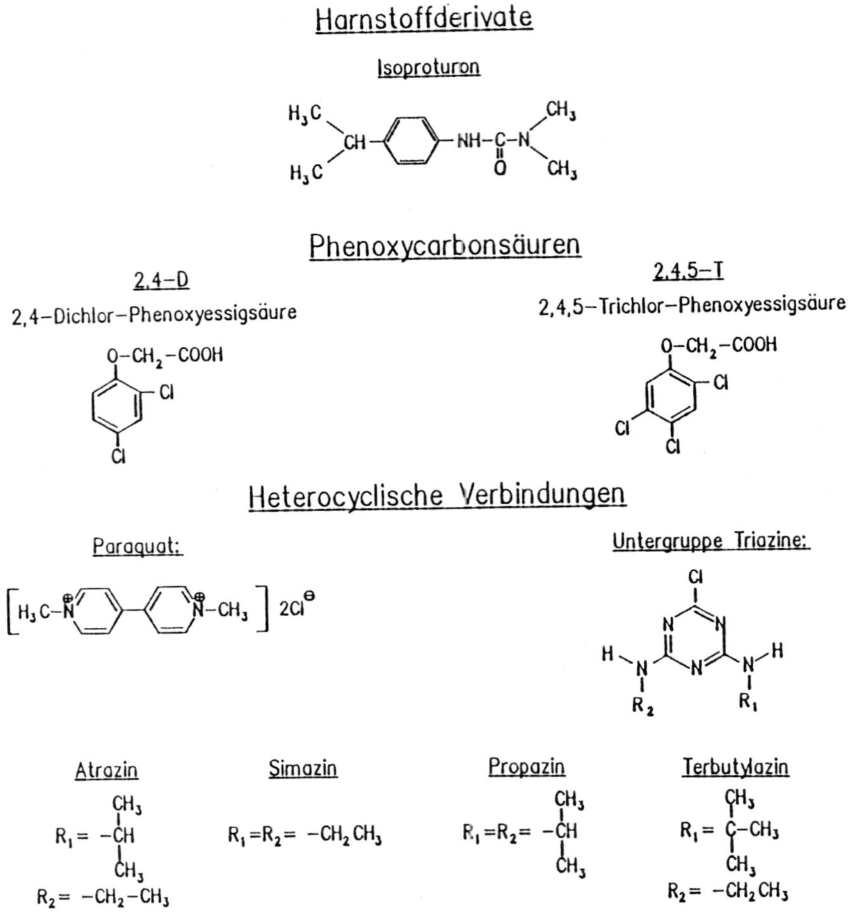

Abb. 2.24. Beispiele für Herbizide verschiedener Wirkstoffgruppen (aus Heintz und Reinhardt 1991)

Vietnamkrieg eingesetzt. Es kam zu schweren Vergiftungen der Bevölkerung in Vietnam und unter US-Soldaten.

Aus der Gruppe der heterocyclischen Verbindungen ist Paraquat ein häufig eingesetztes Totalherbizid, das alle Pflanzen schädigt. Es wurde zunächst als biologisch leicht abbaubar eingestuft. Später mußte festgestellt werden, daß die Substanz garnicht abgebaut wird, sondern lediglich an Bodenpartikel bindet. Paraquat ist ein starkes Zellgift, das gut wasserlöslich und für den Menschen hochgiftig ist. Triazine sind die bedeutendste Gruppe unter den heterocyclischen Verbindungen. Es handelt sich um Photosynthesehemmstoffe. Sie werden nur langsam abgebaut und es besteht die Gefahr, daß sie ins Grundwasser gelangen.

Atrazin wird im Maisanbau eingesetzt, weil dieser resistent ist. Viele Unkräuter entwickelten im Laufe der Zeit ebenfalls resistente Formen, wodurch der Bedarf an Atrazin ständig stieg und damit die Umweltbelastung.

Fungizide. Fungizide werden im Gegensatz zu anderen Bioziden meist prophylaktisch angewandt. Beispiele sind die Saatgutbeize und Wein-, Hopfen- und Erwerbsobstanbau. Kupfersulfat und Schwefel wurden bereits im letzten Jahrhundert eingesetzt. Heute werden hauptsächlich metallorganische Quecksilber-und Zinnverbindungen eingesetzt. Quecksilberverbindungen sind in der BRD verboten, da Quecksilber im Boden zurückbleibt. Zugelassen ist ein Zinnfungizid, das Fentinacetat $(C_6H_5)_3$-Sn-O-CO-CH_3, das jedoch nur langsam abgebaut wird. Es sind auch rein organische Verbindungen als Fungizide wirksam. Das Umweltverhalten einiger Biozide ist in Tabelle 2.9 zusammengefaßt.

2.2.4 Luftverschmutzung: SO_2, NO_x, CO_2 und andere Spurengase

Bereits im letzten Jahrhundert konnte in der Umgebung von Industriebetrieben

Tabelle 2.9. Eigenschaften einiger Biozide; Persistenz = Ausdauer, Mobilität = Beweglichkeit, 1 = gering, 4 = hoch (nach Scheffer und Schachtschabel 1984, verändert)

Kurzbezeichnung	Chemische Bezeichnung	Chem. Charakter im pH-Bereich von Böden	Adsorption an Tonmineralen	Adsorption an Huminstoffen	Persistenz	Mobilität
Paraquat	1,1'-Dimethyl-4,4'-bipyridinium-Salz	Kation	3	2	1	1
2,4-D	2,4-Dichlorphenoxyessigsäure	Säure, Anion	0	3	1	4
Simazin	2-Chloro-4,6-bis(ethylamino)-s-triazin	Base, Kation	3	3	3	3
Atrazin	2-Chloro-4(ethylamino)-6(isopropylamino)-s-triazin	Base, Kation	3	3	2	3
DDT	1,1,1-Trichlor-2,2-bis(p-chlorphenyl)-ethan	neutral	3	3	4	1
Lindan	γ-1,2,3,4,5,6-Hexachlorcyclohexan	neutral	1	3	4	1
Parathion	0,0-Diethyl-0-(p-nitrophenyl)-phosphorthioat	neutral	1-2		1	1

Schäden an der Vegetation festgestellt werden. Dies führte zur "Politik der hohen Schornsteine", womit versucht wurde, den Eintrag der Luftschadstoffe in höhere Luftschichten und damit einen Verdünnungseffekt zu erreichen. Mit der Schaffung analytischer Möglichkeiten Luftverschmutzung nachzuweisen, wurde in den letzten Jahrzehnten erkannt, daß diese Politik das Problem nur verlagert. An Lufteinschlüssen im Gletschereis gezeigt werden, daß der Mensch seit Beginn der Industrialisierung die Atmosphärenzusammensetzung beeinflußt.

Anthropogene Beeinflussung der Atmosphärenzusammensetzung. Die CO_2-Emission aus der Verbrennung fossiler Brennstoffe ist über 50mal größer als die Deposition von abgestorbener Biomasse in den Sedimenten. Diese Zahl grobe Abschätzung zeigt die mit dieser Emission verbundene Problematik in drastischer Weise. Wegen der geringen Konzentration des CO_2 in der Atmosphäre führt der Emissionsüberschuß zu meßbaren Erhöhungen der atmosphärischen Konzentration.

Nicht nur das Kohlendioxid zeigt Wirkung auf das Weltklima: Alle anderen Spurengase, die Absorption im Infrarotbereich zeigen, führen zu Veränderungen des Strahlungshaushaltes der Erde. Ein weiterer Mechanismus, über den gasförmige Emissionen Wirkungen zeigen können, ist indirekter Natur. Es handelt sich um chemische Reaktionen innerhalb der Atmosphäre, für die Licht die Aktivierungsernergie liefert. Die dabei gebildeten Schadstoffe werden als Photosmog bezeichnet. Der Mechanismus der Entstehung wird im Zusammenhang mit den photochemischen Reaktionen erläutert. Durch die gebildeten Reaktionsprodukte kann es dann zu einer Veränderung des Strahlungshaushaltes kommen. Direkt oder indirekt beeinflußen das Strahlungsklima: Kohlendioxid, Wasserdampf, Ozon, Distickstoffoxid, Methan, Fluorchlorkohlenwasserstoffe, Ammonium und Kohlenmonoxid (Tabelle 2.10).

Eine weitere Gruppe von Spurengasen zeigt direkt oder indirekt Wirkung auf die Biosphäre: Stickoxide, Schwefeldioxid, Kohlenmonoxid, Kohlenwasserstoffe einschließlich Methan, Chlorwasserstoff, Chlorkohlenwasserstoffe (Tabelle 2.11). Für diese Spurengase muß festgestellt werden, daß die anthropogenen Emissionen die natürlichen oft deutlich übertreffen. Einige dieser Spurengase werden in der Atmosphäre umgesetzt, beispielsweise Methan über CO zu CO_2. Durch einige Emissionen wird direkt oder indirekt auch der Strahlungshaushalt beeinflußt (z.B. Methan, CO, CO_2). Ein Spurengas kann also mehrfach Wirkung zeigen. Für die aktuellen Konzentrationen in der Atmosphäre sind nicht nur die Emissionsraten, sondern auch die Lebensdauer von entscheidender Bedeutung. Besonders Gase von relativ kurzer Lebensdauer werden nur lokal begrenzt Wirkungen haben. Ihre Lebensdauer reicht nicht aus, um global zu meßbaren Konzentrationsveränderungen zu führen. Doch gerade das lokale Auftreten in den Ballungszentren bewirkt eine Beeinträchtigung des Lebensraumes sehr vieler Menschen.

Tabelle 2.10. Quellen und Senken klimarelevanter Spurengase, zusätzlich ist die mittlerer Verweilzeit in der Atmosphäre angegeben (nach Keppler 1988 und Schönwiese und Diekmann 1988)

Spurengase	natürliche Quellen	anthropogene Quellen	Senken	mittlere Verweilzeit in der Atmosphäre
CO_2	Atmung	Verbrennung	Photosynthese, Aufnahme im Ozean	6 - 10 a
H_2O-Dampf (Troposphäre)	Evapotranspiration	vernachlässigbar	Niederschlag	10 d
H_2O-Dampf (Stratosphäre)	Evapotranspiration	Flugzeugemission	Niederschlag	2 a
O_3 (Troposphäre)	photochemische Prozesse	photochemische Umsetzungen von Spurengasen	Oxidationen	30 -90 d
O_3 (Stratosphäre)	photochemische Prozesse	keine	Oxidationen	1 - 2 a
N_2O	Nebenprodukt bakterieller Umsetzungen	Erhöhung bakterieller Aktivität	photochemische Prozesse	150 - 200 a
CH_4	bakterielle Umsetzungen, Waldbrände	Steigerung bakterieller Aktivität	photochemische Oxidation	4 - 7 a
FCKW	keine	Treib-, Kühl-, Lösungsmittel	Abbau in Stratosphäre	50 - 100 a
NH_3	bakterielle Umsetzungen	Steigerung bakterieller Aktivität	photochemische Oxidation	7 - 14 d
CO	Waldbrände, Oxidation von Kohlenwasserstoffen	Verbrennung fossiler Brennstoffe, erhöhte KW-Emission	photochemische Prozesse	60 - 180 d

Methan. Methan ist ein Gas, daß sowohl an der Entstehung von Photosmog beteiligt ist, als auch als Treibhausgas Wirkung zeigt, da es deutlich im Infrarot-Bereich absorbiert. Als Quelle ist im wesentlichen der anaerobe Abbau von organischer Substanz zu nennen, der natürlicher Weise überall dort stattfindet, wo organischer Substanz unter Sauerstoffmangel umgesetzt wird. Beispiele sind Sumpfgebiete und der Verdauungstrakt einiger Tiere (Wiederkäuer, Termiten). Zum Zweck der Nahrungsgewinnung (Reisfelder, Nutztierhaltung) und bei der Deponierung von Siedlungsabfällen werden solche Standorte vom Menschen geschaffen und damit die Methanemission erhöht. Weiterhin sind die Förderung fossiler Brennstoffe und Verbrennungsprozesse unter Sauerstoffmangel als anthropogene Methanquellen zu nennen. Der Zusammenhang zwischen dem Methangehalt der Atmosphäre und dem Wachstum der Weltbevölkerung konnte nachgewiesen werden. Die Beeinflußung der Kohlenmonoxid- und der Kohlendioxidkonzentration durch die Oxidation von Methan wurde bereits erwähnt. Über seine Reaktionen mit anderen Spurengasen trägt es zur Bildung von Photosmog bei.

Stickoxide. Die Stickoxidemissionen gehen im wesentlichen auf Reaktionen stickstoffhaltiger Verbindungen mit reaktivem Sauerstoff zurück. Natürliche Quellen sind Entladungen in der Atmosphäre. Als anthropogene Quelle sind Verbrennungsprozesse zu nennen. Dabei hängt das Ausmaß der Stickoxidemissionen wesentlich von den Bedingungen der Verbrennung ab. Viel Sauerstoff bei der Verbrennung fördert die Stickoxidbildung, auch der Stickstoffgehalt des Brennstoffes ist entscheidend. Katalytisch wirkende Bestandteile der Flamme und Rauchgase können die Stickoxidbildung fördern. Von den Stickoxiden gehen mehrere Wirkungen aus. Einmal sind sie für die Bildung des Photosmog erforderlich. Andererseits sind Stickoxide wesentlich an der Entstehung des Sauren Regens beteiligt und für die dadurch verursachten Schäden mitverantwortlich.

Schwefeloxide. Natürliche Quellen für Schwefeloxide sind die Schwefelwasserstoffemissionen anaerober Standorte und der Vulkanismus. Schwefelwasserstoff reagiert mit Sauerstoff zu Schwefeldioxid. Bei der Betrachtung der Gesamtmenge an Schwefeloxiden in der Atmosphäre ist das Sulfat des Meerwassers, daß durch den Wind aufgewirbelt wird, mit einzubeziehen. Anthropogene Quellen sind die Verbrennung schwefelhaltiger Brennstoffe. Dabei kann durch katalytisch wirkende Partikel eine Oxidation des SO_2 zu SO_3 beobachtet werden. Die Oxidation von Schwefeldioxid zu Schwefeltrioxid kann auch in der Atmosphäre erfolgen. Das Ausmaß der Schwefeloxidemission ist im wesentlichen vom Schwefelgehalt der Brennstoffe abhängig.

Kohlenmonoxid. Es entsteht bei unvollständigen Verbrennungen und bei der Oxidation von Kohlenwasserstoffen in die Atmosphäre. Es ist hochgiftig, am Treibhauseffekt und an der Bildung von Smog beteiligt.

Andere Spurengase. Kohlenwasserstoffemissionen treten natürlicherweise durch Ausscheidung von Terpenen und Isoprenen durch Bäume auf. Anthropogen bedingte Emissionen sind auf die Verdunstung von Treibstoffen und Lösungsmitteln zurückführbar. Sie sind an der Bildung von Photosmog beteiligt. Benzol, ein wichtiger Bestandteil bleifreien Benzins, ist zudem krebserregend. Chlorwasserstoff stammt aus der Verbrennung chlorhaltiger Substanzen und trägt zum Sauren Regen bei. Chlorkohlenwasserstoffe werden als Lösungsmittel (chemische Reinigung) verwandt, sie wirken krebserregend.

Tabelle 2.11. Quellen wichtiger Spurengase, deren Wirkung auf die Biosphäre und ihre mittlere Lebensdauer in der Atmosphäre (nach Keppler 1988, verändert)

Spurengase	natürliche Quellen	anthropogene Quellen	schädliche Wirkungen	mittlere Lebensdauer in der Atmosphäre
NO, NO_2	Blitze	Verbrennung organischer Substanz	Smog, Ozonbildner, Saurer Regen	trop. 1 d strat. 1 a
SO_2 und andere Schwefelverbindungen	Sümpfe, Vulkane, Ozeane	Verbrennung organischer Substanz	Smog, Saurer Regen	4 d
CH_4	mikrobielle Aktivität	gesteigerte mikrobielle Aktivität	Bildung von Photosmog	8 - 16 a
Kohlenwasserstoffe (ohne CH_4)	Bäume (Terpene)	Erdölförderung und -verbrauch	Bildung von Photosmog	k. A.
CO	Pflanzen, Oxidation natürlicher KW	unvollständige Verbrennungen, Oxidation anthropogener KW	giftig, Smog	30 - 90 d
HCl	-	Verbrennung chlorhaltiger Substanzen	giftig, Saurer Regen	k. A.
Chlorkohlenwasserstoffe	-	Gebrauch als Lösungsmittel	giftig, z.T. cancerogen	k. A.

* berechnet als SO_2

Schäden durch Sauren Regen. Unter Saurem Regen wird die Gesamtheit der säurebildenden Emissionen verstanden: Stickoxide, Schwefeloxide, Chlorwasserstoff. Durch Umsetzungen in der Atmosphäre und Lösung im Regenwasser entstehen daraus Schwefelsäure, schwefelige Säure, Salpetersäure und Salzsäure. Gesundheitsschäden werden durch Schwefeldioxid, Stickoxide und photochemisch entstandenem Ozon verursacht. Risikogruppen sind Kinder und Personen mit chronischer Bronchitis oder Asthma. Spektakulärster Fall war die Smog-Katastrophe in Dezember 1952 in London, in deren Folge mehrere tausend Menschen starben. Daher kommt die Bezeichnung "London-Smog".

In Gegenden mit basenarmen (kalkarmen) Gesteinen kann der Saure Regen (pH 4 und darunter) zur Gewässer- und Bodenversauerung führen. Fällt der pH-Wert eines Gewässers unter 6,5 sind bereits erste Schäden zu beobachten, ab pH 5,5 gilt ein Gewässer als übersäuert. Unter pH 5,0 ist ein Gewässer tot. Besonders in Skandinavien, Nordamerika, aber auch im Bayerischen Wald, Schwarzwald und den Alpen wurden Gewässer beobachtet, in denen Plankton und Fische abgestorben sind. Neben dem Schaden durch fehlenden Fischproduktion ist auch eine Mobilisierung von Schwermetallen aus den Sedimenten zu beobachten. Im Boden ist eine Mobilisierung von Aluminium mit negativen Auswirkungen auf die Vegetation zu erwähnen. Daneben verursacht Saurer Regen und Nebel auch direkte Schäden an den Assimilationsorganen der Pflanzen.

Sachgüter, wie Baudenkmäler, Industrie- und Gebrauchsgüter, werden durch Sauren Regen geschädigt. Säuren lösen Kalk auf, wodurch besonders Naturstein geschädigt wird. Die schützende Patina auf Bronzedenkmälern wird ebenso zersetzt wie altes Glas von Kirchenfenstern (reich an Kalium, daher korrosionsgefährdet). Auch Beton, Anstriche, Metalle, Textilien und Farbstoffe werden unter dem Einfluß sauer wirkender Luftschadstoffe zersetzt. Der dadurch entstehende volkswirtschaftliche Schaden geht in die Milliarden.

2.2.5 Andere Umweltchemikalien: Polycyclische aromatische Kohlenwasserstoffe, chlororganische Verbindungen, Quecksilber

Polycyclische aromatische Kohlenwasserstoffe (PAK). In vielen deutschsprachigen Werken wird die englische Abkürzung (PAH) verwendet. Die PAKs sind ausschließlich aus Kohlenstoff und Wasserstoff aufgebaut (Abb. 2.25). Es sind Kondensationsprodukte des Benzols. Neben den abgebildeten, in der Trinkwasseruntersuchung relevanten PAKs gehört in diese Substanzklasse eine Reihe weiterer Verbindungen, die diesem Strukturtyp entsprechen. Von der Umweltschutzbehörde der USA (EPA, Environmental Protection Agency) werden weitere PAKs als umweltrelevant betrachtet. Die in der Trinkwasserverordnung vorgeschriebenen 6 PAKs werden als Indikator für eine Belastung mit dieser Substanzklasse herangezogen, da eine umfassende Analytik aller möglichen Substanzen zu aufwendig wäre. Entsprechend ihrem lipophilen Charakter zeichnen sich alle PAKs durch eine geringe Wasserlöslichkeit aus, die mit zunehmender Molmasse abnimmt.

Ihr Vorkommen ist ubiquitär. Auf natürlichem Weg entstehen sie aus Terpenen und bei jeder Art von unvollständiger Verbrennung organischer Materialien (Holz, Kohle, Erdöl). Somit trägt der Mensch durch Nutzung fossiler Brennstoffe wesentlich zur Umweltbelastung durch PAKs bei. In Oberflächensedimenten industrieferner Sees kann eine Zunahme der PAK-Konzentration seit etwa 160 Jahren beobachtet werden. Einige Autoren machen den Fahrzeugverkehr als Hauptemittenten für diese Umweltbelastung aus. In den Abgasen treten sie meist an Partikel gebunden auf. Ihre Konzentration entlang von Straßen ist deutlich erhöht.

In Böden zeigen sie Tendenz zur Bindung an die Humusfraktion, wodurch die Analytik erheblich erschwert werden kann. In Gewässern kommen sie gelöst, ungelöst sowie an Feststoffe gebunden vor. Ihre Anreicherung in der Nahrungskette konnte beobachtet werden. Lokal besitzen sie große Bedeutung an allen Altstand-

Benennung, Formel, molare Masse	Struktur	Benennung, Formel, molare Masse	Struktur
Fluoranthen $C_{16}H_{10}$, M = 202,16 g/mol	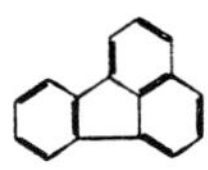	Benzo(a)pyren [3,4-Benzpyren] $C_{20}H_{12}$, M = 252,32 g/mol	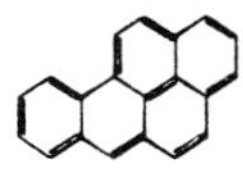
Benzo(b)fluoranthen [3,4-Benzfluoranthen] $C_{20}H_{12}$, M = 252,32 g/mol	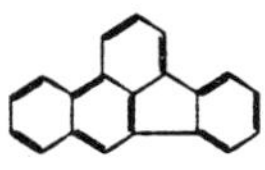	Benzo(ghi)perylen [1,12-Benzperylen] $C_{22}H_{12}$, M = 276,34 g/mol	
Benzo(k)fluoranthen [11,12-Benzfluoranthen] $C_{20}H_{12}$, M = 252,32 g/mol	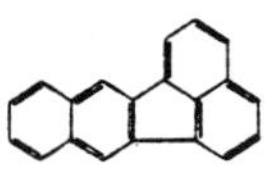	Indeno (1, 2, 3-cd)pyren [2,3-o-Phenylenpyren] $C_{22}H_{12}$, M = 276,34 g/mol	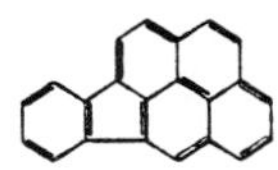

Abb. 2.25. Bezeichnung und Strukturformeln der sechs in der Trinkwasseruntersuchung relevanten polycyclischen aromatischen Kohlenwasserstoffe; Benennung nach IUPAC, alte Bezeichnung in Klammern (aus DEV 1994)

orten und Altablagerungen, an denen unvollständige Verbrennungen stattgefunden haben oder Abfälle aus derartigen Anlagen abgelagert wurden. Ihr Vorkommen im Steinkohlenteer aus Gaswerken kann als typische PAK-Altlast betrachtet werden. PAKs zeigen sowohl cancerogene als auch toxische Wirkung. Aufgrund der hohen Siedepunkte können nur niedermolekulare PAKs durch Verdunstung in die Atmosphäre gelangen (Naphthalin Sdp. 218°C). Wichtiger für die Verteilung in der Umwelt ist die Adsorption an Partikel. Dadurch gelangen PAKs in die Sedimente und werden an Bodenpartikeln festgelegt.

Chlororganische Verbindungen. In der Natur kommt Chlor hauptsächlich in Form von anorganischen Salzen, wie dem Natriumchlorid, vor. Chlororganische Verbindungen werden in der Natur praktisch nicht gebildet. Eine Ausnahme ist das Methylchlorid, daß in den Ozeanen in äußerst geringem Ausmaß durch mikrobielle Aktivität entsteht und in die Atmosphäre ausgast. Die heute in der Umwelt beobachteten chlororganischen Verbindungen sind auf menschliche Synthesen dieser Verbindungen zurückführbar. Mit der Einführung chlororganischer Verbindungen in die Umwelt sind dort auch chemische oder mikrobiologische Umwandlungen dieser Verbindungen festzustellen.

Ausgangspunkt der Chlorchemie ist die Chloralkalielektrolyse, bei der Natriumchlorid unter Zufuhr elektrischer Energie zu Natriumhydroxid, Chlorgas und Wasserstoffgas umgesetzt wird.

$$2\,NaCl + 2\,H_2O \rightarrow 2\,NaOH + Cl_2 + H_2$$

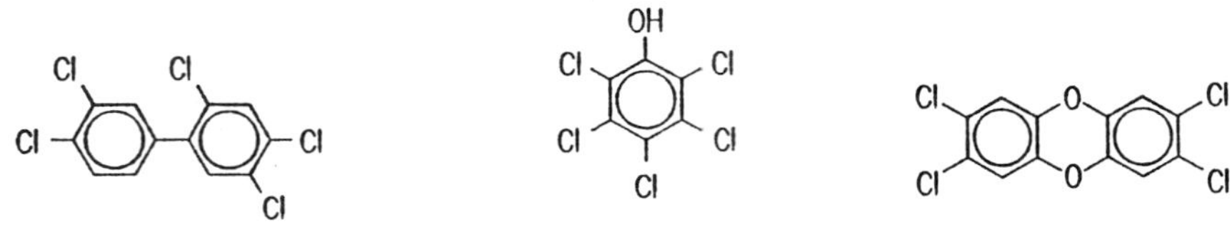

2,3',4,4',5-Pentachlorbiphenyl Pentachlorphenol (PCP) 2,3,7,8-TCDD

Abb. 2.26. Strukturformeln chlororganischer Verbindungen; ein polychloriertes Biphenyl, Pentachlorphenol, ein Dioxin (aus Heintz und Reinhardt 1991)

Dieses Verfahren diente ursprünglich der Gewinnung von Natronlauge. Das dabei gebildete Chlor konnte später zur Synthese von Vinylchlorid verwendet werden, dem Ausgangsprodukt für die Herstellung von PVC. Vinylchlorid kann durch Umsetzung von Acetylen (C_2H_2) mit HCl oder von Ethylen (C_2H_4) mit Chlor gewonnen werden.

$$HC \equiv CH + HCl \rightarrow H_2C = CHCl$$

$$H_2C = CH_2 + Cl_2 \rightarrow H_2 = CHCl + HCl$$

Als Nebenprodukte werden auch andere Chloradditionsprodukte der verwendeten Ausgangsprodukte gebildet, die nach weiterer Umsetzung die Lösungsmittel Trichlorethylen und Perchlorethylen ergeben. Andere chlororganische Verbindungen sind als Biozide oder Holzschutzmittel im Einsatz. Weiterhin ist die Chlorbleiche bei der Papierherstellung eine wichtige Quelle chlororganischer Verbindungen in der Umwelt. Einige wichtige umweltgefährdende chlororganische Verbindungen sind:

Vinylchlorid und das daraus hergestellte PVC,
andere chlorierte Kohlenwasserstoffe (CKW), die als Lösungsmittel Verwendung finden:
Polychlorierte Biphenyle (PCB),
chlororganische Biozide (s. 2.2.3),
Pentachlorphenol (PCP),
Polychlorierte Dibenzodioxine (PCDD) und Polychlorierte Dibenzofurane (PCDF), kurz Dioxine.

Vinylchlorid und PVC. Vinylchlorid ist ein farbloses, brennbares Gas, es ist toxisch, seine cancerogene Wirkung ist im Tierversuch nachgewiesen. Umweltbelastungen entstehen hauptsächlich durch Emissionen bei der Herstellung und bei der Polymerisierung zu PVC. Eine Quelle in der Umwelt ist die mikrobielle Dechlorierung chlorierter Ethene unter anaeroben Bedingungen, ein Beispiel für die Entstehung giftiger Metaboliten durch mikrobielle Aktivität. Frisch polymerisiertes PVC enthält, wie viele Polymerisate, Reste der nicht umgesetzten Ausgangsverbindung. PVC in reiner Form ist jedoch sehr hart, daher wird es für die

Anwendung als Kunststoff mit Weichmachern versetzt. Das Hart-PVC dient zur Herstellung von Fensterrahmen, Rohren, Fußbodenbelägen und anderen Artikeln. Es enthält weniger Weichmacher als das Weich-PVC, das als Isolationsschicht für Kabel, Schläuche und vielerlei Plastikfolien verwendet wird. PVC enthält häufig Schwermetalle in Form von Farbpigmenten und Stabilisatoren, die die Beständigkeit gegenüber Licht verbessern sollen. Als Weichmacher werden Phthalsäurester (Phthalate, Abb. 2.35) zugesetzt, die bis zu 50% des Endgewichtes ausmachen können. Diese Phthalate gehen bei Erwärmung oder Kontakt mit fetthaltigen Lebensmitteln oder Haushaltsreinigern teilweise verloren. Auf diese Weise gelangen sie direkt in Lebensmittel oder können in die Nahrungskette gelangen. Auch wenn die akute Toxizität gering ist, sind sie gesundheitlich nicht unbedenklich.

Andere chlorierte Kohlenwasserstoffe mit einem oder zwei C-Atomen. Die bekanntesten Vertreter dieser Gruppe sind Trichlorethylen und Perchlorethylen, die breite Verwendung als Extraktions- und Lösungsmittel finden, beispielsweise in der chemischen und Nahrungsmittelindustrie, der chemischen Reinigung von Textilien und zur Entfettung von Werkstücken. Wegen ihrer Giftigkeit und der deshalb erlassenen maximalen Arbeitsplatzkonzentrationen (MAK-Werte) wird heute weitgehend nach Ersatz gesucht. Einmal in die Umwelt gelangt können sie über die Nahrung aufgenommen werden. Sie reichern sich besonders in Fetten an.

Die als Lösungsmittel verwendeten CKWs zeigen gegenüber den anderen organischen Lösungsmitteln ein besonderes Verhalten, wenn sie in Böden gelangen. Organische Lösungsmittel, die leichter sind als Wasser, werden bei erreichen der Grundwasseroberfläche auf der Wasseroberfläche aufschwimmen. Die Chlorkohlenwasserstoffe hingegen haben ein größere Dichte als Wasser und schichten sich daher zwischen dem Grundwasser und dem Grundwassernichtleiter ein. Während der Versickerungsphase sind die CKWs leicht in der Bodenluft nachzuweisen. Beim Eindringen in den Grundwasserleiter werden sie zunehmend im Wasser gelöst. Nach dem Unterschichten des Grundwassers tritt die Kontamination hauptsächlich im Grundwasser auf, die Bodenluft wird mehr und mehr abgereichert (Abb. 2.27). Wie alle relativ lipophilen Substanzen zeigen auch CKWs die Tendenz zur Adsorption an der Bodenmatrix, die jedoch wegen der Flüchtigkeit der Lösemittel wenig stabil ist.

Ist neben Chlor auch Fluor im Molekül vorhanden, so spricht man von Fluorchlorkohlenwasserstoffen (FCKWs). Sie sind chemisch inert, unbrennbar und ungiftig. Sie finden als Treibmittel in Sprühdosen (heute weitgehend abgelöst), als Kühlmittel in Kälteaggregaten und als Aufschäummittel Verwendung. Wegen ihres Beitrages zur Zerstörung der Ozonschicht soll ihre Produktion weitgehend eingestellt werden.

Polychlorierte Biphenyle (PCBs). Es handelt sich um aromatische Ringe, die über eine C-C-Bindung verknüpft sind. Im Molekül sind H-Atome durch Cl-

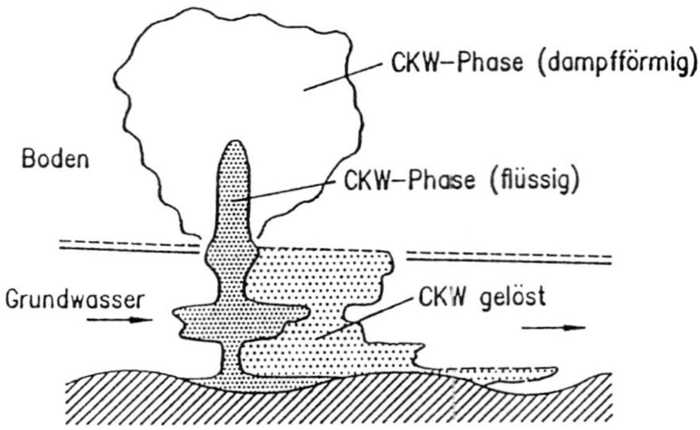

Abb. 2.27. Ausbreitung einer Boden- und Grundwasserkontamination durch flüssige chlorierte Kohlenwasserstoffe aus einer Altlast (aus Heintz und Reinhardt, 1991)

Atome substituiert. Sie gehören somit zu den chlororganischen Verbindungen. PCBs dürfen nicht verwechselt werden mit Pentachlorphenol, PCP, einem chlororganischen Fungizid (Abb. 2.26). Es sind schwer entflammbare, schwer flüchtige Öle, die weltweit Einsatz fanden als Weichmacher in Kunststoffen, in Kondensatoren, als Kühlmittel in Transformatoren sowie als Flüssigkeit in hydraulischen Systemen. Obwohl sie insektizide und fungizide Wirkung zeigen, fanden sie als Biozid kaum Anwendung. Seit 1978 ist ihr offener Einsatz wegen verschiedener humantoxischer Effekte verboten. Ältere Maschinen und Geräte können dennoch PCBs enthalten. Mit diffusen Emissionen aus ausgebrachten Holzschutzfarben und Dachplatten aus Asbestzement ist weiterhin zu rechnen.

In der BRD wurden 55 000 t PCB hergestellt. Große Mengen dürften auf alten oder "wilden" Deponien lagern. Ihre Gefährlichkeit besteht in ihrer hohen Persistenz und ihrer hohen Fettlöslichkeit, die zur Anreicherung in der Nahrungskette führt (Tabelle 2.12). Beide Eigenschaften sowie die Siedetemperatur nehmen mit steigendem Chlorierungsgrad zu, die Wasserlöslichkeit ist gering, sie nimmt mit steigendem Chlorierungsgrad ab.

Abiotischer Abbau ist durch photochemische Prozesse möglich. Die Metabolisierung von PCBs konnte an Bakterien und Pilzen beobachtet werden. Eine Ringspaltung und damit eine eventuell vollständige Metabolisierung ist den Bakterien vorbehalten. Die biologische Metabolisierbarkeit nimmt mit dem Chlorierungsgrad ab.

Polychlorierte Dibenzodioxine und Dibenzofurane. Die polychlorierten Dibenzodioxine und Dibenzofurane werden häufig unter dem Begriff "Dioxine" zusammengefaßt. Sie treten beispielsweise als Nebenprodukte bei chemischen der Synthese von organischen Chlorverbindungen wie dem 2,4,5-T auf. Das Ausmaß der Dioxinbildung hängt von den Reaktionsbedingungen ab. Bei dem tragischen Chemieunfall in Seveso kam es infolge von Überdruck zum Bersten eines Reaktionsbehälters, wodurch erhebliche Mengen an 2,3,7,8-Tetrachlordibenzodioxin austraten. Eine weitere Quelle sind Verbrennungsprozesse mit Anwesenheit von chlororganischen Verbindungen, beispielsweise die Müllverbrennung. Unter bestimmten Voraussetzungen kann auch eine biologische Bildung geeigneten Ausgangsverbindungen beobachtet werden. Als Hauptursache des Auftretens von Dioxinen wird die Chloraromatenproduktion betrachtet.

Dioxine besitzen eine geringe Wasserlöslichkeit, in der Umwelt liegen sie meist in partikelgebundener Form vor. Dies vermindert ihre Bioverfügbarkeit. Bei Säugern reichern sie sich in der Leber, bei Fischen im Fettgewebe an. Die Möglichkeit eines mikrobiellen Abbaus wird derzeit erforscht.

Quecksilber. Das Quecksilber zeichnet sich durch einige Eigenschaften aus, die es von anderen Schwermetallen unterscheidet. Diese Eigenschaften haben erhebliche Bedeutung für das Verhalten des Metalls in der Umwelt. Die auffälligste Eigenschaften ist das Vorliegen in flüssiger Form und der Dampfdruck (0,0017 mbar bei 20°C), der die Flüchtigkeit des Metalls bei Raumtemperatur bedingt. Entgegen der weitverbreiteten Meinung spielt die Löslichkeit des elementaren Quecksilbers in Wasser für dessen Umweltverhalten eine Rolle. Die Löslichkeit in Wasser ist mit 60 µg/l zwar sehr gering, liegt jedoch über dem Grenzwert für Trinkwasser (1 µg/l). In der Natur tritt Quecksilber als rotes (Zinnober) oder schwarzes (Metacinnabarit) Quecksilbersulfid auf, das zu den unlöslichsten Salzen gehört. Deshalb ist Quecksilbersulfid toxikologisch unbedeutend. Auch Quecksilber(I)salze sind schwer löslich und daher wenig giftig. Das gut wasserlösliche Quecksilber(II)chlorid besitzt hohe toxikologische Potenz. Noch bedeutender ist die Giftigkeit von Organoquecksilberverbindungen. Technisch wurde Quecksilber in Thermometern, Manometern und als elektrischer Kontakt, beispielsweise bei der Chloralkalielektrolyse verwandt. Quecksilberchlorid wurde zum Imprägnieren von Bahnschwellen, Telegrafenmasten etc. verwandt.

Tabelle 2.12. Bioakkumulationsdaten für PCBs in der Nordsee (nach Friege und Nagel 1982)

	PCB-Gehalt in mg/l bzw. mg/kg Fettgewebe	Anreicherungsfaktor bezogen auf Wasserkonzentration
Wasser	$2 \cdot 10^{-6}$	1
Sediment (Trockengewicht)	$5 \cdot 10^{-3}$	2500
pflanzliches Plankton	8	$4 \cdot 10^{6}$
tierisches Plankton	10	$5 \cdot 10^{6}$
wirbellose Tiere	5-11	$2{,}5 \cdot 10^{6}$-$5{,}5 \cdot 10^{6}$
Fische	1-37	$0{,}5 \cdot 10^{6}$-$18{,}5 \cdot 10^{6}$
Seevögel	110	$55 \cdot 10^{6}$
Meeressäuger	160	$80 \cdot 10^{6}$

Quecksilberverbindungen spielten auch als Biozide eine Rolle.

Entsprechend den lipophilen Eigenschaften des Elementes und seiner organischen Verbindungen zeigt Quecksilber eine hohe Geo- und Bioakkumulationstendenz. Von besonderer Bedeutung scheint hierbei die Methylierung der Quecksilberionen in anaeroben Sedimenten durch Bakterien und die Anreicherung des Methylquecksilbers in der Nahrungskette zu sein. Die Flüchtigkeit des metallischen Quecksilbers und der Methylverbindungen ist ein wichtiger Transportmechanismus in die Atmosphäre. Die Neigung des Quecksilbers und seiner Verbindungen zur Adsorption an Oberflächen ist für die Verbreitung über den Luft- und Wasserweg entscheidend. Da Quecksilber als Element nicht abgebaut werden kann, ist die Immobilisierung in Form von Quecksilbersulfid die einzige Möglichkeit, Quecksilber der biologischen Verfügbarkeit zu entziehen.

2.2.6 Physikochemische Daten zur Beurteilung von Umweltchemikalien

Zur Beurteilung von Umweltchemikalien werden verschiedene Eigenschaften herangezogen, die für ihr Umweltverhalten relevant sein können. Diese Daten können zu Stoffdatensammlungen zusammengetragen werden und sind in verschiedener Form publiziert worden (z.B. Rippen, 1994). Entsprechend der großen Zahl anthropogen erzeugt Chemikalien (1986: 7 Millionen registrierte Verbindungen) sind in solchen Stoffdatensammlungen oft nur die wichtigsten Umweltchemikalien erfaßt. Für die Auswahl werden meist produzierte Mengen der jeweiligen Chemikalien und bekannte Umweltgefährdung herangezogen.

Eine nicht zu unterschätzende Hilfe können Kataloge von Chemikalienherstellern sein, wenn es darum geht, Daten über Chemikalien zusammenzutragen. Zu jeder Betrachtung einer Umweltchemikalie gehören zunächst der gebräuchliche Name und eventuelle Synonyme oder Handelsbezeichnungen. Weiterhin angegeben werden sollte die CAS-Nummer (Chemical Abstract Service), unter der die Chemikalie von der American Chemical Society registriert wurde, sowie der Name nach IUPAC (International Union of Pure and Applied Chemistry). Diese Angaben erleichtern die eindeutige Identifizierung und die Arbeit in Stoffdatenbanken. Summen- und Strukturformel, die Zuordnung zu einer Stoffklasse, sowie Molare Masse oder Atomgewicht ergänzen die Angaben. Die Einstufung nach Gefahrstoffverordnung oder anderer gesetzlicher Vorschriften wird aufgeführt. Weiterhin kann jede Chemikalie durch folgende Daten charakterisiert werden:

Aggregatszustand, Farbe, Geruch, Geschmack,
Siedepunkt, Schmelzpunkt, Dampfdruck, Dichte,
Löslichkeit in Wasser und organischen Lösungsmitteln und
Angaben zur Reaktivität einer Substanz.

Für die Beurteilung des Umweltverhaltens wird eine Reihe weiterer Daten erhoben. Der Verteilungskoeffizient n-Octanol/Wasser ist die Gleichgewichtskonstante der Stoffverteilung im System n-Octanol/Wasser. Er wird als Maß für die Li-

Tabelle 2.13. Beispiel für ein Stoffdatenblatt (nach verschiedenen Autoren)

Name [CAS-Nummer]	Benzol [71-43-2]
Systematischer Name	Benzene
Chemische Formel	C_6H_6
Synonyma, Handelsbezeichnung	
Stoffklasse	aromatische Kohlenwasserstoffe
Einstufung nach Gefahrstoffverordnung	krebserregend
Molare Masse/Atomgewicht	78,12
Aggregatzustand/Farbe/ Geruch/Geschmack	farblose Flüssigkeit, charakteristischer aromatischer Geruch
Siedepunkt	80,0°C
Schmelzpunkt	5,5°C
Dampfdruck	$1{,}01 \cdot 10^4$Pa bei 20°C (entspricht 76 mm Hg)
Dichte	Flüssigkeit (20°C): 0,88 g/cm^3 Relative Gasdichte (Luft=1): 2,70
Löslichkeit in Wasser und organischen Lösungsmitteln	1,76 g/l gut mischbar mit vielen organischen Lösungsmitteln
Reaktivität	brennt mit stark rußender Flamme beim Fließen kommt es zu elektrostatischen Aufladungen mit Entzündungsgefahr Oxidation mit reaktiven Teilchen in der Atmosphäre, Hydrolyse unwahrscheinlich
Verteilungskoeffizient n-Octanol/Wasser (log P_{OW})	2,12
Henry-Koeffizient	0,22 (25°C)
Sorptionskoeffizient (logSC)	1,4 bis 1,9 je nach Material
Biokonzentrationsfaktor (logBCF)	1,0 bis 1,8 je nach Art
Biologische Abbaubarkeit	leicht biologisch abbaubar
Photochemisch induzierte Abbaubarkeit	$t_{1/2}$=16 d

pophilie einer Substanz herangezogen, da n-Octanol sich physikalisch-chemisch ähnlich verhält wie biologische Membranen. Rückschlüsse auf das Verteilungsverhalten chemischer Stoffe in biologischen Systemen sind möglich.

Der Henry-Koeffizient H ist eine dimensionslose Zahl, die eine Aussage über die Verteilung zwischen Luft und Wasser ermöglicht.

$$H = c_{Luft}/c_{Wasser}$$

H kann entweder direkt gemessen werden oder abgeschätzt werden nach der Formel:

$$H = \frac{M \cdot P}{S \cdot R \cdot T}$$

M: Molare Masse
P: Dampfdruck
S: Wasserlöslichkeit
R: Gaskonstante (8,314 J K^{-1} mol^{-1})
T: Temperatur (K)

H ist somit temperaturabhängig. Werte für H > 1 lassen auf eine hohe Flüchtigkeit und Akkumulation in der Atmosphäre schließen. Voraussetzung ist jedoch, daß keine Reaktion mit Wasser stattfindet.

Der Sorptionskoeffizient einer Substanz ist der Quotient der Stoffkonzentrationen von Partikeln der Böden und Sedimente und dem sie umgebenden Wasser. Es muß der Gleichgewichtszustand herrschen. Bei Substanzen mit stark hydrophobem Charakter ist er oft abhängig vom Gehalt an organischem Kohlenstoff des Bodens oder Sedimentes.

Der Biokonzentrationsfaktor einer Substanz kann nur für eine biologische Art angegeben werden. Es ist der Quotient aus der Stoffkonzentration im Organismus und der Stoffkonzentration in der diesen umgebenden Umwelt. Zur Bestimmung des Biokonzentrationsfaktors muß der Gleichgewichtszustand herrschen. Angaben zur biologischen Abbaubarkeit und photochemisch induzierten Abbaubarkeit ergänzen die Daten zur Beurteilung des Umweltverhaltens von Chemikalien. In Stoffdatensammlungen sind weiterhin Daten zur Toxizität enthalten.

Bei einigen Chemikalien ist der pH-Wert des umgebenden Mediums für das Umweltverhalten entscheidend. In Tabelle 2.9 wurde für einige Biozide angegeben, in welcher Form sie im pH-Bereich des Bodens vorliegen. Prinzipiell sind neutrale Moleküle, Anionen und Kationen denkbar. Für dieses Phänomen sind

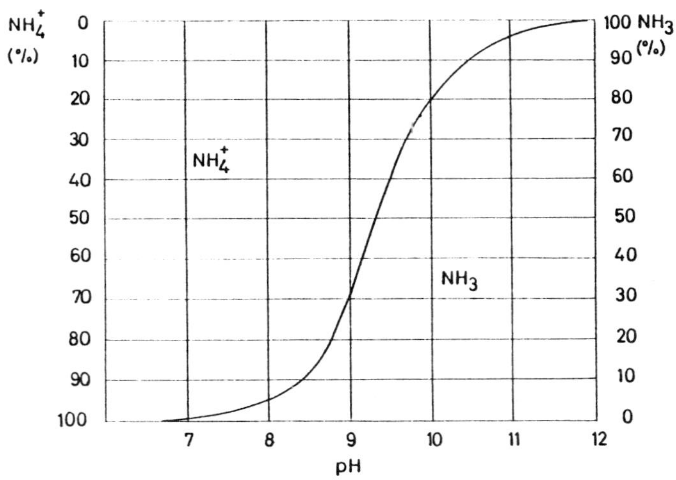

Abb. 2.28. Einfluß des pH-Wertes auf das Gleichgewicht Ammoniumion-Ammoniak bei 20°C (aus Klee 1991)

sauer oder basisch wirkende Gruppen der organischen Moleküle verantwortlich. Die Aufnahme oder Abgabe von Protonen und der damit verbundene Wechsel der Ladung können von entscheidender Bedeutung für das Umweltverhalten von Chemikalien und ihre Wirkung auf Lebewesen sein. Ein wichtiges Beispiel aus der anorganischen Chemie ist das pH-abhängige Gleichgewicht des Ammoniumions und des Ammoniaks (Abb. 2.28). Bei pH-Werten kleiner 7 liegt das Gleichgewicht stark auf der Seite des Ammoniumions, bei pH 9 ist das Verhältnis NH_4^+:NH_3 bereits 70:30. pH-Werte zwischen 8 und 9 treten beispielsweise im Sommer durch hohen CO_2-Verbrauch der Algen auf. Ammoniak ist wesentlich giftiger als das Ammoniumion und kann dann zu Fischsterben führen. Neben der giftigen Wirkung ist auch die Flüchtigkeit des Ammoniaks pH-abhängig. Der pH-Wert beeinflußt bespielsweise auch die Flüchtigkeit der starken Gifte Blausäure und Schwefelwasserstoff.

2.3 Senken von Umweltchemikalien

Unter Senken von Umweltchemikalien werden alle Vorgänge verstanden, die zum Verschwinden der Chemikalie aus der Umwelt führen. Dabei handelt es sich nicht um reine Konzentrationsabnahmen, die durch Verteilen in einem größeren Volumen oder den Übergang in ein anderes Umweltkompartiment zustande kommen. Es werden biologische, chemische und photochemische Prozesse unterschieden. Für all diese Vorgänge gilt, daß jede Umwandlung, die zu einer Konzentrationsabnahme der betrachteten Substanz führt, nicht zwangsläufig eine vollständige Elimination bedeutet. Substanzen, die keinem Abbau in der Umwelt unterliegen, werden als persistent bezeichnet. 1971 wurde von der IUPAC die unerwünschte Persistenz für Pestizide definiert:

"Eine Substanz ist unerwünscht persistent, wenn eine meßbare Menge davon in irgendeiner nachweisbaren chemischen Form weiter existiert. Eine optimale Chemikalie hätte offensichtlich nur eine solche Stabilität, die gerade ausreicht, daß sie ihre Funktion ausübt und keinen verbleibenden Rückstand hinterläßt. Da dies nur schwer zu erreichen ist, muß der Anwendungsrhythmus mit Bezug zur Funktionsdauer immer berücksichtigt werden. Deshalb muß der Wirkungsrhythmus einer Chemikalie nicht nur ihre Stabilität, sondern ebenfalls das spätere Vorhandensein in irgendeiner chemischen Form berücksichtigen."

Aus dieser Definition folgt, daß eine Chemikalie auch dann als persistent zu betrachten ist, wenn sie unter Umweltbedingungen zwar umgewandelt wird, das organische Umwandlungsprodukt jedoch nicht weiter abgebaut wird. Hohe Persistenz bedeutet also, daß eine Chemikalie oder ihre Umwandlungsprodukte nur langsam aus der Umwelt verschwinden, geringe Persistenz, daß die Mineralisierung rasch erfolgt.

In dieser Form ist der Begriff der Persistenz natürlich nur auf organische Chemikalien anwendbar, da mineralische Abbauprodukte stets erhalten bleiben. Die mineralischen Abbauprodukte sind jedoch oft in so großer Menge in der Umwelt enthalten, daß die anthropogene Erhöhung ihrer Konzentration nicht ins Gewicht fällt. Durch lokal auftretende Konzentrationserhöhungen der mineralischen Abbauprodukte können trotzdem unerwünschte Wirkungen auftreten, insbesondere dann, wenn die anorganische Verbindung in dem betrachteten Umweltkompartiment natürlicherweise nicht auftritt. Ein Beispiel hierfür wäre Nitrat im Grundwasser, daß eine natürliche Komponente des Stickstoffkreislaufes ist, im Grundwasser jedoch durch anthropogene Aktivität auftritt. Auch die Schwermetallproblematik wird durch eine künstliche Mobilisierung und Verlagerung durch den Menschen hervorgerufen. Der Persistenzbegriff sollte daher auf organische Verbindungen beschränkt bleiben. Als Maß für die Persistenz wird die Geschwindigkeit der CO_2-Bildung aus der betrachteten Verbindung herangezogen (Tabelle 2.14). Wesentlicher Abbauprozeß ist die Mineralisierung durch Mikroorganismen.

2.3.1 Bioabbau

Der Bioabbau zeichnet sich durch eine Reihe von Eigenschaften aus, die ihn grundsätzlich von chemischen Reaktionen unterscheiden. Durch wenige, geeignete Untersuchungen kann daher festgestellt werden, ob eine Abbaureaktion auf die Aktivität von Mikroorganismen zurückführbar ist. Der Abbau eines Stoffes durch Mikroorganismen ist in der Regel an das Wachstum der Mikroorganismen gekoppelt. Die Aussage, daß eine Substanz von Mikroorganismen abgebaut werde, impliziert, daß die Mikroorganismen sich dabei vermehren. Für mikrobiellen Abbau gelten daher die gleichen Bedingungen wie für das Wachstum. Eine wichtige Voraussetzung ist dabei das Vorhandensein einer ausreichenden Wassermenge. In diesem Wasser müssen Substanzen gelöst sein, aus denen die Mikroorganismen ihre Zellmasse aufbauen.

Elementare Nährstoffansprüche. Hier sind die bereits besprochenen Makro- und Mikronährstoffe (Tabelle 2.7b) sowie Ni, V, Se, Wo und einige andere, nur von Spezialisten benötigte Elemente zu nennen. Spurenelemente limitieren das Wachstum der Mikroorganismen meist nicht, da sie in der Natur ausreichend zur Verfügung stehen. An manchen Altlaststandorten wurden jedoch Spurenelemente als Minimumsfaktor bakterieller Aktivität festgestellt. Dies liegt jedoch meist daran, daß die vorliegenden Kontaminationen von Stoffwechselspezialisten abgebaut werden, die spezifische Spurenelemente benötigen. Das Angebot an organischen Substraten steht dann in einem ungünstigen Verhältnis zu den verfügbaren Spurenelementen. Zu hohe Konzentrationen der Spurenelemente können jedoch, wie bei allen Nährstoffen, ebenfalls hemmend wirken. Einige Mikroorganismen benötigen zusätzlich Wachstumsfaktoren, wie Vitamine, bestimmte Aminosäuren

Tab. 2.14. Ausmaß der biologischen Mineralisierung einiger organischer Chemikalien in einer Bodensuspension unter aeroben und anaeroben Bedingungen. Das unter anaeroben Bedingungen gebildete Methan wurde nicht erfaßt, sodaß die tatsächliche Mineralisierung größer als angegeben sein kann (nach Parlar und Angerhöfer 1991, verändert)

Substanz	Versuchsdauer [d]	CO_2 nach 5 d [%]		CO_2 nach Versuchsende [%]		Rückstand im Wasser nach Versuchsende [%]	
		aerob	anaerob	aerob	anaerob	aerob	anaerob
Harnstoff	5	66,3	70,1	66,3	70,1	23,3	18
p-Chloranilin	56	1,5	-	3	2,3	14,6	22,1
Diethylhexylphthalat	56	5,6	2,9	11,6	8,1	14,4	14,3
Anthrazen	14	0,1	0,3	1,3	1,8	1,6	1,8
Trichlorethen	14	1,8	2,5	3,5	4,2	12,4	11
Lindan	42	0,4	0,4	1,9	3	3,1	2,2
DDT	42	0,1	0,3	0,8	0,7	2,4	2
2,4-D	14	0,1	0,2	0,5	0,7	89,1	83,4

oder Purine und Pyrimidine, um wachsen zu können. Dieses Phänomen wird im Labor häufig beobachtet, es ist jedoch fraglich, ob diese Organismen für den Stoffumsatz in der Natur eine Rolle spielen.

Kohlenstoff- und Energiequellen. Prinzipiell sind Bakterien, wie auch Algen, in der Lage, ihre Energie aus der Oxidation anorganischer Verbindungen oder durch Photosynthese zu gewinnen. Als Kohlenstoffquelle benutzen diese Bakterien meist Kohlendioxid, sie werden als C-autotroph bezeichnet. Alle anderen Mikroorganismen gewinnen ihren Zellkohlenstoff aus organischer Substanz, die dann meist auch als Energiequelle dient. Dies trifft meist auch für Mikroorganismen zu, die organische Schadstoffe abbauen. Die verschiedenen Stoffwechseltypen werden systematisch untergliedert hinsichtlich der Art der Energiegewinnung, der Wasserstoff-Donatoren und der Kohlenstoffquellen.

Energiequellen. Die Art der Energiegewinnung (Gewinnung von ATP) kann erfolgen durch Photosynthese, diese Organismen werden als phototroph bezeichnet. Wird die Stoffwechselenergie auf chemischem Weg gewonnen (Atmung, Gärung), so ist der Organismus chemotroph.

Wasserstoffdonatoren. Wird der Wasserstoff für die Stoffwechselvorgänge aus organischen Verbindungen gewonnen, so handelt es sich um einen organotrophen Organismus. Werden hingegen reduzierte anorganische Verbindungen (H_2, NH_3, H_2S) oxidiert, so spricht man von lithotrophen Organismen.

Kohlenstoffquellen. Autotroph sind Organismen, die ihren Zellkohlenstoff durch Reduktion von CO_2 gewinnen, heterotroph solche, die organische Verbindungen als Kohlenstoffquelle nutzen. Die grünen Pflanzen gewinnen ihre Energie aus dem Licht, als Wasserstoffdonator dient das Wasser (Wasserspaltung); der Zellkohlenstoff wird aus CO_2 gewonnen, sie sind also photolithoautotroph. Der menschliche Organismus gewinnt die Stoffwechselenergie auf chemischem Weg, die aufgenommene Nahrung dient als Wasserstoffdonator und ist gleichzeitig die Kohlenstoffquelle, der Mensch ist also chemoorganoheterotroph. Nitrifizierende Bakterien gewinnen ihre Energie auf chemischem Weg (siehe Abschnitt 2.2.1), Ammonium ist der Wasserstoffdonator, Kohlendioxid die Kohlenstoffquelle; sie sind chemolithoautotroph. Denitrifizierende Bakterien gewinnen die Stoffwechselenergie auf chemischem Weg, die organische Substanz ist zugleich Wasserstoffdonator wieauch Kohlenstoffquelle, sie sind chemoorganoheterotroph.

Schwefel und Stickstoff. Beide Elemente liegen in der Zelle in reduzierter Form vor. Schwefel wird von den meisten Mikroorganismen in Form von Sulfat aufgenommen. Ammonium ist eine universell nutzbare Stickstoffquelle, zahlreiche Mikroorganismen können auch Nitrat verwerten. Einige Mikroorganismen sind auch in der Lage, molekularen Stickstoff zu fixieren (siehe Abschnitt 2.2.1).

Sauerstoff. Der Sauerstoff der Zellen stammt aus dem Kohlendioxid oder der organischen Substanz. Auch können OH-Gruppen aus dem Wasser in Biomoleküle eingebaut und anschließend modifiziert werden. Nur in Ausnahmefällen, beispielsweise bei Wachstum auf Methan oder anderen Kohlenwasserstoff, wird der Luftsauerstoff zum Einbau von Sauerstoff in Kohlenstoffverbindungen herangezogen. Der zur Atmung benötigte Sauerstoff dient als terminaler Elektronenakzeptor und wird zu Wasser reduziert.

Bezüglich ihres Verhältnisses zum Luftsauerstoff lassen sich Gruppen von Mikroorganismen unterscheiden. Obligat aerobe Organismen sind auf die Anwesenheit von molekularem Sauerstoff angewiesen, um die Atmung zu sichern. Obligat anaerobe Organismen benötigen ein sauerstofffreies Milieu, Sauerstoff ist für sie giftig. Fakultativ anaerobe Organismen können sowohl in Gegenwart als auch in Abwesenheit von Sauerstoff wachsen. Bei Anwesenheit von Sauerstoff nutzen sie diesen als terminalen Elektronenakzeptor. Die Milchsäurebakterien sind zwar aerotolerant, d.h. sie wachsen in Anwesenheit von Sauerstoff, können diesen jedoch nicht als terminalen Elektronenakzeptor nutzen. Sie gehören zu den gärenden Organismen, die organische Moleküle als Elektronenakzeptor nutzen. Mikroaerophile Organismen benötigen diesen zwar als Elektronenakzeptor, können jedoch nur geringe Konzentrationen tolerieren.

pH-Wert. Die meisten Bakterien wachsen am besten bei einem pH-Wert um sieben. Nitrifizierende oder harnstoffzersetzende Bakterien bevorzugen ein leicht alkalisches Milieu. Milchsäurebakterien beispielsweise sind relativ säuretolerant. Gegen übermäßige Schwankungen des pH-Wertes werden puffernde Substanzen eingesetzt. In der Natur spielt das Carbonatpuffersystem eine bedeutende Rolle.

Tab. 2.15a Anreicherungsbedingungen einiger Bakterien (nach Schlegel 1985)

1. Chemolithoautotrophe Bakterien (CO_2 als Kohlenstoffquelle)

Wachstums-bedingungen	H-Donator	H-Akzep-tor	Organismen
aerob	NH_4^+	O_2	*Nitrosomonas*
	NO_2^-	O_2	*Nitrobacter*
	H_2	O_2	Knallgasbakterien
	H_2S, S, $S_2O_3^{2-}$	O_2	*Thiobacillus*
anaerob	H_2	NO_3^-	*Paracoccus denitrificans*
	H_2	CO_2	Methanbakterien

2. Chemoorganoheterotrophe Bakterien (organische Substanz als Kohlenstoffquelle)

Wachstums-bedingungen	H-Donator	H-Akzep-tor	Organismen
aerob	Petroleum	O_2	Kohlenwasserstoff-abbauende Bakterien
	Cellulose	O_2	Cellulose-abbauende Bakterien
	Harnstoff	O_2	Harnstoffzersetzer
anaerob	organ. Säuren	NO_3^-	Denitrifizierer
	organ. Säuren	SO_4^{2-}	Sulfat-reduzierende Bakterien
	Glucose	intern	gärende Mikroorganismen

Temperatur. Die Mikroorganismen zeigen temperaturabhängiges Wachstum. Je nach Lage des Temperaturoptimums werden unterschieden:

psychrophile Organismen: Temperaturoptimum unterhalb 20°C;
mesophile Organismen: maximale Wachstumsrate zwischen 20°C und 40°C;
thermophile Organismen: Temperaturoptimum oberhalb 40°C.

Die Lage des Temperaturoptimums besagt nichts über die Temperaturtoleranz der Organismen nach oben (meist relativ gering) und nach unten (oft breiter als nach oben). Entsprechend der in unseren Breiten auftretenden Temperaturen werden in der Natur psychrophile bis mesophile Organismen für den Stoffumsatz von Bedeutung sein.

Die Nährstoffbedürfnisse der verschiedenen Bakterien müssen für die Kultur im Labor erfüllt werden (Tab. 2.15a). Sollen Bakterien in der Natur Schadstoffe abbauen, muß überprüft werden, ob die jeweiligen Wachstumsbedingungen eingehalten werden und ausreichend Makro- und Mikronährstoffe zur Verfügung stehen. Dabei ist auch das Verhältnis der Organismen zum Sauerstoff wichtig, da dieser für einige Bakteriengruppen giftig ist oder in seiner Anwesenheit die gewünschte Stoffwechselleistung nicht erbracht werden kann. Dies gilt auch für die Abwasserreinigung. Nur das Einhalten aller Ansprüche der gewünschten Bakteriengruppe kann zur entsprechenden Stoffwechselleistung in dem jeweiligen System führen. Handelt es sich um ein durchflossenes System, z.B. eine Kläranlage, so muß zusätzlich die Wachstumsphysiologie der Bakterien berücksichtigt werden, damit diese dauerhaft im System erhalten bleiben.

Physiologie des Wachstums. Unter Wachstum soll die Zunahme der lebenden Substanz der Mikroorganismen verstanden werden. Dabei muß zwischen der Zellzahl und der Bakterienmasse unterschieden werden. Bei kleinen Organismen, die sich durch Teilung vermehren, sind beide Parameter aneinander gekoppelt, die einfacher zu bestimmende Bakterienmasse wird als Wachstumsparameter herangezogen. Die Zeit, die erforderlich ist, um die Biomasse der Bakterien zu verdoppeln, wird als Verdopplungszeit t_d bestimmt. Gibt man an, wieviele Verdopplungen pro Zeiteinheit stattfinden, so spricht man von der Wachstumsrate μ. Wird hingegen die Bakterienzahl betrachtet, so ist die Zeit, in der sich die Zellzahl verdoppelt, die Generationszeit g und entsprechend wird mit der Teilungsrate ν die Zahl der Teilungen pro Zeiteinheit angegeben.

Exponentielles Wachstum. Die Zunahme der Bakterienzellzahl ist eine Folge einer binären Teilung einer Bakterienzelle, nachdem diese ihre Zellmasse verdoppelt hat. Die Zunahme der Zellzahl folgt einer geometrischen Progression 2^0, 2^1, 2^2, 2^3 ..., 2^n. Aus einer anfänglichen Zellzahl N_0 werden nach n Teilungen $N_0 \cdot 2^n$ Zellen. Durch Logarithmieren erhält man

$$n = \frac{\lg N - \lg N_0}{\lg 2}$$

Die Teilungsrate ν, also die Zahl der Zellteilungen pro Stunde ergibt sich zu

$$\upsilon = \frac{n}{t} = \frac{\lg N - \lg N_0}{\lg 2(t - t_0)}$$

Die Generationszeit, d.h. die für einen Teilungszyklus benötigte Zeit, beträgt

$$g = \frac{t}{n} = \frac{1}{\nu}$$

Eine typische exponentielle Wachstumskurve ist in Abb. 2.28 dargestellt, durch halblogarithmische Auftragung ergibt sich eine Gerade. Die dargestellte Gerade gilt nur für aktiv wachsende Kulturen unter optimalen Wachstumsbedingungen. Insbesondere darf keine Substratlimitierung vorliegen. Unter dieser Bedingung ist eine Bakterienkultur ein sich autokatalytisch vermehrendes System. Die Geschwindigkeit mit der sich die Bakteriendichte ändert, ist zu jedem Zeitpunkt der bereits vorhandenen Bakteriendichte proportional. Für exponentielles Wachstum ist die Wachstumsrate gegeben durch:

$$\mu = \frac{1}{x} \cdot \frac{dx}{dt}$$

Durch Integration ergibt sich daraus:

$$x = x0 \cdot e^{\mu \cdot t}$$

Für die Verdopplung der Zellmasse gilt:

$$2x0 = x0 \cdot e^{\mu \cdot td}$$

Daraus folgt für die Verdopplungszeit:

$$td = \frac{\ln 2}{\mu}$$

Liegt nun eine bestimmte Stoffmenge vor oder gelangt eine Chemikalie in die Umwelt, so werden nicht immer Bakterien vorhanden sein, die auf den Abbau dieses Stoffes optimal angepaßt sind. Dadurch kommt es zunächst zu einer lag-Phase, während der sich die Bakterien auf den Abbau dieser Substanz einstellen. Anschließend erfolgt eine Phase exponentiellen Wachstums, die ihr Ende dadurch findet, daß die Substanz aufgebraucht ist oder sich infolge von Milieuveränderungen (z.B. pH-Wert). das Wachstum verlangsamt. Zunächst bleibt die Bakterienmasse konstant; diese Phase wird als stationäre Phase bezeichnet. Sind andere Substrate nicht mehr vorhanden, so werden die Bakterien absterben (Abb.2.29).

Liegen weitere abbaufähige Substrate vor, so werden diese mit anderen Wachstumsparametern umgesetzt. Da in der Natur meist keine Reinkulturen von Mikroorganismen vorliegen, kommt es zur Überlagerung von Wachstum verschiedener Bakterienstämme. Zudem sind meist Konsumenten der neu gebildeten Bakterienbiomasse vorhanden, sodaß sich die Zahl der Mikroorganismen als resultierende von Wachstum und Konsum nur wenig ändert. Unterbleibt die Nachlieferung von Substraten, so wird die Substratkonzentration mit der Zeit abneh-

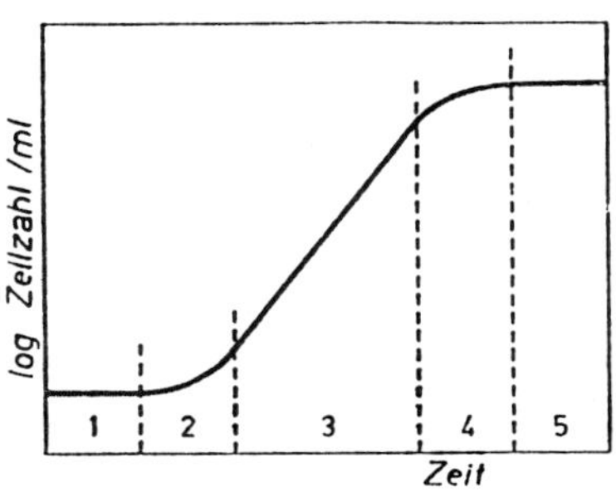

Abb. 2.29. Wachstumskurve einer Bakterienkultur in logarithmischer Darstellung. 1 lag-Phase, 2 Beschleunigungsphase, 3 exponentielle Phase, 4 Übergangsphase, 5 stationäre Phase (aus Libbert 1979)

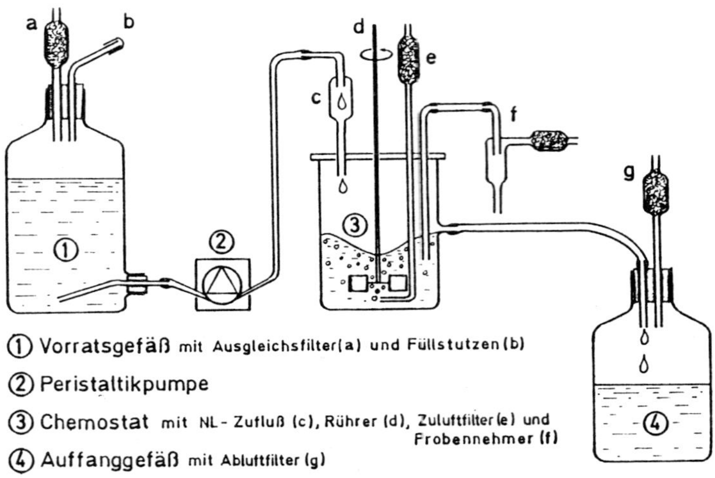

Abb. 2.30. Prinzip der kontinuierlichen Kultur im Chemostaten (aus Schlegel 1985)

men bis weiteres Wachstum nicht mehr möglich ist.

In der Natur findet Wachstum von Mikroorganismen nicht in einem statischen System statt, bei dem keine Substratnachlieferung erfolgt. In vielen natürlichen Systemen ist zudem Wasserbewegung beteiligt, die auch den Transport von Materialien bewirkt. Klärbecken sind durchflossene Systeme, die dem im Labor angewandten Chemostaten sehr nahe kommen. Ein Chemostat besteht aus einem ständig durchmischten Gefäß, in dem die Bakterien wachsen und durch den ein Volumenstrom an Nährlösung erfolgt (Abb. 2.30). Das Kulturgefäß habe ein Volumen V, die Nährlösung fließe mit einer Zuflußrate f zu. Die Verdünnungsrate D=f/V gibt den Volumenwechsel pro Stunde in dem Kulturgefäß an. Bakterien (Anfangskonzentration x_0), die in dem Gefäß nicht wachsen, werden ausgewaschen. Es gilt:

$$x = x0 \cdot e^{-Dt}$$

Entsprechend gilt bei exponentiellem Wachstum:

$$x = x0 \cdot e^{\mu t}$$

Die beobachtbare Änderung der Bakterienkonzentration im Kulturgefäß resultiert also aus Wachstum und Auswaschung. Bleibt die Bakterienkonzentration über die Zeit konstant, so sind die Auswaschverluste gleich dem Wachstum, das System befindet sich in einem Fließgleichgewicht (steady state). In der Praxis wird die Konzentration einer Komponente, die für das Wachstum benötigt wird, im Minimum gehalten, alle anderen Komponenten sind im Überschuß vorhanden. Die reele Wachstumsrate ist kleiner als die potentiell mögliche Wachstumsrate μ_{max}. Dadurch ist es möglich die Verdünnungsrate in einem weiten Bereich zu variieren, ohne daß es zur Auswaschung der Bakterien kommt. Die Verdünnungsrate darf die maximale Wachstumsrate nicht übersteigen.

Der Zusammenhang zwischen der Substratkonzentration c_S und der Wachstumsrate ist in Abb. 2.31 dargestellt. Die Kurve erinnnert an die Michaelis-Menten-Kinetik. Bereits im Bereich einiger mg Substrat pro Liter wird die maximale Wachstumsrate erreicht. K_S ist die Substratkonzentration, bei der die Bakterien mit halbmaximaler Wachstumsrate wachsen. Den Zusammenhang zwischen der Verdünnungsrate und verschiedenen Parametern zeigt Abb. 2.32. D_C markiert den Auswaschpunkt, bei dieser Verdünnungsrate können sich die Bakterien im Kulturgefäß nicht mehr halten.

Hemmung des Wachstums. Eine Reihe von Substanzen ist in der Lage, das Wachstum von Mikroorganismen zu unterdrücken. Dabei ist je nach der Art der Hemmung zu unterscheiden zwischen bacteriostatischer und bacteriozider Wirkung. Eine Substanz ist bacteriostatisch, wenn das Wachstum der Bakterien unterdrückt wird, nach Entfernen der Substanz das bakterielle Wachstum wieder aufgenommen wird. Im Gegensatz dazu ist eine Substanz bacterizid, wenn es zu einer irreversiblen Schädigung der Bakterien kommt. Auch nach Entfernen der Substanz sind die Bakterien nicht mehr vermehrungsfähig. Da bakterielles Wachstum eng an die Vermehrung gekoppelt ist, kann man auch vom Abtöten sprechen. Die Wirkung ist in beiden Fällen konzentrationsabhängig. Erstaunlicherweise ist eine Reihe von Bakterien in der Lage Substanzen zu nutzen, die für höhere Organismen giftig sind (Schwefelwasserstoff, Kohlenmonoxid).

Detergentien, Phenole und Kresole greifen an den Zellgrenzschichten an und Zerstören die Semipermeabilität der Zellmembranen. Ethanol in der Konzentration 70% führt zur Denaturierung von Proteinen und deshalb bakterizid. In geringeren Konzentrationen hat es lediglich bacteriostatische Wirkung. Schwermetalle (Cadmium, Quecksilber u.a.) wirken als starke Enzymgifte bereits in geringen Konzentrationen. Sowohl in anorganischer, als auch in organischer Form bindet Quecksilber an die SH-Gruppen der Enzyme und verändern damit ihre Tertiär- und Quartätstruktur. Quecksilbersalzlösungen und organische Quecksilberverbindungen wurden in der Vergangenheit zum Schutz von Holz vor mikro-

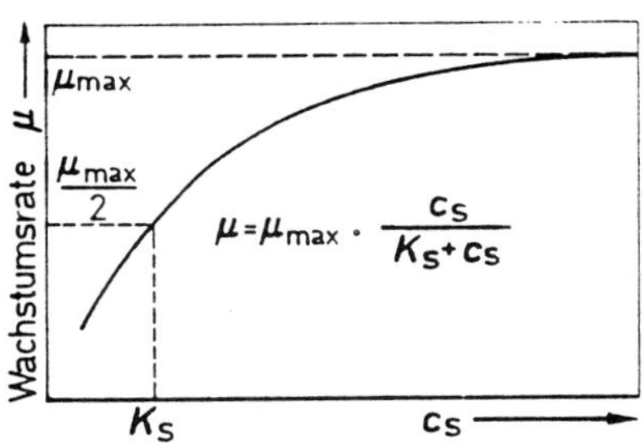

Abb. 2.31. Zusammenhang zwischen der Wachstumsrate μ und der Substratkonzentration c_S bei kontinuierlichen Kultur (aus Schlegel 1985)

biellem Abbau verwendet. Quecksilberverbindungen wurden auch zur Saatgutbeize (Schutz vor pilzlichem Befall) eingesetzt. Cyanid wirkt als Atmungsgift am terminalen Enzym der Atmungskette, der Cytrochromoxidase. Antibiotika, die gegen Bakterien gerichtet sind, nutzen die Tatsache aus, daß in der Bakterienzelle Stoffwechselprozesse ablaufen, die in höheren Organismen nicht stattfinden. Deshalb ist eine selektive Hemmung bakteriellen Wachstums beispielsweise durch Penicillin möglich, ohne daß der menschliche Organismus geschädigt wird. Penicillin wirkt auf der Ebene der Zellwandsynthese. Bakterielle Zellwände unterscheiden sich im Aufbau von den Zellhüllen der Eukaryonten. Andere Antibiotika setzen auf der Ebene der Proteinbiosynthese an, die wegen der unterschiedlichen Ribosomen für selektive Hemmungen gut geeignet ist.

Beispiele biotischer Umwandlungen. Die bisherige Betrachtung von biotischen Umwandlungen der Umweltchemikalien war auf die Aktivität von Mikroorganismen gerichtet. Im Hinblick auf die Bedeutung der Mikroorganismen für den Stoffumsatz in der Umwelt und auch für die Möglichkeit einer mikrobiellen Sanierung, ist diese einseitige Betrachtung gerechtfertigt. Wie die nun folgenden Beispiele zeigen sollen, finden Umwandlungen von Schadstoffen nicht ausschließlich durch Mikroorganismen statt. Solche Umwandlungen in höheren Organismen können für die toxische Wirkung große Bedeutung haben. Umwand-

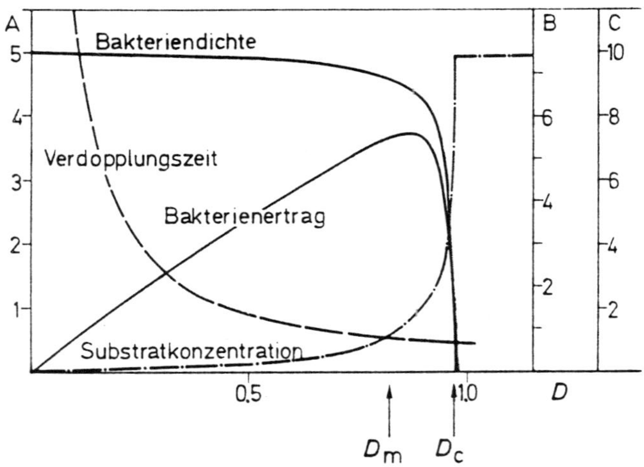

Abb. 2.32. Beziehung zwischen der Bakteriendichte, der Substratkonzentration, der Verdopplungszeit und dem Bakterienertrag in Abhängigkeit von der Verdünnungsrate bei kontinuierlicher Kultur im Chemostaten im Zustand des Fließgleichgewichts. Abszisse: Verdünnungsrate D [h^{-1}]; D_m Verdünnungsrate mit maximalem Bakterienertrag; D_c Verdünnungsrate, bei der Auswaschung erfolgt. Ordinaten: A Bakterienertrag; B Verdopplungzeit t_d [h]; C Substratkonzentration im Versuchsgefäß c_s [g/l] (aus Schlegel 1985, verändert)

lung bedeutet nicht stets auch Entgiftung (Detoxifikation), sondern oft auch Aktivierung von Substanzen, wodurch die Giftigkeit für den betroffenen Organismus erhöht werden kann.

Metabolisierung von Metallen. Die Umwandlungen von Quecksilber unter Umweltbedingungen sind in Abb. 2.33 dargestellt. Diese Vorgänge können beispielsweise in Sedimenten belasteter Gewässer stattfinden. Die Fällung als sulfidisches Quecksilber kann als permanente Senke unter den natürlichen Umwandlungsprozessen gesehen werden, da es zu den unlöslichsten Verbindungen gehört. Organische Quecksilberverbindungen werden von Quecksilber-resistenten Mikroorganismen gespalten. Das freiwerdende Hg^{2+}-Ion wird mit Nicotinamid-Adenin-Dinucleotid zu elementarem Quecksilber reduziert. Unter anaeroben Bedingungen werden Hg^{2+}-Ionen von dem sulfatreduzierenden Bakterium *Desulfovibrio desulfuricans* zu Methyl- oder Dimethylquecksilber umgesetzt werden. Der Vorgang der Methylierung ist Vitamin B_{12} abhängig. Methylquecksilber kann auch abiotisch durch Wechselwirkung mit Huminstoffen gebildet werden. Andere unter Umweltbedingungen gebildete Organoquecksilberverbindungen sind Ethyl-, Phenyl- oder Diphenylquecksilber.

Elementares Quecksilber und Methylquecksilberverbindungen sind sowohl flüchtige, alsauch giftige Verbindungen. Die Giftigkeit des Dimethylquecksilbers liegt noch über der des Elementes. Für die Mikroorganismen könnte die Überführung in leicht flüchtige Verbindungen eine Entgiftung darstellen. Wegen seiner

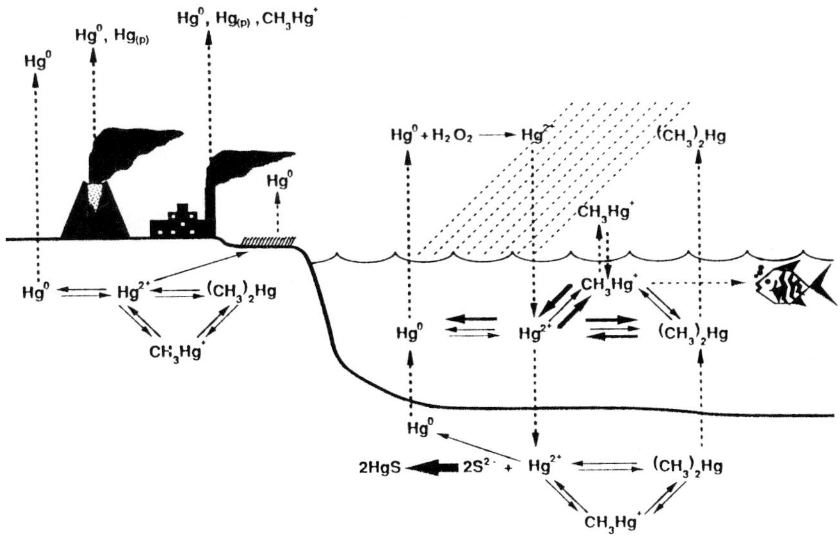

Abb. 2.33. Umwandlungen des Quecksilbers in der Biospäre; durchgezogene Pfeile bedeuten Umwandlungen, die teilweise von Mikroorganismen ausgeführt werden, gestrichelte Pfeile stellen Transportprozesse dar (aus Barkay 1992)

stark lipophilen Eigenschaften wird dieses in Organismen angereichert und über die Nahrungskette weitergegeben. Zinn und Blei werden ebenfalls biologisch methyliert. Bleitetraethyl, das als Antiklopfmittel bleihaltigem Benzin zugesetzt wird, kann biologisch in das giftigere Triethylderivat überführt werden. Biologische Umwandlungen von Arsensäure sind ebenfalls möglich. Das Endprodukt ist die Dimethylarsinsäure (Kakodylsäure), eine giftige Verbindung. Da sich der Dampfdruck von Ausgangs- und Endprodukten solcher Stoffumwandlungen unterscheiden kann, sind Ausgasungen der giftigen Produkte beobachtbar.

Metabolisierung organischer Verbindungen. Idealerweise würden organische Umweltchemikalien von den Organismen vollständig mineralisiert und damit unschädlich gemacht. Oft werden jedoch Enzyme des normalen Metabolismus für Umwandlungsreaktionen von Umweltchemikalien genutzt. Die dabei gebildeten

Tab. 2.15.b Wichtige Enzymgruppen, die an Oxidationsreaktionen beteiligt sind; die als Beispiel angegebene Dioxygenasereaktion und die Dehydrogenasereaktion gehören einer Reaktionsfolge an

Enzymgruppe	Wirkungsweise	Reaktionsschema
Oxygenasen	führen Sauerstoff in das Substrat ein	
1. Dioxygenasen	beide Sauerstoffatome werden auf das Substrat übertragen, die Spaltung einer C-C-Bindung ist möglich	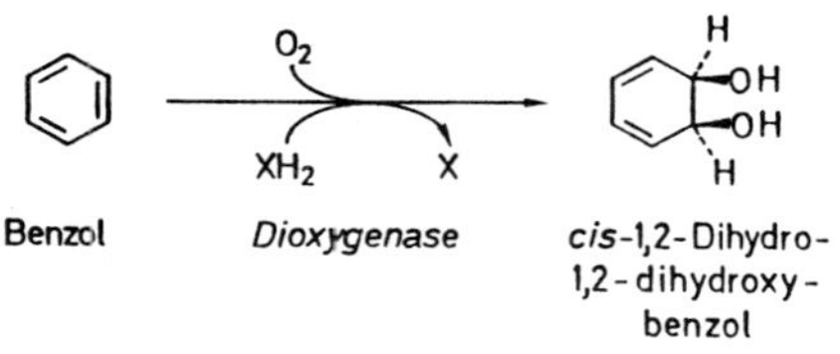
2. Monooxygenasen	ein Sauerstoffatom wird auf das Substrat übertragen, das andere übernimmt Wasserstoff von einem Wasserstoffüberträger	Paraffin + O_2 + $NADH_2$ → Paraffinalkohol + NAD + H_2O 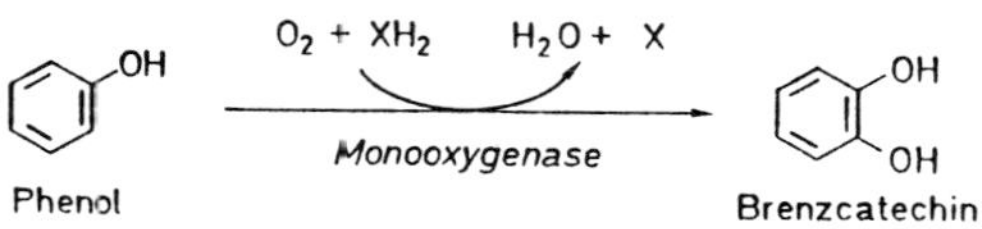
Dehydrogenasen	übertragen Wasserstoff vom Substrat auf einen Wasserstoffüberträger	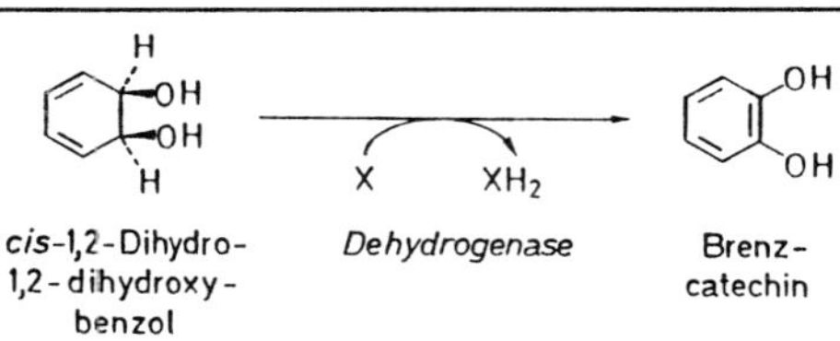

Produkte werden nicht weiter umgesetzt und reichern sich im Organismus an oder sie werden ausgeschieden. In diesem Falle spricht man von Cometabolismus. Die Cometabolite können in der Nahrungskette weitergegeben werden.

Bei den Reaktionen kann es sich um Oxidationen, Reduktionen oder Hydrolysen handeln. Bei den beobachtbaren Abbaureaktionen handelt es sich um eine Reihe von Einzelreaktionen, deren Zwischenprodukte nur teilweise in den Umweltkompartimenten auftreten. Die Mineralisierung von organischen Chemikalien zu CO_2 und anderen mineralischen Bestandteilen ist letzendlich immer ein oxidativer Prozeß. Die für oxidative Umwandlungen wichtige Enzymgruppen sind in Tabelle 2.15b zusammengefaßt. Bei den oxidativen Abbaureaktionen können Umwandlungsprodukte auftreten, die gegenüber der Ausgangssubstanz gesteigerte biologische Aktivität besitzen (Epoxide, Phenole).

Reduktive Prozesse sind bisher weniger gut untersucht. Ein Beispiel sind die einleitenden Reaktionen des reduktiven Abbaus aromatischer Verbindungen unter anaeroben Bedingungen (Abb. 2.34). Entscheidend für den Abbau ist der Angriff auf den aromatischen Ring, der unter anaeroben Bedingungen reduktiv er-

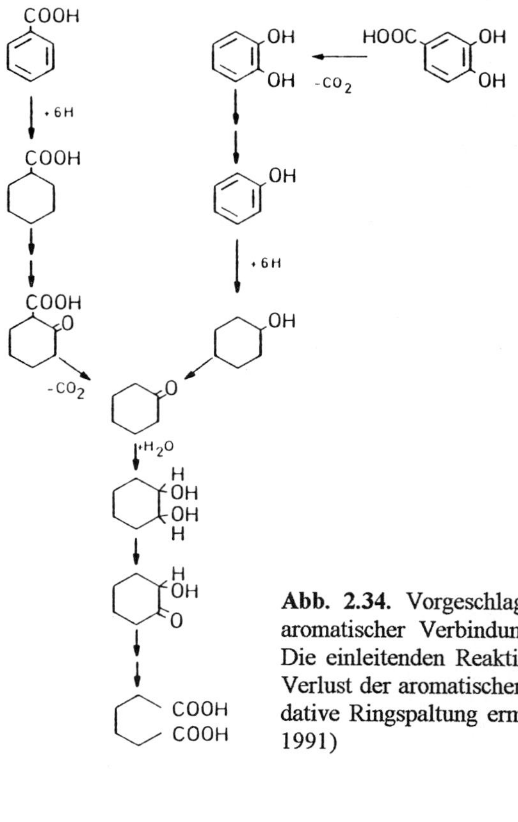

Abb. 2.34. Vorgeschlagener Reaktionsweg für den Abbau aromatischer Verbindungen unter anaeroben Bedingungen. Die einleitenden Reaktionen sind reduktiv und führen zum Verlust der aromatischen Eigenschaften. Damit wird die oxidative Ringspaltung ermöglicht (aus Parlar und Angerhöfer 1991)

folgt (unter aeroben Bedingungen ist er oxidativ). Ist die aromatische Struktur aufgehoben, ist der weitere oxidative Abbau für Bakterien relativ unproblematisch. Reduktive und oxidative Prozesse sind über den Stoffwechsel der beteiligten Bakterien gekoppelt. Deshalb ist auch unter anaeroben Bedingungen oxidativer Abbau möglich, die Reaktionen werden jedoch nicht von Oxygeneasen katalysiert.

Eine weitere wichtige Gruppe von Reaktionen sind die Hydrolysen. In die Gruppe der Hydrolysereaktionen gehören die wichtigen Verdauungsreaktionen (Spaltung von Proteinen, Stärken und Neutralfetten). Auch Mikroorganismen müssen derartige Reaktionen, meist extracellulär, ausführen können, wenn sie hochmolekulare Verbindungen ausnutzen. Esterverbindungen spielen unter den Bioziden eine große Rolle. Esterase können diese unter Bildung von Säuren und Alkoholen bzw. Phenolen spalten. Sterische Behinderung kann eine derartige Spaltung unmöglich machen. Ein Beispiel hierfür ist die Hydrolyse von Phthalaten in der Leber (Abb. 2.35), ähnliche Phänomene sind auch für mikrobielle Enzyme zu erwarten. Ebenfalls zu den Hydrolasen gehören die Amidasen, die Säureamide in Carbonsäuren und Amine hydrolysieren. Eiweißspaltende Enzyme (Proteinasen) gehören zu den Amidasen.

Eine weitere Möglichkeit der Veränderung von Umweltchemikalien durch oder innerhalb von Organismen ist der Einbau in Makromoleküle. Besonders problematisch ist dabei der Einbau in die DNA-Kette, weil dies meist mit einer Veränderung der genetischen Information verbunden ist. Die krebsauslösende Wirkung von Chemikalien ist häufig auf solche Interaktionen mit der DNA zurückführbar. Dies kann alle Organismen betreffen. Der Einbau in Makromoleküle erfolgt meist durch kovalente Bindung und hat zur Folge, daß der Schadstoff analytisch nicht mehr erfaßt werden kann. Ein häufig zu beobachtendes Beispiel ist der Einbau in das Lignin, der beträchtliches Ausmaß annehmen kann. Häufig handelt es sich um stickstoffhaltige Verbindungen. Analog können Umweltchemikalien in die Huminsäuren eingebaut werden (Abb. 2.36). Aus den Huminstoffen

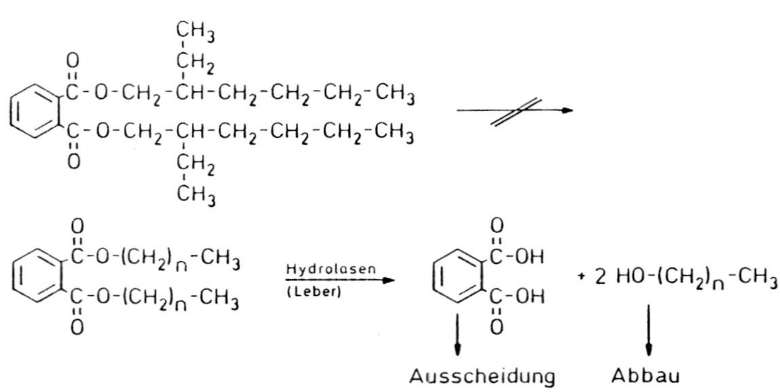

Abb. 2.35. Abhängigkeit der Hydrolysierbarkeit von Phthalaten von der Struktur der Seitenkette (aus Parlar und Angerhöfer 1991)

könnnen sie hydrolytisch freisetzbar sein oder durch kovalente Bindung immobilisiert werden. Prinzipiell ist auch der kovalente Einbau einer Umweltchemikalie reversibel, da Huminstoffe einer Dynamik unterliegen.

Rolle des Bioabbaus für die Elimination von Umweltchemikalien. Die biologische Mineralisierung leicht abbaubarer Stoffe spielt eine bedeutende Rolle für den Stoffumsatz in Gewässern und Böden. Auch innerhalb der Kläranlagen wird dem Bioabbau eine entscheidende Rolle bei der Schadstoffelimination zugewiesen. Gleichzeitig mit dem Abbau kommt es jedoch zu einer Zunahme der Bakterienbiomasse, die stark von der chemischen Natur der mineralisierten organischen Stoffe abhängt (= Bakterienertrag). Die neu gebildete Biomasse ist zugleich Adsorbens für zahlreiche, weniger gut abbaubare Stoffe. Im Falle der Abwasserreinigung wird die schadstoffbeladene Biomasse als Klärschlamm ausgetragen. Im Boden bleiben die Mikroorganismen als organische Substanz erhalten und können somit den Austrag von schwer abbaubarer Schadstoffen in das Grundwasser zumindest bremsen. Die adsorbierten Schadstoffe können wieder desorbiert werden und damit anderen Mikroorganismen als Substrat zur Verfü-

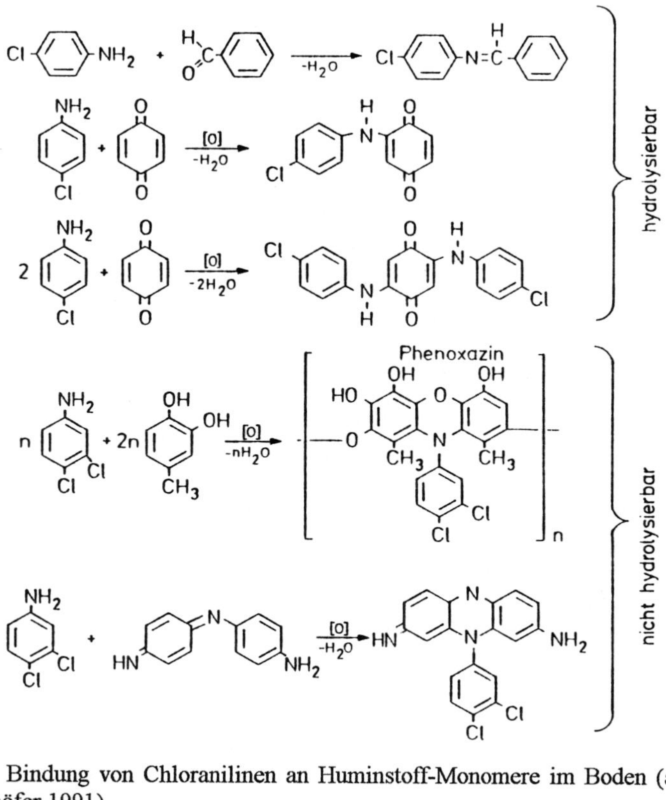

Abb. 2.36. Bindung von Chloranilinen an Huminstoff-Monomere im Boden (aus Parlar und Angerhöfer 1991)

gung stehen. Diese Funktion kann auch von anderen Bodenbestandteilen übernommen werden, wodurch toxisch wirkende Schadstoffmengen der Bioverfügbarkeit entzogen werden können. Da die Mikroorganismen Bodentieren als Nahrung dienen, werden die adsorbierten Schadstoffe an die Nahrungskette weitergegeben.

Prüfung der Abbaubarkeit durch Mikroorganismen. Für die Bewertung von Chemikalien, beispielsweise nach dem Chemikaliengesetz, wird die Prüfung der Abbaubarkeit durch Mikroorganismen vorgenommen. Auch im Hinblick auf mikrobiologische Altlastsanierung ist die mikrobielle Abbaubarkeit von Interesse. Es stehen verschiedene Testverfahren zur Verfügung, die entweder auf dem Prinzip "Abnahme der Substanzkonzentration" oder "Bildung von CO_2 aus der Testsubstanz" oder "Verbrauch von Sauerstoff beim Abbau der Testsubstanz" beruhen. Als eine Testmethode, die die Wirkung einer Chemikalie auf eine aktive Bakterienpopulation erfaßt, dient die Prüfung der Atmungshemmung. Hierbei wird bestimmt, ab welcher Konzentration der Prüfsubstanz eine Reduktion der

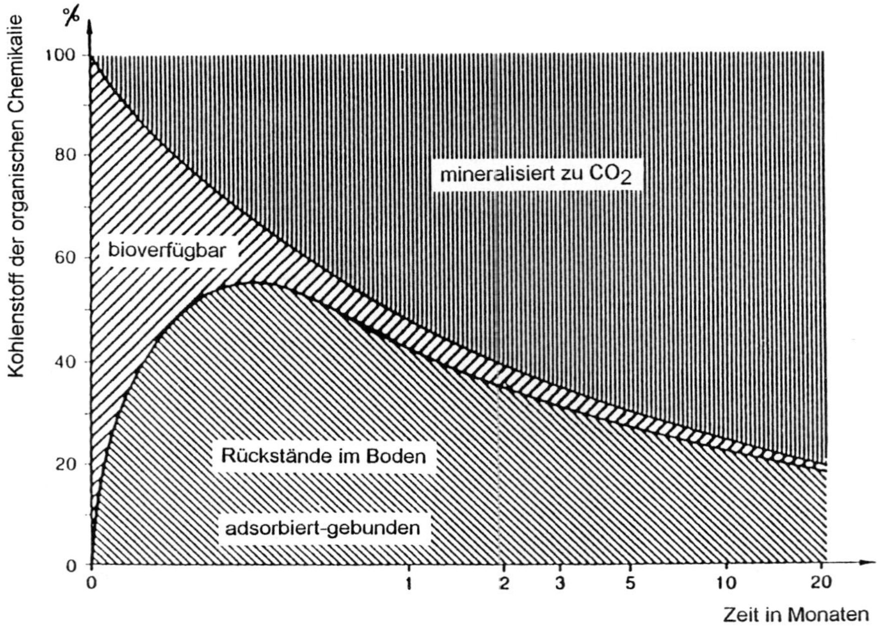

Abb. 2.37. Verbleib einer mineralisierbaren Chemikalie im Boden. Unter Rücksränden werden die Substanz selbst und ihre organischen Metabolite verstanden (aus Rippen 1994, verändert)

bakteriellen Atmung um 50% auftritt. Ähnlich ist der Leuchtbakterientest, der auch als DIN-Norm etabliert ist, bei dem die Hemmung des bakteriellen Leuchtens durch eine Chemikalie untersucht wird.

2.3.2 Chemischer Abbau

Für chemische Abbau- oder Umwandlungsreaktionen müssen geeignete Energiequellen und Reaktionspartner zur Verfügung stehen. Entsprechend werden in der Atmosphäre andere Prozesse ablaufen als im Wasser und dort wiederum andere als im Boden. Wichtige Energiequellen sind das Licht und die Wärme der Umgebung. Die Temperatur wird nahe der Erdoberfläche stark vom lokalen Klima bestimmt, in höheren Atmosphärenschichten sind die bereits bekannten Temperaturen gegeben. Auch das Strahlungsklima ist in den verschiedenen Atmosphärenschichten unterschiedlich.

Mit Ausnahme der Atmosphäre, in der Strahlungsenergie ausreichend zur Verfügung steht, sind chemische Reaktionen meist sehr viel langsamer als biologische Reaktionen. Bei sehr resistenten Verbindungen können die Halbwertszeiten im Bereich von Jahren bis Jahrhunderten liegen. Dies gilt beispielsweise für die Fluorchlorkohlenwasserstoffe, Substanzen, die sehr reaktionsträge sind und im wesentlichen durch radikalische Abbaureaktionen abgebaut werden. Je nach Reaktionspartnern und Reaktionsbedingungen werden hydrolytische, oxidative und reduktive chemische Prozesse unterschieden.

Hydrolytische Prozesse. Die Hydrolyse, die in aquatischen Systemen eine große Rolle spielt, führt zu einer Spaltung einer C-X-Bindung, wobei ein Wassermolekül in die Verbindung eingeführt wird. Rein chemische Hydrolysen, wie die Reaktion von Epoxiden zu Diolen, die Verseifung von Estern oder die Überführung von Alkylhalogeniden in Alkohole, laufen meist unter der Katalyse von Säuren oder Basen ab. Die Reaktionsgeschwindigkeit ist also pH-abhängig, alkalisches

Tabelle 2.16. Halbwertszeiten einiger Organophosphorinsektizide in wäßriger Lösung bei 70°C und unterschiedlichem pH-Wert (nach Parlar und Angerhöfer 1991, verändert)

pH-Wert	Parathion $t_{1/2}$ [h]	Methylparathion $t_{1/2}$ [h]	Metasystox R $t_{1/2}$ [h]
1	34	15	12
2	27	12	12
3	21	11	12
4	18	11	12
5	20	11	15
6	13	10	12
7	8	7	6
8	4	3	3
9	3	1,5	0,5

Reaktionsmilieu begünstigt die Reaktion (Tabelle 2.16). Weitere, die Reaktionsgeschwindigkeit begünstigende Bedingungen sind eine erhöhte Temperatur und die Anwesenheit von Metallkationen. Die in der Natur vorkommenden Konzentrationen der Metallkationen sind meist zu gering, um die Reaktionsgeschwindigkeit hydrolytischer Prozesse deutlich zu beeinflussen.

Reduktive Prozesse. Unter anaeroben Bedingungen, die in vielen Sedimenten herrschen, laufen Reduktionen von Umweltchemikalien ab, die von einigen Autoren als Übergang zwischen abiotischen und biotischen Prozessen betrachtet werden. Die hierzu erforderlichen Elektronen sollen beim Abbau von reduziertem organischen Material direkt auf Umweltchemikalien übertragen werden (Abb. 2.38). In der Literatur wurden Mikroorganismen beschrieben, die Elektronen

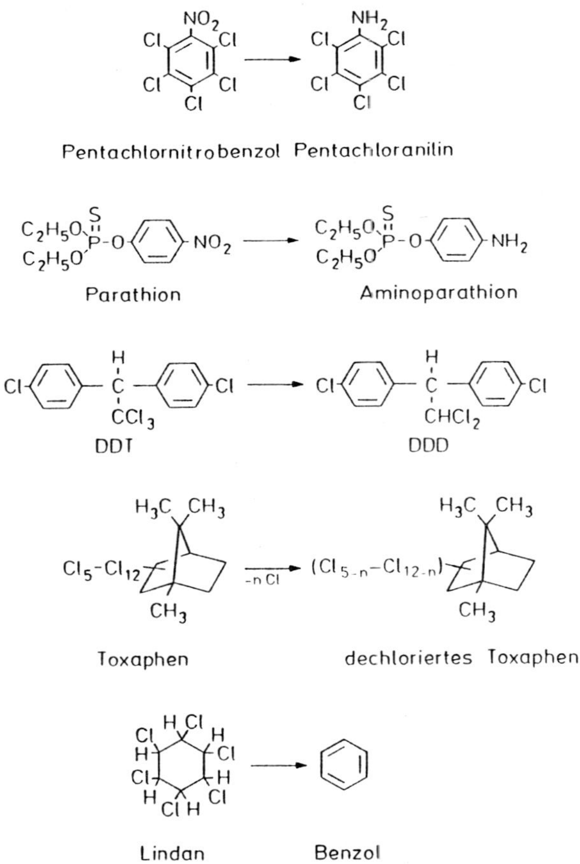

Abb. 2.38. Reduktive Umwandlungen von Umweltchemikalien, die im anaeroben Milieu beobachtet wurden (aus Parlar und Angerhöfer 1991)

direkt auf organische Moleküle übertragen können. Es wird eingeräumt, daß das Verhältnis biotischer Ursachen zu abiotischen nicht genau bekannt sei.

Oxidative Prozesse. Unter oxidativen Prozessen werden nicht nur Reaktionen mit dem Sauerstoffmolekül selbst, sondern auch diejenigen mit anderen reaktiven Sauerstoffspezies (angeregter Sauerstoff, atomarer Sauerstoff, Ozon, OH-Radikal) verstanden. Diese werden teils in der Luft, teils in Gewässern photochemisch oder enzymatisch gebildet.

Die Konzentrationen der reaktiven Sauerstoffspezies sind unterschiedlich, in Gewässern treten meist Peroxidradikale ($RO_2\cdot$) und angeregter Sauerstoff ($^1O_2$) auf, während in der Atmosphäre OH-Radikale und Ozon die größere Bedeutung besitzen. Nach den auftretenden Reaktanten werden chemische und photochemische Prozesse unterschieden.

Bei chemischen Reaktionen muß die reaktive Sauerstoffspezies oder ein anderer Reaktionspartner durch einen unabhängigen Prozeß gebildet werden. Die Reaktionsgeschwindigkeit hängt daher davon ab, in welchem Ausmaß der reaktive Partner gebildet wird. Bei photochemischen Reaktionen einer Substanz muß diese selbst Licht absorbieren und damit aktiviert werden. Die photochemisch aktivierte Substanz kann dann beispielsweise mit Sauerstoff umgesetzt werden. Photochemische Reaktion:

$$AB \xrightarrow{h \cdot \nu} AB^*$$

$$AB^* + O_2 \rightarrow \text{Produkte}$$

oder

$$AB^* \rightarrow A\cdot + B\cdot$$

$$A\cdot + O_2 \rightarrow \text{Produkte}$$

Anstelle von O_2 können auch andere Sauerstoffspezies treten. Die Geschwindigkeit der direkten Photooxidation wird von der Konzentration der Substanz, ihrem Extinktionskoeffizienten, der Quantenausbeute und der Lichtintensität bestimmt:

$$-\frac{d[AB]}{dt} = \varphi_{AB} \cdot \varepsilon_{AB} \cdot I \cdot [AB]$$

φ: Quantenausbeute
ε: Extinktionskoeffizient
I: Lichtintensität

Das weitere Verhalten der aktivierten Moleküle wird durch diese Gleichung nicht beschrieben. Für Vorhersagen der Reaktionsgeschwindigkeit einer organischen Substanz mit den verschiedenen Sauerstoffspezies müssen die Geschwindigkeitskonstanten einer jeden möglichen Reaktion bekannt sein. Unter Atmosphärenbedingungen ist die Halbwertszeit der Reaktion von Ethen mit dem OH-Radikal ca. 70 Stunden, für die Reaktion mit angeregtem Sauerstoff liegt sie im Bereich von 100 Jahren. Entsprechend unterschiedlich wird die Beteiligung der einzelnen Sauerstoffspezies am Abbau organischer Substanzen in der Umwelt sein.

Reaktionen mit molekularem Sauerstoff (Autoxidationen). Das Sauerstoffmolekül verhält sich im Grundzustand als Biradikal, da die Elektronen ungepaart sind. Reaktionsfreudige organische Moleküle können daher mit dem Sauerstoffmolekül unter Bildung von zwei Radikalen in Wechselwirkung treten.

$$R-H+O=O \rightarrow R\cdot + H-O-O\cdot$$

$$HOO\cdot + H-R \rightarrow H_2O_2 + R\cdot$$

$$R\cdot + O=O \rightarrow R-O-O\cdot$$

$$ROO\cdot + H-R \rightarrow ROOH + R\cdot$$

Die dabei gebildeten Peroxide zerfallen unter weiterer Radikalbildung, dadurch wird die Reaktion in Gang gehalten. Durch Zusammentreffen von zwei Radikalen kann die Kettenraktion gestoppt werden. Beispiele von Autoxidationen sind das Ranzigwerden von Ölen und Fetten und die Alterung von Kunststoffen. Im Boden spielt die Autoxidation bei der abiotischen Kondensation von Huminstoffvorläufern zu Huminsäuren eine Rolle. Auf die Möglichkeit des Einbaus von Xenobiotika während dieser Kondensation wurde bereits hingewiesen.

Reaktionen mit angeregtem Sauerstoff ($^1O_2$). Angeregter Sauerstoff entsteht dadurch, daß ein Elektron des obersten antibindenen Orbitals unter Spinumkehr Elektronenpaarung mit dem zweiten antibindenden Orbital eingeht. Da dieser Zustand relativ stabil ist, spielt er für die Reaktion mit Umweltchemikalien eine große Rolle. Reaktionen treten hauptsächlich mit ungesättigten Verbindungen auf (Abb. 2.39). Nimmt man eine Konzentration des angeregten Sauerstoffs in Wasser von 10^{-12}M und 25°C an, so liegt die Halbwertszeit für unsubstituierte Kohlenwasserstoffe im Bereich von Jahren, für Olefine beträgt sie Tage und für Diene oder Furan wurden Halbwertszeiten im Bereich von Stunden berechnet.

Reaktionen mit Sauerstoffatomen. Sauerstoffatome entstehen in höheren Atmosphärenschichten (Stratosphäre) durch Spaltung von molekularem Sauerstoff unter dem Einfluß kurzwelliger UV-Stahlung. In der Nähe des Erdbodens (Troposphäre) ist die Spaltung von Stickstoffdioxid durch UV-Stahlung eine wichtige Reaktion zur Bildung von Sauerstoffatomen, die für die Entstehung des Photosmogs wichtig ist (s.u.). Der atomare Sauerstoff reagiert mit Doppelbindungen zu Epoxiden. Auch aromatische Ringsysteme werden unter Epoxidbildung angegriffen, in den Folgereaktionen kann es zu Ringöffnungen kommen, wodurch -CHO und -OH-Gruppen in die Moleküle eingeführt werden.

Reaktionen mit Ozon. Ozon wird durch die Reaktion eines Sauerstoffatoms mit einem Sauerstoffmolekül gebildet. Entsprechend den unterschiedlichen Bildungs-

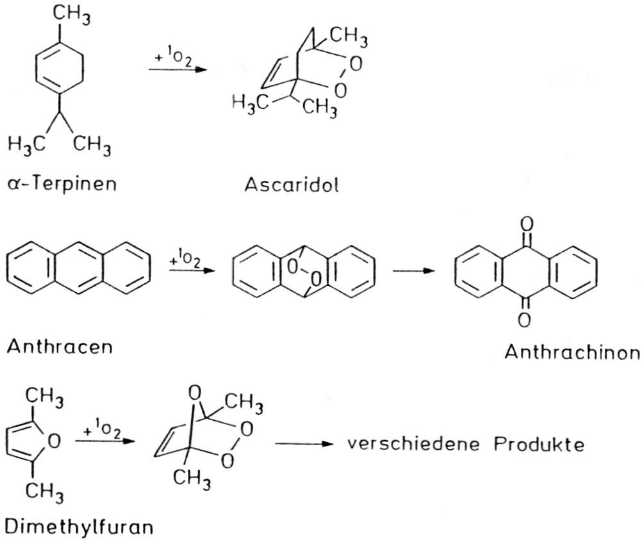

Abb. 2.39. Typische Reaktionen des angeregten Sauerstoffs mit organischen Chemikalien (aus Parlar und Angerhöfer 1991)

mechanismen von Sauerstoffatomen in der Troposphäre (Spaltung von N_2O zu NO und O unter dem Einfluß ultravioletter Strahlung) und der Stratosphäre (Spaltung von Sauerstoffmolekülen durch kurzwellige UV-Strahlung) müssen unterschiedliche Bedingungen für die Ozonbildung erfüllt werden. Reagiert das gebildete Ozon mit der Doppelbindung von Olefinen, so entstehen Aldehyde, Ketone und Carbonsäuren; der Vorgang wird als Ozonolyse bezeichnet. Natürlicherweise werden Olefine in die Atmosphäre in Form von Isoprenen und Terpenen durch Wälder freigesetzt. Anthropogen erfolgt der Eintrag in Form von Ethen, Propen. Halogenkohlenwasserstoffe können ebenfalls Doppelbindungen enthalten. Die Reaktionsgeschwindigkeit der ungesättigten Halogenkohlenwasserstoffe nimmt mit dem Halogenierungsgrad ab.

Reaktionen mit Hydroxylradikalen. Hydroxylradikale spielen in der Troposphäre für den Abbau von Spurenstoffen eine Rolle. Wichtigste Quelle ist die Reaktion von Sauerstoffatomen mit Wasser.

$$O + H_2O \rightarrow 2OH\cdot$$

Die gebildeten Hydroxylradikale reagieren mit verschiedenen Spurenkomponenten der Atmosphäre, wodurch andere Radikalspezies entstehen (Abb. 2.40). Die Reaktionsprodukte können wiederum zur Bildung von OH-Radikalen beitragen. Trotz der geringen Lebensdauer der Hydroxylradikale (ca. 1 s) werden genügend hohe Konzentrationen des Radikals aufgebaut, damit diese für die Umsetzung

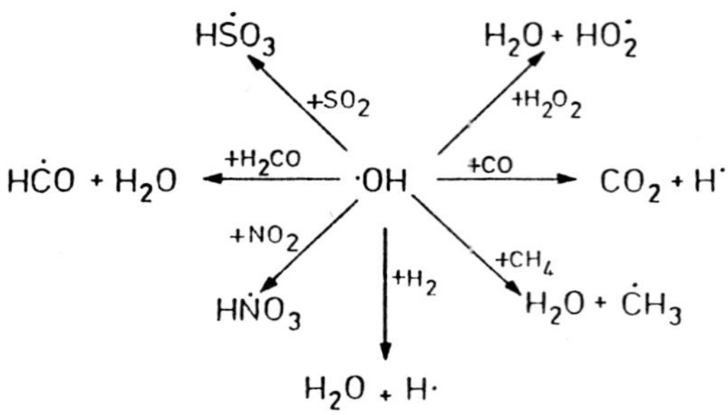

Abb. 2.40. Reaktionen von Hydroxylradikalen mit verschiedenen atmosphärischen Spurenkomponenten (aus Parlar und Angerhöfer 1991)

organischer Verunreinigungen der Atmosphäre eine Rolle spielen. Eine wichtige Quelle von atomarem Sauerstoff in der Atmosphäre ist die Photolyse des Ozons bei Wellenlängen kleiner 310 nm. Da das Ozon der Troposphäre durch Photodissoziation von Stickstoffdioxid gebildet wird, ist eine direkte Kopplung an den Strahlungshaushalt gegeben. Dies macht sich jahreszeitlich an den OH-Radikalkonzentrationen bemerkbar. Es sind verschiedenen Wechselwirkungen mit organischen Substanzen zu beobachten:

Wasserstoffabspaltung

$$\cdot OH + HR \rightarrow H_2O + \cdot R$$

Anlagerung an Doppelbindungen von Olefinen und Aromaten

$$\cdot OH + C = C \rightarrow HO - C - C \cdot$$

wobei unter Elimination von Wasserstoff Carbonylverbindungen entstehen können. Die Halbwertszeiten der Oxidation organischer Spurenstoffe durch Oxidation mit OH-Radikalen liegen, mit Ausnahme der Halogenkohlenwasserstoffe, in Bereich von Stunden bis Tagen.

Photochemische Prozesse. Voraussetzung für photochemische Prozesse ist die Fähigkeit zur Absorption von Licht. Die Energie des eingestrahlten Lichtes muß ausreichen, damit ein Elektron auf ein energetisch höheres Niveau angehoben wird. Dieser Zustand wird als angeregt bezeichnet. Je nachdem, wie die Elektronen auf den Energieniveaus verteilt sind, werden Singulett- oder Triplettzustände unterschieden. Bei organischen Molekülen werden in der Regel Singulettzustände erreicht (1. oder 2. Singulettzustand). Triplettzustände sind wegen der damit verbundenen Spinumkehr (Inversion) weniger wahrscheinlich. Folgende Möglichkeiten des Übergangs in den Grundzustand sind denkbar (Abb. 2.41):

- Abgabe als elektromagnetische Strahlung in Form der Fluoreszenz oder der Phosphoreszenz. Die Fluoreszenz ist ein schneller Prozeß, die Energieabgabe erfolgt praktisch zeitgleich mit der Energieaufnahme. Die Phosphoreszenz

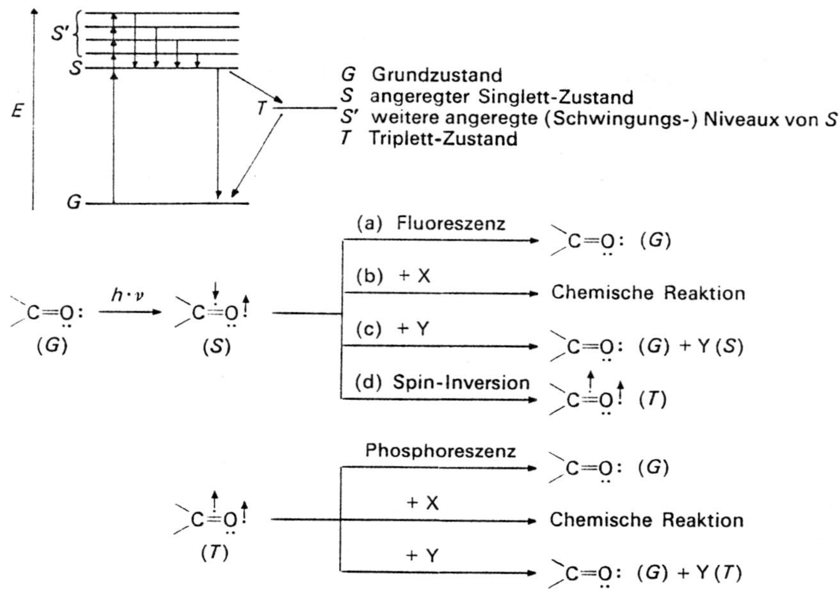

Abb. 2.41. Grund- und Anregungszustände eines π-Elektrons einer Doppelbindung infolge von Lichtabsorption; die Anregungsenergie kann in verschiedener Weise abgegeben werden, siehe Text; G=Grundzustand, S=Singulettzustand, T=Triplettzustand, X und Y sind andere Substanzen (aus Christen 1977)

dagegen ist zeitlich verzögert, da die Energieabgabe aus dem stabileren Triplettzustand erfolgt.

- Nutzung der Anregungsenergie zu chemischen Reaktionen mit einem Reaktionspartner X.
- Die Abgabe der Energie an ein anderes Molekül Y wird als intermolekulare Desaktivierung bezeichnet.

Welcher der möglichen Desaktierungsprozesse stattfindet, hängt ab von der Struktur der beteiligten Moleküle, der Konzentration der Substanzen und damit der Zahl der möglichen Kollisionen und der Anwesenheit von Fremdmolekülen, die in das Reaktionsgeschehen eingreifen.

Photoisomerisierung. Ein Beispiel sind die Cyclodien-Insektizide, die UV-induzierte, intramolekular ablaufende Umwandlungsreaktionen zeigen. In dem Ringsystem werden Doppelbindungen derart umgelagert, daß ein neuer Ring entsteht. Dabei ist die Giftigkeit des Umlagerungsproduktes höher als die der Ausgangsverbindung (Tab. 2.17).

Tabelle 2.17. Wirksamkeit zweier Isomere des Insektizids Chlorden und ihrer Photoisomere (aus Parlar und Angerhöfer 1991)

Verbindung		Mortalität Stubenfliege (*Musa domestica*) bei 10µg pro Tier [%]	Mortalität Nachtfalter (*Spodoptera littoralis*) bei 0,4%igem Spray [%]
α-Chlorden	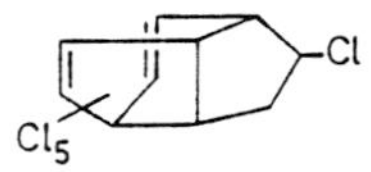	45	0
Photo-α-Chlorden	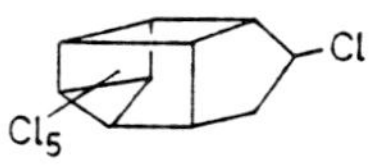	100	80
γ-Chlorden	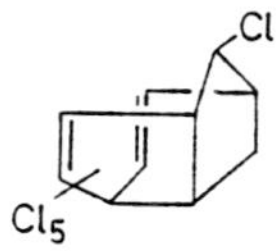	5	10
Photo-γ-Chlorden	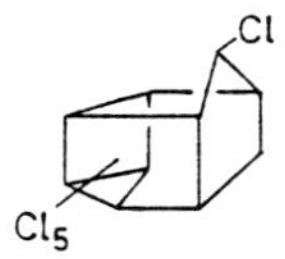	100	20

Photodissoziation. Ein gut untersuchtes Beispiel einer Photodissoziation ist die Dechlorierung von Chlorkohlenwasserstoffen, die als Pestizide eingesetzt werden. Die Wirksamkeit dieser Pestizide beruht häufig auf der Anwesenheit des Chlors, die Dechlorierung führt daher zum Verlust der Wirksamkeit. Für den Dechlorierungsvorgang sind häufig keine Sensibilisatoren erforderlich. Da bei der Dechlorierung Radikale gebildet werden, können diese auch andere Reaktionen auslösen, beispielsweise den Angriff auf eine Doppelbindung. Das Ausmaß der Dechlorierung wird von der Stellung der Substituenten bestimmt und findet in der kinetischen Gleichung als Quantenausbeute Ausdruck.

Photomineralisierung. Entsprechend der Definition der Mineralisierung versteht man unter der Photomineralisierung die Zersetzung einer Substanz in ihre mineralischen Bestandteile. Hierzu ist die Einwirkung von Licht erforderlich. Für die Photomineralisierung ist die Adsorption an Oberflächen häufig eine wichtige Voraussetzung. Viele chlororganische Verbindungen sind in Lösungen und in der Gasphase stabil, wohingegen an Partikel adsorbiert Photomineralisierung beobachtet werden kann. Als Endprodukt werden für chlororganische Verbindungen CO_2 und HCl angegeben. Für die erhöhte Umsetzung adsorbierter Moleküle werden folgende Gründe angegeben:

Tabelle 2.18. Dunkelmineralisation von Halogenkohlenwasserstoffen auf verschiedenen Trägermaterialien (nach Gäb et al. 1980, verändert)

Träger chemische Zusammensetzung	Mineralisation $^{14}CCl_4$[%]	Mineralisation $^{14}CCl_2F_2$[%
Silicagel SiO_2	8	-
Tonerde basisch Al_2O_3	87	-
Tonerde neutral Al_2O_3	92	>90
Ammoniumsulfat $(NH_4)_2SO_4$	0,01	-
Mekkasand Si(32,4%), Al(7,2%)	49	9
Ägyptischer Sand Si(45,5%), Al(0,66%)	-	6

- Adsorbierte Moleküle sind feiner verteilt, sodaß die Wechselwirkung zwischen der fein verteilten Substanz und dem Licht besser ist.
- Die Wechselwirkung zwischen der adsorbierten Substanz und dem Adsorbens führt dazu, daß sich die Elektronen der Substanz anders orientieren und chemische Reaktionen erleichert werden.

Dieser Oberflächeneffekt läßt sich für Reaktionen im Dunkeln nachweisen (Tabelle 2.18). Weiterhin kann für adsorbierte Moleküle eine Verschiebung der Extinktionsmaxima in den roten Bereich (>290 nm) feststellen. Dadurch werden Photoreaktionen ermöglicht, die für nicht adsorbierte Moleküle unter troposphärischen Reaktion nicht stattfinden da die erforderliche UV-Strahlung nicht in ausreichendem Maß zu Verfügung steht.

Bildung des photochemischen Smogs. Auf die Quellen anthropogener Luftverschmutzung und die Begriffe saurer und photochemischer Smog wurde bereits hingewiesen. Bei der Bildung des photochemischen Smogs laufen folgende Reaktionen ab: NO, das aus der Verbrennung fossiler Brennstoffe stammt, wird durch Ozon zu NO_2 oxidiert. Dieser Prozeß läuft solange, bis einer der Reaktionspartner aufgebraucht ist. Unter Lichteinwirkung (λ<430 nm) kommt es zur Spaltung des NO_2 in NO und atomaren Sauerstoff. Der atomare Sauerstoff kann mit molekularem Sauerstoff unter Bildung eines Ozonmoleküls reagieren und damit erneut Ozon für die Oxidation von NO bereitstellen. Eine andere Reaktionsmöglichkeit des Sauerstoffatoms ist die Bildung von OH-Radikalen durch Reaktion mit H_2O. In Folgereaktionen kommt es zur Bildung von Aldehyden aus den in der Luft auftretenden Kohlenwasserstoffen.

$$R-CH_3 + 4O_2 \rightarrow\rightarrow\rightarrow R-CHO + 2O_3 + H_2O$$

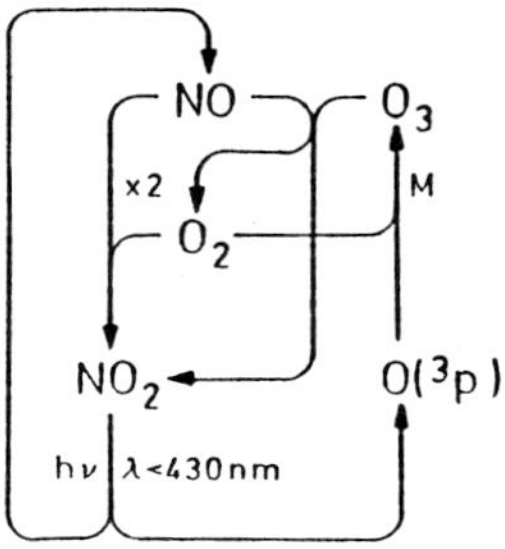

Abb 2.42. Schematische Darstellung der Reaktionen von Stickoxiden und verschiedenen Sauerstoffspezies in der Troposphäre (aus Parlar und Angerhöfer 1991)

Das Acetylradikal reagiert, wahrscheinlich über das Peroxyradikal, mit NO unter Bildung des Peroxyacetylnitrats ($CH_3C(O)O_2NO_2$, PAN), das als wichtigste schädliche Komponente des Photosmogs genannt wird.

$$CH_3CHO + OH\cdot + O_2 + NO_2 \rightarrow CH_3C(O)O_2NO_2 + H_2O\cdot$$

Das Auftreten von Peroxyacetylnitrat ist an das Auftreten von Ozon gekoppelt.

2.4 Entsorgung durch den Menschen

Das Ausmaß der durch den Menschen verursachten Umweltbelastungen durch natürliche und anthropogen erzeugte Chemikalien zwingt uns heute, vorsorgend Maßnahmen für eine Verringerung der Umweltbelastung zu treffen oder punktuell auftretende Umweltbelastungen zu beseitigen. Mögliche Ansatzpunkte ergeben sich aus dem bisher geschilderten Schicksal der umweltrelevanten Stoffe, wobei unter Einbeziehung aller auftretenden Folgeprodukte möglichst umweltschonende Verfahren gewählt werden sollten. Gerade deshalb bieten sich der Natur nachgemachte Prozesse an, da hier kaum neue Umweltbelastungen zu erwarten sind. Dies setzt den achtsamen Umgang mit anthropogen erzeugten (nicht natürlichen) Substanzen voraus, da für diese Chemikalien nicht a priori umweltverträgliche Folgeprodukte erwartet werden können. Alle Möglichkeiten einer umweltgerechten Entsorgung sollten den Menschen nicht dazu verleiten, zu produzieren und das Produkt nach der Nutzung als Abfall zu deponieren. Die Natur kennt keinen Abfall, alle Stoffe werden mehr oder minder rasch über Stoffkreisläufe einer Wiederverwertung zugeführt. In diesem Punkt kann der Mensch von der Natur noch viel lernen.

2.4.1 Kläranlagen

Die moderne Klärtechnik kommunaler Kläranlagen ist ein natürlicher Prozeß, der unter der technischen Kontrolle des Menschen in einen hierfür geschaffenen Biotop abläuft. Bereits die Römer kannten Kanäle, die das anfallende Schmutzwasser von den Straßen aus den Städten heraus leiteten. In mittelalterlichen Städten schien auch diese einfache Verlagerung des Problems nach außen teilweise in Vergessenheit geraten. Bis ins 19. Jahrhundert hat sich an dieser Entsorgungstechnik nichts geändert. Mit zunehmender Industrialisierung wurden die Gewässer in der Nähe größerer Industrieansiedlungen mehr und mehr in stinkende Kloaken verwandelt. Erste technische Maßnahmen, die bereits im letzten Jahrhundert realisiert wurden, waren mechanische Vorrichtungen, die grobe Verunreinigungen durch Rechen und Absetzbecken zurückhalten sollten.

Zweiter Schritt, der bereits um die Jahrhundertwende eingeführt wurde, war die Elimination von biologisch abbaubaren Substanzen, um die von belasteten Gewässern ausgehenden Geruchsbelästigungen zu verringern. Nach dem zweiten Weltkrieg wurden Kläranlagen mit biologischen Reinigungsstufen in breitem Umfang eingeführt, wobei das Problem der Sauerstoffzehrung in den Gewässern im Vordergrund stand. In den Sechziger und Siebziger Jahren rückte das Augenmerk mehr auf die Gewässereutrophierung, den Eintrag von Pflanzennährstoffen und die damit verbundenen Algenblüten. Später wurde das Problem der Schwermetallkontamination und der organischen Spurenstoffe, sowie das der Nitratbelastung in den Mittelpunkt des Interesses gerückt.

Abwasser stellt sowohl eine Belastung mit organischer Substanz (Erhöhung der Saprobie), als auch eine Belastung mit anorganischen Nährstoffen (Erhöhung der Trophie) dar. Beiden Typen der Gewässerbelastung wird in modernen Kläranlagen durch geeignete Prozeßführung Rechnung getragen. Das Problem der Belastung mit Schwermetallen und organischen Spurenstoffen bekommt man in den Griff, indem derartig belastete Wässer dem allgemeinen Abwasserstrom ferngehalten werden und einer seperaten Behandlung am Ort des Entstehens unterzogen werden. Kommunales Abwasser aus Haushalten und Gewerbebetrieben enthält überwiegend leichtabbaubare, natürliche Inhaltsstoffe. Als Maß hierfür wird der BSB_5 (Biochemischer Sauerstoffbedarf) herangezogen. Er gibt an, wieviel Sauerstoff von einer Mikroorganismenpopulation zum Abbau der organischen Inhaltsstoffe innerhalb von 5 Tagen verbraucht wird. Für unbelastete Gewässer liegt der BSB_5 in Bereich von 1 bis 3 mg O_2/l, stark belastetes Flußwasser hat einen BSB_5 von 5 bis 8 mg O_2/l. In kommunalem Abwasser werden 200 bis 350 mg O_2/l gefunden, nach Durchlaufen einer Kläranlage soll der BSB_5 unter 30 mg O_2/l liegen. Schwer oder nicht abbaubare Substanzen, die durchaus natürlichen Ursprungs sein können, werden dabei nicht erfaßt. Deshalb wird zusätzlich der Chemische Sauerstoffbedarf bestimmt. Hierbei werden alle organischen Inhaltsstoffe mit Kaliumdichromat oxidiert. Für kommunale Abwässer liegt der CSB um 600 mg O_2/l, stark belastete Industrieabwässer können CSB-Werte von einigen 1000 mg O_2/l haben.

Ablauf der Abwasserreinigung auf einer kommunalen Kläranlage. Alle Wassermengen, die im öffentlichen Kanalnetz gefaßt werden, fließen den kommunalen Kläranlagen zu. Es handelt sich um häusliche, landwirtschaftliche, gewerbliche und teilweise auch industrielle Abwässer. Hinzu kommen Sickerwässer aus Drainagen und, je nach Ausbau des Kanalnetzes, auch das Niederschlagswasser, das von befestigten Flächen und Dächern abgeleitet wird. Fließen alle diese Abwässer in einen gemeinsamen Sammler, so spricht man von einer Mischkanalisa-

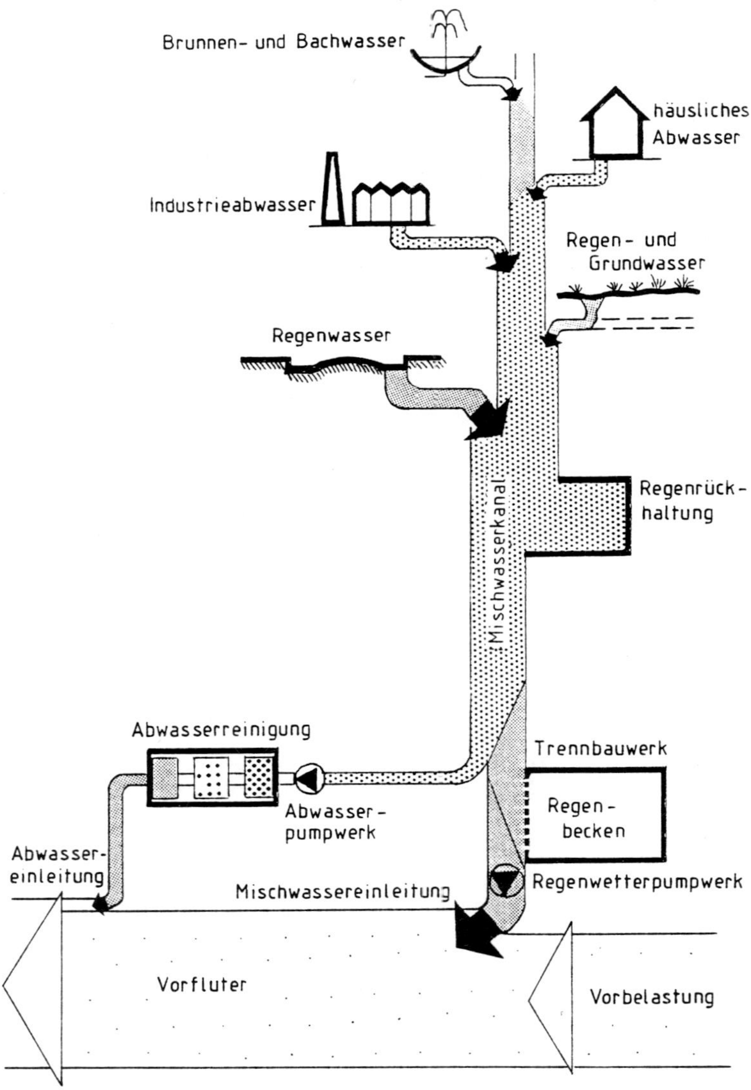

Abb. 2.43. Prinzip der Siedlungsentwässerung nach dem Mischverfahren (aus Klee 1991)

tion (Abb. 2.43). Eine Trennkanalisation hingegen faßt das Regenwasser in einem getrennten Kanalnetz und führt es einer separaten Behandlung zu (Abb. 2.44).

Die Art der Kanalisation hat weitgehende Folgen für die Abwasserbehandlung auf der Kläranlage. Bei Trennkanalisation ist die anfallende Wassermenge weitgehend unbeeinflußt von Niederschlagsereignissen, der Klärprozeß ist deshalb nicht durch extreme Schwankungen der Abwasserqualität beeinflußt. Die Regenwasserleitung wird über ein Regenklärbecken (Absetzbecken) und an-

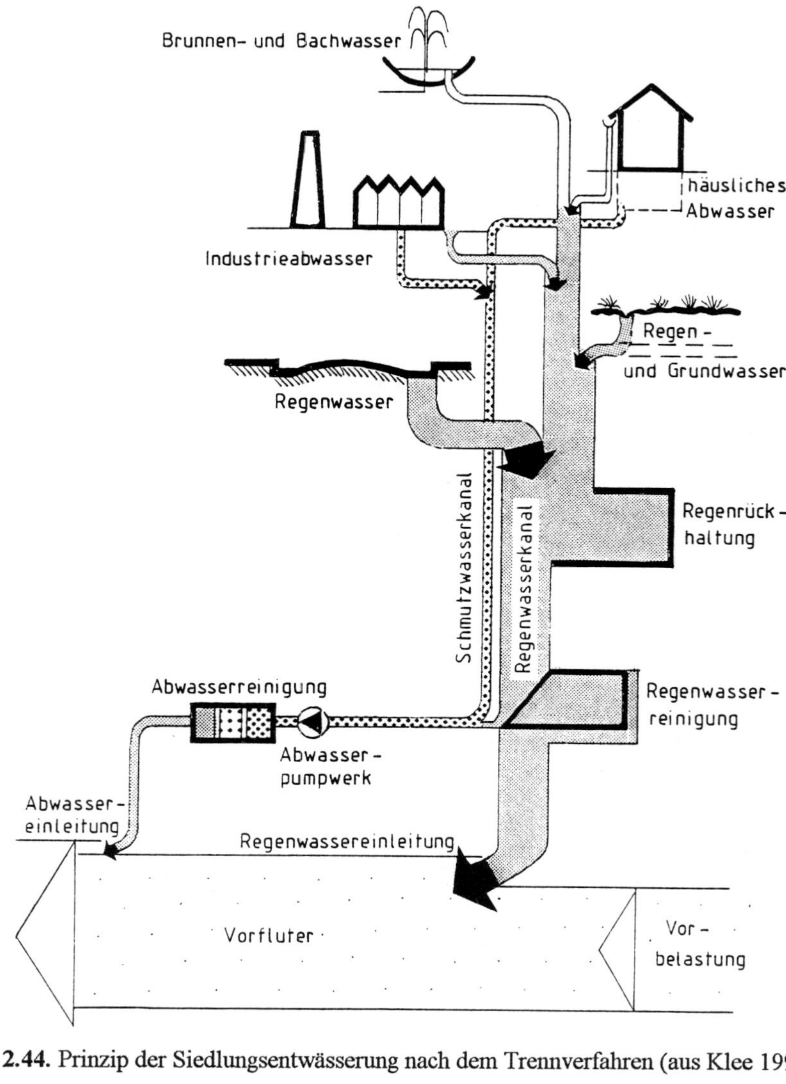

Abb. 2.44. Prinzip der Siedlungsentwässerung nach dem Trennverfahren (aus Klee 1991)

schließendes Abschlagen in den Vorfluter oder über eine Regenwasserversickerung entwässert. Reine Trennsysteme sind jedoch selten realisiert, oft sind in älteren Stadtteilen noch Mischkanäle in Betrieb, während Neubausiedlungen durch Trennsysteme entwässert werden.

Bei Mischkanalisation muß das Regenwasserproblem auf andere Weise gelöst werden. Bei hohen Niederschlagsmengen kann der Abfluß ein vielfaches des Trockenwetterabflusses betragen. Kläranlagen werden hydraulisch nur auf den doppelten Trockenwetterabfluß ausgelegt. Fällt mehr Wasser an, so wird dieses über Regenrückhaltebecken bzw. den Kanalraum zwischengespeichert und in abflußarmen Zeiten der Kläranlage zugeführt. Dieses System kann jedoch nicht jede Abwassermenge aufnehmen, ist der gesamte Speicherraum voll, so muß der Überschuß direkt in den Vorfluter abgeschlagen werden. Dies führt zu einer Belastung der Gewässer mit sauerstoffzehrenden Substanzen und ist nicht unbedenklich. Die Menge des Niederschlagswassers hat jedoch auch Einfluß auf die Konzentration der Inhaltsstoffe des Abwassers. Stark verdünnte Abwässer können von Mikroorganismen, die an hohe Konzentrationen im Wasser angepaßt sind, oft nur unzureichend gereinigt werden. Die Mikroorganismen müssen sich an das jeweilige Abwasser anpassen. Schlecht angepaßte Mikroorganismen verursachen hohe Ablaufkonzentration und damit eine Belastung des Vorfluters.

Ein allgemeines Ablaufschema der Abwasserreinigung kommunaler Kläranlagen gibt Abb. 2.45. Grobe Partikel werden durch Grob- und Feinrechen zurückgehalten. Im Sandfang werden leicht sedimentierende Partikel als Bodensatz abgeschieden. Der Öl- und Fettabscheider trennt alle Bestandteile ab, die deutlich leichter sind als Wasser. Hierzu wird der Sandfang feinperlig belüftet, die Leichtstoffe, an denen Luftblasen angelagert werden, steigen an die Oberfläche. Dieser Vorgang wird als Flotation bezeichnet. Im nun folgenden Vorklärbecken werden nochmals absetzbare Stoffe abgeschieden. Wegen der höheren Verweilzeit im Becken sind die abgeschiedenen Partikel jedoch wesentlich kleiner als im Sand-

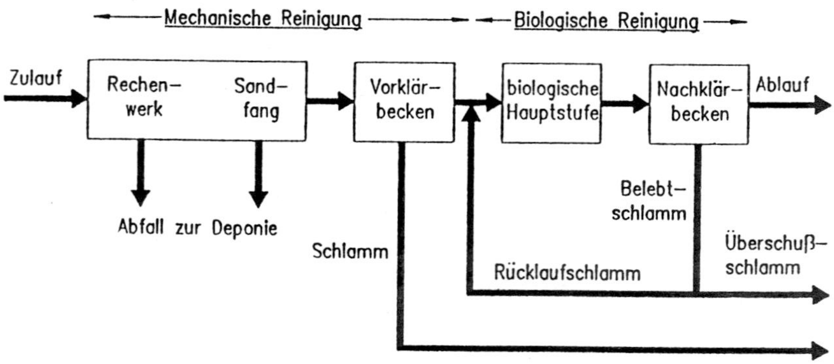

Abb. 2.45. Ablauf der Abwasserreinigung auf einer kommunalen Kläranlage mit mechanischer und biologischer Reinigungsstufe (aus Heintz und Reinhardt 1991)

fang. Historisch betrachtet ist dies der erste Schritt, die erste Stufe, der Abwasserreinigung. Das angewandte Trennprinzip ist rein mechanisch (Schwerkraft), es wird von der mechanischen Stufe gesprochen. Der abgeschiedene Primärschlamm wird der Schlammbehandlung zugeführt.

Die zweite Stufe, die zeitlich später in die Abwasserreinigung eingeführt wurde, benutzt Mikroorganismen, um Abwasserinhaltsstoffe abzubauen. Sie wird als biologische Stufe bezeichnet. Entweder handelt es sich um ein Belebungsbecken oder um einen Tropfkörper (Abb. 2.46). Tropfkörper sind mit Gesteinsbrocken oder Kunststoffeinbauten versehene Zylinder, die funktionell einem Festbettreaktor entsprechen. Die Mikroorganismen bilden einen Aufwuchs. Das Abwasser wird über dem Füllmaterial verrieselt, der Aufwuchs nimmt die Abwasserinhaltsstoffe aus dem vorbeilaufenden Wasser auf und baut diese ab. Den hierzu benötigten Sauerstoff nehmen die Mikroorganismen aus der Luft, die freien Zutritt in das Innere des Tropfkörpers hat. Eine Sonderform ist der Tauch- oder Scheibentropfkörper, bei dem Scheiben aus Kunststoff zur Hälfte in das vorbeifließende Abwasser tauchen. Durch Rotation der Scheiben hat der Aufwuchs abwechselnd mit dem Abwasser und der Luft Kontakt. Die Abbauleistung der Tropfkörper wird durch die zur Verfügung stehende Oberfläche begrenzt, der Platzbedarf ist relativ hoch. Deshalb sind Tropfkörper meist nur noch auf älteren Kläranlagen zu finden.

Als leistungsfähige Alternative stehen Belebungsbecken zur Verfügung. Die Mikroorganismen liegen in Form von Schlammflocken vor, die mit dem Abwasser im Becken rotieren. Die Stromwalze wird entweder durch Oberflächenbelüfter oder durch das Einblasen von Druckluft erzeugt (Abb. 2.47 A). Dadurch wird einerseits ein Absetzen der Schlammflocken verhindert, andererseits wird das Abwasser durchmischt und mit Sauerstoff angereichert. Eine Variante ist die Begasung mit Reinsauerstoff (Abb. 2.47 B), wodurch weniger Energie für die Belüftung gebraucht und die Sauerstoffversorgung für die Mikroorganismen ver-

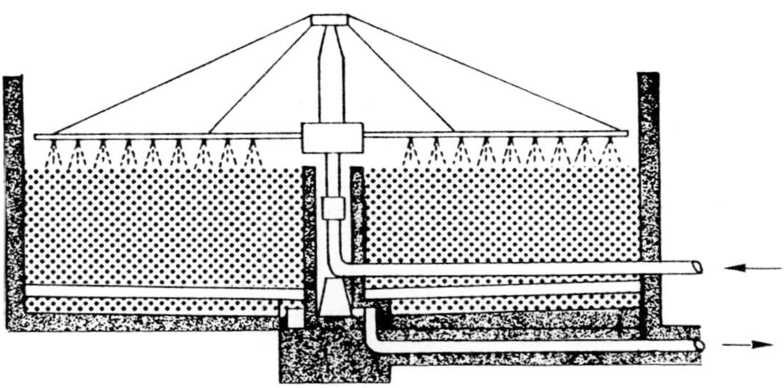

Abb. 2.46. Schnitt durch einen Tropfkörper (aus Klee 1991)

bessert wird. Diese Becken werden meist abgedeckt, um den Sauerstoffkontakt zu verbessern. Da der Reinsauerstoff unter Energieaufwand erzeugt werden muß, ist zumindest energetisch kein Vorteil gegeben. Geringere Geruchsbelästigung und effizientere Ausnutzung vorhandender Becken können jedoch für die Reinsauerstoffbegasung sprechen.

Nach Durchlaufen des Belebungsbeckens fließt das gereinigte Abwasser in das Nachklärbecken. Hier findet eine Trennung des Wassers und der Schlammflocken aus dem Belebungsbecken durch Sedimentation statt. Da auch aus Tropfkörpern stets Aufwuchsflocken ausgeschwemmt werden, ist dieses Absetzen der Flocken unbedingt erforderlich, um den Eintrag dieses organischen Materials in den Vorfluter zu verhindern. Der Absetzvorgang wird durch starke Verminderung der Strömungsgeschwindigkeit erreicht. Das geklärte Abwasser, daß oberflächennah abgezogen wird, kann nun in den Vorfluter eingeleitet werden. Eventuell aufschwimmender Schlamm muß zurückgehalten werden. Der abgesetzte Schlamm wird am Grund des Nachklärbecken entnommen.

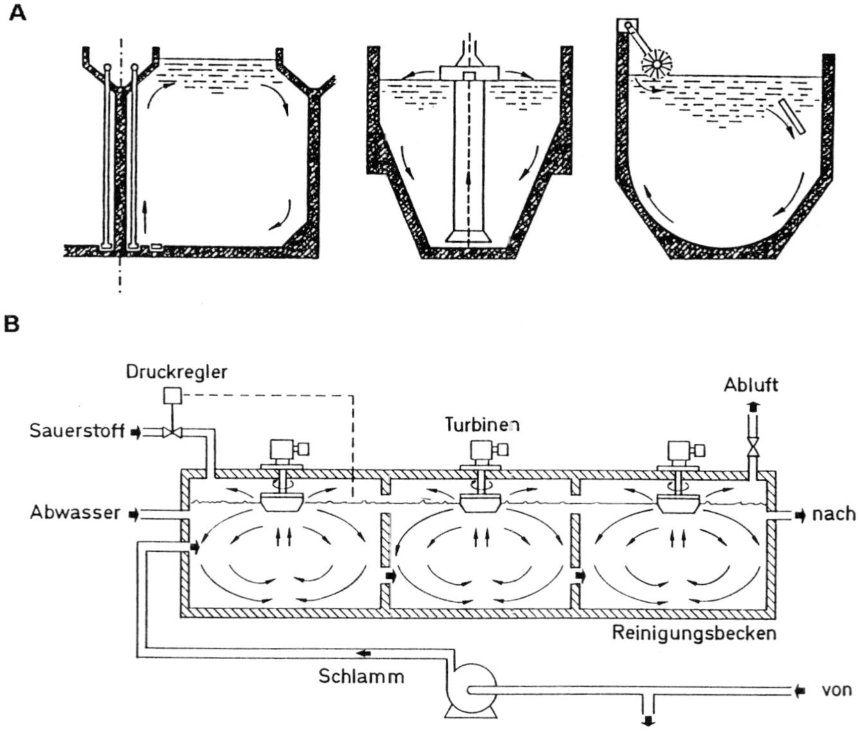

Abb. 2.47. A Schnitt durch Belebungsbecken mit Druckluft-, Turbinen-, oder Walzenbelüftung; **B** Abwasserreinigung mit Reinsauerstoff (aus Klee 1991)

Der Schlamm stellt den Zuwachs der Mikroorganismen dar, die hierzu erforderliche organische Substanz wird aus den Abwasserinhaltsstoffen synthetisiert. Im Falle der Tropfkörper wird der abgesetzte Schlamm der Schlammbehandlung zugeführt. Für Belebungsanlagen wird nur ein Teil dieses Schlammes als Überschußschlamm aus dem System entfernt. Der Rest wird als Rücklaufschlamm am Zufluß des Belebungsbecken in den Abwasserstrom eingebracht. Dadurch erhöht sich die Konzentration der Schlammflocken im Belebungsbecken. Da die Schlammflocken aus Mikroorganismen bestehen und diese den Abbau der Abwasserinhaltsstoffe erbringen, wird durch die Erhöhung der Schlammkonzentration die volumenspezifische Abbauleistung im Belebungsbecken erhöht. Dadurch kann das Belebungsbecken kleiner gebaut werden, dies ist der wesentliche Vorteil gegenüber Tropfkörpern.

Der Schlamm aus dem Vorklärbecken und der Überschußschlamm aus der biologischen Reinigungsstufe werden gemeinsam der Schlammbehandlung zugeführt. Da es sich um relativ große Mengen abbaubarer organischer Substanz handelt wird eine Faulung unter Sauerstoffabschluß durchgeführt. Als Endprodukt entsteht das Faulgas, das im wesentlichen aus Methan und Kohlendioxid besteht. Es kann daher zur Verstromung oder zu Heizzwecken genutzt werden. Neben einer wesentlichen Verringerung des Schlammvolumens spielt die verbesserte Entwässerbarkeit des ausgefaulten Schlammes eine wesentliche Rolle. Nach Abtrennen des Überschußwassers durch Filterpressen oder Zentrifugen kann der Klärschlamm, sofern er die Anforderungen der Klärschlammverordnung erfüllt, als Dünger in der Landwirtschaft untergebracht werden. Sonst bleibt nur die Verbrennung oder Deponierung.

Biologischer Abbau sauerstoffzehrender Inhaltsstoffe. Wie bereits erwähnt, nutzen die Mikroorganismen der biologischen Reinigungsstufe die abbaubaren Abwasserinhaltsstoffe als Nahrungsgrundlage aus, um daraus Energie und die zum Wachstum notwendigen Bausteine ihrer Zellen zu synthetisieren. Die organische Verunreinigung des Abwassers stellt zugleich die Energie-, die Kohlenstoff- und auch die Wasserstoffquelle der Mikroorganismen dar. Es handelt sich also um chemoorganoheterotrophe Organismen. Beim Abbau der Abwasserinhaltsstoffe wird Ammonium frei. Dieses kann von nitrifizierenden Bakterien unter Sauerstoffverbrauch zum Nitrat oxidiert werden, die beteiligten Bakterien sind dem chemolithoautotrophen Stoffwechseltyp zuzuordnen. Den Zellkohlenstoff bauen diese Bakterien aus dem CO_2 auf. Ammonium ist wegen seiner Fischgiftigkeit, besonders bei hohem pH, und seiner sauerstoffzehrenden Wirkung den Gewässern fernzuhalten. Nitrifikation muß daher für jede Kläranlage gefordert werden. Da Kläranlagen in vielen Anlagenteilen dem Tageslicht ausgesetzt ist, werden sich auch einige Algen oder Cyanobakterien an für sie geeigneten Stellen entwickeln. Sie sind als photolithoautotrophe Organismen an der Umwandlung anorganischer Nährstoffe in Biomasse beteiligt. Ihre Rolle in den kommunalen Kläranlagen ist jedoch gering und ihre Anwesenheit für eine ordnungsgemäße Reinigung des Abwassers nicht zwingend.

Für die Aktivität der Mikroorganismen ist es zunächst erforderlich, daß die Abwasserinhaltsstoffe in das Zellinnere aufgenommen werden. Bei gelösten Stoffe ist dies durch Transportmoleküle in der Zellmembran leicht möglich, der Transport an die Zelloberfläche heran kann zum limitierenden Faktor werden. Anders ist dies bei unlöslichen Komponenten, wie der Zellulose oder Stärke, die in Form von Partikeln im Abwasser vorliegen. Hier werden Enzyme aktiv, die von den Bakterien aus der Zelle ausgeschleußt werden. Durch diese Exoenzyme werden die Polymere in lösliche Bestandteile zerlegt, die dann in die Zelle aufgenommen werden. Direkter Kontakt zu den Partikeln ist für die Mikroorganismen vorteilhaft. Durch Oxidation der aufgenommenen organischen Substanz gewinnen die Bakterien die zum Wachstum erforderliche Energie. Der Abbau der organischen Inhaltsstoffe des Abwassers folgt der allgemeinen Formel:

$$C_6H_{12}O_6 + 6O_2 \rightarrow 6CO_2 + 6H_2O + \text{Energie}$$

Für die Effizienz des Abbaus der Abwasserinhaltsstoffe ist die Raumbelastung der biologischen Reinigungsstufe von entscheidender Bedeutung. Die Raumbelastung gibt an, wieviele kg abbaubare Substanz, angegeben als BSB_5 pro m^3 und Tag, in der biologischen Stufe abgebaut werden. Für Belebungsbecken gilt, daß bei einer Raumbelastung B_R<1,0 kg BSB_5 m^{-3} d^{-1} keine Nitrifikation stattfindet. Dies bedeutet, daß erhebliche Mengen Ammonium im Ablauf auftreten. Liegt die Raumbelastung darunter, so kann es zur Nitrifikation kommen. Ob Nitrifikation stattfindet, hängt wesentlich von der Temperatur ab, da die nitrifizierenden Bakterien (*Nitrosomonas, Nitrobacter*) bei niedrigen Temperaturen nur langsam wachsen. Deshalb muß bei niedrigen Temperaturen das Schlammalter hoch sein, damit die nitrifizierenden Bakterien nicht ausgewaschen werden (Tabelle 2.19).

Bei niedrigen Temperaturen ist die Nitritbildung wesentlich langsamer als der Verbrauch durch nitritoxidierende Bakterien. Beide Bakteriengruppen können sich nur entwickeln, wenn bei geringen Temperaturen ein hohes Schlammalter eingehalten werden kann. Die Anwesenheit von Sauerstoff ist in jedem Falle erforderlich.

Neben Bakterien finden sich im Belebtschlamm und in Tropfkörpern eine Reihe von Protozoen (Einzellern), die die Bakterienzellen der Schlammflocken und des Aufwuchses fressen und damit zu einer Verminderung der Bakterienbiomasse beitragen. Dies ist prinzipiell erwünscht, da es zu einer Verringerung des

Tabelle 2.19. Abhängigkeit der Generationszeit nitrifizierender Bakterien und des Mindestschlammalters von der Temperatur

Temperatur [°C]	Generationszeit *Nitrosomonas* [h]	Generationszeit *Nitrobacter* [h]	Mindestschlammalter [d]
10	82,6	41,4	3,44
20	31,6	23,1	1,32
30	12,2	12,8	0,53

Überschußschlammes beiträgt. Das Auftreten bakterienfressender Einzeller im Klärprozeß ist jedoch wesentlich vom Gehalt an organischer Substanz und der damit korrelierten Sauerstoffversorgung abhängig. Eine geringe Belastung des Abwassers (geringer Gehalt an organischer Substanz) führt zu geringer Sauerstoffzehrung durch chemoorganoheterotrophe Bakterien und fördert das Auftreten der Protozoen. Mit zunehmender Belastung steigt die Sauerstoffzehrung und die Zusammensetzung der Einzellerpopulation verschiebt sich zu Gunsten anaerotoleranter Arten. Im Extremfall treten kaum Einzeller auf. In derartig hoch belasteten biologischen Reinigungsstufen findet die Nitrifikation des Ammoniums kaum statt. Es kommt zum Austrag von Ammonium in den Vorfluter. Die Zusammensetzung der Mikroorganismenbiozönose ist ein Indikator für den Zustand der biologischen Reinigungsstufe.

Ein Problem vieler Kläranlagen ist das Auftreten von Blähschlamm. Hierfür wird das Überwiegen fädiger Bakterien verantwortlich gemacht. In dem Gewirr der Zellfäden können sich leicht Gasblasen verfangen, die bewirken, daß sich die Schlammflocken im Nachklärbecken nicht mehr absetzen und mit dem Überlauf abgetrieben werden. Möglicherweise bestehen Zusammenhänge mit der Belastung der Kläranlage, gering belastete Belebungsbecken haben eher Neigung zur Blähschlammbildung. Die höhere Oberfläche fädiger Schlammflocken könnte gegenüber kompakten Gebilden einen Vorteil bedeuten, wenn es um die effiziente Ausnutzung der geringen Nahrungsresourcen geht. Die Versorgung mit Phosphat scheint ebenfalls eine Rolle zu spielen. Durch Einführung der Phosphatelimination konnte die Blähschlammbildung weitgehend unterdrückt werden.

Denitrifikation. Um die Belastung der Gewässer mit dem Pflanzennährstoff Nitrat zu verringern, werden Kläranlagen heute so ausgelegt, daß während des Klärprozesses Denitrifikation stattfindet. Die Denitrifikation ist die biologische Reduktion des Nitratstickstoffs zum molekularen Stickstoff (siehe Stickstoffkreislauf). Der zur Reduktion des Nitrates benötigte Wasserstoff stammt aus dem Abbau organischer Substanz, Denitrifikation findet nur statt, wenn kein Sauerstoff für die Atmung zur Verfügung steht. Nitrat ist für einige Bakterien ein alternativer Elektronenakzeptor. Wenn im Belebungsbecken Denitrifikation stattfinden soll, muß einerseits Nitrat und organische Substanz vorhanden sein, andererseits müssen anoxische Verhältnisse herrschen. Nach Abbau der organischen Substanz und Nitrifikation am Ende des Belebungsbeckens, würde für die Denitrifikation die organische Substanz fehlen. Sauerstofffreie Bedingungen wären nicht ohne weiteres zu erreichen. Zu Beginn des Belebungsbeckens wäre organisches Material reichlich vorhanden und durch dessen Abbau rasch sauerstofffreie Verhältnisse zu schaffen, das erforderliche Nitrat fehlt jedoch. Es wird entweder ein Teil des Abwassers aus dem hinteren Teil des Belebungsbeckens am Kopf des Belebungsbeckens wieder zugesetzt und der vordere Teil des Belebungsbeckens bleibt unbelüftet, oder es alternieren belüftete und unbelüftete Teile des Belebungsbeckens (Abb. 2.48).

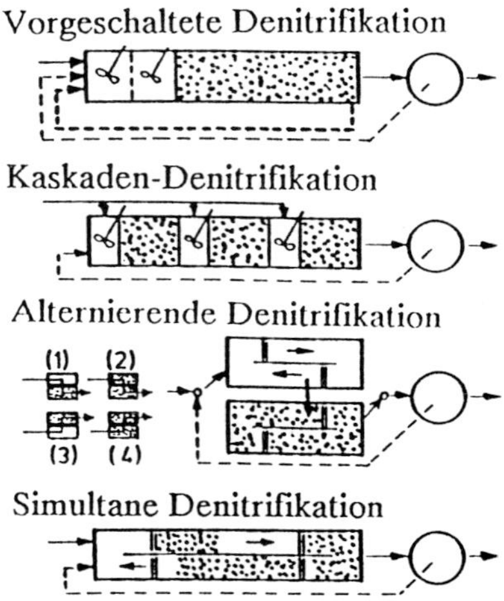

Abb. 2.48. Verfahren zur Denitrifikation in Belebungsbecken. Gepunketete Signatur: Belüfteter Zustand. Offene Signatur: Unbelüfteter Zustand (aus Förstner 1991)

Früher wurde in einem nachgeschalteten Denitrifikationsbecken leicht verfügbares Kohlenstoffmaterial (z.B. Methanol, industrielle Nebenprodukte) zugesetzt, um Denitrifikation zu erreichen. Hierfür ist jedoch ein separates Becken erforderlich und es entstehen Kosten für das organische Material, das in Form von ungereinigtem Abwasser ausreichend zur Verfügung steht. Diese Vorgehensweise konnte sich daher nicht durchsetzen.

Chemisch-physikalische Abwasserreinigung - Phosphatelimination. Die dritte Reinigungsstufe oder chemische Reinigungsstufe wurde, nach der mechanischen und der biologischen Stufe, als drittes Verfahren in die Abwasserbehandlung eingeführt. Ziel ist es durch chemische Reaktion unerwünschte, durch die anderen Reinigungverfahren nicht eliminierte, Abwasserinhaltsstoffe zu beseitigen. Zunehmende Gewässereutrophierung zwang zu Überlegungen, wie Phosphat als Verursacher der Eutrophierung, aus den Abwässern zu entfernen sei. Die Fällung als schwerlösliches Salz schien ein gangbarer Weg. Es werden hauptsächlich Eisen-, Aluminium- und Calciumsalze verwendet. Nach der chemischen Reaktion müssen die unlöslichen Verbindungen durch Sedimentation aus dem Abwasser entfernt werden. Als eigene Reinigungsstufe betrieben sind ein Mischbecken, in dem die Reaktion stattfindet, und ein Absetzbecken erforderlich. Dies ist mit erheblichen Kosten verbunden und kann nur durchgeführt werden, wenn entsprechender Platz vorhanden ist. Als Alternative bieten sich die Vorfällung oder die Simultanfällung an, für die zusätzliche Becken nicht erforderlich sind (Abb. 2.49).

Die Vorfällung hat den Nachteil, daß nur das bereits vorhandene anorganische Phosphat erfaßt wird, während das durch den biologischen Abbau freigesetzte

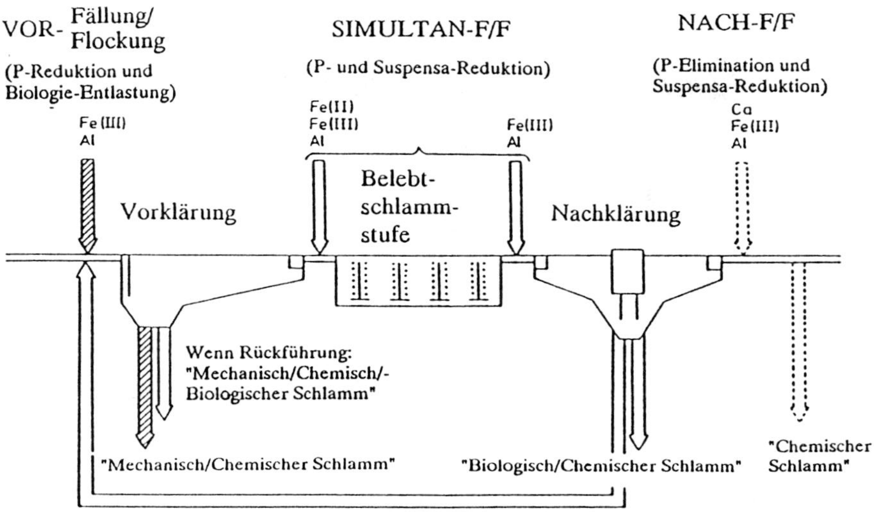

Abb. 2.49. Einsatz von Fällungschemikalien auf kommunalen Kläranlagen (aus Förstner 1991)

Phosphat nicht erfaßt werden kann. Bei der Simultanfällung kann das Zumischen des Fällungsmittel so erfolgen, daß auch Phosphat aus dem Abbau biologischer Substanz zur Reaktion kommt. Auf diese Weise kann eine Phosphatelimination bis zu 80% erreicht werden. Effektiver ist die Nachfällung, bei der über 90% des Zulaufphosphates erfaßt wird. Ein durchaus erwünschter Nebeneffekt der Fällungsreaktion ist die Mitfällung von Trübstoffen, wodurch die Ablaufqualität erheblich verbessert werden kann. Zudem wird bei der Simultanfällung die Absetzbarkeit der Schlammflocken erhöht, da die Fällung bevorzugt an bereits vorhandenen Partikeln stattfindet.

Biologische Phosphatelimination. Einige Mikroorganismen können zur biologischen Phosphatelimination benutzt werden. Es handelt sich um Bakterien der Gattung *Acinetobacter* und einige andere Gattungen. Diese Bakterien können Polyphosphate als Energiespeicher nutzen. Geraten diese Bakterien unter anaerobe Bedingungen so verbrauchen diese Bakterien die im Polyphosphat gespeicherte Energie, um organische Säuren aus dem Wasser aufzunehmen und daraus PHB (Poly-β-hydroxybuttersäure) aufzubauen. Geraten diese PHB-haltigen Zellen unter aerobe Bedingungen, so wird die PHB unter Energiegewinn abgebaut und der Polyphosphatspeicher regeneriert (Abb. 2.50). Um den Prozeß effektiv zu nutzen, sind folgende Bedingungen einzuhalten:

- Ein ständiger Wechsel zwischen aeroben und anaeroben Verhältnissen fördert die biologische Phosphatelimination. Es ist denkbar, daß Polyphosphat-

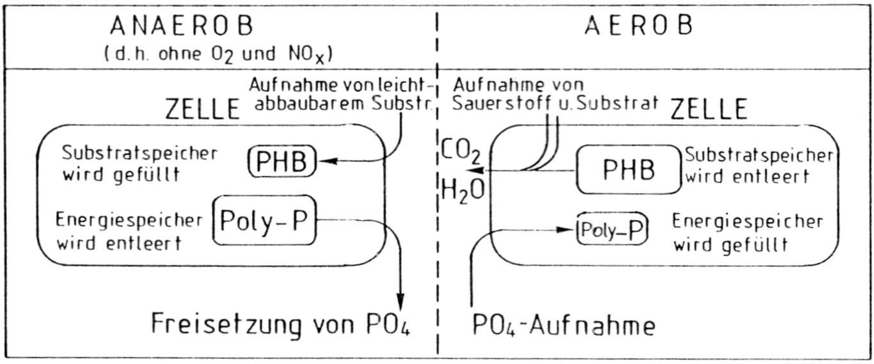

Abb. 2.50. Vorgänge in den Bakterienzellen bei der biologischen Phosphatelimination durch den Wechsel von aeroben und anaeroben Bedingungen (aus Klee 1991)

speichernde Zellen gegenüber nicht speichernden Zellen einen Vorteil besitzen.

- Während der anaeroben Phase müssen organische Säuren vorhanden sein, die durch Gärungen gebildet werden. Diese müssen von gärenden (fakultativ anaeroben) Organismen gebildet werden, *Acinetobacter* ist strikt aerob und dazu nicht in der Lage.
- Als Ausgangssubstrat der Gärungsprozesse müssen leicht abbaubare organische Verbindungen (z.B. Kohlenhydrate) im Abwasser vorhanden sein.
- Gelöster Sauerstoff und Nitrat beeinträchtigen die biologische Phosphatelimination, da *Acinetobacter* und andere Bakterien die erforderlichen organischen Säuren unter Verbrauch dieser Elektronenakzeptoren abbauen würden.

Die biologische Phosphatelimination führt lediglich zum Einbau des Phosphates in die Bakterienbiomasse und nicht zu einer Elimination als gasförmige Komponente, wie bei der Elimination des Stickstoffs oder des Kohlenstoffs. Das Phosphat bleibt in Form des anfallenden Schlammes erhalten.

Verfahrenstechnisch ist ein anaerobes Mischbecken am Kopf des Belebungsbeckens erforderlich, in dem das zufließende Abwasser mit dem Rücklaufschlamm vermischt wird (Abb. 2.51). Es wird zunächst Denitrifikation des mit dem Rücklaufschlamm transportierten Nitrates stattfinden. Erst wenn Nitrat verbraucht ist und noch ausreichend organische Säuren zur Verfügung stehen, kommt es zur PHB-Bildung von *Acinetobacter*. Deshalb wird bei stark nitrathaltigem Rücklaufschlamm ein Teilstrom des zufließenden Abwassers aus dem Mischbecken in ein zweites Mischbecken geleitet, indem nach Zugabe des Rücklaufschlammes zunächst Denitrifikation stattfindet. Dadurch wird sichergestellt, daß nicht alle organischen Säuren durch Denitrifikation abgebaut werden (IASH-Verfahren). Beim EASC-Verfahren fließen Rücklaufschlamm und zufließendes Abwasser zusammen in ein Absetzbecken. In der Absetzzone ist die Konzentration der Schlammflocken erhöht und die Prozesse der Denitrifikation und Faulung des Abwassers finden intensiver statt. Die Effizienz der Phosphatelimination wird dadurch erhöht. In der Regel sind Kontaktzeiten (= Aufenthaltszeit im anaeroben Becken) von 1 bis 2 Stunden erforderlich.

Für stark phosphatbelastete Abwässer wird biologische Phosphatelimination im Nebenstrom empfohlen. Hierbei wird der Rücklaufschlamm über ein weiteres Absetzbecken geführt, in dem die Bakterien Phosphat freisetzen. Das abgesetzte Schlammaterial wird dem Belebungsbecken zugeführt. Das überstehende Wasser wird mit Fällungsmittel versetzt und nach Phasentrennung das ausgefällte Phosphat abgezogen. Durch den Einsatz phosphatfreier Waschmittel wurde biologische Phosphatelimination im Nebenstrom überflüssig.

Auch bei biologischer Phosphatelimination wird heute ein Teil des Phosphates durch Zugabe von Eisensalz gefällt. Dies hat den Vorteil, daß der Schlamm im Nachklärbecken besser abgeschieden wird ("Beschwerung" des Schlammes). Im Faulbehälter wird das Eisen wieder freigesetzt und kann hier Sulfid ausfällen, wodurch die Entschwefelung des Faulgases entfallen kann. Biologische Phosphatelimination bewirkt zudem, das Blähschlamm-bildende, fädige Bakterien weniger auftreten. Das anaerobe Mischbecken besitzt selektierende Wirkung.

Naturnahe Verfahren der Abwasserbehandlung. Eines der gebräuchlichsten Verfahren der Beseitigung von festen und flüssigen Abfällen ist das Ausbringen auf Landflächen. Soweit es sich um biologisch abbaubare Abfälle und Abwässer

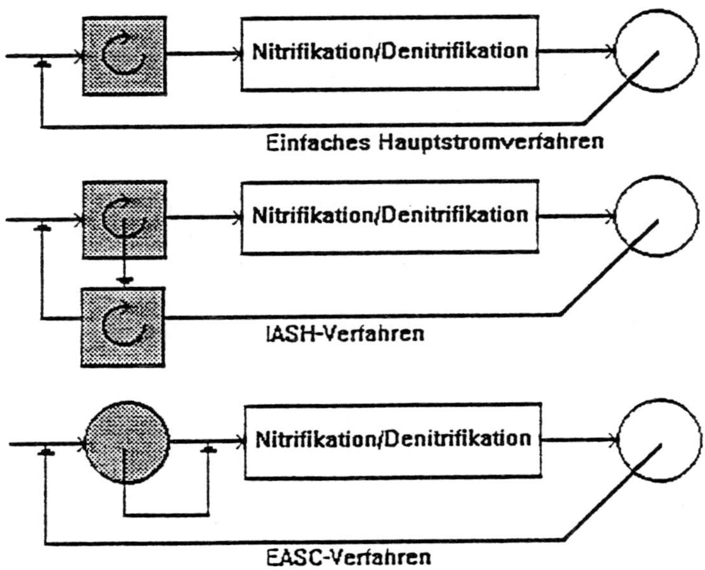

Abb. 2.51 Verfahren zur biologischen Phosphatelimination. Gepunktet: Anaerobes Mischbecken. Offenes Rechteck: Belebungsbecken. Offener Kreis: Nachklärbecken (nach Kayser 1992)

handelt, ist es auch die natürlichste Art der Beseitigung. Problematisch ist jedoch, daß die Siedlungsabfälle nicht dort entstehen, wo entsprechende Landflächen zur Verfügung stehen. Zudem unterliegen die Bodenökosysteme saisonal schwankenden Zuständen, die mit dem Abwasseranfall nicht in Einklang stehen. Daher ist die Ausbringung von Abwässern auf Landflächen zur Beseitigung von Abwässern nur bedingt einsetzbar. Im Prinzip dient dabei der Boden als Reaktor, der die Abwasserinhaltsstoffe eliminieren soll. Da die oberen Bodenschichten (A-Horizont) hohe biologische Aktivität aufweisen, können biologische Inhaltsstoffe innerhalb dieser Schichten mineralisiert werden. Andere Reinigungsmechanismen sind die Adsorption von Stoffen an der Bodenmatrix und die chemische Fällung, beispielsweise für Phosphat. Aus Gründen des Grundwasserschutzes muß es in jedem Fall verhindert werden, daß nicht vollständig gereinigtes Wasser in das Grundwasser gelangt. Es sind daher nur solche Böden zur Landbehandlung von Abwässern geeignet, die eine ausreichende Abbaukapazität für organische Abwasserinhaltsstoffe besitzen. Zudem muß der Verdunstungsverlust, der Niederschlag und die Wasseraufnahme der Pflanzen berücksichtigt werden. So kann mechanisch oder biologisch vorgereinigtes Abwasser zur Bewässerung landwirtschaftlicher Nutzflächen verwendet werden. Neben den Belangen des Grundwasser- und Bodenschutzes ist dabei ein hygienischer Effekt zu beachten. Eine Ausbreitung pathogener Keime und Eingeweideparasiten muß wirkungsvoll verhindert werden. Hierzu ist eine mechanische Vorbehandlung unbedingt erforderlich. Ist die Eliminierung von Krankheitserregern nicht ausreichend, muß eine Desinfizierung durch Hitze oder Chlorung erfolgen. Wärmebehandlung ist sehr teuer, die Chlorung ist wegen der Bildung chlororganischer Verbindungen wenig umweltverträglich.

Der Gehalt an Schwermetallen und organischen Umweltchemikalien darf zu keiner Umweltgefährdung führen. Es sollen keine anaeroben Bodenzonen infolge hydraulischer oder organischer Belastung auftreten. Die Gefahr von Staunässe infolge natürlicher Niederschläge ist besonders in humiden Klimazonen gegeben. Es käme zu einer Schädigung der Bodenmikroorganismen und einer verringerten Reinigungsleistung. Die Behandlung von Abwässern durch Ausbringen auf landwirtschaftliche Nutzflächen ist daher eher für niederschlagsarme Regionen und vorwiegend häusliche Abwässer ratsam. Kontrolluntersuchungen des Bodens und des Grundwassers bezüglich Schadstoffen und Kontamination mit pathogenen Keimen sind unbedingt erforderlich.

Bei der Oberflächenbehandlung von Abwasser, beispielsweise in Schilfbeeten, wird das versickerte Abwasser auf einer wasserundurchlässigen Schicht aufgefangen und über Drainageleitungen dem Vorfluter zugeführt (Abb. 2.52). Wegen des hohen Platzbedarfes (5 m^2 pro Einwohnergleichwert) sind derartige Abwasserbehandlungsanlagen nur in dünn besiedelten Gebieten einsetzbar.

Abwässer können auch in speziell hierfür angelegten Abwasserteichen behandelt werden. Die Reinigungsleistung wird von der Aufenthaltszeit des Abwassers und der Verfügbarkeit des Sauerstoffs bestimmt. Diese wiederum hängt stark von der Wassertemperatur und der Tiefe des Teiches ab. Flache Teiche sind daher

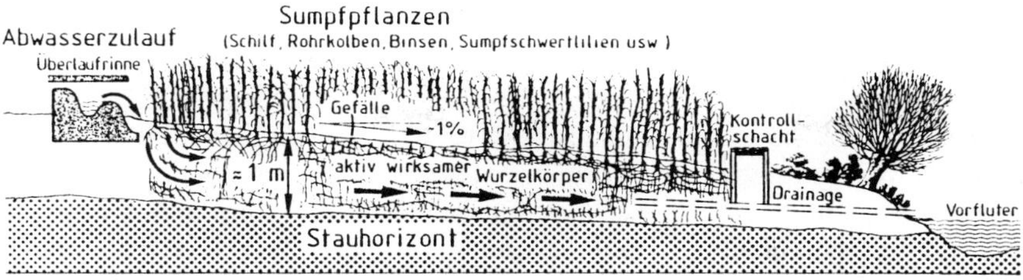

Abb. 2.52. Schnitt durch eine Anlage zur Abwasserreinigung mit Sumpfpflanzen (aus Klee 1991)

günstiger als Tiefe. Ein Teil des zur Abwasserreinigung benötigten Sauerstoffs wird durch Photosynthese in den Tagesstunden bereitgestellt. Die Lage der Sauerstoffsprungschicht und damit das Verhältnis von aeroben und anaeroben Schichten hängt von der Tageszeit ab. Der Ablauf eines solchen Abwasserteiches ist stark mit Bakterien und Algen belastet. Zum Schutz des Vorfluters ist eine Nutzung des Ablaufes für landwirtschaftliche Bewässerung oder ein Ablauf über eine Sumpfzone vorzusehen.

Wegen der eutrophierenden Wirkung der Abwässer können diese auch genutzt werden, um Fischzucht zu betreiben. Die Abwasserbeschickung muß jedoch nach den ökologischen Ansprüchen der Fische ausgerichtet werden. So muß ein Mindestsauerstoffgehalt von 4 mg/l eingehalten werden. Der BSB_5 soll unter 50 mg/l liegen. Eventuell muß daher eine Verdünnung mit Frischwasser vorgenommen werden. Die Aufenthaltszeit des Abwassers soll 20 bis 30 Stunden betragen. Als Besatzfische kommen Karpfen und Schleien in Frage. Da die Fische in unseren Breitengraden im Winter keine Nahrung aufnehmen, muß für die Winterzeit eine alternative Abwasserbehandlung vorgesehen werden. In Südostasien ist die Fischzucht in Abwasserteichen weit verbreitet.

Zur Verbesserung der Qualität eines bereits behandelten Abwassers können Schönungsteiche vorgesehen werden. Ziele sind die Reduktion des Rest-BSB, eine Verminderung der Keimzahl, Elimination von Pflanzennährstoffen und Absetzen von Trübstoffen. Ähnlich wirken Wasserpflanzenfilter, bei denen das Wasser oberflächlich fließt. Dabei werden die Abwasserinhaltsstoffe von den Aufwuchsorganismen eliminiert.

Schlammbehandlung. Mit der Schlammbehandlung werden zwei Grundziele verfolgt:

1. Verringerung der Schlammenge und
2. Verbesserung der Entwässerbarkeit und Hygienisierung im Hinblick auf den späteren Verbleib des Schlammes.

Einfachste Möglichkeit die Entwässerbarkeit des Schlammes zu verbessern, ist der Zusatz von Kalkhydrat ($Ca(OH)_2$), wodurch der pH-Wert auf 10 angehoben wird. Dadurch wird zugleich eine Entseuchung erreicht. Die Gehalt an organischer Substanz wird nicht beeinflußt. Hierzu gibt es die Möglichkeit der aeroben Stabilisierung, der Kompostierung und der anaeroben Schlammfaulung.

Schlammfaulung. Es ist ein natürlichen Prozeß, der überall dort abläuft, wo organisches Material unter Sauerstoffmangel lagert. Bei der Schlammfaulung wird dieser Vorgang unter die technische Kontrolle des Menschen gebracht. Der anfallende Überschußschlamm wird in einem Faulbehälter zur Reaktion gebracht (Abb. 2.53). Wie alle anderen Anlagenteile der Kläranlage handelt es sich um einen kontinuierlich durchflossenen Reaktor. Die Schlammfaulung ist ein stark temperaturabhängiger Prozeß, um die erforderliche Aufenthaltzeit im Reaktor gering zu halten, wird die Temperatur im Reaktor auf mindestens 30°C gehalten. Dies wird als mesophile Faulung bezeichnet. Es ist auch einen thermophile Faulung denkbar (50-55°C), die den Vorteil hat, noch rascher abzulaufen als die mesophile Faulung. Da die Temperatur durch Heizen gehalten werden muß, verbraucht der thermophile Prozeß mehr Heizenergie. Andererseits ist eine höhere Methanausbeute pro t Frischschlamm zu erwarten (Abb. 2.54). Die Energiebilanz der Schlammfaulung ist jedoch meist positiv, das anfallende Faulgas wird verstromt und die Abwärme für die Heizung des Faulbehälters benutzt.

Bei der Schlammfaulung handelt es sich um einen aus mehreren Teilen zusammengesetzten Prozeß, der in der Bildung von Faulgas resultiert. Das Faulgas besteht zu etwa 2/3 aus Methan und 1/3 Kohlendioxid. Dabei spielen sich folgende Prozesse ab, die im Faulbehälter parallel ablaufen. Die Biopolymere (Kohlenhydrate, Proteine, Fette) werden in ihre niedermolekularen Bestandteile hydrolysiert. Die Hydrolyseprodukte werden von gärenden Bakterien unter Bildung verschiedener Endprodukte (organische Säuren, Alkohole, Wasserstoff und CO_2) abgebaut. Die organischen Säuren und Alkohole werden von sekundären Gärern weiter umgesetzt, Endprodukte sind Essigsäure, Wasserstoff und Koh-

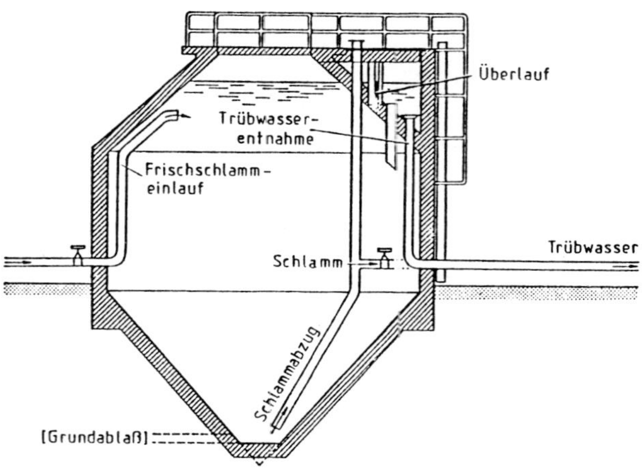

Abb. 2.53. Schnitt durch einen Faulbehälter (aus Klee 1991)

lendioxid. Diese Produkte dienen methanogenen Bakterien als Ausgangssubstrat, um daraus Methan zu produzieren (Abb. 2.55). Pro kg abgebauter organischer Substanz können etwa 500 l Faulgas erwartet werden. Ein hoher Fettgehalt der Ausgangssubstanz erhöht die Ausbeute an Methan, hoher Kohlenhydratgehalt verringert die Methanausbeute. Insgesamt wird nur etwa 1/3 der organischen Substanz abgebaut. Bei ungünstiger Prozeßführung, Anwesenheit toxischer Substanzen oder zu geringer Temperatur geht die Methanbildung zurück oder sie kommt zum Erliegen. Dadurch bleibt der Prozeß auf der Stufe der Säurebildung stehen und der pH-Wert sinkt ab. Um zu verhindern, daß der Abbauprozeß zusammenbricht, ist die Stabilisierung des pH-Wertes durch Zugabe von Kalkmilch erforderlich.

Da im Faulbehälter auch Proteine abgebaut werden, kommt es zur Bildung von Schwefelwasserstoff. Als weitere Quelle kann die Sulfatatmung angesehen werden, wenn Sulfat im Schlamm vorhanden ist. Das Sulfidion bildet mit Fe^{2+}-Ionen und anderen Metallionen (Schwermetalle) unlösliche Sulfide und wird dadurch gebunden. Die Phosphatelimination durch Simultanfällung mit Eisensalzen führt zu einer Erhöhung des Eisengehaltes des Sekundärschlamm. Wegen der reduzierenden Bedingungen im Faulbehälter wird Eisen-(III)phosphat in Fe^{2+} und freies Phosphat gespalten und zusätzliches Fe^{2+} für die Bindung von Sulfid zur Verfügung gestellt (siehe Phosphorkreislauf). Das freigesetzte Phosphat wird durch die zugesetzte Kalkmilch in Form von unlöslichem Calciumphosphat festgelegt und auch bei Änderung des Redoxpotentials nicht wieder mobilisiert. Bereits während des Faulprozesses kommt es einer Trennung von Feststoff und dem "Trübwasser". Das Trübwasser wird dem Faulbehälter kontinuierlich entnommen und der biologischen Reinigungsstufe zugeführt.

Kompostierung. Die Kompostierung ist eigentlich ein Verfahren, daß der Be-

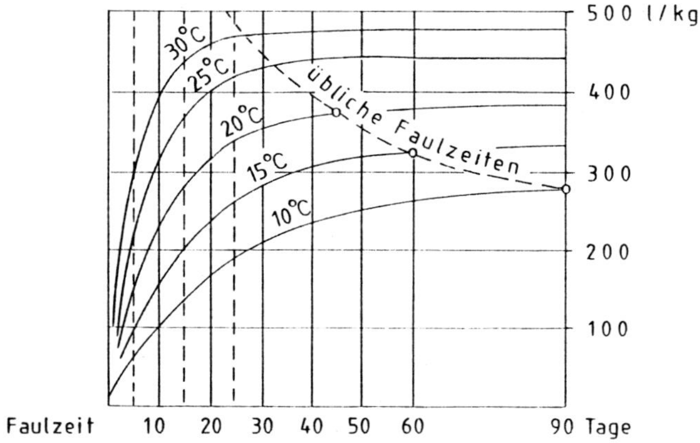

Abb. 2.54. Gasentwicklung [l/kg Trockengewicht organische Substanz] während der anaeroben Faulung bei verschiedenen Temperaturen (aus Klee 1991)

handlung fester organischer Abfälle dient. Entwässerter Klärschlamm, der ebenfalls noch erhebliche Mengen organischer Substanz enthält, kann beim Kompostierungsprozeß zugesetzt werden. Dadurch kommt es zu einer weiteren Abnahme der abbaubaren Inhaltsstoffe. Da für den Kompostierungsprozeß ebenfalls hygienisierende Behandlung vorgeschrieben ist, ist der produzierte Kompost, sofern die Schadstoffgehalte die Grenzwerte nicht übersteigen, als Düngemittel zu vermarkten. Die aerobe Stabilisierung ist prinzipiell ähnlich der Kompostierung, jedoch wird aussschließlich nicht ausgefaulter Klärschlamm behandelt.

Verbleib des Klärschlammes. Unabhängig davon, welche Form der Schlammbehandlung vorgenommen wird, muß der stabilisierte Schlamm einer Entsorgung zugeführt werden. Sinnvollste Form der Klärschlammentsorgung ist die Ausbringung auf landwirtschaftlichen Flächen oder die Verwendung bei der Flächenrekultivierung. Nachdem in den siebziger Jahren das Problem der Schwermetallkontamination aufkam, hat der Klärschlamm als organischer Dünger bis heute einen schlechten Ruf behalten. Die strengen Grenzwerte der Klärschlammverordnung, die sowohl den ausgebrachten Schlamm als auch die zu beschlammende Fläche betreffen, sollen eine Gefährdung von Mensch und Umwelt ausschließen. Die positive Beeinflußung der Bodenqualität durch Eintrag von organischer Substanz und gebundenen Pflanzennährstoffen ist unumstritten. Werden die Grenzwerte der Klärschlammverordnung überschritten, bleibt nur die Deponierung oder Verbrennung. Der Deponierung steht die zunehmende Verknappung an Deponieraum und die TA Siedlungsabfall entgegen, die den Restgehalt an organischer Substanz auf 5% begrenzt. Die Verbrennung wirft das Problem der Beseitigung der Verbrennungsrückstände auf, in denen die Schadstoffe in hoch angereicherter Form vorliegen. Meist muß eine Lagerung in einer Sonderabfalldeponie vorgenommen werden. Deshalb ist es extrem wichtig, alle Schadstoffe, die im Klärprozeß nicht völlig eliminiert werden können, bereits am Ort

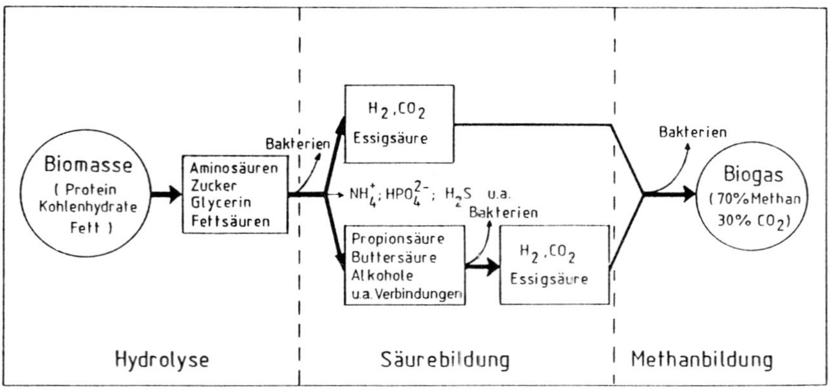

Abb. 2.55. Schematische Darstellung der anaeroben Abbauprozesse (aus Klee 1991)

des Entstehens dem Abwasser fernzuhalten. Die konsequente Anwendung der durch die Indirekteinleiterverordnung festgelegten Grenzwerte führt dazu, daß der anfallende Klärschlamm problemlos in der Landwirtschaft untergebracht werden kann.

Anaerobe Verfahren der Abwasserbehandlung. Ähnlich dem Rohschlamm kommunaler Kläranlagen lassen sich auch Abwässer anaerob behandeln. Wichtigste Voraussetzung ist ein hoher BSB_5, der mindestens 1000 mg/l betragen soll. Dies trifft für Abwässer aus Zuckerfabriken, Molkereien und Konservenfabriken zu. Es lassen sich auch Abfälle aus der landwirtschaftlichen Produktion behandeln. In jüngster Zeit wurde das Verfahren zur Behandlung organischer Haushaltsabfälle erprobt. Mikrobiologisch laufen die Vorgänge der Schlammfaulung ab. Verfahrenstechnisch können unterschieden werden:

- anaerobes Belebtschlammverfahren: Rührkesselreaktor mit kontinuierlicher Abwassereinleitung, Nachklärbecken und Schlammrückführung;
- Festbettreaktoren: Aufbau analog den Tropfkörpern, jedoch wird der Zutritt von Luft unterbunden;
- Wirbelschichtreaktoren: Der bakterielle Aufwuchs befindet sich auf Trägermaterialien wie Tonkügelchen oder Aktivkohle; diese werden vom umgewälzten Abwasser in der Schwebe gehalten und durch eine integrierte Absetzzone in den Reaktor zurückgeführt (Abb. 2.56).

Bei den anaeroben Verfahren kann eine Abnahme des organischen Kohlenstoffs von bis zu 90% beobachtet werden. In der Regel ist Methanbildung der geschwindigkeitsbestimmende Prozeß, die Wachstumsparameter der Methanbakterien müssen daher beim Betrieb berücksichtigt werden. Das Faulgas kann zur Energiegewinnung verwendet werden.

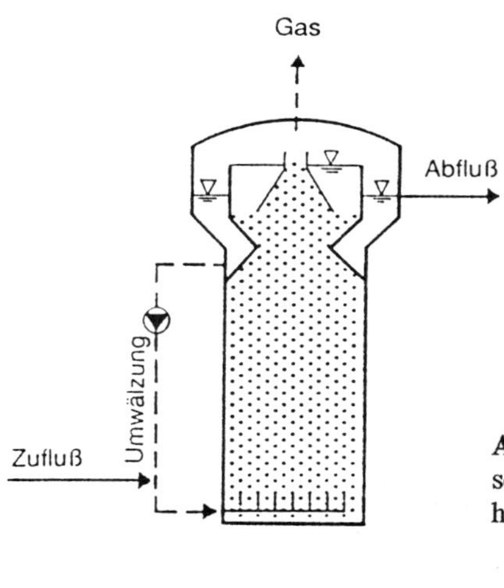

Abb. 2.56. Schnitt durch einen Wirbelschichtreaktor für die anaerobe Abwasserbehandlung (aus Förstner 1991)

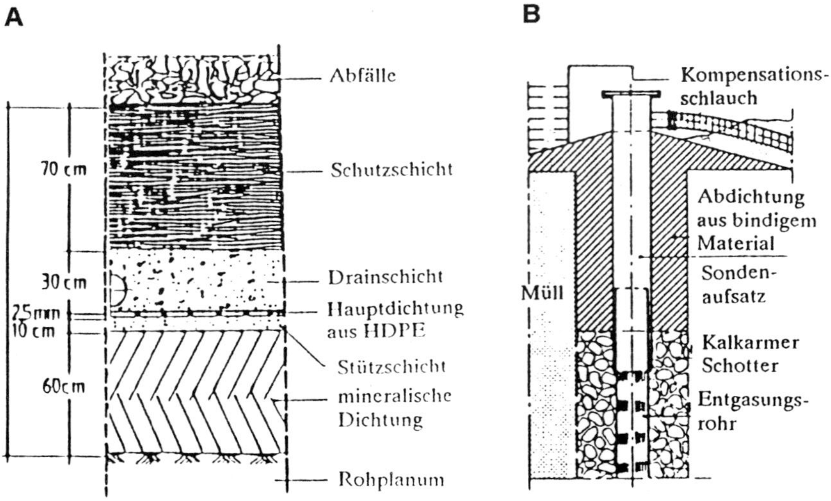

Abb. 2.57. A Schnitt durch eine Deponiebasis mit Kombinationsdichtung. **B** Schnitt durch eine vertikale Deponiegasfassung (aus Förstner 1991)

2.4.2 Entsorgung von Müll

Traditionell ist die Deponierung nicht mehr benötigter Stoffe außerhalb menschlicher Siedlungen die gebräuchlichste Art, sich seiner Abfälle zu entledigen. Brennbare Stoffe wurden verheizt und biologische Materialien einer Kompostierung zugeführt. Auch die heutigen Abfallentsorgungskonzepte basieren auf diesen drei Prinzipien der Abfallentsorgung.

Deponierung. Die ungeordnete Ablagerung von Abfällen in der Landschaft ist mit einer geordneten Deponierung nicht zu verwechseln. Beim Betrieb einer Deponie sind die Auswirkungen auf die drei Umweltmedien Boden, Wasser und Luft zu berücksichtigen. Auswirkungen auf das Umweltmedium Luft sind einerseits Geruchbelästigungen, die von den sich zersetzenden Abfällen ausgehen, andererseits Emission von Spurengasen, besonders Methan, die zur Luftverschmutzung und zum Treibhauseffekt beitragen. Die Umweltmedien Böden und Wasser werden hauptsächlich über das Sickerwasser, das bei der Zersetzung des Mülls gebildet wird und aus dem Deponiekörper austritt, beeinträchtigt. Wenn Niederschläge Zutritt zum Deponiekörper haben, beispielsweise während der Einbauphase, wird der Sickerwasserstrom noch erhöht. Mit dem Sickerwasser werden Schadstoffe transportiert, sodaß die von der Deponie ausgehenden Gefahren auch in größerer Entfernung auftreten können. Böden, die mit dem Sickerwasser Kontakt haben, können aus diesem Schadstoffe adsorbieren und damit belastet werden. Innerhalb der letzten 40 Jahre wurden die von Deponien ausgehenden Umweltbelastungen zunehmend erkannt und durch Gegenmaßnahmen versucht, diese abzuwenden.

In modernen Mülldeponien werden die austretenden Sickerwässer gefaßt und einer möglichst speziellen Abwasserbehandlung unterworfen. Zur Fassung der Sickerwässer wird eine Basisabdichtung eingebaut (Abb. 2.57 A). Diese besteht aus einer mineralischen Dichtung, die einen sehr geringen Durchlässigkeitsbeiwert (Maß für die Wasserdurchlässigkeit) besitzt. Darüber befindet sich eine verschweißte Kunststoffplane aus Polyethylen. Darauf wird eine Drainageschicht mit den zugehörigen Drainagerohren zur Ableitung des Sickerwasser ausgebracht. Eine erste Müllschicht ohne sperrige Anteile wird als Schutzschicht aufgebaut. Sperrige Anteile könnten zu Schäden an der Basisabdichtung führen. Wie die Basis einer Deponie wird auch die Oberfläche einer Deponie abgedichtet und anschließend rekultiviert. Die Ausgasungen eines Deponiekörpers werden durch Gasdrainageleitungen gesammelt (Abb. 2.57 B). Vertikale und horizontale Gasdrainagen werden bereits beim Einbau des Mülls verlegt. Das gewonnene Deponiegas wird durch anaeroben Abbau der organischen Inhaltsstoffe der Deponie gebildet und enthält daher Methan. Es kann zu Heiz- oder Verstromungszwecken genutzt werden. Der schematische Aufbau einer Deponie ist in Abb. 2.58 dargestellt.

Das Deponiesickerwasser hat eine bräunliche Farbe und jaucheartigen, stechenden Geruch. Die Zusammensetzung des Sickerwassers ist von den im Deponiekörper ablaufenden Prozessen abhängig (Abb. 2.59). Die Freisetzung flüchtiger Fettsäuren ist mit einer Erniedrigung des pH-Wertes verbunden. Der Salzgehalt und der Gehalt an organischer Substanz ist wesentlich höher als bei kommunalen Abwässern. In jungen Deponien werden CSB-Werte von 110 000 mg/l und BSB_5-Werte von 50 000 mg/l beobachtet werden.

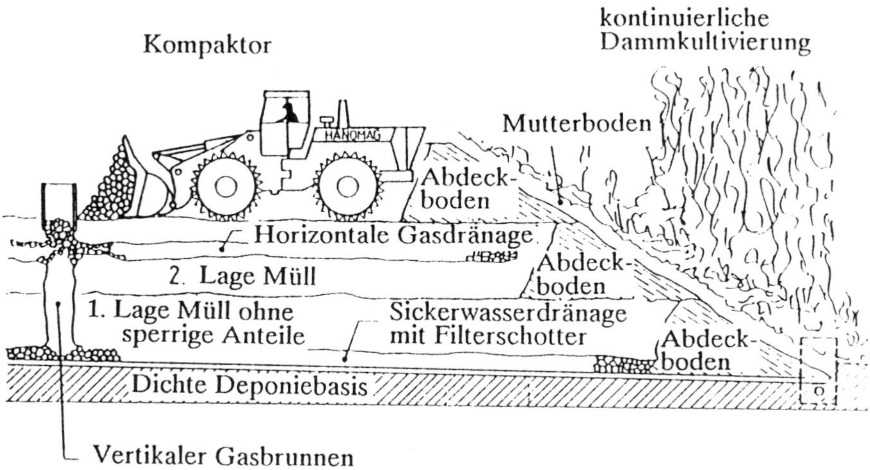

Abb. 2.58. Aufbau einer Deponie (aus Förstner 1991)

Mit zunehmendem Alter der Deponie nimmt der BSB stärker ab als der CSB, der Gehalt an schwer abbaubaren organischen Substanzen nimmt zu. Deshalb ist für die Reinigung der Deponiesickerwässer eine Mitbehandlung in einer kommunalen Kläranlage oft problematisch, da die Inhaltsstoffe nur unvollkommen eliminiert werden. Besser ist eine getrennte Behandlung durch Ozonisierung oder Bestrahlung mit UV und anschließende biologische Behandlung

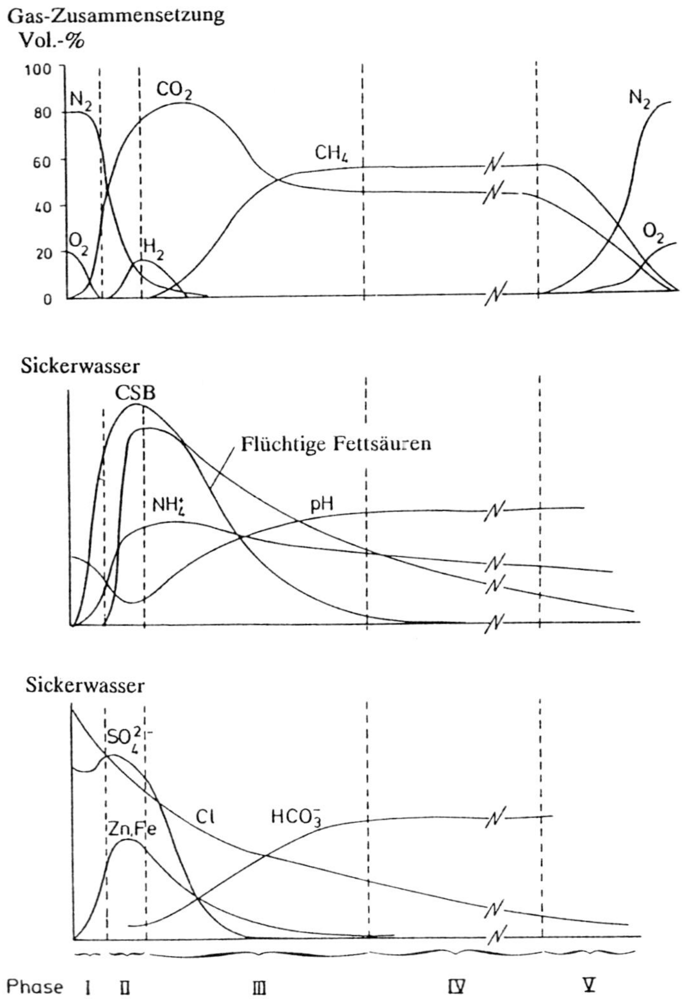

Abb. 2.59. Zeitliche Entwicklung der Zusammensetzung des Deponiegases und des Sickerwassers einer Siedlungsabfalldeponie (aus Förstner 1991)

mit hoher Aufenthaltszeit in der biologischen Stufe. Alternativ können Fällungsreaktionen, Adsorptionsschritte und Umkehrosmose eingesetzt werden. Auch Eindampfung mit anschließender Deponierung oder Verbrennung kommen in Frage. Die Gewinnung von Rohstoffen aus Deponiesickerwässern wird angestrebt, die Möglichkeiten werden jedoch von der Qualität des Sickerwassers beschränkt.

In den letzten Jahren konnte eine zunehmende Verknappung des Deponieraumes festgestellt werden. Ein wichtiger Grund hierfür ist die ablehnende Haltung der Öffentlichkeit gegenüber Deponien. Deshalb wird versucht, den vorhandenen Raum bereits bestehender Deponien besser zu nutzen. Dies führte dazu, daß bereits deponiertes Material ausgegraben, sortiert und möglichst verwertet wird. So werden beispielsweise Metalle recycelt, brennbare Stoffe der Müllverbrennung zugeführt, Bauschutt aufbereitet und wiederverwendet. Bei dieser Gelegenheit wird auch die Basisabdichtung der Deponie auf den Stand der Technik gebracht.

Müllverbrennung. Eine Müllverbrennungsanlage besteht im wesentlichen aus folgenden Anlagenteilen (Abb. 2.60):

- Müllbunker zur Zwischenlagerung des Abfalls
- Verbrennungsraum
- Entschlackungseinrichtung
- Rauchgasabkühlung, möglichst mit Wärmenutzung
- Rauchgasreinigungsanlage.

Für das Verfahren sind viele technische Varianten entwickelt worden, deren Ziel es ist, die gasförmigen Emissionen möglichst gering zu halten. Insbesondere dem Problem der Stickoxide wurde viel Aufmerksamkeit geschenkt. Durch Wahl geeigneter Verfahren und Verbrennungstemperaturen kann die Stickoxidemission durch Reaktion der beiden Luftgase deutlich vermindert werden. Ein weiteres Problem ist die Freisetzung von Quecksilber, das durch Naßabscheidung mit Natriumhypochlorit oder Adsorption an Aktivkoks entfernt werden muß. Durch die Entstaubung der Abgase und den Adsorptionsvorgang an Aktivkoks werden Schadstoffe wie die Dioxine weitgehend zurückgehalten. Die Entstehung der Dioxine wird durch Optimierung des Verbrennungsprozesses und rasche Abkühlung der entstehenden Rauchgase verringert.

Bei der Müllverbrennung entstehen erhebliche Mengen an Rückständen. Pro Tonne Müll sind zu erwarten: 250-350 kg Asche und Schlacke, 20-40 kg Filterstaub und 8-45 kg Reaktionsprodukte der Rauchgasreinigung. Diese Rückstände können teilweise einer Verwertung zugeführt werden, teilweise sind sie so stark mit Schadstoffen angereichert, daß eine gesonderte Deponierung erforderlich wird. Auch die anfallenden Abwässer müssen einer speziellen Reinigung unterworfen werden. Die Aschen, Schlacken und Flugstäube bestehen aus Metalloxiden, Silikaten, Chloriden und Sulfaten. In den Filterstäuben sind insbesondere die Schwermetalle Zink, Blei und Cadmium in leicht eluierbarer Form angereichert. Deshalb wird versucht, die Filterstäube so zu stabilisieren, daß die Freisetzung der Schwermetalle nur noch in geringem Ausmaß erfolgt. Für die Schlakken wird versucht, durch gezielte Abtrennung einzelner Fraktionen, z.B. Metalle, Stoffkreisläufe zu schließen. Inerte Fraktionen (Steine, Glas, Keramik) können als Füllmaterialien ähnlich dem Bauschutt verwendet werden.

Abwässer entstehen bei der Entaschung, der Rauchgaswäsche sowie bei der Reinigung von Anlagenteilen. Das Wasser der Abgaswäsche (bis zu 3 m^3 pro t Müll) ist besonders mit Schwermetallen angereichert. Als Reinigungsverfahren werden die Neutralisation, Sulfidfällung bei hohem Quecksilbergehalt, Adsorption an Aktivkohle und Ionenaustausch angewandt. Die abgetrennte Fällungsprodukte und Salzkonzentrate können teilweise aufgearbeitet werden oder müssen einer Sondermülldeponie zugeführt werden. Abwässer aus der Anlagenreinigung sind ebenfalls stark kontaminiert und werden mit den anderen Prozeßwässern gereinigt. Das vorgereinigte Abwasser kann, unter Einhaltung der Einleitervorschriften, der kommunalen Kläranlage zugeführt werden. Geschlossene Wasserkreisläufe sind vorteilhaft.

Müllkompostierung. Bei der Kompostierung werden organische Stoffe durch die Aktivität von Mikroorganismen teils biologisch abgebaut, teils humifiziert. Der Prozeß liefert ein Produkt, daß sowohl als Düngemittel als auch als Bodenverbesserungsmittel wertvoll ist. Der hohe Gehalt an Humusstoffen fördert nachhaltig das Bodenleben, die Bodenstruktur und das Wasserhaltevermögen des Bodens. Die am Kompostierungsprozeß beteiligten Mikroorganismen entwickeln hohe Stoffumsatzraten, wodurch es zu einer deutlichen Erwärmung des Kompostes kommt. Erreicht diese Erwärmung Temperaturen über 60°C und wird diese Temperatur mindestens 6 Tage aufrecht erhalten, so werden Krankheitserreger und Unkrautsamen wirksam vernichtet und es entsteht ein hygienisch unbedenkliches Material.

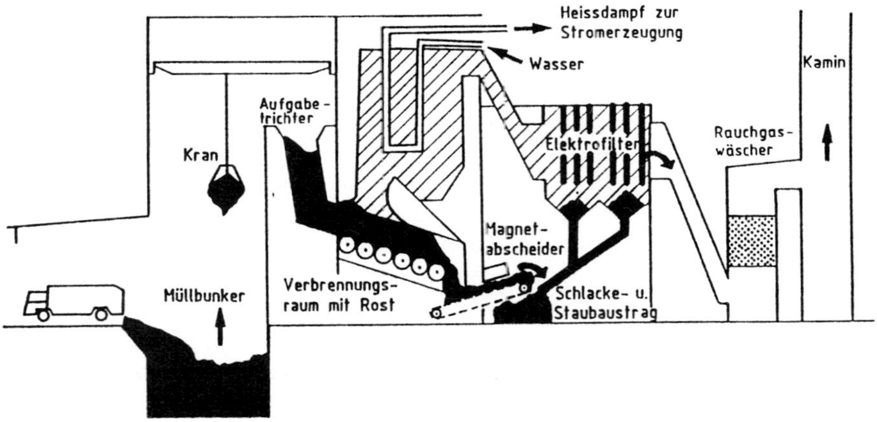

Abb. 2.60. Schematischer Darstellung einer Müllverbrennungsanlage mit Wärmekopplung (aus Heintz und Reinhardt 1991)

Der hohe Stoffumsatz der Mikroorganismen erfordert eine ausreichende Luftzufuhr, da sonst Faulprozesse überwiegen, die zu verlängerten Abbauzeiten und Geruchsbelästigungen führen. Für das Wachstum der Mikroorganismen ist eine ausreichende Versorgung mit Stickstoff erforderlich. das C/N-Verhältnis sollte 20:1 bis 35:1 betragen. Wird dieses Verhältnis im Ausgangsmaterial nicht erreicht, kann der Zusatz von gering belastetem Klärschlamm (C/N 10:1 bis 13:1) Abhilfe schaffen. Der pH-Wert sollte während des gesamten Prozesses zwischen 5 und 8 liegen. Toxisch wirkende Substanzen sollten dem Ausgangsmaterial ferngehalten werden. Bisher wurde der Hausmüll insgesamt dem Kompostierungsprozeß unterworfen. Über den Hausmüll wurden jedoch Problemstoffe eingebracht, wodurch die Vermarktbarkeit des Kompostes limitiert wurde. Heute werden Abfälle für die Kompostierung getrennt gesammelt (Biomüll) und damit eine ausreichende Qualität des Ausgangsmaterials erreicht.

Der Kompostierungsprozeß wird meist in zwei Stufen durchgeführt. In der ersten Stufe, der Intensivrotte wird der größte Teil der organischen Substanz abgebaut und die Hygienisierung erreicht. Im zweiten Prozeßteil, der Nachrotte, wird das Material weiter stabilisiert, bevor es zur Vermarktung kommt. Für die Intensivrotte stehen verschiedene Verfahren zur Verfügung: Im einfachsten Fall wird das zu kompostierende Material nach Magnetabscheidung, Sichtung auf Fremdmaterial, Zerkleinerung und Homogenisierung zu Mieten aufgeschichtet, die in gewissen Zeitabständen umgesetzt werden. Dadurch werden Setzungen und schlechte Durchlüftung vermieden. Zur Verbesserung der Struktur des Ausgangsmaterials werden oft getrennt gesammelte Grünabfälle, hauptsächlich Gehölzschnitt, zugesetzt. Der Prozeß kann in Hallen durchgeführt und weitgehend automatisiert werden. Eine Alternative ist eine Intensivrotte in kontinuierlich beschickten Trommeln, durch die das Kompostmaterial durchwandert. Die Luft wird durch die Kompostierhallen gesaugt und über Biofilter gereinigt, um Geruchsbelästigungen zu vermeiden. Sickerwasser, das aus der Zersetzung des organischen Materials stammt, wird in Bioreaktoren gereinigt und möglichst als Prozeßwasser wieder eingesetzt. Das Material, das die Intensivrotte verläßt, wird auf überdachten Plätzen zu Mieten aufgeschichtet und dort einige Wochen weiter stabilisiert. Eine Geruchsbelästigung geht von diesem Material nicht mehr aus. Weitere technische Varianten sind Container-, Boxen- und Tunnelkompostierung.

Um die Absetzbarkeit des Müllkompostes zu verbessern und eine einheitliche Kompostqualität zu erreichen wurden von der Bundesgütegemeinschaft Kompost e.V. Qualitätskriterien festgelegt. Diese betreffen die Freiheit von keimfähigen Samen und Pflanzenteilen, Verunreinigung durch Fremdbestandteile (Kunststoffe, Glas, Metall), den Rottegrad und den Gehalt an Wasser und organischer Substanz. Der Schwermetallgehalt soll folgende Richtwerte, die in der Größenordnung der Grenzwerte der Klärschlammverordnung liegen, nicht überschreiten:

Cadmium	2 mg/kg TG,
Quecksilber	1,5 mg/kg TG,

Blei 150 mg/kg TG.

Neuere Ansätze einer biologischen Aufbereitung von Biomüll gehen den Weg einer anaeroben Behandlung in einem Verfahren, das aus der Schlammfaulung entwickelt wurde. Der angelieferte Biomüll wird in einem Pulper mit Wasser vermischt, sodaß ein relativ homogener Brei entsteht. Bestandteile, die deutlich leichter oder schwerer als Wasser sind (Kunststoffe, Glas, Steine), setzen sich an der Oberfläche oder am Grund des Pulpers ab und können entfernt werden. Das Müll-Wasser-Gemisch wird nun in einem kontinuierlich beschickten Faulbehälter ausgefault und dabei Biogas gewonnen. Das Biogas kann zur Verstromung eingesetzt werden, die Abwärme dient der Beheizung des Faulbehälters. Der ausgefaulte Schlamm wird entwässert und über eine aerobe Nachrotte weiter stabilisiert. Vorteile des Verfahrens sind die verbesserte Abtrennung nicht kompostierbarer Bestandteile und die Ausnutzung eines Teils der im Müll enthaltenen Energie. Ob sich das Verfahren gegen die aerobe Intensivrotte durchsetzen kann, wird die Zukunft zeigen.

2.4.3 Altlasten

Unter dem Begriff Altlasten werden Altablagerungen und Altstandorte verstanden. Altablagerungen sind stillgelegte Ablagerungsplätze (Deponien), ehemalige unkontrollierte Ablagerungen ("Wilde Kippen") und Verfüllungen des Geländes mit kontaminiertem Material. Belastete Gelände stillgelegter industrieller Anlagen werden als Altstandorte bezeichnet. Hierzu gehören noch Bereiche von Schadstoffanreicherungen durch Kriegseinwirkungen, Unfälle, defekte Abwasserkanäle und unsachgemäße Lagerung umweltrelevanter Stoffe. Die Entdeckung von Altlasten erfolgt durch Klagen aus der Bevölkerung (Geruchsbelästigung, Brunnenverunreinigung), zufälliges Ausheben bei Bauarbeiten und durch gezielte Ermittlungen der Behörden.

Nach Entdeckung von altlastenverdächtigen Flächen erfolgt die gezielte Untersuchung und eventuelle Sanierung, wenn Gefährdung von menschlichem, tierischem oder pflanzlichem Leben zu befürchten ist. Die menschliche Gesundheit kann gefährdet werden durch die direkte Aufnahme, Kontakt oder Inhalation von Schadstoffen, durch die Vergiftung des Grundnahrungsmittels Wasser, durch das Eindringen von Schadstoffen in die Nahrungskette an deren Ende der Mensch steht. Weiterhin besteht die Notwendigkeit, daß "gebrauchte" brachliegende Grundstücke wieder nutzbar gemacht werden müssen, um den ohnehin großen Flächenbedarf des Menschen nicht weiter zu erhöhen (Flächenrecycling).

Die Initiative bei der Suche nach Altlasten geht von den Fachbehörden der Länder, Kommunen, Kreise und Gemeinden aus, die ihrerseits oft Ingenieurbüros mit der Durchführung der Ermittlungen beauftragen. Zum Auffinden von Altstandorten kann ein Katalog umweltgefährdender Stoffe, gegliedert nach Branchen, verwendet werden.

Historische Altlasterkundung. Die Vorgehensweise ist in Abb. 2.61 schematisch dargestellt. Die historische Altlasterkundung wird auch als Erfassung und Erstbewertung bezeichnet. Hierunter wird die Suche nach Altlast verdächtigen Standorten aufgrund historischer Daten verstanden. Dazu wird in der Regel auf Archivmaterial zurückgegriffen aus dem die ehemalige Nutzung eines Geländes, eventuelle Unfälle oder die Kriegseinwirkungen hervorgehen. Das gesammelte

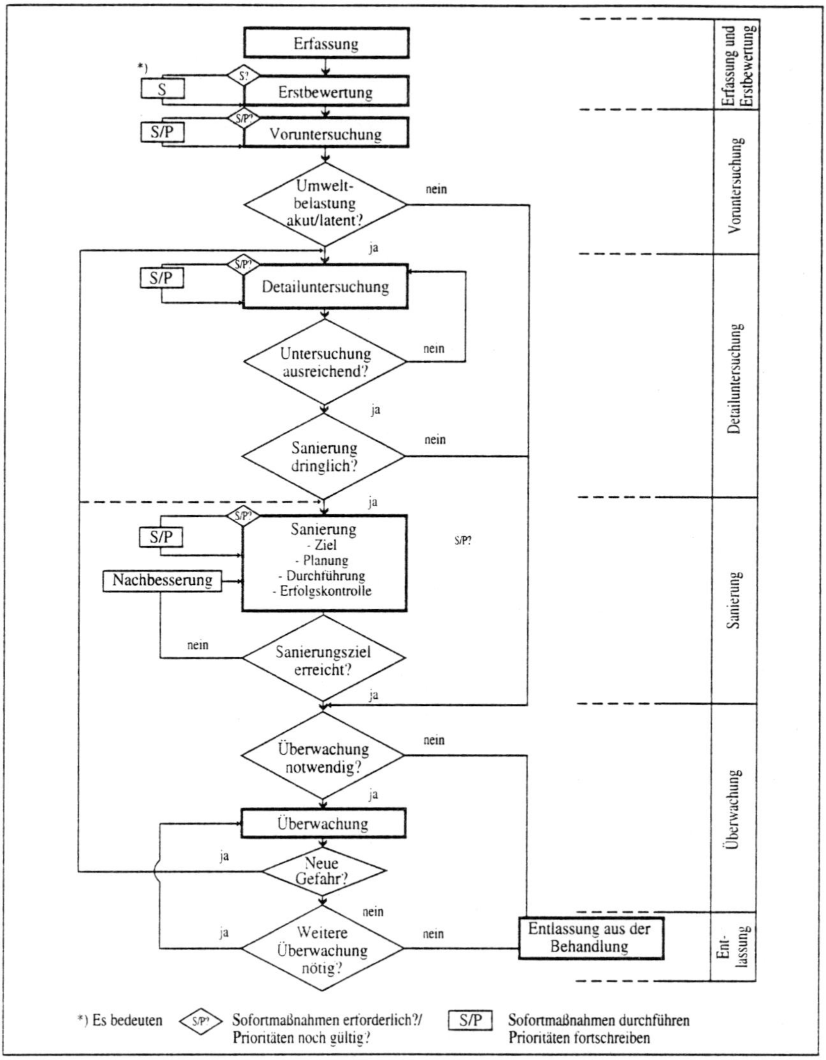

Abb. 2.61. Vorgehensweise bei der Erkundung von altlastenverdächtiger Flächen (aus Fischer und Köchling, 1994)

Material wird ausgewertet und das Gefährdungspotential, daß von einer Verdachtsfläche ausgeht, abgeschätzt. In dieser Phase hat noch keine Beprobung stattgefunden. Aufgrund dieser Daten werden Prioritäten für das weitere Vorgehen festgesetzt. Insbesondere ist die Frage nach Sofortmaßnahmen zu beantworten. Die Verdachtsflächen werden dann einer genaueren Untersuchung unterworfen oder sie werden aus dem Kreis der näher zu betrachtenden Flächen entlassen.

Technische Erkundung. Die nun folgende Untersuchung noch verdächtiger Grundstücke ist die Aufgabe von Ingenieuren, Geologen und anerkannten Laboratorien. Zunächst erfolgt nur eine Voruntersuchung mit gezielter Kurzbeprobung um Kosten und Zeit zu sparen. Die Erkenntnisse der historischen Erkundung sind die Grundlage dieser Beprobung. Wird dabei der Verdacht auf eine akute oder potentielle Gefährdung erhärtet, folgen weitere, gezielte Untersuchungen mit dem Ziel, Sicherungsmaßnahmen oder eine Sanierung einzuleiten.

Die Voruntersuchung erfaßt die bodenkundlichen, geologischen und hydrogeologischen Verhältnisse am Standort. Ziel ist es die vorhandene Belastung genau zu lokalisieren, deren Ausmaß und die beteiligten Stoffe zu ermitteln und die Belastungspfade aufzuzeigen. Schwierigster Teil jeder Untersuchung zur Altlastenproblematik ist die Abschätzung des Gefährdungspotentials und die anschließende Bewertung. Wegen der erhebliche chemische Stoffvielfalt (je nach Vorgeschichte des Grundstückes) kann Mitwirkung mehrerer Spezialisten erfordern sein. Wesentlicher Gesichtspunkt bei der Gefährdungsabschätzung ist die Mobilität einzelner Chemikalien hinsichtlich der Belastungspfade Wasser, Boden, Luft. Diese wiederum ist abhängig von:

- der Menge und den physiko-chemischen Eigenschaften der Substanzen,
- dem Alter der Ablagerung oder Kontamination,
- den im jeweiligen Kompartiment ablaufenden chemischen, physikalischen und biologischen Prozessen und
- dem Ausmaß der Infiltration der Schadstoffe in den Untergrund.

Die beteiligten Institutionen gehen bei der Bewertung von Belastungen nach einem formalisiertem Verfahren vor und wenden bestimmte Grenzwerte an, die von Bundesland zu Bundesland verschieden sind. Häufig verwendete Listen sind:

- "Holländische Liste" (Grundwasser und Boden),
- Eikmann-Kloke-Liste,
- TA Siedlungsabfall,
- Richtlinien der Bundesländer,
- Technische Regeln und Bewertungsgrundsätze der Länderarbeitsgemeinschaften Abfall (LAGA), Wasser (LAWA) und Boden (LABO).

Ergänzend können herangezogen werden:

- Klärschlammverordnung,
- MAK-Werte (Maximale Arbeitsplatzkonzentration),

- Gefahrstoffverordnung,
- Trinkwasserverordnung,
- Richtlinie Trinkwasser der EG.

Nach der Zwischenbewertung wird entschieden, ob Sofortmaßnahmen ergriffen werden müssen, ob detaillierte Untersuchungen notwendig sind oder ob das Objekt aus weiteren Ermittlungen entlassen werden kann.

Detailuntersuchungen sollen den Kenntnisstand über die vorliegenden Verhältnisse vertiefen. Hierzu werden größere Bohrungen zur ungestörten Probenahme und Beurteilung der Bodenschichten vorgenommen, deren Ausbau zu Grundwassermeßstellen möglich ist. Falls erforderlich, werden hydrogeologischen Feldversuchen bezüglich der Durchlässigkeit des Untergrundes durchgeführt. Die gesammelten Daten werden für Modellrechnungen am Computer bezüglich der Fließrichtung des Grundwassers, der Freisetzungsrate und Mobilität einzelner Stoffe und den transportierten Mengen herangezogen. Mögliche Sicherungs- und Sanierungsmaßnahmen sind in diesem Stadium zu erarbeiten.

Sicherungsmaßnahmen. Wurde durch Auswerten des verfügbaren Datenmaterials und durch chemische und geologische Untersuchungen Handlungsbedarf für eine Altlast festgestellt, so ist zu überlegen, welche Sicherungsmaßnahmen durchzuführen sind. Dabei können verschiedene Ziele verfolgt werden:

- Eine weitere Ausbreitung der Schadstoffe soll reduziert oder unterbunden werden, bis ein geeignetes Sanierungskonzept gefunden ist.
- Die Sicherungsmaßnahme dient als dauerhafte "Lösung" des Problems, insbesondere wenn andere, bezahlbare Maßnahmen derzeit nicht durchführbar sind.

Kurzfristig betrachtet ist die Sicherungsmaßnahme gleichwertig zur Dekontamination, auch wenn das Ziel, die Abwehr der Gefährdung für Mensch und Umwelt, auf verschiedene Art und Weise erreicht wird. Langfristig ist nur die Dekontamination als sichere Abwehr von Gefahren zu betrachten, da über die dauerhafte Wirkung von Sicherungsmaßnahmen keine ausreichenden Erfahrungen bestehen. In der Praxis werden bei großflächigen Industriebrachen mit unterschiedlichen Nutzungen nacheinander die kontaminierten Materialien entsprechend ihrem Gefährdungspotential verschiedenen Sanierungsverfahren unterworfen. Material mit geringem Gefährdungspotential wird lokal zusammengefaßt und insgesamt gesichert. Stärker kontaminiertes Material kann dekontaminiert werden oder es wird einer Sondermülldeponie zugeführt. Wegen der hohen Kosten für Sanierungsmaßnahmen bleibt oft keine andere, bezahlbare Lösung. Mögliche Sicherungsmaßnahmen sind:

- Ausgrabung mit anschließender Deponierung oder Zwischenlagerung an geeigneter Stelle bis eine endgültige Lösung gefunden ist. Geplante Bauvorhaben können dadurch rasch realisiert werden.
- Oberflächen-, vertikale und Untergrundabdichtung;

- Verfestigung oder chemische Immobilisierung der Schadstoffe.

Ausgraben und Umlagern in Deponien wäre die optimale Lösung des Problems, wenn eine Vernichtung der Schadstoffe nicht möglich ist. Konsequenterweise muß das ausgekofferte Material in eine entsprechend abgedichtete und kontrollierte Sondermülldeponie gebracht werden. Derartiger Deponieraum ist knapp und teuer. Im Einzelnen ist beim Auskoffern folgendes zu beachten. Altlasten sollen möglichst kleinflächig bearbeitet werden, um den zusätzlichen Sickerstrom durch eintretende Niederschläge gering zu halten. Ebenso wird dadurch das Austreten gasförmiger Schadstoffe gering gehalten. Beim Vorliegen von Behältern müssen diese einzeln freigegraben werden. Unterschiedlich kontaminiertes Material ist getrennt aufzunehmen und zu entsorgen. Emissionen von Schadstoffen durch Verwehung oder Ausgasen sind durch Abdecken des ausgekofferten Materials zu minimieren. Für den Transport sind geschlossene oder abdeckbare Transportbehälter vorzusehen. Eine Reinigung der Fahrzeuge, die mit kontaminiertem Material verschmutzt wurden (Reifen), ist erforderlich.

Hydraulische Maßnahmen. Das Abpumpen des Grundwassers ist technisch die einfachste Möglichkeit, die Verfrachtung von Verunreinigungen zu vermeiden. Es werden unterschieden:

- Passive Maßnahmen, das sind Sperr- oder Entnahmebrunnen, die Veränderungen der hydrologischen Verhältnisse im Grundwasserleiter bewirken, um einen möglichen Kontakt des Grundwassers mit dem kontaminierten Boden zu verhindern. Meist in unmittelbarer Nähe der Kontamination eingerichtet bewirken sie eine trichterförmige Absenkung des Grundwassers im Bereich der Brunnen.
- Aktive Maßnahmen sind Fassung und Behandlung des kontaminierten Grundwassers unter einer Altlast. Das abgepumpte Wasser muß entsprechend seinem Schadstoffgehalt einer Abwasserbehandlung unterzogen werden. Hierfür stehen die Methoden der Behandlung von industriellen Abwässern und Deponiesickerwässern zur Verfügung. Eine Mitbehandlung in kommunalen Kläranlagen ist meist nur bei entsprechender Vorbehandlung möglich.

Eine aktive hydraulische Maßnahme kann mit biologischen in-situ Sanierungsmaßnahmen kombiniert werden. Das geförderte Grundwasser wird einem Bioreaktor zugeführt, bevor es gezielt versickert wird. Der Erfolg der Maßnahmen ist von genauer Kenntnis der hydrologische Verhältnisse des jeweiligen Standortes abhängig.

Oberflächenabdichtung. Ziel ist die Behinderung des Zutrittes von Oberflächen- und Niederschlagswasser zum kontaminierten Bereich. Eine Oberflächenabdichtung ist im einfachsten Fall eine Beton- oder Asphaltschicht, für Spezialfälle können zusätzliche Dichtmaterialien eingebaut werden.

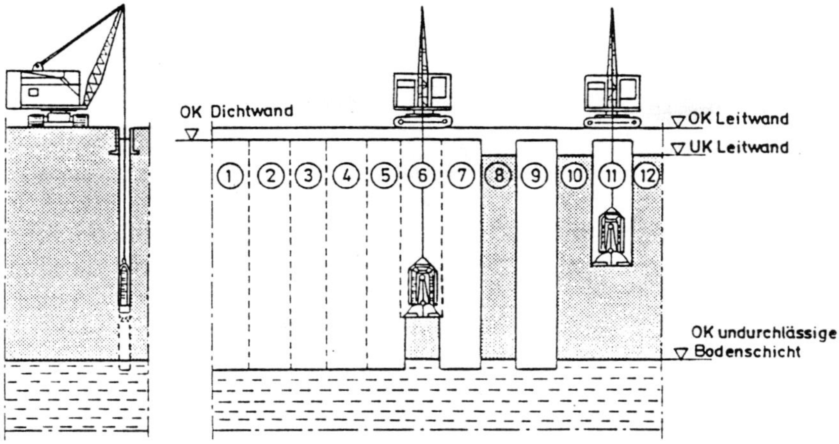

Abb. 2.62. Herstellung einer Dichtwand nach dem Einmassenverfahren (aus Weber 1990)

Dichtwände. Die Dichtwände sollen den seitlichen Zutritt oder Austritt von Wasser verhindern. Dies macht nur Sinn, wenn ein Anschluß an eine horizontale undurchlässige Schicht erreicht werden kann. Idealerweise ist ein solcher Grundwasserstaukörper bereits im Untergrund vorhanden. Für vertikale Abdichtungen können prinzipiell Spundwände (Stahlteile von ca. 2 cm Dicke) verwendet werden. Diese werden in den Boden eingerammt und können bis etwa 20 m Tiefe eingesetzt werden. Die für die Einkapselung notwendige Lückenlosigkeit ist jedoch kaum zu erreichen, insbesondere kann das Erreichen einer horizontalen Dichtschicht nicht kontrolliert werden. Undichtigkeiten können auch im Bereich der Schlösser auftreten.

Schlitzwände besitzen diese Nachteile nicht. Es wird ein tiefes Loch gebaggert, das mit dem Dichtmaterial gefüllt wird. Die Untersuchung des ausgebaggerten Materials stellt die Einbindung der Schlitzwände in den Staukörper sicher. Durch überschneidendes Arbeiten (1, 3, 5, 7 dann 2, 4, 6) kann Überlappen der Einbauten erreicht werden (Abb. 2.62). Die eigentlich Wand besteht aus einer Bentonit-Zement-Mischung, die im Boden erhärtet (Einmassenverfahren). Die Dichtmasse befindet sich während des Aushubs als Stützmasse im Schlitz und verbleibt dort.

Beim Zweimassenverfahren wird zunächst unter Betonit-Suspension gebaggert und diese anschließend durch eine andere Dichtmasse ersetzt. Vorteil ist, daß die Dichtmasse kann besser an die Erfordernisse des Altlaststandortes angepaßt werden kann, das Verfahren ist jedoch auch teurer. Anstelle des Aushubs mit einem Greifer, kann der Aushub mit der Schlitzwandfräse erfolgen. Dadurch sind Tiefen von bis zu 100 m erreichbar. Das geförderte kontaminierte Bodenmaterial kann in geschlossener Leitung zur Endbehandlung gepumpt werden.

Kombinationsdichtwände oder mehrschichtige Dichtwände bestehen aus einer im Einmassenverfahren hergestellten Dichtwand, in die Kunststoffbahnen einge-

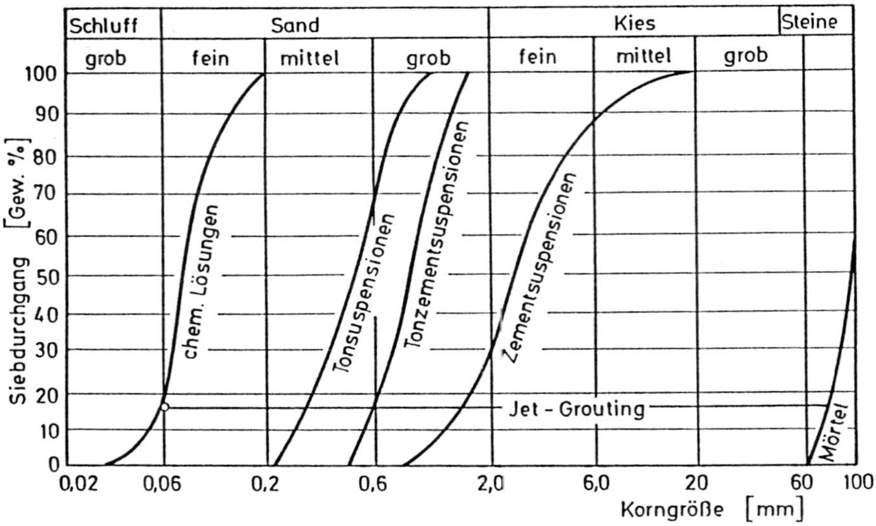

Abb. 2.63. Grenzen der Injizierfähigkeit in Abhängigkeit von der Korngrößenverteilung der Lockergesteine (aus Weber 1990)

baut werden. Die 2 bis 3 mm starken Kunststoffwände werden ähnlich den Spundwänden durch eine Schloßkonstruktion miteinander verzahnt.

Die verwendeten Dichtwandmassen sind Mischungen aus Natriumbentonit, Zement und Wasser, sie sind geeignet für wenig aggressive Altlasten. Durch Verwendung von Calciumbentonit und Erhöhung des Feststoffgehaltes kann die Durchlässigkeit noch verringert werden.

Horizontale Abdichtung. Ziel ist das Anbringen von Dichtungs-"Teppichen" unterhalb bestehender Altlasten. Dies ist erforderlich, wenn unter der Altlast kein natürlicher Dichtkörper erreicht werden kann. Injektionssohlen werden von der Geländeoberfläche aus eingebracht. Nach Erreichen der Bohrtiefen wird das Dichtungsmaterial in den Untergrund injiziert, entsprechend der Reichweite der Injektionen sind die Abstände der Bohrungen zu wählen, um einen zusammenhängenden Dichtungskörper zu erhalten. Durch Aushärten des injizierten Materials wird die Abdichtung erreicht. Das ursprüngliche Gefüge des Untergrundes wird nicht verändert. Als Injektionsmittel stehen zur Verfügung:

- Suspensionen, das sind Mischungen aus Zement, Ton, Wasser sowie feinen Zuschlägen und Additiven.
- Chemische Lösungen, beispielsweise Silikatlösungen, die durch ein Reaktiv zur Bildung eines Silikatgels führen. Auch schadstoffresistente Verpreßmittel auf Silanbasis können eingesetzt werden.
- Pasten und Mörtel, das sind Suspensionen mit erhöhtem Feststoffanteil.

Entsprechend den in der Injektionslösung enthaltenen Partikeln wird deren Einsetzbarkeit durch die Korngröße des Untergrundes begrenzt (Abb. 2.63). Sonderausführung der Injektionstechnik ist das Jet-Grouting-Verfahren. An einem Rohrgestänge sind horizontal ausgerichtete Düsen angebracht, aus denen ein Suspensionsstrahl unter hohem Druck austritt. Aus dem Lockergestein wird das Bohrklein durch einen seitlich austretenden Suspensionstrom nach oben befördert, im erodierten Hohlraum bleibt die aushärtende Suspension. Bei untertägiger Bauweisen werden Tunnel gebaut, von denen aus Injektionen oder Jet-Grouting durchgeführt werden. Neueste Entwicklung ist ein sogenannter Müllroboter, mit dem es möglich ist, alte Deponien streifenweise zu unterfahren und dabei eine Ton-/Kunststoffschicht zur Abdichtung des Untergrundes einzubauen. Das Gerät kann gleichzeitig Drainageleitungen oberhalb der Abdichtung verlegen.

Verfestigung oder Immobilisierung von Altlastmaterialien. Die Verfahren der Verfestigung oder Immobilisierung von kontaminiertem Material aus Altlasten wurden aus Verfahren der Zementtechnologie entwickelt. Da das behandelte Material seine ursprünglichen bodenmechanischen Eigenschaften verliert, ist die Immobilisierung als generelles Verfahren der Altlastbehandlung nicht geeignet. Der Wiedereinbau vor Ort wird nur für Standorte in Frage kommen, deren Folgenutzung nicht in Konflikt mit den Eigenschaften des verfestigten Materials steht. Je nach Art der vorliegenden Kontamination kann auch der Einbau in eine entsprechend gesicherte Deponie erforderlich werden. Ziel eines Verfestigungs- oder Immobilisierungsverfahrens ist

- die Verbesserung der Handhabbarkeit und der physikalischen Eigenschaften, z.B. Sorption von Flüssigkeiten,
- die Verringerung der freien Oberfläche des kontaminierten Materials, durch die ein Transport oder Verlust von Schadstoffen erfolgen kann,
- die Begrenzung der Löslichkeit gefährlicher Inhaltsstoffe, z.B. durch pH-Einstellung oder Sorptionsprozesse. Als Maß hierfür dient die Eluierbarkeit nach DEV S4.

In der Praxis wird das kontaminierte Material ausgekoffert und mit Zement sowie eventuell Wasser vermischt. Je nach vorliegendem Schadstoffspektrum werden noch weitere Zuschlagstoffe eingesetzt. Dabei spielen sich folgende Vorgänge ab:

- Einbau der ionischen Schadstoffe in das Kristallgitter der Reaktionsprodukte;
- Ausfällen von Schwermetallen als Hydroxide oder andere schwerlösliche Verbindungen;
- Adsorption organischer Schadstoffe an die Oberfläche spezieller Zuschlagstoffe;
- Verminderung der Wasserdurchlässigkeit durch Schließen der Poren.

Bei dem verwendeten Zement handelt es sich um eine Mischung oxidischer Calcium-, Aluminium- und Siliziumverbindungen. Diese werden durch Brennen im Zementofen in einen reaktiven Zustand versetzt. Beim Vermischen mit Wasser erfolgt die Bildung von hydratisierten Aluminaten und Silicaten, die wasserbeständig sind. Der Zusatz von aufsaugfähigen Materialien (Kieselgur, Tonmehl) erfolgt, um Flüssigkeiten zu absorbieren. Der hohe pH-Wert des abgebundenen Zements fördert Immobilisierung mehrwertiger Metallionen als Hydroxide oder Carbonate. Vorteil der Methode ist, daß eine Entwässerung von Schlämmen nicht erforderlich ist. Bestimmte Inhaltsstoffe des behandelten Materials können die Festigkeit vermindern.

Für stark Mineralöl-belastete Böden kann die Einlagerung in eine lipophilen Matrix wie Bitumen erfolgen. Eine Wiederfreisetzung ist auch hier nicht zu erwarten, bei Vorliegen entsprechender Eigenschaften kann das Material im Straßenbau Verwendung finden.

Für die Behandlung quecksilberbelasteter Standorte wurde Aquaclean 2000 entwickelt. Die Verbindung auf Alkali-Polysulfid-Sulfanbasis bindet lösliches und elementares Quecksilber als schwarzes Quecksilbersulfid. Dieses hat die gleichen Eigenschaften wie das natürlicher Weise vorkommende Metacinnabarit. Es ist ungiftig, da es sich in Wasser und verdünnten Säuren praktisch nicht löst. Auch andere Schwermetalle und Eisen werden in Sulfide umgewandelt. Das gebildete Eisensulfid kann unter aeroben Bedingungen unter Freisetzung von Schwefelsäure oxidiert werden (siehe Schwefelkeislauf). Die gebildete Säure könnte zu einer Mobilisierung von Quecksilbersulfid führen, wenn die erforderlichen Säurekonzentrationen erreicht werden. Deshalb muß auf ausreichende Pufferung durch Kalkzusatz geachtet werden.

Sanierung von Altlasten. Nachdem durch die technische Erkundung Art und Ausmaß der Kontamination des Untergrundes festgestellt wurde und eventuell vorübergehende Sicherungsmaßnahmen ergriffen wurden, muß nun ein Sanierungskonzept entwickelt werden. Im wesentlichen werden unterschieden:

- In situ-Verfahren, das kontaminierte Material verbleibt an Ort und Stelle und wird hier saniert.
- On site-Verfahren, das belastete Material wird ausgekoffert, wird jedoch in unmittelbarer Nachbarschaft einer Behandlung zugeführt. Hierzu stehen mobile Anlagen zur Verfügung.
- Off site-Verfahren, der Aushub wird an einem anderen Ort saniert, beispielsweise in Bodenbehandlungszentren. Diese Möglichkeit wird angewandt, wenn an Ort und Stelle kein ausreichender Platz für die Behandlung zur Verfügung steht oder spezielle Verfahren angewandt werden, die sich mit mobilen Anlagen nicht realisieren lassen. Auch kleine Mengen belasteter Böden werden in stationären Anlagen behandelt.

Biologische Altlastsanierung. Eine große Zahl organischer Umweltchemikalien läßt sich durch Mikroorganismen mineralisieren. Besonders die oberen Bodenschichten der Böden besitzen ein hohes mikrobiologisches Potential, daß sich zur Schadstoffelimination ausnutzen läßt. Einige Wissenschaftler sind sogar der Ansicht, daß eine Schadstoffkontamination des Bodens deshalb zur Altlast wurde, weil die Bedingungen für mikrobielle Aktivität nicht gegeben sind. Nur wenige organische Chemikalien sind wirklich abbauresistent, allerdings können die Umsatzzeiten sehr lang sein. Einer oder mehrere der folgenden Mängel können vorliegen:

- Fehlen geeigneter Elektronenakzeptoren (z.B. Sauerstoff),
- Mangel an Makronährstoffen oder Spurenelementen,
- Vorliegen toxischer Stoffe,
- lokal gehemmte Bodenmikroflora durch zu hohe Schadstoffkonzentration,
- Mangel an Wasser in sehr trockenen Klimazonen.

In extrem kalten Gebieten könnten auch die niedrigen Temperaturen den Abbau behindern. Halogenierte Lösungsmittel können zu oxidiert sein für einen oxidativen Abbau und müssen daher zunächst mikrobiell reduziert werden. In diesem Fall läge ein Mangel an Elektronendonatoren in entsprechend hoher Konzentration vor und es müssen anaerobe Bedingungen herrschen Unter diesen Bedingungen werden die halogenierten Lösungsmittel als Elektronenakzeptoren verwandt und teilweise dehalogeniert. Durch Aufhebung der festgestellten Mangelzustände kann der mikrobielle Abbau stimuliert werden. Hierzu werden verschiedene Wege eingeschlagen.

Mikrobiologische in situ-Verfahren. Mikrobiologische in situ-Verfahren bieten den Vorteil, daß die Bodensanierung mit einer Grundwassersanierung kombiniert werden kann. Dieses Sanierungskonzept bietet die Vorteile einer geringen Folgebelastung der Umwelt (Abgase der Fahrzeuge und Maschinen) und einer geringen Gefahr der Schadstofffreisetzung bei den Sanierungsarbeiten kombiniert mit geringen Kosten. Ein Beispiel einer Sanierung eines Mineralöl-Schadenfalles ist in Abb. 2.64 dargestellt. Kontaminiertes Grundwasser wird über einen Förderbrunnen kontinuierlich entnommen. Nach einer Enteisenung (Oxidation von Eisen(II) zu Eisen(III)) wird das kontaminierte Grundwasser über einen Bioreaktor gereinigt. Nachdem die erforderlichen Nährstoffe einschließlich Elektronenakzeptor zudosiert wurden, wird das Wasser wieder in den Untergrund gepumpt und strömt durch den Schadstoff-kontaminierten Bereich zum Förderbrunnen. Dabei werden die Schadstoffe im Untergrund teilweise abgebaut, teilweise mit dem Wasser gefördert. In Verfahrensvarianten wird ein Teil des gereinigten Wassers nicht über Schluckbrunnen in den Untergrund gepreßt, sondern oberflächlich über dem kontaminierten Bereich verrieselt. Der kontaminierten Bereich muß dann nicht vollständig im Bereich der Grundwassersättigung liegen. Zusätzlich wird über Schutzinfiltrationen von nicht kontaminiertem Grundwasser eine Ausbreitung des kontaminierten Wassers nach der Seite verhindert. Die Einsetzbarkeit dieses Verfahrens wird hauptsächlich durch die Durchlässigkeit des Untergrundes bestimmt. Ein Sickerwasserstrom zur Nährstoffversorgung der Mikroorganismen und zum Abtransport von Stoffwechselprodukten und Schadstoffen muß erreicht werden. Weiterhin muß biologische Aktivität im Boden indu-

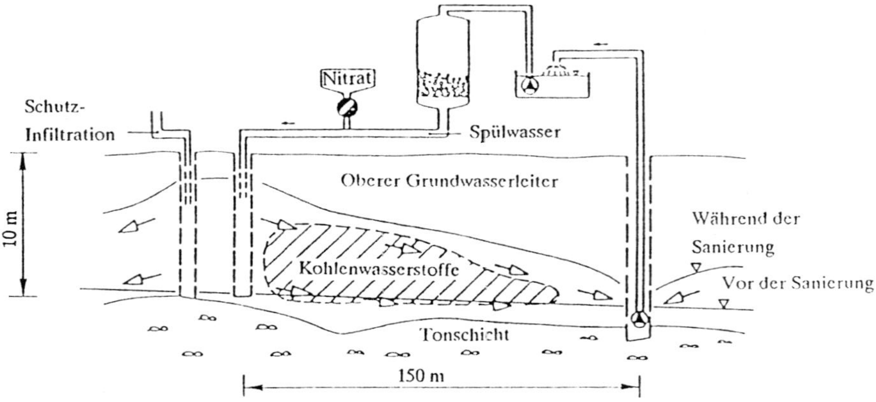

Abb. 2.64. Prinzip einer in situ-Sanierung des Untergrundes eines Mineralölschadens. Als Elektronenakzeptor dient Nitrat (aus Förstner 1991)

zierbar sein, es dürfen keine giftig wirkenden Schadstoffe vorliegen. Als Elektronenakzeptoren werden Sauerstoff, Wasserstoffperoxid oder Nitrat eingesetzt. Wasserstoffperoxid bietet zusätzlich den Vorteil eines chemischen Angriffs auf die Schadstoffe.

Die Untersuchung des geförderten Grundwasser auf den Schadstoffgehalt kann Hinweise darauf geben, ob noch mobilisierbare Schadstoffe im Boden vorhanden sind. Zudem kann über die Menge des verbrauchten Elektronenakzeptors ein Hinweis auf die Vollständigkeit des Schadstoffabbaus im Untergrund gewonnen werden.

Mikrobiologische on site-Verfahren. Das ausgekofferte Material kann aufgelokkert und mit strukturverbessernden Materialien angereichert werden. Im einfachsten Fall, der Landfarming-Methode, wird eine Schutzfolie auf dem Untergrund ausgebreitet und darauf eine Drainageschicht einschließlich eines Entwässerungssystems installiert. Der kontaminierte Boden wird darauf, nach Zusatz von Nährstoffen, in einer Schicht von 40 cm Dicke ausgebracht. Von Zeit zu Zeit wird der Boden mit landwirtschftlichen Geräten bearbeitet und eventuell erneut gedüngt. Das Sickerwasser wird aufbereitet oder erneut auf die Fläche zurückgeführt. Zur Erhöhung der mikrobiologischen Aktivität kann Kompost oder Klärschlamm eingearbeitet werden. Einhausung führt zu einer Temperaturerhöhung im Zelt und damit zu einer erhöhten biologischen Aktivität. Durch Einbau von Belüftungssystemen kann die Schichtdicke des Bodens erhöht werden. Dadurch schafft man den Übergang zu den Mietenverfahren, bei denen der Sanierungsvorgang weiter technisiert wird. Hier wird der Boden ebenfalls mit Nährstoffen vermischt und meist auch berieselt. Das Sickerwasser wird oft biologisch aufbereitet und erneut verrieselt. Dadurch kann eine weitgehende Prozeßoptimierung erfolgen. Es werden verschiedene Verfahrensvarianten

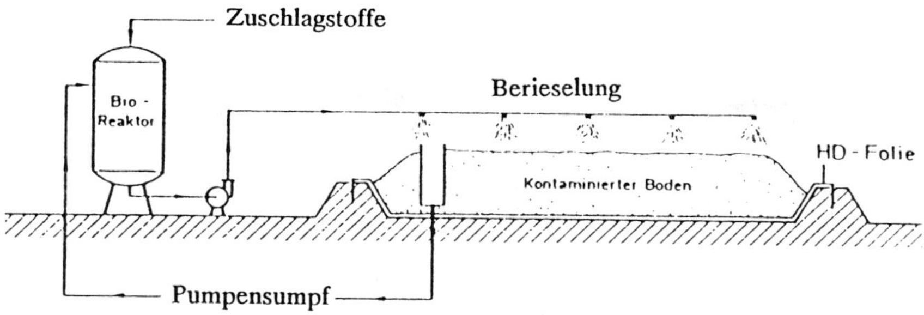

Abb. 2.65. Beispiel einer Anlage zur mikrobiellen Dekontamination mit Sickerwasseraufbereitung nach dem Mietenverfahren (aus Förstner 1991)

angeboten, die prinzipiell wie das in Abb. 2.65 dargestellte Verfahren arbeiten. Wie bei den in situ-Verfahren bestimmt die Durchlässigkeit des Bodenmaterials den Sanierungserfolg.

Zur Erhöhung der mikrobiellen Aktivität werden verschiedene Zusatzstoffe angeboten. Teils handelt es sich um Substanzen, die die Bioverfügbarkeit der oft schlecht wasserlöslichen Schadstoffe (z.B. langkettige Kohlenwasserstoffe, PAK) erhöhen, teils sind es Enzyme, die den Schadstoffabbau fördern. Weiterhin kann versucht werden, durch Zusatzstoffe die Bodenstruktur und damit die Sauerstoffversorgung der Mikroorganismen zu verbessern oder durch Zusatz von Chelatbildnern die Nährstoffversorgung zu verbessern. Organische Zusatzstoffe verändern die bodenmechanischen Eigenschaften nachhaltig, sodaß dieser nur bedingt wieder eingebaut werden kann. Solche meist humusangereicherte Böden werden im Landschaftsbau verwendet.

An den mikrobiologischen Vorgängen aller biologischen Reinigungsverfahren sind verschiedene Mikroorganismen beteiligt. In den meisten Fällen, insbesondere bei der *in situ*-Sanierung wird mit der autochthonen Mikroflora gearbeitet. Das sind die Mikroorganismen, die sich natürlicherweise im Boden entwickeln. Vereinzelt wurde versucht, den Abbau von speziell angereicherten Mikroorganismen oder von Reinkulturen durchführen zu lassen. Diese Isolate zeigten zwar im Labor hervorragende Abbauleistung, während des Sanierungsvorhabens haben sich häufig andere, an die Standortbedingungen besser angepaßte Mikroorganismen durchgesetzt. Meist handelt es sich um Bakterien der Gattungen *Pseudomonas*, *Flavobacterium*, *Bacillus* und andere. Bei einigen Schadstoffen (z.B. PAK) kann gezielt mit holzabbauenden Pilzen gearbeitet werden. Gerade Weißfäulepilze, die das Lignin des Holzes angreifen, können wertvolle Hilfe beim Abbau resistenter Verbindungen leisten. Der primäre Angriff auf das Substrat erfolgt durch Radikale, die außerhalb der Zelle erzeugt werden. Dieser Angriff erfolgt unspezifisch und schließt folglich auch schwer abbaubare Schadstoffe ein. Die daraus entstehenden Produkte können von den Pilzen oder anderen Mikroorganismen genutzt werden. Das Wachstum der Pilze kann gezielt durch Zusatz von ligninhaltigem Material (Rinde, Stroh, Sägespäne) gefördert werden.

In solchen Fällen kann ein Animpfen mit Starterkultur den Erfolg der Sanierung sichern.

Bodenluftabsaugung. Bei Vorliegen leichtflüchtiger Substanzen (BTX-Aromaten, chlorierte Lösungsmittel) kann eine Bodenluftabsaugung sinnvoll sein. Das Prinzip ist ähnlich der hydraulischen Maßnahme, es wird lediglich in der Wasser-ungesättigten Bodenzonen gearbeitet. Die Luft wird über einen Ansaugpegel aus den Bodenporen gefördert und über einen entsprechenden Filter, meist Aktivkohle oder Biofilter, gereinigt. Als begleitende Maßnahme kann Druckluft in die gesättigte Bodenzone injiziert werden und damit die Schadstoffe durch Stripping ausgetrieben werden. Die injizierte Luft wird über die Absaugpegel geleitet und gereinigt. Die Einsetzbarkeit wird begrenzt durch das Porenvolumen des Bodens. Problematisch kann die schlechte Abdichtung der Saugpegel werden, sodaß atmosphärische Luft statt Bodenluft gefördert wird. Aus diesem Grund wird häufig die Oberfläche des zu sanierenden Bereiches mit Folien versiegelt. Das Verfahren wird häufig kombiniert mit hydraulischen Verfahren angewandt.

Naßmechanische Verfahren: Bodenwäsche. Hierunter werden Verfahren verstanden, bei denen die Schadstoffe aus dem kontaminierten Boden oder Bauschutt extrahiert werden. Die Bodenwäsche ist für organische und anorganische Schadstoffe in gleicher Weise geeignet, die Schadstoffe müssen lediglich durch Lösungsmittel, in der Regel Wasser, mobilisierbar sein.

Bei der Bodenwäsche wird der kontaminierte Boden ausgekoffert und vor Ort oder in einem Bodenbehandlungszentrum behandelt (Abb. 2.66). In einer ersten Stufe wird der Boden mit einem Brecher und einer Siebanlage mechanisch aufbereitet. Durch intensives Vermischen mit Prozeßwasser wird die eigentliche Mobilisierung der Schadstoffe erreicht. Hierbei können Chemikalien zugesetzt werden, die die Reinigungswirkung des Waschvorganges verbessern. Anschließend erfolgt eine Trennung in die feste und die flüssige Phase. Die feste Phase, die die Grob- und Mittelfraktion des Bodens darstellt, kann, bei Erreichen des Sanierungszieles, wieder eingebaut werden oder wird einer Nachbehandlung unterworfen. Das Prozeßwasser, das die Schadstoffe und die Feinkornfraktion enthält, wird nochmals einem Trennprozeß unterworfen der bei den verschiedenen Anlagen sehr unterschiedlich sein kann. Die abgetrennten Feinpartikel sind oft stark Schadstoff-belastet (große Oberfläche) und müssen einer geeigneten Entsorgung zugeführt werden. Die Trennleistung der Anlage bestimmt folglich die zu entsorgende Menge an Feinkornfraktion. Das Wasser ist ebenfalls stark belastet und wird mit geeigneten Methoden aufbereitet. Die dabei anfallenden Schlämme sind ebenfalls zu entsorgen. Das gereinigte Wasser wird, nach Ausgleich der prozeßbedingten Verluste und Konditionierung mit Chemikalien, der Waschanlage wieder zugeführt. Der Gesamtprozeß, insbesondere die Aufbereitung des Prozeßwasser, kann sehr gut an die jeweils vorliegende Kontamination angepaßt werden. Der sanierte Boden ist nicht nur an Schadstoffen, sondern auch an Feinkorn verarmt, wodurch sich die Eigenschaften des Bodens verändern. Dies ist bei der

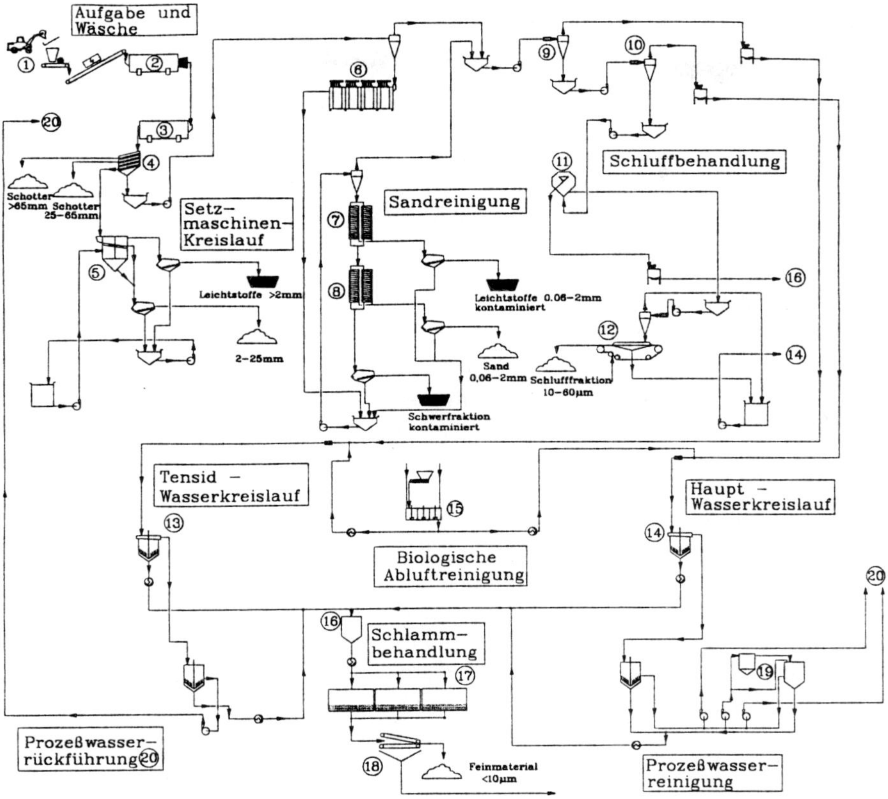

Abb. 2.66. Fließschema der Gleisschotterwaschanlage mit Suspensionsbioreaktoren; 1: Aufgabe kontaminiertes Material; 2: Läutermaschine; 3: Läutertrommel 4: Siebmaschine; 5: Setzmaschine; 6: Attrition; 7, 8: Wendelscheider; 9, 10; Multizyklonstufen; 11: Flotation, 12: Vakuumbandfilter; 13, 14: Eindicker; 15: Betriebsmitteldosierstation; 16: Schlamm-Konditionierer; 17: Bioreaktor; 18: Schlammpresse; 19: Filtrationseinheit; 20: Wasserläufe. (aus Gerke et al. 1994)

Folgenutzung zu berücksichtigen. Viele stationäre Bodenwaschanlagen verwerten die gereinigten Fraktionen als Recycling-Baustoffe. Im Prinzip ist eine derartige Bodenwäsche lediglich eine naßmechanische Auftrennung eines Mineralstoffgemisches, wobei die Schadstoffe in einem kleinen Volumen konzentriert werden, ohne diese stofflich zu verändern. Neuere Entwicklungen zielen darauf ab, die aufkonzentrierten Schadstoffe in weiteren Behandlungsschritten zu biologisch oder thermisch zu dekontaminieren und, falls gewünscht, das gereinigte Feinkorn mit dem Grob- und Mittelkorn zu vereinigen.

Thermische Verfahren. Bei den thermischen Verfahren werden die Schadstoffe in die Gasphase überführt und in der Regel anschließend verbrannt. Durch umfangreiche Maßnahmen zur Rauchgasreinigung werden nicht zerstörbare Schadstoffe und Zersetzungsprodukte zurückgehalten. Die hierzu erforderliche Technik ist aus der Abfall- und Sondermüllverbrennung bekannt. Voraussetzung für thermische Behandlungen sind die Verdampfbarkeit und Brennbarkeit der Schadstoffe und die kostengünstige Entsorgung der Produkte der Rauchgasreinigung. Die thermischen Verfahren werden weiter unterteilt in:

- Niedertemperaturverfahren und
- Hochtemperaturverfahren.

Bei den Hochtemperaturverfahren (Abb. 2.67) wird der Boden selbst auf Temperaturen über 1000°C (bis zu 1600°C) erhitzt. Alle Arten organischer Schadstoffe werden bei diesen Temperaturen oxidativ zersetzt. Schwermetalle werden entweder abdestilliert oder durch Verglasungs- und Keramisierungsvorgänge in der Bodenmatrix fixiert. Abdestillierte Schwermetalle werden im Zuge der Rauchgasreinigung abgeschieden.

Bei den Niedertemperaturverfahren wird der Boden nicht verbrannt, sondern lediglich auf Temperaturen von 300 bis 600°C erhitzt. Die bei diesen Temperaturen ausgetriebenen Schadstoffe werden in einer Nachbrennkammer auf über 1000°C erhitzt und die organischen Schadstoffe dabei oxidiert. Neuere Verfahrensansätze, die für hoch quecksilberkontaminierte Standorte eingesetzt wurden, verzichten auf die Verbrennung, da das Quecksilber in metallischer Form aus den Brüden abgeschieden werden kann. Die Flüchtigkeit der Schadstoffe wird dabei durch Anlegen eines Vakuums oder durch Einsatz von überhitztem Wasserdampf erhöht.

Die Eigenschaften des gereinigten "Bodens", der eine solche thermische Behandlung verläßt, unterscheiden sich, je nach angewandter Temperatur, wesentlich. Der Boden nach einer Niedertemperaturbehandlung ist in seinem Gehalt an flüchtigen anorganischen und organischen Stoffen verarmt, in seiner Struktur jedoch nur geringfügig verändert und kann ohne erheblichen Aufwand einer Kultivierung zugeführt werden. Durch die Verglasungs- und Keramisierungsprozesse, die bei einer Hochtemperaturbehandlung auftreten, ist die Bodenstruktur stark verändert, die funktionell wichtigen Tonminerale sind zerstört. Eine Folgenutzung ist nur bedingt möglich, eine Rekultivierung kann nur langfristig und unter erheblichem Aufwand erfolgen. Beide Prozesse sind mit einem großen Einsatz an Wärmeenergie zu betreiben. Die Menge der als Sonderabfall zu entsorgenden Reststoffe bestimmt den Preis thermischer Verfahren. Sie werden bevorzugt bei Kontaminationen eingesetzt, die wegen der Mischung der vorliegenden Schadstoffe anders nicht zu sanieren sind. Auch Reststoffe naßmechanischer Bodenwaschanlagen können thermisch weiterbehandelt werden.

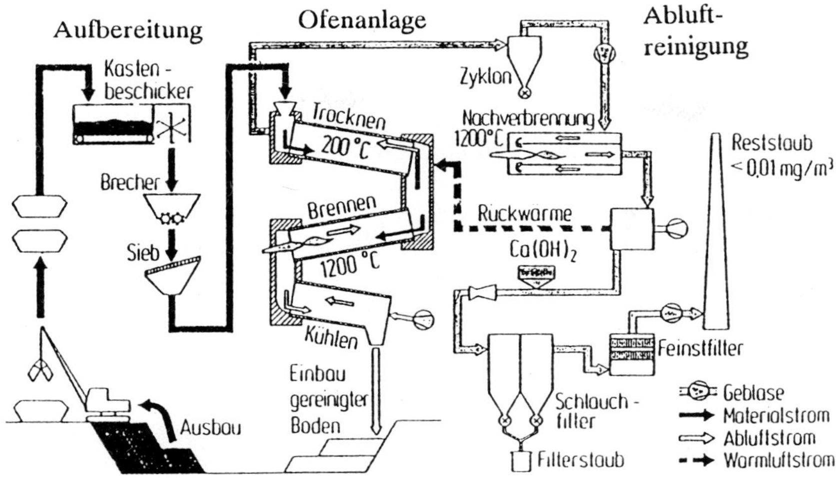

Abb. 2.67. Schema einer Anlage zur thermischen Behandlung von Böden (aus Förstner 1991)

2.4.3 Luftreinhaltungstechniken

Luftreinhaltungstechniken werden aufgrund verschiedener Emissionen erforderlich. Es werden partikelförmige und gasförmige Emissionen unterschieden. Die Emissionen aus industrieller Produktion dürfen nicht vernachlässigt werden. Die Minimierung der möglichen Emissionen ist bei der Entwicklung neuer Verfahren und dem Bau neuer Anlagen zu berücksichtigen. Bei vorhandenen Anlagen und Verfahren müssen Ursachen der Emissionen untersucht werden. Bereits eine Änderung der eingesetzten Rohstoffe kann zur Verminderung von Emissionen beitragen. Beispielsweise kann durch den Einsatz von entschwefeltem Heizöl oder Erdgas anstelle schwefelhaltiger Kohle zur Verringerung der SO_2-und Stickoxid-Emission beigetragen werden. Erdgasverbrennung bedeutet gleichzeitig eine Verringerung der Flugstaubemission. Die Nutzung von gereinigtem Faulgas aus anaeroben Prozessen ist auch unter diesem Gesichtspunkt eine umweltfreundliche Energiequelle.

Verfahren zur Staubabscheidung. Die Staubabscheidung erfolgt nach verschiedenen Verfahren unter Ausnutzung unterschiedlicher physikalischer Kräfte. Im Fliehkraftabscheider (Zyklon) erfolgt die Abscheidung unter Zusammenwirken von Zentrifugal- und Schwerkraft. Der Rohgasstrom wird tangential in ein zylindrisches Gehäuse geleitet und bewegt sich spiralförmig nach unten; Staubteilchen werden an die Wandung geschleudert, gleiten dort nach unten und können abgezogen werden. Der Gasstrom wird im Unterteil nach oben abgelenkt und steigt im axialen Steigrohr nach oben. Korngrößen größer 10 bis 20 µm können abgeschieden werden.

Im Naßabscheider werden die Staubteilchen aus dem Rohgas ausgewaschen. Ein intensiver Kontakt zwischen dem Rohgas und der Waschflüssigkeit, meist Wasser, ist erforderlich. Dies wird meist durch Einspritzen der Waschflüssigkeit in das Rohgas realisiert. Ein anderes Prinzip ist das Erzeugen eines großen Flüssigkeitsfilmes, z.B. auf Füllkörperschichten. Die Naßabscheidung ist vorteilhaft zum Abscheiden sehr feiner Stäube (< 0,5 µM), die Brand- und Explosionsgefahr ist gering. Nachteilig ist die aufwendige Schlamm- und Abwasserbehandlung, um die Schadstoffe aus dem Waschwasser zu entfernen.

Bei Filtrationsabscheider werden entsprechend dem Ort der Abscheidung Abreinigungs- und Speicherfilter unterschieden. Erfolgt die Abscheidung auf der Oberfläche, so kann der Staub leicht von dieser entfernt werden. Sammelt sich der Staub im Inneren des Filters an, so läßt er sich nicht mehr vollständig vom Filter trennen. Die beladenen Filter müssen als Ganzes entsorgt werden.

Beim Elektroabscheider werden durch eine Sprühelektrode ein Elektronenstrom quer zum Abgasstrom erzeugt. Die Staubpartikel nehmen Elektronen auf, die geladene Teilchen werden durch ein elektrisches Feld zur gerichteten Abscheidung gebracht. Elektroabscheider sind vorallem bei sehr feinen Teilchen wirksam, Abscheidegrade von über 99% sind erreichbar.

Verminderung gasförmiger Emissionen. Es steht ein relativ großes Verfahrensspektrum für die Verminderung gasförmiger Emissionen zur Verfügung. Am häufigsten werden eingesetzt:

- Absorption in Flüssigkeiten (Gaswäsche),
- Adsorption an Oberflächen,
- biologische Abluftreinigung,
- katalytische und thermische Oxidation.

Bei den Absorptionsverfahren werden Gase mit einer Komponete in der Waschflüssigkeit zur Reaktion gebracht. Für saure Komponenten (Brom-, Chlor-, Cyan- oder Schwefelwasserstoff) werden alkalische Lösungen (Natriumhydroxid, Calciumhydroxid, Natriumkarbonat, Ammoniak) eingesetzt, umgekehrt für Ammoniak-Dämpfe saure Zusätze. Schwefeloxidemissionen können durch Rauchgaswäsche mit Kalksuspensionen verringert werden, es entsteht Gips, der in der Baustoffindustrie untergebracht werden kann. Bei der adsorptiven Bindung werden die Schadstoffe an porösen Festkörpern oder geladenen Oberflächen gebunden. Die Ausführung kann als Festbettadsorber erfolgen (Abb. 2.68 A). Die aktive Oberfläche ist fest in den Adsorber eingebaut. Es sind zwei Einrichtungen erforderlich, die abwechselnd benutzt werden. Aus dem gerade nicht benutzen Adsorber werden die Verunreinigungen durch Einleiten von Dampf entfernt. Das Fließbettverfahren arbeitet mit einem bewegten Adsorber, der im Gegenstrom zur verunreinigten Luft nach unten geleitet wird. Im unteren Teil erfolgt die Desorption infolge der Erwärmung (Abb. 2.68 B).

Die biologische Abluftreinigung ist eine Regeneration von Waschflüssigkeiten durch biologischen Abbau mit Mikroorganismen. Beim Biofilter strömt schadstoffhaltige Luft durch biologisch aktives Material (z.B. Kompost, Torf, Rindenkompost; zum Teil mit Heidekraut zur Strukturverbesserung). Es kommen jedoch auch inerte Trägermaterialien zum Einsatz, auf denen sich ein Biofilm ausbildet. Solche Anlagen entsprechen im wesentlichen den Tropfkörpern aus der Abwasserreinigung, wobei die Schadstoffe durch den Gasstrom eingebracht werden, das Wasser zur Befeuchtung wird im Kreislauf geführt.

Die Verunreinigungen werden an den eingebauten Materialien beziehungsweise dessen Aufwuchs absorbiert und durch Mikroorganismen abgebaut. Da gleichzeitig das organische Trägermaterial mitzersetzt wird, sind solche Füllungen der Biofilter von Zeit zu Zeit zu erneuern. Mit zunehmender Zersetzung nimmt der Strömungswiderstand zu. Für die biologische Abluftreinigung müssen die Schadstoffe wasserlöslich und biologisch abbaubar sein. Gerade die Wasserlöslichkeit kann für die biologische Behandlung von lipophilen Lösemitteldämpfen begrenzend werden (große Henry-Koeffizienten). Weiterhin können zu hohe Konzentrationen der Schadstoffe hemmend auf die Mikroflora wirken, deshalb sind diese Verfahren nur für Abluft mit geringen Schadstoffkonzentrationen geeignet. Die Ablufttemperatur muß zwischen 5°C und 60°C liegen, es dürfen keine toxischen Stoffe in der Abluft enthalten sein.

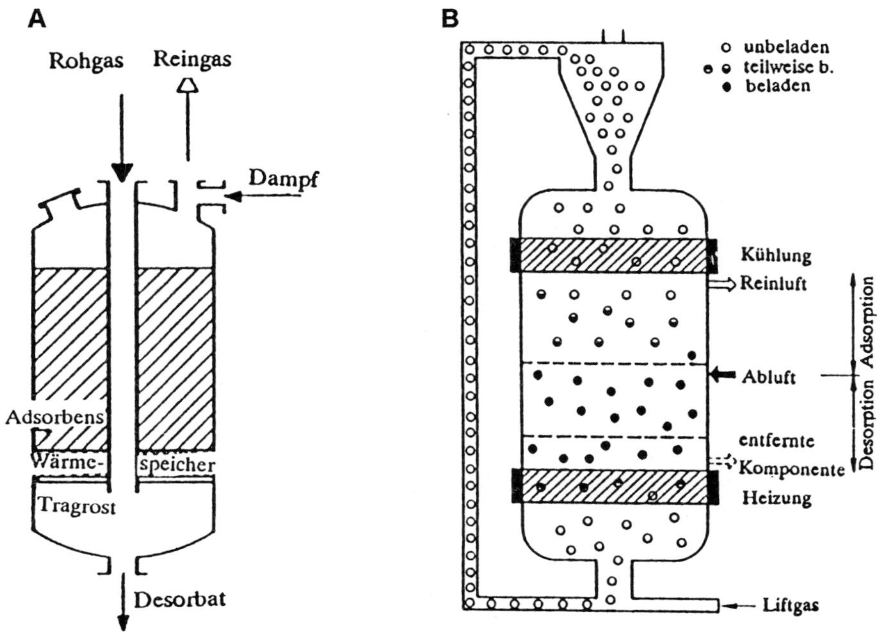

Abb. 2.68. A Festbettadsorber, **B** Fließbettabsorber (aus Förstner 1991)

Wegen der Austrocknungsgefahr muß ausreichend Feuchtigkeit in der Abluft vorhanden sein.

Eine weitere Form biologischer Ablufireinigung sind die Biowäscher. Es handelt sich Abluftwäscher, deren Waschwasser jedoch biologisch regeneriert wird. Ein Beispiel für eine solche Anlage zeigt Abb. 2.69. Bei diesem Verfahren werden Lösevermittler zugesetzt, die zunächst die Schadstoffe aus der Abluft absorbieren. In einem langsam durchströmten Bioreaktor geben die Lösevermittler die Schadstoffe an die Mikroorganismen ab. Der biologische Abbau ist somit von der Schadstoffbindung zeitlich verzögert. Dieses Verfahren eignet sich besonders für Schadstoffe mit hohem Henry-Koeffizienten (> 20), die ohne Lösevermittler mit dem Biowäscher nicht abscheidbar wären.

Die thermische Nachverbrennung arbeitet bei 1000 bis 1200°C und Zugabe von Sekundärsauerstoff zum Abgas. Zum Erreichen der Verbrennungstemperatur ist ein Brenner installiert. Dadurch kann eine Oxidation von Schadstoffen erreicht werden. Eine solche Nachverbrennung ist beispielsweise in der Anlage zur thermischen Bodenreinigung (Abb 2.67) installiert. Den gleichen Effekt erreichen Katalysatoren, jedoch darf die Abgastemperatur nicht über 600°C, da sonst der Katalysator verbrennt. Ein weit verbreitetes Anwendungsbeispiel ist der Abgaskatalysator in Kraftfahrzeugen.

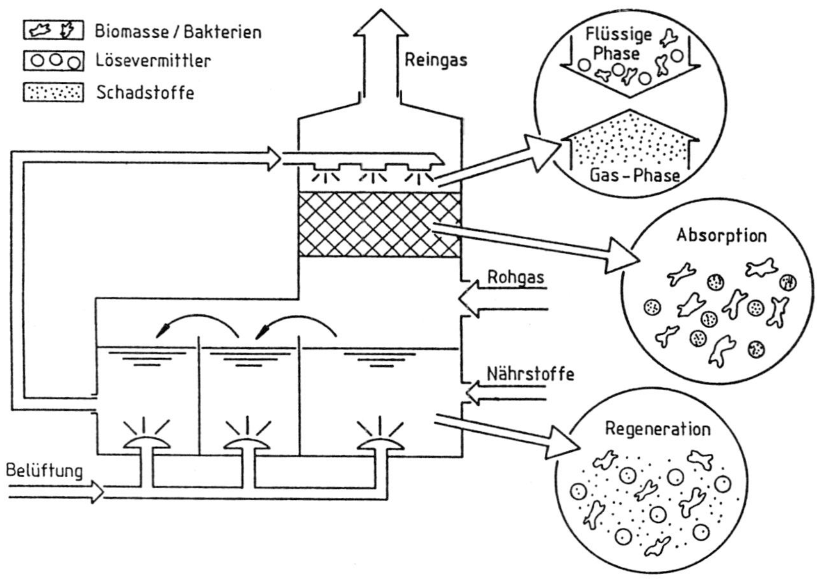

Abb.2.69. Beispiel für einen Biowäscher nach dem Biosolv-Verfahren (aus Kobelt 1995)

3 Nachweis von Kontaminationen in Umweltproben

Unsere heutige Kenntnis über das Ausmaß der Belastung unserer Umwelt ist wesentlich vom Fortschritt der modernen Analysentechnik geprägt. Erst die Entwicklung empfindlicher Nachweismethoden ermöglichte dem Analytiker, Umweltbelastungen im Spurenbereich nachzuweisen. Die stetige Verringerung der Nachweisgrenze birgt jedoch zunehmend die Gefahr von Analysenergebnissen, die nicht dem wahren Gehalt der Umweltprobe entsprechen. Die Kenntnis der Analysenverfahren und ihrer Grenzen und daraus abgeleitet sauberes und exakt protokolliertes Arbeiten ermöglicht eine Fehlersuche, wenn ein Ergebnis nicht plausibel erscheint. Kontrollansätze, die geeignet sind Analysenfehler aufzudecken, sollten zur Routine in jedem Labor gehören. Mit zunehmendem Grad der Automatisierung sollte auch die Häufigkeit der Überprüfung von Eichsubstanzen und Referenzlösungen zunehmen. Die Dokumentation dieser Messungen und anderen Mittel der Qualitätssicherung im Labor sind von immenser Wichtigkeit, um die Wahrscheinlichkeit von Fehlbestimmungen zu minimieren. Gerade im Auftragslabor besteht die Gefahr, daß die Qualitätssicherung wegen des hohen Kostendrucks vernachläßigt wird. Es wäre daher wünschenswert, wenn die Auftraggeber den Aspekt Qualitätssicherung bei der Auftragvergabe stärker berücksichtigen würde.

Qualitätssicherung beginnt nicht erst bei der Bearbeitung der Proben im Labor, sondern bereits bei der Probenahme. Nur wenn der Bearbeiter die Herkunft der Proben sowie den Anlaß und die Umstände der Probenahme kennt, können die Analysenergebnisse auf Plausibilität geprüft und richtig bewertet werden.

Für zahlreiche Nachweisverfahren sind Normen (DIN) vom Deutschen Institut für Normung e.V. herausgegeben worden, die zugleich in den Deutschen Einheitsverfahren zur Wasser-, Abwasser- und Schlamm-Untersuchung (DEV) der Fachgruppe Wasserchemie in der Gesellschaft Deutscher Chemiker enthalten sind. Die betreffenden DIN wurden nach den DEV zitiert. Weiterhin wurden Richtlinien der Länderarbeitsgemeinschaft Abfall (LAGA) für die Untersuchung von Abfällen berücksichtigt.

3.1 Probenahme und Probenvorbereitung

Für die Probenahme sind verschiedene Normen und Richtlinien veröffentlicht worden. So existieren einige DIN-Vorschriften, die die Entnahme von Wasserproben betreffen. Diese Vorschriften sind:

DIN 38 402 Teil 11; Probenahme von Abwasser,
DIN 38 402 Teil 12; Probenahme aus stehenden Gewässern,
DIN 38 402 Teil 13; Probenahme aus Grundwasserleitern,
DIN 38 402 Teil 15; Probenahme aus Fließgewässern,
DIN 38 402 Teil 16; Probenahme aus dem Meer.

Weiterhin ist in den Teilen 14 und 17 bis 22 der DIN 38 402 die Probenahme von Rohwasser und Trinkwasser, von fallenden, nassen Niederschlägen in flüssigem Aggregatzustand, von Wasser aus Mineral- und Heilquellen, von Schwimm- und Badebeckenwasser, die Probenahme aus Tidegewässern und die Probenahme von Kühlwasser für den industriellen Gebrauch geregelt.

Von der Länderarbeitsgemeinschaft Abfall wurden die Richtlinien PN 2/78 Entnahme und Vorbereitung von Proben aus festen, schlammigen und flüssigen Abfällen und PN 1/75 Entnahme von Wasserproben herausgegeben. Weitere Normen existieren beispielsweise für den Baubereich und die Landwirtschaft. Vom Verein Deutscher Ingenieure (VDI) wurden ebenfalls Richtlinien betreffend Luftimmissionsmessungen herausgegeben. Die Aufzählung zeigt, daß bei der Probenahme viel falsch gemacht werden kann, sonst würde nicht ein so weitgehender Regelungsbedarf bestehen. Sind beispielsweise mikrobiologische Untersuchungen zum Nachweis von Krankheitserregern in Trinkwasser vorgesehen, so muß sichergestellt sein, daß die eventuell nachgewiesenen Keime nicht zufällig in die Probe geraten sind. So sind sterile Probenahmegefäße erforderlich und es muß sichergestellt sein, daß die Probe nicht mit Fremdkeimen kontaminiert wird. Ein anderes Beispiel ist die Bestimmung des Sulfids. Bereits bei der Probenahme muß der Kontakt der Wasserprobe mit Luftsauerstoff möglichst unterbunden werden, um die Oxidation des Sulfids zu verhindern. Dies kann dadurch erreicht werden, daß die Probe mit einer Ascorbinsäurelösung versetzt wird. Es ist dringend erforderlich bereits bei der Vorbereitung einer Probenahme die entsprechenden Analysenvorschriften zu Rate zuziehen, um die geeigneten Probengefäße auszuwählen, erforderliche Geräte mitzuführen und entsprechende Chemikalien bereitzuhalten, um die Proben in geeigneter Weise zu stabilisieren oder zu fixieren. Im Extremfall kann dies dazu führen, daß für jeden der zu untersuchenden Parameter ein eigenes Gefäß zu befüllen ist.

Dennoch sollen einige Grundsätze der Probenahme zusammengefaßt werden. Prinzipiell ist über jede Probenahme ein Protokoll zu führen, damit die Umstände der Probenahme nachvollzogen werden können. Hierzu gehören die Probenkennzeichnung, Ort, Datum, Zeit der Probenahme, wie die Probe gewonnen wurde, die Lufttemperatur und eventuell die Wetterbeobachtung zum Zeitpunkt der Probenahme. Weiterhin hat eine organoleptische Ansprache der Probe zu erfolgen (Farbe, Geruch, bei Wasserproben Trübung) zu erfolgen. In wässrigen Proben müssen einige Parameter direkt bestimmt werden. Dies sind Temperatur, pH-Wert, Leitfähigkeit, Redoxpotential, Sauerstoffgehalt und eventuell Säure- beziehungsweise Basekapazität. Konservierungsmaßnahmen für die einzelnen Proben, Name und Institution des Probenehmers, Datum und Uhrzeit der Probenübergabe an das Labor werden ins Protokoll aufgenommen und die Eingangsnummer des Labors notiert. Beim Transport sind die Proben kühl und dunkel zu lagern.

Bei der Probenahme aus Gewässern oder dem Grundwasser sind prinzipiell Schöpfproben und gepumpte Proben möglich. Für die Grundwasserbeprobung sind in der Regel Brunnen erforderlich (Abb. 3.1). Hierzu sieht DIN 38 402 Teil 13 vor, daß solange Wasser gepumpt wird, bis die Parameter pH-Wert, Leitfähigkeit und Temperatur konstant sind. Das Wasser soll tatsächlich aus dem beprobten Grundwasserleiter stammen und nicht Inhalt des Brunnenrohres sein, da dieser wegen der veränderten Umgebung eine andere chemische Zusammensetzung haben kann. Diese Vorgehensweise wird häufig praktiziert, die Aussagekraft der anschließenden chemischen Analytik über die Zusammensetzung des Grundwassers kann jedoch relativ gering sein. Auch im Grundwasser gilt der Grundsatz, daß sich Flüssigkeiten entsprechend ihrer Dichte einschichten (vgl. Kap. 2.2.5). Deponiesickerwässer werden sich aufgrund ihrer hohen Dichte auf der Sohle des Grundwasserleiters einschichten. Das Ausmaß einer solchen Grundwasserkontamination kann mit der Probenahmetechnik der DIN nicht richtig erfaßt werden, da diese eine Entnahmetiefe von 1 m unter dem Grundwasserspiegel bzw. Oberkante des Filterrohres vorsieht. Eine Probenahme kurz oberhalb der Grundwassersohle, entnommen mit einem geeigneten Schöpfgerät kann der zu untersuchenden Grundwasserbelastung besser gerecht werden. Eventuell können sogar Schöpfproben aus unterschiedlichen Proben sinnvoll sein. Zur Orientierung, wie sich Schadstoffahnen im Grundwasser einschichten, können Meßsonden für pH-Wert, Leitfähigkeit und Temperatur in den Brunnen abgelassen werden und aufgrund der gemessenen Profile geeignete Entnahmetiefen festgelegt werden. Ähnliche Überlegungen spielen auch bei der Beprobung stehender Gewässer eine Rolle. Die Probenahmestrategie sollte in jedem Falle an das Untersuchungsziel angepaßt werden.

Zur Entnahme von Bodenproben werden meist Rammkernsondierungen oder Bohrungen niedergebracht. Auch die Anlage von Schürfen ist möglich. Das Probenmaterial muß hinsichtlich des Aussehens (organoleptisch) und der Korngrößenzusammensetzung (bodenkundlich-geologisch) angesprochen werden (DIN 4022, Hölting 1992) und ein Schichtenverzeichnis erstellt werden. Bohrungen können anschließend zu Grundwassermeßstellen ausgebaut werden. Auch Rammkernsondierungen können zu provisorischen Grundwassermeßstellen ausgebaut werden, beispielsweise um die Grundwasserfließrichtung zu bestimmen. In der Praxis wird für jede erkennbare Schicht eine Probe entnommen, ähnliche Schichten werden aus Kostengründen häufig zu einer Analysenprobe vereint. Auch hier gilt der Grundsatz, daß die mit dem Herstellen von Mischproben ein-

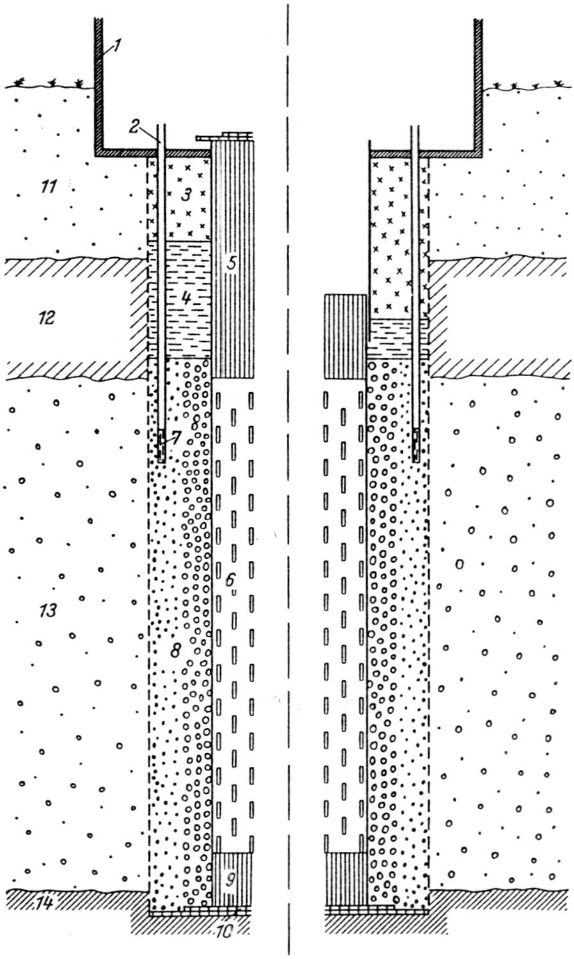

Abb. 3.1. Schema eines Brunnenausbaus. 1: Brunnenschacht; 2: Pegelrohr; 3: Ringraumschüttung; 4: Ringraumabdichtung; 5: Aufsatzrohr; 6: Filterrohr; 7: Filter des Pegelrohrs; 8: Filterkies; 9: Sumpfrohr; 10: Filterboden; 11: oberes, hier nicht verfiltertes Grundwasserstockwerk; 12: Grundwassernichtleiter; 13: unteres, verfiltertes Grundwasserstockwerk; 14: Grundwassersohle (aus Hölting 1992)

hergehende Vereinfachung nicht der Komplexität des zu untersuchenden Problems widersprechen darf.

Probenahmen aus der Atmosphäre oder der Bodenluft sind wegen der Flüchtigkeit der Komponenten besonders schwierig. Für die Entnahme von Bodenluft können Lanzen in vorhandene Rammkensondierungen eingebracht werden oder es werden spezielle Bodenluftsonden in den Boden geschlagen. Für längerfristige

Beobachtungen können auch dauerhafte Meßstellen errichtet werden. Vielfach werden Gasproben in besonders abgedichtete und verschließbare Kunststoffbeutel oder in verschließbare Glasbehälter („Gasmäuse") gesaugt oder gepumpt. Für die Untersuchung kann dann mittels einer gasdichten Spritze ein Teil der Probe entnommen werden und bevorzugt gaschromatographisch analysiert werden. Eine andere Möglichkeit besteht darin, die Schadstoffe an Aktivkohle oder Adsorberharze zu binden. Die beladenen Materialien werden dann im Labor untersucht. Die Adsorption hat den Vorteil, daß die Schadstoffe gleichzeitig aufkonzentriert werden.

Zur raschen Orientierung werden auch Prüfröhrchen eingesetzt, die meist über Färbereaktionen den ungefähren Gehalt an Schadstoffen oder Schadstoffgruppen anzeigen. Die Untersuchung der Bodenluft mit Prüfröhrchen kann erfolgreich für die Lokalisierung von Schadstoffahnen im Grundwasser eingesetzt werden. Häufig zu bestimmende Gase (Kohlendioxid, Sauerstoff, Methan) können auch mit spezifischen Detektoren oder einem Gaschromatographen mit Wärmeleitfähigkeitsdetektor vor Ort nachgewiesen werden. Je nach Fragestellung werden auch andere Parameter mit mobilen Geräten sofort nach der Probenahme vor Ort bestimmt, um sofort eine Entscheidungsgrundlage für das weitere Vorgehen zu haben.

Bei der Beprobung grobkörniger Abfälle und auch Böden stellt sich die Frage, welche Probemenge erforderlich ist, damit die Probe die Gesamtheit des zu untersuchenden Materials repräsentiert. Im Extremfall könnte ein einziger großer Brocken des zu untersuchenden Materials ausreichen, um, nach entsprechender Zerkleinerung, genug Material für alle Untersuchungsverfahren zu liefern. Schadstoffe reichern sich bevorzugt am feinkörnigen Material an. Es wäre jedoch falsch, nur das feinkörnige Material zu untersuchen. Die Wahrscheinlichkeit dann einen postitiven Nachweis zu bekommen ist zwar hoch, der Schadstoffgehalt würde jedoch überschätzt. Die erforderliche Probenmenge ist in der LAGA-Richtlinie PN 2/78 angegeben. Sie hängt im wesentlichen von der oberen Korngröße des Materials ab und davon, ob es sich um homogenes oder heterogenes Material handelt.

Vielfach ist es erforderlich, das gewonnene Probenmaterial aufzuteilen, um es für die einzelnen Analyseverfahren vorzubereiten. Nimmt man aus einem Probenbehälter mit inhomogenem Bodenmaterial, der durch den Transport kräftig durchgeschüttelt wurde, die obere Schicht heraus, so wird es eine andere Korngrößenzusammensetzung aufweisen als das Material, daß sich unten im Behälter befindet. In solchen Fällen muß das Material auf einer flachen Unterlage so ausgebreitet werden, daß die unterschiedlichen Korngrößenfraktionen auf der gesamten Fläche gleichmäßig verteilt sind. Entnimmt man nun Teilproben durch vollständiges Abräumen einer Teilfläche, so sind die einzelnen Teilproben mit hoher Wahrscheinlichkeit für die gesamte Probe repräsentativ.

Bei der Entnahme von Teilproben aus einer Wasserprobe kann es ähnliche Probleme geben, wenn die Wasserprobe Trübstoffe enthält. Diese müssen vor der Probenteilung aufgeschüttelt werden, sodaß jede Teilprobe einen repräsentativen

Anteil der Trübstoffe enthält. Lediglich wenn ausschließlich gelöste Anteile einer Wasserprobe bestimmt werden sollen, erübrigt sich das Problem. In diesem Falle wird die gesamte Wasserprobe filtriert und dann in Teilproben aufgeteilt.

Die Probenvorbereitung zu den einzelnen Analyseverfahren ist an das jeweilige Analyseverfahren anzupassen. Prinzipielle Methoden werden exemplarisch mit den Verfahren in den nachfolgenden Kapiteln erläutert. Lediglich ein Verfahren ist von so allgemeiner Bedeutung, daß es hier kurz vorgestellt werden soll. Es ist die Bestimmung der Eluierbarkeit mit Wasser (DIN 38 414 Teil 4), die auch bei der Beurteilung der Deponierbarkeit von Abfällen eine grundsätzliche Bedeutung besitzt (LAGA Richtlinie EW/77). Hierzu wird das Untersuchungmaterial mit der zehnfachen Menge destilliertem Wasser für 24 h geschüttelt. Dabei soll es zu keiner Materialzerkleinerung durch Abrieb kommen. Um Diffusionsgradienten zu vermeiden scheint es sinnvoll, die Schüttelgeschwindigkeit so einzustellen, daß feinkörniges Material in Schwebe bleibt. Nach 24 h werden die Trübstoffe durch Zentrifugation oder Filtration entfernt und das klare Eluat wie eine Wasserprobe weiter untersucht. Die Ergebnisse können je Liter Eluat oder, mit dem Zusatz „Eluierbarer Anteil", je kg Trockensubstanz angegeben werden. Es ist zweifelhaft. ob die Eluierung mit destilliertem Wasser dem tatsächlichen Auslaugungsverhalten von Abfällen in einer Deponie entspricht. Die in einer Deponie auftretenden Sickerwässer haben einen völlig anderen Chemismus als destilliertes Wasser.

3.2 Summenparameter

Unter den Summenparametern werden all die Stoffe verstanden, die mit einem einheitlichen Meßverfahren ohne genaue Identifizierung der Einzelsubstanzen erfaßt werden. Beispielsweise wird der Gesamte Organische Kohlenstoff durch Messung des bei der Verbrennung freigesetzten CO_2 bestimmt. Eine Unterscheidung verschiedener Stoffe ist bei der Messung nicht möglich. Ebenso ungeklärt bleibt die Frage, ob es sich um eine unschädliche natürliche Verbindung oder ein vom Menschen erzeugtes Gift handelt.

Es drängt sich die Frage auf, welchen Sinn eine solche Bestimmung hat, deren Aussagekraft extrem beschränkt ist. Dem ist entgegenzuhalten, daß Summenparameter häufig ausreichend gute Aussagen über anthropogene Umweltbelastungen erlauben. Wollte man nämlich jeden organischen Inhaltsstoff einer Probe identifizieren, wäre ein riesiger analytischer Aufwand nötig, der leicht Kosten in Höhe mehrerer tausend Mark verursachen kann, weil die chemische Natur der Stoffe nicht bekannt ist. In der Praxis geht man daher so vor, daß Summenparameter mit relativ geringen Kosten bestimmt werden. Werden hierbei bedenkliche Konzentrationen einzelner Stoffgruppen gefunden, kann durch gezielte Nachuntersuchung die Art der Kontamination weiter identifiziert werden. Für viele

Zwecke, beispielsweise die Abwasserreinigung, geben bereits die Summenparameter ausreichend Auskunft über die Zusammensetzung der Probe. Summenparameter erlauben also eine chemische Charakterisierung der Proben zu einem günstigen Preis und können unnötigen Analysenaufwand vermeiden helfen. Die Wahl zwischen Summenparametern und Einzelsubstanzen oder einer Kombination von beidem wird im wesentlichen davon bestimmt, welche Aussage auf Grund der Untersuchung gemacht werden soll.

3.2.1 Leitfähigkeit, pH-Wert

Die Leitfähigkeit einer wässrigen Probe gibt an, wieweit das Probenwasser elektrischen Strom leiten kann. Sie ist der Kehrwert des elektrischen Widerstandes und damit leicht über eine Widerstandsmessung zu bestimmen. Ihre Einheit ist Siemens. Die Leitfähigkeit reinen Wassers ist sehr gering, da Wasser, abgesehen von der Eigendissoziation, keine geladenen Teilchen enthält, die an einem Stromfluß beteiligt sein können. Werden Salze im Wasser gelöst, so nimmt die Zahl der geladenen Teilchen zu und folglich auch die elektrische Leitfähigkeit. Sie ist somit ein Maß für die Menge der Ionen in einer Probe. Da die Ladungen der Ionen und damit ihr Beitrag zur Leitfähigkeit unterschiedlich sind, kann aus der Leitfähigkeit nicht der Gehalt an bestimmten Salzen abgeleitet werden. Die Leitfähigkeit ist jedoch ein guter Indikator für die Belastung mit löslichen Salzen. Natürliche Süßwässer besitzen Leitfähigkeiten im Bereich von µSiemens, Meerwasser im Bereich von mSiemens. Deponiesickerwässer, die oft stark mit löslichen Salzen belastet sind, können Leitfähigkeiten im mSiemens-Bereich zeigen. Derart belastete Wässer sind schon wegen des Salzgehaltes nicht nutzbar.

Der pH-Wert ist definiert als der negative dekadische Logarithmus der Wasserstoffionenkonzentration. Somit stellt er ein Maß für die Belastung mit Säuren und Laugen dar. Der pH-Wert unbelasteter Wässer liegt um den Neutralpunkt, wobei Abweichungen um bis zu 2 Einheiten beobachtet werden können. Größere Abweichungen sind meist durch menschliche Aktivität hervorgerufen. Wie bereits in Kapitel 2.1.1 dargestellt, haben der Chemismus der Gesteine und biologische Aktivitäten großen Einfluß auf den pH-Wert. Abweichungen vom zu erwartenden pH-Wert geben Hinweis auf anthropogene Umweltbelastungen.

Die beiden Parameter Leitfähigkeit und pH-Wert können leicht mittels entsprechender Elektroden bestimmt werden. Da heute kleine, batteriebetriebene Meßgeräte zur Verfügung stehen, werden diese Parameter in wässigen Proben bereits bei der Probenahme bestimmt. Für den pH-Wert liegt der Grund darin, daß viele Probewässer bezüglich ihres CO_2-Gehaltes mit der Atmosphäre nicht im Gleichgewicht stehen. Probentransport oder -lagerung würden zu Veränderungen führen. Der Leitfähigkeit kommt bei der Probenahme aus dem Grundwasser eine besondere Bedeutung zu. Die Vorschriften zur Probenahme sehen ein Abpumpen bis zur Leitfähigkeitskonstanz vor. Es scheint daher sinnvoll, den gemessenen Wert sofort zu notieren. Da beide Parameter temperaturabhängig sind, muß die

Temperatur des Probenwassers stets bestimmt werden. Moderne Geräte sind mit entsprechenden Temperaturfühlern ausgestattet und zeigen neben der Temperatur den korrigierten Wert direkt an.

Bei Schlämmen erfolgt die pH-Messung, nachdem ausreichend dest. Wasser zu geführt wurde. Für Bodenproben ist es oft wünschenswert, die an Ionenaustauschern gebundenen Protonen zu mobilisieren. Hierzu können 1 M KCl, 0,01 M $CaCl_2$ oder dest. Wasser eingesetzt werden (Alef 1991). Die Art der Vorbehandlung muß bei der Angabe des Ergebnisses mit angegeben werden. Die Leitfähigkeit fester Probematerialien, wie sie bei der Beurteilung von Abfällen eine Rolle spielt, wird in Eluaten nach DIN 38 414 Teil 4 bestimmt.

3.2.2 Trockengewicht, Glühverlust

Die beiden Parameter Trockengewicht und Glühverlust werden meist von Böden und Schlämmen bestimmt. Das Trockengewicht ist eine wichtige Bezugsgröße für viele andere Parameter. Der Gehalt einer Probe an einer bestimmten Verbindung wird meist auf das Trockengewicht bezogen. Dies ist sinnvoll, weil der Wassergehalt von Böden und Schlämmen nicht konstant ist.

Der Glühverlust kann näherungsweise als Maß für den Gehalt an organischer Substanz betrachtet werden. Bei der angewandeten Temperatur von 550°C werden jedoch nicht alle organischen Verbindungen vollständig oxidiert. Kristallwasser wird aus einigen anorganischen Verbindungen ausgetrieben. Die angewandte Temperatur stellt einen Kompromiß dar. Trotz dieser Unzulänglichkeit wurde der Glühverlust früher häufig bestimmt, weil die direkte Bestimmung der organischen Substanz relativ aufwendig war. Heute stehen ausgereifte Geräte zur Bestimmung des organischen Kohlenstoffes auch in Feststoffen zur Verfügung, Der Parameter Glühverlust hat damit an Bedeutung verloren.

Für die Bestimmung des Trockengewichtes sieht die DIN 38 414 Teil 2 Trocknen bei 105°C für 2 Stunden vor. Der Endwert wird als erreicht betrachtet, wenn nach weiterem halbstündigem Trocknen das Gewicht maximal um 2 mg von dem des vorherigen Trockenschrittes abweicht. Bei der Anwendung des Verfahrens können leicht flüchtige Verbindungen, z.B. Kohlenwasserstoffe, ebenfalls verflüchtigt werden. Dies wird einen höheren Wassergehalt vortäuschen.

Ausgangsmaterial für die Bestimmung des Glühverlustes ist das Material der Trockengewichtsbestimmung. Nach DIN 38 414 Teil 3 wird dieser Rückstand 1 Stunde bei 550°C geglüht und ausgewogen. Nach weiterem halbstündigem Glühen wird erneut gewogen. Der Endwert ist erreicht, wenn das Gewicht maximal um 2 mg von dem des vorherigen Glühschrittes abweicht.

3.2.3 Organische Substanz: CSB, BSB, TOC

Beim Chemischen Sauerstoffbedarf (CSB, DIN 38 409 Teil 41), Biochemischen Sauerstoffbedarf (BSB, DIN 38 409 Teil 51), Gesamten Organischen Kohlenstoff (total organic carbon, TOC, DIN 38 409 Teil 3) und Gelöster Organischer Kohlenstoff (dissolved organic carbon, DOC) handelt es sich um Summenparameter, die den Gehalt der Probe an organisch gebundenem Kohlenstoff charakterisieren. Ursprünglich wurden der CSB und der BSB zur Charakterisierung der Abwässer auf Kläranlagen eingeführt. Abwässer enthalten eine Reihe organischer Substanzen, die im Zuge der Abwasserreinigung eliminiert werden sollen. Hierzu werden biochemische Abbauprozesse angewandt, die Organismen, die diese Leistung vollbringen sind in erster Linie Bakterien. Da jedoch die Aufenthaltszeiten des Abwassers in den Klärbecken begrenzt ist, können nicht alle Abwasserinhaltsstoffe vollständig umgesetzt werden. Für einige Substanzen wird keine Umsetzung beobachtet, für andere Substanzen ist die Umsetzung nur unvollständig. Dies kann verschiedene Ursachen haben, auf die hier nicht näher eingegangen werden soll. Wegen dieser Unzulänglichkeit des BSB wurde zusätzlich der Chemische Sauerstoffbedarf als Maß für die gesamte organische Belastung eingeführt. Für den BSB und den CSB erfolgt die Konzentrationsangabe in mg O_2 l^{-1}. Damit sind beide Parameter direkt vergleichbar. Für die Summenparameter TOC und DOC erfolgt die Angabe in mg C l^{-1} unabhängig davon, in welcher chemischen Form dieser organische Kohlenstoff vorliegt.

Chemischer Sauerstoffbedarf. Der Chemische Sauerstoffbedarf gibt an, wieviel Sauerstoff die vollständige Umsetzung aller organischen Wasserinhaltsstoffe benötigen würde. Als Oxidationsmittel wird jedoch nicht Sauerstoff eingesetzt, sondern Kaliumdichromat ($K_2Cr_2O_7$). Der Verbrauch von Kaliumdichromat wird dann in Sauerstoffverbrauch umgerechnet. In älteren Anleitungen wurde noch Kaliumpermanganat als Oxidationsmittel eingesetzt, in der gültigen DIN wird hierfür jedoch der Begriff Bestimmung des Permanganat-Index benutzt. Unter den angewandten Versuchsbedingungen reicht das Redoxpotential des MnO_4^-/Mn^{2+}-Systems nicht aus, um alle Abwasserinhaltsstoffe vollständig umzusetzen. Die Aussage einer solchen Bestimmung ist daher sehr begrenzt. Auch die Umsetzung mit Kaliumdichromat ist nicht vollständig, jedoch wird ein wesentlich höherer Teil der organischen Inhaltsstoffe erfaßt. Beispiele für nicht erfaßte Verbindungen sind quarternäre Stickstoffverbindungen. Das höhere Redoxpotential des Systems $Cr_2O_7^{2-}/Cr^{3+}$ hat auch Nachteile. Es führt dazu, daß Chloridionen zu Chlor reduziert werden, wodurch ein höherer CSB vorgetäuscht wird. Dem muß durch Maskierung des Chlorids Rechnung getragen werden. Bei einem Chloridgehalt größer 1 g l^{-1} muß das Chlorid vor der Bestimmung als Chlorwasserstoffgas ausgetrieben und an Calciumhydroxid adsorbiert werden.

Für die Umsetzung von Glucose mit Dichromat kann folgende Reaktionsgleichung aufgestellt werden:

$$\overset{0}{C_6}H_{12}O_6 + 4\,\overset{+6}{Cr_2}O_7^{2-} + 32H^+ \rightarrow 6\,\overset{+4}{C}O_2 + \overset{+3}{C}r^{3+} + 22H_2O$$

Die Reaktionsgleichung für die Umsetzung mit Sauerstoff lautet:

$$C_6H_{12}O_6 + 6O_2 \rightarrow 6CO_2 + 6H_2O$$

Folglich sind 4 Mol Dichromat 6 Mol Sauerstoff äquivalent. Die Bestimmung wird im schwefelsauren Milieu durchgeführt. Zur wässrigen Probe wird eine definierte Menge Kaliumdichromat zugefügt, weiterhin Quecksilbersulfat zur Maskierung des Chlorids und Silbersulfat, das als Katalysator wirkt. Diese Mischung wird 2 Stunden unter Rückfluß gekocht. Das nicht verbrauchte Dichromat wird nach dem Abkühlen mit Ammoniumeisen(II)-sulfat und Ferroin als Indikator zurücktitriert.

$$6\,\overset{+2}{F}e^{2+} + \overset{+6}{C}r_2O_7^{2-} + 14H^+ \rightarrow 6\,\overset{+3}{F}e^{3+} + 2\,\overset{+3}{C}r^{3+} + 7H_2O$$

Aus der Differenz zwischen vorgelegter und zurücktitrierter Dichromatmenge kann der Dichromatverbrauch und damit der CSB berechnet werden. Zur Überprüfung des Verfahrens muß der CSB einer Kaliumhydrogenphthalat-Lösung mitbestimmt werden. Der bestimmte CSB dieser Lösung darf nicht mehr als 4% vom Sollwert abweichen. Ebenso ist ein Blindwert zu bestimmen, der Blindwert darf maximal 10% des eingesetzten Oxidationsmittels verbrauchen.

Die CSB-Bestimmung nach DIN 38 409 Teil 41 ist nur für wässige Probenmaterialien einsetzbar. Bei feststoffreichen Schlämmen und Sedimenten ist das Erkennen des Umschlagpunktes bei der Titration zur Bestimmung des Dichromatverbrauchs nicht eindeutig möglich. Zudem ist der CSB dieser Materialien höher als bei wässrigen Proben. Es wird daher eine Bestimmung nach DIN 38 414 Teil 9 durchgeführt, die den Einsatz einer höheren Dichromatmenge vorsieht. Weiterhin wird ein anderes Detektionsverfahren, die potentiometrische Titration angewandt. Man arbeitet mit einer Platin-Redox-Elektrode und einer Referenzelektrode. Das gemessene Redoxpotential wird durch einen Schreiber aufgezeichnet. Tropft man langsam aus einer automatischen Bürette Eisen(II)-ionen in die Meßlösung, so werden diese unter Verbrauch von Kaliumdichromat oxidiert, das gemessene Redoxpotential verändert sich kaum. Ist die gesamte Dichromatmenge verbraucht, so ändert sich schlagartig das Redoxpotential der Lösung. Aus der bis zum Potentialsprung verbrauchten Menge an Eisen(II)-Lösung kann CSB berechnet werden. Die Vorbehandlung der Proben ist prinzipiell identisch zur Bestimmung wässriger Proben.

Für den Routineeinsatz werden heute Schnelltests angeboten, die mit deutlich verringerten Substanzmengen arbeiten. Der Überschuß an Kaliumdichromat wird nicht mehr titriert, sondern photometrisch bestimmt, wodurch das Verfahren vereinfacht wird. Da die Meßansätze große Mengen Schwermetalle enthalten und damit als Sonderabfall zu entsorgen sind, besteht die Tendenz die CSB-Messung durch die Bestimmung des TOC, die keinen entsorgungspflichtigen Rückstand produziert, zu ersetzen.

Biochemischer Sauerstoffbedarf. Im Gegensatz zum chemischen Sauerstoffbedarf wird beim biochemischen Sauerstoffbedarf tatsächlich ein Verbrauch von Sauerstoff gemessen. Der Sauerstoff wird für die biochemischen Umsetzungen durch Mikroorganismen benötigt. Die umgesetzten Substrate dienen als Elektronendonatoren. Sie werden mit Sauerstoff als Elektronenakzeptor umgesetzt. Die Versuchsbedingungen streben optimale Versorgung mit Nährstoffen und Sauerstoff an, sodaß der Elektronendonator der einzige limitierende Faktor ist. Durch diese bewußte Optimierung unterscheidet sich der Biochemische Sauerstoffbedarf von der Bestimmung der Sauerstoffzehrung, die weitgehend unter natürlichen Bedingungen gemessen wird.

Der Biochemische Sauerstoffbedarf ist das Resultat verschiedener biochemischer Umsetzungen und kann nicht mit einer definierten chemischen Reaktion verglichen werden. Da die Mikroorganismen unterschiedliche Substrate in einer Wasserprobe vorfinden, die mit unterschiedlicher Geschwindigkeit abgebaut werden, ist der Biochemische Sauerstoffbedarf zeitlich nicht konstant. Ein Teil der Substrate wird sehr rasch abgebaut, während ein anderer Teil nur sehr langsam umgesetzt wird. Die Bestimmung erfolgt über einen festgesetzten Zeitraum, in der Regel 5 Tage. Um die eingehaltene Inkubationsdauer zu verdeutlichen, wird die Inkubationsdauer als Index an der Abkürzung BSB mit angegeben, beispielsweise BSB_5. Allgemein handelt es sich um einen BSB_n, wobei n die Zahl der Inkubationstage ist. Eine Extrapolation auf einen anderen Zeitraum als die eingehaltenen Inkubationstage nicht möglich.

Abgesehen von der Klärtechnik, bei der der BSB_5 Grundlage für die Auslegung und den Betrieb einer Kläranlage ist, wird die BSB-Bestimmung relativ selten angewandt. Wenn es um die Frage der Abbaubarkeit einer Substanz im Klärprozeß geht, kann eine BSB-Bestimmung hilfreich sein. Das Verhältnis des Biochemischen Sauerstoffbedarfs zum theoretisch möglichen Sauerstoffbedarf (bestimmt als Chemischer Sauerstoffbedarf) erlaubt Aussagen über die Abbaubarkeit organischer Substanzen im Wasser. Ein geringes Verhältnis von BSB/CSB kann durch unzureichend angepaßtes Impfmaterial oder den Einfluß toxisch wirkender Substanzen verursacht werden. Deshalb kommt der Auswahl eines geeigneten Impfmaterials große Bedeutung zu. Für kommunales Abwasser entnimmt man das Impfmaterial am besten der Kläranlage selbst oder dem Vorfluter, in den die Kläranlage das gereinigte Abwasser einleitet. Für Deponiesikkerwässer oder Grundwässer kann ein solches Impfmaterial ungeeignet sein, weil an die jeweiligen Inhaltsstoffe angepaßten Mikroorganismen im Impfmaterial fehlen können. Die Aussagekraft einer solchen Messung wird dadurch stark eingeschränkt. Zudem ist auf die Inkubationszeit zu achten. 5 Tage sind zu kurz, da Deponiesickerwässer hauptsächlich schwer abbaubare organische Substanzen enthalten. Ausreichend lange Inkubationszeiten für Deponiesickerwässer wären 20 oder gar 40 Tage. Weiterhin kann eine Hemmung, beispielsweise durch Schwermetalle vorliegen, die jedoch durch eine Fällung aufgehoben werden kann. Eine Limitierung von Makro- oder Mikronährstoffen ist bei der BSB-Bestimmung nicht zuerwarten, weil das Bestimmungsverfahren in dieser Hinsicht optimale Bedingungen anstrebt. Bei der Bestimmung des BSB werden Substanzen, die rein chemisch mit Sauerstoff reagieren, miterfaßt (spontane Sauerstoffzehrung). Ein Beispiel wäre Schwefelwasserstoff, der mit Sauerstoff relativ langsam reagiert.

Bei der BSB-Bestimmung tritt eine weitere durch Mikroorganismen hervorgerufene Reaktion auf, die ebenfalls zu Sauerstoffverbrauch führt. Es ist die Nitrifikation, die Oxidation von Ammonium zu Nitrat. Ammonium ist im Ablauf von Kläranlagen unerwünscht, weil das Ammonium giftige Wirkung, besonders für Fische, haben kann, wenn es aufgrund eines hohen pH-Wertes in Ammoniak verwandelt wird. Die Nitrifikation ist ein langsamer Prozeß, der auf Kläranlagen durch hohe Aufenthaltszeiten des Abwassers gefördert wird. Für die Analyse des BSB wird die Nitrifikation jedoch unterdrückt. Dies hat zwei Gründe:

1. Die erhaltenen Werte sollen mit der CSB-Bestimmung vergleichbar sein. Bei der CSB-Bestimmung findet die Oxidation des Ammoniums nicht statt. Ammoniumoxidation bei der BSB-Bestimmung würde nicht vergleichbare Werte liefern.
2. Die Bakterien, die die Nitrifikation durchführen, wachsen, besonders bei niedrigen Temperaturen sehr langsam. Dadurch kann nicht immer garantiert werden, daß das Impfmaterial nitrifizierende Bakterien enthält. Um einheitliche Bedingungen zu schaffen, wird die Nitrifikation unterdrückt.

Für die eigentliche Bestimmung wird mit verdünnten Wasserproben gearbeitet. Das Volumen der Probe darf maximal 75% des Gesamtvolumens betragen, da sonst die Nährstoffanreicherung durch das Verdünnungswasser nicht gewährleistet ist. Die optimale Verdünnung kann aus dem CSB abgeschätzt werden, die DIN enthält hierzu eine Tabelle. Als Verdünnungswasser kann Trinkwasser oder Wasser aus einem nicht belasteten Gewässer genommen werden. Trinkwasser muß durch kräftiges Belüften entchlort werden. Die Nährelemente Stickstoff und Phosphor werden in Form von Harnstoff und Pentanatriumphosphat angereichert. Alle anderen Nährstoffe, außer Kohlenstoff, der mit dem Untersuchungswasser eingebracht wird, sind im reichlich belüfteten Verdünnungswasser enthalten. Deshalb darf destilliertes oder ionengetauschtes Wasser nicht verwendet werden. Das Impfmaterial wird in Form von Vorflutwasser oder einer geringen Menge Wasser aus dem Belebungsbecken einer Kläranlage in das Verdünnungswasser gebracht. Weiterhin muß dieses Verdünnungswasser wenigstens 2,5 mmol l^{-1} Calciumionen enthalten, die Säurekapazität muß mindestens 2 mmol l^{-1} betragen. Gegebenenfalls muß die Säurekapazität durch Zusatz von Natriumhydrogencarbonat erhöht werden. Dieses Verdünnungswasser muß unter Belüften mindestens 2 Tage stabilisiert werden.

Die Inkubation wird in Karlsruher Flaschen durchgeführt. Das sind Standflaschen mit Schliff, die oberhalb des Schliffs noch ein Flüssigkeitsreservoir besitzen. Die Sauerstoffbestimmung erfolgt mit einer Sauerstoffelektrode. Taucht man die Elektrode in die gefüllte Flasche ein, so wird das Probenwasser in das Reservoir ohne Überlaufen verdrängt. Beim Herausziehen läuft das Wasser in die Flasche zurück. Es werden drei Verdünnungsstufen des Probenwassers mit dem Verdünnungswasser entsprechend einer arithmetischen Reihe hergestellt (Beispiel: 25, 50 und 75 ml l^{-1}). Dabei wird der Nitrifikationshemmstoff (N-Allylthioharnstoff oder 2-Chlor-6-(trichlormethyl-)pyridin) zugesetzt. Von jeder Verdünnungsstufe werden nun 3 Karlsruher Flaschen mit wenig verdünntem Probenwasser ausgespült und anschließend befüllt. An der Wandung haftende Luftblasen werden durch Klopfen entfernt. In einer der Flaschen wird der Sauerstoffgehalt sofort bestimmt, die beiden anderen werden mit Schliffstopfen verschlossen. Die Inkubation der verschlossenen Flaschen erfolgt bei 20°C im Dunkeln für n Tage. Das Verdünnungswasser ohne Probenzusatz wird analog behandelt und dessen Sauerstoffverbrauch bestimmt. Zur Überprüfung des Impfmaterials wird eine Glucose-Glutaminsäure-Standardlösung wie oben beschrieben verdünnt und inkubiert. Nach Abschluß der Inkubation wird der Restsauerstoffgehalt mit der Sauerstoffelektrode bestimmt. Aus dem Anfangs- und dem Endsauerstoffgehalt kann der Sauerstoffverbrauch bestimmt werden. Trägt man den Sauerstoffverbrauch der einzelnen Verdünnungen gegen den Volumenanteil [ml/ml] der Probe graphisch auf, so sollen die Werte auf einer Gerade liegen. Man berechnet die lineare Regression, der BSB_n ergibt sich aus der Summe des Ordinatenabschnitts und der Steigung.

Die Bestimmung der Sauerstoffgehalte kann auch durch Titration erfolgen. Hierzu werden Sauerstoffflaschen nach Winkler verwendet. Es handelt sich um Schliffstopfenflaschen, die einen angeschrägten Stopfen besitzen. Dadurch ist es möglich, die Flaschen luftblasenfrei zu verschließen. Jede Flasche besitzt ihren eigenen zugehörigen Stopfen. Beide zusammen haben ein exakt bestimmtes Volumen. Will man nun den Sauerstoffgehalt eines Wassers bestimmen, so füllt man das Probenwasser unter mehrfachem Volumenaustausch in eine solche Flasche. Der im Wasser gelöste Sauerstoff wird benutzt, um im alkalischen Milieu Mn(II) zu Mn(IV) zu oxidieren. Der Sauerstoff wird "fixiert".

$$2\overset{+2}{Mn}(OH)_2 + O_2 \rightarrow 2\overset{+4}{Mn}O(OH)_2$$

Die gebildten Manganoxidhydrate werden durch Säurezusatz in Lösung gebracht, dabei entstehen Mn^{3+}-Ionen. Die Mn^{3+}-Ionen oxidieren eine der Menge Sauerstoff äquivalente Menge Jodid-Ionen zu Jod.

$$2Mn^{3+} + 2J^- \rightarrow 2Mn^{2+} + J_2$$

Das gebildete Jod wird mit Natriumthiosulfat titriert, wobei Jodid und Tetrathionat gebildet werden. Das Verschwinden des Jods läßt sich durch die Jod-Stärkereaktion empfindlich nachweisen.

$$J_2 + 2S_2O_3^{2-} \rightarrow 2J^- + S_4O_6^{2-}$$

Daraus läßt sich der Sauerstoffgehalt unter Berücksichtigung des Flaschenvolumens berechnen.

Eine weitere Methode, die nicht als DIN vorliegt, ist ein manometrisches Verfahren. Über dem zu untersuchenden Wasser befindet sich Luft als Sauerstoffreservoir. Zwischen dem Wasser und dem abgeschlossenen Luftreservoir wird nun soviel Sauerstoff ausgetauscht, wie die Bakterien zum Abbau der Inhaltsstoffe benötigen. Das dabei gebildete CO_2, das in die Gasphase übertritt, wird an Natriumhydroxid gebunden. An einem quecksilbergefüllten Glasröhrchen kann das Volumen des verbrauchten Sauerstoffs abgelesen werden. Da das System geschlossen ist, kann auch bei einer Inkubationsdauer von mehreren Tagen durch einfaches Ablesen der zeitliche Verlauf des Sauerstoffverbrauchs bestimmt werden.

TOC und DOC. Der TOC und der DOC wässriger Proben unterscheiden sich im wesentlichen durch die Probenvorbereitung. Für die TOC-Bestimmung werden die Proben unfiltiert einschließlich aller Trübstoffe analysiert. Für den DOC werden alle partikulären Bestandteile durch Filtration über ein Membranfilter (Porendurchmesser 0,45μm) abgeschieden. Entsprechend kann der organische Kohlenstoff der partikulären Fraktion als POC (particular organic carbon) bestimmt werden. Der gesamte anorganische Kohlenstoff, die Carbonate und die Kohlensäure, werden als TIC (total inorganic carbon) bezeichnet. Der gesamte anorganische und organische Kohlenstoff wird als TC (total carbon) bezeichnet (Abb 3.2). Für feste Probenmaterialien können nur der TOC, der TIC und der TC bestimmt werden.

Für die Bestimmung des TOC werden automatisierte Meßsysteme benutzt

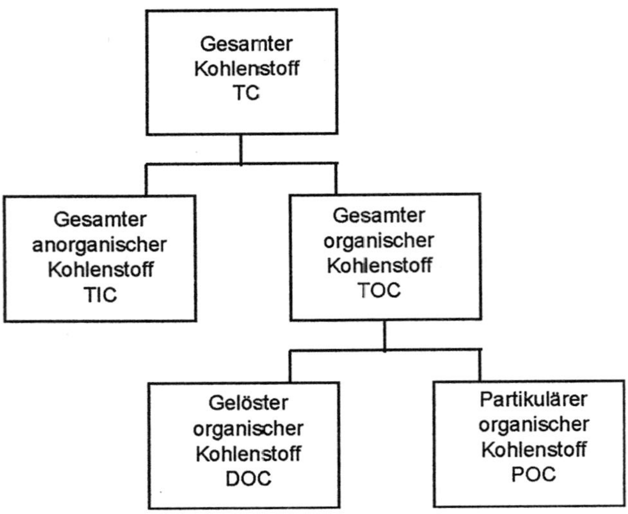

Abb. 3.2. Die Bestimmungsformen des Kohlenstoff in Umweltproben

(Abb. 3.3). Zunächst wird die Probe angesäuert, um den anorganisch gebundenen Kohlenstoff auszutreiben. Falls der TIC der Probe von Interesse ist, kann die ausgetriebene Menge an CO_2 bestimmt werden. Die organischen Stoffe wässriger Proben werden beispielsweise in einem UV-Reaktor bei 100°C zu CO_2 oxidiert. Für die Oxidation in einem UV-Reaktor muß die Probe feststofffrei sein. Zur Verbesserung der Oxidation können den Proben oxidierend wirkende Substanzen wie Kaliumperoxodisulfat zugesetzt. Eine andere Möglichkeit ist das Verbrennen der Probe im Sauerstoffstrom, eventuell unter Einsatz eines Katalysators.

Unabhängig von der Art der Oxidation kann das gebildete Kohlendioxid in einer Infrarot-Meßzelle quantifiziert werden. Da der IR-Sensor nicht bei einer spezifischen Wellenlänge mißt, muß der Wasserdampf aus dem freigesetzten Gasen durch einen Wasserabscheider entfernt werden. Eine weitere Möglichkeit der Detektion ist die Reduktion des CO_2 zu Methan und die anschließende Bestimmung mit einem Flammenionisationsdetektor. Eine Bestimmung der freigesetzten Gase kann auch mit dem Wärmeleitfähigkeitsdetektor erfolgen. Andere Meßsysteme absorbieren das freigesetzte CO_2 in einem wässrigen Medium und bestimmen die dabei gebildete Kohlensäure, beispielsweise die dabei verursachten Änderungen der Leitfähigkeit. Auch CO_2-sensitive Elektroden oder acidimetrische Bestimmungen können angewandt werden.

Für die Bearbeitung von Feststoffen und feststoffreichen Schlämmen ist ein zusätzlicher Hochtemperaturreaktor erforderlich, in dem die Probe unter Zugabe

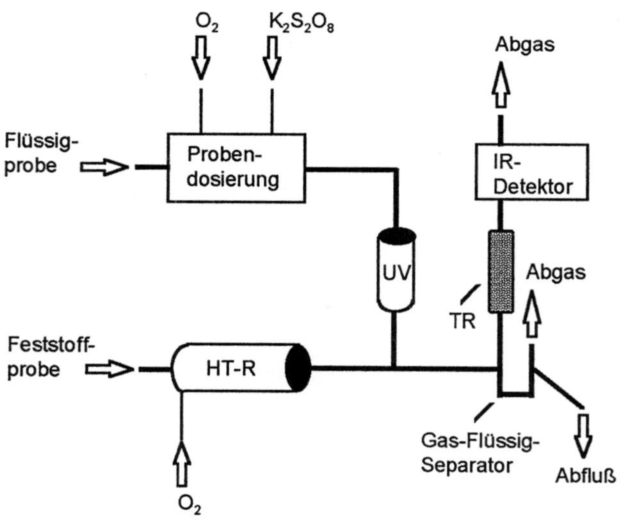

Abb. 3.3. Schema eines Gerätes zur TOC-Bestimmung; zur TIC-Bestimmung kann zusätzlich Säure injiziert werden; UV: Ultraviolett Reaktor; HT-R: Hochtemperatur-Reaktor; TR: Trockenrohr

von Sauerstoff verbrannt wird. Das dabei gebildete CO_2 wird über einen Gasstrom in das Meßsystem transportiert und quantifiziert.

Aus den Bestimmungsmethoden für die Parameter CSB, BSB und TOC wird klar, daß die gewonnenen Zahlen nicht durch Umrechnung auseinander hervorgehen können. Jedem Parameter liegt ein eigenes Bestimmungsprinzip zugrunde. Methan (CH_4), Methanol (CH_3OH), Formaldehyd (CH_2O) und Ameisensäure (HCOOH) haben alle den TOC-Wert von 1, der CSB nimmt jedoch in der Reihe vom Methan zur Ameisensäure ab, der BSB wird sich ähnlich verhalten. Beim BSB ist grundsätzlich die Inkubationsdauer zu berücksichtigen. Bei gut abbaubaren Substanzen wird der BSB mit zunehmender Inkubationsdauer mehr und mehr dem CSB entsprechen. Konzentrierte Lösungen von Formaldehyd, das zum Abtöten von Bakterien benutzt wird, haben keinen bestimmbaren BSB, der CSB kann sehrwohl ermittelt werden. Für Abwässer werden folgende Relationen der Parameter angegeben (Emde 1977):

Ungereinigtes Abwasser	CSB/TOC	3,2-3,5
	CSB/BSB_5	1,7-2,0
	BSB_5/TOC	1,7-2,0
biologisch gereinigtes Abwasser	CSB/TOC	3,0-3,5
	CSB/BSB_5	3,0-6,0
	BSB_5/TOC	0,5-1,0

Die Zahlen verdeutlichen, daß sich am Verhältnis CSB/TOC nichts ändert, durch die Elimination eines Großteils der biologisch abbauren Substanz nimmt das Verhältnis CSB/BSB_5 jedoch deutlich zu. Diese Veränderung spiegelt sich auch in der Abnahme des BSB_5/TOC wieder. Aus einem Parameter die anderen zu berechnen ist somit nicht möglich.

3.2.4 Säure- und Basekapazität

Der TIC-Gehalt einer Wasserprobe wird durch die gelösten Carbonate und Hydrogencarbonate repräsentiert. Die einzelnen Spezies des anorganischen Kohlenstoffs können über Gleichgewichtsreaktionen ineinander übergehen (Kap.2.1.1). Dieser Übergang kann auch durch Zusatz von Säure zur Seite des CO_2 ver-schoben werden. Genau das wird bei der Bestimmung der Säuekapazität getan. Nach DIN 38 409 Teil 7 ist die Säurekapazität K_S definiert als der Quotient aus der Stoffmenge n an Hydroniumionen, die eine Wasserprobe bis zum Erreichen eines bestimmten pH-Wertes aufnehmen kann, und dem Volumen V dieser Wasserprobe.

$$K_S = \frac{n(H_3O^+)}{V(H_2O)}$$

Sie wird üblicherweise in mol/l angegeben. Es kann bis zu einem pH-Wert 8,2 ($K_{S\,8,2}$) oder bis zu einem pH-Wert 4,3 ($K_{S\,4,3}$) titriert werden.

Entsprechend ist die Basekapazität K_B definiert als der Quotient aus der Stoffmenge n an Hydroxidionen, die eine Wasserprobe bis zum Erreichen eines bestimmten pH-Wertes aufnehmen kann, und dem Volumen V dieser Wasserprobe.

$$K_B = \frac{n(OH^-)}{V(H_2O)}$$

Die Angabe erfolgt ebenfalls in mol/l und es kann ein $K_{B\,4,3}$ oder ein $K_{B\,8,2}$ bestimmt werden.

Die Bestimmung wird am zweckmäßigsten unmittelbar nach der Probenahme durchgeführt, insbesondere wenn die Probe aus größerer Gewässertiefe oder dem Grundwasser stammt. Der Grund ist, daß diese Proben bezüglich des CO_2-Gehaltes mit der Atmosphäre nicht im Gleichgewicht stehen und längere Standzeiten, insbesondere Schütteln während des Transportes zu Veränderungen der Meßwerte führen. Ist dennoch Transport unvermeidlich, so soll die Probeflasche mit einem Schlauch unter Überlaufen luftblasenfrei befüllt werden und ebenso mit einem Schliffstopfen verschlossen werden. Bei der Bestimmung handelt es sich um eine einfache Säure oder Basetitration, wobei der pH-Wert mit einer pH-Elektrode bestimmt wird. Aus dem Säure- oder Baseverbrauch kann der K_S- beziehungsweise K_B-Wert berechnet werden.

3.2.5 Organochlorverbindungen: AOX, EOX, POX

Viele chlororganische Verbindungen sind prinzipiell durch gaschromatographische Methoden nachweisbar. Da jedoch eine Vielzahl solcher chlororganischer Verbindungen existiert, die zudem in der Umwelt metabolisiert werden können, ist der Nachweis definierter Verbindungen einschließlich möglicher Metabolite sehr aufwendig und damit teuer. Es bietet sich daher an, einen Nachweis für die gesamte Stoffgruppe durchzuführen. Damit ist zwar keine exakte Ansprache der Stoffe möglich, man erhält jedoch mit relativ geringem Aufwand quantitative Aussagen über die Kontamination mit chlororganischen Verbindungen. Aus der Herkunft der Probe ist meist bekannt, ob es sich um chlororganische Lösemittel, Pestizide oder andere Chlororganika handelt. Im Bedarfsfall kann anschließend eine genauere Charakterisierung der Verbindungen erfolgen.

Für den Fall der chlororganischen Verbindungen wäre ein solcher Summenparameter TOX (total organic halids), wobei die chemische Natur der Halogene nicht bestimmt ist. In der Regel sind es jedoch Chlorverbindungen. Die Konzentration dieser Halogenverbindungen kann jedoch sehr gering sein. Es werden verschiedene Schritte der Probenaufbereitung durchgeführt, die den unterschiedlichen Eigenschaften der Organohalogenverbindungen Rechnung tragen. Es werden unterschieden:

AOX, adsorbierbare Organohalogenverbindungen,
EOX, extrahierbare Organohalogenverbindungen,
POX, ausblasbare (purchable) Organohalogenverbindungen.

AOX-Bestimmung. Diese Methode wird bei der Untersuchung wässriger Proben angewandt. Schlämme und Sedimente müssen zuvor eluiert werden, um die anorganischen Halogene zu verdrängen. Dabei mobilisierte Organohalogenverbindungen werden durch Zugabe von Aktivkohle in der partikulären Phase gehalten (DIN 38 414 Teil 18). Prinzipiell läßt sich das Verfahren auch auf Bodenluftuntersuchungen anwenden, wenn die Organohalogenverbindungen gut an Aktivkohle oder Adsorberharze adsorbierbar sind. Die in einer wässigen Probe enthaltenen Organohalogenverbindungen werden an Aktivkohle adsorbiert. Die verwendete Aktivkohle muß frei von chlororganischen Verbindungen sein. Für den Adsorptionsvorgang können die Schüttelmethode und die Säulenmethode angewandt werden.

Schüttelmethode. Die Wasserprobe wird mit Salpetersäure angesäuert, mit einer ausreichenden Menge geeigneter Aktivkohle versetzt und auf einer Schüttelmaschine mindestens eine Stunde geschüttelt. Dabei werden die Organohalogenverbindungen adsorbiert. Nun wird die Aktivkohle mit einer geeigneten Fritte oder auf Membranfiltern abfiltiert. Es wird mit verdünnter Salpetersäure nachgewaschen, um Chloridionen der Probe zu entfernen. Chloridionen würden einen höheren AOX-Wert vortäuschen. Die noch feuchte Probe wird möglichst direkt in den elektrisch beheizten Verbrennungsofen gebracht und verbrannt. Das Einbringen der Probe erfolgt über ein Quarzschiffchen von der Seite. Es ist sinnvoll, die feuchte Probe am Eingang des Ofens zu Trocknen und das Schiffchen erst dann vollständig in den Verbrennungsofen zu schieben. Längeres Stehen kann Kontamination durch Salzsäuredämpfe oder Dämpfe chlororganischer Lösungsmittel in der Laborluft bewirken. Aus diesem Grund empfiehlt es sich, die Filtration als Druckfiltration mit Inertgas durchzuführen.

Säulenmethode. Die Aktivkohle wird in zwei dünne Glassäulen gefüllt, die an beiden Seiten mit Keramikwolle verschlossen werden.. Die gefüllten Glassäulen werden in einer Filtrationseinrichtung so übereinander angeordnet, daß die Probe zuerst die eine, dann die andere Glassäule durchströmt. Die angesäuerte Probe muß sehr langsam über die beiden Glassäulen filtiert werden. Auch hier empfiehlt sich Druckfiltration mit Inertgas. Nun wird ebenfalls mit verdünnter Salpetersäure gewaschen. Die Inhalte der beiden Säulen wird nun einzeln in den Verbrennungsofen gebracht und deren AOX-Gehalt bestimmt. Der AOX-Gehalt der unteren Säule soll nicht mehr als 10% des AOX-Gehaltes der oberen Säule betragen, da sonst eine vollständige Adsorption nicht gewährleistet ist.

EOX-Bestimmung. Die EOX-Bestimmung ist sowohl für wässrige, als auch für feste Probenmaterialien (Boden, Abfall, Schlamm) anwendbar. Wässrige Proben werden mit Pentan, Hexan oder Heptan in einem Meßkolben extrahiert und der organische Extrakt möglichst vollständig abpipettiert. Der Extraktionsschritt wird nochmals wiederholt und die beiden Extrakte vereinigt. Nachdem die Extrakte auf ein definiertes Volumen aufgefüllt wurden, wird geglühtes Natriumsulfat als Trockenmittel zugesetzt. Der getrocknete Extrakt wird im Rotationsverdampfer stark eingeengt. Ein Aliquot des Extraktes wird mit einer Mikroliterspritze sehr langsam in den Verbrennungsofen eingespritzt, wo der Extrakt im Sauerstoffstrom verbrennt. Boden oder Schlammproben werden nach dem Trocknen im Soxhletextraktor 20h mit Hexan als Lösungsmittel extrahiert. Der Extrakt wird erforderlichenfalls eingeengt und durch langsames Einspritzen in den Verbrennungsofen verbrannt. Die Verbrennung muß so erfolgen, daß keine Lichtblitze im Verbrennungsofen auftreten, eine quantitative Verbrennung wäre sonst nicht gewährleistet. Eventuell muß die Einspritzgeschwindigkeit weiter reduziert werden. Automatisierung ist hier vorteilhaft.

POX-Bestimmung. Die in einer Wasserprobe enthaltenen flüchtigen Organohalogenverbindungen werden mit einem Inertgas aus der Probe ausgeblasen. Nichtflüchtige Verbindungen können nicht erfaßt werden. Schlammproben werden zur Bestimmung mit Wasser verdünnt. Der verdünnte Schlamm oder die Wasserprobe werden in ein Ausblasgefäß gegeben, auf 60°C erwärmt und die flüchtigen chlororganischen Verbindungen unter Rühren durch einen Gasstrom ausgeblasen. Idealerweise wird der Gasstrom direkt in den Verbrennungsofen geleitet und dort verbrannt. Prinzipiell ist es auch möglich, die ausgeblasenen Chlororganika an ein Adsorberharz zu binden und von diesem Harz durch Extraktion mit Hexan zurückzugewinnen. Der Extrakt wird wie oben beschrieben weiterbehandelt.

Es liegt stets das gleiche Bestimmungsprinzip vor, sodaß die drei Parameter sinnvollerweise mit einem Gerät bestimmt werden, das mit verschiedenen Möglichkeiten zur Probenaufgabe ausgerüstet sein muß. Ein solches Gerät besteht aus einem elektrisch beheizten Ofen, in dem die Probenmaterialien im Sauerstoffstrom verbrannt werden. Das bei der Verbrennung gebildete Chlorwasserstoffgas wird mit dem Gasstrom in eine Titrationszelle geleitet und darin mikrocoulometrisch titriert. Die Flüssigkeit in der Titrationszelle ist mit Silberchlorid gesättigt. Werden nun zusätzliche Chloridionen in der Flüssigkeit gelöst, so fällt Silberchlorid aus. Über ein Elektrodenpaar, deren Anode aus Silber besteht, werden nun solange Silberionen regeneriert bis die Ausgangskonzentration wieder erreicht ist. Der für die Regenerierung der Silberionen erforderliche Strom ist proportional der gebildeten Menge an Silberionen und diese wiederum der Menge an zugeführten Chloridionen.

Es handelt sich um ein System mit konstantem Arbeitselektrodenpotential (Abb. 3.4). Die Regeneration der Silberionen erfolgt zwischen einer Silberanode und einer Platinkathode in der Elektrolysezelle. Die Steuerung des anliegenden Potentials erfolgt über eine Indikatorelektrode aus Silber und eine Silber/Silberchloridelektrode als Bezugselektrode, die durch ein Diaphragma vom Reaktionsraum abgetrennt ist. Das Potential der Elektrolyseeinheit wird konstant

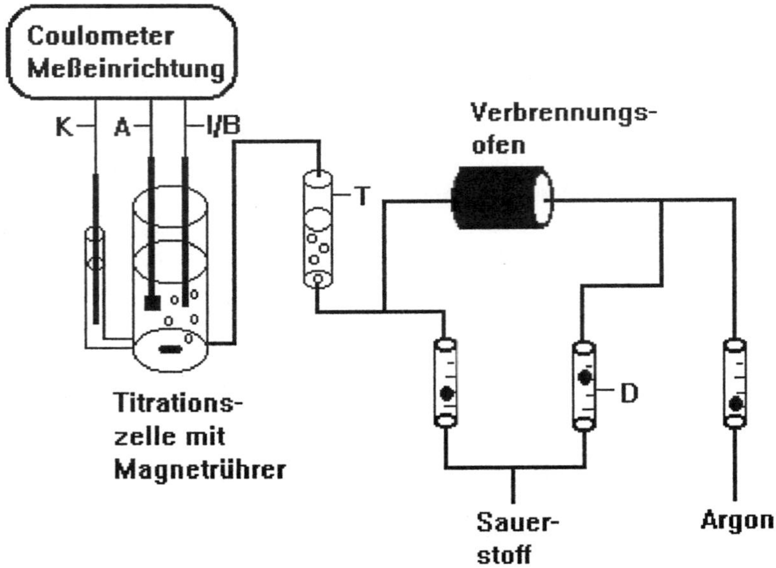

Abb. 3.4. Schema eines Gerätes zur AOX-Bestimmung mit Mikrocoulometer. K: Kathode, A: Anode, I/B: Indikator-/Bezugselektrode, T: Trocknungszelle, D: Durchflußmesser mit Nadelventil

gehalten. Werden nun Chloridionen in die Meßzelle transportiert, so wird solange Silberchlorid gefällt, bis alle Chloridionen verbraucht sind. Zwischen der Anode und der Kathode fließt Strom, bis die Gleichgewichtskonzentration an Silberionen wieder erreicht ist. Entsprechend wird die Stromstärke exponentiell abnehmen, bis der Gleichgewichtszustand erreicht ist. Man mißt nun die Stromstärke und integriert über die Zeit. Mit Hilfe des Faradayschen Gesetzes kann die umgesetzte Stoffmenge berechnet werden.

$$m = \frac{q \cdot M}{z \cdot F}$$

m: Masse des umgesetzten Stoffes in g
q: verbrauchte Elektrizitätsmenge in A·s (Coulomb)
M: molare Masse des umgesetzten Stoffes in g/mol
z: Anzahl der beim Umsatz ausgetauschten Elektronen
F: Faraday-Konstante: 96 493 $A \cdot s \cdot mol^{-1}$

Als Elektrolyt in der Titrationszelle wird beispielsweise 75%ige Essigsäure verwendet. Die eingetragenen HCl-Gase werden in dem Elektrolyten gelöst. Um die

Titration zu beschleunigen, wird der Elektrolyt mit einem Magnetrührer gerührt. Da die Verbrennungsgase auch Wasserdampf enthalten, muß sichergestellt werden, daß in der Verbindungsleitung vom Verbrennungsofen zur Titrationszelle keine Wasserdampfkondensation stattfindet. In diesen Wassertröpfchen würde das HCl-Gas gelöst werden und es käme zu Fehlbestimmungen. Die noch heißen Gase werden deshalb durch konzentrierte Schwefelsäure als Trocknungsmittel geleitet, bevor sie in die Titrationszelle gelangen.

Die Effizienz der coulometrischen Titration muß ebenso überprüft werden, wie Blindwerte, um sicherzustellen, daß durch die verwendeten Chemikalien keine Chloridionen eingetragen werden. Die in der Elektrolytlösung enthaltenen Halogen-Verunreinigungen werden gleich beim Starten des Systems wegtitriert. Aus diesem Grunde muß auch eine Stabilisierungsphase abgewartet werden, bis sich ein sehr geringer, konstanter Stromfluß einstellt. Nun kann mit der Probenaufgabe begonnen werden. Vorteil der coulometrischen Titration ist, daß dieses Detektionsverfahren direkt mit dem Verbrennungsprozeß gekoppelt werden kann. Dabei ist es unerheblich, ob die Chlorwasserstoffreisetzung schlagartig erfolgt oder zeitlich verzögert ist. Der langsamere Schritt ist die Titration selbst, die erst abgeschlossen ist, wenn der Verbrennungsvorgang bereits beendet ist.

Je nach angewandtem Meßverfahren (AOX, EOX oder POX) müssen bestimmte Strömungsverhältnisse der Gase innerhalb der Probeaufgabeeinheit, des Verbrennungsofens und der Titrationszelle eingehalten werden. Hierzu sind Strömungsmesser mit Nadelventilen in den Gasstrom eingebaut, die je nach verwandtem Analyseverfahren auf bestimmte Strömungswerte einzustellen sind. Die für die EOX-Bestimmung erforderlichen hohen Strömungsgeschwindigkeiten werden durch Zumischen von Argon erreicht.

Anstelle der coulometrischen Titration lassen sich auch andere Verfahren der Chloriddetektion, wie die Photometrie oder die Ionenchromatographie einsetzen. Bei diesen Verfahren muß der Detektionsschritt vom Verbrennungschritt getrennt werden. Das bei der Verbrennung gebildete Chlorwasserstoffgas wird durch Einleiten in eine Absorptionsflüssigkeit aufgefangen. Nach Abschluß des Absorptionsvorganges wird eine photometrische oder ionenchromatographische Chloridbestimmung durchgeführt.

3.2.6 Kohlenwasserstoffe

Zum Nachweis von Mineralölkohlenwasserstoffen in Umweltproben können mehrere Verfahren angewandt werden:

- die Bestimmung der schwerflüchtigen, lipophilen Stoffe (DIN 38 409 Teil 17),
- die Bestimmung von Kohlenwasserstoffen (DIN 38 409 Teil 18) und
- die Bestimmung der direkt abscheidbaren lipophilen Leichtstoffe (DIN 38 409 Teil 19).

Die Bestimmung der schwerflüchtigen, lipophilen Stoffe erfaßt Stoffe, deren Siedepunkt oberhalb etwa 200°C liegt. Benzine werden nicht erfaßt. Stoffe mit einem Siedepunkt oberhalb 250°C sollen vollständig erfaßt werden. Das Verfahren beruht auf einer Extraktion der lipophilen Stoffe mit dem Lösungsmittel 1,1,2-Trichlortrifluorethan. Das Lösungsmittel wird nach Trocknen des Extraktes durch Verdampfen im Rotationsverdampfer abgetrennt und der Rückstand ausgewogen. Deshalb können leichtflüchtige lipophile Stoffe mit diesem Verfahren nicht erfaßt werden. Alle mit dem Lösungsmittel extrahierbaren Stoffe, wie Kohlenwasserstoffe, Fette, Wachse und auch elementarer Schwefel werden erfaßt.

In Wasserproben können auch die direkt abscheidbaren lipophilen Soffe bestimmt werden. Man verwendet ein Abscheibegefäß, in dessen unterem Teil eine Graduierung im ml-Bereich angebracht ist. Weiterhin kann das Probenwasser mittels eines Hahnes abgelassen werden. Nach Einfüllen der Probe läßt man die lipophilen Leichtstoffe 15 Minuten absitzen.Das Wasser wird bis auf 10 ml abgelassen und das Volumen der lipophilen Leichtstoffe kann an der Graduierung abgelesen werden. Die lipophilen Leichtstoffe können mit 1,1,2-Trichlortrifluorethan extrahiert werden und als schwerflüchtige, lipophile Stoffe oder als Kohlenwasserstoffe über IR-Spektrometrie nach den oben erwähnten Normen weiter bestimmt werden. Wegen der Labilität des Systems besitzt diese Bestimmung geringe Bedeutung.

Bestimmung von Kohlenwasserstoffen mit IR-Spektrometrie. Kohlenwasserstoffe, die Hauptkomponente des Erdöls und der Erdölprodukte, lassen sich relativ einfach IR-spektrometrisch bestimmen. Die Methode der IR-Spektroskopie gehört zu den wichtigsten Methoden der organischen Chemie, um chemische Produkte zu charakterisieren. Daneben läßt sich die IR-Spektroskopie auch zu quantitativen Messungen einsetzen (IR-Spektrometrie), wie bei der CO_2-Bestimmung im TOC-Meßgerät. Die IR-Spektroskopie ist, wie alle spektroskopischen Verfahren, eine leicht anwendbare und empfindliche Methode, es müssen jedoch einige Bedingungen eingehalten werden, um zu richtigen Meßwerten zu gelangen. Aus diesem Grunde soll die Methode zunächst vorgestellt werden, um die Probleme einer solchen Messung zu verstehen.

Grundlagen der IR-Spektroskopie. Die Infrarot-Spektroskopie beobachtet Schwingungen und Rotationen der Molekülteile gegeneinander. Diese Schwingungen treten in einem weiten Wellenlängenbereich von 800 bis 10^6 nm auf. Molekülrotationen finden im Bereich der Mikrowellen zwischen 0,1 und 10 cm statt. Die in der organische Chemie interessierenden Schwingungen finden im Bereich 2,5 bis 16 µm. In der Praxis wird jedoch der reziproke Wert der Wellenlänge, die Wellenzahl [cm^{-1}], angegeben. Die beobachteten Wellenzahlen liegen zwischen 4000 und weniger als 600 cm^{-1}.

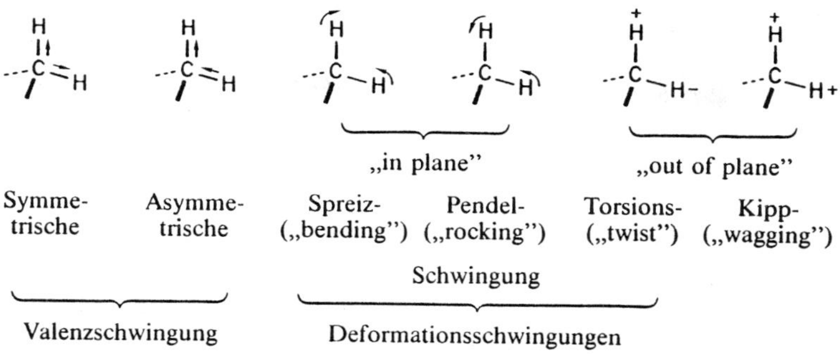

Abb. 3.5. Übersicht über die verschiedenen Schwingungen der Atome einer CH-Bindung (aus Williams und Flemming 1991)

Das IR-Spektrum. Komplexe Moleküle besitzen eine Reihe von Schwingungsmöglichkeiten. Teils sind diese Schwingungen auf Einzelbindungen und funktionelle Gruppen beschränkt, teils nimmt das ganze Molekül an diesen Schwingungen teil. Voraussetzung für die Infrarotaktivität einer Schwingung ist das Auftreten eines Dipolmomentes, das entweder permanent vorhanden ist, wie bei allen heteronuclearen Bindungen (OH, NH, CH), oder durch die Schwingung selbst erzeugt wird. Es werden Valenz- und Deformationsschwingungen unterschieden (Abb. 3.5). Solche lokalisierten Schwingungen können zur Identifizierung funktioneller Gruppen innerhalb eines Moleküls herangezogen werden. Sie sind meist bei Wellenzahlen oberhalb 1500 cm^{-1} zu beobachten. Unterhalb 1500 cm^{-1} treten Schwingungen auf, die meist nicht lokalisiert sind, jedoch das Molekül als Ganzes charakterisieren. Dieser Bereich wird als fingerprint-Region bezeichnet und ist von hohem Wert, wenn es gilt, das Spektrum einer Probe einer bestimmten Substanz zuzuordnen. Zur Charakterisierung der funktionellen Gruppen einer Verbindung ist jedoch der Bereich der Valenzschwingungen oberhalb 1500 cm^{-1} von größerer Bedeutung (Abb. 3.6).

Die beobachtbaren Absorptionsereignisse, die Banden, müssen interpretiert werden, um Rückschlüsse auf die Struktur einer Verbindung zu ziehen. Für diese Interpretation der IR-Spektren stehen Tabellen zur Verfügung, die die charakteristischen Wellenzahlen der funktionellen Gruppen enthalten. Durch Einsatz preiswerter EDV ist es heute möglich, die Spektren aufzuzeichnen und mit elektronischen Spektrenkatalogen zu vergleichen. Der Computer sucht anhand vorgegebener Kriterien Vergleichsspektren heraus, die denen der untersuchten Substanz ähnlich sind. Der Benutzer muß nur noch eine geringe Zahl von Spektren vergleichen und kann die untersuchte Substanz rasch identifizieren, sofern ein Referenzspektrum vorhanden ist.

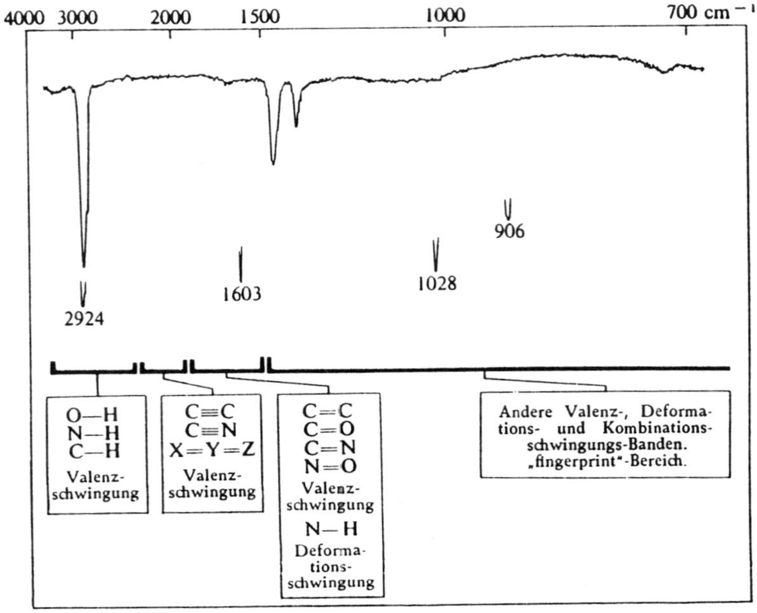

Abb. 3.6. Beispiel für ein IR-Spektrum; die angegebenen Wellenzahlbereiche können verschiedenen Valenzen zugeordnet werden (aus Williams und Fleming 1991)

Praxis der IR-Spektroskopie. IR-Spektren können in der Gasphase, von reinen Flüssigkeiten oder Lösungen und von Feststoffen aufgenommen werden. Messungen in der Gasphase können durchgeführt werden, wenn der Dampf einer Substanz direkt in den Strahlengang des IR-Spektroskops eingebracht wird. Hierzu dienen Küvetten, deren Fenster aus einem IR-durchlässigen Material bestehen, z.B. Kochsalz. Mit starken Einschränkungen im Bereich kleiner Wellenzahlen (< 2500 cm^{-1}) wäre auch Quarzglas einsetzbar. Die Gasphasenmessung scheitert jedoch bei Substanzen mit zu geringem Dampfdruck. Eine Anwendung, die immer mehr an Bedeutung gewinnt, ist die Kopplung des IR-Spektrometers mit dem Gaschromatographen. Das zu untersuchende Substanzgemisch, beispielsweise eine Umweltprobe, wird zunächst auf der Trennsäule eines Gaschromatographen in seine Bestandteile getrennt. Das Säulenende wird mit einer Durchflußzelle eines IR-Spektrometers verbunden, das in sehr rascher Folge IR-Spektren registriert und diese zunächst abspeichert. Durch Vergleich der gespeicherten Spektren mit den Spektren von Referenzsubstanzen können die Substanzen identifiziert werden.

Flüssigkeiten werden als dünner Film zwischen zwei Kochsalzplatten gepreßt. Spuren von Wasser würden auf Dauer zur Zerstörung der Kochsalzplatten führen, deshalb muß die zu untersuchende Flüssigkeit absolut wasserfrei sein. Lösungen müssen in Lösungsmitteln hergestellt werden, die nur geringe IR-Absorption zeigen. Geeignet sind beispielsweise Tetrachlorkohlenstoff oder Trichlortrifluorethan, die jedoch wegen ihrer Umweltschädlichkeit möglichst vermieden werden sollen. Interessiert das gesamte IR-Spektrum einer Substanz, so kommen Kochsalzküvetten zum Einsatz. Sind nur Teile des Spektrums von Interesse, so können auch Quarzküvetten verwendet werden. Die Eigenabsorption der verwendeten Lösungsmittel ist jedoch bei einigen Wellenzahlen zu hoch, sodaß auch bei Aufnahme von Differenzspektren bei diesen Wellenzahlen keine guten Spektren erhalten werden.

Messungen von Festsubstanzen werden üblicherweise von Kaliumbromid-Preßlingen aufgenommen. Hierzu wird die Substanz mit der 10- bis 100-fachen Menge an Kaliumbromid verrieben und mit einer hydraulischen Presse zu einer Tablette gepreßt. Es sind auch Verreibungen mit flüssigen Kohlenwasserstoffen (Nujol), die nur CH-Absorption zeigen, möglich, die dann zwischen Kochsalzplatten gepreßt werden.

Gerätetechnik. Für die Aufnahme von IR-Spektren stehen zwei Gerätetypen zur Verfügung:

- dispersive Spektrometer und
- Fourier Transformation IR-Spektrometer.

Dispersive Spektrometer gleichen im Aufbau im wesentlichen den bekannten UV/VIS-Spektrometern, sind jedoch mit einer Infrarotstrahlungsquelle und einem IR-sensitiven Detektor ausgestattet (Abb. 3.7). Entsprechend den verschiedenen Molekülschwingungen werden nur bestimmte Wellenlängen in der Lage sein, das zu untersuchende Molekül oder Teile davon anzuregen. Diese Schwingungsanregung basiert auf der Absorption von Strahlung, wodurch eine Schwä-

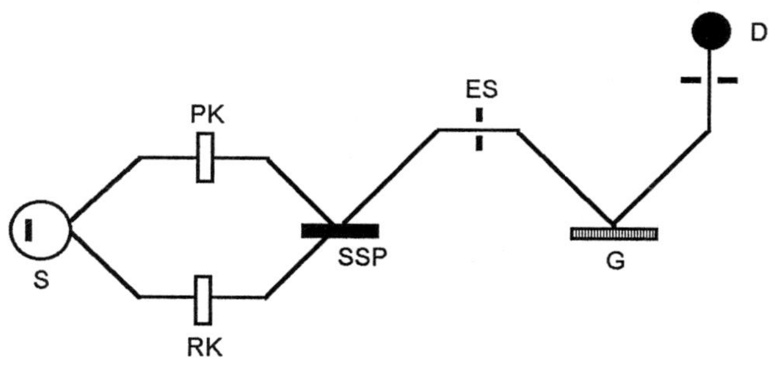

Abb. 3.7. Strahlengang eines dispersiven IR-Spektrometers; zur Vereinfachung wurden Spiegel zur Umlenkung der Strahlung nicht dargestellt; S: Strahlungsquelle, RK: Referenzküvette, PK: Probenküvette, SSP: Sektorspiegel, ES: Eingangsspalt des Monochromators, G: Gitter, AS: Ausgangspalt des Monochromators, D: Detektor

chung des infraroten Lichtes erfolgt. Vergleicht man die Energie des eingestrahlten Lichtes mit der Energie des Lichtes, das durch die Probe tritt, so kann auf das Auftreten bestimmter Molekülschwingungen beobachtet werden. Hierfür ist es jedoch erforderlich, das eingestrahlte Licht mittels eines Monochromators in die verschiedenen Wellenlängen aufzuspalten. Der Monochromator besteht aus einem optischen Gitter, das die einfallende Strahlung nach den Wellenlängen aufspaltet, und einem Schlitz, der aus diesem kontinuierlichen Spektrum einen kleinen Teilbereich ausblendet. Zudem muß zur Aufnahme eines kompletten Spektrums häufig mit verschiedenen Monochromatoren gearbeitet werden. Dies sind limitierende Faktoren der dispersiven IR-Spektrospektroskope, da einerseits die Auflösung nach Wellenzahlen gering ist, andererseits die Aufnahme eines kompletten Spektrums einige Zeit in Anspruch nimmt. Da CO_2 und Wasserdampf IR-aktive Schwingungen besitzen, ist es unbedingt erforderlich, ein Differenzspektrum zu erzeugen. Im Falle dispersiver Geräte erfolgt dies durch den Referenzstrahl. Die Aufspaltung des Strahlengangs in zwei Teilstrahlen und der Schlitz des Monochromators limitieren die zur Analyse zur Verfügung stehende Lichtmenge sehr stark und erfordern den Einsatz sehr geringer Substanzmengen. Eine andere Möglichkeit unerwünschte Absorptionen zu eliminieren, wäre das Spülen des Gerätes mit Inertgas, IR-Absorptionen von Küvetten und Lösungsmitteln können auch mit dieser Technik nicht eliminiert werden.

Mit Fourier Transformation IR-Spektroskopen (Abb. 3.8) können einige der angesprochenen Probleme dispersiver IR-Spektroskope umgangen werden. Da die für die Auswertung erforderliche Mikroelektronik sehr preiswert geworden ist, sind dispersive Geräte praktisch völlig von Fourier Transformation IR-Spek-

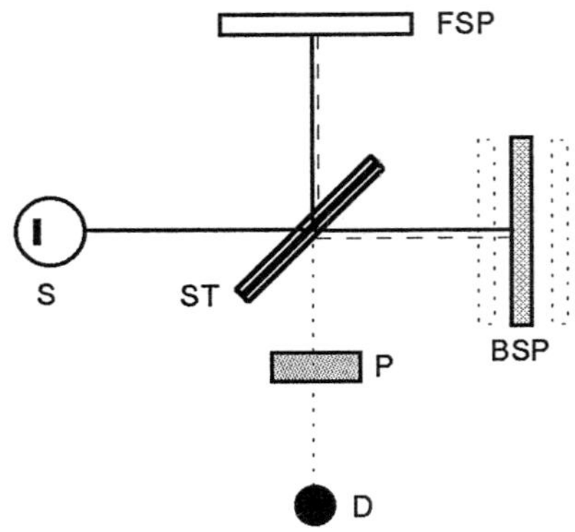

Abb. 3.8. Strahlengang eines Fourier Transformation IR-Spetrometer; S: Strahlungsquelle, ST: Strahlenteiler, FST: fixierter Spiegel, BSP: beweglicher Spiegel, P: Probe, D: Detektor, durchgezogene Linie: einfallender Strahl, gestrichelte Linie: reflektierter Strahl, gepunktete Linie: überlagerter Strahl

troskopen verdrängt worden. Wesentlicher Vorteil der Geräte ist der Wegfall des Monochromators. Die wellenlängenabhängige Information wird bei diesem Gerätetyp durch das Interferometer erzeugt. Weiterhin werden diese Geräte als Einstrahlgeräte gebaut. Die Möglichkeit, Spektren durch die EDV-Einheit zu speichern und voneinander zu subtrahieren, erlaubt ein zeitlich versetztes Aufnehmen von Referenz- und Substanzspektrum.

Zum Verständnis des Interferometers soll zunächst davon ausgegangen werden, daß monochromatische Infrarotstrahlung, beispielsweise aus einem Laser, verwendet wird. Die monochromatische IR-Strahlung kann, wie sichtbares Licht, durch eine Sinuskurve beschrieben werden (Abb. 3.9). Das Interferometer besteht weiterhin aus einem Strahlenteiler, einem fixierten und einem festen Spiegel. Der Strahlenteiler teilt die infrarote Strahlung ein zwei Teile auf. Ein Teil fällt auf den fixierten Spiegel, der diesen reflektiert. Da der Einfallswinkel 0°C beträgt, fallen der einfallende und der ausfallende Strahl zusammen. Der zweite Teilstrahl fällt auf den beweglichen Spiegel, der die einfallende Strahlung in gleicher Weise reflektiert. Am Strahlenteiler werden beide Teilstrahlen überlagert und in Richtung Probe abgelenkt. Nach Durchdringen der Probe wird die verbleibende Strahlung über den Detektor registriert. Wenn die Entfernung zwischen dem fixierten Spiegel und dem Strahlenteiler gleich der zwischen dem beweglichen Spiegel und dem Strahlenteiler ist, so beträgt die Wegdifferenz zwischen beiden Teilstrahlen Null. Werden die beiden Teilstrahlen überlagert, so fallen die Wellenberge und Wellentäler der beiden Teilstrahlen zusammen, die Amplitude der resultierenden Welle wird erhöht. Wird der bewegliche Spiegel nun um eine bestimmte Wegstrecke verschoben, sodaß der Wellenberg einer Teilwelle mit dem Wellental der anderen Teilwelle zusammenfällt (Wegdifferenz Lambda/2), so kommt es zur Auslöschung. Das bedeutet, daß bei dieser Wegdifferenz der beiden Teilstrahlen vom Detektor keine Strahlung registriert wird. Wird nun statt mit monochromatischer Strahlung mit polychromatischer Strahlung gearbeitet, ist die Auslöschung einzelner Wellenlängen von der Stellung des beweglichen Spiegels abhängig. Das am Detektor registrierte Signal enthält diese Information. Ist zusätzlich die Weglängendifferenz bekannt, kann über die Fourier-Transformation ein konventionelles Spektrum berechnet werden.

Durchführung der Analysen. Für die Messung von IR-Kohlenwasserstoffen müs-

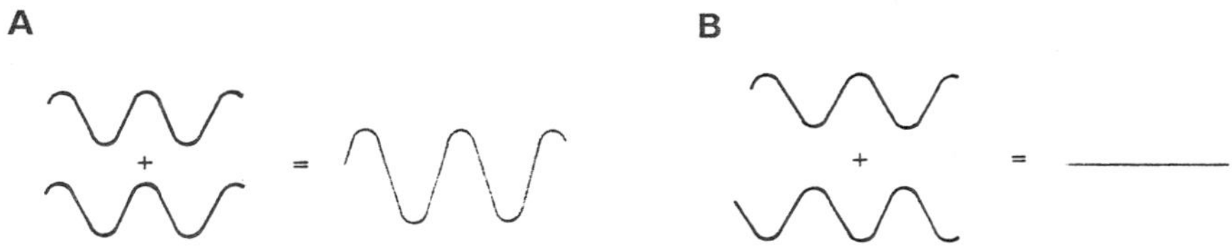

Abb. 3.9. Überlagerung einer monochromatischen Strahlung; **A:** Verstärkung, die beiden Strahlen überlagern zu einem Strahl gleicher Wellenlänge jedoch doppelter Amplitude; **B:** Auslöschung, das Ergebnis der Überlagerung führt zur Intensität Null

sen diese zunächst aus der Probe extrahiert werden. Die DIN 38 409 Teil 18 sieht Ausschütteln mit 1,1,2-Trichlortrifluorethan im Scheidetrichter vor. Das Lösungsmittel, das sich unter der wässrigen Phase ansammelt, wird abgelassen und über wasserfreiem Natriumsulfat getrocknet. Die OH-Gruppe des Wassers zeigt eine breite IR-Bande bei den Wellenzahlen, die auch für die Bestimmung der Kohlenwasserstoffe wichtig ist. Weiterhin stören alle polaren organischen Verbindungen. Sie sind nicht ausschließlich aus Kohlenstoff und Wasserstoff aufgebaut. Ihre CH-Schwingungen würde einen höheren Kohlenwasserstoffgehalt vortäuschen. Deshalb werden alle polaren Verbindungen durch Adsorption an geglühtem Aluminiumoxid gebunden. Hierzu läßt man den Extrakt durch eine mit dem Adsorptionsmittel gefüllte Chromatographiesäule laufen. Um Verdunstungsverluste leichtflüchtiger Kohlenwasserstoffe zu vermeiden. ist hierfür ein geschlossenes System vorgesehen. Der gereinigte Extrakt wird in einem Meßkolben aufgefangen. Anschließend wird mit reinem Lösungsmittel bis zur Eichmarke aufgefüllt. In der Praxis hat es sich gezeigt, daß relativ große Mengen der Meßlösung in der Chromatographiesäule bleiben. Es empfiehlt sich daher, das Lösungsmittel ebenfalls über die Chromatographiesäule laufen zu lassen, um Reste der Meßlösung von der Säule zu spülen. Dieser Extrakt kann nun im IR-Spektrometer vermessen werden. Als Referenzlösung dient das reine Lösungsmittel, das ebenfalls über Aluminiumoxid gereinigt werden sollte. Der Erfolg der Reinigung des Extraktes muß am aufgenommenen Spektrum geprüft werden, andernfalls muß dieser Schritt wiederholt werden.

Für die quantitative Messung werden die Absorptionen bei folgenden Wellenzahlen ausgewertet:

- CH_3-Bande 2959 cm^{-1}
- CH_2-Bande 2924 cm^{-1}
- CH-Bande 3030 cm^{-1}

Durch Beobachtung der relativen Absorptionen bei den angegebenen Wellenzahlen kann auch auf die Art der Kohlenwasserstoffe geschlossen werden. Ottokraftstoffe zeigen wegen ihrer relativ kurzkettigen Kohlenwasserstoffe einen hohen Anteil an CH_3-Gruppen. Teeröle und andere Produkte mit hohem Aromatenanteil zeigen hohen Anteil an CH-Gruppen. Bei den Mitteldestillaten, wie Diesel und Schmierölen, überwiegen die CH_2-Gruppen. Je nach Art der vorliegenden Kontamination werden verschiedene Gleichungen für die quantitative Auswertung vorgesehen:

$$\rho_{OK} = \frac{1{,}3 \cdot V_{TE}\left(\frac{E_1}{c_1} + \frac{E_2}{c_2} + \frac{E_3}{c_3}\right)}{V_P \cdot d} \qquad (1)$$

$$\rho_{M} = \frac{1{,}4 \cdot V_{TE}\left(\frac{E_1}{c_1} + \frac{E_2}{c_2}\right)}{V_P \cdot d} \qquad (2)$$

ρ_{OK}: Massenkonzentration der Wasserprobe an Kohlenwasserstoffen (Ottokraftstoffe), [mg/l]
ρ_M: Massenkonzentration der Wasserprobe an Kohlenwasserstoffen (Mineralöl), [mg/l]
V_{TE}: Volumen des zur Extraktion eingesetzten Lösungsmittels, [ml]
E_1: spektrales Absorptionsmaß der CH_3-Bande bei 2959 cm^{-1}
c_1: Gruppenextinktionskoeffizient der CH_3-Bande, empirisch ermittelt zu 8,3 ml/(mg·cm)
E_2: spektrales Absorptionsmaß der CH_2-Bande bei 2924 cm^{-1}
c_2: Gruppenextinktionskoeffizient der CH_2-Bande, empirisch ermittelt zu 5,4 ml/(mg·cm)
E_3: spektrales Absorptionsmaß der CH_3-Bande bei 3030 cm^{-1}
c_3: Gruppenextinktionskoeffizient der CH_3-Bande, empirisch ermittelt zu 0,9 ml/(mg·cm)
V_P: Volumen der eingesetzten Wasserprobe, [l]
d: Schichtdicke der absorbierenden Lösung, [cm]

Die Auswertung beruht, wie bei allen spektrometrischen Verfahren, auf dem Lambert-Beerschen Gesetz (siehe Kap. 3.3). Da es sich jedoch nicht um Reinsubstanzen handelt, können keine molaren Extinktionskoeffizienten angegeben werden. Man bedient sich daher empirisch ermittelter Gruppenextinktionskoeffizienten, die sich bei Verwendung verschiedener Mineralölprodukte ergaben. Es ist daher äußerst schwierig, auf Basis der in der DIN vorgegebenen Auswertung eine Wiederfindung nahe 100% für beispielsweise mit Heizöl dotierte Proben zu erreichen. Die vorgegebenen Gruppenextinktionskoeffizienten führen zu anderen Ergebnissen. Hier ist es ratsam, zunächst mit dem für die Bestimmung der Wiederfindungsrate benutzten Mineralöl eine Eichgerade aufzunehmen und die Quantifizierung mit dieser vorzunehmen. Die DIN schlägt eine Eichung mit Sqalan ($C_{30}H_{62}$) vor, die Auswertung soll dann ausschließlich über die CH_2-Bande bei 2924 cm^{-1} erfolgen. Vom Einsatz nicht dispersiver Geräte, die keine Messung nach verschiedenen Wellenzahlen ermöglichen, ist abzuraten, da Verunreinigungen der Meßlösung mit polaren organischen Verbindungen nicht erkannt werden können.

Bei der Arbeit mit unterschiedlichen Proben fällt häufig auf, daß die Maxima der Absorption nicht exakt mit den in der DIN vorgesehenen Wellenzahlen übereinstimmen. Für Proben, deren Art der Kontamination exakt bekannt ist, kann die quantitative Auswertung auch bei den jeweils beobachtbaren Maxima erfolgen. Hierzu sollten mit einer Eichsubstanz die entsprechenden Extinktionskoeffizienten vorher bestimmt werden. Andernfalls ist es ratsam, exakt bei den vorgeschriebenen Wellenzahlen auszuwerten, auch wenn dies nicht unbedingt logisch erscheint. Die hierzu angegebenen Gruppenextinktionskoeffizienten wurden für die angegebenen Wellenzahlen ermittelt und können nicht auf andere Wellenzahlen übertragen werden.

Für Feststoffe und Schlämme hat die Länderarbeitsgemeinschaft Abfall die Vorschrift KW/85 - Bestimmung des Gehaltes an Kohlenwasserstoffen in Abfällen herausgegeben. Schlämme werden, soweit möglich, im Schütteltrichter extrahiert. Andernfalls ist eine Soxhlet-Extraktion vorgesehen. Hierzu muß die Probe durch Zusatz von wasserfreiem Natriumsulfat getrocknet werden. Wegen der Flüchtigkeit einiger Kohlenwasserstoffe muß dabei jede übermäßige Erwärmung durch die Reaktion des Natriumsulfats mit dem Wasser vermieden werden. Nicht ausreichend trockene Proben können jedoch zu Minderbefunden führen. Extrakte, die nur sehr geringe IR-Absorption zeigen, können durch Einengen aufkonzentriert werden, die dabei auftretenden Verluste an Kohlenwasserstoffen können jedoch erheblich sein. Als Alternative zu Trichlortrifluorethan wird Tetrachlorkohlenstoff genannt. Bei Verwendung dieses Lösungsmittels können die polaren Substanzen auch an Florisil gebunden werden. Das Lösungsmittel Tetrachlorkohlenstoff bietet weiterhin die Möglichkeit, einige andere Substanzen anhand ihrer Absorptionsbanden qualitativ und quantitativ zu erfassen. Dies sind:

Benzol	3040 cm^{-1}
Toluol	3030 cm^{-1}
Essigester	1745 cm^{-1}
Trichlorethen (Tri)	930 cm^{-1}
Tetrachlorethen	900 cm^{-1}

Die chlorierten Ethene und BTX-Aromaten werden jedoch bevorzugt mit der Headspace-Gaschromatographie nachgewiesen, wobei auch andere chlorierte Kohlenwasserstoffe detektiert werden können.

3.2.7 Phenolindex

Phenol und seine Derivate beeinträchtigen den Geruch und den Geschmack des Wassers. Zudem besitzen sie in höheren Konzentrationen giftige Wirkung. Natürlicherweise werden sie bei der Humifizierung gebildet beziehungsweise freigesetzt. Phenole werden bei zahlreichen technischen Prozessen eingesetzt oder sind in Abwässern und Abfällen der Produktion enthalten. Ein hochtoxisches Phenolderivat ist das Pentachlorphenol, das wegen seiner fungiziden Wirkung als Holzschutzmittel verwendet wurde.

Die Bestimmung des Phenolindex erfolgt nach DIN 38 409 Teil 16. Korrekterweise muß der Phenolindex als die Summe der oxidativ kupplungsfähigen Substanzen bezeichnet werden, da auch andere Verbindungen zur Bildung des Farbkomplexes befähigt sind (aromatische Amine). Es werden drei Bestimmungsverfahren unterschieden:

- Phenolindex ohne Destillation mit Farbstoffextraktion, besonders für gering bis mäßig belastete Wässer geeignet;

- Phenolindex nach Destillation und Farbstoffextraktion für gering belastete Proben;
- Phenolindex nach Destillation ohne Farbstoffextraktion für höher belastete Proben.

Die Bestimmung erfolgt meist aus wässigen Proben, von Feststoffen werden meist Eluate hergestellt, die für die Beurteilung von Abfällen wichtig sind. Prinzipiell können Feststoffe nach Zusatz der vorgeschriebenen Pufferlösung auch direkt einer Destillation unterworfen werden.

Bei den Verfahren nach Destillation werden nur die wasserdampfflüchtigen Phenole erfaßt. Andere gefärbte oder Trübung verursachende Probenbestandteile werden bei der Wasserdampfdestillation oft nicht überdestilliert, deshalb ist das

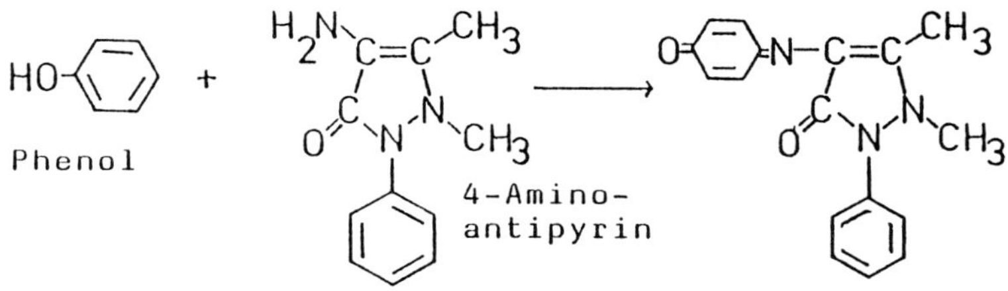

Abb. 3.10. Oxidative Kupplung von Phenol mit 4-Aminoantipyrin (aus VDI-Bildungswerk 1991)

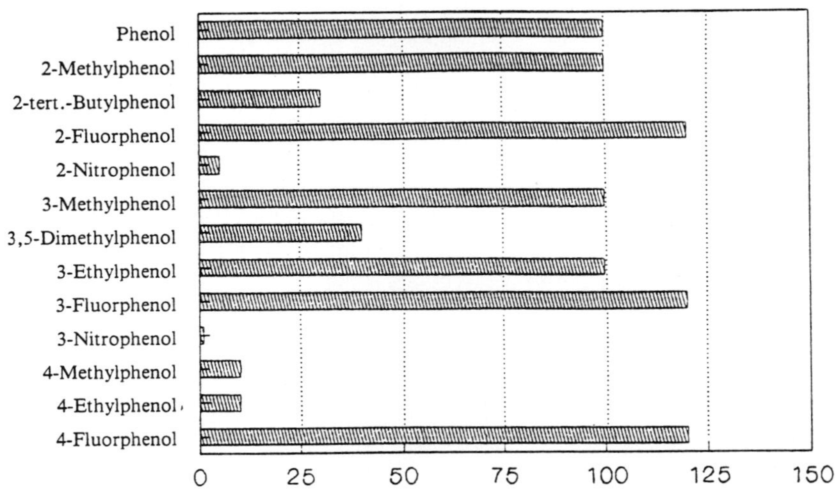

Abb. 3.11. Effizienz der Bestimmung verschiedener Phenolderivate im Vergleich zu Phenol in wässriger Lösung; insbesondere Chlor- und Nitrophenole ergeben sehr geringe Meßwerte (aus VDI-Bildungswerk 1991)

Verfahren universeller einsetzbar. Bei der oxidativen Kupplung reagieren die kupplungsfähigen Substanzen mit 4-Aminiantipyrin zu einem Farbkomplex (Abb. 3.10), der dann in einem Chloroformextrakt oder direkt im wässrigen Destillat photometrisch bestimmt werden kann. Da die Kupplung in para-Stellung zur OH-Gruppe erfolgt, werden Substanzen, die in dieser Position Substituenten tragen, nicht erfaßt. Die Effizienz der Bestimmung verschiedener Phenolderivate im Vergleich zu Phenol selbst liegt zwischen 1% und 120% (Abb. 3.11), deshalb muß die Interpretation des Ergebnisses ohne Kenntnis der zugrunde liegenden Verbindungen sehr vorsichtig erfolgen. Zur Absicherung des Ergebnisses müssen in Zweifelsfällen andere, beispielsweise chromatographische Verfahren herangezogen werden.

Nach der DIN können verschiedene Störungen auftreten. In der Publikation des VDI-Bildungswerkes (1991) wird ein Schnelltest angegeben, mit dem entschieden werden kann, ob das DIN-Verfahren eingesetzt werden kann oder ob alternative Verfahren angewandt werden müssen. Die Eichung des Verfahrens erfolgt mit Phenol, das Ergebnis wird in µg Phenol pro l bzw. pro kg angegeben.

3.3. Nachweis von Metallen durch Atomabsorptionsspektroskopie

Anfang des 19. Jahrhunderts zeigte die Beobachtung des Sonnenlichtes nach Aufspaltung durch ein Prisma, daß das ansich kontinuierliche Spektrum des Sonnenlichtes von einzelnen schwarzen Linien, den "Fraunhoferschen Linien" unterbrochen wird. Kirchhoff und Bunsen (1860) konnten mit einem Experiment zeigen, daß sich eben diese Linien durch Natriumchlorid, das in eine Bunsenbrennerflamme gebracht wird, aus einem kontinuierlichen Spektrum herausfiltern lassen. Es zeigte sich, daß die Linie des Natriums mit der D-Linie des Sonnenlichtes identisch ist. Kirchhoff formulierte den allgemeingültigen Satz, daß jeder Stoff Strahlung der Wellenlänge absorbieren kann, die er selbst aussendet. Erst in den 50-iger Jahren wurde dieses Phänomen für die quantitative Elementbestimmung eingesetzt.

3.3.1 Prinzip der Atomabsorptionsspektroskopie

In der Atomabsorptionsspektroskopie wird die Tatsache ausgenutzt, daß die Elektronen eines Atoms durch Absorption von Energie in einen angeregten, energiereicheren Zustand überführt werden können. Diese Energie kann in Form von Licht zugeführt werden. Umgekehrt kommt es bei der Rückkehr in den Grundzustand zur Lichtemission (Abb. 3.12). Da sich die energetischen Niveaus der Elektronen um bestimmte Energiebeträge unterscheiden, muß genau dieser

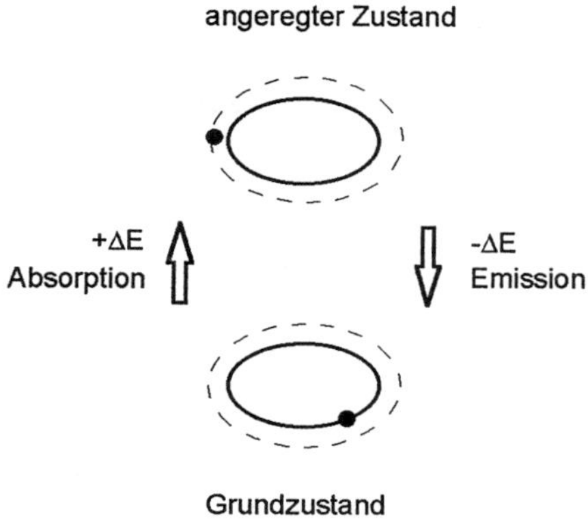

Abb. 3.12. Beziehung zwischen Absorption und Emission von Energie durch Bindungselektronen

Energiebetrag zugeführt werden. Bezogen auf das Licht kann diese Energiedifferenz nur durch Licht einer bestimmten Wellenlänge zur Verfügung gestellt werden.

$$\lambda = \frac{c}{\nu} = \frac{h \cdot c}{\Delta E}$$

λ:	Wellenlänge
c:	Lichtgeschwindigkeit ($3 \cdot 10^8$ $m \cdot s^{-1}$)
ν:	Frequenz
h:	Plancksches Wirkungsquantum ($6.63 \cdot 10^{-34}$ $J \cdot s$)
ΔE:	Energiedifferenz

Das bedeutet, nur Licht einer bestimmten Wellenlänge kann die Elektronen zu einem Übergang anregen. Andererseits wird die Umkehr des Anregungsvorganges zur Emission von Licht dieser Wellenlänge führen. Diese Übergänge sind sehr spezifisch und können daher analytisch ausgenutzt werden.

Die Beziehung zwischen der Absorption und der Konzentration ergibt sich aus dem Lambert-Beerschen-Gesetz, daß nur für monochromatisches Licht Gültigkeit besitzt. Die beobachtbare Absorption A kann berechnet werden nach:

$$A = \varepsilon \cdot c \cdot d$$

ε:	spektraler Absorptionskoeffizient (molarer Extinktionskoeffizienten)
d:	Schichtdicke
c:	Konzentration des absorbierenden Stoffes.

Daraus läßt sich ein linearer Zusammenhang zwischen der Absorption und der Konzentration herleiten. Dieser Zusammenhang ist Grundlage jeder spektrometrischen Methode.

3.3.2 Aufbau eines Atomabsorptionsspektrometers

Prinzipiell ist ein Atomabsorptionsspektrometer aufgebaut aus einer Strahlungsquelle, einer Atomisiervorrichtung, die die nötigen Atome erzeugt, einem Monochromator, der störende Strahlung ausblendet und einem Detektor, mit dem die ankommende Strahlung registriert wird. Dieses Signal wird elektronisch verarbeitet und angezeigt.

Als Strahlungsquellen werden meist Hohlkathodenlampen verwendet (Abb 3.13). Es handelt sich um einen mit geringem Druck eines Edelgases gefüllte Glaskolben, in dessen Inneren sich eine Anode und eine Kathode befinden. Die Kathode ist als Hohlzylinder ausgebildet. Sie besteht aus dem interessierenden Elemente. Bei Elementen mit hohem Dampfdruck (Quecksilber), wird dieses dem Füllgas zugesetzt. Durch die anliegende Spannung kommt es zur Ionisation des Edelgases im Inneren der Lampe. Dadurch werden Atome des Kathodenmaterials aus der Kathode herausgeschlagen. Durch weitere Wechselwirkung mit Ionen werden die Metallatome angeregt. Beim Übergang in den Grundzustand kommt es zur Emission von Licht. Dabei treten alle Linien der Kathodenmetalle und des Füllgases auf. Es handelt sich also nicht um kontinuierliche Strahler, sondern um Linienstrahler. Zur Untersuchung der einzelnen Metalle werden unterschiedliche Hohlkathodenlampen benötigt.

Da eine Atomabsorption gemessen werden soll, ist es wichtig aus dem Probenmaterial freie Atome im Grundzustand zu erzeugen. Der Vorgang wird als Atomisierung bezeichnet. Im einfachsten Fall werden Flammen benutzt, in die die zu untersuchende Lösung eingebracht wird. Graphitrohre und beheizte Quarzrohre in Verbindung mit einem Hydridsystem sind spezielle Anwendungen, die höhe-

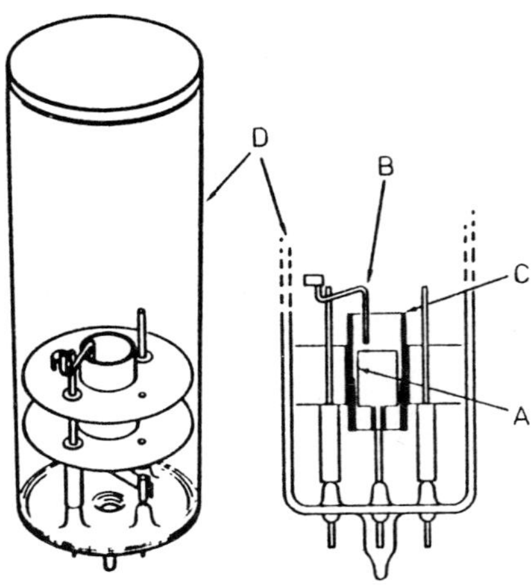

Abb. 3.13. Aufbau einer Hohlkathodenlampe; A: Kathode, B: Anode, C: Abschirmung, D: Glaszylinder (aus Naumer und Heller 1990)

ren apparativen Aufwand erfordern, jedoch auch geringere Nachweisgrenzen erlauben.

Zerstäuber- Brenner-Systeme. Es werden Luft-Acetylen- und Lachgas-Acetylen-Flammen eingesetzt, die sich im wesentlichen in ihrer Temperatur unterscheiden. Die wesentlich heißeren Lachgas-Acetylen-Flammen (ca. 3000 K) werden hauptsächlich für schwerer flüchtige Elemente, wie Aluminium, Silicium oder auch Chrom eingesetzt. Die Routineanalytik vieler Metalle wird mit der Luft-Acetylen-Flamme durchgeführt, die jedoch nur etwa 2500 K heiß wird. Die Untersuchungsflüssigkeit wird kontinuierlich durch einen Zerstäuber nach dem Vergaserprinzip in die Brenngase eingebracht (Abb. 3.14). Um die Zerstäubung möglichst effizient zu machen, bedient man sich einer Prallkugel, auf die die gebildeten Aerosole aufschlagen. Dadurch werden große Flüssigkeitstropfen zerschlagen. Im hinteren Teil der Mischkammer sind Prallflächen eingebaut. Größere Tröpfchen, die der verwinkelten Strömung der Brenngase nicht folgen können, schlagen auf diese Prallflächen auf und werden zurückgehalten. Bis zu 95% der angesaugten Flüssigkeit werden auf diese Weise aus dem Gasstrom abgeschieden. Dies ist notwendig um ein zeitlich konstantes Meßsignal zu erhalten. Der Brenner besteht aus einem 5 bis 10 cm langen, weniger als 1 mm breiten Schlitz, größere Flüssigkeitstropfen könnten in diesem Schlitz hängen bleiben. Die große Länge der Flamme erlaubt intensive Wechselwirkung zwischen dem eingestrahlten Licht und den gebildeten Atomen. Auf diese Weise kann ein Teil der durch Abscheidung der größeren Tröpfchen verlorenen Empfindlichkeit zurückgewonnen werden. Die Flamme kann in drei Zonen unterteilt werden:

- primäre Verbrennungszone
- Übergangszone
- sekundäre Verbrennungszone.

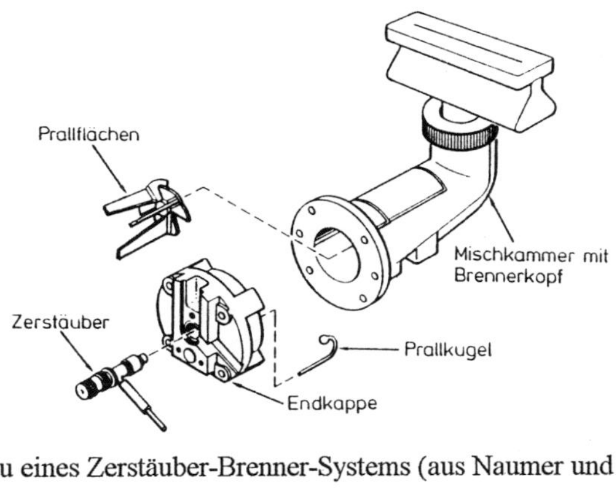

Abb. 3.14. Aufbau eines Zerstäuber-Brenner-Systems (aus Naumer und Heller 1990)

Die primäre Verbrennungszone oder auch Reaktionszone ist durch intensive Emission und reduzierende Bedingungen gekenntzeichnet. Da kein thermodynamisches Gleichgewicht herrscht, ist sie nicht für die Atomabsorptionsspektroskopie einsetzbar. In der Übergangszone wird das thermodynamische Gleichgewicht erreicht. Hier herrschen optimale Bedingungen für die Atomabsorptionsspektroskopie. Die sekundäre Verbrennungszone ist kühler als die anderen Zonen, sie wird daher weniger eingesetzt.

Der Übergang der im Aerosol enthaltenen Moleküle oder Ionen in einzelne Atome ist der entscheidende Prozeß in der Flamme. Dafür muß zunächst die Untersuchungssubstanz, nach dem Eintrocknen der Flüssigkeitströpfchen, verdampfen, um anschließend in Atome zu zerfallen. Nur ein Teil der Metallsalze, die in den eingetrockneten Flüssigkeitströpfchen vorliegen, geht in den atomaren Zustand über, ein anderer Teil wird ionisiert. Bei zu geringen Flammentemperaturen ist das Ausmaß der Atomisierung zu gering. Auf der anderen Seite wird durch hohe Temperaturen die Ionisierung gefördert. Beide Effekte verringern die Empfindlichkeit der Messung. Das Verhältnis von Brennmittel (z.B. Acetylen) zu Oxidationsmittel (Luft oder Lachgas) beeinflußt die Temperatur der Flamme. Ein hoher Anteil an Oxidationsmittel erzeugt hohe Temperaturen, während reichlich Brennmittel zu geringeren Temperaturen führt. Somit ist die Wahl des richtigen Flammentyps und das Verhältnis von Brennmittel zu Oxidationsmittel an das jeweils zu bestimmende Element anzupassen.

Die Empfindlichkeit der Messung wird weiterhin durch die Zerstäuberwirkung bestimmt. Diese wiederum hängt von den physikalischen Eigenschaften (Oberflächenspannung, Viskosität) der angesaugten Flüssigkeit ab. Für die nachfolgende quantitative Auswertung müssen Eichlösungen und Probenflüssigkeit in ihren physikalischen Eigenschaften identisch sein, damit stets ein identischer Prozentsatz der angesaugten Flüssigkeit in die Flamme gelangt.

Elektrothermische Atomisiereinrichtungen. Es handelt sich um elektrisch beheizte Graphitrohre oder Kohlestäbe. Sie sind in der Anwendung schwieriger als Flammen, die Vorteile des Graphitrohrofens liegen jedoch in der höheren Empfindlichkeit (kleinere Nachweisgrenze), da die eingebrachte Probe sehr effektiv atomisiert werden kann und länger im Strahlengang verbleibt. Es handelt sich um ein Rohr aus Graphit, daß von einem elektrischen Strom durchflossen wird. In Folge seines Widerstandes erhitzt sich das Rohr. Um die Oxidation des Graphits zu verhindern, wird das Rohr von einem Schutzgas umspült. Die eingebrachte, wässrige Probe wird in einer ersten Heizphase getrocknet, in einer zweiten Phase verkohlt, um leicht flüchtige organische und anorganische Verbindungen auszutreiben. Während dieser Zyklen strömt das Schutzgas auch durch das Rohr. Die Temperaturen für diese Zyklen müssen so gewählt werden, daß die zu untersuchenden Metalle sich nicht verflüchtigen. Im eigentlichen Atomisierungsprozeß wird die Temperatur möglichst rasch auf die Atomisierungstemperatur (bis zu 3000°C) gebracht, um die Metalle schlagartig in die Dampfphase zu überführen. Während dieser Phase strömt das Gas im Rohr nicht, die gesamte

Probe nimmt am Atomisierungsprozeß teil. Die hohe Empfindlichkeit der Graphitrohr-Atomspektroskopie ist damit zu erklären. Nach dieser Atomisierungsphase folgt noch eine Ausheizphase, um noch nicht verflüchtigte Verbindungen auszutreiben. Das Temperaturprogramm, daß nach der Injektion der Probe abläuft, könnte folgendermaßen aussehen:

	T [°C]	Dauer [sec]	Gasfluß im GR
Trocknungsphase	120	60	+
Veraschungsphase	300	10	+
Atomisierungsphase	1200	4	-
Ausheizphase	1800	3	+

Hauptproblem ist die Temperaturkontrolle, da während der Atomisierungsphase die Temperatur exakt und reproduzierbar eingehalten werden muß. Quantitative Messungen sind nicht möglich, wenn nicht ein reproduzierbarer Anteile der Probe atomisiert wird. In älteren Gerätetypen wurde versucht, über Spannungs- oder Stromkontrolle die gewünschte Temperatur zu realisieren. Da sich jedoch der Widerstand der Küvette in Folge von Verschleiß bei fortgesetzter Benutzung verändert, werden sich in derartigen Systemen mit der Alterung der Küvette unterschiedliche Temperaturen ergeben. Dies wirkt sich auf die quantitative Messung aus. In modernen Geräten wird daher eine optische Temperaturkontrolle angewandt, bei der die Lichtemission des glühenden Graphitrohres ausgenutzt wird. Das Temperaturprogramm muß an die spezifischen Eigenschaften des Probenmaterials angepaßt werden, da andere Elemente des Probenmaterials zu erheblichen Störungen bei der Quantifizierung führen können. Man spricht von Matrixeffekten. Säuren (z.B. Phosphorsäure) oder Salze schwerflüchtiger Metalle werden als Isoformierungshilfen (Matrixmodifier) angewandt. Sie bewirken, daß Probe und Standard in ihren Matrixeigenschaften ähnlicher werden, die Anwendung höherer Veraschungstemperaturen wird möglich (Abb. 3.15). Ein anderer Matrixmodifier ist Ammoniumnitrat. Da Ammoniumchlorid leicht flüchtig ist, kann mit Ammoniumnitrat der störende Einfluß von Chloridionen beseitigt werden.

Die Wirkung der Matrixmodifier kann mittels Atomisierungs- und Veraschungskurven überprüft werden. Hierzu variiert man eine der beiden Temperaturen und beobachtet den Effekt auf das gemessene Signal. Dadurch ist es möglich, das Temperaturprogramm an die zu analysierende Probe anzupassen. Da die Matrixmodifier im Prozentbereich angewandt werden, müssen sie auf ihre Reinheit geprüft werden.

Atomisiereinrichtungen für hydridbildende Elemente. Hydridbildende Elemente sind Arsen, Zinn, Germanium, Wismut, Selen, Antimon. Diese Hydride sind leicht flüchtig und können in einer beheizten Quarzküvette bei Temperaturen unter 1000°C atomisiert werden. Quecksilberionen können durch Reduktionsmittel zu elementarem Quecksilber reduziert werden. Quecksilber hat bereits bei Raumtemperatur einen so hohen Dampfdruck, daß es ausgetrieben werden

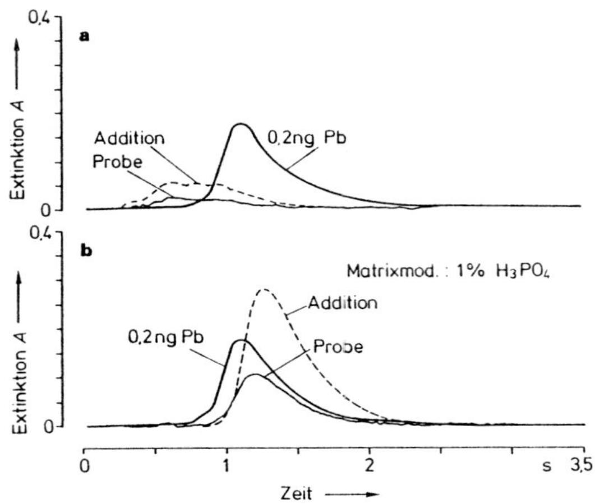

Abb. 3.15. Bestimmung von Blei in Müllsickerwasser mit der Graphitrohrtechnik; **a** ohne Matrixmodifier, Veraschung bei 500°C; **b** Veraschung bei 800 °C unter Zusatz von 1% Phosphorsäure als Matrixmodifier; es wurden jeweils eine Standardlösung, die Probe und eine Additionsprobe (Probe + Standard) bestimmt (aus Naumer und Heller 1990)

kann. Diesen Quecksilberdampf leitet man direkt in eine unbeheizte Quarzküvette. Die hydridbildenden Elemente werden mit nascierendem Wasserstoff, der bei der Zersetzung von Natriumborhydrid bei saurem pH-Wert entsteht, zu Hydriden umgesetzt. Durch einen Gasstrom werden sie in die Quarzküvette überführt und dort durch Beheizen atomisiert. Bei der Quecksilberbestimmung kann ebenfalls Natriumborhydrid benutzt werden. Bevorzugt wird jedoch Zinnchlorid als Reduktionsmittel eingesetzt. Für Quecksilber läßt sich die Empfindlichkeit wesentlich steigern, indem das Quecksilber zunächst auf Gold als Amalgam gesammelt wird und von dort durch rasches Erhitzen freigesetzt wird. Bei der Messung hydridbildender Elemente, z.B. Arsen, spielt die Oxidationsstufe, in der das Element vorliegt, eine wichtige Rolle für die Messung. Arsen der Oxidationsstufe +3 wird wesentlich effizienter in das Hydrid umgewandelt als Arsen der Oxidationsstufe +5. Dies hat für die Quantifizierung entscheidende Bedeutung, Standard und Probe müssen das Element in der gleichen Oxidationsstufe enthalten.

3.3.3 Optisches System

Es sind prinzipiell Einstrahl- und Zweistrahlsysteme zu unterscheiden. Beim Zweistrahlsystem wird über einen halbdurchlässigen Spiegel ein Teil des Lichtes der Hohlkathodenlampe abgelenkt, damit dieser nicht durch die Atomisiereinrichtung gelangt. Durch Vergleich der beiden Teilstrahlen können Schwankungen der Leistung der Strahlungsquelle ausgeglichen werden. Nachteil ist ein 50%iger Verlust der einfallenden Lichtmenge und damit eine geringere Empfindlichkeit. Da moderne Hohlkathodenlampen nach einer Einlaufphase ausreichende Stabilität zeigen, werden heute meist Einstrahlgeräte angewandt. Nachdem das Licht die Atomisiereinrichtung passiert hat, wird es über einen Monochromator, meist ein Gitter, in seine spektralen Bestandteile zerlegt. Über einen Spalt (Bandpass-Filter) wird ein enger Spektralbereich ausgeblendet und gelangt auf den Photomultiplier. Elektronisch verstärkt und digitalisiert kann der Meßwert angezeigt oder über EDV weiterverarbeitet werden. Die Spaltbreite muß so eng wie möglich gewählt werden, um Emissionseffekte und unerwünschte Linien der Hohlkathodenlampe auszuschließen.

Für die zu untersuchenden Elemente stehen verschiedene Wellenlängen zur Verfügung, die den verschiedenen Übergängen der Elektronen entsprechen. Um möglichst geringe Nachweisgrenzen zu erreichen, werden meist Wellenlängen ausgewählt, die die höchste Nachweisempfindlichkeit erlauben. Sind jedoch Proben mit sehr hohen Konzentrationen der zu bestimmenden Elemente zu vermessen, so kann durch Wahl einer weniger empfindlichen Wellenlänge aufwendiges Verdünnen der Proben vermieden werden.

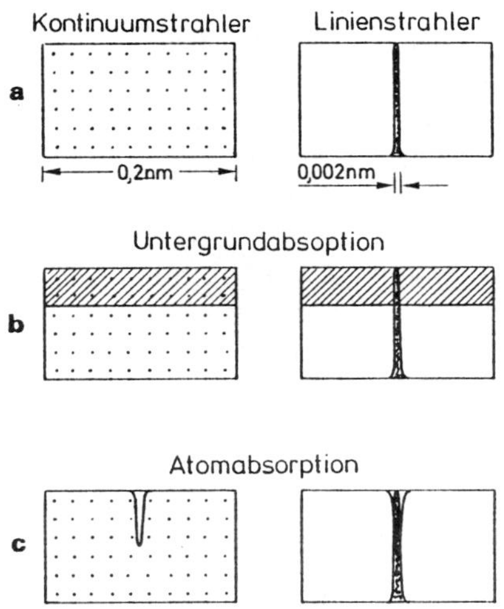

Abb. 3.16. Prinzip der Untergrundkorrektur mit einem Kontinuumstrahler; **a** bei gleicher Strahlungsintensität am Detektor verteilt sich diese beim Kontinuumstrahler über die gesamte Spaltbreite von 0,2 nm; beim Linienstrahler ist sie auf wenige Tausendstel Nanometer beschränkt; **b** durch nicht spezifische Untergrundabsorption werden die Strahlen beider Lichtquellen gleichermaßen geschwächt; **c** durch Atomabsorption wird in erster Näherung nur die Strahlung des Linienstrahlers geschwächt, die Schwächung der Strahlung des Kontinuumstrahlers ist vernachläßigbar; durch Verrechnung der beiden gemessenen Schwächungen kann die Atomabsorption um die Untergrundabsorption korrigiert werden (aus Naumer und Heller 1990)

3.3.4 Störungen bei der Atomabsorptionsspektroskopie

Es sind spektrale und nicht spektrale Störungen oder Interferenzen zu unterscheiden. Zu den spektralen Interferenzen gehören Absorptionen von Strahlung durch Moleküle gasförmiger Stoffe und die Streuung an Partikeln. Molekülabsorption ist auf den unvollständigen Zerfall der Substanzen in Atome zurückführbar. Dies tritt besonders bei hohen Stoffkonzentrationen auf, z.B. bei Alkalihalogeniden. Weiterhin treten durch unvollständige Verdampfung Partikel auf, die zur Strahlungsstreuung führen. Atomabsorption ist auf einen sehr engen Spektralbereich von wenigen Tausendstel Nanometer begrenzt. Molekülabsorption und Streuung hingegen sind relativ breitbandig. Daraus ergibt sich auch die Korrekturmöglichkeit, das Verfahren ist die Untergrundkorrektur (Abb. 3.16). Es wird abwechselnd die Absorption durch den Linienstrahler und einen zusätzlich installierten Kontinuumstrahler gemessen. Zwischen beiden Messungen wird mit einer hohen Frequenz (150 Hz) umgeschaltet, um zu einer zeitlichen Auflösung zu gelangen. Die unspezifische Absorption wird bei der Auswertung berücksichtigt.

Nicht spektrale Interferenzen beeinflußen die Zahl der Atome, die in den Strahlengang gelangt. Hierzu gehört der Einfluß von Oberflächenspannung und Viskosität beim Zerstäubungsvorgang der Flammen-Atomabsorptionsspektroskopie. Das anzuwendende Korrekturverfahren ist das Standard-Additionsverfahren, das auch bei anderen analytischen Problemen angewandt werden kann. Zu einem festen Volumen der Probe werden steigende Konzentrationen einer Standardlösung des zu untersuchenden Elementes zugesetzt. Nun wird auf ein einheitliches, definiertes Volumen aufgefüllt, die erhaltenen Lösungen werden vermessen. Trägt man die zugesetzte Konzentration des Elementes gegen die

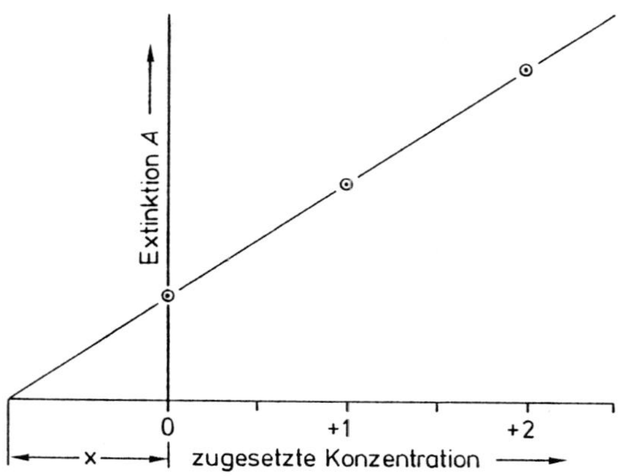

Abb. 3.17. Prinzip der Korrektur nichtspektraler Interferenzen nach dem Standardadditionsverfahren durch Extrapolieren der Bezugskurve auf die Extinktion A=0; x: Konzentration des zu bestimmenden Elementes in der Meßlösung (aus Naumer und Heller 1990)

gemessene Absorption auf, so ist die gesuchte Konzentration der nun verdünnten Probelösung gleich dem Betrag des x-Achsenabschnittes der Ausgleichsgeraden (Abb. 3.17).

3.3.5 Probenvorbereitung und Probenaufgabe

Prinzipiell müssen die zu untersuchenden Elemente in löslicher Form vorliegen. Unmittelbar nach der Probenahme sollen wässrige Proben mit Salpetersäure auf pH-Werte <2 angesäuert. Elemente, die in unterschiedlichen Oxidationsstufen vorliegen können, sollten vor der Messung einem oxidativen Aufschluß unterworfen werden, um die gesamte Probe auf eine einheitliche Oxidationsstufe zu bringen. Sind die als Partikel vorliegenden Anteile mitzubestimmen, so ist in jedem Fall ein Aufschluß erforderlich. In der Regel reicht eine Behandlung mit H_2O_2 im Salpetersauren aus (elementspezifische Teile der DIN 38 405 und 38 406). Verluste sind bei leicht flüchtigen Elementen wie dem Quecksilber möglich. Hierfür können spezielle Aufschlußverfahren unter stark oxidierenden Bedingungen angewandt werden. Ebenso kann bei Anwendung der Hydridtechnik ein spezieller Aufschluß erforderlich sein. Hierzu sind die elementspezifischen Teile der DIN zu konsultieren. Weitere Hinweise liefert die Richtlinie SM 1/78 der Länderarbeitsgemeinschaft Abfall (LAGA).

Bei festen Materialien wird meist ein Königswasseraufschluß angewandt (DIN 38 414 Teil 8, LAGA Richtlinie SM 2/79). Hierzu wird das Untersuchungsgut homogenisiert oder zermahlen. Nach Zusatz von Salz- und Salpetersäure wird zunächst 2 Stunden kalt stehen lassen und anschließend 2 Stunden unter Rückfluß gekocht. Nach Abfiltrieren und Auffüllen auf ein definiertes Volumen kann die Konzentration der Elemente gemessen werden. Einige Chromverbindungen, Bleisulfat, Zinnoxid und andere schwerlösliche Salze werden nicht oder nur unvollständug erfaßt. Der Filterrückstand kann daher einem Schmelzaufschluß oder Naßaufschlußverfahren unterworfen werden (LAGA Richtlinie SM 2/79).

Bei der Flammen-AAS wird durch den Zerstäuber die Probe kontinuierlich in die Flamme eingebracht. Bei der Graphitrohr-AAS erfolgt die Aufgabe der Probe mit Mikropipetten, die für die Dosierung kleiner Volumina (10 bis 50 µl) geeignet sind. Wichtig ist, daß das aufgegebene Volumen reproduzierbar ist. Daher werden heute meist automatische Aufgabesysteme verwandt, die hohe Reproduzierbarkeit bei automatischer Probenbearbeitung erlauben. Hierzu ist jedoch exakte Justierung erforderlich. Bei automatisierten Analysen ist es unbedingt erforderlich, nach einigen Proben erneut eine Standardlösung zu analysieren. Nur dann können Probleme mit der automatischen Probenaufgabe erkannt werden. In der Hydridtechnik sind diskontinuierliche Probenaufgabesysteme möglich (Vorschlag für ein Deutsches Einheitsverfahren 1991). Von den meisten Geräteherstellern werden kontinuierlich arbeitende Aufgabesysteme angeboten, die automatisierten Betrieb bei geringerer Nachweisgrenze und verbesserter Reproduzierbarkeit erlauben.

3.4 Chromatographische Methoden

3.4.1 Einleitung und Allgemeine Einführung

Einleitung. In diesem Teil sollen die Standardmethoden in der Gas- und Flüssigchromatographie, die in der Umweltanalytik Anwendung finden, beschrieben werden. Dazu soll eine kurze Einführung in die Grundlagen der Gas- und Flüssigchromatographie erfolgen. Auf eine tiefergehende Betrachtung von chromatographischen Verfahren soll hier also bewußt verzichtet werden. Es sind derzeit mehrere Werke auf dem Markt, die die jeweilige Thematik in der notwendigen Breite darstellen (Weiß 1991; Aced und Möckel 1991; Schomburg 1987)

Weiterhin soll das Schwergewicht der Betrachtungen auf der Seite der Flüssigchromatographie, und zwar der HPLC liegen. Auf Seiten der Gaschromatographie soll sich auf die Kapillargaschromatographie mit den in den DIN- Verfahren beschriebenen Anwendungen zur Wasser- und Abwasseruntersuchung beschränkt werden.

Allgemeine Einführung. Chromatographische Methoden wie die HPLC (high performance liquid chromatography) sowie die Gaschromatographie (GC) sind Methoden zur Analyse löslicher fester und flüssiger sowie verdampfbarer Substanzgemische. Sie ist verwendbar für

a) die Trennung von Gemischen
b) die Identifizierung von Komponenten
c) die quantitative Bestimmung von Komponenten

Unter Chromatographie versteht man einen Prozeß, bei dem eine Stofftrennung durch Verteilung zwischen einer ruhenden (stationären) Phase und einer sich bewegenden (mobilen) Phase erfolgt. Im Falle der Säulenchromatographie ist die stationäre Phase in ein Rohr eingeschlossen und stellt so die Trennsäule dar. Ist die stationäre Phase flach auf einer Glasplatte o.ä. ausgebreitet, so handelt es sich um Dünnschicht-Chromatographie. Besteht sie aus einem speziell behandelten Papier, so spricht man von Papier-Chromatographie.

Flüssige stationäre Phasen sind häufig an ein meist hochporöses Trägermaterial gebunden. Die Eigenschaften der stationären Phase werden bestimmt durch die Art des Trennprozesses.

Das Säulenmaterial, also das Trägermaterial mit der stationären Phase, wird von der mobilen Phase durchströmt. Diese ist im Falle der Flüssigchromatographie eine Flüssigkeit. Ist die mobile Phase ein Gas, so spricht man von Gaschromatographie.

Die chromatographischen Methoden lassen sich, je nach Eigenschaften der mobilen Phase, einteilen in

a) die Gas-Chromatographie (GC),
b) die Flüssig(Liquid)-Chromatographie (LC) und
c) die Chromatographie im überkritischen Bereich (supercritical fluid chromatography SFC).

Weiterhin ist die stationäre Phase namensgebend. So ergibt sich die Flüssig-Flüssig-Verteilungschromatographie oder Gas-Solid-Adsorptionschromatographie.

Die mobile Phase transportiert die Probenkomponenten an der stationären Phase vorbei, um die Komponenten durch Lösen in oder Wechselwirkung mit der stationären Phase zu trennen.

Bei der Flüssig-Flüssig-Verteilungschromatographie, der gebräuchlichsten Methode in der HPLC ist die Löslichkeit der Probenkomponenten in der mobilen Phase sowie der stationären Phase der eigentliche Trennprozeß. Die richtige Wahl beider Phasen ist entscheidend für die Leistungsfähigkeit der HPLC.

3.4.2 Grundlagen der Chromatographie

Das Prinzip. Die mobile Phase durchströmt mit einer konstanten Flußrate die mit Säulenmaterial, das die stationäre Phase trägt, gefüllte Trennsäule. Die Probe wird unmittelbar am Säulenanfang in die mobile Phase gegeben und von dieser durch die Säule transportiert. In der Säule diffundieren die Probemoleküle sehr viele Male von der mobilen in die stationäre Phase und zurück, wobei sich immer wieder neu ein chemisches Gleichgewicht zwischen der mobilen und stationären Phase einstellt. Je nach Löslichkeit der einzelnen Komponenten in der stationären Phase werden sie unterschiedliche Zeiträume in der stationären Phase verweilen. so daß Komponenten voneinander getrennt werden und sie räumlich und zeitlich nacheinander die Säule verlassen (Abb. 3.18).

Bei vollständiger Trennung ist jede Substanz beim Verlassen der Säule einzeln in der mobilen Phase gelöst und kann dort als reiner Stoff mit Hilfe geeigneter Verfahren identifiziert werden.

Chromatographische Parameter. Die Darstellung chromatographischer Signale des Detektors in zeitlicher Abhängigkeit nennt man Chromatogramm. Ein allgemeines Beispiel ist in Abb. 3.18 wiedergegeben. Zur Beschreibung von Chromatogrammen werden Parameter verwendet, von denen einige im folgenden definiert werden sollen.

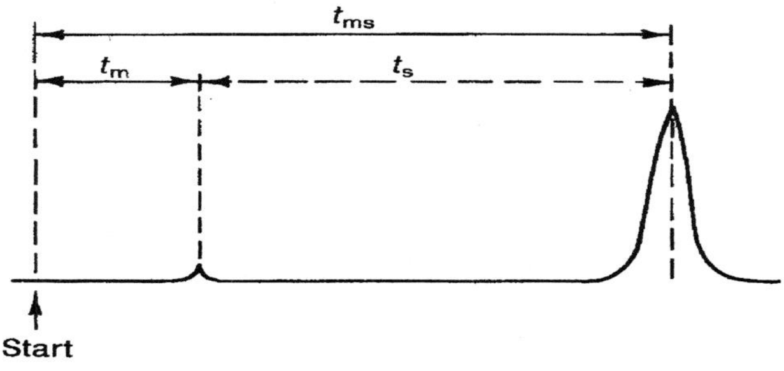

Abb. 3.18. Allgemeine Darstellung eines Chromatogramms (aus Weiß 1991)

Retentionszeit. In einer Chomatographie-Säule werden zwei verschiedene Substanzen nur dann voneinander getrennt, wenn sie unterschiedlich lange in oder an der stationären Phase verweilen. Die Zeit, die eine Substanz zum Durchlaufen der Trennsäule benötigt, bezeichnet man als Gesamtretentionszeit t_{ms} oder auch Bruttoretentionszeit. Als Totzeit, t_m, wird die Zeit definiert, die eine Verbindung benötigt, ohne mit der stationären Phase in Wechselwirkung zu treten. Somit setzt sich die Verweilzeit einer Substanz in der Säule, also die Gesamtretentionszeit, t_{ms}, aus der Totzeit und der sogenannten Nettoretentionszeit zusammen. Die Nettoretentionszeit ist die Zeit, in der sich die Substanz in oder an der stationären Phase befindet und somit nicht wandert. Es gilt daher die Gl. 1 :

$$t_{ms} = t_s + t_m \qquad (1)$$

Die verwendeten Begriffe zur Charakterisierung der Trennsäulen sind aus Abb.3.18 ersichtlich. Die Form eines chromatographischen Signals, ein sogenannter Peak, läßt sich in erster Näherung durch eine Gauß-Kurve beschreiben (Abb. 3.19).

Asymmetrie-Faktor A_S. Die Elution chromatographischer Signale - man spricht auch von Peaks *(engl.*:peak (Gipfel) - in Form einer Gauß'schen Kurve wird in der Praxis selten erreicht. Häufig zeigen die Peaks eine Asymmetrie, die definiert ist als (vgl. Abb. 3.20):

$$As = \frac{b}{a} \qquad (2)$$

Als "tailing“ bezeichnet man die Peakform, bei der ein steiler Anstieg und ein langsamerer Abfall des Signals zu beobachten ist. Hier sind die As-Werte größer als 1. Der gegenteilige Effekt, der also As-Werte kleiner als 1 verzeichnet, wird "leading" oder ..fronting" genannt Dieser Effekt ist durch ein langsames Ansteigen und vergleichsweise schnelleres Abfallen des Signals gekennzeichnet.

Auflösung. Das Ziel einer chromatographischen Analyse ist die Trennung der Probenkomponenten in einzelne Signale. Das heißt, daß die im Idealfall gaußförmigen Peaks sich nicht überlagern dürfen. Zwischen beiden Substanzsignalen des Detektors muß die Basislinie des Detektorsignals erreicht sein. Man spricht in diesem Falle von einer Basislinien-Trennung. Die Trennung wird also durch zwei Größen beeinflußt, nämlich den Peakabstand Δt und die Peakbreite an der Basislinie w. Beide Größen kombiniert ergibt die Auflösung, *R* (engl. Resolution), zwischen zwei benachbarten Peaks. Sie ist als Quotient aus dem Abstand der beiden Peakmaxima (ausgedruckt als Differenz der beiden Bruttoretentionszeiten Δtms) und dem arithmetischen Mittel aus den beiden zugehörigen Basisbreiten, w , definiert (Gl. 3).

$$Res = \frac{\Delta tms}{(w1 + w2)/2} \qquad (3)$$

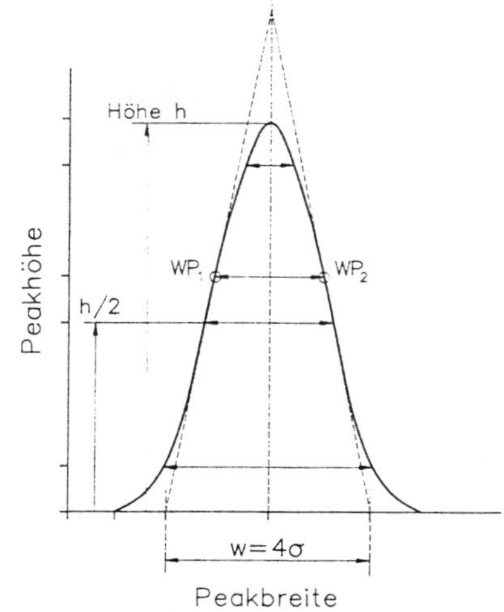

Abb.3.19. Darstellung einer Gauß-Kurve (aus Aced und Möckel 1991)

Wie in Abb. 3.21 gezeigt, können diese Parameter direkt dem Chromatogramm entnommen werden. Zur quantitativen Analyse genügt eine Auflösung von R = 2.0 (auch 8σ-Trennung genannt). Mit

$$w = 4\sigma \qquad (4)$$

für die Basisbreite eines Peaks sind die beiden Signale somit bis zur Basislinie voneinander getrennt. Bei einer Auflösung von R = 0,5 kann ein Signal noch als aus zwei Komponenten bestehend erkannt werden.

Selektivität. Das Verhältnis der Nettoretentionszeiten zweier Peaks wird als Selektivität, a,: bezeichnet und ist in Gl. Xx definiert:

$$\alpha = \frac{ts2}{ts1} \qquad (5)$$

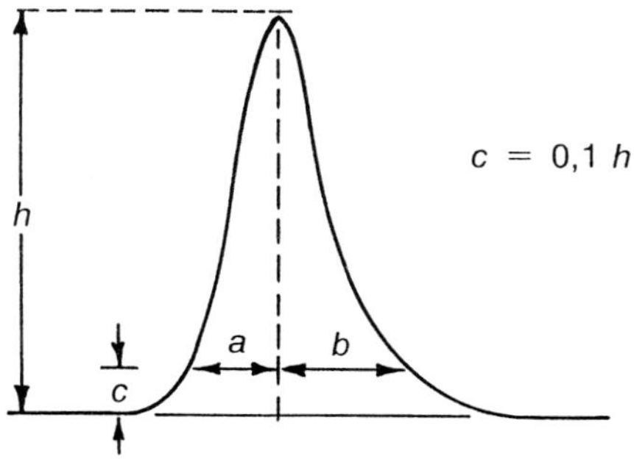

Abb. 3.20. Definition des Asymmetrie-Faktors (aus Weiß 1991)

Diese Parameter können nach Abb. 3.21 aus dem Chromatogramm entnommen werden. Die Selektivität wird durch die Eigenschaften der stationären Phase und denen der zu trennenden Komponenten beeinflußt. Die Zusammensetzung der mobilen Phase hat ebenfalls einen Einfluß auf die Selektivität. Ist $\alpha = 1$, so können die Komponenten nicht getrennt werden, da sie in dem Trennsystem keine thermodynamischen Unterschiede aufweisen.

Kapazitätsfaktor. Der Kapazitätsfaktor, k', ist das Stoffmengenverhältnis der Substanz in der stationären Phase ns und der mobilen Phase nm. Durch Umformung des Nernst´schen Verteilungsgesetzes ergibt das Produkt aus dem Volumenverhältnis Vs/Vm von stationärer und mobiler Phase in der Trennsäule und dem Nernstschen Verteilungskoeffizienten, K, ebenfalls k´:

$$K = \frac{cs}{cm} = \frac{\frac{ns}{Vs}}{\frac{nm}{Vm}} = \frac{ns \cdot Vm}{nm \cdot Vs} = k \cdot \frac{Vm}{Vs} \qquad (6)$$

daraus folgt

$$k' = K \cdot \frac{Vs}{Vm} \qquad (7)$$

Aus weiteren Berechnungen läßt sich zeigen, das der Kapazitätsfaktor sich aus der auf die Totzeit normierten Nettoretentionszeit ermitteln laßt:

$$k' = \frac{ts}{tm} \qquad (8)$$

K Nernst´scher Verteilungskoeffizient, Vs Volumen stationäre Phase
Vm Volumen der mobilen Phase, cs Substanz-Konzentration stationäre Phase
cm Substanz-Konzentration mobile Phase

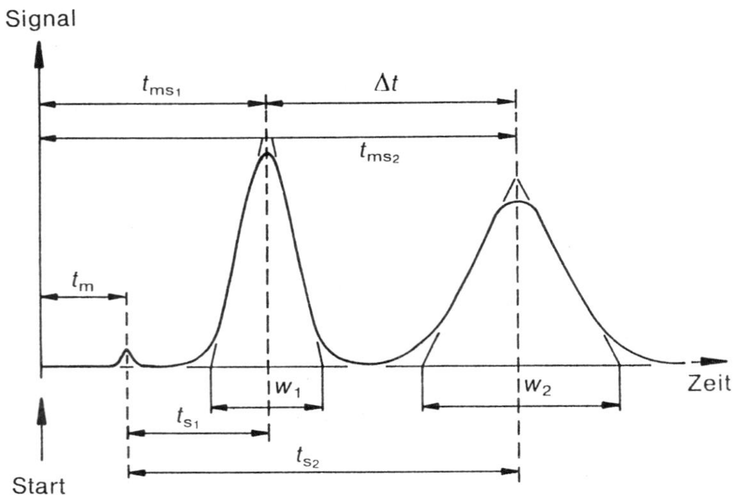

Abb. 3.21. Bestimmung chromatographischer Parameter (aus Weiß 1991)

Damit ist der Kapazitätsfaktor von apparativen Größen unabhängig. Kleine Werte für k' bedeuten. daß die Verbindungen in der Nähe des Totvolumens eluieren und die Trennung somit schlecht ist. Eine gute Trennung erhält man bei großen k'-Werten. Der Nachteil ist jedoch eine große Peakverbreiterung und lange Analysenzeiten.

Peakverbreiternde Prozesse. Bei ihrer Wanderung durch das Trennsystem wird die Substanzzone, die theoretisch im Detektor ein Rechtecksignal liefern würde, durch Diffusions- und Strömungsvorgänge in einen Peak verändert, der im Idealfall die Form einer Gaußkurve besitzt. Die Substanz ist um ihren Auftragspunkt normalverteilt. Das Integral des Peaks entspricht also der Substanzmenge. Die Peakform wird also durch Diffusions- und Strömungsvorgänge ständig verbreitert. Die mathematische Behandlung einer Gaußkurve ergibt folgende Gl. 9:

$$y = y_0 \cdot \exp\left[(x - x_0)^2 / 2\sigma^2\right] \qquad (9)$$

x_o Lage des Peakmaximum
y_o Höhe des Peakmaximum
σ Standardabweichung

Der Abstand der beiden Wendepunkte der Kurve wp1 und wp2 ergibt sich zu 2σ. Als Varianz der Kurve bezeichnet man das Quadrat der Standardabweichung. Wie bereits erwähnt, bezeichnet man den Abstand der beiden Schnittpunkte der Wendepunktstangenten mir der Basislinie als Peakbreite w. Sie ist gleich 4σ.

Das Einstein´sche Diffusionsgesetz Gl. 10 gibt den Zusammenhang zwischen σ^2 und dem Diffusionskoeffizienten D und der Zeit, in der die Diffusion angedauert hat, also der Retentionszeit, wieder:

$$\sigma^2=2\,D\,t \qquad (10)$$

Die Varianz hängt auch von der Länge L der Säule ab. Die Normierung der Varianz auf die Einheitslänge wird als Höhe eines theoretischen Bodens H bezeichnet

$$H = \frac{\sigma^2}{L} \qquad (11)$$

Aus dem englischen Sprachgebrauch kommt der Begriff HETP (Height Equivalent of a Theoretical Plate). Die Begriffe stammen aus der Vorstellung, das eine Trennsäule einer Fraktionierkolonne vergleichbar ist. Man kann ebenfalls sagen, daß die Höhe eines theoretischen Bodens die Länge der Säule ist, in dem sich das Verteilungsgleichgewicht der Probenmoleküle zwischen stationärer und mobiler Phase einstellt. Die Länge der Trennsäule L hängt mit der Bodenhöhe H über die Bodenzahl N zusammen:

$$L=N\,H \qquad (12)$$

Mit Gl. 11 ergibt sich:

$$N = \frac{L^2}{\sigma^2} \qquad (13)$$

N Bodenzahl
L Länge der Trennsäule

Aus chromatographischen Daten ergibt sich folgender Zusammenhang (Gl. 14)

$$N = (t_{ms}/\sigma_t)^2 = 16\,(t_{ms}/w)^2 \qquad (14)$$

Zwei verschiedene Komponenten können jedoch nur voneinander getrennt werden, wenn die jeweiligen Peaks aufgelöst sind, d.h. der Peakabstand 8 s beträgt.

Eine allgemeinere Formulierung der Auflösung R (vergl. Gl. 3) ergibt eine Proportionalität der Auflösung R zu der Quadratwurzel der Bodenzahl N :

$$R = 0.25 \cdot \frac{\alpha - 1}{\alpha} \cdot \frac{k'}{k'-1} \cdot \sqrt{N} \qquad (15)$$

Eine gute Auflösung erreicht man also, je größer die Bodenzahl ist, d.h., je kleiner die Varianz s^2 der Peaks, desto kleiner ist bei konstanter Säulenlänge die Bodenhöhe, desto größer die Bodenzahl. Es ist also ein Bestreben in der Chromatographie, die Peakverbreiterung zu minimieren. Um eine solche Minimierung zu erreichen, muß man sich den Prozessen vertraut machen, die zu einer Peakverbreiterung führen. Dies sind im wesentlichen folgende Prozesse:

- die Eddy-Diffusion oder der Mehrwegeffekt
- die Längsdiffusion
- die Stoffaustauschverzögerung in der mobilen Phase
- die Stoffaustauschverzögerung in der stationären Phase

Dabei sind außer der Eddy-Diffusion alle Prozesse abhängig von der Flußrate in der Säule und tragen zu der Gesamtpeakverbreiterung und damit zu der Bodenhöhe H in der Summe bei.

$$H_{ges} = H_E + H_{mob} + H_{stat} + H_L \qquad (16)$$

H_{ges} Gesamt-Bodenhöhe
H_E Bodenhöhenbeitrag der Eddy-Diffusion
H_L Bodenhöhenbeitrag der Längsdiffusion
H_{mob} Bodenhöhenbeitrag der Stoffaustauschverzögerung, mob. Phase
H_{stat} Bodenhöhenbeitrag der Stoffaustauschverzögerung , stat. Phase

Eddy-Diffusion. Durch die Packung der Säule mit Füllmaterial legen die Substanzmoleküle unterschiedliche Wege zurück, da sie mit den Partikeln des Füllmaterials zusammenstoßen. Der Bodenhöhenbeitrag hängt von der Regel-

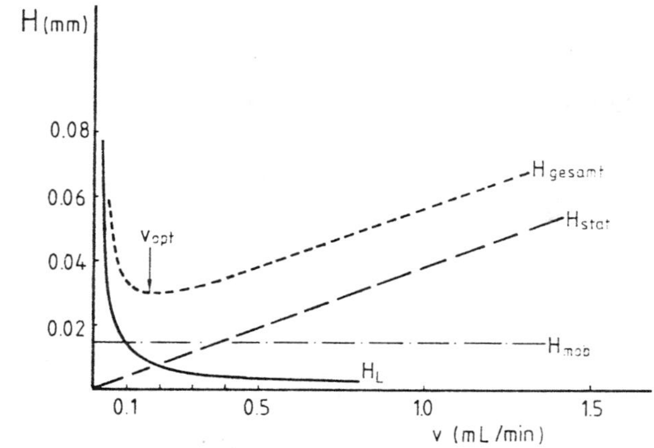

Abb. 3.22. Van-Deemter-Kurve (Aced und Möckel 1991)

mäßigkeit der Packung und dem Partikeldurchmesser ab. Es gilt folgende Gl. 17:

$$H_E = 2\lambda\, d_p \qquad (17)$$

Der Mehrwegeffekt spielt in der Kapillar-Gaschromatographie keine Rolle.

Längsdiffusion. Die Diffusion der Substanzmoleküle entlang der Säulenachse ist proportional zu dem Diffusionskoeffizienten D_m in der mobilen Phase und umgekehrt proportional zu dem Fluß des Eluens ν oder, in der Gaschromatographie zu der Trägergasgeschwindigkeit.

$$H_L \sim D_m/\nu \qquad (18)$$

In der Flüssigchromatographie ist die Bedeutung der Langsdiffusion gering, da die Diffusionskoeffizienten in Flüssigkeiten relativ gering sind. In der Gaschromatographie ist der Einfluß der Axialdiffusion erheblich.

Behinderung des Stoffaustausch. Die in der mobilen Phase befindlichen Substanzmoleküle müssen aus der mobilen in die stationäre Phase gelangen und aus dieser wieder heraus in die mobile. Diese Transportprozesse werden durch die Diffusion getrieben.

In der mobilen Phase wird der Transport durch den Eluensfluß, die Viskosität der mobilen Phase und die Packung der Säule beeinflußt. In der stationären Phase spielen die Schichtdicke und die Viskosität der stationären Phase sowie der Phasenübergang eine Rolle. Die Beiträge zur Bodenhöhe sind proportional dem Fluß bzw. der Trägergasgeschwindigkeit in der GC und umgekehrt proportional den Diffusionskoeffizienten in der mobilen Phase, D_m, und der stationären Phase, D_s. Es gilt:

$$H_{mob} \sim \nu/D_m \qquad (19)$$

$$H_{stat} \sim \nu/D_s \qquad (20)$$

Die Van-Deemter-Funktion. Die Abhängigkeit der Gesamtbodenhöhe von der Flußrate bzw. Von der Trägergasgeschwindigkeit in der GC stellte Van Deemter in allgemeiner Form auf (Gl. 21) :

$$H_{gesamt} = A + B/v + Cv \qquad (21)$$

wobei die Größen A, B und C die jeweils nicht stömungsabhängigen Faktoren der Gleichungen 17-20 zusammengefaßt sind. In C sind die Faktoren der Behinderung des Stoffaustausches beider Phasen zusammengefaßt.

In Abb. 3.22 ist eine Van-Deemter-Kurve dargestellt. Es ist ersichtlich, daß die einzelnen Summanden eine unterschiedliche Abhängigkeit von der Flußrate v der mobilen Phase haben. Die Gesamtbodenhöhe durchläuft ein Minimum, d.h., es gibt eine optimale Flußrate vopt, bei der die Bodenhöhe minimal bzw. Die Peakverbreiterung am geringsten ist. Hier ist die maximale Bodenzahl erreicht und somit die Auflösung am besten.

In der Gaschromatographie, für die diese Gleichung eigentlich aufgestellt wurde, wird die Abhängigkeit der Bodenzahl von der Trägergasgeschwindigkeit beschrieben.

3.4.3 Hochdruckflüssigchromatographie HPLC

Apparativer Aufbau. Eine HPLC-Apparatur besteht aus einem Eluensvorrat (evtl. mehreren), einer Hochdruckförderpumpe mit Pulsdämpfung, einem Druckmesser, dem Probeneinlaß (Injektor), der Trennsäule mit Vorsäule(evtl. mit Thermostat), dem Detektor (evtl. mehreren), und der Signalverarbeitung / Dokumentation (Schreiber, Integrator, Computer). Hinzu kommt bei zeitlich veränderlicher Eluenszusammensetzung (Gradientelution) ein Eluensmischer, der auf der Niederdruckseite oder der Hochdruckseite angeordnet sein kann (s. Abb. 3.23).

Pumpentypen. Am häufigsten im Gebrauch sind Pumpen mit einem oder mehrere Förderkolben aus einem inerten Material (Glas, Edelstahl, Keramik). Der Pumpenkolben wird von einem elektronisch geregelten Gleichstrommotor über eine speziell geformte Kurvenscheibe angetrieben. Die Form der Kurvenscheibe und die elektronische Regelung bestimmen die Bewegung des Kolbens. Den meisten HPLC-Pumpen kann man einen maximalen und einen minimalen Wert für den Druck vorgeben. Der Maximalwert schützt die Apparatur vor gefährlich hohen Drücken, der Minimalwert vor Trockenlaufen der Pumpe.

Pulsdämpfung. Zur Verminderung der Druck- und Flußschwankungen wird eine Pulsdämpfung verwendet, die meist in einer besonderen Form der elektronischen Regelung, und einer Besonderen Kurvenform der Pumpenscheibe besteht. Weiterhin werden zwei oder drei Kolben verwendet, deren Betriebszyklen sich überlagern.

Trennsäulen. Die Trennsäule ist das Kernstück jedes Chromatographen, da in ihr der Trennprozeß abläuft. Die meisten HPLC-Säulen werden aus Edelstahl hergestellt. Die Säule besteht aus einem Säulenrohr und den Säulenköpfen mit

Kapillarverschraubungen. Hinzu kommen eventuell Fittingadapter (unterschiedlich nach Säulenkonstruktion), sowie Fritten oder Siebe, die das feinkömige Füllmaterial in der Säule halten, und Dichtungen aus Teflon. Sehr wichtig ist, daß die Anschlüsse praktisch kein Totvolumen haben. Totvolumina in Anschlüssen und Leitungen verschlechtern die Trennung um so mehr, je kleiner der Innendurchmesser der Säule ist.

Die meisten analytischen HPLC-Säulen haben eine Länge von 250 mm , einen Innendurchmesser I.D. von 4 mm. Dieser ist angemessen für 5-10 µm-Material. Säulen mit Innendurchmessern von etwa 3 mm bis 1 mm nennt man Narrow-bore-Säulen, solche mit kleinerem I.D. bis etwa 0.2 mm Microbore-Säulen. Der Eluensfluß und die Peakverdünnung sind proportional dem Säulenquerschnitt. Bei abnehmendem I.D. nimmt der Eluensbedarf rapide ab. Gleichzeitig werden die Peaks wegen der geringeren Verdünnung höher, das Signal also größer.

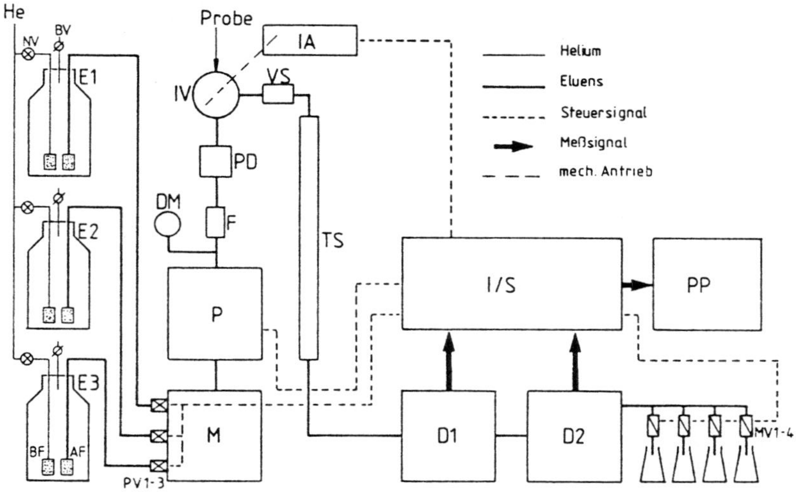

Abb. 3.23. Apparativer Aufbau einer HPLC (aus Aced und Möckel 1991)

He	Heliumzuleitung ca. 0.5 bar	PD	Pulsdämpfung
EI - E3	Eluensvorratsgefäße mit	iv	Injektionsventil
NV	Nadelventil,	IA	Antrieb für Injekt.-ventil
BV	Belüftungsventil,	vs	Vorsäule
BF	Begasungsfritte und	TS	Trennsäule
AF	Eluensansaugfritte	DI	Detektor Nr. 1
m	Mischer mit	D2	Detektor Nr. 2, in Serie mit DI
PVI-3	Proportionierventilen	I/S	Integrator / Systemsteuerung
p	HPLC-Pumpe	pp	Printer / Plotter
DM	Druckmessung	MVI-4	Magnetventile zum Sammeln von Fraktionen
F	Filter		

Praktisch sinnvoll sind Narrowbore-Säulen. Die Microbore-Technik hat in der Praxis noch kaum Bedeutung.
Da die Menge an Säulenfüllung und damit die Menge an dosierbarer Probe quadratisch mit dem Säulendurchmesser steigt, verwendet man für präparative Zwecke Säulen mit großem Querschnitt, der für Laborzwecke im Bereich von Zentimetern, für Produktionszwecke im Bereich von Dezimetern liegt.

Säulenfüllung. Das Füllmaterial ist meist hochporös. Die Teilchen sind entweder gebrochen oder kugelförmig (sphärisch). Die chemische Natur des Füllmaterials richtet sich nach der Art der zu betreibenden Chromatographie. Generell ist von der Säulenfüllung ausreichende mechanische und chemische Stabilität zu fordern.

Die sphärischen Teilchen haben einen Durchmesser d_p:von 10 µm, 5 µm, 3 µm und 2 µm. Je poröser das Material und je enger die Poren, um so größer ist die spezifische Oberfläche und damit die Menge an stationärer Phase, die wiederum die Retention erhöht.

Stationäre Phasen. Die Eigenschaften der zu trennenden Substanzen bestimmen die Wahl der stationären Phase. Heutzutage sind durch chemische Veränderung des Trägermaterials die unterschiedlichsten Phasen zu erhalten. Hier soll auf die in der Umweltanalytik weit verbreiteten Umkehrphasen (engl.: reversed phase) eingegangen werden. In der Flüssig-Flüssig-Verteilungschromatographie sind die stationären Phasen gewöhnlich in das Trägermaterial (Kieselgel, Aluminiumoxid) eingelassenes Wasser, sind also hydrophil. Durch chemische Reaktionen können an das Trägermaterial mit anderen Gruppen, die die chemischen Eigenschaften verändern, derivatisiert werden. So kann über eine Derivatisierung mit Oktadecylsylyl-Gruppen (C18-Gruppen) eine Hydrophobisierung des Trägermaterials erreicht werden und die stationäre Phase also eine umgekehrte Polarität erhalten. Diese Octadecylsylyl-Phasen werden ODS- oder C18-Phasen genannt und sind weit verbreitet. Je nach Derivatisierung sind auch andere Polaritäten oder Eigenschaften der stationären Phase erzielbar.

Injektoren. In der HPLC werden als Probeneinlaß-Ventile praktisch nur noch das Sixportventil oder davon abgeleitete Ventile verwendet.. In Abb. 3.24 ist das Prinzip des Sixportventils gezeigt.

In der Stellung "Laden" fließt das Eluens direkt zur Säule. In den Anschluß "Ein" wird eine HPLC-Spritze eingeführt und die Probelösung durch die Probeschleife gedrückt, bis der Überschuß bei "Aus" wieder austritt. Dann wird in die "Inject"-Position geschaltet. Nun fließt das Eluens durch die Probenschleife zur Säule und nimmt dabei die Probe mit. Das Dosiervolumen wird hierbei nur durch das Volumen der Probeschleife bestimmt. Es ist aber auch möglich, mit der Spritze die Schleife nur teilweise zu füllen.

Detektoren. Je nach zu identifizierenden Substanzen sind ein oder mehrere Detektoren gebräuchlich. Sehr häufig finden UV-VIS-Detektoren Anwendung. Für

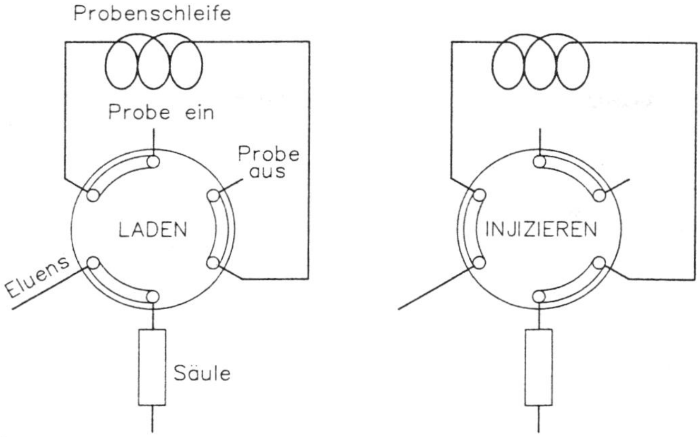

Abb. 3.24. Schema des Sixportventils (aus Aced und Möckel 1991)

spezielle Fragestellungen sind aber auch andere Detektoren üblich, wie der Fluoreszenzdetektor, der Diodenarray-Detektor, der Brechungsindex-Detektor oder elektrochemische Detektoren. In den Im methodischen Teil beschriebenen Analysen finden der Fluoreszenzdetektor und der Diodenarray-Detektor Anwendung. Eine Beschreibung der Detektoren findet sich in der Literatur.

Arbeitstechniken. In der HPLC sind grundsätzlich verschiedene Arbeitstechniken zur Beeinflussung der Retentionszeiten anwendbar. Neben der erhöhten Säulentemperatur, die im hauptsächlichen eine Erniedrigung der Viskosität des Eluens als Grund hat, sollen hier kurz die Elutionstechniken beschrieben werden. Die Zusammensetzung des Eluens kann während der Trennung Konstant bleiben oder sich ändern, und zwar in der kontinuierlichen Veränderung einer oder Mehrerer Eluenskomponenten. Bei konstanter Eluenszusammensetzung spricht man von isokratischer Elution; bei kontinuierlicher Veränderung von Gradienten-Elution. Letztere wird im allgemeinen in der Umkehrphasen-HPLC angewendet zur Trennung relativ polarer Substanzen. Hierbei wird die Polarität des Eluens während der Trennung verändert und somit eine verbesserte Trennleistung erreicht. Je unpolarer die Substanz ist, desto höher ist die Affinität zu der unpolaren stationären Phase bei polarer Eluenszusammensetzung. Wird die Eluenszusammensetzung durch einen Gradienten unpolarer, desto höher wird die Affinität zum Eluens je unpolarer die Substanz ist und wird somit eluiert.

Methodik. Neben weiteren Anwendungen in der Umweltanalytik wird die HPLC als genormtes Verfahren (Deutsche Einheitsverfahren zur Wasser-, Abwasser-, und Schlammuntersuchung) zur Bestimmung von ausgewählter Pflanzenbehandlungsmittel sowie, in einem Normenvorschlag, zur Bestimmung von polycyclischen aromatischen Kohlenwasserstoffen (PAK) angewendet. Hier soll auf beide Verfahren eingegangen werden.

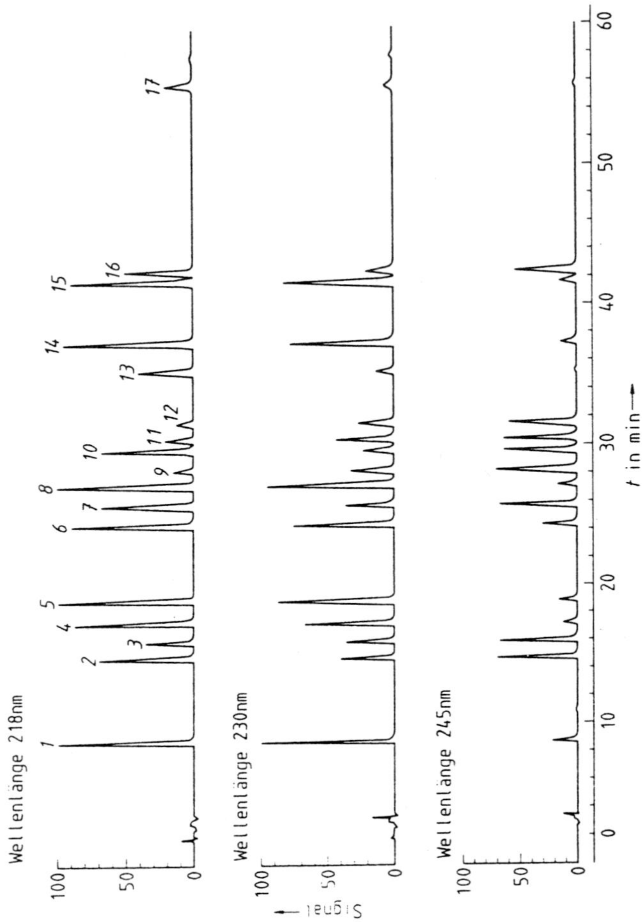

Abb. 3.25. Chromatogramm von Standardsubstanzen Pflanzenbehandlungsmittel (aus DEV 1995)

Peakidentifizierung.

1 Desethylatrazin
2· Metoxuron
3 Hexazinon
4 Simazin
5 Cyanazin
6 Methabenzthiazuron
7 Chlortoluron
8 Atrazin
9 Monolinuron
10 Diuron
11 Isoproturon
12 Metobromuron
13 Metazachlor
14 Sebuthylazin
15 Terbuthylazin
16 Linuron
17 Metolachlor

Bestimmung von ausgewählten Pflanzenbehandlungsmitteln (DIN V 38407, Teil 12). Das Verfahren eignet sich zur Bestimmung von einer Auswahl an Pflanzenbehandlungsmitteln (wie z.B. Atrazin, Simazin, Cyanazin, Diuron etc.) und deren Hauptabbauprodukten in Trinkwasser in Konzentrationen >0,05µg/l. Es kann auch zur Untersuchung von Grund- und Oberflächenwasser verwendet werden, wobei es bei Oberflächenwasser zu Störungen kommen kann.

Die in der Probe enthaltenen Substanzen werden durch Extraktion an C18-Material angereichert, eluiert und anschließend auf einer HPLC-Anlage mit Diodenarray-Detektor bei 40°C mit Gradienten-Elution getrennt. Die Säule ist eine ODS-Säule mit 3µm-Partikelgröße (250 mm x 4 mm). Die Gradientenelution kann mit Acetonitril/Wasser oder Methanol/Wasser erfolgen, wobei sich Acetonitril wegen seiner geringeren Viskosität und seiner höheren optischen Durchlässigkeit besser eignet. Es ist jedoch toxisch.

Nach der DIN-Vorschrift sind für eine Trennung mit Acetonitril folgende chromatographische Bedingungen einzuhalten (siehe DEV):

Injektionsvolumen:	25µl Pflanzenbehandlungsmittel-Standardlösung Standards gelöst in Wasser
Chromatographiesäule:	Hypersil ODS 3µm (250 mm x 4 mm) Nucleosil 120-3; 3µm (250 mm x 4 mm)
Eluent:	Gradient CH_3CN-H_2O/$COONH_4$ (1mmol); 20% nach 50% Volumenanteil Acetonitril in 60 min;linear Spülung: 10 min mit 90% Volumenanteil Acetonitril Äquilibrierung: 10 min unter Anfangsbedingungen
Flußrate:	0,8 ml/min
Temperatur:	40°C
Detektion:	Diodenarray-Detektor Durchflußzelle: 4,5 µl, d = 6 mm Zeitkonstante: 960 ms Wellenlängen: 218 nm, 230 nm, 245 nm, Bandbreite 4 nm Referenz: 460 nm, Bandbreite 80 nm
Stoffkonzentration:	je 10 mg/l

Die Kalibrierung erfolgt mit externem Standard.

Bestimmung von polycyclischen aromatischen Kohlenwasserstoffen (DEV F8). Die Bestimmung von 6 PAK in Trink- und Mineralwasser mittels HPLC ist in diesem Normenvorschlag beschrieben. Hierbei werden 6 PAK, die nach der Trinkwasser-Verordnung bestimmt werden müssen, quantifiziert. Heute werden aber zum Teil für umweltrelevante Fragestellungen 16 PAK quantifiziert, wie es die US-EPA-Richtlinien vorschreiben. Prinzipiell eignet sich dieses Verfahren mit einigen Modifizierungen ebenfalls für diese Bestimmung. Da PAK auch an Feststoffe adsorbiert vorkommen, muß je nach Fragestellung, ob der gelöste und/oder der adsorbierte Anteil bestimmt werden soll, die Probennahme und -aufbereitung angepaßt werden.

Das hier beschriebene Verfahren eignet sich zur Bestimmung in Trink- und Mineralwasser, in denen der Feststoffanteil keine Bedeutung hat. Die Summe aller 6 Substanzen darf nach TVO den Wert 0,20 +- 0,04 µg/l nicht übersteigen. Die Probe wird nach Extraktion mit Cyclohexan und ev. Vorreinigung des Extraktes mit HPLC analysiert. Die Auftrennung erfolgt unter isokratischer Elution auf einer Spezial-ODS-Säule mit fluorimetrischer Detektion. Das Fluorimeter wird bei konstanter Excitations- und Emissionswellenlänge betrieben.

In Abb.3.26 ist ein Chromatogramm der Standards wiedergegeben. Nach der DEV-Vorschrift sind folgende chromatographische Bedingungen einzuhalten (siehe DEV):

Chromatographiesäulen:	a) HS 5 HCODS (PAK-Spezialsäule 125 mm x 4,6 mm) oder
	b) Nucleosil 120-4 µm PAK (250 mm x 4 mm)
Eluent:	für a) Acetonitril/ Wasser (80:20)
	für b) Methanol Tetrahydrofuran (80:20)
Flußrate:	für a) 1,8 ml/min
	für b) 1,5 ml/min
Temperatur:	für a) 21°C; für b) 30°C
Detektion:	Fluoreszenz-Detektor
	Excitationswellenlänge: 365 nm
	Emissionswellenlänge: 470 nm

Die Kalibrierung erfolgt mit externem Standard.

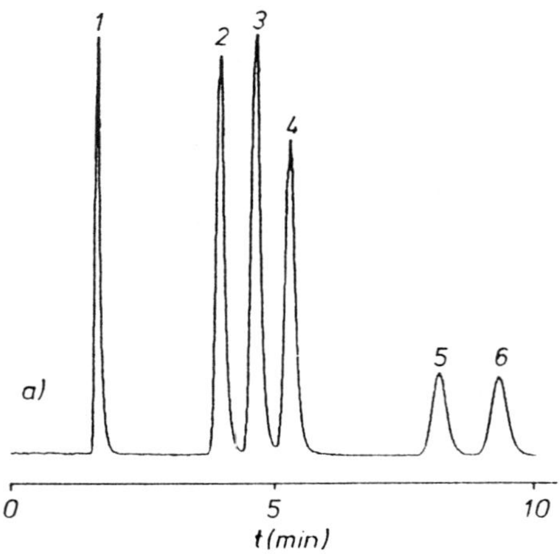

Abb. 3.26. Chromatogramm der Standardsubstanzen PAK (aus DEV 1995)

Peakidentifizierung:
1 Fluoranthen
2 Benzo[h]fluoranthen
3 Benzo[k]fluoranthen
4 Benzo[a]pyren
5 Benzo[ghi]perylen
6 Indeno[1,2,3-cd]pyren

3.4.4 Gaschromatographie

Auf Grund der schon lange währenden methodischen und apparativen Entwicklung der Gaschromatographie sind eine Vielzahl von Geräten und Detektoren auf dem Markt, sowie eine große Anzahl von Säulen und entsprechenden Arbeitstechniken beschrieben sind, soll hier auf die Literatur verwiesen werden. In diesem Teil soll auf die gaschromatographischen Systeme mit den Detektionsmöglichkeiten und die Säulen und Arbeitstechniken in aller Kürze eingegangen werden, die für Bestimmungsmethoden, wie sie in den DEV-Vorschriften Aufnahme gefunden haben, relevant sind. Im wesentlichen ist es die Kapillarsäulentechnik, die heutzutage Anwendung findet und hier den Vorrang haben soll.

Apparativer Aufbau. Gaschromatographischer Systeme bestehen aus der Trägergasversorgung mit Druck und Strömungsregler, dem Injektor, der Trennsäule im Säulenofen, einer Steuerungseinheit, einem oder mehreren Detektoren und einer Signalverarbeitung (Schreiber mit Integrator). Eine schematische Darstellung der Komponenten eines Gaschromatographen ist in Abb. 3.27 wiedergegeben

Säulenofen mit Steuerung. Die Trennsäule befindet sich in einem temperierbaren Gehäuse, gemeinhin Ofen genannt, dessen Temperatur meist mit Luftbeheizung gesteuert werden kann. Die Temperatur läßt sich linear programmieren. Injektoren und Detektoren sind häufig in das Gehäuse integriert, oder befinden sich in der Nähe des Ofens, um kurze Verbindungen zur Trennsäule zu ermöglichen. Die Steuerung erfolgt über eine separate oder die Systemeinheit. Es können z.T. mehrere Säulen in einen Ofen eingebaut werden. Die Güte der Temperatursteuerung ist ein wesentliches Qualitätsmerkmal des Gerätes.

Trennsäulen. Das Arbeiten mit gepackten Säulen, die mit einem Trägermaterial gefüllt sind, und im Durchmesser und Aufbau einer HPLC-Säule ähneln, ist nur noch für wenige Spezialfälle von Nöten. Es sind sonst nur noch Kapillarsäulen in Verwendung, die aus Alkali- oder Boratglas bestehen und einen Innendurchmesser von 30 bis 500 µm aufweisen. Die Länge einer Kapillarsäule kann von 1 m bis über 100 m variieren. Damit sind äußerst hohe Bodenzahlen erreichbar (bis zu 1 Million). Die stationäre Phase befindet sich an der Innenwand der Kapillare (engl.: wall coated) und besteht aus einem Film einer hochviskosen Flüssigkeit, die adsorptiv oder chemisch gebunden ist (engl.: chemical bonded, CB). Hier kann man Dünnfilm- und Dickfilm-Säulen unterscheiden. Dünnfilmsäulen haben eine Schichtdicke von 0,5 µm und geringer, während Dickfilmsäulen Filmdicken von 1-10 µm aufweisen. Der Nachteil der Kapillarsäulen ist die gegenüber den gepackten Säulen geringere Belastbarkeit mit Probenmaterial.

Stationäre Phasen. Es gibt in der Gaschromatographie je nach Trennproblem eine Vielzahl von stationären Phasen, die sich in ihren Eigenschaften unterscheiden. Je nach Trennproblem muß die Phase ausgesucht werden. Gebräuchliche Phasen sind z.B. Polyethylenglykole unterschiedlicher Kettenlänge (Carbowax-Säulen, CW) oder Polysiloxane mit Seitengruppen unterschiedlicher

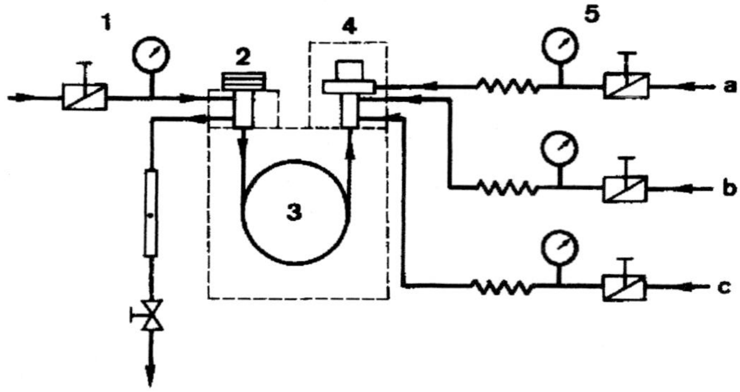

Abb. 3.27. Apparativer Aufbau eines Gaschromatographen (aus Schomburg 1987)
1 Trägergasversorgung, 2 Split- oder splitloser Injektor, 3 Säule, 4 Detektor (FID), 5 Gasversorgung für FID a) Luft, b) Brenngas (Wasserstoff), c) Spülgas (Argon oder Stickstoff).

Art und Menge. Da es sich bei der stationären Phase um eine hochviskose Flüssigkeit handelt, muß die Arbeitstemperatur während der Trennung unterhalb der Maximaltemperatur der stationären Phase liegen, bei der sich die Phase thermisch zersetzen oder durch den erheblichen Dampfdruck „ausbluten" würde.

Injektoren. Im Injektor wird die Probe über eine mit einem selbstdichtendem Septum versehene Einspritzstelle meist mit einer Mikroliterspritze oder auch über ein Mehrwegeventil mit einer Probenschleife in das unter Druck stehende inerte Trägergas eingebracht. Flüssige Proben werden dabei zunächst verdampft. Ferner muß die Verdampfungstemperatur so gewählt sein, daß ein Zersetzen der Substanzen nicht stattfinden kann. Aus diesen Grundanforderungen ergeben sich die technischen Anforderungen an einen Injektor. Ein weiteres Problem stellt die geringe Probenkapazität einer Kapillarsäule dar. Die Belastbarkeit der Säule mit Substanz liegt z.T. unterhalb der mit Mikroliterspritzen dosierbaren Menge, so daß mit einer Probenteilung nach der Verdampfung gearbeitet werden muß. Dieses bezeichnet man als split-Injektion. In der Spurenanalytik ist dieses Arbeiten mit Probenteilung nicht möglich, da die Substanzmengen sehr gering sind und nach einer Teilung das Signal nicht mehr detektierbar wäre.

Somit sind grundsätzlich die Injektoren temperierbar und mit einer variablen Stromteilung ausgerüstet. Solche Injektoren nennt man Split/Splitlos-Injektor. In dem Splitstrom befindet sich ein regelbares Ventil, über dessen Öffnung das Probenteilungsverhältnis geregelt werden kann. Abb. 3.27 zeigt die schematische Darstellung eines solchen Injektors. Eine weitere Möglichkeit der Probenaufgabe ist die „kalte" Injektion. Bei dieser Technik wird die Probe unterhalb der Siedetemperatur des Lösungsmittels in den speziell konstruierten Injektor dosiert. Nun wird der Probenraum schnell aufgeheizt, so daß eine homogenere Verdampfung aller Komponenten erzielt wird.

Eine Technik zur Analyse leicht flüchtiger Substanzen ist die sogenannte Dampfraumanalyse (engl.: head space). Hier wird über einen speziellen Injektor aus besonderen Probengefäßen, die erwärmt werden, eine Aliquot des Dampfraumes über der Probenflüssigkeit entnommen und injiziert.

Detektoren. Zur Detektion der spezifischer Substanzklassen in der Umweltanalytik steht eine breite Palette von Detektoren zur Verfügung. Zum Nachweis einer Vielzahl organischer Komponenten sind der Wärmeleitfähigkeitsdetektor (WLD) sowie der Flammenionisationsdetektor (FID) geeignet, wobei der FID einen größeren linearen Bereich besitzt.

Für bestimmte Substanzklassen eignen sich spezifische Detektoren, da sie eine hohe Empfindlichkeit für diese Komponenten besitzen. So ist der „electron capture"- Detektor (ECD) besonders für halogenhaltige Verbindungen geeignet, die in der Umweltanalytik wegen ihrer Toxizität große Relevanz besitzen (z.B. Chlororganische Verbindungen). Für N- und P-haltige Verbindungen sind der N- bzw. P-FID besonders empfindlich.

Ist die Identifizierung der Substanz besonders wichtig, so daß ein Vergleich mit Standardsubstanzen zu störungsanfällig ist, werden massenselektive Detektoren verwendet oder GC-Systeme mit Massenspektrometern gekoppelt. Die massenselektiven Detektoren können mit einem Magnetfeld arbeiten (Quadrupol- Magneten) oder mit einer sogenannten Ionenfalle (engl.: ion trap) arbeiten. Die Ionenfallen sind in manchen Arbeitstechniken nicht so empfindlich wie Quadrupolgeräte, z.B. in der „single ion monitoring"-Technik, wo eine Masse detektiert wird. Die Ionenfallen sind aber nicht so Störungsanfällig gegen Verschmutzung.

Bei der massenspektrometrischen Detektion müssen Ionen der Substanzen erzeugt werden. Dazu stehen hauptsächlich zwei Techniken zur Verfügung:

a) die Elektronenstoß-Ionisation, wobei die Ionen durch Zusammenstoß mit Elektronen erzeugt werden, und
b) die chemische Ionisation, wobei durch Reaktion mit einem protonenübertragenden Reagenz eine Ionisation erfolgt.

Für die meisten Substanzen wird die Elektronenstoß-Ionisation verwendet.

Arbeitstechniken. Grundsätzlich lassen sich zwei Arbeitweisen bei gaschromatographischen Trennungen unterscheiden. Erstere ist die isotherme Technik, wobei die Trennung bei konstanter Säulentemperatur abläuft, und zweitens die temperaturprogrammierte Arbeitsweise, bei der die Säulentemperatur nach einem Programm verändert wird. Die weitaus häufigste Technik ist die temperaturprogrammierte Analyse.

Normalerweise wird bei der GC mit einem konstanten Trägergasstrom gearbeitet, der durch Strömungsregler konstant gehalten wird. Bei temperaturprogrammierter Arbeitsweise muß dabei der Druck zunehmen, da die Viskosität des Trägergases mit der Temperatur zunimmt. Werden bei einigen Kapillarsäulen sehr geringe Strömungen benötigt, so kann die mangelnde Genauigkeit der

Strömungsregler ein Arbeiten bei konstantem Druck des Trägergases erforderlich machen, wobei der Verlust an Effizienz dabei in Kauf genommen werden kann.

Methoden. In den DEV sind drei Substanzklassen mittels Gaschromatographie zu bestimmen, und zwar

a) schwerflüchtige Halogenkohlenwasserstoffe (HHKW)
b) leichtflüchtige Halogenkohlenwasserstoffe (LHKW)
c) Benzol und einige seiner Derivate

wobei die leichtflüchtigen Halogenkohlenwasserstoffe einmal mit der split/splitlosen Injektionstechnik und in einer zweiten Methode mit Dampfraumanalyse untersucht werden.

Bestimmung von schwerflüchtigen Halogenkohlenwasserstoffen (DIN 38407 Teil 2). In der DIN-Vorschrift ist die Analyse der schwerflüchtigen Halogenkohlenwasserstoffe, zu denen die toxischen Organochlorverbindungen aus der Reihe der Pestizide, wie Aldrin, Lindan, polychlorierte Biphenyle (PCB) etc., gehören, auf einer Reihe von Säulen mit unterschiedlichen, kommerziell erhältlichen Phasen beschrieben. Die Verbindungen werden nach Extraktion mit Pentan und Anreicherung über einen Split/Splitlos-Injektor oder einem adäquaten Kaltaufgabe-Injektor aufgegeben und mit einem „electron capture"-Detektor nachgewiesen. Eine typischer Analysenlauf der Standards soll hier stellvertretend dargestellt werden.

Chromatographische Bedingungen:

Trennsäule:	DB1, 30 m Länge, 0,25 mm Durchmesser, 0,25 µm Filmdicke
Trägergas:	He, 1 bar Säulenvordruck, ca. 0,25 cm/s Gasgeschwindigkeit
Injektor:	50 ml/min Splitfluß, 5 ml/min Septumspülung, 1:10 Splitverhältnis, 280°C Temperatur
Detektor:	Ni-63-ECD, gepulst, 350°C Temperatur, Ar/CH4 95:5 Make-up-Gas, 40 ml/min Volumenstrom
Temperaturprogramm:	80°C, 8 min; 6°C/min bis 250°C; 20 min isotherm

In Abb. 3.28 ist ein Chromatogramm der Standardsubstanzen abgebildet.

Bestimmung von leichtflüchtigen Halogenkohlenwasserstoffen (DIN 38 407 Teil 4) Unter den leichtflüchtige Halogenkohlenwasserstoffen sind vor allem kurzkettige halogenierte Kohlenwasserstoffe, wie Dichlormethan, Tetrachlorethen, Dibromchlormethan etc, zu verstehen. Diese Verbindungen sind z.T. kanzerogen und können wegen ihres niedrigen Siedepunktes in der Luft bei Umgebungstemperatur in nennenswerten Konzentrationen vorkommen. Analytisch ergibt sich das Problem, das sie bei Raumtemperatur aus der Probe ausgasen können und somit falsche Ergebnisse produziert werden. Das DIN-

Verfahren beruht auf einer Extraktion der Probe mit Anreicherung und Vorreinigung und anschließender Chromatographie mit Split/Splitlos-Injektion und Nachweis mit einem ECD-Detektor.

Chromatographische Bedingungen:

Trennsäule:	OV 225, 50 m Länge, 0,3 mm Durchmesser
Trägergas:	He, 1,5 -2 ml/min Volumenstrom
Injektor:	Split/Splitlos
Detektor:	ECD,
Temperaturprogramm:	70°C bis 150°C optimiert

Bestimmung von leichtflüchtigen Halogenkohlenwasserstoffen mittels Dampfraumanalyse (DIN 38407 Teil 5). Hier wird im Gegensatz zur vorhergehenden Analyse die Probe ohne Vorbehandlung in einen Dampfraum-Injektor gegeben. Diese Arbeitsweise wird auch Headspace-Technik genannt. Dort wird die Probenflasche erwärmt (bis 80°C) und mittels einer automatisierten Dosiervorrichtung ein Aliquot des Dampfraumes über der Probenflüssigkeit entnommen und in den Chromatographen injiziert. Zur Absicherung der Peakidentifizierung wird im genormten Verfahren mit 2 Trennsäulen unterschiedlicher Polarität der stationären Phase mit simultaner Probenaufgabe gearbeitet. Der Nachweis erfolgt mit ECD.

Dieses Verfahren besitzt den Vorteil, daß keine Probenvorbehandlung erfolgen muß, da die Probenflüssigkeit mit der Dampfphase im Gleichgewicht steht und ein Großteil nicht zu bestimmender Probenkomponenten nicht in nennenswertem Maße in der Dampfphase enthalten ist.

Chromatographische Bedingungen:

Trennsäulen:	a)DB 1701 und b) DB 5; jeweils 60 m Länge, 0,25 mm Durchmesser, 1 µm Filmdicke
Trägergas:	Stickstoff,

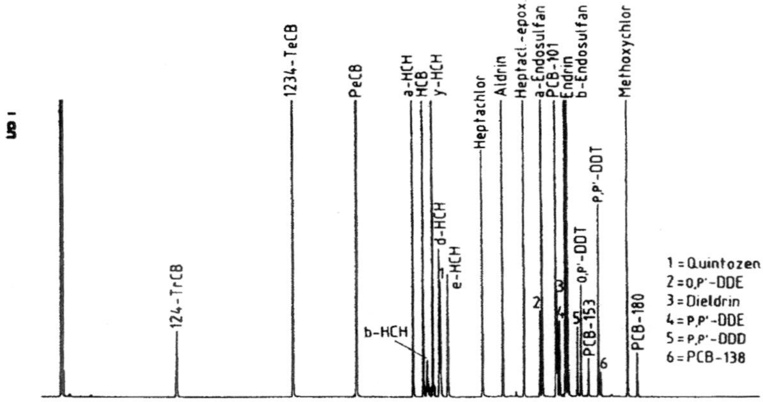

Abb. 3 28. Chromatogramm von Standards Pflanzenschutzmittel (aus DEV 1995)

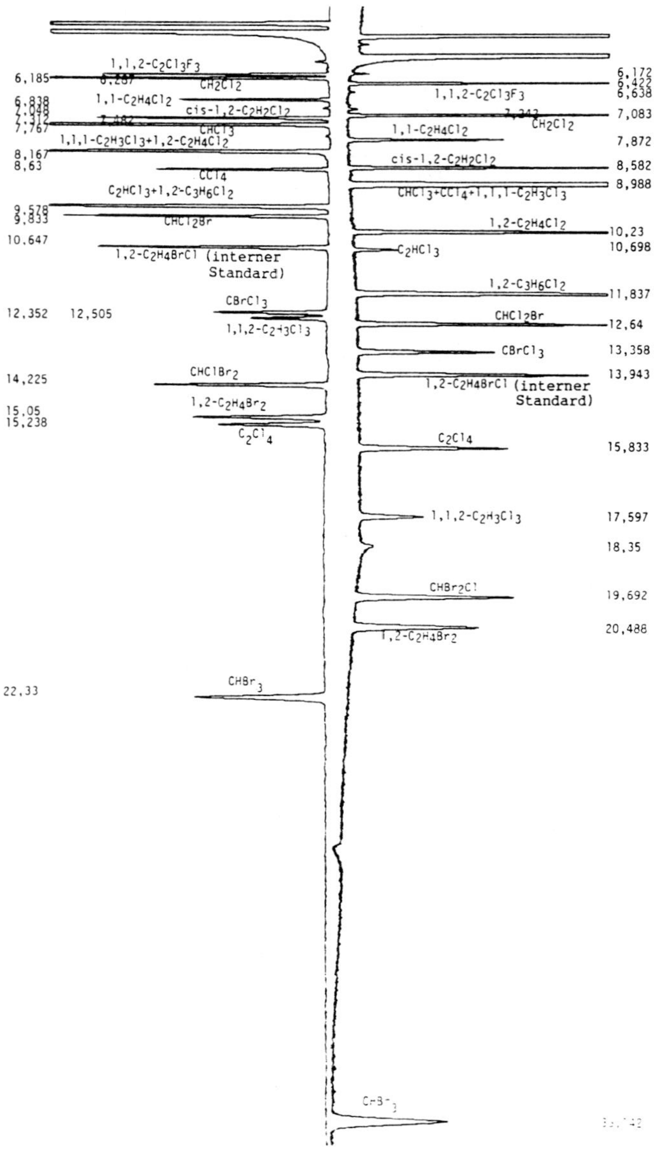

Abb. 3.29. Chromatogramm von Standardsubstanzen LHKW (aus DEV 1995)

Injektor: Dampfraum (Headspace)
Detektor: ECD
Temperaturprogramm: 90°C isotherm

Abb. 3.29 zeigt ein Chromatogramm von Standardsubstanzen.

Bestimmung von Benzol und einigen Derivaten (DIN 38407 Teil 9). Nach diesem Verfahren können Benzol, Toluol Xylole, Ethylbenzol, Chlorbenzol und 1,4-Dichlorbenzol in Wasser und Abwasser im Konzentrationsbereich ab 5µg/l bestimmt werden. Diese Substanzen werden häufig unter der Abkürzung BTX zusammengefaßt. Die Analyse erfolgt ebenfalls mit der Headspace-Technik oder nach Pentan-Extraktion mit Split/Splitlos-Injektor. Zur sicheren Peakidentifizierung wird ebenfalls mit 2 Trennsäulen im Simultanbetrieb gearbeitet. Der Nachweis der Komponenten erfolgt mit Flammenionisations-Detektor (FID).

Chromatographische Bedingungen:

Trennsäulen:	a) DB 1 und b) Durawax 4; jeweils 30 m Länge, 0,25 mm Durchmesser, 0,25 µm Filmdicke
Trägergas:	kA.
Injektor:	Dampfraum (Headspace) oder Split/Splitlos
Detektor:	FID
Temperaturprogramm:	40°C, 8 min isotherm, 5°C/min bis 180°C, 15 min isotherm

4 Wechselwirkungen mit lebenden Systemen

4.1 Blickwinkel und Einsatzfelder der Ökotoxikologie

"Die Ökotoxikologie befaßt sich mit Effekten chemischer Substanzen auf Organismen in Populationen und Ökosystemen, soweit daraus direkt oder indirekt Schäden entstehen. Dabei ist es gleichgültig, ob die Ökosysteme von Natur aus oder unter Mitwirkung des Menschen entstanden sind. Die Schädigung kann durch den einmaligen Effekt einer relativ hohen Dosis ausgelöst, also akut sein. Sie ist aber meistens chronisch, d.h. Folge von wiederholten, relativ kleinen Dosen mit womöglich vielfältigen Effekten. Sie trifft den einzelnen Organismus unter den jeweiligen Bedingungen seines Biotops, in dem auch zahlreiche andere Organismen miteinander und mit den Umweltfaktoren in mannigfaltigen Wechselbeziehungen leben" (Deutsche Forschungsgemeinschaft 1983).

Gegenstand der Ökotoxikologie im engeren Sinn ist demnach jegliche Wirkung von Umweltchemikalien auf lebende Systeme, die im ökosystemaren Zusammenhang von Bedeutung ist. Im weiteren Sinn lassen sich auch Wechselwirkungen zwischen Umweltchemikalien und Ökosystemen einbeziehen, die keinen toxischen Charakter haben, aber die Toxizität beeinflussen. So unterscheidet sich der Blickwinkel der Ökotoxikologie deutlich von dem der Umwelttoxikologie, die Auswirkungen von Stoffen in der menschlichen Umwelt auf die menschliche Gesundheit untersucht und damit der klassischen (Human-)Toxikologie nähersteht. Die Ökotoxikologie kombiniert klassisch toxikologische Methoden und Erkenntnisse aus Pharmakodynamik und -kinetik mit ökologischem Wissen, um nicht zuletzt auch juristischen Anforderungen gerecht zu werden. Sie ist als eigenständiger Wissenschaftszweig noch sehr jung; der Begriff wurde erst zu Beginn der 70er Jahre etabliert. Mit ökotoxikologischen Fragen befassen sich heute verschiedenste Institutionen mit sehr unterschiedlichen Methoden und Zielsetzungen.

Ökotoxikologie ist aus Sicht der Wissenschaft ein zukunftsträchtiges Arbeitsfeld mit vielfältigen praktischen Anwendungsperspektiven. Geographen, Geo- und Umweltchemiker, auf jedem strukturellen Niveau lebender Systeme tätige Spezialisten (Ökologen, Populationsbiologen, Umweltmediziner und Toxikologen, Physiologen, Cytologen, Biochemiker) oder Mathematiker gehen wichtige Teilaspekte mit unterschiedlichen Ansätzen an. Übergreifende Fragestellungen, die durch die Notwendigkeit der umfassenden Prognose von Umweltgefahren durch chemische Stoffe aufgeworfen werden, können jedoch nur interdisziplinär befriedigend bearbeitet werden. Die wissenschaftliche Seite der Ökotoxikologie dient dem grundlegenden Erkenntnisgewinn, der Erschließung neuer Anwendungsfelder und der Erarbeitung anwendbarer Methoden. Zwischen den Ergebnissen und der aktuellen praktischen Anwendung klafft jedoch ein weiter Spalt.

Ökotoxikologie ist für die meisten Anwender in Behörden, Industrie oder Auftragsunternehmen vor allem die Summe der derzeit gängigen ökotoxikologischen Tests. In diesen werden Organismen unter definierten Bedingungen bestimmten Dosen oder Konzentrationen von Chemikalien oder Gemischen ausgesetzt. Grundsätzlich können zwei unterschiedliche und bislang deutlich voneinander getrennte Einsatzfelder ausgemacht werden:

a) Die Chemikalienprüfung: Produzierte chemische Stoffe müssen nach der deutschen und europäischen Gesetzgebung auf ihr Gefährdungspotential für den Menschen und seine belebte und unbelebte Umwelt überprüft werden. Je nach Anwendungsbereich, geplanter Produktionsmenge und zu erwartender Konzentration am Arbeitsplatz oder in der Umwelt sind verschiedene toxikologische und ökotoxikologische Tests vorgeschrieben. Ziel der Untersuchungen ist es, die potentielle Gefährlichkeit der getesteten Chemikalie möglichst exakt zu ermitteln und zu ihrem möglichen Nutzen in Beziehung zu setzen. Entscheidend ist die Konzentration der getesteten Chemikalie, die eine bestimmte Wirkung im Vergleich zu einer unbelasteten Kontrolle hervorruft. Diese Konzentration wird mit in der Umwelt zu erwartenden oder gemessenen Konzentrationen verglichen. Die vom Gesetzgeber geforderten Untersuchungen erfordern einen relativ hohen Aufwand, der in die Entwicklungskosten einer Chemikalie einkalkuliert werden muß und letztlich vom Verbraucher getragen wird.
b) Die Prüfung von Umweltmedien. Wasser-, Boden- oder Luftproben stellen unbekannte Substanzgemische dar. In allen Fällen soll die potentielle Gefährlichkeit einer bestimmten Menge des getesteten Umweltmediums ermittelt werden. Entscheidend ist die Verdünnungsstufe, bei der kein meßbarer Effekt im Vergleich zu einer unbelasteten Kontrolle mehr auftritt. Da die Belastungen häufig nicht kalkulierbar und bereits vorhanden sind, bleibt weniger Zeit als bei der Chemikalienprüfung. Bei den erheblich höheren Probendurchsätzen und der Problematik der Probennahme in der Umwelt (räumliche Verteilung, zeitliche Konstanz, Matrixeffekte) verbieten sich aufwendige Tests. Zu teure Testverfahren verringern zudem die Bereitschaft zur ständigen Überprüfung und erhöhen die Last des Steuerzahlers bei amtlichen Routineuntersuchungen. So müssen auf diesem Anwendungsfeld vergleichsweise einfache und kostengünstige Testsysteme eingesetzt werden.

4.2 Der ökotoxikologische Risikobegriff

Die Bewertung der potentiellen Gefährlichkeit ist vereinfacht eine Risikoabschätzung nach der Formel

Schadensrisiko = Schadenswahrscheinlichkeit x Schadensgröße.

Bei einem ökotoxikologischen Risiko kann die Schadenswahrscheinlichkeit mit den geschätzten oder gemessenen Konzentrationen einer Chemikalie oder Mengen eines kontaminierten Umweltbestandteils gleichgesetzt werden. Diesen sind lebende Systeme potentiell oder real ausgesetzt: Die Schadenswahrscheinlichkeit entspricht der Exposition lebender Systeme. Die Schadensgröße wird durch die Wirkung definierter Konzentrationen beschrieben (Tabelle 4.1).

Die Abschätzung und Feststellung der Exposition ist eine wesentliche Aufgabe der Umweltchemie (Kapitel 2). Sie untersucht das Schicksal ("fate") von Chemikalien in der Umwelt, ihren sogenannten "Lebenszyklus" ("life cycle"). Auch Fragen der Bioabbaubarkeit werden häufig ausschließlich unter diesem Aspekt behandelt. Eine stärker ökotoxikologische Sicht von Exposition stellt die Untersuchung von Aufnahme- und Anreicherungsprozessen von Chemikalien in Organismen in den Mittelpunkt. Fragen des Abbaus werden hier eher unter dem Aspekt der Metabolisierungspotenz der Organismen betrachtet. Diese kinetischen Prozesse lassen sich in der Fragestellung "was macht der Organismus mit der Chemikalie?" zusammenfassen. Verteilung, Akkumulation und Metabolismus können aber auch schon auf ihre Bedeutung für die dynamischen Prozesse ("was macht die Chemikalie mit dem Organismus?"), also die Wirkung, untersucht werden.

Die Wirkung wird über den Einsatz ökotoxikologischer Wirkungstests abgeschätzt oder in der Umwelt mithilfe analytischer Verfahren aus der Ökologie, Physiologie oder Biochemie bestimmt ("Life cycle tests" befassen sich in diesem Zusammenhang mit der Wirkung auf den Lebenszyklus von Organismen!).

Tabelle 4.1. Ökotoxikologische Risikoabschätzung.

	Schadenswahrscheinlichkeit Exposition (Menge, Konzentration)	x	Schadensgröße Wirkung (Toxizität)
vorausschauend (prospektiv)	Verteilungs- abschätzung		ökotoxikologische Tests
feststellend (retrospektiv)	Umweltanalytik		Biomonitoring Bioindikation

Aus den Möglichkeiten der Datengewinnung und -interpretation ergeben sich grundsätzlich zwei Betrachtungsrichtungen. Zum einen können vor der potentiellen Belastung eines Ökosystems Daten gesammelt werden, die eine Risikoabschätzung ermöglichen. Zum anderen können aber auch Daten konkreter Belastungsfälle zur Risikobewertung genutzt werden. Potentielle Schäden in konkreten Ökosystemen sind aufgrund deren individueller Komplexität und Dynamik allerdings aus beiden Richtungen kaum abschätzbar:

- Vorausschauende Verfahren sollen der Risikoabschätzung dienen, indem sie reproduzierbar die mögliche Schadensgröße feststellen. Ausgewählte Organismen werden stellvertretend in kleinen, überschaubaren Systemen kontrolliert belastet. Da nie ganze Ökosysteme belastet werden können, krankt ein solches Vorgehen grundsätzlich an seiner Modellhaftigkeit. Es ergeben sich immer Extrapolationsprobleme zwischen Testsystem und Wirklichkeit, sei es bezüglich der gewählten Bedingungen, der verwendeten Arten oder der strukturellen Komplexität.
- Feststellende Verfahren ermitteln Konzentrationen von Umweltchemikalien und Veränderungen in Ökosystemen, wie Zustand und Zahl der Individuen, Altersklassenverteilung oder Artenzusammensetzung. Ein solches Vorgehen krankt grundsätzlich an seiner Interpretierbarkeit: Falls überhaupt Veränderungen feststellbar sind, lassen sie sich selten einer Ursache sicher zuordnen. Es wird nie die Gesamtsituation erfaßt: Wo was wann wie genau gemessen wird, ist häufig Zufall oder Willkür überlassen. Außerdem wird ein Spezialfall untersucht, so daß sich Extrapolationsprobleme ergeben, wenn die Ergebnisse auf andere Ökosysteme übertragen werden sollen.

4.3 Fremdstoffkinetik und Bioakkumulation

Beschränkt man die Betrachtung der Exposition auf die Wechselwirkungen zwischen Umweltchemikalien und lebenden Systemen, ergeben sich zwei wesentliche Aspekte: Die Aufnahme und gegebenenfalls Akkumulation der Chemikalie durch Organismen und der Bioabbau von Chemikalien. Die Bedeutung dieser Prozesse für das Vorkommen und die Konzentration der Umweltchemikalie in den Umweltmedien ist in Kap. 3 beschrieben. An dieser Stelle wird auf die Prozesse selbst und ihre Bedeutung für lebende Systeme eingegangen. Von Interesse sind dabei vor allem Stoffe, die im natürlichen Stoffwechsel nicht vorkommen, für die also keine spezifischen Verarbeitungsmöglichkeiten entwickelt werden konnten. Der allgemeine Begriff "Umweltchemikalie" kann für diese Stoffe auf den Begriff "Fremdstoffe" präzisiert werden. Es handelt sich dabei vor allem um organische Chemikalien, metallorganische Verbindungen und Schwermetalle.

4.3.1 Prozesse der Fremdstoffkinetik

Werden lebende Systeme einer Chemikalie ausgesetzt, gilt für alle strukturellen Niveaus ein Zusammenwirken der Prozesse der Stoffaufnahme, der Stoffverteilung, der Stoffspeicherung oder des Stoffumbaus und der Stoffelimination. Für jede Lebensebene resultiert daraus eine bestimmte Verweildauer der Chemikalie, die davon abhängig ist, was einzelne Komponenten der darunterliegenden Ebene zu den einzelnen Prozessen beitragen. So hängt die Verweildauer einer Chemikalie in einer Biozönose von dem Akkumulations- und Metabolisierungspotential der sie bestimmenden Populationen ab. In Populationen tragen Individuen unterschiedlicher Altersstadien oder Geschlechter zur Gesamtkinetik bei. Am besten untersucht ist der Beitrag, den die Organe eines Individuums zu den kinetischen Prozessen auf organismischer Ebene beitragen (Abb. 4.1). In Organen bestimmen wiederum die Beiträge der Gewebe die Gesamtkinetik, in Zellen die Ultrastruktur und -funktion.

Die meisten Untersuchungsdaten zu kinetischen Prozessen sind an Organismen, Organen oder Organgruppen ("Eingeweide", "Filet") gewonnen worden. Deshalb stehen diese strukturellen Niveaus im folgenden im Vordergrund. Die Säugertoxikologie hat zahlreiche Modellvorstellungen geliefert, die aber aufgrund der Beschränkung auf diese kleine Tiergruppe und der häufig nicht umweltrelevanten Aufnahmewege nur begrenzt im Rahmen ökotoxikologischer Fragestellungen anwendbar sind. Die meisten ökotoxikologischen Untersuchungen stammen aus dem aquatischen Bereich und wurden an Fischen durchgeführt.

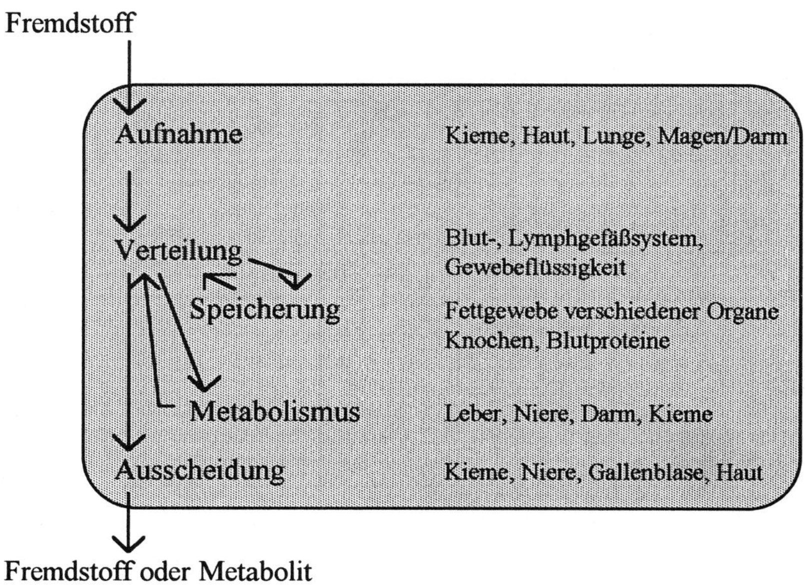

Abb. 4.1. Lokalisierung fremdstoffkinetischer Prozesse in einer Auswahl tierischer Organe.

Aufnahme in Organismen. Bei der Aufnahme von Fremdstoffen in Organismen müssen zwei wesentlich voneinander verschiedene Aufnahmewege unterschieden werden: Diffusionsprozesse und selektiver Membrantransport.

Aufnahme über Diffusion. Diffusionsprozesse herrschen vor an Aufnahmeorganen wie Blattflächen, Haut, Lunge oder Kiemen. Sie führen zu Gleichgewichtseinstellungen zwischen Umgebungsmedium und Organismus. Dabei beeinflussen verschiedene Parameter die Aufnahmerate einer Chemikalie:

- Die Eigenschaften der Medien. Austauschprozesse zwischen so unterschiedlichen Medien wie Wasser und Luft sind quantitativ weniger bedeutend als die Aufnahme von Substanzen aus einem wässrigen Umgebungsmedium in den wässrigen Lösungsraum des Organismus. Dieser Lösungsraum ist durch die hohen Konzentrationen von Biomolekülen erheblich lipophiler als das Umgebungsmedium.
- Die Stoffeigenschaften. Alle Eigenschaften, die zur Lipophilie der Substanz beitragen, wie Ionisationsgrad oder Polarität, beeinflussen auch die Löslichkeit im Organismus. Als Maß für die Lipophilie einer Substanz dient in der Regel der Verteilungskoeffizient zwischen n-Octanol und Wasser. Dieser wird meist logarithmisch angegeben ($\log P_{OW}$). In bestimmten Grenzen besteht eine Proportionalität zwischen $\log P_{OW}$ und der Aufnahmerate von Fremdstoffen (Abb. 4.2). Weitere wichtige Eigenschaften, die die Aufnahme beeinflussen, sind die Molekülgröße und sterische Parameter.
- Die Membraneigenschaften des Aufnahmeorgans. Die Membranzusammensetzung ist entscheidend für die selektive Durchlässigkeit und damit die stoffspezifische Diffusionsrate in den organismischen Lösungsraum. Die Porengröße ist ein limitierender Faktor für die Aufnahme großer und starrer Moleküle.
- Die Stoffkonzentration im Umgebungsmedium und das Konzentrationsgefälle zum Lösungsraum des Organismus. Physiologische Leistungen können die Aufnahme wesentlich beschleunigen: Eine hohe Ventilationsrate des Außenmediums sorgt für konstant hohe Konzentrationen des Stoffes an der aufnehmenden Membran. Dies kann durch aktives Einziehen und Auspumpen des Mediums ebenso geschehen wie durch Körperbewegungen oder das Halten einer Position gegen das strömende Medium. Auf der Innenseite der aufnehmenden Membran bewirkt ein schneller Abtransport des Stoffes eine möglichst niedrige Konzentration und ein hohes Gefälle. Dies wird durch hohe Flußraten der Körperflüssigkeiten erreicht.

Wichtigstes Modell für Aufnahmeprozesse aus der Umgebung ist die Fischkieme. Sie zeichnet sich durch besonders große Oberflächen, eine aufnahmefähige Membran, eine starke Durchblutung und eine sehr hohe Ventilationsrate aus. Alle diese Eigenschaften, die eine Sauerstoffversorgung der Fische als leistungsfähigster Wasseratmer sicherstellen, führen auch zu einer besonders schnellen Aufnahme von Fremdstoffen. Aufnahmeeffizienzen von Substanzen an Kiemenepithelien hängen vom $\log P_{OW}$-Bereich ab (McKim 1985). Sehr hydrophile Sub

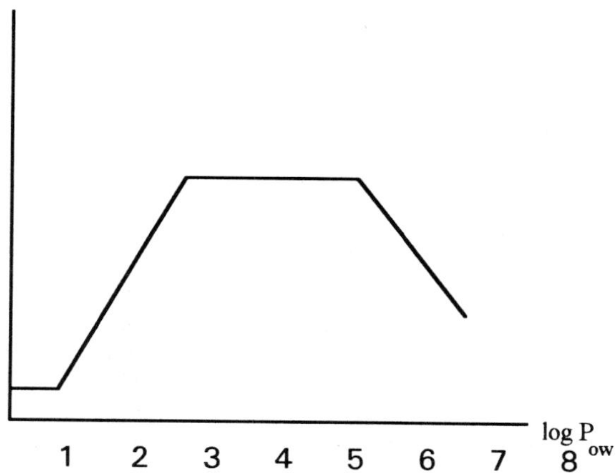

Abb. 4.2. Abhängigkeit der Aufnahmeeffizienz der Fischkieme vom Verteilungskoeffizienten Octanol/Wasser von Fremdstoffen.

stanzen (log P_{OW} < 1) zeigen keine Proportionalität von Aufnahme zum log P_{OW}, bei sehr lipophilen Substanzen (log P_{OW} > 6) sinkt die Aufnahmeeffizienz aufgrund immer schnellerer Sättigung und sterischer Effekte (Molekülgröße). Von log P_{OW} 1-3 gilt die oben beschriebene Abhängigkeit von Aufnahme und Lipophilie.

Die relative Bedeutung der Aufnahmeorgane ist abhängig von den Substanzeigenschaften und Struktur und Lebensweise der betrachteten Organismen. Der Guppy (*Poecilia reticulata*, Zahnkärpflinge) nimmt PCP zu etwa einem Viertel über die Haut und zu drei Vierteln über die Kieme auf; Buttersäure wird zu ungefähr einem Drittel über die Haut aufgenommen (Saarikoski et al. 1986).

Aufnahme über selektiven Membrantransport. Im Gegensatz zur Diffusion führt selektiver Membrantransport zur gerichteten Aufnahme von Substanzen aus dem Medium (Resorption). Dies kann über aktive Prozesse oder Pinocytose erfolgen. Für die Aufnahmerate sind die an der Membran gebotene Menge der Substanz und die Extraktionseffizienz des Membransystems von Bedeutung. Resorptionsprozesse dominieren in den Wurzeln der Pflanzen oder im Magen-Darm-Trakt der Tiere. Auch die Fischkieme besitzt die Fähigkeit zur Resorption. Ihre Extraktionseffizienz sinkt bei log P_{OW} > 6-7.

Verteilung und Speicherung im Organismus. Der Abtransport der aufgenommenen Substanz vom Aufnahmeort durch die Körperflüssigkeiten gewährleistet zunächst eine kontinuierliche weitere Aufnahme über Diffusionsprozesse. Die Transportwege sorgen aber auch für eine Verteilung der Substanz über den ganzen Organismus. In allen Organen und Geweben setzen im Kleinen Aufnahmeprozesse und Verteilungen ein, die nach denselben Prinzipien ablaufen, wie sie für den Gesamtorganismus gelten. Der Fettgehalt der einzelnen Gewebe, ihre Durchblutungsrate und ihre Fähigkeit zur Verringerung der Substanz durch Abgabe oder Metabolismus bestimmen die Organkinetik. So verteilen sich Substanzen nicht in allen Geweben gleich, sondern können unterschiedlich große Anreicherungen in den Organen erreichen. Im Verhältnis zur Konzentration im Gesamtorganismus ergeben sich unterschiedliche Verteilungsfaktoren.

$$\frac{c_{Organ}}{c_{Organismus}} = \text{Verteilungsfaktor}$$

Hohe Verteilungsfaktoren dürfen nicht darüber hinwegtäuschen, daß die absoluten Quantitäten sehr gering sein können. Dies ist der Fall in Speicher- und Ausscheidungsorganen mit niedrigem Organgewicht wie Milz oder Gallenblase.

Hydrophile Stoffe, wie beispielsweise Harnstoff, verteilen sich gleichmäßig in der wässrigen Lösung des Gesamtorganismus. Mit steigender Lipophilie im log P_{OW} - Bereich zwischen 1 und 3 konzentrieren sich Stoffe zunehmend stärker an hydrophoben Strukturen. Dies gilt für die Ebenen der Biomoleküle (Blutplasmaproteine) und Zellen (Membranen) ebenso wie für Organe. So finden sich lipophile Substanzen verstärkt in fetthaltigen Geweben des Gehirns und der Eingeweide (Gonaden, Leber, Nieren, Gallenblase). Dabei müssen die großen Unterschiede im Fettgehalt berücksichtigt werden, die die Organe unterschiedlicher Tierarten, Lebensstadien oder Geschlechter aufweisen können. So weisen etwa Fischgehirne aufgrund ihres höheren Fettgehalts erheblich höhere Fremdstoffkonzentrationen als Froschgehirne auf.

Fettspeichernde Gewebe können für schwer abbaubare Substanzen als Senke wirken, die bei gutem Ernährungszustand für eine Absenkung der Fremdstoffkonzentration im Restorganismus sorgen kann. Werden die Reserven bei schlechtem Ernährungszustand abgebaut, kann dies zu einer Remobilisierung der eingelagerten Fremdstoffe und einer Erhöhung der Konzentration im Restorganismus führen. Ein solcher Vorgang ist insbesondere bei temporären (Winterspeck) und entwicklungsbedingten Speichern (Dotter, Samenfett) zu berücksichtigen, zumal die Organismen sich zur Zeit der Remobilisierung in einem besonders empfindlichen Zustand befinden.

Muskelgewebe enthält weniger Fett als der Organdurchschnitt und zeigt dadurch normalerweise eine geringe Anreicherung lipophiler Substanzen. Polychlorierte Biphenyle (PCBs) und Metabolite des Insektizids DDT als sehr lipophile Substanzen wurden in Freilandproben verschiedener Organismen jedoch in höheren Konzentrationen im Muskelgewebe gefunden als in Leber, Gonade oder Darm. Dies läßt auf andere Anreicherungsmechanismen als die unspezifische Speicherung aufgrund hydrophober Wechselwirkungen schließen.

Die Anreicherung in bestimmten Organen kann auch Folge weiterer fremdstoffkinetischer und -dynamischer Prozesse sein:

- Organe, die eine Filter- und Ausscheidungsfunktion haben, weisen höhere Konzentrationen der von ihnen gefilterten und auszuscheidenden Substanzen auf (Niere, Kieme). In besonderem Maße gilt dies bei Organen wie der Gallenblase, die auszuscheidende Stoffe sammeln und diskontinuierlich ausscheiden.

- Stoffwechselaktive Strukturen reichern Stoffwechselzwischenprodukte an. Eine Konzentration von Metaboliten ist daher auf zellulärer Ebene vor allem im endoplasmatischen Retikulum, auf organismischer Ebene in der Darmwand, in Nieren und Leber, in der Mitteldarmdrüse der Gliederfüßer und Weichtiere oder dem Chloragoggewebe der Ringelwürmer zu finden. Besitzen diese Organe zugleich Speicher- oder Ausscheidungsfunktionen, ist die Anreicherung besonders stark.

Die angesprochenen Prozesse können in einzelnen Fällen zu einer Aufkonzentrierung gerade am Wirkort führen. Wird die ausreichende Wirkdosis überschritten, können selektive toxische Wirkungen eintreten, die sich in einer Schädigung von Transport-, Metabolisierungs- und Ausscheidungmechanismen äußern. All dies kann eine weitere Konzentrierung von Fremdstoffen im betroffenen Organ bewirken.

Teilungsgewebe mit ihren besonders empfindlichen Zellen können ebenfalls von einer spezifischen Konzentrierung am Wirkort betroffen sein: Lipophile genotoxische Substanzen reichern sich auch im Gonadengewebe an. Radioaktive Nuclide von schwereren Alkali- und Erdalkalimetallen konzentrieren sich im Knochengewebe, da sie anstelle des Calciums in die Knochensubstanz inkrustiert werden. Sie befinden sich somit nah am teilungsaktivsten Körpergewebe, dem blutbildenden Knochenmark. Dort können sie ihr cytotoxisches und cancerogenes Potential besonders effektiv entfalten, was zu Immunschwächen und Leukämie führen kann.

Ausscheidung aus Organismen. Die Ausscheidung (= Exkretion oder clearance) von Fremdstoffen ist als abschließender Prozeß der Interaktion zwischen Chemikalie und Organismus von allen anderen Prozessen abhängig. Je nach Stoffeigenschaften und Lebensweise können unterschiedliche Ausscheidungswege beschritten werden. Die quantitativ bedeutsamsten sind

- branchiale Exkretion über die Kiemen,
- biliäre Exkretion über die Galle,
- renale Exkretion über die Niere.

An Kieme, Haut und Lunge spielen Diffusion**Fehler! Textmarke nicht definiert.**sprozesse eine große Rolle; hier sind, analog zur Aufnahme, die Durchgängigkeit der Membranen und das Konzentrationsgefälle zum Außenmedium entscheidend. Mit steigender Lipophilie wird eine Ausscheidung ins wässrige Außenmedium zunehmend schwieriger: Die Eliminationsrate sinkt. Eine geringe Flüchtigkeit (Verteilungskoeffizient Luft/Wasser) verhindert eine Abgabe über Haut, Lunge oder Spaltöffnungen. Große Molekülstrukturen stören die Diffusion durch Membranen. Aber auch kleine, hydrophile und flüchtige Substanzen können bei zu hohen Außenkonzentrationen nur schwierig abgegeben werden; Aufnahme- und Wiederaufnahmeprozesse dominieren die Bilanz.

Wird eine Substanz metabolisiert, können sich ihre Molekülgröße und ihre Lipophilie ändern, was sich je nach Tendenz positiv oder negativ auf die Eliminationsrate auswirken kann. In jedem Fall wird die Konzentration der Ausgangssubstanz erniedrigt (Förderung weiterer Aufnahme!) und die Metabolitkonzentrationen erhöht. Sind diese im Außenmedium (noch) niedrig, ist eine Elimination des Fremdstoffs über seine Metabolite erleichtert.

Metabolite von großer Molekülgröße können die meisten Membranen nicht mehr passieren. Sie werden in der Leber der Wirbeltiere in die Gallenflüssigkeit abgegeben und in der Gallenblase gesammelt. Von dort gelangen sie über den Darm nach außen. Sind sie noch resorbierbar, wird ein Teil im Dünndarm rückresorbiert und zusammen mit den Gallensäuren über die Pfortader wieder der Leber zugeführt (enterohepatischer Kreislauf). Bei ausreichender Molekülgröße oder dem Fehlen von aktiven Aufnahmemöglichkeiten bei geringer Lipophilie wird eine Rückresorption verhindert: Die biliäre Exkretion wird quantitativ bedeutsam.

Ausscheidungsorgane, die in der Lage sind, aktiv und selektiv Substanzen zu sezernieren, eliminieren mit hoher Stoffspezifität. Niere und Kieme scheiden Substanzen aus, für die aktive Transportmechanismen bestehen, oder die im Rahmen von Cotransportvorgängen abgegeben werden können. Dabei handelt es sich zumeist um gängige Mineralstoffe oder Stoffwechselprodukte. Es können aber auch diesen ähnliche Substanzen oder "natürliche Fremdstoffe" wie Antibiotika sezerniert werden. Kieme und Niere besitzen die Möglichkeit der (Rück-) Resorption; so wird die Eliminationsrate resorbierbarer Stoffe vermindert.

Drüsen, die Flüssigkeiten sezernieren (Schweißdrüsen, Speicheldrüsen, Tränendrüsen, Milchdrüsen, Hydathoden und Nektarien der Pflanzen), geben mit der Flüssigkeit unter Umständen auch Fremdstoffe ab. Dabei spielen meist Diffusions- und Verteilungsvorgänge eine zentrale Rolle: Flüchtige Substanzen werden über den Schweiß verdunstet, fettlösliche Substanzen finden sich in der Milch wieder.

Fremdstoffmetabolismus. Die Veränderung oder Biotransformation eines Fremdstoffs hat zunächst einen wesentlichen Einfluß auf die lokalen internen Konzentrationen der Ausgangssubstanz und wirkt damit auf die Aufnahmerate, die Verteilung und die Ausscheidungsrate. Zum anderen ändert sie physikochemische Stoffeigenschaften und beeinflußt Verteilungs- und Ausscheidungsmöglichkeiten. So eröffnet eine Veränderung des Molekulargewichts die Möglichkeit biliärer Ausscheidung; Veränderungen der Polarität beeinflussen die renale oder branchiale Exkretion. Die Anreicherung einer Substanz im Organismus, aber auch ihre toxischen Eigenschaften sind somit stark vom vorhandenen oder fehlenden Metabolisierungspotential abhängig.

Für die meisten Fremdstoffe gibt es keine spezifischen Abbauwege. Lebende Systeme besitzen aber unspezifische Möglichkeiten, derartige Substanzen in ihren Stoffwechsel einzubeziehen. Problematisch sind dabei lipophile aliphatische oder aromatische Verbindungen, die sehr stabil sind und wenig chemische Angriffsmöglichkeiten bieten. Dies gilt in verstärktem Maße für halogenierte

Verbindungen, da die elektronegativen Substituenten kaum zu verdrängen sind. Ein erster Angriff auf derartige Substanzen besteht in einer unspezifischen Oxidations- oder Reduktionsreaktion, durch die hydrophile Substituenten eingeführt werden. Diese sogenannten Phase I - Reaktionen werden von speziellen Enzymsystemen katalysiert, die in der Membran des glatten endoplasmatischen Retikulums oder spezialisierter Vesikel lokalisiert sind: Die mischfunktionellen Oxidasen (MFO). In stark stoffwechselaktiven Geweben wie in der Leber finden sich besonders hohe Konzentrationen dieser Enzyme. Die Elektronenübertragung im Rahmen der Redox-Reaktionen geschieht häufig mit Hilfe NADPH-abhängiger Eisen-Porphyrin-Systeme. Das bestuntersuchte Enzym dieser Art ist die Cytochrom P 450-Monooxygenase, deren Aktivität art- und geschlechtsspezifisch stark schwanken kann. Die Enzymaktivität hängt zudem vom Entwicklungs- und Ernährungszustand ab und ist durch Fremdstoffeinwirkung induzierbar.

Primär vorhandene oder durch Phase I - Reaktionen addierte Hydroxyl-, seltener Sulfhydryl- oder Aminogruppen, können als Ansatzpunkte für Verbindungsreaktionen mit körpereigenen Stoffwechselprodukten genutzt werden. Diese Konjugationen werden als Phase II - Reaktionen bezeichnet. Die häufigsten Konjugationen sind Methylierungen, Acetylierungen, Sulfatierungen und Reaktionen mit Zuckern oder Zuckersäuren, deren häufigste die Glucuronidierung darstellt. Wird durch Konjugationen die Wasserlöslichkeit erhöht, verbessert sich die Ausscheidungsmöglichkeit über Diffusionsprozesse. Große Konjugate können biliär "entsorgt" werden.

Die Produktion ausscheidbarer Metabolite läßt dem Metabolismus eine wichtige Entgiftungsfunktion zukommen. Diese ist jedoch keineswegs selbstverständlich. Zahlreiche Substanzen werden nicht so entscheidend verändert, daß sich ihre Ausscheidung verbessert oder ihr toxisches Potential wesentlich vermindert. Beispiele sind die Acetanilide, die in Fischen aus (Chlor-) Anilinen enstehen (Zok 1991). Ihre fast unveränderte Lipophilie führt zudem zu einer ständigen Wiederaufnahme eliminierter Metabolite aus dem Umgebungsmedium. Einige andere Substanzen werden durch Phase I - Reaktionen reaktiv und entfalten erst als Metabolite eine hohe Giftigkeit. Dies gilt besonders für Stoffe, die zu aggressiven Sauerstoffverbindungen (z.B. Epoxiden) werden. Eine Metabolisierung, die zu Produkten führt, die toxischer als die Ausgangssubstanz sind, wird als Bioaktivierung bezeichnet. Viele Wirkmechanismen toxischer Substanzen sind noch nicht vollständig aufgeklärt; sie basieren möglicherweise auf Angriffen durch aktive Metabolite. Eine pauschale Gleichsetzung der Begriffe Metabolisierung und Entgiftung ist somit irreführend.

4.3.2 Bioakkumulation

Die Summe der fremdstoffkinetischen Prozesse drückt sich in der Tendenz einer Substanz aus, sich in lebenden Systemen anzureichern, zu bioakkumulieren. Es werden nach den Aufnahmewegen zwei grundsätzlich verschiedene Arten der Bioakkumulation unterschieden: Eine Aufnahme aus dem Umgebungsmedium durch Diffusion führt zur mathematisch gut faßbaren Biokonzentration. Eine Anreicherung nach Aufnahme über die Nahrung wird als Biomagnifikation bezeichnet. Je nach Eigenschaften der Substanz und der betrachteten Organismen ergibt sich ein spezifisches Verhältnis beider Anteile an der gesamten Bioakkumulation.

Biokonzentration: Bestimmung und Beschreibung. Läßt sich die Bioakkumulation einer Substanz weitgehend auf Diffusions- und Verteilungsprozesse zurückführen, kann sie als reiner Konzentrierungsvorgang beschrieben werden. Geht man von einer konstanten Konzentration in im Vergleich zum Organismus gegen unendlich großen Außenmedium aus, wird Geschwindigkeit und Grad der Konzentrierung durch das Verhältnis von Aufnahme- und Eliminationsrate bestimmt. Im einfachsten Fall wird der Organismus dabei als "Fettklümpchen", also als homogener lipophiler Lösungsraum betrachtet (Abb. 4.3). So brauchen nur Austauschprozesse zwischen dem Umgebungsmedium und einem organismischen Kompartiment betrachtet zu werden.

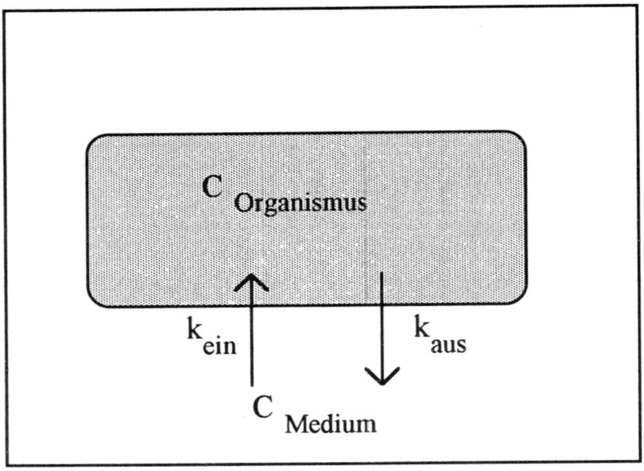

Abb. 4.3. Schematische Darstellung eines Einkompartiment-Modells für die Biokonzentration. C = Konzentration; k_{ein} = Aufnahmekonstante, k_{aus} = Eliminationskonstante. Autoren, die das Medium als Konpartiment mitzählen, bezeichnen ein solches Modell als Zweikompartiment-Modell.

Der Grad der Konzentrierung im Organismus wird durch den Biokonzentrationsfaktor (BCF) beschrieben. Der BCF berechnet sich nach

$$\mathrm{BCF} = \frac{C_{\mathrm{Organsimus}}}{C_{\mathrm{Medium}}},$$

wobei ein Gleichgewichtszustand (steady state) zwischen Aufnahme und Elimination vorausgesetzt wird. Konzentrationsverhältnisse zu Beginn einer Exposition dürfen nicht als BCF bezeichnet werden, da die Aufnahmeprozesse noch überwiegen.

Mathematische Beschreibung und Messung der Elimination. Die Eliminationsgeschwindigkeit v_{aus}, gemessen als Abnahme der Konzentration im Organismus pro Zeiteinheit, ist von der jeweils aktuellen Konzentration im Organismus und der spezifischen Eliminationskonstante k_{aus} abhängig.

$$v_{aus} = -dC_{Org}/dt = C_{Org(t)} * k_{aus} \qquad (1a)$$

Die Abnahme der Konzentration im Organismus (als verbleibende Konzentration $C_{Org,res}$) ist isoliert als einfache abklingende Exponentialfunktion 1. Ordnung zu beschreiben.

$$C_{Org,res(t)} = C_{Org} * e^{-kaus * t} \qquad (1b)$$

Eine solche Beschreibung ist möglich, wenn die betrachtete Substanz keine speziellen Bindungen im Organismus eingeht, nicht metabolisiert wird und sich nur durch Diffusion homogen im Organismus verteilt (Einkompartiment-Kinetik). In Eliminationsexperimenten werden belastete Organismen in unbelastetes Medium überführt und daraufhin untersucht, wie die Konzentration der verabreichten Substanz abnimmt. Aus den erhaltenen Daten können nach Anpassung einer e-Funktion k_{aus} und die biologische Halbwertzeit der Substanz bestimmt werden.

Beschreibung der Aufnahme. Die Aufnahmegeschwindigkeit v_{ein}, gemessen als Zunahme der Konzentration im Organismus pro Zeiteinheit, ist von der Höhe der konstanten Umgebungskonzentration C_{Med} und der spezifischen Aufnahmekonstante k_{ein} abhängig (Bruttoaufnahme).

$$v_{ein} = dC_{Org}/dt = C_{Med} * k_{ein} \qquad (2a)$$

Durch Integration ergibt sich für die Konzentration im Organismus C_{Org} eine zeitabhängige Geradengleichung.

$$C_{Org(t)} = C_{Med} * k_{ein} * t \qquad (2b)$$

Es wird davon ausgegangen, daß eine Sättigung der Aufnahme nicht erreicht wird, da mit zunehmender Konzentration im Organismus entgegenwirkende Eliminationsprozesse bedeutender werden. Eine isolierte Bestimmung der Aufnahme und damit von k_{ein} ist deshalb nicht möglich.

Bestimmung des Biokonzentrationsfaktors. Im exponierten Organismus wirken beide Prozesse immer gegeneinander, v_{aus} (Gleichung 1a) kann also von v_{ein} (Gleichung 2a) abgezogen werden.

$$dC_{Org}/dt = C_{Med} * k_{ein} - C_{Org(t)} * k_{aus} \qquad (3a)$$

Die Basis für die Elimination ist dabei jeweils die aufnahme- und eliminationsbedingte Momentankonzentration im Organismus. Wird dies bei der Integration berücksichtigt, ergibt sich für die Konzentrationsveränderung im Organismus eine Sättigungsfunktion, die der Nettoaufnahme entspricht:

$$C_{Org(t)} = k_{ein}/k_{aus} * C_{Med} * (1 - e^{-kaus * t}) \qquad (3b)$$

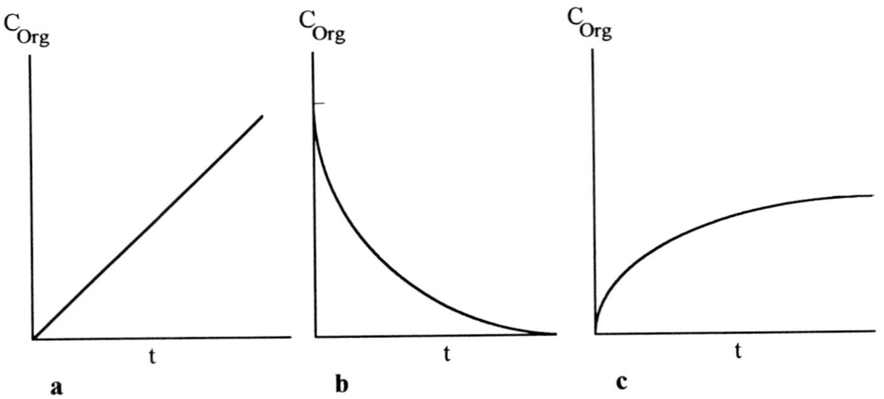

Abb. 4.4. **a** Theoretische Aufnahmegerade, **b** Eliminationskurve bei isolierter Prozeßbetrachtung, **c** resultierende reale Nettoaufnahme. Der dämpfende Einfluß der Elimination auf die Nettoaufnahme hängt von der aktuellen Konzentration im Organismus C_{Org} ab. Bei $t \rightarrow \infty$ ist das Gleichgewicht zwischen Aufnahme und Elimination erreicht, C_{Org} stagniert.

Nach sehr großen Zeiträumen (t -> unendlich) ergibt sich für die Konzentration im Organismus:

$$C_{Org} = k_{ein}/k_{aus} * C_{Med} \tag{4}$$

Der Organismus befindet sich im Gleichgewicht zwischen Aufnahme und Elimination (vgl. 1a, 2a).

$$v_{ein} = v_{aus} \tag{5}$$

Der Biokonzentrationsfaktor kann somit auch als Verhältnis der beiden Geschwindigkeitskonstanten ausgedrückt werden:

$$BCF = C_{Org}/C_{Med} = k_{ein}/k_{aus} \tag{6}$$

Der BCF ist experimentell bestimmbar, indem eine Anzahl von Organismen einer konstanten Konzentration einer Substanz im Umgebungsmedium ausgesetzt wird. In bestimmten Zeitabständen werden einige Organismen und eine Probe des Mediums auf die aktuelle Konzentration der Substanz hin untersucht. Steigt das Verhältnis beider Konzentrationen nicht mehr, ist das Gleichgewicht von Aufnahme und Elimination und damit der BCF erreicht. Werden die restlichen Organismen nun in unbelastetes Medium gesetzt (Durchfluß!), läßt sich aus der Abnahme der Konzentration in den Organismen k_{aus} bestimmen (Abb. 4.5).

Die Aufnahmekonstante k_{ein} ist aus der Steigung der Konzentrationskurve normalerweise schwierig zu bestimmen, da unmittelbar nach der ersten Aufnahme bereits Eliminationsprozesse einsetzen. Bei ermittelten BCF und k_{aus} errechnet sich k_{ein} nach

$$k_{ein} = BCF * k_{aus} \tag{7}.$$

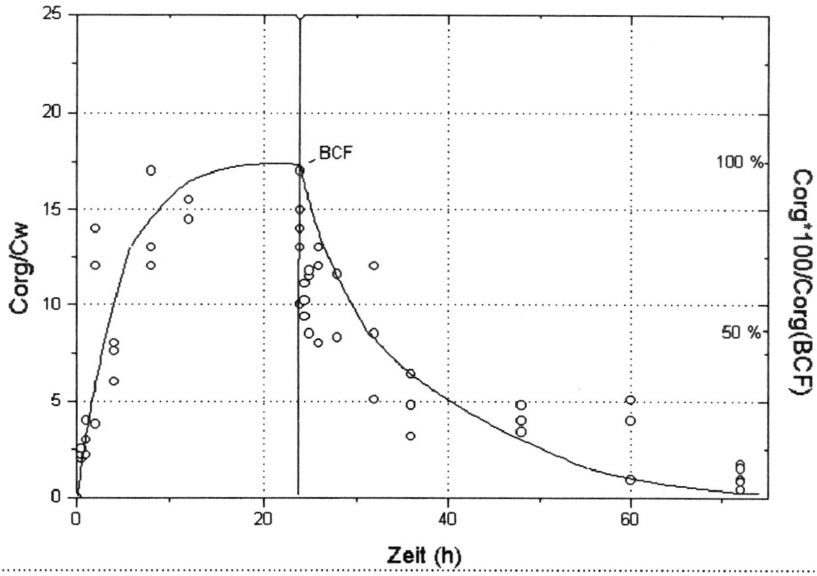

Abb. 4.5. Ergebnisdarstellung eines kombinierten Aufnahme- und Eliminationsexperiments mit angepaßten Funktionen. Nach 24 Stunden wurden die verbleibenden Fische in unbelastetes Wasser umgesetzt. Während der Eliminationsphase wurden die Werte auf C_{org} des zu diesem Zeitpunkt erreichten Plateauwerts bezogen (Phenol im Zebrabärbling, Daten nach Ensenbach 1992).

Bei sehr langwierigen Konzentrierungsprozessen ohne bestimmbaren BCF kann dieser durch Anpassen einer Sättigungskuve der Form

$$C_{Org}/C_{Med} = BCF\,(1 - e^{-kaus * t})$$

ermittelt werden. Die Berechnung von k_{aus} aus Eliminationsdaten ist bei einer Einkompartimentkinetik (einfache e-Funktion) auch ohne Erreichen des Gleichgewichts möglich. Die Ergebnisse unterschiedlicher Bestimmungs- oder Berechnungsmethoden für den BCF (experimentelle Plateaubestimmung, Kurvenanpassung, kinetische Gleichgewichtsmethode über die Austauschkonstanten) zeigen meist geringere Unterschiede als die zwischen verschiedenen Labors auftretenden Abweichungen.

Zweikompartiment-Kinetik. Häufig zeigen Eliminationsverläufe biphasische oder noch komplexere Charakteristika. Eine exaktere mathematische Beschreibung erfordert dann zusammengesetzte e-Funktionen; das Beschreibungsmodell muß erweitert werden (Abb. 4.6).

Die Elimination aus zwei Kompartimenten ist als zusammengesetzte abklingende e-Funktion zu beschreiben:

$$C_{Org,res(t)} = C_a * e^{-ka * t} + C_b * e^{-kb * t} \quad (8)$$

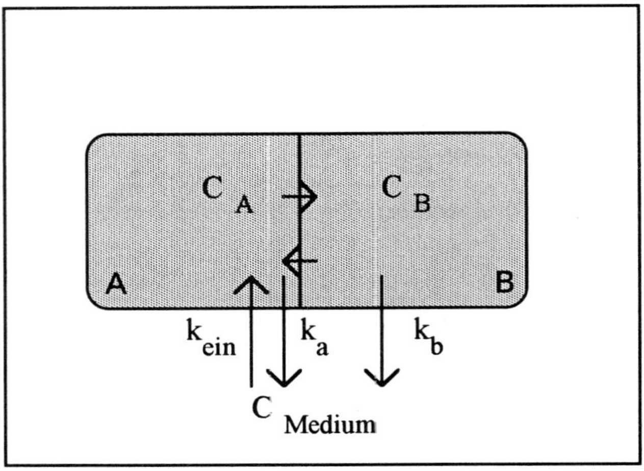

Abb. 4.6. Schematische Darstellung eines Zweikompartiment-Modells für die Biokonzentration. Der Organismus setzt sich aus den Kompartimentgrößen A und B mit den Konzentrationen C_a und C_b zusammen. Es wird vereinfachend angenommen, daß die Aufnahme nur über das Kompartiment A erfolgt. k_a und k_b sind die kompartimenteigenen Eliminationskonstanten. Autoren, die das Medium als Kompartiment mitrechnen, bezeichnen ein solches Modell als Dreikompartiment-Modell.

C_a und C_b stellen die Konzentrationen der Kompartimente A und B dar. Sie entsprechen konstanten Anteilen an der gesamten Substanzmenge im Organismus im Gleichgewichtszustand. k_a und k_b sind die Eliminationskonstanten der beiden Kompartimente. Sie sollten sich deutlich unterscheiden, anderenfalls ist die Anpassung eines Zweikompartiment-Modells wenig sinnvoll. Im Vergleich zum Einkompartiment-Modell gilt im Gleichgewicht quantitativ:

$$C_{Org} = C_a + C_b$$

$$k_{aus} = (k_a C_a + k_b C_b)/(C_a + C_b),$$

was einem gewichteten Mittelwert entspricht. Das Zusammenwirken von Aufnahme (über ein Kompartiment) und Elimination (aus beiden Kompartimenten) ergibt analog Gleichung (3b)

$$C_{Org(t)} = \frac{k_{ein} * (A + B)}{(k_a A + k_b B)} * C_{Med} * (1 - A * e^{-ka\,t} - B * e^{-kb\,t}) \quad (9)$$

Nach sehr großen Zeiträumen (t -> unendlich) ergibt sich für die Konzentration im Organismus analog Gleichung (4):

$$C_{Org} = C_{Med} * k_{ein} * (A + B)/(k_a A + k_b B) \quad (10)$$

Aufnahme und Elimination sind im Gleichgewicht (vgl. Gleichungen 5, 1a, 2a):

$$k_{ein} * C_{Med} = C_{Org} * (k_a A + k_b B)/(A + B) \quad (11)$$

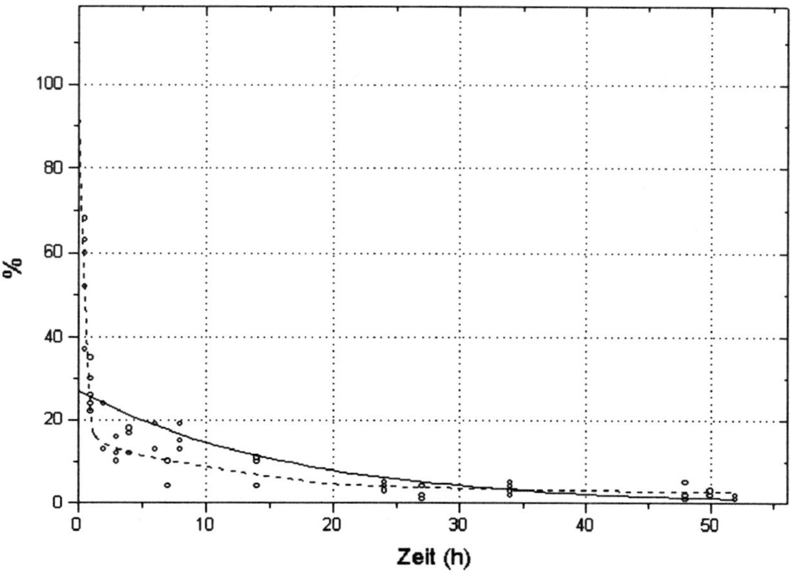

Abb. 4.7. Anpassung einer Einkompartiment- (durchgezogene Linie) und einer Zweikompartiment-Kinetik (gestrichelte Linie) an einen Datensatz aus einem Eliminationsexperiment (3,4-Dichloranilin im Zebrabärbling, Daten nach Ensenbach 1991).

Der Biokonzentrationsfaktor berechnet sich bei biphasischer Elimination analog Gleichung (6):

$$BCF = C_{Org}/C_{Med} = k_{ein} * (A + B)/(k_a A + k_b B) \qquad (12)$$

und die Aufnahmekonstante analog Gleichung (7):

$$k_{ein} = BCF * \frac{(k_a A + k_b B)}{(A + B)} \qquad (13)$$

Konsequenzen des kinetischen Modells. Die Größe des Biokonzentrationsfaktors ist in geringerem Maße von der Zahl der beschreibbaren Kompartimente abhängig. Geschwindigkeit der Konzentrierung und Verbleib im Organismus werden weit stärker beeinflußt. Eine biphasische Elimination zeichnet sich durch steilere Anfangs- und flachere Endverläufe aus. Durch Anpassung einer zusammengesetzten e-Funktion an die experimentell gewonnenen Daten ergibt sich ein unter Umständen erheblich längerer errechneter Verbleib einer Substanz im Organismus. Eine echte Halbwertzeit kann nur bei Vorliegen einer Einkompartimentkinetik angegeben werden. Bei Mehrkompartimentkinetiken kann lediglich im langfristigen Verlauf das langsamste Kompartiment zur Berechnung einer Halbwertzeit herangezogen werden. Erfolgt aus dem langsamsten Kompartiment keine weitere Elimination mehr, liegt ein sogenanntes deep compartment (Senke, Depot) vor, in dem sich die untersuchte Substanz bis zum Tode des Organismus anreichert. Ein Gleichgewicht zwischen Aufnahme und Elimination kann auch bei ständiger Exposition in solchen Fällen nicht erreicht werden. Die Nettoaufnahme steigt ständig, ein BCF ist nicht bestimmbar.

Zwei- oder Mehrkompartimentsysteme können verschiedene meßtechnische und biologische Hintergründe haben: Es kann sich um zwei verschiedene Substanzen handeln, so etwa um Ausgangssubstanz und Metabolit, die nicht voneinander unterschieden werden können. Dies ist beispielsweise bei ^{14}C-Markierung der Ausgangssubstanz und Detektion über die Zerfallsrate der Fall. Es können Metabolisierungen mit unterschiedlichen Raten vorliegen, die unabhängig zum selben Metabolit führen. Aus verschiedenen Organen kann mit unterschiedlicher Rate eliminiert werden, etwa aufgrund unterschiedlicher Fettgehalte oder Membraneigenschaften. Ein Teil der Substanz kann vorübergehend an Lipoproteine des Blutplasmas gebunden werden.

Biokonzentration, Lipophilie und QSAR. Durch den im Vergleich zum wässrigen oder gasförmigen Umgebungsmedium hohen Lipidgehalt lebender Systeme sind fremdstoffkinetische Vorgänge stark von der Lipophilie der betrachteten Substanz abhängig. Mit hoher Lipophilie sind verschiedene sich teilweise gegenseitig bedingende Eigenschaften korreliert:

- geringer Ionisationsgrad, geringe Dissoziation
- großer Anteil aliphatischer/aromatischer C-C-Bindungen,
- großer Anteil C-H-Bindungen, C-Halogen-Bindungen
- geringer Anteil funktioneller Gruppen
- mittleres bis höheres Molekulargewicht (100-500)
- mittlerer bis hoher P_{ow}

Weitere Eigenschaften, die zu erhöhter Bioakkumulation beitragen können, sind geringe Flüchtigkeit, schlechte Abbaubarkeit und hohe chemische Stabilität. Voraussetzung für die Konzentration ist zudem ein molekularer Durchmesser unter 95 nm, damit die Membrangängigkeit gewährleistet ist.

Quantifizierbare Substanzeigenschaften und biologische Vorgänge wie die Biokonzentration lassen sich korrelieren. Auf diese Weise sind sogenannte Quantitative Struktur-Wirkungs-Beziehungen (quantitative structure activity relationships QSAR) herzustellen. Ziel solcher Verfahren ist eine abschätzende Einordnung des Verhaltens oder der Wirkung einer Substanz aufgrund ihrer physikochemischen Eigenschaften. Dazu wird eine Korrelation mit Datensätzen von Substanzen vorgenommen, zu denen geeignete Meßergebnisse (hier: BCF) vorliegen; das wahrscheinliche Verhalten der fraglichen Substanz wird aus der Steigung abgeleitet. Die unterschiedlichen Substanzeigenschaften eignen sich alle mehr oder weniger gut für QSARs mit dem BCF. Die bei weitem bestuntersuchte Beziehung ist jedoch die zwischen BCF und P_{ow}:

$$\log BCF \quad = \quad a \log P_{ow} + b$$

Tabelle 4.2. Quantitative Struktur-Wirkungs-Beziehungen zwischen dem log P_{OW} verschiedener Substanzen und dem log BCF in Fischen nach der Funktionsgleichung log BCF = a log P_{OW} + b. n = Zahl der einbezogenen Substanzen. Geordnet nach r = Korrelationskoeffizient. Quelle: Loskill 1991. Es werden zwei Tendenzen deutlich: Die Steigungen a stimmen bei Verwendung derselben Fischart (Guppy, Zebrabärbling) besser überein, als zwischen Untersuchungen mit verschiedenen Fischarten. Die beiden Untersuchungen mit Forellen sind wegen der unterschiedlichen Bezugsgrößen (Ganztier, Muskel) schlechter vergleichbar. Bei Einengung der Substanzauswahl auf verwandte Stoffe verbessert sich die Korrelation.

Fischart	Substanzklasse	a	b	n	r
Guppy	Nitrobenzole	0.96	0.09	14	0.98
Guppy	Phenole	1.02	-1.82	9	0.98
Fische	mehrere	1.0	-1.32	36	0.97
Forelle	halogenierte KW	0.96	-0.56	16	0.95
Forelle (Muskel)	unpolar	0.54	0.12	8	0.95
Zebrabärbling	Phenole	0.58	0.12	13	0.94
Fische	mehrere	0.80	-0.52	107	0.90
Fische	KW z.T. chloriert	0.98	-1.30	20	0.90
Zebrabärbling	mehrere	0.55	0.25	27	0.80
Fische	mehrere	0.60	0.19	31	0.75
Sonnenbarsch	mehrere	0.46	0.63	25	0.63

Die meisten publizierten Biokonzentrationstests wurden im wässrigen Medium durchgeführt. Ein ausreichende Datenbasis für QSARs existiert bislang fast nur für Fische (Tabelle 4.2).

Abhängigkeit vom log P_{OW}-Bereich. Eine insgesamt gute Korrelation gilt nur für lineare Regressionen im log P_{OW}-Bereich zwischen 1 und 6 (Abb. 4.8) und für Molekülgrößen < 95 nm. Oberhalb von log P_{OW} = 6 steigt der log BCF schwächer. Für dieses Phänomen werden verschiedene Erklärungsmöglichkeiten angeboten: Zum einen kann ein systematischer Bestimmungsfehler der Biokonzentration bei hohen log P_{OW}-Werten vorliegen. Dazu können vor allem das schlechtere Lösungsverhalten stark lipophiler Substanzen und die nötige Länge der Versuchsdauer beitragen. Bei Biokonzentrationsfaktoren um 1000 werden Gleichgewichte bei niedrigen Wassertemperaturen spätestens innerhalb eines Monats erreicht. Sehr lipophile Substanzen oder große Moleküle brauchen erheblich länger. Bei log P_{OW}-Werten im Bereich > 8-10 wird das Gleichgewicht unter Umständen nicht mehr innerhalb der Lebensspanne des aufnehmenden Organismus erreicht. Die notwendige Fütterung kann zu Verdünnungseffekten durch Wachstum der Organismen führen. Substanz kann an Futter- und Kotpartikel adsorbieren und der Lösung entzogen werden (s.u.). Es zeigt sich, daß die reine Biokonzentration für sehr lipophile oder große Moleküle ein schlechtes Akkumulati-

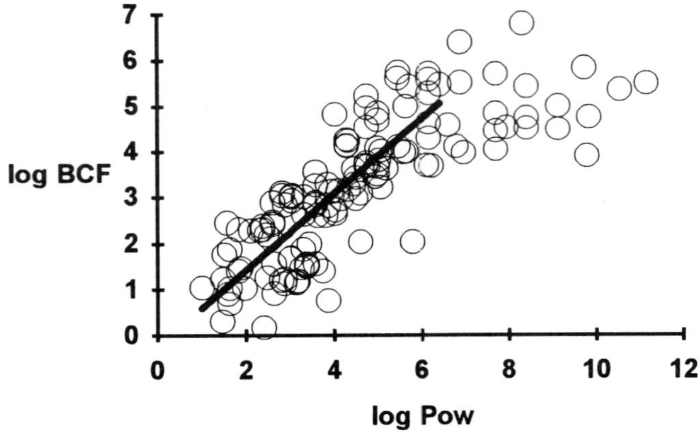

Abb. 4.8. QSAR: Korrelation zwischen log BCF und log P_{OW}. Anpassung einer Gerade durch lineare Regression über einen log P_{OW}-Bereich von 1-6 mit der Gleichung log BCF = 0.825 * log P_{OW} - 0.232; r = 0.64. (Basis: Experimentelle BCF-Daten von 132 zufällig ausgewählten Stoffen: Nendza 1991).

onsmodell ist, da Magnifikationsprozesse bedeutsamer werden. Diese werden in Biokonzentrationstests nicht systematisch erfaßt. Schließlich ist die Fettlöslichkeit von Substanzen nur in begrenzten Lipophiliebereichen gut durch den Verteilungskoeffizienten Oktanol/Wasser repräsentiert. Unterschiedliche Bestimmungsmethoden des P_{OW} führen in hohen Lipophiliebereichen zu sehr unterschiedlichen Ergebnissen, die insbesondere bei Berechnungsmethoden stark vom verwendeten Modell abhängen.

Bei hydrophilen Substanzen mit log P_{OW}-Werten < 1 ist die Biokonzentration weniger von der Lipophilie als von anderen Stoffeigenschaften abhängig. Es treten starke Schwankungen bei gleicher Lipophilie auf (Faktor 400).

Fehlerquellen. Spezifische Stoffeigenschaften, die zu abweichenden Aufnahme- oder Eliminationsgeschwindigkeiten führen, können im konkreten Einzelfall fehlerhafte Prognosen des BCF aus linearen Regressionen verursachen. Fehlerschätzungen liegen zwischen 0.5 und 2 log P_{OW}-Einheiten. Diese Fehler lassen sich durch eine Einschränkung auf Daten aus derselben Substanzklasse deutlich einschränken (vgl. Tabelle 4.2).

Je nach Lipophilie der Substanz ist auch der Lipidgehalt der untersuchten Organismen von Bedeutung. QSARs sollten nur mit Organismen einer Art untersucht werden (vgl. Tabelle 4.2). Im Falle interspezifischer Vergleiche kann der BCF zusätzlich zum Frischgewicht auf den Fettgehalt der Organismen bezogen werden. So werden im Fall von Lindan BCF-Unterschiede verschiedener Fischspezies bei Normierung auf den Lipidgehalt aufgehoben. Auch bei Vergleichen von Untersuchungen mit derselben Art, aber unterschiedlichen Altersstadien oder Geschlechtern kann eine Normierung auf den Fettgehalt sinnvoll sein.

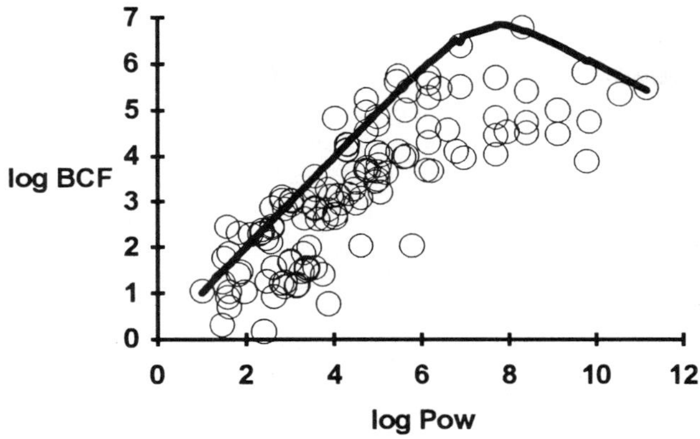

Abb. 4.9. Experimentelle BCF-Daten von 132 zufällig ausgewählten Stoffen. Anpassung einer bilinearen "worst case"-Funktion über den P_{OW} nach Nendza (1991), vgl. Abb. 4.8.

Fazit. Die insgesamt gute Korrelation zwischen log BCF und log P_{OW} im log P_{OW}-Bereich von 1-6 erlaubt eine mittlere Abschätzung des Biokonzentrationspotentials von Substanzen über lineare Regression, wenn Daten mit chemisch verwandten Substanzen und bezogen auf dieselbe Art oder den Fettgehalt herangezogen werden. QSARs sind zudem nützlich, Ausreißer festzustellen, bei denen die reinen Konzentrationsvorgänge von anderen Prozessen überlagert werden. Ein geringerer BCF als erwartet deutet auf starke entgiftende Metabolisierung hin, die zu geringerer Lipophilie und besserer Ausscheidung führt. Zu hohe BCF-Werte lassen auf eine selektive Aufnahme oder einen selektiven Einbau in Körpersubstanz schließen.

Soll im Einzelfall eine Abschätzung getroffen werden, die das Biokonzentrationspotential einer Substanz möglichst nicht unterschätzt, reicht eine mittlere Abschätzung über eine lineare Regression nicht aus. Hier können worst case-Kurven das größtmögliche Potential abschätzen helfen und die Sicherheit der Aussage erhöhen. Mithilfe derartiger Kurven können auch nichtlineare log P_{OW}-Bereiche einbezogen werden (Abb. 4.9).

Weitere Einflußgrößen auf die Biokonzentration. *Bioverfügbarkeit.* Die gemessene Biokonzentration weicht häufig von den aus physikochemischen Daten zu erwartenden Werten ab. In vielen Fällen sind dafür Bedingungen verantwortlich, die die Bioverfügbarkeit der Substanz beeinflussen. Eine Herabsetzung des gelösten Anteils im Medium oder eine Veränderung der Membrangängigkeit der Substanz sind die wichtigsten Aspekte. So ist bei Versuchen darauf zu achten, daß keine Suspensionen, sondern echte Lösungen zum Einsatz kommen. Die Löslichkeit darf nicht überschritten werden, eine Sorption der Substanz an (Futter- oder Kot-)Partikel ist zu vermeiden. Alle Fehler führen zu höherem Einsatz von Substanz und zu unterschätzten Biokonzentrationsfaktoren. Die Notwendigkeit begleitender Analytik der echten Lösung ist unmittelbar einsichtig. Im Freiland herrschen häufig Bedingungen vor, die über Sorptionsvorgänge die Bioverfügbarkeit im Vergleich zu Laborversuchen deutlich herabsetzen (s.u.).

Konzentration. Laut Theorie sollte der BCF konzentrationsunabhängig sein, da er ein Konzentrationsverhältnis darstellt. In einigen Fällen steigt der BCF mit zunehmender Konzentration, was auf eine gesteigerte Aufnahme schließen läßt. Dies kann durch zunehmende Beeinträchtigungen der selektiven Aufnahmemechanismen in den Membranen hervorgerufen werden. Eine Vergiftung metabolisierender Enzymsysteme oder der Eliminationsorgane kann ähnlich wirken. Sinkt der BCF mit zunehmender Konzentration, kann dies auf eine Enzyminduktion und verstärkten Metabolismus hindeuten. So muß eine experimentelle Bestimmung des BCF nicht nur sicherstellen, daß sich das Konzentrationsgleichgewicht eingestellt hat. Ein exakter BCF wird nur ermittelt, wenn eine Intoxikation ausgeschlossen werden kann. Die Substanz muß sich in ausreichender Konzentration im Umgebungsmedium befinden und bioverfügbar sein. Zur Sicherheit sollten mindestens zwei Konzentrationen überprüft werden.

pH wässriger Medien. Der BCF von schwachen Basen steigt mit steigendem pH, der BCF von schwachen Säuren fällt mit steigendem pH. Ionisierte Stoffe sind lipophob und können schlechter aufgenommen werden, sind also weniger bioverfügbar. Auch die Kompartimentverteilung und die Eliminationskinetik ändern sich.

Salinität. Zum Einfluß der Salinität des wässrigen Umgebungsmediums auf den BCF gibt es widersprüchliche Daten. Salzwasserfische zeigen im allgemeinen einen niedrigeren BCF als Süßwasserfische. Euryhaline Fische weisen jedoch im Salzwasser höhere BCF auf.

Temperatur. Die Temperatur beeinflußt vor allem die Biokonzentration wechselwarmer Organismen. Der Grad der Abhängigkeit schwankt je nach Substanz und Organismus. Da die Aufnahme mit der Temperatur stärker steigt als die Elimination, steigt auch der BCF. Der BCF im Freiland verändert sich in Ökosystemen höherer Breiten somit ständig.

Organismenart. Je nach Lipidgehalt, Art der Aufnahmewege, Eliminationsmöglichkeiten und Metabolismus sind die Biokonzentrationsfaktoren unterschiedlicher Organismen sehr verschieden. Verschiedene Fischarten weisen Unterschiede bis zum Faktor 10 auf. Eine Normierung auf den Lipidgehalt verbessert die Vergleichbarkeit deutlich, solange die kinetischen Prozesse vergleichbar sind. Eine Übertragung auch lipidbezogener BCF-Werte von Fischen auf Organismen mit abweichender Fremdstoffkinetik ist sehr problematisch. Insbesondere bei Landorganismen wird selten ein Gleichgewicht zwischen Aufnahme und Elimination erreicht, die Biokonzentration macht häufig nur einen geringen Teil der Akkumulation aus. So sind in menschlichem Gewebe einerseits erheblich höhere (4-Nonylphenol), andererseits viel niedrigere Rückstände (Atrazin) als bei Fischen bestimmt worden.

Körpergröße. In Abhängigkeit von der Größe der untersuchten Organismen sind widersprüchliche BCF-Werte ermittelt worden. Steigt der BCF mit steigender Größe, kann dies teilweise mit höheren Lipidgehalten erklärt werden. Viele größere Organismen haben eine längere Lebensdauer und legen (saisonnal) größere Reservefettspeicher an. Sinkt der BCF mit steigender Größe, kann dies verschiedene Ursachen haben: Das Verhältnis von Körperoberfläche zu Körpergewicht sinkt und damit auch Stoffwechsel-, Ventilations- und Aufnahmerate. Renale und biliäre Ausscheidung sind demgegenüber vom Oberflächen-Volumenverhältnis weniger abhängig. Wesentlichen Einfluß kann das Entwicklungsstadium des Organismus ausüben. Starkes Wachstum kann die Akkumulation um Faktor 2-5 ausdünnen. Der embryonale Dotter kann Fremdstoffe akkumulieren und als vorübergehende Fremdstoffsenke fungieren. Mit dem Abbau des Dottervorrats erfolgt die Mobilisierung der akkumulierten Stoffe und damit die Ermöglichung von Metabolismus und Elimination.

Biomagnifikation. Bei überwiegender Aufnahme einer Substanz über die Nahrung kann die Anreicherung als Verhältnis der Konzentration im betrachteten Organismus C_{Org} zur Konzentration im Futter C_{Fut} angegeben werden. Für den Biomagnifikationsfaktor (BMF) ergibt sich bei konstanter C_{Fut} nach Einstellung des Konzentrationsgleichgewichts:

$$\mathrm{BMF} = \frac{C_{Org}}{C_{Fut}}$$

Entscheidende Unterschiede zur Biokonzentration ergeben sich zum einen im unterschiedlichen Aufnahmemechanismus. Die stoffspezifische Extraktionseffizienz der Membranen des Magen-Darm-Trakts (Diffusion, aktiver Transport und Pinocytose), aber auch das chemische Verhalten der Substanz im Milieu des Verdauungstrakts bestimmen die Aufnahmerate. Verteilung in den Körperflüssigkeiten, Metabolisierung und Elimination sind dagegen von den Aufnahmewegen weitgehend unabhängig.

Zum anderen besteht ein wesentlicher Unterschied in der Verfügbarkeit des Fremdstoffs. Die Konzentration in Futterorganismen ist heterogener als im Umgebungsmedium, da sich alle Einflußfaktoren der Biokonzentration und (-magnifikation bis zu dieser trophischen Ebene) bereits niedergeschlagen haben. Die Fütterungsrate ist, ähnlich wie bei Konzentrationsprozessen, zwar wesentlich von der Stoffwechselrate abhängig. Die Auswahl des Futters und die zeitliche Verteilung der Exposition (kontinuierliche oder diskontinuierliche Nahrungsaufnahme) können sich jedoch nach Entwicklungsstadium, Art, Population, Trophieebene und Nahrungsangebot stark unterscheiden. Der biozönotische Zusammenhang, in dem das Individuum steht, gewinnt eine noch wichtigere Bedeutung als bei der Biokonzentration und wird zum wesentlichen Akkumulationsfaktor.

Der BMF zeigt eine ähnliche Verhaltenstendenz zur Lipophilie wie der BCF: Der log BMF steigt bis zu einem log P_{ow} von 6 ungefähr proportional log P_{ow} und stagniert bei log $P_{ow} = 7$. Anteil und Qualität des Fettgewebes sind deshalb von ähnlich großer Bedeutung wie bei der Konzentration. Ab einem log $P_{ow} > 7$

ist die Biomagnifikation bei Konsumenten wieder kleiner, da die Extraktionseffizienz sinkt. Bei Detritusfressern steigt sie weiter; dies ist wohl auf die kontinuierlich hohe Aufnahme großer Mengen energiearmer Nahrung zurückzuführen.

Die experimentelle Bestimmung des BMF ist wesentlich komplizierter, da sie eine definierte Belastung von Futter(organismen) und freßbereite Testorganismen voraussetzt. Reproduzierbare Versuchsbedingungen sind schwieriger zu erreichen, zumal die Versuchsdauer meist wesentlich höher als im Konzentrationsexperiment liegt. Da ein BMF im Gleichgewichtszustand häufig nicht zu bestimmen ist und die Aufnahme einer Substanz über die Nahrung oft diskontinuierlich erfolgt, kann anstelle des BMF der

$$\text{Transferfaktor} = \frac{c_{Org}}{\text{mittlere } c_{Fut}}$$

bestimmt werden. Er kann auch aus Freilanddaten berechnet werden.

Bioakkumulation im Freiland. Zur Bestimmung der Bioakkumulation eines Fremdstoffs im Freiland muß aufwendige Umweltanalytik betrieben werden, da die Möglichkeit des Einsatzes markierter Substanz wie in Akkumulationstests entfällt. Es ergeben sich zusätzliche Probleme mit

- der repräsentativen Stichprobenahme,
- den unterschiedlichen Matrices (Gewebe, Wasser, Boden, Sediment), die eine unterschiedliche Behandlung erfordern,
- den in den Proben enthaltenen unbekannten störenden Substanzen.

Bei der Bestimmung von "Freiland-BCF" oder "Freiland-BMF" muß klar sein, ob von einer Gleichgewichtssituation ausgegangen werden kann. Dazu müssen die im Umgebungsmedium oder in der Nahrung gemessenen Konzentrationen über substanzspezifisch lange Zeiträume relativ konstant sein oder wenigstens der durchschnittlichen Situation entsprechen, damit Transferfaktoren bestimmt werden können.

Die häufige Praxis, nur einige Organe ("Filet und Eingeweide" bei Fischen) weniger Individuen einzelner Arten zu untersuchen, muß schwerwiegende Extrapolationsprobleme berücksichtigen. Eine Übertragung der Ergebnisse auf andere Organe oder das gesamte Tier, auf andere Individuen oder die gesamte Population, andere Populationen, Arten oder Lebensgemeinschaften ist nur da möglich, wo zumindest Fettgehalte und kinetische Prozesse vergleichbar sind. Dies gilt auch für experimentelle Untersuchungen. Im Freiland kommt erschwerend hinzu, daß die individuelle Geschichte des untersuchten Individuums und der konkreten Exposition berücksichtigt werden müßte, aber in der Regel unbekannt ist.

Rückstandsanalytik aus Freilandproben hat jedoch den Vorteil, reale Akkumulationen zu untersuchen, die die Summe aller beitragenden Prozesse darstellen. Dies läßt sich in Experimenten nicht ausreichend simulieren.

Verhältnis von Biokonzentration und Biomagnifikation. Biokonzentration und Biomagnifikation überlagern sich und sind quantitativ kaum voneinander zu trennen. Eine experimentelle Bestimmung des BCF und ein Vergleich mit Akkumulationsdaten aus dem Freiland ermöglicht eine grobe Abschätzung, wie gut die Akkumulation durch Konzentration erklärt werden kann, und wieviel die Magnifikation beitragen muß. Folgende Tendenzen sind auszumachen:

Trophieebene. Die Stellung eines Organismus in der Nahrungskette muß bei einer Bewertung des Gewichts der Biomagnifikation berücksichtigt werden. Je höher die Trophieebene, desto bedeutsamer ist die Biomagnifikation. Deutlich wichtiger als die Konzentration ist die Magnifikation im wässrigen Milieu häufig jedoch erst für Konsumenten höherer Ordnung: Während für die Akkumulation von lipophilen Substanzen beim Felsenbarsch die Bestimmung des BCF noch reicht, um Akkumulation im Freiland zu erklären, ist bei Seeforelle und Lachs für dieselben Substanzen die Magnifikation zehnfach wichtiger. Ist für Krebse im Ontario-See die PCB-Belastung als niedrig einzustufen, liegt sie bei Raubfischen über dem für die menschliche Ernährung festgesetzten Grenzwert. Die Bedeutung der Magnifikation für Räuber kann noch steigen, wenn stark belastete und dadurch geschwächte Beutetiere bevorzugt gefressen werden.

Austausch mit dem Umgebungsmedium. Wassertiere haben einen erheblichen höheren Austausch mit dem Umgebungsmedium als Landorganismen, da sie nur ein viel schwächeres Gefälle der Sauerstoffkonzentration nutzen können. Dadurch ist die Bedeutung der Biokonzentration bei Wassertieren entsprechend höher, besonders wenn es sich um leistungsfähige Organismen mit hoher Ventilationsrate handelt. In kleinen Fischen mit hohem Grundumsatz gewinnt die Magnifikation erst Bedeutung, wenn die Konzentration eines Fremdstoffs in der Nahrung die im Wasser um das Fünffache übersteigt.

Der Unterschied terrestrischer im Vergleich zu aquatischen Tieren ist durch die Atmung kleiner Mengen sauerstoffreicher Luft und die Abschottung gegen Wasserverlust geprägt. Bei den leistungsfähigen gleichwarmen Vögeln und Säugern, die die höchsten Ventilationsraten der Landtiere aufweisen, ist eine Elimination über die Lunge nur bei flüchtigen Substanzen möglich. All dies führt zu einem erheblich geringeren Austausch mit der Umgebung, bei dem passive Diffusion und damit Biokonzentration nur eine sehr untergeordnete Rolle spielt: Landtiere reichern im wesentlichen über Magnifikation an. Da andere Eliminationswege bei Landtieren fehlen, kommt der renalen und biliären Elimination erheblich größere Bedeutung zu. Der entgiftende Metabolismus nimmt eine zentralere Rolle ein, da durch Erhöhung der Hydrophilie oder der Molekulargröße eine renale oder biliäre Elimination ermöglicht wird. Laufkäfer verfügen über einen leistungsfähigen Metabolismus und eine gute Exkretion und reichern weniger stark an als andere Vertreter carnivorer Landtiere wie Säuger und Vögel.

Wasservögel und -säuger atmen ebenfalls Luft und besitzen eine relativ undurchlässige Haut. Sie akkumulieren Fremdstoffe also fast ausschließlich über die Nahrung. Dazu ernähren sie sich von Fischen als den stärksten Biokonzentrierern und stehen am Ende der Nahrungskette. Als gleichwarme Tiere besitzen sie eine hohe Stoffwechselrate und benötigen einen hohen Nahrungsdurchsatz. Dies gilt besonders für die fliegenden Vögel. Fischfressende Vögel reichern lipophile persistente Fremdstoffe wie Pentachlorphenol oder Dioxine bis zu hundertfach stärker an als die Beutefische. Möwen weisen eine etwa fünfzigfach stärkere Akkumulation als Raubfische auf. Die Wassersäuger besitzen isolierende Fettpolster, in denen sich lipophile Substanzen anreichern können. Meeressäuger gehören deshalb zu den stärksten Akkumulierern.

Körpergröße. Während bei der Biokonzentration die Abhängigkeit von der Körpergröße nicht eindeutig ist, ist die Biomagnifikation direkt mit dem Nahrungsdurchsatz und der Stoffwechselrate korreliert. Diese verhält sich umgekehrt proportional zur Größe: Bei vergleichbar belasteter Nahrung akkumulieren kleine Tiere in der Summe stärker. Allerdings steigt mit der Höhe der Trophieebene die Belastung der Nahrung mit persistenten lipophilen Fremdstoffen. Große Endkonsumenten können derartige Substanzen daher stärker anreichern als kleinere Konsumenten niedrigerer Ordnung.

Lipophilie und Expositionsdauer. Die Einstellung eines Konzentrationsgleichgewichts ist im wesentlichen von Aufnahme- und Eliminationsrate abhängig. Da sich bei zunehmender Lipophilie die Eliminationsrate verringert, dauert es zunehmend länger, bis ein Gleichgewicht erreicht ist. Bei sehr lipophilen Substanzen schlagen sich Unterschiede in den Aufnahmeraten besonders deutlich nieder. Sind die Konzentrationen im Umgebungsmedium gering, gewinnt die Magnifikation an Bedeutung, da sie lange Akkumulationszeiten der Futterorganismen integriert. Bei Substanzen, die ein Gleichgewicht über die Biokonzentration erst nach Monaten oder Jahren erreichen, oder die gar in einem deep compartment verschwinden, ist jede zusätzliche Akkumulation über Magnifikation signifikant und wird an die nächste Trophieebene weitergegeben. So fallen im Freiland Messungen von Akkumulationen persistenter, extrem lipophiler Substanzen in der Regel wesentlich höher aus, als es der Labor-BCF vermuten ließe. Für polychlorierte Biphenyle (PCB) liegt die Freiland-Akkumulation um den Faktor 10, für DDT um den Faktor 7.5 und für den DDT-Metaboliten DDE gar Faktor 220 höher als im Labor bestimmt.

Bioakkumulation und Partikelbindung. Im Freiland kann die Bioverfügbarkeit einer Substanz durch Sorption an Bodenpartikel, suspendierte Wasserbestandteile oder Sediment stark herabgesetzt sein. Lipophile Stoffe binden vor allem an Partikel mit hohem organischen Kohlenstoffgehalt (Humus). Der Boden- oder Wassertyp und deren jahreszeitlicher Entwicklungsstand beeinflussen das Ausmaß der Partikelbindung. Etwa 5 % der Substanzmenge lipophiler Substanzen gehen zudem an gelöstes organisches Material, abhängig von der Wasserqualität (Eadie 1990).

Aquatische Systeme. In aquatischen Systemen ist die Partikelbindung korreliert mit dem log P_{OW} des Fremdstoffs, sowie dem organischen C-Gehalt und der Konzentration an suspendiertem Material im Wasser. Es bilden sich einerseits

a) Gleichgewichte im Wasserkörper

Organismus

↓↑

freie Substanz

↙↗	↓↑	↘↖
gebunden an Sedimentpartikel	**gebunden an suspendierte Partikel**	**gebunden an gelöstes organisches Material**

b) Gleichgewichte im Sediment

Organismus

↙↗	↓↑	↘↖
gebunden an Sedimentpartikel	**freie Substanz**	**gebunden an gelöstes organisches Material**

Abb. 4.10. Konzentrationsgleichgewichte von Fremdstoffen in aquatischen Systemen, a) für Bewohner des Freiwassers, b) für Sedimentbewohner.

Gleichgewichte zwischen den Konzentrationen an frei gelöster und gebundener Substanz, andererseits zwischen denen frei gelöster und im Organismus vorhandener Substanz aus. Diese können sich je nach Lebensweise des Organismus unterscheiden (Abb. 4.10).

Wird die Verfügbarkeit einer Substanz für Organismen des Freiwassers durch Sorption herabgesetzt, so stellt sich die Frage des Verbleibs der Substanz nach Sedimentation der Partikel und die Verfügbarkeit für Sedimentbewohner. Bezieht man Akkumulationsfaktoren für Sedimentbewohner nicht auf die Konzentration in der wässrigen Phase, sondern auf die Konzentration im Sediment, ergeben sich Werte, die um Größenordnungen kleiner sind als die wasserbezogenen BCF-Werte. Es ergibt sich auch keine einfache Korrelation zur Lipophilie. All dies deutet darauf hin, daß die Akkumulation für viele Sedimentbewohner nicht durch direkten Kontakt mit den Sedimentpartikeln, sondern über das Lückenwasser erfolgt. Vergleiche von Akkumulationsdaten und Berechnungen aus BCF-Bestimmungen und Abschätzungen der Substanzkonzentrationen im Lückenwasser bestätigen dies. Demnach scheinen Sorptionsvorgänge allgemein die Bioverfügbarkeit eines Fremdstoffs zu verringern.

Bei Feinpartikelaufnahme durch Endocytose im Darm von Detritusfressern oder Nahrungsfiltrierern kann sich für persistente lipophile und sorptive Substanzen die Akkumulation jedoch erhöhen. Dies wurde bei Ringelwürmern und Muscheln nachgewiesen. Weitere Magnifikation über die Nahrungskette kann somit auch bei sorptiven Substanzen nicht ausgeschlossen werden. Bei der Gefährdungsabschätzung ist die Lebensweise betroffener Sedimentbewohner einzubeziehen.

Schließlich sind bei sehr persistenten Substanzen noch Langzeitfolgen zu berücksichtigen. Biomagnifikation (auch Fischerei) oder Migration kann zu einem quantitativ bedeutsamen Entzug eines aquatischen Systems von belasteter Biomasse führen. Bei ausreichenden anorganischen Ressourcen werden die Verluste durch die Produktion neuer Biomasse ersetzt. Diese ist zunächst unbelastet und entzieht dem Wasser über die Zeit Fremdstoffe, die vom Sediment nachgeliefert werden, bis sich die Gleichgewichte neu eingestellt haben. Eine solche Mobilisation aus der Sedimentsenke ist bei ausreichend großem Biomasseentzug und hoher Sedimentkonzentration ein stetiger Prozeß. Er kann zu hohen Akkumulationen in der Nahrungskette führen, auch wenn die Konzentration der Substanz im Wasser weit unter der analytischen Nachweisgrenze liegt.

Terrestrische Systeme. In terrestrischen Systemen fehlt der Aspekt der ständigen Sedimentation aus der überstehenden Phase, der für aquatische Sedimente charakteristisch ist. Terrestrische Böden sind demgegenüber durch stärkere Austauschprozesse in Form lateraler Ein- und Austräge gekennzeichnet. Sie zeichnen sich durch heterogenere Eigenschaften aus: Bodenstruktur, chemische und biologische Zusammensetzung und Bodenfeuchte können sich auch auf kleinstem Raum unter Umständen erheblich unterscheiden. Die Bioverfügbarkeit einer Substanz und damit die Belastung von Bodenbewohnern kann sehr unterschiedlich sein und ist experimentell schwierig zu reproduzieren. So ist die Angabe von Biokonzentrationsfaktoren, die auf Bodenkonzentrationen bezogen sind, grundsätzlich problematisch. Neben den Eigenschaften des betrachteten Organismus (Kinetik, Fettgehalt) spielt der Gehalt des Mikrohabitats an Huminstoffen und Mikroorganismen eine entscheidende Rolle. So lassen sich bodenbezogene BCF-Werte für den Regenwurm nicht mit dem log P_{OW} korrelieren. Bezieht man den BCF auf die Konzentration der Substanzen im Bodenwasser, ergeben sich ähnliche Korrelationen wie für die nahe verwandten aquatischen Oligochaeten. Dies deutet zum einen auf ein ähnliches Konzentrationsgleichgewicht zwischen Bodenpartikeln, Bodenwasser und Organismus hin, wie es für Sedimente beschrieben wurde. Zum anderen zeigt es, daß der Regenwurm trotz seiner bodenpartikelfressenden Lebensweise eher als biokonzentrierender Wasserorganismus aufgefaßt werden kann. Ein breiteres Datenmaterial zur Bioakkumulation bei "echten" terrestrischen Bodenbewohnern wie Collembolen ist wünschenswert.

Analog zur Betrachtung von aquatischen Sedimenten ist darauf hinzuweisen, daß lipophile Substanzen, die an Bodenpartikel gebunden festgelegt sind, zwar zunächst nicht bioverfügbar sind, aber unter Umständen mobilisiert werden können. Hier kommt Änderungen der Bodenchemie durch anthropogene Eingriffe eine gewisse Bedeutung zu. Zentral ist die direkte (metabolisierende) und indirekte (milieuverändernde) Tätigkeit der Bodenmikroorganismen (vgl. Kap. 2.1.2).

Akkumulation in terrestrischen Pflanzen. Bei terrestrischen Pflanzen sind zwei wesentliche Aufnahmewege zu unterscheiden: Die Aufnahme von Substanzen aus der wässrigen Bodenlösung über die Wurzel und die Aufnahme aus der Luft über die Blattoberflächen.

Bei Aufnahme von Substanzen aus der Luft ergeben sich grundsätzlich ähnliche Abhängigkeiten von der Lipophilie der Substanz wie bei der Aufnahme aus dem Wasser. Zusätzlich ist aber der Verteilungskoeffizient Luft/Wasser (P_{lw}, Henry-Konstante) von größerer Bedeutung, da die Substanz aus der Luft in die wässrige Lösung übertreten muß, um aufgenommen zu werden. So sinkt der BCF mit steigendem P_{lw}, die Aufnahme aus der Gasphase ist durch den zunehmend schwierigeren Übergang begrenzt.

Bei Aufnahme von Substanzen aus der Bodenlösung kommt der Bindung an humöse Bodenpartikel große Bedeutung zu. Wird, wie bei Angaben der Akkumulation in Pflanzen üblich, der Konzentrationsfaktor auf die Konzentration im Boden bezogen, liegen die Werte bei lipophilen Substanzen um Größenordnungen niedriger als die wasserbezogenen BCF-Werte für Fische. Die Tendenz zur Bindung an organische Bodenpartikel nimmt mit steigendem log P_{ow} zu, während die Löslichkeit im Apoplasten (Wasserphase der Zellwände außerhalb der Zellen) wesentlich weniger stark zunimmt, als etwa im fettreicheren tierischen Gewebe. So sinkt der bodenbezogene Konzentrationsfaktor mit steigender Lipophilie, wobei ein Konzentrationsverhältnis von 1:1 etwa bei log $P_{ow} = 2.7$ erreicht wird.

Schwermetalle. Pflanzen lösen durch Ansäuerung der Umgebung der Wurzelhaarzone essentielle Mineralien. Die Zellwandstrukturen des Apoplasten vor der Endodermis dienen als wirkungsvolle Ionenaustauscher; die aktiven Transportmechanismen in der Endodermis nehmen die gelösten Mineralien in den Bestand des pflanzlichen Organismus auf. Nicht essentielle Metalle wie Aluminium oder Schwermetalle, die ebenfalls gelöst werden, verdrängen bei hohen Konzentrationen andere Ionen im Apoplasten. Sie können die Aufnahme essentieller Mineralien hemmen und über Cotransportvorgänge in höheren Konzentrationen in die Pflanze gelangen. Zusätzlich führt die Schwermetallbelastung von Stäuben zu einer Kontamination der Blattoberflächen.

Fazit. Der BCF von organischen Chemikalien in Pflanzen liegt aufgrund der Aufnahmewege und des geringeren Fettgehalts in der Regel niedriger als der von Tieren. Die Fremdstoffbelastung der Pflanzen stellt aber die Grundlage für die Biomagnifikation. Sie ist durch den hohen Biomasseanteil an der Basis der Nahrungspyramide quantitativ bedeutsam. Schwermetalle werden vor allem im Apoplasten der Wurzel akkumuliert. Zusätzlich muß für alle Chemikalien ein hoher Anteil oberflächlich haftender, nicht aufgenommener Substanz berücksichtigt werden, der von den Pflanzenfressern mit verzehrt wird.

Bioakkumulation von Fremdstoffgemischen. In Biokonzentrationstests konnten bislang kaum Interaktionen verschiedener Stoffe nachgewiesen werden, wobei die Datenbasis noch als gering einzustufen ist. Beschriebene Ausnahmen sind Phosphorsäureester, die bereits in geringen Konzentrationen die Elimination anderer Stoffe über die Niere stören (Erhöhung der Akkumulation), und Endrin, welches die Bindung von DDT an Serumproteine hemmt (Erniedrigung der Akkumulation). Derartige Effekte können aber bereits zum Teil als toxische Wirkungen interpretiert werden.

Formulierungen von Pflanzenschutzmitteln können problematisch sein, wenn Additive oder Verunreinigungen den Metabolismus der Hauptsubstanz behindern. Dieser teilweise für Zielorganismen gewünschte Effekt führt zu erhöhter Bioakkumulation.

Aussage und Bewertung der Bioakkumulation. Zur Bewertung des Akkumulationspotentials einer Substanz stehen verschiedene experimentelle Meßparameter unterschiedlicher Aussagekraft zur Verfügung:

- Halbwertzeit nach einmaliger Applikation: Sie ist ein Maß für die Dauer der internen Belastung nach einer kurzzeitigen Exposition. Für Beschreibung längerfristiger, dauernder oder wiederkehrender Expositionen ist sie ebenso ungeeignet, wie zur Erfassung komplexerer Kinetiken mit verbleibenden Restkonzentrationen. Sie sagt außerdem nichts über die mögliche Höhe der Akkumulation bei Spitzenbelastungen. Der Aufnahmeweg wird über die Art der Applikation simuliert, seine Relevanz ist durch das Ergebnis nicht bewertbar.
- Gleichgewichtskonzentration im Organismus bei konstanter Fütterung oder Umgebungskonzentration, ausgedrückt als BMF oder BCF: Sie ermöglicht eine Beschreibung interner Belastungen unter längerfristiger oder wiederkehrender Exposition. Auf Aufnahme- und Eliminationsgeschwindigkeiten kann ebenso geschlossen werden wie auf die internen Belastungen bei unterschiedlichen Expositionen. Nicht ausscheidbare Restkonzentrationen sind schwer zu erfassen. Die experimentelle Ermittlung des BCF ist für extrem lipophile, wenig wasserlösliche, stark toxische und flüchtige Substanzen schwierig, die des BMF ohnehin problematisch. Angaben von Konzentrationsfaktoren vor Erreichen des Gleichgewichtszustands sind auch mit Zeitangaben nur von geringem Wert, da sich die Zeit bis zum Erreichen des Gleichgewichts in Abhängigkeit von Substanzeigenschaften sowie art-, alters-, geschlechts- und individualspezifischer Kinetik sehr stark unterscheiden kann.
- Retention und Eliminationsverlauf: Als Ergänzung zur BCF-Bestimmung liefern Daten über den Eliminationsverlauf Hinweise auf nicht ausscheidbare Restkonzentrationen. Mehrkompartimentkinetiken können nur im Anschluß an die BCF-Bestimmung aus dem Gleichgewicht heraus bestimmt werden.
- Das Verhältnis BCF:BMF: Es ermöglicht Aussagen über die Bedeutung der verschiedenen Aufnahmewege für die Akkumulation und die Gefahr einer Anreicherung über die Nahrungskette. Sie setzt eine Bestimmung beider Faktoren mit für die Aussageabsicht geeigneten Organismen voraus.

Eine Bewertung des Akkumulationspotentials einer Substanz ist nur möglich, wenn BCF, BMF und Eliminationsverlauf gemessen oder ausreichend sicher abgeschätzt werden. Die Rückstandsanalytik aus Freilandproben hilft, Prognosen zu verifizieren oder zu widerlegen. Akkumulationstests und Rückstandsanalytik führen nur gemeinsam zu einer möglichst verläßlichen Aussage über die reale Akkumulation.

Aus den Akkumulationsdaten lassen sich erste Aussagen über die potentielle Gefährlichkeit einer Substanz ableiten. Zum einen ermöglichen sie die Ermittlung der organismusrelevanten Exposition: Die gemessene Akkumulation stellt das summarische Ergebnis aller kinetischen Prozesse sowie der Bioverfügbarkeit der Substanz dar. Sie integriert einen gewissen Zeitraum, der von der Geschwindigkeit der beteiligten Prozesse abhängt. Dies alles kann von einer Konzentrationsbestimmung in den Umgebungsmedien nicht geleistet werden. Zum anderen geben Akkumulationsdaten Hinweise auf eine Depotbildung (deep compartment) der Substanz in Organismen. Biologische Senken sind immer bedenklich. Sie erhöhen die Persistenz im Ökosystem und können in Mangelsituationen zu Freisetzungen führen: Der Abbau von Fettreserven erhöht die Konzentration lipophiler Fremdstoffe im Stoffwechsel des Organismus. Eine Mangel- oder Streßsituation verschlechtert gleichzeitig die Konstitution und verringert die Reserven für kompensatorische Prozesse wie Metabolisierung, aktive Ausscheidung oder Reparaturen geschädigter Systeme. Eine längerfristige Depotbildung in Nahrungsorganismen ist für Konsumenten prinzipiell problematisch.

Biomagnifikation von persistenten Substanzen mit hohen Konzentrationen in Endkonsumenten ist vielfältig beschrieben. Ihr kommt neben der ökotoxikologischen noch eine wichtige (human-)toxikologische Bedeutung zu, da der Mensch am Ende zahlreicher Nahrungsketten steht.

Im Körpergewebe malaiischer Bauern wurden extrem hohe Konzentrationen persistenter Insektizide festgestellt, die im Reisanbau angewendet wurden. Die vergleichsweise geringen Rückstände im Reis reichten zur Erklärung der bedenklichen Situation nicht aus. Die Bauern hatten als hauptsächliche Proteinquelle Fische aus den belasteten Reisfeldern genutzt, die über Konzentration und Magnifikation (tote Insekten) Insektizide stark akkumuliert hatten.

Die Bewertung der Bioakkumulation innerhalb der gesamten ökotoxikologischen Gefahrenabschätzung ist dennoch vergleichsweise gering. Die Bioakkumulation stellt nur einen Teilbereich der Expositionsabschätzung dar, die lediglich die Eignung einer Substanz zur Umweltpräsenz feststellen soll. Die gesamte Gefahrenabschätzung orientiert sich jedoch stark an der Schadensgröße, also der toxikologischen Wirkung. Die genannten Akkumulationsparameter sagen nichts über die Organverteilung, die Konzentration am Wirkort und die Wirkdosis einer Substanz. Demgegenüber werden in Toxizitätstests Wirkungsdaten erhoben, die sich als Folge kinetischer Prozesse ergeben (s. 4.4). Im Gesamtkonzept der Chemikalienbewertung (s. 4.5) spielt die Akkumulation deshalb eine der Toxizität untergeordnete Rolle. Die Bewertung von Konzentrationsfaktoren wird in Wirkzusammenhänge gestellt: Wie hoch ist die interne Exposition im Hinblick auf toxikologisch kritische Konzentrationen? Führt eine Akkumulation zu ausreichend hohen Wirkdosen?

4.4 Fremdstoffdynamik: Ökotoxizität

Die Fremdstoffdynamik beschäftigt sich mit den Wirkungen von Fremdstoffen auf lebende Systeme. Wirkungen können als Abweichungen vom "Normalzustand" beschrieben werden. Dieser muß demnach bekannt und klar definiert sein. Da über die Normalzustände der meisten lebenden Systeme außerhalb der humanmedizinisch interessanten Aspekte vergleichsweise wenig bekannt ist, wird die Feststellung einer Wirkung zum vorrangigen Problem. Ist eine Wirkung als solche erkannt und eindeutig einer Umweltchemikalie zugeordnet, stellt sich erst in zweiter Linie für die forschende Wissenschaft die Frage nach den Wirkmechanismen, für die anwendende Wirtschaft und Administration hingegen stärker die Frage nach der Bewertung der Wirkung und der Ableitung von Handlungsbedarf. Bei der Überprüfung komplexer Umweltmedien ist häufig nur der Nachweis definierter Wirkungen ohne Kausalzuordnung machbar. Die Entwicklung von Nachweis- und Bewertungsmöglichkeiten von Wirkungen steht daher in der Ökotoxikologie zur Zeit noch stärker im Vordergrund als in der klassischen Toxikologie. Die Aufklärung der Prozesse ökosystemarer Fremdstoffdynamik ist demgegenüber ein Fernziel, dem sich erst mit weiter fortgeschrittenem Wissen über systemare Zusammenhänge und Prozesse innerhalb und zwischen den Integrationsebenen lebender Systeme angenähert werden kann.

Auch ohne dieses Wissen verlangt die Sachlage Abschätzungen von Gefährdungspotentialen aufgrund festgestellter Wirkungen. Deren Aussagekraft für solche Abschätzungen hängt stark von den Methoden der Feststellung, also den Rahmenbedingungen ökotoxikologischer Untersuchungen, ab. Von vorrangiger Bedeutung sind

- die untersuchte Integrationsebene lebender Systeme,
- die Art der Testorganismen,
- die Art der Endpunkte,
- die Länge der Einwirk- und Beobachtungsdauer.

Vor der Wahl dieser Rahmenbedingungen besteht die Notwendigkeit, die Aussageabsicht und gewünschte Aussagequalität der Untersuchung zu klären: Optimale Reproduzierbarkeit und Standardisierbarkeit sind nicht mit Naturrelevanz zu vereinbaren, eine hohe Aussagekraft für spezielle Arten oder Biozönosen nicht mit einer hohen Allgemeingültigkeit. Jede Fragestellung verlangt eine spezifische Betrachtung einzelner Aspekte der Toxizität und damit spezifische Testverfahren auf geeigneten Integrationsebenen lebender Systeme. Es macht wenig Sinn, bei dem momentanen Wissensstand Ökotoxizität als kausal verstandenen Gesamtprozeß darzustellen, dies könnte nur anhand einzelner Beispiele ohne allgemeingültigen Charakter geschehen. Dem Phänomen Ökotoxizität wird sich vielmehr über die Feststellbarkeit, also über die zur Zeit möglichen Untersuchungen genähert.

4.4.1 Toxizität auf verschiedenen Integrationsebenen lebender Systeme

Integrationsebene und Wirkzeitraum. Toxische Wirkungen können auf allen Integrationsebenen lebender Systeme manifest werden. Dabei sind unterschiedliche Wirkzeiträume zu berücksichtigen, die benötigt werden, bis eine Wirkung die gesamte jeweilige Ebene erfaßt hat (Tabelle 4.3).

Toxische Wirkungen lassen sich auf der Ebene individueller Organismen traditionell am einfachsten erfassen, der technologische Aufwand ist auf dieser Ebene minimal. Bewertungen von Wirkungen sind unmittelbar einsichtig, da sie allgemeinen menschlichen Erfahrungen als Individuen entsprechen. Von den Zielen wissenschaftlicher oder bewertender Fragestellungen ist diese Ebene jedoch oft weit entfernt: Die unmittelbaren Interaktionen zwischen Chemikalien und lebenden Systemen spielen sich auf der molekularen Ebene ab, das eigentliche Ziel ökotoxikologischer Bewertungen ist die Biozönose. Die Ebene des Organismus stellt jedoch immer noch die komplexeste und damit ökologisch relevanteste Ebene dar, auf der Wirkungen mit akzeptierter Reproduzierbarkeit, Aussageschärfe und Geschwindigkeit unter akzeptiertem Kostenaufwand festzustellen sind. Aus diesem Grund bilden Tests mit Organismen das Rückgrat der meisten ökotoxikologischen Testkonzepte.

Aussageabsicht und Übertragbarkeit. Aufgrund des komplexen Schutzziels "Ökosystem" sind Untersuchungen zur Ökotoxizität grundsätzlich von starker Modellhaftigkeit geprägt. Tests mit einem Modellsystem, etwa mit einem Versuchstier, sollen repräsentativ für andere Systeme auf derselben Ebene sein, so etwa für andere Entwicklungsstadien oder andere Arten. Sie sollen aber auch Aussagen für höhere Ebenen im Hinblick auf das Bewertungsziel ermöglichen (Populationen, Biozönosen). Darüber hinaus sollen gewonnene Aussagen aus dem Labor auf die Situation im Freiland übertragbar sein. Die Wahl des Modellsystems kann nie alle Aspekte gleichzeitig berücksichtigen (vgl. Abb. 4.11). Unterschiedliche Ansätze geraten häufig in Konflikt, wenn die Fragestellung und Aussageabsicht nicht klar formuliert sind.

Tabelle 4.3. Integrationsebenen lebender Systeme und Wirkzeiträume toxischer Substanzen.

Integrationsebene	Wirkzeitraum
Moleküle	Sekunden
Zellen	Minuten
Organe	Minuten, Stunden
Organismen	**Stunden, Tage, Wochen**
Populationen	Tage, Wochen, Monate
Biozönosen	Wochen, Monate, Jahre

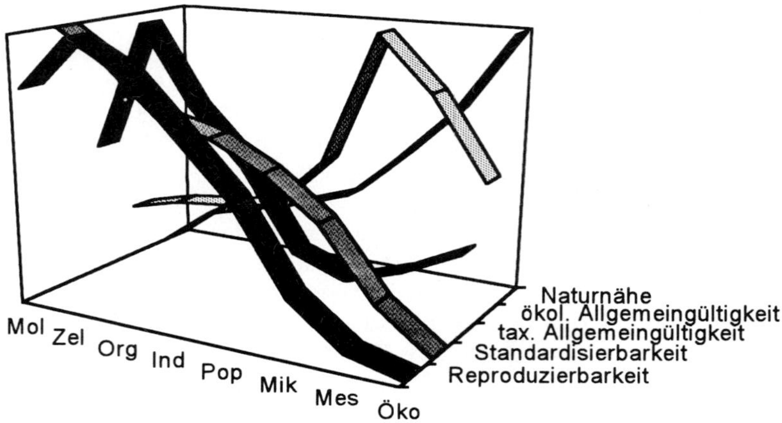

Abb. 4.11. Aussagekraft von Untersuchungen auf verschiedenen Komplexitätsebenen bezüglich verschiedener Aussageabsichten. Mol = biochemische Tests; Zel = Tests mit Zellkulturen; Org = Tests an einzelnen Organen; Ind = Tests mit Organismen; Pop = Tests mit Populationen; Mik = Mikrokosmosexperimente, Mes = Mesokosmosexperimente mit Biozönosen, Öko = Untersuchungen in realen Ökosystemen. tax. = taxonomische, ökol. = ökologische.

Wissenschaft analysiert und beschreibt Interaktionen und muß dafür geeignete Modellsysteme auswählen. Fragen zu molekularen oder physiologischen Wirkmechanismen müssen auf den jeweiligen Ebenen angegangen werden. Zeigen die Ergebnisse grundsätzliche und übertragbare Mechanismen auf, kann das Modellsystem für Vergleiche innerhalb der Organisationsebene (andere Zellen, andere Lebensstadien, andere Arten) repräsentativ sein.

Wissenschaftliche Erkenntnisse über Wirkmechanismen sind für die Bewertung von Gefährdungen jedoch gänzlich irrelevant, wenn keine quantitative Aussagen über Schäden auf der entsprechenden Ebene und Folgen für die nächsthöhere gemacht werden können. Entscheidend ist dabei selten die unmittelbare Reaktion einer Chemikalie an ihrem Wirkort (Rezeptor), sondern eine Fülle möglicher "Sekundäreffekte". Schon eine chemikalieninduzierte Zellveränderung integriert die Wirkungen der unmittelbaren Reaktionsprodukte, ihrer Metabolite und aller stattfindenden Kompensationsreaktionen. Auf der Ebene von Geweben und Organen können selbst zelluläre Maximalwirkungen wie der Zelltod kompensiert werden, wenn sie vereinzelt auftreten. Ähnliches gilt für das Verhältnis von Individuen zu Populationen oder Populationen zu Biozönosen. So könnte eine generell geringere Empfindlichkeit höherer Ebenen angenommen werden.

Andererseits können auf höheren Integrationsebenen Wirkungen neuer Qualität auftreten. Das Kommunikationsnetz einer Ebene ist zugleich Regulationsinstanz der nächsthöheren Ebene. Eine Störung der Zellkommunikation muß noch keine als Schaden ansprechbare Auswirkung für die einzelne Zelle haben. Das Gewebe oder Organ wird jedoch deutliche Schäden zeigen. Funktioniert das hormonale oder nervöse Regelsystem eines Organismus nicht mehr richtig, schlägt sich dies meist deutlicher in dessen Gesamtbefinden nieder, als auf der Ebene des einzelnen Organs. Die Reproduktionsrate von Populationen kann weit stärker durch individuell unbedeutende allgemeine physiologische oder ethologische Veränderungen beeinflußt werden als durch den Tod einzelner Individuen. So muß die Frage nach der Bedeutung von gemessenen Wirkungen für jede Ebene neu gestellt und beantwortet werden.

Untersuchungen an suborganismischen Systemen. Methodisch lassen sich zwei Gruppen von Untersuchungen unterscheiden:

In vitro Verfahren sind Untersuchungen an isolierten Biomolekülen, Organellen, Zellen oder Organen. Die Interaktion der Umweltchemikalie mit dem lebenden System wird auf einen nach Komplexität wählbaren Ausschnitt begrenzt. Nur durch eine derartige analytische Vorgehensweise können Wirkmechanismen endgültig aufgeklärt und Wirkorte (Rezeptoren) bestimmt werden. In vitro Verfahren können bei der Einstufung von Chemikalien der Zuordnung zu spezifischen Wirktypklassen dienen. Ist ein spezifischer Wirkort einer Wirktypklasse bekannt, eignet sich ein entsprechendes in vitro Verfahren zum Nachweis dieser Stoffe in Umweltproben. Die Wirkung auf der jeweils höheren Integrationsebene kann aus in vitro Tests wegen ihres aus dem Integrationskontext isolierten Charakters grundsätzlich nicht prognostiziert werden. Ebensowenig ist es möglich, Wirkungen auf andere Systeme derselben Ebene vorherzusagen. Eine Einschätzung des Gefährdungspotentials von Chemikalien oder Umweltmedien durch in vitro Verfahren ist daher nur durch umfangreiche Batterien von Tests auf unterschiedliche Wirktypklassen möglich, bleibt immer unvollständig und ist deshalb für die Chemikalienbewertung unbefriedigend. Dazu trägt bei, daß die Sensitivität der meisten Verfahren bislang noch um Größenordnungen geringer ist als die organismischer Tests. Die meist sehr basalen und einfachen Reaktionen der in vitro Tests gewährleisten jedoch eine gute Übertragbarkeit auf ein weites Spektrum an Organismenarten, gute Reproduzierbarkeit, Standardisierbarkeit und eine kurze Testdauer. Die Möglichkeit der Miniaturisierung und Automatisierung macht sie kostengünstig, erlaubt einen hohen Probendurchsatz und läßt sie zu einem wichtigen Bestandteil des screenings und der regelmäßigen Überwachung von Umweltmedien werden.

In vivo Verfahren untersuchen Zustände oder Veränderungen von Biomolekülen, Organellen, Zellen oder Organen im Kontext des Gesamtorganismus. Hier steht nicht die Suche nach Wirkmechanismen im Vordergrund, sondern die Suche nach geeigneten Indikatorsystemen für Wirkungen durch Umweltchemikalien im Organismus. Derartige Indikatorsysteme werden Biomarker genannt. Spezifische Wirkungen können teilweise mit denselben Systemen festgestellt werden, die auch bei in vitro Verfahren eingesetzt werden. In diesen Fällen sind auch in vivo Verfahren zum Nachweis bestimmter Wirktypklassen in Umweltproben geeignet. Darüber hinaus bieten in vivo Verfahren die Möglichkeit, unspezifische Wirkungen summenparametrisch festzustellen. Streß durch Chemikalienwirkungen äußert sich allgemein durch erhöhte Stoffwechselleistungen für Kompensationsreaktionen wie Entgiftung, aktive Elimination oder Reparatur. Dies kann an Konzentrationen von Stoffwechselprodukten oder physiologischen Zuständen von Zellen oder Organen abgelesen werden. Allerdings sind Kausalzuordnungen in solchen Fällen nur noch in kontrollierten Belastungsexperimenten zu führen. Untersuchungen von Biomarkern stellen die potentiell empfindlichsten Nachweisverfahren von Chemikalienwirkungen in Organismen dar. Ihre Aussagekraft hängt jedoch vom Wissen über die Bandbreite in unbelasteten Organismen, von der Empfindlichkeit der Nachweismethoden und der Trennschärfe von ungewollten Effekten (Streß durch Probenahmen) ab. Anhand der reinen Befunde ist noch nichts über deren Bedeutung für die Ebene des Gesamtorganismus gesagt. Dies ist erst möglich, wenn eindeutige Korrelationen mit organismischen Leistungen wie Reaktionsfähigkeit, physiologischer Gesamtzustand, Wachstum oder Reproduktion nachweisbar sind.

Untersuchungen auf biomolekularer Ebene. Die hohe Spezifität der Proteine und ihre zentrale Bedeutung für den Stoffwechsel (vgl. Kap. 1.1.2) rückt diese in den Mittelpunkt der toxikologischen Untersuchungen auf biomolekularer Ebene.

Proteine stellen die überwiegende Mehrzahl der Rezeptoren, an denen Umweltchemikalien angreifen und ihre Primärwirkung entfalten. Diese Rezeptoren können Membranproteine, aber auch cytoplasmatische Enzyme sein. Ist eine direkte Beeinträchtigung oder Stimulation derartiger Rezeptoren leicht meßbar und ist eine Isolierung oder Synthese leistbar, sind sie für in vitro Verfahren geeignet. Da je nach Spezifität des verwendeten Rezeptors eine Identifikation der Wirksubstanz(gruppe) möglich ist, zählen Rezeptortests neben immunologischen Tests[1] heute zum Repertoire biochemischer Umweltanalytik.

Ein Beispiel bietet der Acetylcholinesterase-Hemmtest: Die Acetylcholinesterase ist ein zentrales Enzym für die Erregungsübertragung an Synapsen des efferenten Nervensystems (z.B. Sympathicus und Parasympathicus, vgl. Kap. 1.5.5) und an den neuromuskulären Endplatten (vgl. Kap. 1.4.2) der Wirbeltiere und vieler Wirbelloser. Es ist mit dem postsynaptischen Rezeptorkomplex für den Neurotransmitter Acetylcholin assoziiert und sorgt durch dessen Spaltung für eine Beendigung der potentialauslösenden Interaktion mit der Membran. Die Acetylcholinesterase gehört zu den effektivsten bekannten Enzymen (50 Umsätze pro ms). Sie besitzt im aktiven Zentrum einen Serin-Rest, an dem Organophosphate und Carbamate angreifen können. Die nicht-kompetitive Hemmung der Enzymaktivität (vgl. Kap. 1.2.2) führt zu einer Dauerreizung und je nach Acetylcholinrezeptor zu Krämpfen oder Lähmungen der Organ- oder Skelettmuskulatur. Dieser höchst effiziente Wirkmechanismus wird bei der Anwendung von Insektiziden (Parathion, Malathion, Diazinon, Dichlorvos) oder Nervengasen (Sarin, Tabun, Soman,

---

[1]Einsatz von substanzspezifischen Antikörpern (vgl. Kap. 1.ßßß). Messung der Substanzmenge in der Probe durch Messung der Konzentration gebundener Antikörper. Nachweis über Präzipitation, bzw. durch gekoppelte fluoreszierende, radioaktive (RIA) oder enzymatisch aktive (ELISA) chemische Komponenten.

VX) genutzt, die zu den toxischsten synthetischen Substanzen gehören. Dabei muß der Ausgangsstoff nicht der eigentliche Wirkstoff sein: Häufig führt erst der Phase I - Metabolismus durch mikrosomale Monooxygenasen zu oxidierten, toxischen Reaktionsprodukten (Malaoxon, Paraoxon, Dioxazon). Verschiedene Insektenpopulationen haben durch Selektion Resistenzen gegen Acetylcholinesterase-Hemmer gebildet: Erhöhte Aktivitäten von Phase I oder Phase II - Enzymen, geringere Sensitivitäten der Acetylcholinesterase, erhöhte Aufnahme der Insektizide in das Fettgewebe.

Organismen reagieren mit Verhaltensänderungen bereits auf Konzentrationen, die im in vitro Test mit Acetylcholinesterase noch zu keinem Nachweis führen. Die in Organismen stattfindende Bioaktivierung inerter Ausgangsstoffe kann durch Zugabe mikrosomaler Enzyme nur unvollständig simuliert werden. Der Test liefert Hinweise auf die gewollte oder ungewollte Zugehörigkeit eines neuen Stoffs zu Wirktypklasse der Acetylcholinesterase-Hemmstoffe, aber auch auf die Anwesenheit wirkrelevanter Konzentrationen von Stoffen dieser Wirktypklasse in Umweltmedien. Er findet bei der Untersuchung von mutmaßlich pestizidbelasteten Böden und Gewässern oder von Rüstungsaltlasten Verwendung.

Sind Proteine als Rezeptoren für Fremdstoffe bekannt, deren direkte Wirkung im Organismus feststellbar und zuzuordnen ist, sind diese Proteine als Biomarker geeignet. In pflanzlichen Organismen kann der Zustand oder das Verhältnis der photosynthetischen Pigmentproteine auf Streß durch Photooxidanzien (z.B. Ozon) hinweisen.

Proteine bilden zudem die Basisstrukturen der Stoffwechselenzyme, die für den Umbau oder Abbau von Fremdstoffen verantwortlich sind. Diese Enzyme sind häufig durch ihre Substrate induzierbar: Ihre Aktivität kann als Biomarker für bestimmte Belastungen genutzt werden.

Beispiele für derartige Enzymaktivitätstests sind die Messungen der MFO-Aktivität oder der Aktivität der Glutathion-S-Transferase in Leberhomogenaten. Mit Hilfe geeigneter Substrate und meßbarer Cosubstrate (NAD/NADH) wird die Umsatzgeschwindigkeit und damit die Enzymaktivität im Homogenat bestimmt. Die mischfunktionellen Oxidasen (MFO) sind porphyrintragende Enzyme (z.B. Cytochrom P450 Monooxygenasen), die Phase I - Reaktionen an schwer angreifbaren Ringsystemen katalysieren (vgl. Kap. 4.3.1, S. 348). Die Glutathion-S-Transferase ist ein Enzym, welches in einer Phase II - Reaktion eine Konjugatbildung veranlaßt, deren hydrophileres Produkt leichter eliminiert werden kann. Diese Entgiftungsenzyme werden besonders stark durch polyaromatische Kohlenwasserstoffe (PAK, engl. PAH) induziert, die zu den persistentesten und diffus verbreitetsten Umweltchemikalien zählen. Der chemisch schwierige und unspezifische metabolische Angriff führt in manchen Fällen zur Bioaktivierung, also zur Entstehung toxischer Produkte. Interaktionen mit der DNA können zu Mutationen führen (vgl. Kap. 1.2.3, 1.3.7), die sich langfristig genetisch oder somatisch auswirken (vgl. Kap. 1.5.3), wie es etwa für Benz-(a)-pyren nachgewiesen ist. Beide Biomarker sind geeignet, den Belastungsgrad von Ökosystemen durch Aromaten summenparametrisch aufzuzeigen.

Proteine stellen aber auch wichtige Transport- und Speichermoleküle der Körperflüssigkeiten, die in Abhängigkeit von der Konzentration ihrer "Last" vermehrt gebildet werden und ebenfalls als Biomarker geeignet sind. So nimmt bei einer Belastung durch Schwermetalle die Konzentration spezifischer Speicherproteine, der Metallothioneine, zu.

Schließlich sind Proteine sehr differenzierte Produkte von regulierten Stoffwechselwegen. Wird ein solcher Weg beeinträchtigt, ist das Fehlen oder die Anwesenheit des Produkts ein integrierender Parameter der Beeinträchtigung. Es kann folglich als Biomarker ganzer Prozesse dienen. Der Nachweis mittels immunologischer Methoden ermöglicht sehr spezielle Untersuchungen in niedrigen Konzentrationsbereichen.

Als Beispiel kann die Vitellogeninsynthese angeführt werden. Vitellogenin ist ein für die Dotterbildung bedeutsames Protein eierlegender Wirbeltiere. Die Bestimmung des Vitellogenin-Titers im Blut männlicher Fische erlaubt einen Rückschluß auf die Anwesenheit östrogen wirkender Substanzen im Wasser. Dies können natürliche Östrogene, etwa aus der Massentierhaltung, künstliche Östrogene, etwa aus Empfängnisverhütungsmitteln, oder eine Anzahl verschiedener Umweltchemikalien (vor allem Pestizide und Alkylphenole) sein, die mit dem sexualendokrinen System interagieren. Der Biomarker kann für die Zuordnung zur Wirktypklasse "östrogene Wirkungen" ebenso nützlich sein, wie zur Erfassung einer Summenbelastung eines Gewässers mit allen Stoffgruppen dieses Wirktyps.

Die Bestimmung von Streßproteinen oder Streßhormonen erlaubt Rückschlüsse auf unspezifischen Streß durch Chemikalien. Ähnliche Aussagen werden durch Untersuchungen des Energiestoffwechsels ermöglicht: Das Verhältnis energiereicher Phosphatverbindungen, der Gehalt an Depotfett oder Speicherpolysacchariden, die Wärmeproduktion oder Atmungsaktivität (Messung der Atemgase) sind Parameter, anhand derer eine Einschätzung des physiologischen Zustands in Folge chronischen bzw. akuten Stresses möglich ist. Diese Meßgrößen repräsentieren bereits integrative Gesamtleistungen von Organismen. Als Momentaufnahmen bieten sie nur Hinweise auf eine aktuelle Belastung des Gesamtorganismus, als kontinuierliche Meßreihen ermöglichen sie eine Abschätzung der Konsequenzen für die Lebensleistungen des untersuchten Individuums.

Untersuchungen auf subzellulärer, zellulärer und organischer Ebene. Der Zustand oder die Leistung von Zellorganellen kann in vitro spezifische Chemikalienwirkungen anzeigen.

Die Steigerung des O_2-Verbrauchs von Mitochondrien weist auf die Wirktypklasse entkoppelnder Substanzen hin (z.B. Dinitroorthokresol oder Pentachlorphenol). Diese zerstören durch Einlagerung in die innere Mitochondrienmembran die Undurchlässigkeit gegenüber H^+-Ionen. Es kommt zu einer Entkopplung von Elektronentransport und ATP-Synthese: O_2 wird weiter zu Wasser reduziert, der Aufbau eines Protonengradienten für die ATP-Synthese unterbleibt jedoch, was zu beschleunigtem NADH- und O_2-Verbrauch führt (vgl. Kap. 1.2.6).

Die Hemmung der O_2-Produktion oder der Chlorophyllfluoreszenz isolierter Chloroplasten zeigt die Wirkung von Photosyntheseinhibitoren an, die durch Blockierung einzelner Redox-Katalysatoren die Elektronentransportkette an verschiedenen Stellen unterbrechen und rückhemmen können (vgl. Kap. 1.2.6). Dem Chlorophyll fehlen Elektronenakzeptoren, die Photolyse des Wassers stagniert und damit die Produktion molekularen Sauerstoffs.

Untersuchungen an Zellkulturen umfassen bereits eine vollständige Integrationsebene mit relativ komplexen Interaktionen. Die Potenz einer Chemikalie zur Schädigung der Leistungsfähigkeit von Zellen wird als Cytotoxizität bezeichnet.

In Zelltests feststellbare Schäden sind die Folge des Zusammenspiels von direkten Rezeptor-Wirkstoff-Interaktionen, Folgereaktionen, Wirkstoffmetabolismus, Kompensationsreaktionen gestörter Stoffwechselleistungen und reparierendem Aufbaustoffwechsel. Die wesentlichen Ursachen sind:

- Interaktionen mit Enzymen (Hemmungen aller Art, Aktivierungen, vgl. Kap. 1.2.1): Störungen des Energie- und Aufbaustoffwechsels (vgl. Kap. 1.2.6, 1.2.7).
- Anlagerungen an Komponenten des Cytoskeletts: Störung der strukturellen Organisation, der Beweglichkeit und Vermehrungsfähigkeit (vgl. Kap. 1.3.6, 1.3.7).
- Interaktionen mit Nucleinsäuren: Störung der Proteinbiosynthese, Auslösung genetischer Schäden.
- Störungen der Membranfunktionen durch lipophile Substanzen: Beeinträchtigung des Stoff- und Informationsaustauschs, Zusammenbruch des osmotischen oder elektrischen Potentials.

Zur Untersuchung eignen sich alle meßbaren Leistungsparameter zellulären Lebens:

• Aufrechterhaltung des Fließgleichgewichts:	Überlebensrate, Membranpotential
• Wachstum, Vermehrung:	Entwicklung von Zellgröße, Zellzahl
• reguläre Entwicklung:	Zellstruktur
• Stoffwechselleistung:	Zellatmung: O_2-Verbrauch, CO_2-Produktion Lumineszenz von Leuchtbakterien
• Kommunikationsfähigkeit:	Membraneigenschaften in Adhäsionstests
• Reizbarkeit, Bewegung:	z.B. Tests mit Macrophagen oder Einzellern

Zellkulturen sind aus dem organismischen Zusammenhang ausgekoppelt. Deshalb können mit ihnen keine Toxizitätsdaten gewonnen werden, die eine Abschätzung einer Wirkung auf den Gesamtorganismus zulassen. Zudem sind die getesteten Zellinien, je nach Spezifität der Wirkung, nicht unbedingt repräsentativ für andere Zelltypen. Soll eine bestimmte Wirkung in einem Medium nachgewiesen werden, eignen sich Zellinien mit spezifischen Rezeptoreigenschaften. Ist die Wirkung einer Chemikalie oder eines Gemischs unbekannt, besteht immer Unsicherheit, ob der potentielle Rezeptor in der verwendeten Zellinie ausgeprägt ist. Eine Einbeziehung verschiedener Zelltypen verbessert die Aussagesicherheit und ermöglicht Rückschlüsse auf Wirkmechanismen. Auch eine große Batterie von Zellinien bleibt jedoch ausschnitthaft und in ihrer Aussagemöglichkeit für den Gesamtorganismus begrenzt. Einzellige Organismen (Bakterien, Algen, Pilze, Protozoen) sind autonom regulierte Systeme, für die sich dieses Problem nicht stellt. Dafür ist ihre verwandtschaftliche und damit physiologische Entfernung von vielzelligen Tieren (Metazoen) groß; die Wirkung auf überzelluläre Regulationssysteme ist mit ihrer Hilfe nicht abzuschätzen.

Kausalanalytisch schwächer, aber bezüglich der Bedeutung für den vielzelligen Gesamtorganismus sicherer sind Untersuchungen von Gewebeproben aus belasteten Organismen. Werden in derartigen Untersuchungen Zellschäden festgestellt, integrieren diese bereits Wirkungen auf organischem oder organismischen Niveau. Fallen während der Entwicklung Induktionssysteme (vgl. Kap. 1.5.3) aus, hat dies auch Folgen für Zellverbände, in denen keine direkten Wirkstoff-Rezeptor-Interaktionen stattfinden. Sind die neuronalen und humoralen Regulationsinstanzen (vgl. Kap. 1.5.4, 1.5.5) oder das Immunsystem (vgl. Kap. 1.4.2) direkt oder indirekt beeinflußt, können diese auf die zelluläre Ebene zurückwirken:

- Direkt betroffene Gewebe können besser versorgt werden. Dies kann zu einer Kompensation leichter Effekte führen, die einen Nachweis erschwert.
- Direkt betroffene Zellen können eliminiert werden. Der Nachweis einer Wirkung ist nur unmittelbar oder bei großflächigeren Läsionen im Gewebe zu führen. Als weitere Detektionsmöglichkeit kann die Zahl der in das betroffene Gewebe eingewanderten Immunzellen (Makrophagen und cytotoxische Zellen) herangezogen werden.
- Nicht direkt betroffene Zellen können als Zielzellen nervöser oder humoraler Signale zur Streßkompensation sekundäre Wirkungen zeigen. Beispiele sind endokrine und muskuläre Zellen, aber auch Zellen mit hoher Stoffwechselaktivität oder Speicherfunktion, die zur Mobilisierung von Reservestoffen veranlaßt werden.
- Nicht direkt betroffene Zellen können infolge einer Verschlechterung des physiologischen Gesamtzustands Defizite im Haushalt von energiereichen Phosphatverbindungen und Reservefetten bzw. -kohlenhydraten aufweisen. Wirken sich diese bereits auf den Aufbau und Erhalt von Zellorganellen aus, ist mit einer letalen Wirkung auf den Gesamtorganismus zu rechnen.

Neben funktionalen Biomarker-Untersuchungen (s.o.) bietet die Analyse der Zellultrastruktur (vgl. Kap. 1.3) Möglichkeiten der Schadensfeststellung. Einzelne Merkmale, wie etwa die Fenestrierung des rauhen endoplasmatischen Retikulums, die Abnahme von Glycogen, die Zunahme von Autophagosomen und Lysosomen, Veränderungen der Mitochondrienformen, Störungen der Zellteilung (Doppelkernbildungen) oder Nekrosen, sind für sich betrachtet nicht spezifisch und schwierig als signifikante Abweichungen vom Normalzustand abzusichern. Braunbeck (u.a. 1989) zeigte, daß das Gesamtmuster aller Abweichungen in Zellen unterschiedlicher Organe geschlechts-, art- und stoffspezifisch ist. Es liefert somit Hinweise für eine Kausalanalyse der Wirkung. Als organbezogene Betrachtung subzellulärer Veränderungen stellt diese Untersuchungsmethode ein wichtiges Bindeglied zwischen Rezeptorbetrachtung und Untersuchungen gesamtorganismischer Effekte dar.

Ein Beispiel für kausalanalytische Interpretationsmöglichkeiten bei kombinierten Untersuchungen auf unterschiedlichen Integrationsebenen bietet eine Langzeitstudie an Guppies (*Poecilia reticulata*) unter dem Einfluß von 3,4-Dichloranilin (Schäfers 1991). In einem life cycle test (s.u.) wurde eine Verringerung der Reproduktionsleistung festgestellt. Die Sektion trächtiger Weibchen offenbarte einen hohen Anteil resorbierter Embryonen und große Mengen kleiner Eier, die sich nicht im normalen Entwicklungszyklus befanden. Begleitende ultrastrukturelle Analysen von Leberzellen zeigten neben vielen weiteren Befunden deutliche Reduktionen des glatten endoplasmatischen Retikulums. Grund für die populationsrelevanten Effekte könnte eine Störung der Vitellogeninsynthese sein. Diese wird über Sexualhormone gesteuert, deren Spiegel durch Interaktionen mit Streßhormonen beeinträchtigt werden können.

Untersuchungen von Organleistungen stehen immer im Kontext der Gesamtintegration des Organismus. Sie sind daher für Kausalanalysen ungeeignet, aber von hoher Aussagekraft für das aktuelle Gesamtbefinden des Organismus. Beispiele sind Messungen der Filtrierleistung von Nieren oder Fischkiemen, sowie Zählungen des Herzschlags.

Untersuchungen auf der Ebene vielzelliger Organismen. Auf dieser Integrationsebene ist der Großteil der pragmatischen Untersuchungen zur Gefährdungsabschätzung von Chemikalien oder Umweltmedien angesiedelt. Auf die Wahl von Testorganismen, die Endpunkte toxikologischer Testverfahren und die Aspekte akuter und chronischer Toxizität wird in den folgenden Kapiteln eingegangen. An dieser Stelle wird nur ein kurzer Überblick über verschiedene Untersuchungsmöglichkeiten gegeben. Integrative Gesamtleistungen von Organismen und meßbare Leistungsparameter sind:

- Aufrechterhaltung des Fließgleichgewichts: Überlebensrate
- Wachstum: Längen-, Gewichtszunahme
- Vermehrung: Reproduktionsrate, Befruchtungsrate
- reguläre Entwicklung: Untersuchung früher Lebensstadien: Deformationen, Schlupfrate aus dem Ei, Emergenzrate aus Larvalhüllen, Geschlechterverhältnis
- Stoffwechselleistung: Atmung: O_2-Verbrauch; CO_2-, Wärmeproduktion
- Kommunikationsfähigkeit: Balzverhalten, Warnverhalten
- Reaktionsfähigkeit, Bewegung: Vermeidungs-, Fluchtverhalten, Schwimmfähigkeit

Diese Leistungsparameter können Endpunkte (vgl. Kap. 4.4.3) in Tests verschiedener Versuchsdauer (vgl. Kap. 4.4.4) sein. Sie sind für Untersuchungen von Wirkmechanismen auf niedrigeren Ebenen zumeist ungeeignet, da Beeinträchtigungen Folgen von Kompensationsreaktionen und partiellen oder totalen Zusammenbrüchen der Gesamtintegrität sind. Eine Ausnahme bildet der hohe O_2-Ruheverbrauch infolge einer Wirkung entkoppelnder Substanzen (vgl. Kap. 1.2.6). Direkte Eingriffe in die organismischen Regelsysteme resultieren etwa in Veränderungen der Reizwahrnehmung oder Bewegungsfähigkeit durch neurotoxische Wirkstoffe. Der direkte Einfluß hormonäquivalenter Wirkstoffe auf hormonregulierte Leistungen ist ohne suborganismische Untersuchungen nicht von indirekten Wirkungen zu trennen.

Unter kausalanalytischen Aspekten ist eine genaue Beobachtung sich entwickelnder Embryonen sinnvoll. Die sukzessive Ausbildung der verschiedenen Integrationsebenen (vgl. Kap. 1.5.3) ermöglicht eine Einschätzung, ob eine Substanz allgemein cytotoxisch ist, auf die Organisation von Geweben und Organen wirkt oder die gesamtorganismische Regulation beeinträchtigt. Weitere Möglichkeiten bietet die gesamte Untersuchungspalette wirkspezifischer suborganismischer Systeme in Organismen (Biomarker, ultrastrukturelle Untersuchungen von Gewebeproben). Im Freiland sind dies häufig die einzig brauchbaren Wirkungsnachweise, da die gesamtorganismischen Leistungsparameter die Einflüsse aller Umweltfaktoren integrieren. In Einzelfällen können Kadaverfunde (Fischsterben) oder Verhaltensbeobachtungen hohe Umweltkonzentrationen toxischer Substanzen anzeigen. Eine Feststellung von längerfristigen Wirkungen ist meistens nur durch umfangreiche statistische Erfassungen zu leisten, die Untersuchungen auf Populationsniveau nahekommen. Dabei ist ein Nachweis der realen Akkumulation von Wirksubstanzen in den betroffenen Organismen notwendig.

Für die Abschätzung ökosystemarer Wirkungen ist der Blick auf die Population entscheidend. Eine Beurteilung der Populationsrelevanz von Beeinträchtigungen organismischer Leistungen ist nur mit Wissen um artspezifische populationsökologische Zusammenhänge möglich. Entwicklungsverzögerungen und Wachstumshemmungen verlängern gefährdete Lebensstadien und setzen die Generationsdauer herauf. Nach der Geschlechtsreife können sie die Reproduktionsleistung mindern, wenn diese wie bei vielen Fischen von der Größe der Weibchen abhängt. Die Reproduktion wird auch durch Substanzen beeinträchtigt, die direkt oder indirekt Eiproduktion und Befruchtungsraten mindern, die Geschlechtsentwicklung beeinflussen oder auf das Balz- und Fürsorgeverhalten wirken. Neben der direkt erzeugten Mortalität ist die indirekt erzeugte ebenso wichtig: Physiologische Beeinträchtigungen, die sich auf das Flucht- oder Vermeidungsverhalten auswirken, können zum völligen Ausfall empfindlicher Lebensstadien führen. Hier besteht ein großer Forschungsbedarf.

Untersuchungen auf der Ebene der Population. Die Population stellt zur Zeit die maximale Ebene dar, innerhalb der alle wesentlichen Interaktionen erfaßbar sind. Sie ist daher das reale Ziel prospektiver Abschätzungen von Wirkpotentialen. Tests auf dieser Ebene werden mit Metazoen jedoch selten durchgeführt. Regulative Eigenschaften von Populationen wie Reproduktionsrate, altersabhängige Sterblichkeiten oder Habitatkapazität sind wesentlich vom Zusammenspiel mit allen anderen Populationen der Biozönose abhängig. Die biozönotischen Rahmenbedingungen können im Labor nicht adäquat ersetzt werden, da das quantitative Wissen über diese Interaktionen nicht ausreicht. So bleiben Populationsexperimente im Labor naturferne Modellbetrachtungen. Ihr reduktionistischer Charakter ist ihre Stärke für die Erstellung und Widerlegung wissenschaftlicher Hypothesen. Für eine Abschätzung umweltrelevanter Gefahrenpotentiale steht der Nutzeffekt, die Gewinnung von Daten für Extrapolationen auf Biozönosen, in einem schlechten Verhältnis zum Aufwand. Soll ein realer Belastungsfall simuliert werden, verzichtet man von vornherein auf kausale Erklärungen und versucht Wirkungen direkt auf der biozönotischen Ebene nachzuweisen. Ausnahmen sind die wenig aufwendigen Tests an einzelligen Organismen. Diese werden zwar formal als Populationen getestet; die untersuchten Eigenschaften beschränken sich jedoch auf physiologische Leistungen und Zellvermehrung. Die strukturellen Eigenschaften einer Population (vgl. Kap. 1.6.3) bleiben dabei unberücksichtigt. Integrative Gesamtleistungen von Populationen und meßbare Leistungsparameter sind:

• Aufrechterhaltung des Fließgleichgewichts, Vermehrung:	Überleben: Geographisches Vorkommen, qualitative Abundanz
• Wachstum:	Wachstumsrate (Geburten- minus Sterberate): quantitative Abundanzänderung
• reguläre Entwicklung:	Alters- und Geschlechtsstruktur, räumliche Verteilung
• physiologische Leistung:	Absolute Abundanz, Biomasse; Atmung, Photosyntheseleistung
• Kommunikationsfähigkeit:	Migration, Panmixie: Homozygotiegrad, unterschiedliche Allelfrequenzen
• Reaktionsfähigkeit:	Größe des Genpools, Generationsdauer, Habitatkapazität, Wachstumsrate

Populationsdynamik und mathematische Modellierung. Die Erhebung von strukturellen Daten in Populationen größerer Organismen unter Chemikalienbelastung ist räumlich wie zeitlich aufwendig und erfordert komplexe demographische Untersuchungen. In den meisten Fällen ist eine Laborhaltung ganzer Populationen nicht etabliert. So wird versucht, aus Daten individueller Leistungen, sogenannter life table oder Lebensdaten, auf die Ebene der Population hochzurechnen. Aus der altersabhängigen Reproduktion der Weibchen kann auf die Reproduktionsrate geschlossen werden; in Verrechnung mit altersabhängigen Sterblichkeiten ist eine Altersstruktur zu simulieren. Auf wesentliche Regulationsmechanismen innerhalb der Population muß anhand spezieller Experimente geschlossen werden: Dichteabhängigkeiten von Reproduktionsrate und Sterblichkeit, Futterkonkurrenz verschiedener Altersstadien oder kannibalistische Selbstregulation sind einige Beispiele. Die Erstellung mathematischer Populationsmodelle muß sich auf möglichst exaktes quantitatives Wissen über entscheidende Interaktionen stützen. Sowohl bei der Erhebung von Basisdaten, alsauch bei der Validierung von Modellen herrscht großer Forschungsbedarf in Labor und Freiland.

Die Veränderung der demographischen Strukturdaten über die Zeit bestimmt zusammen mit den festgelegten Habitatkapazitäten die Populationsdynamik (vgl. Kap. 1.6.2). Die Entwicklung der Rechenleistung erlaubt die Rückkehr zu Individuenansätzen der Modellierung: Für jeden Zeitpunkt wird über das Schicksals eines jeden Individuums entschieden; der fortgeschriebene oder veränderte Zustand ist jeweils Basis für die Entscheidung am nächsten Zeitpunkt. Bei einer stochastischen Simulation werden die Parameter der modellierten Eigenschaften (z.B. Alter bei Tod, Zahl der Nachkommen bei Alter x, gefressen mit der Wahrscheinlichkeit y...) in gesetzten Grenzen zufällig verändert, um natürliche Schwankungsbreiten abzubilden; Raum und Zeitspanne können virtuell weit über experimentelle Möglichkeiten (auch die der Validierung!) hinausgetrieben werden. Bei gleicher Einstellung der Parameter ergeben sich unterschiedliche Simulationsergebnisse, die als Schicksal einzelner Populationen aufgefaßt und statistisch ausgewertet werden können. Die Auswertung ergibt die Wahrscheinlichkeiten bestimmter Eigenschaften der Population (mittlere oder maximale Abundanz, Schwingungsamplitude oder -frequenz, mittlere Überlebensdauer) unter Zugrundelegung eines bestimmten Parametersatzes.

Mit Hilfe einer Sensitivitätsanalyse kann der Einfluß einzelner Parameter, Parameterkonstellationen oder Zufallsgrenzen auf Zieleigenschaften des Systems ermittelt werden. Dabei werden die Parameter der untersuchten Eigenschaften kontinuierlich verändert und die Wirkung auf die Zielgröße statistisch überprüft. Auf diese Weise können einflußreiche Eigenschaften von für die Zielgröße unwichtigen getrennt und das Modell entsprechend vereinfacht werden. Für die Basisparameter von Eigenschaften, die in engen Grenzen besonders sensitiv sind, werden weitere Basisdaten erhoben. Ist ein solches Modell erstellt und plausibel (d.h. die Ergebnisse von Validierungsexperimenten liegen im Rahmen berechneter Wahrscheinlichkeiten), kann es als Hilfe bei der Planung von komplexen Untersuchungen auf organismischer Ebene dienen: Für Populationen räuberischer Fische mit r-Strategie, in denen kannibalistische Selbstregulation eine Rolle spielt, haben sich die Interaktionen zwischen Jagd- und Fluchtverhalten als wirkungsvollere Eigenschaften erwiesen als die Reproduktionsrate (Schäfers 1991, Oertel 1992). Da in life cycle tests vor allem Eigenschaften untersucht werden sollen, die für Populationen regulativ bedeutsam sind, ist über einen Prüfung der Schwimmfähigkeit von Larven unter definiertem Streß nachzudenken. Ist in Zukunft die Basisdatenlage für populationsdynamische Modelle gesicherter, können auch weitere biozönotische Einflußgrößen als Parameteränderungen einbezogen werden. Für Rädertiere und Wasserflöhe existieren validierte Modelle von Laborpopulationen. Ökotoxikologisch verwendbare Wirbeltiermodelle sind noch nicht genügend ausgereift und aussagesicher, um aus organismischen Wirkdaten eine verantwortungsvolle Extrapolation auf Populationen zu wagen.

Populationsgenetik. Liegen Expositionszeiträume gegenüber Umweltchemikalien deutlich über der Generationsdauer einer Population, muß mit einer Verschiebung der Allelfrequenzen durch gerichtete Selektion (vgl. Kap. 1.6.1) gerechnet werden. Im Fall deutlich unterschiedlicher Empfindlichkeiten genetischer Dispositionen, etwa bei verschiedenen Ausprägungen von Rezeptoren, Entgiftungsenzymen oder Transportproteinen, kann dies zu einem Verlust von Allelen und einer Verkleinerung des Genpools führen. Die Folge kann eine geringere Reaktionsfähigkeit auf künftige Belastungen oder Umweltveränderungen sein. In Langzeituntersuchungen auf organismischer Ebene tritt ein solcher Effekt mangels Konkurrenz- oder Räuberdruck möglicherweise nicht auf, in Populationsexperimenten mit ausschließlicher Untersuchung der Abundanz wird mangelnder Reproduktionserfolg empfindlicher Individuen durch konkurrenzstarke Individuen unempfindlicherer Disposition kompensiert. Scheinbar unbeeinflußte Freilandpopulationen leiden unter Umständen schon lange unter genetischer Verarmung, die bislang in der Regel nicht erfaßt wird. Deshalb sollte über die Einbindung populationsgenetischer Aspekte in ökotoxikologische Fragestellungen, über Nachweismöglichkeiten genetischer Verarmung und die Entwicklung von Testkonzepten stärker nachgedacht werden.

Untersuchungen auf biozönotischer Ebene. Auf der ökosystemaren Ebene ist die Fülle vorhandener Interaktionen und Einflußgrößen nicht mehr erfaßbar. Jedes Ökosystem ist ein sich ständig veränderndes, potentiell unsterbliches Einzelsystem. Es ist von der spezifischen Konstellation abiotischer und biotischer Faktoren und damit von seiner geologischen und biologischen Geschichte geprägt. Eigenschaften und abgeleitete Untersuchungsparameter können daher nur sehr allgemein formuliert werden. Im Einzelfall kann die Entwicklung sehr spezieller Untersuchungemethoden notwendig werden.

- Aufrechterhaltung des Fließgleichgewichts: Stabilität: Aufrechterhaltung der Komplexität (Artenzahl, Diversität, trophische Ebenen, Vernetzungsgrad) und der Stoffbilanzen
- reguläre Entwicklung: Sukzession: Entwicklung der Komplexität nach Katastrophen oder Ruhephasen
- physiologische Leistung: Geschwindigkeit der Stoffkreisläufe: Gesamtleistung von Atmung, Nitrifikation, CO_2- und N_2-Fixierung; Biomasseproduktion
- Kommunikationsfähigkeit: Stoffaustausch; Wiederbesiedlungsraten
- Reaktionsfähigkeit: Elastizität, Resilienz: Rückkehr zum Ausgangszustand nach Störungen

Untersuchungen in natürlichen Ökosystemen können immer nur einzelne Wirkgefüge erfassen; Beschreibungen stellen immer nur Ausschnitte oder Teilprozesse dar. Unbelastete vergleichbare Kontrollen existieren nicht, die Definition von Normalzuständen beruht auf einer Mischung von allgemeinem und regionalem Sachverstand und Spekulation. Der Wirknachweis niedriger Konzentrationen von Umweltchemikalien ist deshalb schwierig. Bei quantitativen Messungen der physiologischen Funktionsparameter (vgl. Kap. 1.7.2, 2.2.1) gehen mögliche Wirkungen zumeist in den Schwankungsbreiten natürlicher Dynamik unter. Über strukturelle Eigenschaften (vgl. Kap. 1.7.1) ist im Einzelfall zu wenig bekannt, als daß eine Feststellung signifikanter quantitativer Veränderungen möglich wäre. Selbst bei erkennbaren Veränderungen ist die Zuordnung zum auslösenden Faktor häufig nicht möglich. So beschränkt sich eine retrospektive Schadensbetrachtung auf die wenigen Fälle, in denen Exposition und Wirkung eindeutig nachgewiesen und klar zugeordnet werden konnten. Für eine prospektive Abschätzung von Gefährdungspotentialen ergeben sich deshalb Probleme:

- Das Wissen um Kausalzusammenhänge reicht nicht aus, um in absehbarer Zukunft aus Wirkdaten mit Organismen oder Populationen auf biozönotische Effekte zu schließen.
- Die Singularität von Ökosystemen erlaubt keine Übertragbarkeit struktureller und qualitativer Wirkungen.

Ein pragmatischer Ausweg aus diesem Dilemma ist der Einsatz von Modellökosystemen. Konstruierte Laborbiozönosen aus wenigen Arten bilden einfache Zusammenhänge wie Räuber-Beute- oder Konkurrenzverhältnisse ab und ermöglichen Aussagen über Wirkungen auf diese Interaktionen. Diese Ansätze sind geeignet, Kausalzusammenhänge aufzuklären. Von einer Aussagesicherheit für reale Ökosysteme sind sie noch weit entfernt. Komplexere Versuchsanlagen in Labor oder Freiland enthalten Ausschnitte natürlicher Ökosysteme (Wasser, Sediment; Boden), die inklusiv ihrer Biozönose transferiert oder nachträglich mit Organismen aus natürlichen Ökosystemen besiedelt wurden. Diese je nach Größe Mikro- oder Mesokosmen genannten Modellökosysteme sollen Naturnähe bezüglich der ausgebildeten Komplexität mit Allgemeingültigkeit für prognostische Aussagen verbinden. In der Regel wird auf kausalanalytische Betrachtungen von Wirkungen verzichtet und ein möglichst generalisierbares Untersuchungsprogramm angewendet, das möglichst übertragbare Ergebnisse liefert. Dazu gehören funktionale Summenparameter (anaerobe Mineralisierungsaktivität, Dehydrogenaseaktivität, Atmungsaktivität, Nitrogenaseaktivität, photosynthetische Primärproduktion, Biomasseertrag) oder allgemeine Strukturparameter wie Abundanzen von Individuen, Artenzahl und Diversität. Durch mehr oder weniger umfangreiche Regulation von Einflußgrößen aller Art (Größe, Einsatz von Organismen, Temperatur, Einstrahlung) können Mikrokosmen je nach Fragestellung naturnäher oder reproduzierbarer gestaltet werden. Die kontrollierte Applikation der zu prüfenden Chemikalie ermöglicht eine eindeutige Zuordnung statistisch absicherbarer Wirkungen, die anhand von Konzentrationsreihen oder Parallelansätzen im Vergleich zu unbelasteten Kontrollen ermittelt werden (vgl. Kap 4.4.3, 4.5.5).

Soll eine konkrete Risikoabschätzung unter vernünftigerweise anzunehmenden ungünstigsten Umständen (worst case) experimentell unterstützt werden, wird die aus Expositionsabschätzungen ermittelte Menge einer Chemikalie in ein System eingebracht, welches die Zielkomponenten der Risikobetrachtung enthält. Dies kann eine mehr oder weniger vollständige Biozönose oder eine Auswahl sensitiver oder bedeutsamer Organismen aus einem Zielökosystem sein. Dabei muß darauf geachtet werden, daß die Randparameter und die Komplexität des Modellsystems eine aussagesichere (realitätsnahe) Untersuchung ermöglichen; dazu bedarf es in der Regel Mesokosmen. Liegt der Schwerpunkt der Studie darin, die Wirkung auf einzelne (Stellvertreter-)Arten unter naturnäheren Bedingungen festzustellen, muß klar sein, daß in solchen Fällen keine biozönotischen, sondern organismische oder populationsdynamische Eigenschaften untersucht werden.

Die Aussageschärfe von Mikro- oder Mesokosmosstudien ist im Vergleich zu Monospeziestests in der Regel deutlich geringer. Einflüsse auf einzelne Arten führen aufgrund der Interaktionen zwischen den Populationen zu indirekten Wirkungen auf andere Arten, die viel prägnanter sein können als die Primäreffekte. Derartige Sekundärwirkungen können jedoch auch durch andere, möglicherweise nicht untersuchte Einflußgrößen hervorgerufen werden.

Ein Beispiel indirekter Wirkketten bietet die Applikation von Insektiziden in aquatischen (Modell-)Ökosystemen: Das gegenüber Insektiziden empfindliche Zooplankton erleidet Einbrüche in den Populationsstärken, mit Schwächung seiner Räuber wachsen die Populationen des Phytoplanktons. Die Konkurrenz um Licht und Nährstoffe führt zu einer Überschreitung der K-Werte (vgl. Kap. 1.6.2, 1.6.4) und zum Absterben großer Algenmengen. Diese Zusammenbrüche können den K-Wert weit unterschreiten, was Schwingungen der Populationsgrößen zur Folge hat, die die Erholung des Zooplanktons erschweren. Die Substratmenge für Destruenten erhöht sich, Bakterienpopulationen wachsen, die mikrobielle Aktivität steigt.

Die Folge ist eine O_2-Zehrung im tieferen Wasser; die Sedimentbiozönose verschiebt sich zu wenigen gegen geringe O_2-Konzentrationen resistenten Arten mit hohen Individuenzahlen. Tendenziell ähnliche Wirkketten entstehen jedoch auch nach einem hohen Eintrag von Nitrat oder Phosphat oder infolge einer Nährstoffmobilisation aus tieferen Wasserschichten durch die Zirkulationen in miktischen Gewässern (vgl. Kap. 2.1.1).

Die Dynamik biozönotischer Prozesse ist eine wesentliche Eigenschaft, die nicht als Störfaktor anzusehen ist, sondern selbst Untersuchungsgegenstand sein sollte. Wirkungen auf die Stabilität, die Auslenkbarkeit und die Erholungsfähigkeit einer Lebensgemeinschaft (vgl. Kap. 1.7.1, 1.7.3) sind mit einmaligen Belastungsexperimenten und statischen statistischen Betrachtungen (Vergleiche mit Kontrollansatz zu bestimmten Zeitpunkten) schlecht zu erfassen. Hier führen Studien mit Mehrfachapplikationen weiter, die Fortentwicklung und breitere Anwendung komplexer statistischer Methoden ist wünschenswert. Ein weiteres Problem dynamischer Effekte liegt in ihrer Bewertung. Hier können nur Fortschritte im ökologischen Wissen um langfristige Konsequenzen und konkretere Definitionen von Schutzzielen Lösungen bringen.

Die Übertragbarkeit von Ergebnissen aus Modellökosystemen auf reale Ökosysteme bleibt immer auf basale Funktions- und allgemeine Strukturparameter beschränkt. Die lokalen abiotisch-biotischen Faktorenkomplexe wie Klima, Arteninventar, Boden- und Wasserverhältnisse (Redoxpotential, pH, Pufferkapazität, Nährstoffgehalt oder Hintergrundbelastung durch natürliche Einflußgrößen oder anthropogene Nutzungen) müssen berücksichtigt werden. Wirkungen auf qualitative Strukturen wie die Artzusammensetzung oder gar einzelne gefährdete Arten sind nicht zu prognostizieren und auch bei Belastungen mit geringsten Konzentrationen nicht auszuschließen.

4.4.2 Auswahl der Testorganismen

Suborganismische Untersuchungen zielen darauf, die Wirkungen von Umweltchemikalien auf basale Lebensprozesse möglichst allgemeingültig zu bestimmen. Die Auswahl der Testorganismen ist für diesen Zweck beliebig und kann sich an den Aspekten der Handhabbarkeit, Reproduzierbarkeit und Kosteneffizienz orientieren. Bei Untersuchungen auf biozönotischer Ebene ist das Arteninventar meist vorgegeben. Eine Auswahl unter toxikologischen und ökologischen Gesichtspunkten erfolgt vor allem für Untersuchungen auf den Integrationsebenen des Organismus und der Population, also für sogenannte Einzelartentests (Monospezies-, single species tests).

Ältere Standardtests sind häufig nicht unter ökotoxikologischen Gesichtspunkten etabliert worden. Sie wurden in der Anfangszeit ökotoxikologischer Prüfungen aus der Not geboren, ohne Wissen um ökologische oder toxikologische Zusammenhänge schnell und mit geringem Aufwand zu reproduzierbaren Aussagen zu kommen. Die eingesetzten Organismen mußten vor allem jederzeit verfügbar und leicht zu halten sein. Ein robustes Verhalten im Versuch minimiert die Reaktionen auf Randbedingungen und sorgt für eindeutige Ergebnisse. Ausschließlich unter testpraktischen Gesichtspunkten eingeführte Verfahren halten sich vereinzelt bis heute, wenn die Prüfergebnisse Teil von vergleichenden Bewertungssystemen oder politischen Instrumenten sind und ein Ersatz aufwendige Erarbeitungen neuer Grunddaten zur Folge hätte. Die Auswahl der Testorganismen für aussagekräftige ökotoxikologische Untersuchungen sollte also mit Bedacht und unter zusätzlicher Berücksichtigung folgender Fragen getroffen werden:

- Sollen die Testorganismen bedeutsame Vertreter einer im Hinblick auf die Exposition relevanten Biozönose sein?
- Sollen sie gegenüber der Testsubstanz (Expositionsweg und Wirkung) besonders empfindlich sein?
- Sind die gewählten Arten repräsentativ für andere (u.U. ökologisch bedeutsamere oder besonders seltene) Arten, die
  - ähnliche ökologische Nischen einnehmen?
  - ähnlich empfindlich sind?
  - systematisch verwandt sind?
- Bis zu welchem Grad sollen die Testverfahren standardisierbar und die mit dem Testorganismus erzielbaren Ergebnisse reproduzierbar sein?

Die Auswahlkriterien, die aus den Fragen abgeleitet werden können, stehen sich oft entgegen: Selten ist eine besonders empfindliche Art gleichzeitig quantitativ besonders bedeutsam. Zudem haben die letzten Jahrzehnte ökotoxikologischer Tests auch praktisch gezeigt, was theoretisch naheliegt: Es gibt keine generell empfindlichen oder unempfindlichen Arten, weil es keinen generellen toxischen Wirkmechanismus gibt. Die Vielfalt der möglichen biochemischen Interaktionen spiegelt sich auch in der breiten Spanne ökotoxikologischer Wirkungen, bei denen eine Art im Empfindlichkeitsspektrum mal am einen Ende, mal aber auch am anderen Ende rangieren kann. So ist es prinzipiell nicht möglich, von Ergebnissen aus Tests mit einer Art auf eine andere Spezies zu schließen, ohne kausale Wirkketten zu kennen.

Ökologische Relevanz und Reproduzierbarkeit schließen sich fast immer aus: Ein leicht meßbare Wirkung auf geklonte Organismen mag ein vergleichsweise scharfes und reproduzierbares Untersuchungsergebnis liefern; dieses gibt aber keinen Eindruck von der Breite möglicher Wirkungen und ist sehr unsicher in bezug auf die Lage im Verteilungsspektrum realer Effekte. Andererseits ist die vollständige Wirkung einer Chemikalie in einem Ökosystem zwar in Ausschnitten zu beschreiben und ansatzweise zu analysieren, aber sicherlich nicht zu reproduzieren. Dem hohen Realitätswert (= Aussagesicherheit) einer ökosystemaren Untersuchung steht wegen der Vielzahl einwirkender Randbedingungen ein geringer kausaler und prognostischer Informationswert (= Aussageschärfe) gegenüber. So ist, ganz im Sinne statistischer Betrachtungen, ein Kompromiß zwischen Aussageschärfe und Aussagesicherheit gefragt. Die notwendige Beschränkung auf wenige Arten stellt bereits eine starke Beschneidung der Aussagesicherheit zugunsten der Aussageschärfe dar. Eine weitere Beschränkung auf eine einzige Modellart oder gar einen Klon oder eine Zellinie würde zu absurden, weil völlig irrelevanten Aussageschärfen führen.

Die Wahl der Testorganismen muß also stark vom Aussageziel abhängen: Ist das Ziel lediglich eine erste Grobeinstufung einer Chemikalie nach ihrer akuten Giftigkeit, genügen wenige Kurzzeittests mit empfindlichen, aber gut im Labor zu haltenden Standardorganismen. Ist das Ziel eine möglichst aussagekräftige Simulation eines konkreten Belastungsfalls, wie etwa des Einsatzes eines Pflanzenschutzmittels, so ist eine naturnahe Modellbiozönose mit breitem Artenspektrum und allen relevanten trophischen Ebenen zu wählen. Die Dynamik der Biozönose und deren Störung steht im Mittelpunkt einer solchen Betrachtung. Die Empfindlichkeit einzelner Arten im Nahrungsnetz muß sich nicht auf ihre Empfindlichkeit gegenüber der getesteten Chemikalie gründen; häufig sind die Folgeeffekte aufgrund von Verschiebungen der Räuber-Beute- oder Konkurrenzsituation viel drastischer. Der "ökologischen Empfindlichkeit" einer Art wird in Zukunft eine größere Bedeutung zukommen; sie ist bei einem zunehmenden Wissen um die biozönotischen Zusammenhänge eine verläßlichere Größe bei der Prognose ökosystemarer Effekte als die toxikologische Empfindlichkeit.

Aquatische Toxizitätstests. Das Medium Wasser stellt einen vergleichsweise homogenen Lösungs- und Verteilungsraum für Chemikalien dar, die Aufnahmewege in Wasserorganismen sind verhältnismäßig gut beschreibbar. Dies führt zu relativ gut reproduzierbaren Ergebnissen von aquatischen Toxizitätstests. Da Wasser zudem als Ressource für die menschliche Versorgung immer ein besonders schützenswertes Gut war, ist die aquatische Toxikologie die Teildisziplin mit der längsten Tradition und der breitesten Erfahrung, was sich in etablierten Testkonzepten niederschlägt. Jede in nennenswerter Menge produzierte Chemikalie, aber auch Abwasser und potentiell belastetes Oberflächenwasser wird heute an Organismen aus den verschiedenen trophischen Ebenen eines aquatischen Ökosystems getestet.

Produzenten. Als Vertreter der Produzenten werden einzellige Grünalgen, meist aus den Gattungen *Scenedesmus* oder *Chlorella* eingesetzt. Sie sind empfindlich gegen pflanzengiftige Stoffe, insbesondere Herbizide. Als Phytoplanktonorganismen sind sie für stehende Gewässer relevant. Ihre Haltung ist einfach und standardisierbar. Die kurze Generationsdauer erlaubt Untersuchungen auf der Populationsebene innerhalb von wenigen Tagen: In der Regel wird das Potential einer Umweltchemikalie zur Wachstumsinhibition untersucht. Eine solche Wirkung repräsentiert den unmittelbaren Einfluß auf die Primärproduktion als zentralen ökologischen Funktionparameter. In der Laborpraxis dienen die verwendeten Algenstämme gleichzeitig als Futterorganismen für die nächste trophische Ebene.

Primärkonsumenten. Auf der nächsten trophischen Ebene werden in der Regel Wasserflöhe der Gattung *Daphnia* getestet. Diese Kleinkrebse reagieren besonders empfindlich auf Stoffe, welche giftig für Arthropoden (= Gliederfüßer: Insekten, Spinnen und Krebse) sind, wie beispielsweise Insektizide, Acarizide oder Schwermetalle: Daphnien sind als Filtrierer einem für Arthropoden hohen Austausch mit dem Umgebungswasser ausgesetzt. Sie sind zudem relevante

Zooplanktonorganismen stehender Gewässer; die Laborhaltung der Art *Daphnia magna* ist weitgehend etabliert. Als besonders vorteilhaft für die Reproduzierbarkeit und Standardisierbarkeit der Tests erweist sich die parthenogenetische Fortpflanzung der Daphnien (vgl. Kap. 1.5.2): Die Nachkommen eines Weibchens sind erbgleiche Weibchen, was die biologische Variabilität stark begrenzt. Unter Vermeidung der bei Streß stattfindenden sexuellen Vermehrung kann ein Standardklon fortgezüchtet und an Prüflabors verteilt werden (z.B. Stamm 5 des Instituts für Wasser-, Boden- und Lufthygiene in Berlin). Die hohe Konstanz der parthenogenetischen Reproduktion erlaubt die Durchführung eines Reproduktionstests innerhalb von drei bis vier Wochen.

Konsumenten höherer Ordnung. Für die Organismen, die sich von Primär- und anderen Konsumenten ernähren, stehen Fische. Sie sind die stärksten Biokonzentrierer (vgl. Kap. 1.5.4, 4.3.1) und damit besonders hohen Dosen ausgesetzt. Aus menschlicher Sicht sind Toxizitätstests mit Fischen nicht nur von ökotoxikologischer Bedeutung: Als Wirbeltiere sind sie physiologisch verwandt und als Nahrungsmittel aquatische Hauptquelle menschlicher Belastung über die Nahrungskette. Weltweit gibt es bei den Fischen die größte Vielfalt verwendeter Testarten in gesetzlich geregelten Prüfungen. Hier sollen nur die wichtigsten Arten genannt werden: Im angelsächsischen Raum ist die Regenbogenforelle *Oncorhynchus mykiss* von großer Bedeutung. Sie gilt als eine für Fließgewässer relevante und gegenüber vielen Chemikalien besonders empfindliche Art, deren Zucht jedoch aufwendig und langwierig ist. In Nordamerika ist die dort heimische, leicht zu haltende und zu vermehrende Dickkopfelritze (fathead minnow *Pimephales promelas*) der bestuntersuchte Testfisch. In Osteuropa war der Karpfen (*Cyprinus carpio*) der verbreitetste kultivierte Nutzfisch und wurde deshalb auch für fischtoxikologische Untersuchungen eingesetzt, auch wenn er sich gegenüber vielen Stoffen relativ unempfindlich zeigt. In Deutschland findet als Relikt älterer Testpraxis die Goldorfe *Leuciscus idus* Verwendung, etwa in der Abwasserprüfung oder der Gewässerüberwachung. Diese Art ist als Kulturform des Alands weder ökologisch besonders relevant noch leicht vermehrbar; sie ist für Untersuchungen früher Lebensstadien und der Reproduktion ungeeignet.

In der Chemikalienprüfung wird in Deutschland der indische Zebrabärbling *Brachydanio rerio* eingesetzt. Im Gegensatz zu einheimischen Fischen zeichnet er sich durch eine kurze Generationsdauer sowie eine ganzjährige tägliche Produktion transparenter, nicht klebender Eier aus. Er ist leicht zu halten und zu vermehren und eignet sich für Tests verschiedener Dauer und Komplexität: Studien der Embryonalentwicklung vor dem Schlupf über 48 h, Tests zur Entwicklung früher Lebensstadien (early life stage tests) über 4-6 Wochen, Untersuchungen ganzer Lebenszyklen (life cycle tests) inklusiv der Reproduktion über 6-7 Monate. Da einerseits zunehmend komplexere Untersuchungen in Risikoanalysen einbezogen werden, andererseits der Tierschutz eine Reduktion der eingesetzten Tiere verlangt, steht mit dem Zebrabärbling eine Fischart zur Verfügung, mit der flexible Testkonzepte auf unterschiedliche Fragestellungen entwickelt werden können. Dadurch ist in Zukunft eine hohe Vergleichbarkeit und damit Nutzbarkeit der Daten zwischen verschiedenen Anwendungsgebieten gegeben. Es muß aber noch einmal darauf hingewiesen werden, daß die Umweltrelevanz einer breiten Palette von Tests mit verschiedenen Arten auch durch ausgeklügelte Konzepte mit einer einzigen Standardart nicht erreicht werden kann.

Destruenten. Auf der Ebene der Destruenten wird die Hemmung der Atmungsaktivität aerober Bakterien der Gattung *Pseudomonas* oder die Beeinträchtigung der Lumineszenz von Leuchtbakterien als Endpunkt verwendet. Pseudomonaden sind relevante Bewohner verschiedenster Ökosysteme, was von den eigentlich marinen Leuchtbakterien nicht behauptet werden kann. Beide Tests erfassen physiologische Gesamtleistungen von Populationen, die als Indikatoren für unspezifischen Chemikalienstreß bei Bakterien dienen. Die Hemmung der Atmungsaktivität als integrativer Parameter für physiologischen Streß, Adaptation und Selektion ist umweltrelevanter, die Beeinträchtigung der ATP-abhängigen Lumineszenz als Luxusstoffwechselweg ist deutlich sensitiver. Daraus ergeben sich unterschiedliche Anwendungsgebiete: Durch die vollständige Automatisierung des Leuchtbakterientests wurde seine Einsatzmöglichkeit, aber auch die Gefahr der Überinterpretation im Rahmen der Umweltüberwachung erheblich erhöht.

Künftige Entwicklungen. Bislang lag der Schwerpunkt aquatischer Tests auf der Untersuchung von Organismen des Freiwassers vornehmlich stehender Gewässer. Zunehmende Bedeutung wird in neuerer Zeit der adäquaten Testung schwerlöslicher und partikelgebundener Substanzen beigemessen. Da aquatische Sedimente für diese Stoffe Senken darstellen, ist ein Test mit sedimentbewohnenden Detritusfressern (Zuckmückenlarven der Art *Chironomus riparius*) in der Erprobungsphase. Chironomiden stellen einen wesentlichen Anteil der Individuenzahl und Biomasse des Makrozoobenthons, der mit bloßem Auge sichtbaren Tiere der sedimentbewohnenden Lebensgemeinschaft aquatischer Ökosysteme. Sie sind leicht zu halten und zu vermehren. Tests können kurzzeitige oder langfristige Beobachtungen bis zu ganzen Lebenszyklen erfassen.

Bei den wirbellosen aquatischen Organismen sind die Bewohner von Fließgewässern in Testkonzepten bislang deutlich unterrepräsentiert oder gar nicht vorhanden. In Studien, die zu einer Risikoabschätzung für bestimmte Anwendungsgebiete beitragen sollen, werden sie in Zukunft womöglich stärker einbezogen: Im Bereich der Pflanzenschutzmittelprüfung wird eine stärkere Berücksichtigung der besonders gefährdeten Wiesenbäche diskutiert. Als relevant und besonders empfindlich gelten die Larven von Stein-, Eintags- und Köcherfliegen, sowie Bachflohkrebse (*Gammarus fossarum* oder *G. pulex*). Da die Zucht dieser Organismen noch problematisch ist, kommen zunächst nur Belastungsexperimente bestimmter Lebensstadien oder Verhaltensstudien (Vermeidungsreaktionen, Netz- oder Köcherbau) in Frage.

Terrestrische Toxizitätstests. Landorganismen sind schwierig zu testen, da die Exposition weniger kontrolliert zu simulieren ist als bei Wasserorganismen. Terrestrische Testkonzepte stecken deshalb noch in den Kinderschuhen. In der Chemikalienprüfung stehen bisher nur Tests mit höheren (Kultur-)Pflanzen (Hafer *Avena sativa*; Rübe *Brassica rapa rapa*) und Kompostwürmern (*Eisenia foetida*) konzeptlos nebeneinander und werden nur in wenigen Fällen angewandt

(s. Kap. 4.5.2). Die Konsumentenebenen sind nicht vertreten. In der Pflanzenschutzmittelprüfung (s. Kap. 4.5.5) werden neben Vögeln als terrestrischen Konsumenten lediglich wirtschaftlich nützliche und im Einzelfall besonders gefährdete Organismen (z.B. Bienen, Laufkäfer) untersucht. Vertreter der Mesofauna (Kleinlebewesen des Bodens) fehlen in den meisten Testkatalogen.

Künftige Entwicklungen. In neuere Konzepte sollen Untersuchungen an Springschwänzen (Collembolen), und Fadenwürmern (Nematoden) Eingang finden. Nematoden sind durch ihre Lebensweise und Oberflächenstruktur in engem Kontakt und Stoffaustausch mit dem Bodenwasser und daher potentiell stark exponiert. Sie sind durch ihren erheblichen Biomasseanteil im Boden von funktioneller Bedeutung für terrestrische Ökosysteme. Einige Vertreter lassen sich gut im Labor züchten und testen. Zudem sind strukturelle Untersuchungen interessant: Nematoden haben eine große Artenvielfalt ausgebildet und koexistieren in komplexen Räuber-Beute- und Konkurrenzverhältnissen. Die Entwicklung verschiedener Nahrungstypen läßt sie an den trophischen Ebenen der Primär- und Sekundärkonsumenten sowie der Destruenten teilhaben. Ihre Artenzusammensetzung zeigt eine hohe Biotopspezifität und Empfindlichkeit gegenüber Umwelteinflüssen, was für die differenzierte Feststellung spezieller Belastungen günstig ist, was aber die Auswahl geeigneter Meßparameter für allgemeingültige Aussagen erschwert.

4.4.3 Ökotoxikologische Endpunkte und Versuchsplanung

Endpunkte. Eine Eigenschaft eines lebenden Systems, die sich unter dem Einfluß einer Chemikalie beschreibbar anders verhält als ohne diese Chemikalie, wird als toxikologischer Endpunkt bezeichnet. Als ökotoxikologischer Endpunkt kann jede Veränderung einer Eigenschaft lebender Systeme herangezogen werden, die im biozönotischen Zusammenhang von Bedeutung ist. Je nach Wirkpotential einer Substanz und Expositionssituation (Einzelsubstanz oder unbekanntes Gemisch; Verteilung in den Umweltkompartimenten Wasser, Sediment, Boden, Luft; Präsenz und Persistenz; Akkumulation; Kurzzeit-, Puls- oder Dauerbelastung) können sich sehr unterschiedliche Endpunkte als geeignet erweisen. Folgende Kriterien müssen bei der Wahl der Endpunkte erfüllt sein:

- Die Aussageabsicht einer Untersuchung muß geklärt sein.
- Die Aussagekraft des Endpunkts im Sinne der jeweiligen Aussageabsicht muß nachgewiesen oder diskussionsfähig sein.
- Der Nachweis einer signifikanten Wirkung muß mit einem zur Aussageabsicht und Aussagekraft verhältnismäßigen Aufwand zu leisten sein. Die Verhältnismäßigkeit ist nach dem aktuellen Erkenntnistand zu verhandeln.
- Die Wahl der Endpunkte muß der Festsetzung experimenteller Rahmenbedingungen vorausgehen. Das Versuchsdesign muß die für eine Auswertung hinreichend genaue Erfassung des Endpunktes ermöglichen. Eine während des Experiments erfolgende Wahl zusätzlicher Endpunkte scheitert häufig an ungeeigneten Bedingungen, etwa an der Zahl der Organismen, der Individu-

endichte bei Wachstumsmessungen oder dem Geschlechterverhältnis bei Reproduktionstests.

Die genaue Definition der Endpunkte vor einem Test ist unerläßlich für eine zielgerichtete Erfassung. Dies gilt vor allem für den Zeitpunkt, an dem die Daten erhoben werden (vgl. 4.4.4).

Die Feststellung einer singulären Veränderung reicht für (öko-)toxikologische Bewertungen nicht aus. In der Regel wird eine verallgemeinernde Aussage abgeleitet, die mit vorgegebener statistischer Sicherheit getroffen werden muß. Dies ist nur mit einer ausreichend hohen Stichprobenzahl möglich. Je nach Endpunkt kann dies eine entsprechend lange Beobachtungsreihe oder eine entsprechend hohe Zahl eingesetzter lebender Systeme sein. Von einer statistisch signifikanten Wirkung einer Chemikalie wird ausgegangen, wenn

- eine Abhängigkeit der Endpunktdaten von der Dosis bzw. der Konzentration (aquatische Toxikologie) nachgewiesen werden kann (Regressionsansatz),

oder wenn

- eine statistisch abzusichernde Abweichung gegenüber einem unbelasteten Kontrollansatz festzustellen ist (Verteilungs- oder varianzanalytischer Ansatz).

In beiden Fällen ist die Wahl quantifizierbarer Endpunkte notwendig. Dies kann durch apparativ oder numerisch meßbare Parameter gewährleistet sein: Intervallskalierte Daten wie Konzentrationen von Biomolekülen, Atemgasen oder Stoffwechselprodukten, Wärmegehalte, elektrische Potentiale, Längen, Volumina, Gewichte, Impuls- und Verhaltensfrequenzen, Teilungs- oder Nachkommenzahlen sind als Mittelwerte mit zugehörigen Verteilungen darstellbar oder in Rangzahlen (Ordinalskalierung) überführbar. Sind rein qualitative Endpunkte eindeutig definiert, etwa über das Kriterienpaar "vorhanden - nicht vorhanden", wird über die Zahl der betroffenen lebenden Systeme oder die Häufigkeit der Beobachtung eine Quantifizierbarkeit erreicht (nominalskalierte Daten). Noch subjektivere Abschätzungen oder Beschreibungen können lediglich der Bestätigung quantifizierter Wirkungen dienen. Sie sind für die wissenschaftliche Diskussion wertvoll, für die administrative Bewertung sind sie jedoch ungeeignet.

Dies gilt insbesondere dann, wenn die Ergebnisse justiziablen Charakter haben: Das deutsche Chemikaliengesetz (vgl. Kap. 4.5.2) und die Abwassergesetzgebung (vgl. Kap. 4.6.2) leiten aus Toxizitätsdaten unmittelbare Einstufungen und Reglementierungen ab. Meßgenauigkeit und Reproduzierbarkeit sind bei der Wahl der Endpunkte deshalb oft wichtigere Kriterien als Aussagekraft. Die Abschätzung des realen Risikos ist nur in weniger durchreglementierter Weise in Form gutachterlicher Bewertung möglich (Stufe 2 Chemikaliengesetz; Zulassung von Pflanzenschutzmitteln); der biozönotischen Relevanz der Endpunkte wird hier stärkere Aufmerksamkeit geschenkt.

Auswertung und Versuchsplanung. Neben der Wahl der Endpunkte hat die angestrebte Auswertungsmethode wesentlichen Einfluß auf die Versuchsplanung. Die Auswertungsmethode hängt wiederum von der Aussageabsicht ab.

Zur Einordnung der Giftigkeit einer Chemikalie sind Endpunkt und Ausmaß der Wirkung definiert, gesucht wird die Konzentration, die die vereinbarte Wirkung auslöst (effect concentration EC). Dies ist am besten über die Erstellung einer Konzentrations-Wirkungs-Kurve zu leisten, zu der ein Regressionsansatz zu wählen ist. Ein solcher Versuchsansatz besteht aus einer abgestuften Reihe von mindestens fünf Konzentrationen und einer Kontrolle, in der sich die eingesetzten Systeme bezüglich des vereinbarten Endpunkts über den Versuchszeitraum im Normalzustand befinden müssen; andernfalls muß der Versuch wiederholt werden.

Es wird davon ausgegangen, daß die getesteten Systeme in ihrer Empfindlichkeit über den Konzentrationsbereich log-normalverteilt sind. Daraus ergibt sich eine sigmoide Summenhäufigkeitskurve (Konzentrations-Wirkungs-Kurve), die durch eine entsprechende Transformation linearisiert werden kann. Die erhaltenen Wirkungswerte werden auf Basis der angenommenen Verteilungsfunktion umgeformt. Dann wird per lineare Regression eine Gerade angepaßt, aus der die Effektkonzentrationen abgelesen werden können. In der Regel wird diese Art der Auswertung auf nominalskalierte Daten angewandt, die in prozentualen Häufigkeiten ausgedrückt werden (Abb. 4.12). Es liegt in der Natur der angenommenen Verteilung, daß die Aussagen im Bereich einer Wirkung, die 50 % der Organismen betrifft (EC50), am schärfsten sind, da die Konzentrations-Wirkungs-Kurve hier am steilsten verläuft. Im unteren Wirkungsbereich werden die Aussagen ungenauer; Extrapolationen auf eine EC0 sind, streng genommen, unzulässig. Neben der EC50 werden häufig die EC16 und EC84 angegeben, um die Steilheit der Konzentrations-Wirkungs-Beziehung zu beschreiben. Der Vertrauensbereich der EC50

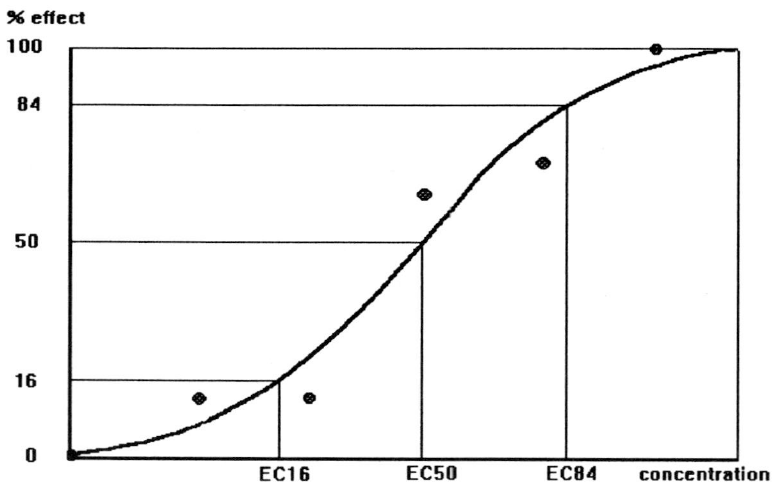

Abb. 4.12. An Meßdaten angepaßte Konzentrations-Wirkungs-Kurve (Summenhäufigkeit) und Ableitung der Effektkonzentrationen.

gibt Aufschluß über die Güte der Anpassung und damit der erhobenen Daten. Er ist abhängig von der Zahl der Konzentrationen mit Wirkungen zwischen 0 % und 100 % und der Zahl der eingesetzten Systeme pro Konzentration. Für die genannten Berechnungen existieren verschiedene Verfahren wie die Probitanalyse oder das Anpassungsverfahren nach Litchfield und Wilcoxon (1949).

Bei der Angabe einer EC muß der Endpunkt immer spezifiziert werden, da eine Bewertung sonst nicht möglich ist. Ist der Endpunkt die letale Wirkung, wird der Begriff lethal concentration (LC) verwandt.

Zur Ermittlung eines Konzentrationsbereichs, der eine untere Schwelle beobachtbarer Wirkungen darstellt, ist ein möglichst umfangreicher Vergleich mit unbelasteten Kontrollansätzen das sicherste Verfahren. Die Aussageschärfe wird mit den Abständen der eingesetzten Konzentrationen vorgewählt, die Aussagesicherheit über die Zahl der angesetzten Parallelansätze.

Bei intervallskalierten Daten können einzelne Individuen innerhalb eines Ansatzes als Parallelen betrachtet werden, wenn die erhobenen Meßwerte voneinander unabhängig sind. Sind die aus den Parallelen erhaltenen Meßwerte in eine Normalverteilung überführbar, können aussagescharfe parametrische Tests angewandt werden. Sind die Daten nicht normalverteilt, muß auf nicht parametrische Rangsummenverfahren zurückgegriffen werden.

Bei Simulationen des worst case oder der Messung einer gegebenen Umweltsituation wird nur eine einzelne Konzentration mit der Kontrolle verglichen. Dies kann bei vorliegender Normalverteilung anhand eines Mittelwertvergleichs unabhängiger Stichproben (t-Test) geschehen, im anderen Fall kann beispielsweise der U-Test nach Mann und Whitney (1947) Anwendung finden.

Für die Bestimmung von Schwellenwerten wird eine Versuchsanordnung mit mehreren Konzentrationen und Parallelen gewählt, die einen multiplen Mittelwertvergleich ermöglicht. Das Minimalkriterium bei drei getesteten Konzentrationen exklusiv Kontrolle stellen drei parallele Ansätze dar, bei zahlreicheren Konzentrationen genügen zwei. Zunächst wird in einer Varianzanalyse ermittelt, ob die Abweichungen der Mittelwerte der einzelnen Konzentrationen vom *Kontroll*mittelwert groß genug sind, um die mittlere Schwankungsbreite der Werte innerhalb der Konzentrationen signifikant zu übersteigen. Nur wenn dies der Fall ist, wird ein multipler Mittelwertvergleich angewendet. Wird eine konzentrationsabhängige Wirkung vorausgesetzt, ist der Test nach Williams (1971) zu empfehlen, der von dieser Voraussetzung abweichende Mittelwerte vermittelnd zusammenfaßt. Ausgehend von der höchsten getesteten Konzentration werden sukzessive alle (verbleibenden) Mittelwerte mit dem Kontrollmittelwert verglichen. Die niedrigste Konzentration, bei der eine Abweichung von der Kontrolle statistisch signifikant ist, wird als LOEC (lowest observed effect concentration) bezeichnet. Die höchste Konzentration, bei der kein statistisch signifikanter Effekt beobachtet wurde, ist die NOEC (no observed effect concentration). Auch für multiple Vergleiche existieren nicht parametrische Verfahren (Kruskal-Wallis-H-Test).

Die Angabe von NOEC und LOEC muß immer gemeinsam erfolgen, da die Spanne zwischen den Werten von den gewählten Konzentrationen abhängt. Außerdem ist, wie bei allen Effektkonzentrationen, eine Spezifizierung der in der Untersuchung erfaßten Endpunkte unabdingbar. Der die LOEC bestimmende Endpunkt ist hervorzuheben.

Bei einfachen Routinetests mit eindeutigen Endpunkten und einer vereinbarten Schwelle ist keine statistische Auswertung notwendig. In diesen Fällen reicht die Angabe der höchsten Konzentration oder der niedrigsten Verdünnungsstufe, in der die vereinbarte Schwelle nicht überschritten wurde.

Letale Wirkung. Der bei weitem wichtigste Endpunkt toxikologischer Untersuchungen ist die Sterblichkeit. Eine tödliche Wirkung läßt keine Diskussionen über die Bedeutung für die getestete Integrationsebene aufkommen. Dies gilt für die Ebene der Zelle ebenso wie für Individuen oder Populationen. Die meisten akuten und subakuten Toxizitätstests (vgl. Kap. 4.4.4) zielen auf den Endpunkt Tod; viele subchronische und chronische Tests werden trotz anderer gemessener Endpunkte vor allem anhand der Überlebensrate bewertet. Probleme gibt es gelegentlich bei der Definition des Todes, bzw. seiner Feststellung. Das Feststellungskriterium wird in solchen Fällen ohne Anspruch auf Exaktheit als Endpunkt definiert: Der Tod von Wasserflöhen kann nicht ohne großen Aufwand zweifelsfrei bestimmt werden. So wurde der Endpunkt "Letalität" durch "Unbeweglichkeit" (Immobilisation) ersetzt.

Subletale Wirkungen. Die Gefährdung eines Ökosystems durch eine Chemikalie ist mit der Ermittlung der Konzentration, die letale Wirkungen bei einigen Testorganismen hervorruft, nur höchst unzureichend beschrieben. Unterhalb der letalen Wirkschwelle treten eine Fülle weiterer Beeinträchtigungen auf, die als subletale Wirkungen zusammengefaßt werden. Sie sind jedoch meist wesentlich schwieriger festzustellen, zu quantifizieren und zu bewerten. Der Einsatz und die Überprüfung niedriger Stoffkonzentrationen und eine häufig längere Testdauer, die zur Manifestation subletaler Wirkungen notwendig ist, erhöhen den zeitlichen und geldlichen Aufwand bei Chemikalienprüfungen zusätzlich. So werden subletale Endpunkte vor allem in chronischen Tests gewählt, die erst zum Einsatz kommen, wenn eine möglichst realistische Abschätzung des Risikos gefragt ist (vgl. Kap. 4.5.2). Um eine Bewertung im Hinblick auf natürliche Lebensgemeinschaften zu ermöglichen, sollte die Bedeutung der Endpunkte zumindest für die Integrationsebene der Population gegeben sein (vgl. Kap. 4.4.1).

Ganz anders verhält es sich mit subletalen Endpunkten, die in der Umweltüberwachung eingesetzt werden (vgl. Kap. 4.6). Dabei geht es häufig um die möglichst schnelle und billige Detektion aktueller Belastungen. Ein Ansprechen eines solchen Tests sollte möglichst weit unterhalb letaler Wirkkonzentrationen erfolgen. Die statistische Sicherheit und die Aussagekraft hinsichtlich biozönotischer Wirkungen sind von untergeordneter Bedeutung. Hier bieten sich physiologische Reaktionsparameter an (vgl. auch Kap. 4.4.1): Messungen der Konstitution des Energiestoffwechsels, Messungen von Streßreaktionen, Messungen der Atmungs- oder Photosyntheseaktivität. Da diese Endpunkte basale Stoffwechselgeschehen lebender Systeme repräsentieren, gewährleisten sie eine hohe Übertragbarkeit. Eine weitgehende Allgemeingültigkeit für unterschiedliche Belastungen ist bei den Endpunkten gegeben, die unspezifischen physiologischen Streß anzeigen; Spezialaussagen können durch Enzymtests getroffen werden.

4.4.4 Toxizität und Expositionsdauer

Die Expositionsdauer gegenüber einer Umweltchemikalie ist von entscheidender Bedeutung bei der Feststellung und Beurteilung der Wirkungen. Hohe Dosen einer toxischen Substanz rufen eine unmittelbare Wirkung hervor, die als akute Toxizität bezeichnet wird. Die akut wirksame Dosis muß im Organismus erreicht werden. Dazu ist ein gewisser Zeitraum notwendig, der von den Substanzeigenschaften, der Substanzkonzentration im Umgebungsmedium oder Futter, und den kinetischen Prozessen (vgl. Kap. 4.3) abhängt. Bei geringerer Dosis treten vergleichbare Wirkungen unter Umständen zeitverzögert auf. Sie zeigen die dosisabhängige Erschöpfung des Kompensationspotentials und werden in Tests zur sogenannten verlängerten Toxizität (subakute Tests) ermittelt. Es können aber auch andere Wirkmechanismen einschließlich ihrer Folgeeffekte zum Tragen kommen, die andere Endpunkte beeinflussen. Dies kann weit unterhalb akuter und subakuter Wirkschwellen und nach erheblich längeren Zeiträumen manifest werden. Derartige Langzeitwirkungen werden in chronischen Tests erfaßt.

Die Integrationsebene (Tab. 4.3) und die Größe des biologischen Testsystems beeinflussen den Zeitraum der Manifestation möglicher Wirkungen. Deshalb können prinzipiell keine absoluten Zeiträume für akute, subakute, subchronische oder chronische Tests angegeben werden. Die Testdauer kann von der Art der festzustellenden Wirkung ("chronische Wirkungen" als nicht in akuten Tests auftretende Wirkungen) oder der Generationszeit des Testsystems abhängig gemacht werden. In diesem Fall muß ein ausreichend langer und relevanter Lebensabschnitt geprüft werden. Im Sinne einer hohen Aussagekraft auf der untersuchten Ebene sollte dieser empfindliche Lebensstadien einschließen; im Sinne einer hohen Aussagekraft für die nächsthöhere Ebene sollte die Kommunikations- und Reproduktionsfähigkeit einbezogen werden. Ein solcher chronischer Test kann bei Zellkulturen oder Einzellern einen Tag, bei Wirbeltier-Individuen oder Modellbiozönosen mehrere Jahre dauern. Im üblichen Sprachgebrauch ist die Verwendung der Begriffe akut und chronisch auf die Integrationsebene des Organismus beschränkt.

Akute Toxizität. Die kurzfristigen Wirkungen hoher Dosen von Chemikalien werden als akute Toxizität zusammengefaßt. Sie ist vergleichsweise schnell und kostengünstig zu untersuchen. In der Prüfung von Umweltmedien (vgl. Kap. 4.6.2) sind akute Tests konkurrenzlos, da die Menge und die wechselnde Zusammensetzung der zu untersuchenden Proben längerfristige Studien nicht sinnvoll erscheinen läßt. In der Chemikalienprüfung (vgl. Kap. 4.5.2) werden akute Tests an Fischen und Daphnien als einzige ökotoxikologische Untersuchungen mit allen Chemikalien durchgeführt. Sie dienen zur ersten Einstufung der Toxizität und in besonders kritischen Fällen zur Veranlassung weiterer Prüfungen. Als eindeutiger und vergleichbarer Endpunkt wird meist der Tod beobachtet, das verbreitetste Maß für die akute Toxizität ist die LC50 (EC50, Immobilisation bei Daphnien). Da bei den eingesetzten Konzentrationen die Einwirkdauer von entscheidender Bedeutung ist, muß diese bei der Angabe der LC oder EC immer mit vermerkt werden. Korrekte Bezeichnungen wären etwa: *Daphnia magna*

$EC50_{24h}$ Immobilisation; *Oncorhynchus mykiss* $LC50_{96h}$. Die breite Anwendung hat zu einer im Umfang von anderen Toxizitätswerten bei weitem nicht erreichten Datenlage geführt. Deshalb können sich datenintensive Vergleichs- und Extrapolationsverfahren bislang fast ausschließlich nur auf LC50 oder EC50-Daten aus akuten Tests stützen.

Kombinationswirkungen. Ein weitgehend ungeklärtes Problem ergibt sich aus der gegenseitigen Beeinflussung mehrerer Substanzen in ihrer Wirkung auf lebende Systeme. Eine substanzbezogene Risikoabschätzung bleibt immer unvollständig, wenn gegebene zusätzliche Belastungen der Umweltmedien durch andere Stoffe unberücksichtigt bleiben. Ob sich bestimmte Substanzkombinationen synergistisch (einander fördernd) oder antagonistisch (einander hemmend) wirken, ist in der Regel weder vorauszusehen, noch für alle relevanten Kombinationen und Konzentrationen zu testen. Beide Fälle setzen interagierende und mehr oder weniger spezifische Wirkmechanismen voraus. So kann eine Konkurrenz von zwei Wirkstoffen um denselben Rezeptor bei niedrigen Konzentrationen synergistisch und bei hohen antagonistisch wirken. Stoffe mit unspezifischen Wirkungen, die auf eine Erschöpfung des Kompensationspotentials hinauslaufen, wirken in Experimenten häufig additiv. Wenn in Ermangelung ausreichender Daten eine additive Wirkung für alle molaren Konzentrationsbereiche fortgeschrieben wird, liegt diesem Verfahren die (nicht zutreffende) Annahme einer linearen Konzentrations-Wirkungs-Beziehung zugrunde. Die analytische Erfassung von komplexer Gemische beinhaltet jedoch ebenfalls zahlreiche Unsicherheiten: Sie erfaßt nur einen Ausschnitt aus dem Spektrum vorkommender Stoffe, sie detektiert keine Spitzenwerte; bei summenparametrischen Verfahren ist keine Rückrechnung auf molare Konzentrationen möglich. Im Falle einer Risikobetrachtung scheint eine Annahme additiver Wirkungen unter Einbeziehung gemessener Konzentrationen ähnlich oder unspezifisch wirkender Substanzen gerechtfertigt, solange keine weiteren Erkenntnisse vorliegen.

Biokonzentration und akute Wirkung. Im Zentrum der klassischen Toxikologie steht der Zusammenhang zwischen Dosis und Wirkung. Zu seiner Aufklärung werden Stoffmengen in Abhängigkeit vom Körpergewicht oral verabreicht oder injiziert und anhand der Wirkungen Effektdosen (ED, LD) ermittelt. In der Ökotoxikologie wird in den meisten Fällen auf eine Berechnung der wirksamen Dosis verzichtet und lediglich mit Konzentrationen im Umgebungsmedium oder Futter gearbeitet. Dadurch wird eine naturnahe Applikationsweise möglich, die zu ungestörteren und umweltrelevanteren Ergebnissen führt. Eine Berechnung der wirksamen Dosis ist nur über die Einbeziehung der Bioakkumulation (Kap. 4.3.2) möglich.

Werden die akuten Toxizitätswerte verschiedener Stoffe auf molare Konzentrationen im Umgebungsmedium bezogen, so zeigt sich die klare Tendenz einer Abhängigkeit der Toxizität von der Lipophilie. Grundsätzlich erwächst aus einer höheren Lipophilie ein höherer BCF (Abb. 4.8, 4.9) und damit eine höhere Dosis am Wirkort. Anders ausgedrückt: Um dieselbe ED oder LD zu erreichen, genügen bei steigender Lipophilie immer geringere molare Konzentrationen im Umgebungsmedium; die EC- oder LC-Werte sinken (Abb. 4.13). Diese Abhängigkeit von Dosis und Konzentration über die Lipophilie gilt natürlich nur für den Bereich linearer Abhängigkeiten von Lipophilie und BCF, also bis zu einem log P_{OW} von 6-7. Desweiteren gilt sie nur für Substanzen mit Wirkmechanismen, die vergleichbare Effektdosen benötigen (s.u.).

Soll in einem Experiment, in dem Organismen einer Stoffkonzentration im Umgebungsmedium ausgesetzt werden, gleichzeitig eine Aussage über die wirksame Dosis gemacht werden, bietet sich das Konzept der lethal body burdens (LBB) an. Die Organismen werden so lange einer hohen Konzentration ausgesetzt, bis sie sterben. Dann wird die Stoffkonzentration im Körper gemessen. Diese LBB gibt gleichzeitig Aufschluß über Biokonzentration und tödliche Dosis. Der analytische Aufwand ist hoch und mit dem einer Akkumulationsstudie vergleichbar. Von einer regulären Biokonzentration kann jedoch aufgrund möglicher toxischer Beeinträchtigungen von Aufnahme oder Elimination nicht ausgegangen werden.

Mechanismen akuter Wirkungen. Unterschiedliche Wirkmechanismen greifen oft bei sehr unterschiedlichen Dosen. Für eine Prognose von Wirkkonzentrationen (EC, LC) ist deshalb die Kenntnis der Lipophilie (bestimmt als P_{OW}) allein bei weitem nicht ausreichend: Bei der Erstellung von QSARs der akuten Toxizität über die Lipophilie muß der jeweilige Wirkmechanismus berücksichtigt werden. Dies ermöglicht Betrachtungen in zwei Richtungen:

Kann man aus der Struktur des Stoffes verläßlich auf den Wirkmechanismus schließen, ist seine Toxizität schnell anhand seiner Lipophilie aus der entsprechenden Gerade abzulesen. Dies ist jedoch selten der Fall, da viele Wirkmechanismen nicht aufgeklärt sind. Außerdem muß immer damit gerechnet werden, daß der fragliche Stoff nicht vermutete Wirkungen in niedrigeren Konzentrationsbereichen hervorruft. So kann mit Hilfe von QSARs zwar eine relativ gute durchschnittliche Tendenz ermittelt werden; Extrapolationen einzelner LC50-Werte, wie sie für Stoffbewertungen nötig wären, sind jedoch immer mit der Möglichkeit gewaltiger Fehleinschätzungen behaftet. Als Basis für eine Stoffbewertung sind QSARs beim heutigen Erkenntnisstand zu unsicher.

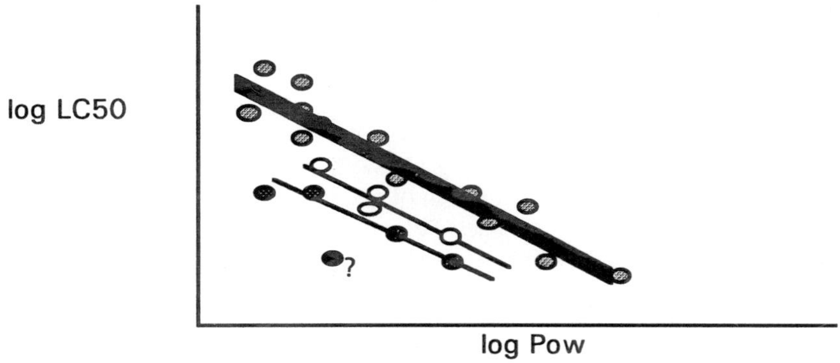

Abb. 4.13. QSARs zur Toxizität gegenüber der Lipophilie. Dicker Balken: Lipophile Narkotika. Dünne Linien: Korrelationen über Datenpunkte vermuteter spezieller Wirktypklassen.

Setzt man QSARs hingegen ein, um Stoffe anhand ihrer LC50-Werte mit anderen zu vergleichen, sind sie ein nützliches wissenschaftliches Werkzeug. Liegen Stoffe auf einer Gerade, hängt ihre Toxizität ausschließlich vom P_{OW} ab. Ihre Wirkdosen sind gleich, was als ein Hinweis auf die Wirktypklasse gedeutet werden kann. Ein großer Anteil lipophiler Substanzen liegt in einem Linearitätsbereich, der auf einen einheitlichen Wirktyp bei hohen Dosen schließen läßt. Es handelt sich dabei um unspezifische Einlagerungen in Membranen, die zu Interaktionen mit Membranproteinen führen und Blockierungen oder Öffnungen von Ionenkanälen zur Folge haben (vgl. Kap. 1.2.5, 1.4.2). Unkontrollierte Zusammenbrüche des Membranpotentials, insbesondere im Zentralnervensystem (ZNS), rufen das unspezifische Wirkmuster der Narkosis hervor. Unpolare Narkotika liegen auf einer Kurve minimaler Toxizität (Abb. 4.13). Liegen Stoffe darüber, also in Bereichen noch geringerer Toxizität, so ist dies vom Wirktyp unabhängig. Es handelt sich in diesen Fällen um Stoffe, die besonders schnell metabolisiert, spezifisch eliminiert oder aufgrund ihrer Molekülgröße schlecht aufgenommen werden. Liegen Stoffe unter der Kurve unpolarer unspezifischer Narkotika, so sind sie giftiger. Dies deutet auf einen spezifischen Wirkmechanismus dieser Stoffe oder aktivierter Metabolite hin. Werden QSARs für einzelne Stoffklassen, wie etwa Phenole, Aniline oder Nitrobenzole erstellt, ergeben sich bessere Korrelationen. Der Einfluß von Reaktivitätskonstanten, sterischen oder topologischen Parametern auf die Korrelation kann Hinweise auf wirkrelevante reaktive Gruppen geben.

Anhand von Erscheinungsbildern akuter Toxizität (fish acute toxicity syndromes FATS; Drummond et al. 1986, McKim et al. 1987) wurde versucht, Wirkmechanismen zu klassifizieren. Bestimmte Verhaltensmuster, physiologische Reaktionen und morphologische Veränderungen wurden unspezifischen Narkotika, entkoppelnden Substanzen (vgl. Kap. 1.2.6, Atmung), Acetylcholinesterase-Inhibitoren (vgl. Kap. 4.4.1), epithelialen Reizstoffen oder spezifischen stimulierenden ZNS-Giften zugeordnet. Die genaue Beobachtung und Trennung dieser Syndrome erwies sich bei Substanzen unbekannter Wirkung jedoch als schwierig. Häufig treten nacheinander oder in verschiedenen Konzentrationen mehrere Erscheinungsbilder auf.

Bewertung der akuten Toxizität. Da es weder einen universell empfindlichsten Organismus gibt (vgl. Kap. 4.4.2), noch eine wissenschaftliche Grundlage zur Bewertung von Empfindlichkeiten, existiert kein allgemeinverbindliches Klassifizierungssystem der akuten Toxizität. So fallen Klassifizierungen sehr unterschiedlich aus. Nach Rudolph und Boje (1986) liegen in Publikationen von 1960-1983 Einstufungen der EC50/LC50 an Wasserorganismen mit den Prädikaten "kaum" bis "nicht toxisch" zwischen 50 und 10 000 mg/l, "mäßig bis schwach toxisch" zwischen 5 und 10 000 mg/l und "toxisch bis hoch toxisch" zwischen 0.1 und 100 mg/l. Zudem überschreiten Artunterschiede in der Empfindlichkeit gegenüber bestimmten Chemikalien den Bereich vieler Größenordnungen (vgl. Kap. 4.5.4). Die meisten neueren Bewertungsschemata gehen von schwach bis mäßig toxischen Stoffen aus, wenn die EC50/LC50 zwischen 10 und 100 mg/l. liegt. Zwischen 1 und 10 mg/l deutet sie auf toxische, unter 1 mg/l auf hoch toxische Substanzen hin. Dieser Einteilung entsprechen auch in etwa die OECD-

Guidelines for testing of chemicals, die Konzentrationsobergrenzen angeben, über die hinaus keine akute Toxizitätsprüfung mehr erfolgen braucht, die also als nicht bis kaum toxisch anzusehen sind. Diese Grenzen liegen für Wasserorganismen bei 1000 mg/l, für verlängerte (subakute) Fischtests bei 100 mg/l, für Regenwürmer bei 1000 mg/kg, sowie für höhere Pflanzen und Belebtschlamm bei 100 mg/kg.

Chronische Toxizität. Der Nachweis langfristiger Wirkungen von Umweltchemikalien ist aus vielen Gründen schwieriger als die Ermittlung der akuten Toxizität:

- Die einzusetzenden Konzentrationen müssen unterhalb akuter Wirkschwellen angesiedelt werden. Eine regelmäßige Konzentrationsüberprüfung kann sich als analytisch problematisch erweisen.
- Die gemessene Wirkung ist in weit stärkerem Maße als bei akuter Betrachtung Ergebnis komplexer Interaktionen innerhalb des betrachteten Systems. Die Fülle möglicher Wirkmechanismen und sekundärer Effekte macht eine Kausalanalyse ohne Einbeziehung tieferer Integrationsebenen unmöglich. Gleiches gilt für Prognosen der Wirkung chemisch verwandter Substanzen.
- Die Dauer eines Experiments muß ausreichen, damit chronische Wirkungen manifest werden können. Die höhere Empfindlichkeit der Endpunkte auch gegenüber experimentellen Rahmenbedingungen erfordert einen erheblich größeren experimentellen Aufwand.

Aus diesen Gründen wird die chronische Toxizität gegenüber große Organismen oder höhere Integrationsebenen nur in realen Belastungsfällen oder in Experimenten untersucht, die das Risiko eines solchen Belastungsfalls simulieren sollen. Dabei kommt der potentiellen Exposition eine höhere Bedeutung zu als im akuten Test: Die Produktionsmenge, die konkrete Anwendung oder gemessene Umweltkonzentrationen der Chemikalie müssen eine Expositionssituation ermöglichen, in der chronische Wirkungen auftreten können (vgl. Kap. 4.5). Je nach Fragestellung kann es sinnvoll sein, eine Untersuchung unter konstanter Belastung (Simulation von Dauerbelastungen durch ständige Kontamination oder persistente Stoffe) oder nach einmaliger Applikation (Simulation von Unfällen oder Anwendungen von Pflanzenschutzmitteln) durchzuführen.

Die vergleichsweise aufwendigen chronischen Tests ermöglichen über die Beobachtung der Letalität hinaus Beobachtungen zahlreicher subletaler Endpunkte. Bei ihrer Auswahl stehen häufig zwei Intentionen im Widerspruch. Einerseits sollen möglichst empfindliche und wirkspezifische Endpunkte eine klare Zuordnung von Effekten und Konzentrationen ermöglichen. Diese Suche nach der niedrigsten NOEC wird heute am besten mit Verhaltensbeobachtungen und der Untersuchung von suborganismischen Biomarkern betrieben. Andererseits ist eine Aussagekraft für das Schutzziel Ökosystem nur gegeben, wenn die Endpunkte zumindest für die Ebene der Population relevant sind. Dazu zählen Untersuchungen der Nachkommenzahl (Eizahl, Befruchtungsrate), der Generationsdauer (Größe der Reproduktionsintervalle), der Dauer einzelner Lebensphasen, der Futterumsatzeffizienz (Gewichts-, Längenzunahme) oder der Zahl der nachwachsenden Weibchen. Alters-, stadien- und geschlechtsspezifische Wirkungen beeinflussen die Populationsstruktur und -dynamik. Genotypspezifische Wirkungen verändern die populationsgenetische Zusammensetzung.

Die anhand verschiedener Endpunkte gewonnenen NOECs können sich um Größenordnungen unterscheiden. Eine Extrapolation von akuten auf chronische Wirkungen mit Hilfe sogenannter ACRs (acute chronic ratios) ist aufgrund der nicht vergleichbaren Wirkmechanismen und Sekundärwirkungen nicht zulässig.

Anpassung, Erholung, Vermeidung. Chronische Belastungen führen zu physiologischem Streß, der sich nicht in messbaren Schädigungen auswirken muß. Auf verschiedenen Integrationsebenen können Regulationsinstanzen kompensierend wirken und das Fließgleichgewicht der Lebensprozesse aufrechterhalten oder nach vorübergehenden Störungen wiederherstellen. Gelingt dies ohne längerfristige Beeinträchtigung wesentlicher Lebensleistungen, spricht man von Toleranz gegenüber der Belastung. Auf der Ebene des Organismus kann diese Toleranz durch physiologische Anpassungen oder eine entsprechende Individualentwicklung (Modifikation) erreicht werden. Auf der nächsthöheren Ebene führt Selektion zu genetischer Anpassung und zu toleranten, möglicherweise genetisch verarmten, Populationen. Ähnliches gilt für Ökosysteme: Die funktionalen Eigenschaften (Biomasseproduktion, Stoff- und Energieumsätze) bleiben erhalten, während sich strukturelle Eigenschaften (Artenzahl, Diversität, Nahrungskettenlänge) als Folge der Anpassung verändern. Ob derartige Folgen als Schädigung oder Anpassung gedeutet werden, hängt von den betrachteten Endpunkten ab. Auf allen Ebenen ist Anpassung eine begrenzte Möglichkeit der Reaktion auf Streß: Die Ausschöpfung physiologischer oder genetischer Kapazitäten führt zu höheren Empfindlichkeiten gegenüber weiteren Belastungen.

Niedrige Dosen toxischer Substanzen rufen häufig Veränderungen hervor, die auf eine Erhöhung von Lebensleistungen hindeuten. Sie können Folgen einer überschießenden Gegenregulation sein, die vor allem greift, wenn Regulationssysteme involviert sind, die auf niedrige Spiegel von Signalsubstanzen reagieren. So wirken subletale Dosen von Wachstumshemmstoffen häufig wachstumsfördernd.

Wird nach vorübergehender Veränderung von Lebenseigenschaften infolge einer Belastung der Ausgangszustand wieder erreicht, spricht man von Erholung. Die Erholungsmöglichkeiten hängen von Wirkmechanismus, Dosis und Einwirkdauer ab. Die Erholungsfähigkeit ist zunächst für das betrachtete System und die Art der Belastung spezifisch. Je stärker indirekte Wirkungen die Gesamtveränderung dominieren, desto höher ist Allgemeingültigkeit der Empfindlichkeit oder Erholungsfähigkeit eines Systems für verschiedene Belastungen.

Auf der Ebene von Organismen und Populationen sind Vermeidungsreaktionen wichtige Schutzmechanismen gegenüber Belastungen. Im Freiland können Vermeidungsreaktionen ohne direkte toxische Wirkung zu erheblichen Veränderungen von Populationen und Biozönosen führen. In Belastungsexperimenten ist die Vermeidung des Stresses zumeist ausgeschlossen. Die bereits bei geringen Konzentrationen auftretenden Verhaltensäußerungen können unter diesem Aspekt durchaus auf biozönotische Konsequenzen hindeuten.

Genotoxizität. In vielerlei Hinsicht hat die Frage nach der Genotoxizität eine Sonderstellung im Vergleich zu anderen Wirkungsbetrachtungen.

- Durch die Universalität des genetischen Codes (vgl. Kap. 1.2.3) sind Erkenntnisse über unmittelbare Interaktionen einer Chemikalien mit Nucleinsäuren auf alle Zellen aller Organismen übertragbar.

Dies gilt nicht für die mit steigender Komplexität zunehmenden Reparatur- und Kompensationsmöglichkeiten einschließlich der Vervielfachung des Chromosomensatzes (Diploidie, Polyploidie). Deshalb beruhen die meisten Genotoxizitätstests auf dem Nachweis von Mutationen in Einzellern oder Zellkulturen.

Die Struktur der Nucleinsäuren läßt im Vergleich zu Proteinen nur wenige spezifische Einwirkmöglichkeiten zu. Diese sind jedoch breit verteilt. Daraus ergeben sich zwei Konsequenzen: Zum einen ist die genotoxische Wirkung eine bezüglich des Mechanismus spezifische Störung des Informationsgehaltes der Nucleinsäuren. Zum anderen ist die unmittelbare Konsequenz für das lebende System nicht vorhersagbar, da unterschiedlichste Informationsinhalte betroffen sein können. Durch induzierte Mutationen wird lediglich die Wahrscheinlichkeit einer bestimmten Veränderung erhöht, nicht ihre Richtung bestimmt oder ihr Anteil an allen Veränderungen verschoben:

- Unter Einbeziehung der Relationen ihrer natürlichen Mutationsraten lassen sich Erkenntnisse über die Wahrscheinlichkeit induzierter genotoxischer Wirkungen von einem auf alle anderen Merkmale desselben Systems übertragen.

Bezüglich des Mechanismus und damit des Wirkpotentials von Mutagenen gibt es keinen Unterschied zwischen erbgutverändernder, fruchtschädigender (teratogener) oder krebserzeugender (cancerogener) Wirkung; es sind lediglich unterschiedliche Zellinien oder Entwicklungszustände betroffen (vgl. Kap. 1.3.7, 1.5.3). So kann man sich einzelne, leicht nachweisbare genotoxische Veränderungen an Systemen kurzer Generationsdauer zunutze machen, um ein allgemeines Potential zur Genotoxizität nachzuweisen.

Im Ames-Test werden Mangelmutanten eines Bakteriums (*Salmonella typhimurium*) eingesetzt, die nur unter Zusatz eines für sie essentiellen Stoffs (Histidin) wachsen. Nach Applikation der Testsubstanz wird die Kultur auf einen Nährboden ohne Histidin ausgestrichen. Die wachsenden Populationen zeigen eine Rückmutation an, die ihnen die Produktion von Histidin ermöglicht. Das Verhältnis zur ausgestrichenen Zellzahl wird bestimmt. Liegt es deutlich über der natürlichen (Rück-)Mutationsrate, liegt ein Hinweis auf genotoxische Wirkung vor. Um die Möglichkeit der Bioaktivierung durch Metabolisierung mit einzubeziehen, wird der Testlösung ein Leberhomogenat von Wirbeltieren zugesetzt, welches wichtige Enzyme des Fremdstoffmetabolismus enthält (vgl. Kap. 4.3.1).

Bei einer getesteten Substanz können dennoch große Unterschiede zwischen den Ausprägungen allgemein mutagener, teratogener oder cancerogener Wirkungen und zwischen verschiedenen Organismenarten auftreten. Dies liegt zum einen an den kinetischen Prozessen einschließlich des metabolischen Potentials, die für entsprechende Dosen und damit Wahrscheinlichkeiten einer Interaktion am

Wirkort sorgen (vgl. Kap. 4.3). Diese können nach Bau, Lebensweise und Entwicklungszustand des Organismus oder der Lage der Zellen sehr unterschiedlich sein und sind in der Summe stoffspezifisch. Zum anderen bestehen unterschiedlich leistungsfähige Reparatur- und Kompensationsmechanismen. So dienen bakteriologische Genotoxizitätstests in der toxikologischen Chemikalienprüfung lediglich zur ersten Einstufung des mutagenen Potentials und werden im Falle positiver Ergebnisse durch Tests an Säugtieren ergänzt.

Eine weitere Besonderheit der Genotoxizität ist ihr chronischer und stochastischer Charakter. Kurzfristige Belastungen mit hohen Dosen nucleinsäureschädigender Substanzen führen zu unmittelbaren Zellschäden, da die Proteinbiosynthese beeinträchtigt wird. Diese cytotoxischen Schäden führen zum Tod des Organismus oder zur Erholung; die mutagene (= DNA-)Wirkung manifestiert sich erst nach mindestens einer Zellgeneration. Ist eine Generation durchlaufen, besteht infolge der semikonservativen Replikation keine Reparaturmöglichkeit mehr: Der Charakter der DNA als singuläres Informationsmolekül läßt jede Einzelwirkung zu einer potentiell tödlichen Konsequenz werden. Von dort an wirken weitere Noxen ein, während das cytotoxische Immunsystem in Abhängigkeit vom individuellen physiologischen und genetischen Zustand entartete Zellen beseitigt (vgl. Kap. 1.4.2, 1.5.3). Auch ein einziges mutagenes Molekül kann eine später tödliche Mutation ausgelöst haben.

- Die Manifestation mutagener Wirkungen ist nicht durch Dosis-Wirkungs-Kurven beschreibbar. Es gibt keinen toxischen Schwellenwert.

Mit zunehmender zeitlicher Entfernung von der Belastung spielt die individuelle Geschichte eine größere Rolle als die gewesene Konzentration im Umweltmedium. Eine Zuordnung von gering konzentrierten Mutagenen und auftretenden Mutationen ist auch bei großen statistischen Erhebungen nahezu aussichtslos.

Erbgutveränderung, Teratogenese und Cancerogenese wirken vor allem auf der Ebene von Individuen und deren direkten Nachkommen; aufgrund ihres stochastischen Charakters werden sie als schicksalhaft empfunden. Dies erklärt die besondere Beachtung der Genotoxizität bei der (human-)toxikologischen Bewertung von Substanzen. Für die Ökotoxikologie stellt sich dies anders dar: Auf der Ebene von Populationen oder gar Biozönosen ist die Bedeutung genotoxischer Effekte umstritten. Überproduktion und Konkurrenz führen zu einer schnellen und folgenlosen Elimination ungeeigneter Mutanten. Krebs fällt als Altersphänomen vor allem in die nachreproduktive Phase, die selten ausgebildet ist (vgl. Kap. 1.5.3). Die Richtungslosigkeit der Mutationen hat keine wesentliche Verschiebung der Allelfrequenzen zur Folge, allenfalls einen vergrößerten Genpool. Bei unveränderten Umweltbedingungen wird dieser durch stabilisierende Selektion schnell verkleinert, bei Umweltveränderungen kann er sogar von Vorteil sein (vgl. Kap. 1.6.1). So ist Genotoxizität nur in Ausnahmefällen von ökologischer Bedeutung: In Populationen, in denen Genetische Drift bedeutsam ist, oder in solchen extremer K-Strategen (vgl. Kap. 1.6.2), die auf die kaum überschießende Reproduktion aller Individuen angewiesen sind. Solche Populationen sind auch durch andere Zufallsereignisse oder Umweltveränderungen gefährdet; ein kausaler Nachweis ihres Verschwindens ist kaum zu führen. Die Wirkungen massiver

Konzentrationen genotoxischer Substanzen, die zu einer Schwächung eines signifikanten Anteils der Individuen großer Populationen führen würden, manifestieren sich wahrscheinlich auch in nicht auf Genotoxität ausgelegten Tests.

4.5 Ökotoxikologische Chemikalienprüfung

Die ökotoxikologische Chemikalienprüfung dient der vorausschauenden Abschätzung (Prognose) des ökosystemaren Gefährdungspotentials von Chemikalien und ist Teil verschiedener deutscher und europäischer Gesetze. Sie ist eine relativ junge Ergänzung länger vorgeschriebener toxikologischer Prüfungen; neben dem Schutz der menschlichen Gesundheit ist seitdem auch die Minimierung der Umweltgefährlichkeit als Ziel gesetzlich verankert.

4.5.1 Anmeldungs-, Zulassungs- und Registrierungsverfahren in der Bundesrepublik Deutschland

Das Gesetz zum Schutz vor gefährlichen Stoffen (Chemikaliengesetz, ChemG, BRD 1980) wurde als nationale Umsetzung des 1979 beschlossenen EG-Rechts 1980 erlassen und ist seit 1982 in Kraft. Es regelt das **Anmeldungsverfahren** für die Produktion neuer Stoffe. Die ökotoxikologischen Prüfnachweise sind in Form eines festen Katalogs vorgeschrieben und sind in aller Regel eine Bringeschuld des Anmelders. Es erfolgt eine Selbsteinstufung und Kennzeichnung durch den Anmelder, die von der bewertenden Behörde, dem Umweltbundesamt (UBA), überprüft wird. Für die Bewertung terrestrischer Prüfungen wird die Biologische Bundesanstalt für Land- und Forstwirtschaft in Braunschweig (BBA) herangezogen.

Nach Anwendungszweck und daraus folgendem Risiko gibt es für einige Stoffe und Stoffkombinationen über die Anmeldung hinausgehende, durch eigene Gesetze geregelte **Zulassungsverfahren**. In solchen Verfahren wird Art und Umfang von Prüfungen, die über die Grundanforderungen hinausgehen, im Einzelfall von der zulassenden Behörde festgelegt. Beispiele für Produkte, für die solche, immer zeitlich begrenzte, Zulassungen eingeholt werden müssen, sind Arznei- und Pflanzenschutzmittel. Für Arzneimittel sind ökotoxikologische Prüfungen noch nicht vorgeschrieben, werden aber ernsthaft diskutiert. Die Zulassung von Pflanzenschutzmitteln wird vom Gesetz zum Schutz der Kulturpflanzen (Pflanzenschutzgesetz, PflSchG, BRD 1986) geregelt und obliegt der BBA; für Fragen der aquatischen Toxizität ist wiederum das UBA zuständig. Anders als alle anderen Chemikalien werden Pflanzenschutzmittel aufgrund ihrer Eignung zur Schädigung bestimmter Zielorganismen (targets) in die Ökosysteme ausgebracht; eine wirkrelevante Exposition ist angestrebt. Deshalb werden, je nach erwarteter Anwendung und Exposition, sehr weit gefächerte und komplexe Prüfungen eingefordert. Diese können neben allgemeinen Tests zur Ökotoxizität (s.

4.5.2) spezielle Prüfnachweise der Wirkung auf besonders gefährdete non-target-Organismen, Metabolismusstudien oder naturnahe Untersuchungen zu Verbleib und Wirkung umfassen. Letztgenannte Prüfungen dienen vor allem der möglichen Entlastung von Stoffen oder Präparaten, die bei einer nicht ausreichenden oder widersprüchlichen Datenlage bezüglich ihrer Umweltgefährlichkeit nicht zugelassen würden.

Für bestimmte Anwendungsklassen von Produkten gibt es **Registrierungsverfahren**, in denen zusätzliche Nachweise besonderer Eigenschaften geführt werden müssen. Wasch- und Reinigungsmittel sowie deren Inhaltsstoffe müssen beispielsweise auf Abbaubarkeit geprüft werden. Verantwortliche Behörden sind das UBA und Landesbehörden.

4.5.2 Die Stufenstruktur des Chemikaliengesetzes

Jeder neu auf den Markt kommende Stoff durchläuft ein Anmeldungsverfahren. Für dieses müssen Daten erhoben und eingereicht sein, die eine Einstufung, Kennzeichnung und Bewertung im Sinne des Schutzes von Herstellern, Verbrauchern und der Umwelt ermöglichen. Im Einzelfall können seitens der bewertenden Behörde Auflagen zur Entsorgung, zum Recycling und zur Verpackung gemacht werden. Gehen von dem zu bewertenden Stoff Gefahren aus, denen durch Einstufung, Kennzeichnung und Verpackung nicht zu begegnen ist, können Beschränkungen oder Verbote ausgesprochen werden. Nach einer abschließenden Prüfung der Anmeldeunterlagen durch das UBA erfolgt die Bewertung der Umweltgefährlichkeit. Hier soll nur auf die Untersuchungen und Daten eingegangen werden, die im Hinblick auf diese Bewertung relevant sind. Daneben sind zahlreiche weitere physikalische, chemische und toxikologische Daten gefordert, die teilweise von Bewertungsstellen der Bundesanstalt für Arbeitsschutz und der staatlichen Gesundheitsbehörden bearbeitet werden.

Für die Umweltgefährlichkeit bedeutsam ist, ganz im Sinne des ökotoxikologischen Risikobegriffs, ob sich der neue Stoff zur Umweltpräsenz und/oder zur Umweltschädigung eignet. Die Präsenz wird durch die Produktionsmenge, die Produktionsweise, die Anwendung und die Transportwege in der Umwelt, aber auch durch die Verweildauer und die Abbaubarkeit bestimmt. Zu allen Punkten sind detailierte Angaben zu machen. Die Präsenz am potentiellen Wirkort kann über Daten zur Akkumulierbarkeit abgeschätzt werden. Diese Expositionsdaten finden als zeitlich und lokal prognostizierte Konzentrationsangaben Eingang in die Risikobewertung. Als Schädigung gelten schädliche Wirkungen der Substanz auf Lebewesen, die natürliche Beschaffenheit von Wasser und Boden, die systemischen Beziehungen und den Naturhaushalt. Diese schädlichen Wirkungen sind als Abweichungen von physiologischen oder ökologischen Sollwerten zu bestimmen und einer sie auslösenden Konzentration des Stoffes zuzuordnen. Dabei sind die Sollwerte und die wirkrelevanten Abweichungsintervalle zu definieren. Wirkkonzentrationen und prognostizierte Umweltkonzentrationen werden bei der Prognose der Umweltgefährlichkeit miteinander verglichen.

Da das von einem Stoff ausgehende Risiko für die Umwelt zunächst durch seine absolute Menge limitiert ist, wird bei der Anmeldung neuer Stoffe nach einem Stufenplan vorgegangen, der sich nach der angestrebten Vermarktungsmenge richtet:

Grundstufe:	1 t/a oder insgesamt
Stufe 1:	100 t/a oder 500 t insgesamt
Stufe 2:	1000 t/a oder 5000 t insgesamt

Mit höherer Stufe werden umfangreichere Untersuchungen eingefordert. Dadurch ist gewährleistet, daß die Verhältnismäßigkeit von Untersuchungsaufwand und möglichem Risiko gewahrt bleibt. Bei Verdacht auf besondere Umweltgefährlichkeit kleiner Mengen kann die Behörde Prüfergebnisse der folgenden Stufen einfordern. Die Schwerpunkte der Datenerhebung liegen auf den einzelnen Stufen unterschiedlich:

- In der Grundstufe steht die Expositionsanalyse im Mittelpunkt. Zu den geforderten Basisinformationen gehören Hinweise zu Verwendung, Menge und physikalisch-chemischen Eigenschaften des Stoffes sowie Empfehlungen im Umgang: Vorsichts- und Sofortmaßnahmen, Lagerung, Entsorgung, Unschädlichmachung. Prüfnachweise zur abiotischen und leichten biotischen Abbaubarkeit über längstens 28 Tage geben Hinweise auf die Eignung zur Umweltpräsenz. Untersuchungen zur Toxizität beschränken sich im wesentlichen auf akute Toxizitätstests. Sie liefern erste Anhaltspunkte für einen Verdacht auf die Eignung zur Umweltschädigung.
- In Stufe 1 liegt der Schwerpunkt auf der Wirkanalyse. Die Eignung zur Umweltschädigung wird mit Hilfe zusätzlicher akuter, sowie subakuter und chronischer Tests ermittelt. Die Abschätzung der Eintrittswahrscheinlichkeit der Umweltschädigung wird durch Tests zur langfristigen Bioabbaubarkeit und zur Bioakkumulation verbessert.
- In Stufe 2 ist aufgrund der hohen Produktionsmengen oder einer nachgewiesenen Eignung zur Umweltschädigung eine Risikoanalyse gefragt: Der Abstand zwischen der in Langzeitstudien ermittelten niedrigsten Wirkkonzentration und der potentiellen Umweltkonzentration muß hinsichtlich der Erheblichkeit des zu erwartenden Schadens bewertet werden. Dazu sind weitere Untersuchungen zur Abbaubarkeit, Adsorption und Desorption, Bioakkumulation und Toxizität (populationsrelevante Endpunkte, Vertreter potentiell betroffener Organismengruppen) gefordert.

Das Stufenkonzept stellt sicher, daß jeweils nur die bedenklichen Stoffe weiteren Prüfungen unterzogen werden. Diese Vorgehensweise wird im folgenden für die beiden Komplexe Bioakkumulation und Ökotoxizität weiter ausgeführt.

Bioakkumulation und Chemikalienprüfung. Von einer relevanten Bioakkumulation wird bei einem BCF > 100 ausgegangen, wobei der Konzentrationsfaktor für einzelne Organe erheblich höher ausfallen kann. Im Stufenkonzept des Chemikaliengesetzes wird der BCF auf folgende Weisen ermittelt:

In der Grundstufe wird der zu erwartende BCF aus der Wasserlöslichkeit, bzw. aus dem Verteilungskoeffizienten Octanol/Wasser P_{OW} abgeschätzt. Dieser kann wiederum bestimmt oder aus verschiedenen chemischen Eigenschaften nach unterschiedlichen Modellen berechnet werden. Bei der Ableitung der potentiellen Akkumulation aus dem P_{OW} werden QSAR-Untersuchungen zu Rate gezogen.

In Stufe 1 ist ein Biokonzentrationstest mit Fischen (vgl. Kap. 4.3.2) vorgesehen, wenn eine signifikante Akkumulation nicht sicher ausgeschlossen werden kann. Für log P_{OW} -Werte < 3 (ChemG) oder < 2.7 (PflSchG) wird diskutiert, ob stoffgruppenspezifische QSAR-Untersuchungen ausreichen und auf BCF-Untersuchungen verzichtet werden kann. Die Biokonzentration in Fischen wird nach der OECD-Richtlinie 305 (OECD 1981b), meist als statischer Test, durchgeführt. Da bei flüchtigen oder stark lipophilen Substanzen konstante Konzentrationen im Wasser nicht zu erreichen sind, kann ein Durchflußtest (305 E) notwendig sein.

In Stufe 2 können weitere Untersuchungen verlangt werden, wenn dies im Rahmen einer Risikoabschätzung notwendig erscheint: Untersuchungen der Akkumulation im Durchfluß, Akkumulationstests mit mutmaßlich betroffenen Wasserorganismen wie etwa Muscheln (an Schwebstoffe adsorbierende Substanzen) oder Chironomidenlarven (Sedimentbelastung), Untersuchungen zur terrestrischen Bioakkumulation.

Bislang gibt es weltweit nur wenige bis keine Daten für den terrestrischen Bereich, Testvorschriften sind erst in der Erarbeitungsphase. Dies liegt an der schwierigen Standardisierbarkeit derartiger Untersuchungen. Ein für die Bestimmung der Akkumulation notwendiges Gleichgewicht zwischen Aufnahme und Elimination wird bei größeren Tieren bei problematischen Substanzen (und nur diese sollen auch terrestrisch untersucht werden!) unter Umständen erst nach Monaten oder Jahren erreicht, für Extrapolationen fehlen Erfahrungswerte. Die Untersuchung der Biomagnifikation verlangt

- die experimentelle Beherrschung einfacher Nahrungsketten (Zucht, Handhabbarkeit),
- eine Quantifizierung der applizierten Dosis in möglichst kleinen Beuteorganismen,
- Wissen über die Toxizität der Testsubstanz gegenüber allen beteiligten Organismen, um unerwünschte Sterblichkeit auszuschließen

Die Bestimmung terrestrischer Biomagnifikationsfaktoren ist bislang nur in Dänemark vorgesehen: Kann keine leichte Abbaubarkeit nachgewiesen werden oder beträgt die Halbwertzeit im Boden mehr als 20 Tage und ist die Lipophilie mit einem $P_{OW} \geq 1000$ als hoch einzustufen, werden weitere Untersuchungen eingeleitet. Eine relevante Bioakkumulation in Fischen (BCF ≥ 100 nach OECD) und Hinweise auf eine Bioakkumulation bei Säugern aus Toxizitätstests (Elimination aus langsamstem Kompartiment > 3 d) führen zu einem Biomagnifikationstest mit Säugern, bei dem jeder BMF > 1.0 als relevant eingestuft wird. Der Test kann auch verlangt werden, wenn eine hohe Exposition von Bodenorganismen oder Vögeln erwartet werden kann.

Ökotoxizität und Chemikalienprüfung. *Grundstufe.* Ursprünglich waren in der Grundstufe für Chemikalien ab einer Produktionsmenge von 1 t lediglich zwei akute Toxizitätstests an aquatischen Organismen vorgesehen: Die Prüfungen auf

- akute Toxizität gegenüber Kleinkrebsen der Art *Daphnia magna* (OECD 1984b, 1. Teil), Bestimmung der $EC50_{24h}$
- akute Toxizität gegenüber Fischen (OECD 1981a) der Art *Brachydanio rerio,* Bestimmung der $LC50_{96h}$

Die einzigen Endpunkte sind Immobilität (Daphnien), bzw. Sterblichkeit (Zebrabärbling). Seit 1994 sind diese Prüfnachweise bereits für Produktionsmengen ab 100 kg notwendig. Für jeden Stoff der Grundstufe ab 1 t gelten zusätzlich einige ehemalige Tests der Stufe 1:

- die Hemmung des Wachstums einzelliger Grünalgen (OECD 1984a) der Art *Scenedesmus subspicatus*, Bestimmung der $EC\,10_{72\,h}$
- die Hemmung des Bakterienwachstums (verschiedene Bestimmungsmöglichkeiten, z.B. über die Bestimmung der Atmungsaktivität)

Dadurch hat sich der Schwerpunkt der ökotoxikologischen Prüfungen etwas verschoben: Stand früher die grobe Abschätzung der Größenordnung akut ökotoxischer Konzentrationen im Mittelpunkt, sind heute bereits alle im Testkonzept vorgesehenen trophischen Ebenen aquatischer Ökosysteme in der Grundstufe vertreten. Die Untersuchungen an einzelligen Algen sind schon als chronische Toxizitätsuntersuchungen einzustufen, da sie mehrere Generationen erfassen. Die Ermittlung der zehnprozentigen Wachstumshemmung ist ein Summenparameter subletaler Wirkungen, dies gilt auch für die Endpunkte der mikrobiellen Tests. Nach wie vor wird die Toxizität gegenüber terrestrischen Organismen und die chronischen Wirkungen auf Metazoen nicht erfaßt. Wegen der Vorsorge-Intention des Stufenkonzepts geht deshalb jeweils der für die zu bewertende Chemikalie ungünstigste Wert in die Beurteilung ein.

Stufe 1. Die Prüfnachweise für die Stufe 1 ermöglichen eine Präzisierung der Beurteilung toxischer Wirkungen bezüglich subletaler Wirkungen, längerer Expositionszeiten und terrestrischer Arten.

- verlängerte Toxizität gegenüber *Daphnia magna* unter Einbeziehung der Reproduktion (OECD 1984b), Bestimmung von LOEC und NOEC
- verlängerte Toxizität gegenüber Fischen (*B. rerio*) über 28 Tage (OECD 1984c), Bestimmung von LC50 oder LOEC und NOEC
- längerfristige Toxizität gegenüber Bodenorganismen, repräsentiert durch den Kompostwurm *Eisenia foetida* (OECD 1984f), Bestimmung von LC50 oder LOEC und NOEC
- längerfristige Toxizität an terrestrischen Pflanzen, repräsentiert durch den Hafer (*Avena sativa*, monokotyl) und die Rübe (*Brassica rapa rapa*, dikotyl) (angelehnt an OECD 1984g), Bestimmung von LOEC und NOEC

Wenn der Verwendungszweck und die Prüfergebnisse der Grundstufe ein besonderes Gefahrenpotential erkennen lassen, kann bereits ab einer geringeren Produktionsmenge eine Einstufung nach Stufe 1 erfolgen. Dies ist der Fall bei akuten Toxizitäten mit einer LC/EC50 < 1 mg/l. Liegt die LC/EC50 zwischen 1 und 500 mg/l, ist eine Vorziehung der Stufe 1 angezeigt, wenn die Grundstufendaten zur biologische Abbaubarkeit, der log $P_{o/w}$ oder die Säugertoxizität dies nahelegen. Hier hat die bewertende Behörde Spielraum: Je niedriger die LC/EC50 und je höher die Produktionsmenge, desto eher kann eine vorgezogene Einstufung in Stufe 1 erfolgen. Die Möglichkeit des Vorziehens führt nicht in jedem Fall zur Belastung der Substanz. Sie schützt vor vorschneller Beurteilung der Umweltgefährlichkeit auf alleiniger Basis der Grundstufe und kann auch zur Entlastung führen.

In Stufe 1 fehlen nach wie vor chronische und subchronische Studien an Fischen; die terrestrische Ökotoxizität wird nur an einer Tierart getestet, Mikro- und Mesofauna fehlen ebenso wie Vertreter der Primär- und Sekundärkonsumenten. Ein Vergleich der Daten mit der Expositionsanalyse ist somit nur bezüglich kurzfristiger Wirkungen in aquatischen Systemen relevant.

Stufe 2. Bei hoher zu erwartender Exposition werden die Prüfnachweise der Stufe 2 gefordert:

- Untersuchungen zur chronischen Toxizität gegenüber Fischen unter Einbeziehung der Reproduktion
- Untersuchungen zur Vogeltoxizität
- Untersuchungen zu Toxizität gegenüber anderen, mutmaßlich betroffenen oder ökologisch relevanten Organismen
- nach Bedarf weitere Eigenschaften im Hinblick auf Exposition und Risiko

Dies gilt zunächst für die Stoffe mit einer angestrebten Produktionsmenge > 1000 t/a. Liegt der niedrigste NOEC-Wert der Stufe 1 für Daphnien oder Fische im Bereich oder unter der durch die Expositionsanalyse ermittelten möglichen Umweltkonzentration, wird die Stufe 2 auch bei geringeren Produktionsmengen vorgezogen. So können die Prüfungen der Stufe 2 zur Absicherung der Beurteilung der Substanz als umweltgefährlich, aber auch der Entlastung dienen. Liegt bereits eine LOEC oder die EC 10 für Algen in Stufe 1 unter dem Wert der Expositionsanalyse, erfolgt eine unmittelbare Beurteilung der Substanz als umweltgefährlich, ohne daß Prüfnachweise der Stufe nötig wären. Im Falle sehr geringer Giftigkeit in Prüfungen der Stufe 1 kann trotz angestrebter Produktionsmengen > 1000 t/a auf Prüfnachweise der Stufe 2 verzichtet werden.

Die nicht festgelegten Prüfungen der Stufe 2 ergeben sich aus den Vorgaben, die aus der Expositionsanalyse, den Toxizitäts- und den Ökotoxizitätsdaten der Stufe 1 erwachsen. Schwerpunkte liegen einerseits auf der bis dahin zurückgestellten Toxizität für terrestrische Konsumenten und Bodenorganismen. Andererseits sind chronische Studien gefordert, anhand derer Langzeitwirkungen auf populationsrelevante Endpunkte festgestellt werden können. Dazu zählen Wirkungen auf die Reproduktionsleistung oder die Überlebensfähigkeit der Folgegeneration. Unter Umständen müssen Wirkungen möglicher Ab- und Umbauprodukte der Substanz mit berücksichtigt werden.

Die Vorgehensweise bei Untersuchungen der Stufe 2 bleibt zunächst hypothetisch, da bislang kein neuer Stoff diese Einstufung erreicht hat. Die Diskussion um die Art der durchzuführenden Tests ist noch offen. Industrievertreter propagieren einen early life stage test mit Fischen (OECD 1992) als ausreichend für die Forderungen der Stufe 2, während Wissenschaftler diesen auf der Stufe 1 für geeignet sehen, den wenig aussagekräftigen verlängerten Fischtest zu er-setzen. Sie schlagen für die Stufe 2 einen life cycle test vor, der den Forderungen des Gesetzes näherkommt, aber der Industrie als zu aufwendig und zu wenig reproduzierbar gilt.

Abschließende Stoffbewertung. Ist nach der Risikoanalyse eine wirkrelevante Konzentration in der Umwelt nicht auszuschließen, beurteilt das UBA die Substanz als "umweltgefährlich". Mit dieser Einstufung ist die Pflicht zur entsprechenden Kennzeichnung gegeben. Es können Auflagen bezüglich der Produktion, der Verteilung und der Anwendung gemacht werden bis hin zu einem Produktions- oder Vermarktungsverbot, was jedoch bislang noch für keinen Stoff bekannt geworden ist.

Die Bewertung von Substanzen bezüglich ihrer Umweltgefährlichkeit ist eine notwendigerweise pragmatische Entscheidung, die wissenschaftlich unterstützt, aber nicht abgesichert werden kann. Der Prozeß und die Mittel der Entscheidungsfindung müssen Gegenstand ständiger Diskussion sein und bleiben: Die Wissenschaft muß Erkenntnisse vorantreiben und die Umsetzung des aktuellen Erkenntnisstands einfordern, die Politik muß den Grad der Umsetzung mit anderen Entscheidungsaspekten abwägen und festlegen, die Wirtschaft muß ihr Entwicklungspotential auf diese Gegebenheiten abstimmen. In der Öffentlichkeit muß die Stoffbewertung als das vertreten werden, was sie ist: Keine wissenschaftliche Prognose über die Gefährlichkeit oder Unbedenklichkeit, sondern ein behördlicher Kompromiß zwischen Wissenschaftlichkeit, Handlungsfähigkeit und Kosteneffizienz.

4.5.3 Ökotoxikologie und Altstoffbewertung

Besonderheiten der Altstoffbewertung. Die vor Inkrafttreten des Chemikaliengesetzes zugelassenen Stoffe fallen nicht unter die Anmeldepflicht. Für diese in der Größenordnung von 100 000 Substanzen existierenden sogenannten Altstoffe mußte eine Regelung gefunden werden, die die Kenntnis über das Gefährdungspotential der der neuen Stoffe angleicht. Der Bewertungsmaßstab für die Umweltgefährlichkeit alter Stoffe sollte sich zwar grundsätzlich nicht von dem für neue Stoffe unterscheiden, aber es sind folgende Besonderheiten zu berücksichtigen:

- Die Stoffe sind bereits in den Verkehr gebracht, was im Falle erhöhten Gefährdungspotentials eine schnelle Bewertung verlangt. Bei der großen Zahl von Stoffen müssen Prioritätenlisten erstellt werden, um zunächst die besonders relevanten Stoffe zu bewerten und notfalls Prüfdaten einzufordern. Dies macht ein noch pragmatischeres Vorgehen als bei der Prüfung neuer Stoffe notwendig.

- Es existiert bereits eine Datenlage, die zwar nicht im Sinne heutiger Bewertungskriterien enstanden ist, aber für die Bewertung genutzt werden sollte. Eine Bewertung alter Stoffe beginnt mit einer Beurteilung der Verwendbarkeit und Aussagekraft alter Prüfdaten.
- Das Gefährdungspotential ist nicht in mehr nur vorausschauend abzuschätzen, es kann auf reale Umweltdaten zurückgegriffen werden. Expositionsanalysen können sich auf Messungen in Ökosystemen stützen, Prognosedaten an der tatsächlichen Situation überprüft werden. Für Wirkanalysen stehen in Einzelfällen Schadensbeschreibungen nach Unfällen oder aus heutiger Sicht falscher Anwendungen zur Verfügung. Daraus ergeben sich zusätzliche Bewertungskriterien einer anderen Qualität.
- Der zu bewertende Altstoff stellt unter Unterständen einen realen Wirtschaftsfaktor mit entsprechenden Folgeerscheinungen dar: Akzeptanz durch den Verbraucher, gesicherte Marktanteile, abgeleitete Produkreihen, von Produktion, Distribution oder Entsorgung dieser Produktreihen abhängende Arbeitsplätze. Diese Aspekte müssen bei der Altstoffbewertung zusätzlich berücksichtigt werden. Die Ökotoxikologie muß sich an Empfehlungen für Ersatzstoffe beteiligen; die gesellschaftliche Bewertung und Prioritätensetzung der Bewertungsziele ist die politische Aufgabe der bewertenden Institutionen.

Das Beratergremium umweltrelevanter Altstoffe (BUA). Mit Inkrafttreten des Chemikaliengesetztes 1982 wurde im Einvernehmen zwischen Bundesregierung, Wissenschaft und chemischer Industrie bei der Gesellschaft Deutscher Chemiker (GDCh) das Beratergremium umweltrelevanter Altstoffe (BUA) eingerichtet. Die zu einem großen Teil ehrenamtliche Arbeit des von Vertretern aller drei Interessengruppen gebildeten Gremiums umfaßt vier Schritte:

1. Eine pragmatische, ökologisch und ökonomisch konsensfähige Prioritätensetzung führt zu einer Erstellung von Stofflisten, die einer Einstufung nach Dringlichkeit entspricht.
2. Über die in die Listen aufgenommenen Stoffe werden Berichte verfaßt, anhand derer eine Beurteilung der Umweltgefährlichkeit im weiteren Sinne möglich wird und aus denen konkrete Hinweise auf den Umgang mit dem jeweiligen Stoff, auf Unschädlichmachung, Recycling und mögliche Ersatzstoffe zu entnehmen sind. Eine Beschreibung der wirtschaftlichen und gesellschaftlichen Bedeutung vervollständigen einen derartigen Stoffbericht. Die Berichte werden durch die GDCh veröffentlicht.
3. Reicht die Datenlage nicht aus, werden Empfehlungen für weitere Prüfungen ausgesprochen.
4. Zum Abschluß erfolgt eine Bewertung der Berichte einschließlich der enthaltenen Prüfdaten.

Tabelle 4.4. Prioritätenliste der Altstoffbewertung nach Produktionsmenge durch das Beratergremium umweltrelevanter Altstoffe. Basis für die Datenerhebung sind die etwa 100 000 Stoffe des European Inventory of Existing Chemical Substances. Die Produktionsmengen wurden durch eine repräsentative Umfrage bei Mitgliedsfirmen des Verbandes der Chemischen Industrie (VCI) 1986 ermittelt. Importe und Angaben aus der Produktion der ehemaligen DDR sind nicht inbegriffen. Die 4600 Altstoffe mit einer Produktionsmenge über 10 t/a stellen laut BUA mehr als 99 % der derzeit in der EU produzierten und verwendeten Stoffe dar.

Tonnen/Jahr	Zahl der Stoffe	
> 10 000	400 ⇨	1100 Stoffe erster Priorität
1000 - 10 000	700 ⇨	
100 - 1000	1300	
10 - 100	2200	
> 10	4600	

Die Grundprinzipien des Gremiums sind freiwillige Kooperation und Transparenz. Die Informationen zu den einzelnen Stoffen basieren auf freiwilligen Angaben der chemischen Industrie, die sich zu als notwendig erachteten Nachprüfungen von Stoffen und gegebenenfalls Produktionseinschränkungen verpflichtet.

Prioritätensetzung und Datenumgang. Die verfügbaren physikalisch-chemischen, toxikologischen und ökotoxikologischen Daten werden zusammen mit den bisherigen und aktuellen Produktionsmengen als sogenannte Grunddatensätze in einem einheitlichen Datenbanksystem (AIDA) gespeichert, auf das in Zukunft alle potentiellen Nutzer Zugriff haben sollen. Die Grunddatensätze werden ständig aktualisiert. Neue Produktionsmengen, Anwendungen oder Prüfdaten werden von der Industrie selbstverpflichtet gemeldet. Auch neuere Prüfkategorien, wie z.B. Allergietests, sollen zukünftig Eingang finden. Die ökotoxikologischen Daten eines Grunddatensatzes enthalten mindestens die Prüfnachweise der Grundstufe ChemG für die Anmeldung neuer Stoffe und zusätzlich Daten zur Bioakkumulation.

Die Basis für AIDA bilden die Grunddatensätze von 1100 Stoffen höchster Priorität, die anhand der Produktionsmengen ausgewählt wurden (Tabelle 4.4). von dieser Prioritätenliste wurden Pflanzenschutz- und Arzneimittel, sowie Lebensmittel, Futtermittel und Zusatzstoffe ausgenommen, da für diese eigene Gesetze und Zulassungsverfahren bestehen. Zurückgestellt wurden außerdem anorganische und natürlich vorkommende Stoffe, nicht vermarktete Stoffe und und vermutlich in der Umwelt instabile Stoffe, sowie Mineralölprodukte. Die verbleibenden etwa 700 Stoffe dieser reduzierten Arbeitsliste wurden nach ihrem Gefährdungspotential für die Allgemeinbevölkerung und die Umwelt in vier weitere Prioritätengruppen eingestuft, für die jeweils unterschiedliche Maßnahmen durch das BUA veranlaßt wurden (Tabelle 4.5).

Tabelle 4.5. Einstufung von Altstoffen nach ihrem vermutlichen Gefährdungspotential zur Festsetzung der Priorität ihrer Bewertung

Einstufung	Maßnahme	Ziel
1. Vermutlich vorhandenes Gefährdungspotential	Ausführlicher Stoffbericht durch das BUA	Veröffentlichung der BUA-Prüfdaten + Umweltdaten + soziologischen Bedeutung, Ersatzstoffempfehlung
2. Unzureichende/widersprüchliche Datenlage	Prüfungsempfehlungen	Neue Einstufung
3. Derzeitiges Wissen: Geringes Gefährdungspotential	Kurzbericht mit Grunddatensatz + Expositionsdaten	Veröffentlichung und ständige Aktualisierung der Grunddaten
4. u.U. gefährlich, Exposition nur am Arbeitsplatz problematisch (z.B. Zwischenprodukte)	Ausführl. toxikologische Bewertung durch Berufsgenossenschaft Chemie Ökotoxikologie und Exposition als BUA-Kurzbericht	

Wird aufgrund der bestehenden Datenlage ein Gefährdungspotential vermutet, wird ein ausführlicher Stoffbericht verfaßt. Reicht die Datenlage zur Beurteilung nicht aus, hat sich die Industrie zur Nachlieferung von Prüfdaten zur Toxikologie, Ökotoxikologie und zum Expositionsprofil verpflichtet. Bei geringem vermuteten Gefährdungspotential wird auf die Erstellung eines aufwendigen vollständigen Stoffberichts verzichtet und ein Kurzbericht mit vorhandenen Expositions- und Ökotoxizitätsdaten erstellt. Bei Stoffen mit starkem Verdacht der Umweltgefährlichkeit können Tests analog Stufe 1 ChemG oder spezielle weitere Tests diesen Verdacht bestätigen oder zu einer Entlastung des Stoffes führen. Datenbank und Stoffberichte dienen als Entscheidungshilfe für die Bewertung von Altstoffen durch die Bundesbehörden.

Sachstand und Ausblick. Die durch das BUA gesammelten Datensätze zur Ökotoxizität von Altstoffen enthalten bislang nur wenige chronische Studien, wenn man sie in Beziehung zur teilweise erheblichen Exposition und zu den Anforderungen des Chemikaliengesetzes für neue Stoffe setzt. Gemildert wird dieses Defizit durch die teilweise lange praktische Erfahrung mit den Stoffen. Der tägliche Umgang mit vielen Tausenden nicht nach Erkenntnisstand bewerteter Altstoffe fordert zudem eine pragmatischere Vorgehensweise bei der Datenerhebung; nur so ist eine schnelle Bewertung aller Problemstoffe zu bewältigen. Das BUA hat als selbstverpflichtete Organisation ohne gesetzliche Vorgabe diesbezüglich einige Arbeit geleistet: Bis zum März 1993 konnten Berichte mit Empfehlungen zu 160 Stoffen vorgelegt werden. Die 700 Stoffe der Arbeitsliste gelten als grob eingeschätzt; davon zählen 450 Stoffe zur Gruppe 1 und 140 Stoffe zur

Gruppe 2. Die Stoffe geringerer Priorität (Produktionsmengen 10 - 1000 t/a) sollen in größerem Maß als bisher in chemische Stoffgruppen eingeteilt und nur exemplarisch beschrieben werden. Dies ist, wieder im Sinne eines pragmatischen Ansatzes, sinnvoll, wenn die Datenlage bei den nicht nachgeprüften Stoffe zu einem späteren Zeitpunkt nachgebessert wird. Die bislang zurückgestellten Mineralölprodukte werden seit 1990 durch eine eigene BUA-Arbeitsgruppe bearbeitet. Da es sich bei diesen Produkten nicht um Einzelstoffe, sondern um komplexe Gemische handelt, ist eine summarische Betrachtung und die Berichterstellung über Produktgruppen (Flüssiggas, Benzin) notwendig.

Deutschland kommt als wichtigstem Chemiestandort innerhalb der EU eine besondere Verantwortung zu; eine Risikoabschätzung und -minimierung bei Altstoffen ist jedoch nur im internationalen Rahmen erfolgversprechend. Das Einstufungs- und Beschreibungskonzept des BUA diente als Grundlage für die Altstoffkonzeption der Bundesregierung, die als Gestaltungsbeitrag in die EG-Verordnung zur Bewertung und Kontrolle der Umweltrisiken chemischer Altstoffe Eingang gefunden hat.

4.5.4 Extrapolations- und Bewertungsmethoden

Sicherheitsfaktoren. Steht eine Risikoanalyse ohne ausreichende Daten an, werden häufig sogenannte Sicherheitsfaktoren von 10-1000 eingerechnet, um eine nicht vorhandene NOEC aus anderen Daten zu extrapolieren. Derartige Verfahren sind problematisch: Ein Vergleich von Untersuchungsdaten zeigt, daß bereits die akuten Toxizitäten verschiedener Tierspezies teilweise gewaltige Unterschiede aufweisen: Von 627 ausgewählten Stoffen, darunter 40 Pestizide, umfaßte die Spanne der LC50-Werte bei 55 Stoffen einen Faktor > 1000. 51 davon wiesen Spannen der akuten Toxizität bis zu einem Faktor > 10 000 auf, noch 15 Stoffe zeigten Unterschiede bis zu einem Faktor > 100 000 (Rudolph und Boje 1986). Eine Extrapolation auf subletale chronische NOEC-Werte ist gänzlich unmöglich (vgl. Kap. 4.4.4): "Aus dem LC50-Wert läßt sich mittels eines Sicherheitsfaktors keine unschädliche Konzentration ermitteln. Hierzu sind im Anschluß an die Bestimmungen der LC50 weitere Untersuchungen erforderlich" (Deutsche Forschungsgemeinschaft 1983). Würde nach dem Konzept "worst case bei unzureichender Datenlage" verfahren, müßten Sicherheitsfaktoren Größenordnungen annehmen, die jede Risikoanalyse ad absurdum führten. So sind Sicherheitsfaktoren "das einfachste Mittel, fehlende Kenntnis durch Vortäuschen 'wissenschaftlicher' Argumente zu ersetzen" (Rudolph und Boje 1986).

Unbeeindruckt von der Diskussion um die Wissenschaftlichkeit ist die Verwendung von Sicherheits-, Abstands- oder Ausgleichsfaktoren gängige Praxis. Solange die beinahe beliebige Relativität der Faktoren und der rein empirische Charakter ihrer Erhebung deutlich bleibt, ist gegen eine Anwendung in Fällen pragmatischen Handlungsbedarfs (z.B. Prioritätensetzung bei der Datenerhebung für alte Stoffe) nichts einzuwenden. Bei der Risikoabschätzung im Einzelfall sind sie kein Ersatz für die Erhebung stoff- und anwendungsbezogener LOEC- und NOEC-Daten.

PEC-PNEC. Ein komplexes und abgestuftes Beispiel für den Umgang mit Sicherheitsfaktoren bietet die Vorgehensweise der Umweltbehörde der Vereinigten Staaten, der U.S. environmental protection agency (US-EPA 1984). Aus allen vorhandenen Daten (NOEC, EC/LC50-Werte aller Tests, QSAR-Abschätzungen) werden sogenannte concern levels berechnet. Anzahl und Qualität der Daten bestimmen den Sicherheitsfaktor. Liegen beispielsweise mindestens drei NOEC-Werte mit Organismen verschiedener taxonomischer Gruppen vor, wird der niedrigste Wert durch den Sicherheitsfaktor 10 geteilt. Existieren lediglich mindestens drei EC/LC50-Werte mit Organismen verschiedener taxonomischer Gruppen oder mindestens fünf mit Vertretern aus zwei taxonomischen Gruppen, wird der niedrigste Wert durch 100 geteilt. Bei nur einem EC/LC50-Wert oder einer LC50-Abschätzung aus QSAR-Studien wird der Wert durch 1000 geteilt. Der jeweils erhaltene Wert wird als PNEC (predicted concentration of no environmental concern) bezeichnet und mit der prognostizierten Umweltkonzentration (PEC: predicted environmental concentration) verglichen. Ist die PEC > PNEC, ist der concern level überschritten und es werden weitere Prüfungen nötig. Diese zeigen entweder, daß der PNEC heraufgesetzt werden darf, oder es entsteht Handlungsbedarf bei der reglementierenden Behörde.

Unbedenklichkeitsbegriff. Eine generelle NOEC und damit ein allgemeingültiger Schwellenwert für Wirkungen (PNEC) kann für keinen Stoff angegeben werden, da dies voraussetzt, den empfindlichsten aller denkbaren Endpunkte berücksichtigt zu haben. So gibt es prinzipiell keine Unbedenklichkeit; daran können auch beliebige Sicherheitsfaktoren nichts ändern. Auch eine Gleichsetzung von Unbedenklichkeit und Unwahrscheinlichkeit hilft nicht weiter, da das Wissen für eine Wahrscheinlichkeitsbetrachtung mit der dazu immer notwendigen Angabe der Aussagesicherheit nicht ausreicht.

Werden hingegen Konzentrationen anhand festgestellter Wirkungen (LOEC) als bedenklich eingestuft, kann als Ziel formuliert werden, daß diese Wirkkonzentrationen (unter Verwendung eines Abstandsfaktors) nicht erreicht werden dürfen. Damit wird der Begriff "Unbedenklichkeit" und die Illusion vom Schutz aller Organismen aufgegeben, die Aussage bleibt wissenschaftlich korrekt.

Regressionsanalysen. Das Schutzziel ökotoxikologischer Betrachtungen ist die Gemeinschaft aller Organismen in einem betroffenen Ökosystem; es kann aber immer nur eine Auswahl getestet werden. Die Empfindlichkeiten aller Organismen gegenüber einer Umweltchemikalie kann als Häufigkeitsklassenverteilung über einen mehr oder weniger breiten Konzentrationsbereich beschrieben werden. Die Zahl der getesteten Arten erhöht die Breite des Wirkungsbereichs und die Sicherheit der Voraussage der realen Empfindlichkeitsverteilung. An die vorhandenen NOEC-Daten werden Summenhäufigkeitskurven angepaßt, die eine log-logistische oder log-normalverteilte Abhängigkeit von der Konzentration aufweisen. Mit Hilfe dieser Kurven kann der kritische Konzentrationswert für ein Schutzziel definiert werden. Dieser ist zumeist mit der 95 % - Percentile identisch: Eine Konzentration, oberhalb der 95 % der NOEC-Werte aller Organismen

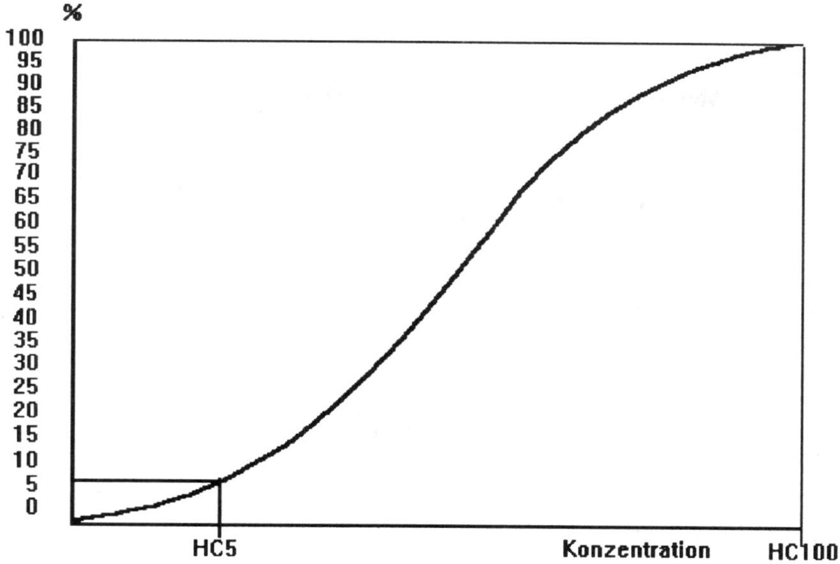

Abb. 4.14. Hazardous concentrations: HC-Wert-Bestimmung anhand der über die aufsteigende Konzentration eines Stoffs summierten Häufigkeiten experimentell bestimmter NOEC-Werte bei verschiedenen Organismen.

liegen, darf nicht überschritten werden. Dies bedeutet, daß eine mögliche Beeinträchtigung von 5 % der Arten bezüglich des zugrundeliegenden NOEC-Kriteriums in Kauf genommen wird. Diese Grenzkonzentration wird als HC5-Wert (hazardous concentration) bezeichnet (Abb. 4.14). Die Sicherheit, mit der die Lage der Kurve bestimmt werden kann, und damit die Sicherheit des HC-Wertes, hängt von der Datenlage ab. Korrekterweise muß eine Abschätzung der statistischen Aussagesicherheit erfolgen. Ein $HC5_{50}$-Wert gibt die bezüglich des NOEC-Kriteriums gefährliche Grenzkonzentration für 5 % der Arten bei einer Aussagesicherheit von 50 % an (z.B. Aldenberg und Slob 1993).

Da in den seltensten Fällen einheitliche Endpunkte für die NOEC-Daten zur Verfügung stehen und ohnehin meist weder die Empfindlichkeit noch die Populationsrelevanz der NOEC-Endpunkte im Vergleich zu anderen Wirkungen geklärt ist, steht diese statistisch korrekte Methode auf biologisch schwankendem Grund. Dieser kann mit der Zeit durch vergleichbarere Daten verfestigt werden. Dazu bedarf es jedoch eines breiten Einsatzes verschiedenster Testarten. Für jede Substanz muß die Einbeziehung sensitiver und weniger sensitiver Arten gewährleistet sein; die Empfindlichkeitsspektren der Labororganismen dürfen sich von denen der im Freiland vorkommenden Arten nicht unterscheiden. Insbesondere bei spezifisch wirksamen Substanzen kann dies kaum sichergestellt werden.

Bei einer Risikoanalyse reicht die Bestimmung eines HC-Wertes nicht aus. Auch die Verteilung der Substanz in der Umwelt und damit ihre Konzentration

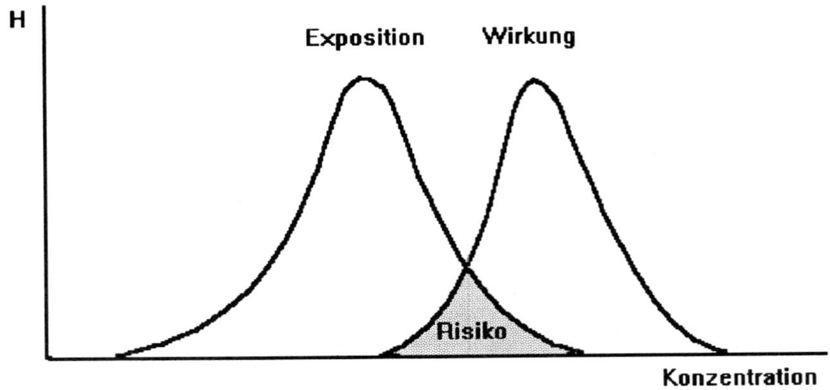

Abb. 4.15. Risikoanalyse. H ist die Häufigkeit, mit der bestimmte Konzentrationen in Umweltmedien auftreten (Exposition) oder zu definierten Wirkungen (EC/LC50, NOEC, LOEC für definierte Endpunkte) führen. Das Risiko ist in seiner konzentrationsabhängigen Lage und Größe von der Definition dieser Wirkung und der Streuung der Daten abhängig.

in den verschiedenen Umweltmedien kann als Häufigkeitsklassenverteilung beschrieben werden. Die anhand von Meßwerten oder Modellrechnungen erhaltenen Daten dienen als Basis einer Kurvenanpassung. Die stoffspezifischen Verteilungskurven von Umweltkonzentration und Sensitivität der Organismen werden über einer Konzentrationsachse aufgetragen. Der Überschneidungsbereich der Integrale von Expositions- und Wirkungskurve repräsentiert das stoffspezifische Risiko, die Größe der Fläche ist ein Maß für das mutmaßliche Auftreten von Schäden (Abb. 4.15). Die Definition dieser Schäden liegt in der Art der Endpunkte der zugrundeliegenden Wirkungstests und im verwendeten Algorithmus der Errechnung der Empfindlichkeitsverteilung.

4.5.5 Ökotoxikologische Untersuchungen bei der Zulassung von Pflanzenschutzmitteln

Sonderstellung der Pflanzenschutzmittel. "Das wichtigste Ziel der Ökotoxikologie ist es, zur nachhaltigen Erzeugung gesunder Nahrungsmittel beizutragen und einen intakten Naturhaushalt zu gewährleisten" (Deutsche Forschungsgemeinschaft 1994).

Dieses Zitat aus einem Sachstandsbericht der Senatskommission zur Beurteilung von Stoffen in der Landwirtschaft zeigt die Sonderstellung des (Kultur-) Pflanzenschutzes als Schutzgut in ökotoxikologischen Betrachtungen. Es instrumentalisiert die Ökotoxikologie für die Belange der Nahrungsmittelproduktion, auch wenn die unklar definierten Begriffe "nachhaltig" und "intakter Naturhaushalt" dies relativieren. Die Sicherstellung der Ernährung der Bevölkerung ist traditionell eine der basalen Aufgaben des Staates. Erfahrungen aus Notzeiten und die Ernährungssituation in anderen Teilen der Welt versehen die Diskussion über Rahmenbedingungen der landwirtschaftlichen Produktion in allen westeuropäischen Ländern mit einem emotionalen Grundton, der eine rationale Betrachtung häufig erschwert. Dies gilt in besonderem Maße für Aspekte der Umweltverträglichkeit: Die Landwirtschaft gehört zu den am stärksten subventionierten und zugleich diesbezüglich am wenigsten reglementierten Wirtschaftsbereichen. Sie ist heute eine der wichtigsten Ursachen vieler Umweltbelastungen wie strukturelle Landschaftsveränderungen (Trockenlegungen, Gewässerbegradigungen, Monokulturen), Bodenzerstörung (Erosion, Mineralausschwemmung), Eintrag von Stickoxiden und Methan in die Atmophäre und nicht zuletzt Belastungen der Böden, Grund- und Oberflächenwässer mit Nitrat und Pestiziden. Diese Belastungen und Schäden wurden lange Zeit nicht wahrgenommen oder als unvermeidliche Begleiterscheinung notwendiger Produktionsmethoden angesehen. Aufgrund der besonderen Situation, daß die Belastung von Ökosystemen durch Land- und Forstwirtschaft gesellschaftlich akzeptiert ist, kommt auch den Pflanzenschutzmitteln unter den Chemikalien eine Sonderstellung zu:

- Die Toxizität neuer Umweltchemikalien soll so gering wie möglich gehalten werden. Pflanzenschutzmittel werden aufgrund ihrer Toxizität in die Umwelt verbracht.
- Die Exposition gegenüber Umweltchemikalien soll möglichst weit von wirkrelevanten Konzentrationen entfernt sein. Bei Pflanzenschutzmitteln sind wirkrelevante Konzentrationen Ziel der Anwendung. Deshalb ist in jedem Fall eine anwendungsspezifische Risikoabschätzung vorzunehmen.
- Schutzziel bei der Abschätzung des ökotoxikologischen Gefährdungspotentials von Umweltchemikalien ist die Gesamtheit der Lebensgemeinschaften inklusiv aller Organismen. Bei der Bewertung ökotoxikologischer Daten im Rahmen der Pflanzenschutzmittelzulassung wird die Lebewelt unter wirtschaftlichen Aspekten in Nützlinge und Schädlinge eingeteilt.

Während eine detailierte Risikoanalyse bei der Chemikalienprüfung erst als letzter Schritt und nur in seltenen Einzelfällen vorgenommen wird, ist sie bei Pflanzenschutzmitteln grundsätzlich notwendig: Ein hohes Risiko ist für "schädliche" Organismen erwünscht und wird als Nutzen dem Risiko für "nicht schädliche" (insbesondere "nützliche") Organismen gegegübergestellt. Aus ökologischer und folglich auch ökotoxikologischer Sicht gibt es diese Unterscheidung nicht. Ein "intakter Naturhaushalt" (als ein vom zu definierenden "Normalzustand" nicht zu unterscheidender) kann nur unter Einbeziehung aller beitragenden Organismen als solcher bezeichnet werden. Das Ziel einer sich selbst verpflichteten Ökotoxikologie muß deshalb die Feststellung, Erklärung und Prognose aller durch chemische Stoffe verursachten Wirkungen sein. Die Abwägung dieses ökotoxikologischen Risikos mit dem erwarteten wirtschaftlichen oder gesellschaftlichen Nutzen ist eine politische Aufgabe und nicht naturwissenschaftlich motiviert. Schon die Voraussetzung der Notwendigkeit von Pflanzenschutzmitteln und damit ihrer ökotoxikologischen Prüfung ist eine politische Vorgabe.

Pflanzenschutzmittel werden a priori als im Ökosystem aktive Wirkstoffe produziert, ihr wirtschaftlicher Erfolg hängt von ihrer Eignung für dieses Ziel ab. Deshalb ist die Datenbasis über Exposition und Wirkung unvergleichlich breiter als die für allgemeine Umweltchemikalien. Eine zunehmende Sensibilisierung gegenüber ökosystemaren Zusammenhängen hat in den letzten Jahren zu erhöhten Anstrengungen in Richtung komplexerer Testsysteme geführt und die Datenlage nochmals verbreitert. Risikoanalysen von Pflanzenschutzmitteln sind somit erheblich fundierter als die Gefährdungsabschätzungen bei allgemeinen Umweltchemikalien, die nicht ohne fragwürdige Extrapolationen auskommen. Angesichts der hohen und gewollten Wirkrelevanz für Ökosysteme ist dieser Wissensvorsprung bei Pflanzenschutzmitteln allerdings auch dringend notwendig.

Zulassungsvoraussetzungen. Die Zulassung von Pflanzenschutzmitteln kann vom Hersteller, Vertreiber oder Importeur beantragt werden. Neben der Angabe der Anwendungsgebiete und der Verfahren zur Analyse und sachgerechten Beseitigung sind dem Antrag Angaben über die Gefahrenmerkmale und die erforderlichen Prüfnachweise beizufügen. Diese sind in der Pflanzenschutzmittelverordnung (BRD 1987) näher beschrieben. Die notwendigen Untersuchungen sind nach international oder national festgelegten Richtlinien durchzuführen.

Die Zulassung wird durch die Biologische Bundesanstalt für Land- und Forstwirtschaft (BBA) erteilt, nachdem die verantwortliche Gesundheitsbehörde und das Umweltbundesamt (UBA) ihr Einvernehmen erklärt haben und ein Sachverständigenausschuß angehört worden ist. Das Zulassungsverfahren muß soll gewährleisten, daß

- das Pflanzenschutzmittel nach dem Stand der wissenschaftlichen Erkenntnisse und der Technik hinreichend wirksam ist,
- die Erfordernisse des Schutzes der Gesundheit von Mensch und Tier beim Verkehr mit gefährlichen Stoffen nicht entgegenstehen (Widerspruchsfreiheit zum ChemG),
- das Pflanzenschutzmittel bei bestimmungsgemäßerund sachgerechter Anwendung oder als Folge solcher Anwendung
  - keine schädlichen Auswirkungenauf die Gesundheit von Mensch und Tier und auf Grundwasser hat,
  - keine sonstigen Auswirkungen, insbesondere auf den Naturhaushalt, hat, die nach dem Stand der wissenschaftlichen Erkenntnisse nicht vertretbar sind.

Zur Erfüllung dieser Anforderungen kann die BBA Anwendungsgebiete beschränken und Anwendungsbestimmungen festsetzen, die in die Gebrauchsanweisung aufzunehmen sind. Bei Verstößen gegen dieses Anwendungsbestimmungen werden Geldbußen angedroht. Die Zulassung endet nach längstens 10 Jahren und muß dann neu erteilt werden.

Da unter "sonstigen Auswirkungen" "alle Auswirkungen, die nicht mit an Sicherheit grenzender Wahrscheinlichkeit auszuschließen sind" zu verstehen sind und eine Nutzen-Risiko-Abwägung vorgenommen werden muß, kann die BBA dem Antragsteller nahelegen, weitere Prüfdaten unter worst case-Bedingungen zu erheben und vorzulegen. Es liegt dann in der Entscheidung des Antragstellers, auf die Zulassung zu verzichten oder weitergehende Prüfungen zu veranlassen und zu finanzieren.

Terrestrische Laborprüfungen. Nach der nationalen Verordnung (BRD 1987) und der entsprechenden EG-Richtlinie (EWG 1991) sind folgende Prüfnachweise zu erbringen:

- Auswirkungen auf Vögel
  - Akute orale Toxizität
  - Subakute Toxizität: Achttägige Fütterungsstudie an mindestens einer Vogelart (nicht an Küken)
  - Chronische Toxizität: Auswirkungen auf die Fortpflanzung
  - Gegebenenfalls Untersuchungen über die Akzeptanz von Ködern, Granulaten oder behandelten Saatkörnern.
- Auswirkungen auf nicht zu den Zielorganismen gehörenden Organismen
  - andere terrestrische Wirbeltiere als Vögel (in Spezialfällen nach Fragestellung; meist Nagetiere nach OECD 1987)
  - Honigbienen
  - andere Nutzarthropoden als Bienen
  - Regenwürmer und andere im Boden lebende und als gefährdet gelten de Makroorganismen
  - Bodenlebende Mikroorganismen

Diese Laborprüfungen sind als erste Stufe einer Reihe von zunehmend komplexeren Untersuchungen zu sehen. In ihnen soll zunächst eine definierte Exposition sichergestellt und eine möglichst eindeutige Zuordnung von Dosis- oder Konzentration zu Wirkungen getroffen werden. Im Freiland sind beobachtbare Wirkungen häufig quantitativ schwächer ausgeprägt, da durch geringere Bioverfügbarkeit die reale Exposition zumeist geringer ausfällt. Die Auswahl der Testorganismen richtet sich weniger nach ökologischen Kriterien, als nach dem Schädling-Nützling Schema: Schädlinge sind die Zielorganismen (targets) einer Anwendung. Sie sind Räuber (= Fresser) oder Konkurrenten der Kulturpflanzen. Nützlinge sind entweder Gegenspieler der Schädlinge (Räuber, Parasiten, Parasitoide) oder erhöhen auf andere Weise die Pflanzenproduktion (Zersetzer, Strukturverbesserer des Bodens). Sie sind deshalb diejenigen Nicht-Zielorganismen (non-targets), die bei der Anwendung von Pflanzenschutzmitteln besonders zu verschonen sind. Bei der Umsetzung dieser Überlegungen muß jedoch meist auf Stellvertreter-Arten zurückgegriffen werden, deren Zucht und Haltung einfach und etabliert ist, deren Empfindlichkeit als relevant für die eigentlich betroffenen Arten angesehen wird, und mit denen bereits eine breite Datenbasis für vergleichende Betrachtungen erarbeitet wurde.

Als allgemein anerkannte Testvorschriften dienen Methoden-Richtlinien der USEPA, der OECD (häufig auf USEPA-Vorschriften basierend) oder Verfahrensvorschläge der BBA und des UBA. Dabei bemühen sich letztere um eine Herabsetzung der Untersuchungsdauer chronischer Tests und eine Verminderung der Tierzahl aus Tierschutzgründen.

Vogeltoxizität. Vögel sind die einzigen terrestrischen Wirbeltiere, an denen Pflanzenschutzmittel grundsätzlich ökotoxikologisch getestet werden. Sie gehören als potentielle Konsumenten vergifteter Zielorganismen oder gebeizten Saatguts zu den besonders betroffenen Nicht-Zielorganismen. Als Standardorganismus für die Vogeltoxizität findet die Japanische Wachtel (*Coturnix coturnix japonica*) verbreitetste Verwendung. Sie zeichnet sich neben den oben genannten Stellvertreter-Kriterien durch einheitliche genetische Anlagen (gute Reproduzierbarkeit der Prüfdaten), eine kurze Generationsdauer von sechs Wochen und eine hohe Eiproduktion aus, was sie für den geforderten Reproduktionstest besonders geeignet macht. Die gute Handhabbarkeit im Test äußert sich in vergleichsweise sicheren Kontrollen, was die Zahl notwendiger Wiederholungsversuche reduziert.

Im akuten Toxizitätstest wird die LD50 (analog zu OECD 1987) oder die letale Schwellendosis und das NOEL (no observed effect level, deutscher Methodenvorschlag) nach einmaliger Fütterung ermittelt. Dazu werden neben der Anzahl der getöteten Tiere pro Geschlecht und Meßzeitpunkt die Individual-gewichte vor Versuchsbeginn und nach Versuchsende, Verhaltensauffälligkeiten und makroskopisch pathologische Befunde herangezogen.

Eine gängige Möglichkeit zur Erfassung der subakuten Toxizität bietet die OECD Richtline 205 (OECD 1984d), die mit der Japanischen Wachtel oder einer Anzahl weiterer Vögel durchgeführt werden kann. Nach einer fünftägigen mit Testsubstanz dotierten Futtergabe werden die Tiere drei Tage ohne Testsubstanz weitergefüttert. Mortalität (LC50 des Futters) und beobachtbare subletale Wirkungen werden registriert. Bei der Ermittlung der Dosis muß der Futterverbrauch einbezogen werden; substanzbedingte Futterverweigerung oder Appetitlosigkeit sind zu berücksichtigen.

Der UBA-Vorschlag zu Reproduktionstoxizität reduziert einen von der USEPA und OECD (1984e) vorgesehenen chronischen Test an mehreren Arten auf einen subchronischen Test mit der Japanischen Wachtel. Untersucht werden unter täglicher Beifütterung der Testsubstanz in drei Konzentrationen:

- Toxizität für Adulttiere
    - Verhalten, allgemeiner Gesundheitszustand
    - Mortalität
    - Futteraufnahme
    - Körpergewicht (differenziert nach Geschlecht)
    - Makroskopische Morphologie gestorbener Tiere
- Reproduktionsparameter
    - Anzahl und Gewicht der gelegten Eier je Paar und Woche
    - Befruchtungsrate
    - Schlupfrate der Eier der fünften und sechsten Woche
- Toxizität für Küken (bei 14tägiger Aufzucht mit unbelastetem Futter)
    - Verhalten, allgemeiner Gesundheitszustand
    - Mortalität und Überlebensrate nach 14 Tagen
    - mittleres Gewicht beim Schlupf und nach 14 Tagen

Die Ergebnisse werden als NOEC und LOEC angegeben.

Akzeptanzuntersuchungen mit behandeltem Saatgut, Ködern und Granulaten werden an mehreren Vogelarten (Japanische Wachtel, Fasan, Haustaube) nach Richtlinien der BBA (1981b) durchgeführt. Nach einer Darbietung des Prüfmittels zusammen mit dem üblichen Futter werden die Futteraufnahme und eventuelle toxische Erscheinungen mit abnehmender Beobachtungsintensität über 14 Tage protokolliert.

Bienengefährlichkeit. Die Honigbiene (*Apis mellifera*) genießt als wichtiges Nutzinsekt mit hoher wirtschaftlicher Bedeutung (Obstanbau, Imkerei) besonderen Schutz. Eine direkte Bedrohung geht vor allem von Insektiziden aus, die um die Blütezeiten im Obstbau appliziert werden. Honigbienen erfüllen als "Haustiere" selbst die Kriterien zur Eignung als Testorganismen, was die Ergebnisse der Prüfungen auf Bienengefährlichkeit von den üblichen Zweifeln an der Übertragbarkeit befreit. Diese Prüfungen werden nur verlangt, wenn der Antragsteller das neue Pflanzenschutzmittel nicht von vornherein als "bienengefährlich" meldet.

Neben einer unbelasteten Kontrolle wird bei den nach BBA-Richtlinien (1991a) durchgeführten Untersuchungen ein Ansatz mit einer bienengiftigen Referenzsubstanz eingesetzt. Im Vergleich zu dieser geschieht eine Einordnung des neuen Mittels in Kategorien B1 (unschädlich) bis B4 (stark schädlich). Für Spritz-, Sprüh- oder Stäubemittel werden die Wirkungen als Fraßgift (LD50 mit max. 100 µg in einer Zuckerlösung), Atemgift (Käfigexposition über einer Petrischale mit Mittelbrühe) oder Kontaktgift (Auskleidung der Testkäfige mit getränktem Papier) geprüft. Je nach Substanz werden diese Prüfungen durch Besprühungen (Kontrolle: Wasser) oder Bestäubungen (Kontrolle: Talkum) ergänzt. Ist anhand der Ergebnisse aus den Laborprüfungen eine Bienengefährlichkeit anzunehmen, schließen sich Zeltversuche mit realitätsnaher Applikation an.

Auswirkungen auf weitere Nutzarthropoden. Der Einsatz von Pflanzenschutzmitteln trifft neben den Zielorganismen potentiell alle Organismen, die den zu vernichtenden Schädlingen physiologisch nahestehen. Die Anwendung von Insektiziden oder Acariziden (Milbenvernichtungsmitteln) wendet sich gegen Vertreter der Arthropoden (Gliederfüßer), die mit einem Anteil von zwei Ditteln aller weltweit bekannten Arten den bei weitem größten Artenreichtum aufweisen. Dies schlägt sich in sehr unterschiedlichen Stellungen der Arthropoden im Struktur- und Funktionsgeflecht von Ökosystemen nieder. In der Pflanzenschutzmittelprüfung sind nur potentiell betroffene und als Nützlinge anerkannte Arthropoden von Interesse: Sie müssen in der Kultur, in der das Mittel eingesetzt werden soll, von Bedeutung sein. Je nach Anwendungsgebiet eines Präparats können die von der BBA geforderten Untersuchungen bis zu sechs Nutzarthropodenarten umfassen. Dazu zählen Räuber (z.B. Laufkäfer, Raubmilben) oder Parasitoide (z.B. Schlupfwespen). In den Tests werden zum einen möglichst ungeschützte oder empfindliche Lebensstadien Oberflächen mit frisch angetrockneten Pflanzenschutzmittelbelägen ausgesetzt, zum anderen geschützte oder unempfindliche Stadien direkt durch Tauchen oder Besprühen behandelt. Als Wirkung wird die Sterblichkeit und die Verminderung der Nutzleistung protokolliert: Nutzleistungen sind neben der Fruchtbarkeit vor allem Fraß- oder Parasitierungsleistungen an Schadorganismen. Analog zur Bienengiftigkeit erfolgt eine Einteilung in vier Schädlichkeitsstufen.

Auwirkungen auf Regenwürmer. Regenwürmer stellen einen wesentlichen Anteil der Biomasse und leisten einen wichtigen Beitrag zur Struktur und zum Nährstoffkreislauf von Böden. Sie tragen zur Bodenfruchtbarkeit bei und gelten daher als Nützlinge. Stellvertretender Testorganismus für alle Makroorganismen des Bodens ist der im Labor zu züchtende Kompostwurm *Eisenia foetida.* Aus synchronisierten Zuchten werden wenige Tage alte Jungtiere in einem standardisierten künstlichen Bodensubstrat 14 Tage lang bestimmten, dem Substrat beigemischten Mengen der Testsubstanz ausgesetzt wird (OECD 1984f). Bestimmt wird die LC50, die NOEC und die LOEC, letztere bezogen auf den Biomassezuwachs der wachsenden Würmer. Die von der BBA bevorzugte Testvariante (ISO 1993) erfaßt diese Parameter über 4 Wochen und bestimmt nach weiteren vier Wochen die Gesamtzahl der aus den Eikokons geschlüpften Jungtiere. Dieser Reproduktionstest ist erfolgreich erprobt und wird demnächst bei der OECD eingereicht.

Auswirkungen auf die (Nutz-)Flora. Hauptziel der Anwendung von Pflanzenschutzmitteln ist größtmöglicher Nutzen und geringstmöglicher Schaden für die Produktion von Kulturpflanzen. Systematisch werden einkeimblättrige (monokotyle) und zweikeimblättrige (dikotyle) Pflanzen unterschieden (vgl. Kap. 1.4.1). Mit Ausnahme der Auflaufherbizide, die vor der Saat appliziert werden, und bislang unterschiedslos alle Pflanzen treffen[1], werden alle Pflanzenschutzmittel während des Wachstums und der Reifung angewandt. Die OECD Richtlinie 208 (OECD 1984g) sieht Untersuchungen der Keimfähigkeit und der Biomassezunahme von einer monokotylen und zwei dikotylen Kulturpflanzen unter Belastung mit 1, 10 und 100 mg Testsubstanz pro kg Boden vor. Diese in Stufe 1 ChemG eingesetzte Richtlinie wird im deutschen Verfahrensvorschlag auf die zwei Arten Hafer (monokotyl) und Runkelrübe (dikotyl), sowie den Endpunkt Biomassezunahme über 14 Tage beschränkt. Bei unsicherer Datenlage werden nach dem ISO-Verfahrensvorschlag Vortests mit 1000 mg Testsubstanz pro kg Boden durchgeführt. Der Hinweis, daß die getesteten Kulturpflanzen auch repräsentativ für Wildpflanzen seien (DFG 1994), ist bei der geringen Datenbreite zu relativieren, nur für Nicht-Herbizide gültig und mit Blick auf die gesamte Pflanzenkultur überflüssig, solange Herbizide eingesetzt werden; dies gilt auch und in besonderem Maße für neuere Entwicklungen[1].

Auswirkungen auf bodenlebende Mikroorganismen. Pflanzenschutzmittel gelangen in den Boden und stören damit potentiell auch die Bodenmikroflora, die von existentieller Bedeutung für das Ökosystem und den landwirtschaftlichen Ertrag ist. Nach den entsprechenden BBA-Richtlinien (1990) sind deshalb Prüfungen auf Hemmung mikrobieller Gesamtaktivitäten durchzuführen, die vor allem den

---

[1]Neuere Entwicklungen zielen auf den Einsatz gentechnologisch veränderter Nutzpflanzen, die in der Lage sind, die in ihrer Kultur verwendeten Auflaufherbizide zu metabolisieren.

Kohlenstoff- und Stickstoffkreislauf betreffen. Als Indikatoren für die Gesamtaktivität des C-Stoffwechsels können die Dehydrogenase- oder die Atmungsaktivität im Boden bestimmt werden (vgl. Kap. 4.4.1). Der Stickstoffumsatz wird über die Ammonifikation und anschließende Nitrifikation von organisch gebundenem Stickstoff (als Luzernemehl) gemessen.

Terrestrische Freilandprüfungen. Geben Laborprüfungen Hinweise auf toxische Wirkungen bei Konzentrationen, die im Ökosystem unter vernünftigerweise ungünstigsten Umständen auftreten können, werden im Sinne einer möglichst exakten Risikoabschätzung Freilandversuche auf speziellen Versuchsflächen durchgeführt. In diesen wird das Pflanzenschutzmittel unter realen Anwendungsbedingungen appliziert, in der Regel mit der einfachen oder doppelten vorgesehenen Höchstmenge. Exposition und Wirkung können auf diese Weise zwar sehr realitätsnah untersucht werden; wechselnde und nicht kontrollierbare Rahmenbedingungen werden dafür in Kauf genommen. Freilandprüfungen sind immer auf mehr oder weniger enge Zeiträume beschränkt und können nur mit den auf den Versuchsflächen natürlich vorkommenden oder mit kultivierbaren und kontrolliert aussetzbaren Organismen durchgeführt werden. Je nach Jahreszeit können dies unterschiedliche Organismen mit sehr unterschiedlichen Relevanzen für das Ökosystem sein. Die gewonnenen Aussagen beziehen sich immer nur auf die untersuchte Kultur mit der durch sie dominierten tierischen Lebensgemeinschaft. Untersuchungen von Populationen oder Biozönosen, die im Labor nicht zu leisten sind, führen zu sichereren, aber oft unschärferen Aussagen über Wirkungen. An Wirbeltieren sind sie aufgrund der benötigten Zeiträume und Flächen kaum durchzuführen; bestehende Konzepte in den USA beschränken sich deshalb zumeist auf die Feststellung akuter und subakuter Wirkungen. Längerfristige Studien können im Rahmen von Monitoring-Programmen (Kap. 4.6.3) mit pflanzenschutzmittelbezogener Analytik durchgeführt werden.

Risiko für Honigbienen. Die Honigbiene eignet sich besonders gut für Freilandprüfungen: Die Staatenbildung ermöglicht eine einfache Verbringung ganzer Völker in die Versuchsflächen. Kontaminationen werden über die Bienen und ihre Tracht in den Stock getragen. Die enge Bindung der Honigbiene an bestimmte Futterquellen erlaubt eine gezielte Bestellung der Flächen (Raps oder Phacelia), eine gezielte Applikation in den Flug (gutes Wetter, vormittags, Mai bis September) und eine eindeutige Bewertung der Ergebnisse im Vergleich zu Kontrollvölkern: Anhand des Totenfalls, der Entwicklung der Volksstärke, der Veränderungen des Brutstandes und einiger Verhaltensparameter wird die Einstufung in Gefährdungsklassen vorgenommen (BBA 1991a).

Risiko für andere Nutzarthropoden und nützliche Bodenorganismen. Die Halbfreiland- und Freilandprüfungen von Nutzarthropoden und nützliche Bodenorganismen befinden sich noch in der internationalen Diskussion. Richtlinien für die Untersuchung einzelner Arten aus den Verwandtschaftsgruppen der Fadenwürmer (Nematoden), Regenwürmer, Springschwänze (Collembolen), Raubmilben, Spinnen, Ohrwürmer, Raubwanzen, Laufkäfer und Schlupfwespen existieren oder werden vorbereitet. Abhängig von der jeweiligen Kultur wird aus entsprechenden Artenlisten ein Nützlingsinventar bestimmten Umfangs in die Prüfung einbezogen. Endpunkt ist in der Regel die Mortalität der Nützlinge bzw. der Parasitierungsgrad der Schädlinge durch einbezogene nützliche Parasiten (Schlupfwespen). Kontrollflächen werden mit Wasser besprüht; teilweise sind Vergleichsflächen mit einem bekannten Wirkstoff vorgesehen. Enthält die Prüfung Untersuchungen der Populationen vor und nach der Applikation und eine längerfristige Beobachtung der Erholung, wie sie von der Arbeitsgruppe "Pesticides and Beneficial Organisms" der International Organization for Biological Control vorgeschlagen werden, sind Aussagen auf der Ebene der Population möglich. Für Prüfungen, in denen keine Massenfreisetzung laborgezogener oder gefangener Tiere stattfindet, sondern mit auf den Versuchsflächen natürlich vorkommenden Organismen gearbeitet wird, sind die gewonnenen Ergebnisse für kurz- und mittelfristige Wirkungen auf biozönotischer Ebene repräsentativ.

Werden, wie von der BBA für Nutzarthropoden der Baumschicht in einer vergleichsweise alten Richtlinie (BBA 1981a) vorgesehen, nach einer Applikation lediglich getötete oder geschwächte Organismen in Trichterfallen gefangenen, anschließend alle überlebenden Tiere mit Dichlorvos getötet und aus dem Verhältnis beider Fänge der Prozentsatz betroffener Tiere ermittelt, handelt es sich lediglich um einen akuten Tests auf organismischer Ebene. Der Vorteil liegt in der Erfassung aller zur Zeit der Prüfung in ausreichender Zahl auf den Versuchsbäumen befindlichen Nützlinge und in der eindeutigen Interpretation. Für jede Art muß eine eigene Einschätzung der Schädlichkeit (4 Stufen) erfolgen, die jeweils nur für das Lebensstadium Gültigkeit besitzt, in dem sich die gesammelten Organismen befanden.

Für die Bewertung der Schädlichkeit für Raubmilben im Weinbau (BBA 1991b) werden die Populationsdichten vor und nach der Applikation ermittelt. In die Bewertung fließen jedoch keine absoluten Daten ein, sondern die Verhältnisse im Vergleich zu einer Fläche, die mit einem raubmilbenschonenden Präparat behandelt wurde. Dieses Vorgehen ist die konsequenteste Umsetzung der pragmatischen Suche nach dem kleinsten Übel, nachdem die Notwendigkeit einer Behandlung postuliert ist.

Risiko für die Bodenmikroflora. Lassen die Laborprüfungen keine abschließende Bewertung des Risikos für die Bodenmikroflora zu, werden Freiland-Bodenproben nach einer Applikation auf Versuchsflächen bezüglich mikrobieller Leistungsparameter untersucht. Die Verfahren entsprechen den Laborprüfungen.

Lysimeterstudien. Eine gezielte Untersuchung verschiedener Fragestellungen ist mit Hilfe sogenannter Lysimeterstudien möglich: In dafür vorgesehene Vorrichtungen im Freiland werden Bodensäulen eingelassen, die aus künstlichen Schüttungen oder ungestörten, ausgestochenen Böden beliebiger Herkunft bestehen können. Das durch die Bodensäulen sickernde Regenwasser wird aufgefangen. Im Mittelpunkt dieser Studien stehen Fragen des Verbleibs der Prüfsubstanz und ihrer Abbauprodukte, insbesondere der Verlagerung in tiefere Bodenhorizonte und der Auswaschung ins Grundwasser. Sie eignen sich jedoch auch zu Untersuchungen der Wirkung auf Bodenorganismen wie Regenwürmer, Nematoden und

Collembolen. Im Unterschied zu herkömmlichen Freilandstudien können unterschiedliche Bodenstrukturen und damit unterschiedliche Lebensgemeinschaften gleichzeitig untersucht werden.

Aquatische Prüfungen. Im Gegensatz zu den terrestrischen Ökosystemausschnitten werden für den aquatischen Bereich keine artspezifischen Schutzziele definiert: Der Eintrag von Pflanzenschutzmitteln in Gewässer ist immer ungewollt; die Mittel sollen alle Organismen aquatischer Systeme möglichst wenig schädigen. So entspricht die Vorsorgeintention für den aquatischen Bereich grundsätzlich der des ChemG. Die Unterschiede liegen nur in dem erheblich höheren, wenn auch meist zeitlich eng begrenzten Risiko und der politischen Abwägung der Vertretbarkeit von Schäden, die unter Einbeziehung des Nutzens getroffen wird. Deshalb entsprechen die aquatischen Prüfungen weitgehend denen, die auch im ChemG vorgesehen sind, erweitert um risikobezogene Prüfungen höherer Komplexität und längerer Dauer.

Monospeziestests. Zur Gewinnung der Basisdaten finden die von der OECD verabschiedeten Richtlinien über die Durchführung von Wachstumshemmtests mit einzelligen Grünalgen und akuten Tests mit Daphnien und Fischen (vgl. ChemG, Grundstufe, Kap. 4.5.2) Anwendung. Im Unterschied zum ChemG werden die Fischtests an Regenbogenforellen und einer karpfenartigen Fischart (Cyprinidae) durchgeführt: Die mit diesen Fischen gewonnenen Daten sind international akzeptierter, was bei der üblicherweise weltweiten Anwendung von Pflanzenschutzmitteln von großer Bedeutung ist.

Bei zu erwartender längerfristiger Exposition (mehrmalige Applikationen oder gegebene Persistenz) werden Ergebnisse aus verlängerten Daphnien- und Fischtests (vgl. Stufe 1 ChemG, Kap. 4.5.2) für die Bewertung erforderlich. Bei Hinweisen auf teratogene Eigenschaften kann ein early life stage test (OECD 1992) gefordert werden. Alle Versuche müssen mit dem Wirkstoff und mit der Formulierung durchgeführt werden, sofern diese neben dem Wirkstoff weitere potentiell wirksame Beistoffe enthält. Übersteigt die Lipophilie eines Stoffes einen log P_{OW} von 3, muß eine Bioakkumulationsstudie am Fisch durchgeführt werden (in der Regel nach OECD 305 E, 1981b).

Hochpersistente und adsorptive Stoffe haben die Tendenz, sich in aquatischen Sedimenten anzureichern. Mit diesen Substanzen muß künftig ein Test mit Sedimentorganismen durchgeführt werden. Eine entsprechende Versuchsvorschrift für einen Test mit Larven der Zuckmücke *Chironomus riparius* wurde in jüngster Zeit von Industrie, Behörden und Forschungsinstituten gemeinsam erarbeitet.

Multispeziessysteme. Ist aufgrund der in Monospeziestests gewonnenen Daten keine abschließende Bewertung des Risikos für aquatische Biozönosen möglich, werden Prüfungen in mehr oder weniger kontrollierten Ökosystemausschnitten durchgeführt. Diese werden, je nach Größe und verwendeter Skala, in Mikro- oder Mesokosmen eingeteilt; es gibt Teich- und Fließgewässersysteme. Sie erlauben Untersuchungen von Verbleib und Wirkung unter erheblich realistischeren

Bedingungen als dies in Laboruntersuchungen möglich ist. Die Systeme sind idealerweise selbsterhaltend und gestatten längere Versuchsdauern, innerhalb derer chronische Wirkungen oder Erholung auf der Ebene von Populationen und Biozönosen untersucht werden können. Prüfungen dieser Komplexität sind sehr anwendungsbezogen und vergleichsweise wenig standardisiert. In Deutschland sind sie bislang selten angesetzt worden.

Mesokosmos-Experimente wurden bislang nur von der USEPA verlangt. Geeignete Anlagen bestehen aus zwölf künstlich angelegten Teichen von mindestens 300 m^3, einer Tiefe von zwei Metern und einer umlaufenden Uferzone. Die Teiche werden aus einem Reservoir gespeist, welches eine stabilisierte Biozönose enthält, und mit 2 g Fisch (Sonnenbarsch *Lepomis macrochirus*) pro m^3 Wasser besetzt. Die Teiche sind während der Besiedlungsphase miteinander verbunden; das Wasser wird umgepumpt. So soll eine vergleichbare Ausgangsbiozönose eingestellt werden. Vor der Applikation werden die Teiche voneinander getrennt. Nach der Zudosierung, die als worst case-Simulation oder in Form abgestufter Konzentrationen durchgeführt werden kann, werden je nach geplantem Aufwand unterschiedliche chemische oder biologische Parameter regelmäßig kontrolliert. Die Mesokosmen entwickeln sich in der Regel nur während der ersten Sukzessionsstadien hinreichend parallel und divergieren dann zunehmend. Die Studien dauern deshalb zumeist nicht länger als ein Jahr. Neben dem Verbleib der Substanz und ihrer Abbauprodukte in Wasser, Sediment und Biomasse wird die Wirkung auf die Abundanzen der wirbellosen Tiere und die Fisch"produktion" untersucht. Frühere Studien in abgegrenzten Abschnitten natürlicher Gewässer (enclosures) oder kleineren anwendungsnahen natürlichen Teichen (farm ponds) wurden eingestellt, da die Rahmenbedingungen einschließlich des natürlichen Besatzes an höheren Konsumenten zu unbekannt, komplex und unkontrollierbar waren, um zu aussagekräftigen Ergebnissen zu kommen.

Der Aufwand von Mesokosmosstudien wird im Vergleich zu ihrem Aussagewert oftmals als zu hoch eingestuft. Ihre Realitätsnähe ist zwar vergleichsweise hoch, die Komplexität durch den einseitigen Fischbesatz und die Dauer der Besiedlungsphase jedoch eingeschränkt. Wenn die Vorlaufphase nicht mehrere Jahre dauert, stellen Mesokosmen lediglich Simulationssysteme für die ersten Sukzessionsstadien nachkatastrophaler Ökosystemausschnitte dar (vgl. Kap. 1.7.3). Die aufgrund der Größe gegebene mangelnde Regulierbarkeit führt zu starken Divergenzen und Inhomogenitäten, was die Herausarbeitung und statistische Absicherung vorhandener Effekte erschwert.

Die in Deutschland bevorzugten Mikrokosmen bieten sich als Alternative an: Ihre geringere Größe von einem bis einige m^3 gewährleistet eine bessere Regulierbarkeit und einen Einsatz sowohl unter Labor- als auch unter Freilandbedingungen. Der Vergleich mit Mesokosmen ist nicht trivial:

- Die Reproduzierbarkeit steigt mit der zunehmenden Möglichkeit, Zufallsprozesse auszuschließen. Diesbezüglich spricht die bessere Regulierbarkeit für die Mikrokosmen, die Größe für die Mesokosmen (vgl. Kap. 1.6.1, 1.6.2, 1.7.3).
- Die Naturnähe hängt von der Sukzessionsgeschichte und der Komplexität der Systeme ab; letztere wird zu einem großen Teil von der Größe bestimmt. Der scheinbar für die Mesokosmen sprechende Aspekt wird durch den in

Mikrokosmen leichter möglichen Einsatz natürlicher Sedimente mit ihrer eingestellten Biozönose kompensiert, was insbesondere bei künstlichen Fließgewässern zu größerer Naturnähe kleinerer Ansätze führen kann.
- Spezielle Ökosysteme sind in komplexen Mesokosmen besser nachzustellen. Eine höhere Allgemeingültigkeit besitzen Mikrokosmosstudien, in denen spezielle modifizierende Randbedingungen besser ausgeschlossen werden können.
- Die Standardisierbarkeit spricht klar für Mikrokosmen.
- Naturnahe Untersuchungen mit Fischpopulationen sind nur in großen Mesokosmen durchzuführen.

Die Frage nach dem Verbleib der Substanzen und ihrer Metabolite ist auch in Mikrokosmen zu klären, wenn es sich um Sediment-Wasser-Systeme handelt. Die Beteiligung der Uferzone kann in der Regel nicht simuliert werden. Bestehen Möglichkeiten, auch die Versickerung durch das Sediment und die Verlagerung ins Grundwasser zu simulieren (Traub-Eberhard et al.), erhöht dies die Flexibilität von Mikrokosmossystemen im Einsatz für verschiedene Fragestellungen. Auslegungen in dekontaminierbaren Materialien erlauben die Applikation ^{14}C-markierter Substanzen, was den Nachweis auch geringer Konzentrationen und eine exakte Bilanzierung des Substanzverbleibs ermöglicht.

Künstliche Fließgewässer werden bislang nicht in der amtlichen Pflanzenschutzmittelprüfung eingesetzt. Sie dienten bislang ökologischen Fragestellungen oder ökotoxikologischen Forschungszwecken. In der Risikobetrachtung kommt Biozönosen kleiner Fließgewässer in landwirtschaftlich genutzten Gebieten zunehmend größere Bedeutung zu: Sie sind gegenüber Pflanzenschutzmitteln besonders exponiert und potentiell besonders stark gefährdet: Ein wesentlicher Teil der Lebensgemeinschaft besteht aus Insektenlarven, die auf Insektizide stark reagieren. Ihre im Vergleich zu planktischen Organismen stehender Gewässer lange Generationsdauer (ein bis zwei Jahre) erlaubt keine schnelle Erholung; im ungünstigsten Fall wird jede Generation in ihrem empfindlichsten Stadium von einer Applikation betroffen. Naturnahe Systeme müßten im Durchstrom betrieben werden, um den linearen Transport von Sediment, Nährstoffen und Substanz korrekt zu simulieren. Dies ist unter dem Aspekt der Umweltbelastung durch die Prüfung problematisch. Stellt man die Untersuchung von Wirkungen stärker in den Mittelpunkt, eignen sich umweltfreundlichere geschlossene Kreislaufsysteme ebenso gut, solange sie folgende Anforderungen erfüllen:

- Sie müssen über eine genügend diverse Strömungssituation verfügen, damit sich Feinsediment ablagern kann.
- Der Durchflußantrieb muß organismenschonend ausgelegt sein.
- Eine ausreichende Zufuhr von Nährstoffen muß gewährleistet sein.
- Für ausreichende Besiedlungsmöglichkeiten muß gesorgt sein.
- Die Größe muß zur Entfaltung oder Aufrechterhaltung einer naturnahen Lebensgemeinschaft ausreichen.

Sollen Fische einbezogen werden, verhindern die notwendigen Mindestgrößen den Einsatz belebter Sedimente aus natürlichen Referenzgewässern. Dieser ist bei kleineren Systemen möglich und minimiert die Besiedlungszeit. Die Kolonialisierung über den Einsatz von Besiedlungskästen oder -substraten, die in natürlichen Gewässern ausgesetzt waren, führt erst nach mehreren Generationen zu altersstrukturierten Populationen, sowie eingespielten Individuendichten und Artenzusammensetzungen. Der Heterogenität der Mikrohabitate, vor allem charakterisiert durch Strömung und Sediment, kommt in Fließgewässern besondere Bedeutung zu. Vergleichbare Gewässer weisen zwischen ähnlichen Mikrohabitaten geringere Unterschiede auf, als zwischen verschiedenen Mikrohabitaten desselben Gewässers zu finden sind. Für naturnahe worst case-Simulationen kann deshalb die Belastung eines einzelnen künstlichen Fließgewässers mit natürlichem Sediment, verschiedenen Mikrohabitaten und einer Kontrolle in Form des natürlichen Referenzgewässers (vgl. Debus et al. 1995) geeigneter sein als ein Ansatz zahlreicher naturferner Parallelen, zumal sich diese bei zu geringer Komplexität schnell auseinanderentwickeln.

Studien in Mikro- und Mesokosmen sind wertvolle Hilfen bei der Abschätzung des Risikos von Pflanzenschutzmitteln für aquatische Biozönosen, wenn sie als solche genutzt werden. Wenn keine Systemeigenschaften der biozönotischen Integrationsebene (z.B. funktionale Parameter, Diversität, Nahrungstypenverteilung) untersucht werden, sondern lediglich Sterblichkeiten, Abundanzen oder Altersklassenverteilungen einzelner Arten (z.B. Fische in Mesokosmosstudien), wird Information verschenkt und die Aussagekraft auf die Ebenen des Organismus oder der Population beschränkt. Der Unterschied zu Monospeziestests besteht dann nur im biozönotischen Zusammenhang, der die Relevanz des Ergebnisses für natürliche Ökosysteme erhöht.

4.5.6 Offene Fragen und zukünftige Entwicklungen in der Chemikalienprüfung

Der notwendigerweise pragmatische Charakter der ökotoxikologischen Chemikalienprüfung läßt naturgemäß viele Fragen offen. Hier werden nur einige aus Sicht der Wissenschaft interessante Probleme erörtert. Diese betreffen zum einen Aspekte des praktischen Vorgehens, zum anderen grundsätzliche Diskrepanzen zwischen Anspruch und Wirklichkeit sowie die Darstellung in der Öffentlichkeit.

Praktisches Vorgehen. *Exposition.* Die berechneten Expositionskonzentrationen beruhen auf mehr oder weniger simplifizierten Modellen und können den wesentlich komplexeren realen Umweltbedingungen nur annäherungsweise gerecht werden. Dies muß bei der Abschätzung der Belastung besonderer Ökosystemausschnitte berücksichtigt und mit entsprechenden Unsicherheitsangaben belegt werden.

Werden BCF-Werte aus dem P_{ow} abgeschätzt, gilt ein relevanter BCF von 100 bei einem P_{ow} von 1000 als wahrscheinlich. Hier wird das für die Toxizität übliche und auch gesetzlich vorgeschriebene Prinzip der worst case - Annahme bei fehlenden Daten verletzt: Berücksichtigt man die vernünftigerweise anzunehmenden ungünstigsten Umstände der Abhängigkeit des log BCF vom log P_{ow} (Abb. 4.9), reicht bereits ein P_{ow} von 100 für die Annahme einer möglicherweise relevanten Bioakkumulation. Diese kann durch einen Bioakkumulationstest entkräftet werden.

Ökotoxizität: Sinnvolle Prüfverfahren zur Toxizität von adsorbierenden, schwerlöslichen Substanzen stehen noch aus. Aus rechtlichen Vorgaben abgeleitete Prüfkonzentrationen jenseits der Wasserlöslichkeit oder der Einsatz von Lösungsvermittlern sind wenig umweltrelevant. Die Applikation zusammen mit gelösten Huminsäuren, der Einsatz von Sediment-Wasser-Systemen oder von Futteralgen in Monospeziestests sind Möglichkeiten, größere Substanzmengen in umweltrelevanter Form in die Prüfung zu bringen. Sinnvolle Toxizitätstests sind jedoch nur mit Organismen durchzuführen, für die eine signifikante Bioverfügbarkeit gegeben ist. Dies ist bei Partikelfiltrierern oder sedimentbewohnenden Detritusfressern der Fall.

Großer Klärungsbedarf besteht bezüglich möglicher Kombinationswirkungen von Stoffen. Durch die unübersehbare Vielfalt möglicher Kombinationen kann nur ein Bruchteil dieser experimentell geprüft werden. Intensivere Forschung über Wirkmechanismen und Regulationsprozesse sowie die Zusammenfassung der Stoffe in Wirkgruppen, die exemplarisch kombiniert werden, sind mühsame Wege, die in Zukunft beschritten werden müssen. Bis zur genauen Klärung, ob in Einzelfällen synergistische oder antagonistische Wirkungen vorliegen, kann für im Wirkmechanismus ähnliche Stoffe zunächst nur von einer additiven Wirkung ausgegangen werden; diese ist für viele Substanzen belegt. In letzter Konsequenz müßten in eine Risikoabschätzung alle Belastungen durch ähnlich wirkende Substanzen einbezogen werden.

Durch die erfolgte Erweiterung um Algen- und Bakterientests ist die Grundstufe der Chemikalienprüfung bis auf weiteres ausreichend umfangreich. Über einen Ersatz des akuten Fischtests durch Fischzell- oder Fischembryotests wird nachgedacht (vgl. Kap. 4.7). In Stufe 1 sind Verbesserungen nötig: Neben der unbedingt notwendigen konzeptionellen Weiterentwicklung terrestrischer Testverfahren sind im aquatischen Bereich die Fischtests zu überdenken. Ein verlängerter Fischtest sollte mindestens über 28 Tage gehen und Wachstumsparameter erfassen; eine Reduktion auf 14 Tage und den Endpunkt Tod bietet keinen deutlichen Informationsgewinn gegenüber dem akuten Test der Grundstufe. Wird in der Grundstufe ein Fischembryotest etabliert, bietet sich in der Stufe 1 eine Verlängerung zum early life stage test über 4 bis 6 Wochen an. Sollte ein neuer Stoff einmal die Kriterien für die Stufe 2 erfüllen, ist ein solcher Ansatz zum life cycle test auszubauen, der die Endpunkte Eiproduktion, Befruchtungsrate, Überleben und Entwicklung der Folgegeneration zusätzlich erfaßt (Nagel 1993). Ein solcher Test ist auch für persistente oder mehrmals jährlich angewandte Pflanzenschutzmittel zu fordern.

Für ökotoxikologische Risikoabschätzungen bei hoher zu erwartender Exposition ist die Relevanz von toxikologischen Endpunkten im Hinblick auf die Situation im Freiland und auf die Entwicklung der Population zu überprüfen. Bezüglich aller nicht als altersstrukturierte Population zu testenden Organismen, insbesondere der Fische, besteht Bedarf für die Entwicklung von Bewertungsmodellen, die neben der toxikologischen Empfindlichkeit die regulative Bedeutung der hinter den Endpunkten stehenden Eigenschaften einbeziehen. Nur so können

Wirkungen auf der organismischen Ebene auf die Population hochgerechnet werden. Dazu sind Einblicke in die Zusammenhänge regulativer Prozesse nötig. Die Unsicherheiten, die sich durch widersprüchliche Daten und die biologische Variabilität ergeben, sind am sinnvollsten durch stochastische Simulationen mit statistischer Ergebnisauswertung abzubilden. Aus Sensitivitätsanalysen bezüglich der modellierten Parameter können neue, besonders relevante Endpunkte abgeleitet werden, wie etwa die Fluchtfähigkeit von Fischlarven (vgl. Kap. 4.4.1). Schließlich kann für die risikoorientierte Stufe 2 ChemG analog zur Pflanzenschutzmittelprüfung über Prüfungen in Mikro- oder Mesokosmen nachgedacht werden, wenn eine uneindeutige Datenlage weitere Klärung verlangt. Dabei sollten lebende Systeme besonders gefährdeter Biotope einbezogen werden: Im Fall der Pflanzenschutzmittel rückt die Lebensgemeinschaft kleiner, durch landwirtschaftliche Nutzflächen fließender Bäche zunehmend in das Blickfeld der Testentwicklung. Für alle neuen Stoffe gilt: Eine genauere Abschätzung des Gefährdungspotentials ist nur mit entsprechend hohem Aufwand zu leisten; dieser muß letztlich vom Verbraucher getragen werden.

Bei der Altstoffbewertung sollte die zunehmende Vernetzung der Informationsströme eine Einbeziehung bisher ungenutzter Daten aus der Umweltanalytik und Ökologie/Biogeographie ermöglichen (vgl. Kap. 4.6.3, S. 446). Ein großer Teil zukünftiger Arbeit wird in der Erschließung und Bewertung bestehenden Datenmaterials liegen, wodurch der Einsatz ökotoxikologischer Tests möglicherweise reduziert werden kann.

Anspruch. In den Gesetzestexten des ChemG und PflSchG werden hohe Ansprüche formuliert, die auf die Abwendung von Umweltschäden zielen. Diese werden nicht als solche definiert, statt dessen werden vage Schutzziele angegeben. Geschützt werden sollen

- die Lebewesen,
- die natürliche Beschaffenheit der Umwelt,
- die systemischen Beziehungen,
- der Naturhaushalt.

In der Praxis wird jedoch lediglich aus Prüfdaten zum ersten Punkt auf alle anderen Aspekte extrapoliert. Systemische Beziehungen und funktionaler Haushalt werden zwar als eigene Qualitäten wahrgenommen, jedoch nicht als solche untersucht. Dies ist zur Zeit mit vertretbarem Arbeitsaufwand und der nötigen (kausal)analytischen Schärfe nicht möglich. So ist der Ansatz der ökotoxikologischen Chemikalienprüfung kein hinreichend ökologischer und kann dies bislang noch nicht sein: Biologie und Ökologie wissen dazu zu wenig, viele Sollwerte und deren Schwankungsbreite sind auf verschiedenen Integrationsebenen noch zu unbekannt, um Schäden überhaupt feststellen zu können. Dieser Zustand ist auf einigen Gebieten prinzipiell nicht zu ändern: Zahlreiche Ökosysteme verhalten sich in ihrer zeitlichen Dynamik bezüglich vieler Parameter chaotisch. Dies verhindert grundsätzlich eine Festlegung auf konkrete Sollwerte. Fazit: Die biologische und ökologische Wissenschaft kann dem formulierten Anspruch nicht gerecht werden.

Das fehlende Wissen um Sollwerte ist jedoch nicht allein ein Problem der Biologie oder Ökologie. Über die Schutzwürdigkeit eines jeden vom potentiell natürlichen Zustand abweichenden Ökosystems muß gesellschafts-, wirtschafts- oder naturpolitisch entschieden werden. Insbesondere beim Einsatz von Pflanzenschutzmitteln wird die Definition der (terrestrischen) Sollwerte nicht von der Ökologie, sondern von der Wirtschaft (Landwirtschaft, verarbeitende Industrie, Lebensmittelhandel, chemische Industrie) bestimmt. Welche menschliche Nutzungsart wird als Ökosystem-Sollzustand festgelegt? Welche Lebewesen, Beziehungen oder Haushaltszustände sind in diesem Sinne schützenswert? Da sich mit politischen Vorgaben auch die Rahmenbedingungen und Schutzziele ändern können, sind Prognosen über Wirkungen oft willkürlich und nach kurzen Zeiträumen irrelevant.

Ökotoxikologische Chemikalienprüfung als pragmatische Notwendigkeit. Werden Ansprüche nicht erfüllt, muß dies nicht am Verfahren liegen. Hohe Ansprüche bei der Formulierung gesetzlicher Schutzgüter sind unter dem Aspekt der Zukunftsvorsorge verständlich, als Meßlatte für die ökotoxikologische Praxis sind sie ungeeignet. Ökotoxikologen sollten den Nimbus der absoluten Erklärbarkeit natürlicher Vorgänge und der Möglichkeit des fehlerfreien Managements nicht weiter bedienen. Sie müssen, wie alle anderen Wissenschaftler auch, mit der Unsicherheit von Hypothesen leben. Dies muß auch von den Behörden verlangt werden. Extrapolationen von Umweltchemikern oder Mathematikern auf biologische Systeme sind nicht besser, nur weil sie höhere Aussagesicherheiten vorgaukeln. Entscheidungen werden nicht aufgrund sicherer Daten, sondern trotz der bestehenden Datenunsicherheit getroffen. Das darf kein Makel sein und muß auch so in der Öffentlichkeit vertreten werden.

Wenn die Kompetenz der Ökotoxikologie zur Beurteilung von Risiken auch nicht dem von der Bevölkerung und damit dem von der Politik geforderten Anspruch gerecht werden kann, so ist sie doch die diesbezüglich kompetenteste aller Wissenschaften. Sie darf sich dem pragmatischen Umweltschutz nicht verwehren. Ein handlungsorientierter Umgang mit Wissensmängeln ist notwendig und gerechtfertigt, solange die Einbeziehung aktueller Erkenntnisfortschritte immer möglich ist. Entgegen den verständlichen Wünschen von Wirtschaft und Politik nach verläßlichen und konstanten Aussagen ist ein ständiges Hinterfragen von Tests, Konzepten und Aussagemöglichkeiten unabdingbar. In Zukunft wird die Ökotoxikologie eher flexiblere als starre, eher diversere als einheitliche Systeme benötigen, um die Komplexität der Interaktionen von Chemikalien und lebenden Systemen zu erfassen: Zunehmendes Wissen um spezifische Expositionen und Wirkungen muß sich auch in entsprechenden Tests niederschlagen.

Im Umgang mit bestehenden Belastungen ist Handlungsfähigkeit und Pragmatismus geboten. Dies gilt bei der Bewertung von Altstoffen ebenso wie bei der Beurteilung von Umweltmedien (vgl. Kap. 4.6). Bei der Einführung neuer Stoffe stellt sich dies anders dar: Hier muß zukünftiger Handlungsbedarf unter Einsatz aller wissenschaftlicher Mittel nach Möglichkeit vermieden werden. So muß die Erstellung ökotoxikologischer Prognose- und Bewertungsmodelle bei allem notwendigen Pragmatismus der naturwissenschaftlichen Aussage und ihrem Erkenntnisstand verpflichtet bleiben. Dies bedeutet ein Bestehen auf den vorhandenen Unsicherheiten und die Vermeidung von Formulierungen wie "eine Wirkung kann ausgeschlossen werden", "keine Wirkung", "Wirkschwelle".

Richt- und Grenzwerte. Eine ökotoxikologische Richtwertbestimmung bildet die Schnittstelle zwischen Chemikalienprüfung und Umweltüberwachung. Die aus Wirkdaten ermittelte Empfindlichkeitsverteilung von Organismen ist die aus ökotoxikologischer Sicht einzig wissenschaftlich begründbare Basis zur Ableitung von Grenz- oder Richtkonzentrationen für die Qualitätsüberwachung von Wasser, Boden oder Luft. Zahlreiche Grenzwerte sind aus pragmatischen Gründen (fehlende Wirkdaten, analytische Nachweisgrenzen, wirtschaftliche Erwägungen) oder auf den Druck der Öffentlichkeit nach anderen Kriterien festgelegt worden. Diese Werte sollten nach ökotoxikologischen Gesichtspunkten überprüft werden: Sind im Bereich der Grenz- oder Richtwertkonzentrationen Wirkungen festgestellt oder wahrscheinlich, ist eine Neufestlegung notwendig. Für viele Substanzen und Substanzgruppen steht die Festlegung oder die Differenzierung von Qualitätszielen noch aus. Eine Grundlage für die Bearbeitung dieser Problematik für das Medium Wasser wurde vom Bund-Länder-Arbeitskreis Qualitätsziele (BLAK QZ) geschaffen.

Alle Richt- und Grenzwerte sind relativ zu den politischen Vorgaben und dem naturwissenschaftlichen Kenntnisstand zu sehen. Sie können daher nie absolute Wirkschwellen repräsentieren.

4.6 Biomonitoring und Bioindikation

4.6.1 Aufgabenstellung durch die Umweltüberwachung

Die Umweltüberwachung bedient sich verschiedener ökologischer und ökotoxikologischer Untersuchungsmethoden, die zur Feststellung der chemischen Qualität der Umweltmedien Wasser, Boden und Luft beitragen. Nach Ziel und Blickwinkel können unterschieden werden:

- Überprüfung von Abwasser, Abfall, Abluft und Altlasten. Gezielter Einsatz von ökotoxikologischen Tests auf der Ebene von Organismen und Einzeller-Populationen. Messung der Toxizität von Verdünnungsstufen. Absicht: Vorsorge; Kontrolle von Behandlungen, Regulation von Abwassereinleitungen.
- Untersuchungen der Belastung natürlicher Umweltmedien. Flächendeckender Einsatz von ökotoxikologischen oder ökologischen Verfahren.
  - Gewässerwarnsysteme: Einsatz von Batterien mit schnell reagierenden Tests. Absicht: Früherkennung von Unfällen, Frühwarnung für die Wassergewinnung.
  - Bestimmung und Bewertung des Zustands lebender Systeme im Ökosystem. Absicht: Systemare Beurteilung, Feststellung der Eignung für Nutzungen, Feststellung von Belastungsquellen, Beobachtung längerfristiger Entwicklungen.

Im Gegensatz zur Aufgabenstellung bei der differenzierten Abschätzung des Gefahrenpotentials von Chemikalien (vgl. Kap. 4.5) sind im Falle der Umweltüberwachung die Belastungen möglicherweise bereits vorhanden. Ökotoxikologische Tests dienen nicht zur Charakterisierung von Substanzen, sondern zur Charakterisierung der Qualität eines Umweltmediums. Die Feststellung eines toxischen Potentials bezieht sich dabei immer auf die Gesamtheit der komplexen vorliegenden Matrix; diese kann durch Filtration, Extraktion oder Elution eingegrenzt sein oder durch Einengung aufkonzentriert werden. Eine Zuordnung von Wirkungen zu definierten Konzentrationen einer verantwortlichen Einzelsubstanz ist in der Regel nicht möglich. Einfache und schnelle, möglichst flächendeckend einsetzbare und empfindliche Untersuchungsmethoden sollen eine frühe Erkennung aller auftretenden Belastungen ermöglichen, zeitaufwendige und komplexe Untersuchungen verbieten sich damit. Dabei kann der Schwerpunkt nur auf der bloßen Feststellung einer Veränderung liegen, weniger auf der genauen Bestimmung des Umfangs oder der Bedeutung dieser Veränderung. So ist das Untersuchungsziel meist die Ermittlung einer Verdünnungsstufe des untersuchten Mediums, bei der keine meßbare Veränderung mehr festgestellt werden kann.

Bei der feststellenden Umweltüberwachung wird weniger stark zwischen den Schutzzielen Mensch und Ökosystem unterschieden als bei der vorsorgenden Chemikalienprüfung; angesichts realer Belastungen steht der Mensch mit seiner "Umwelt" im Mittelpunkt. Ökotoxikologische Testverfahren sind auf organismischer Ebene weniger aufwendig als die entsprechenden (säuger)toxikologischen Untersuchungen; sie sind deshalb im Gegensatz zu letzteren in der Umweltüberwachung einsetzbar. Positive Ergebnisse dienen gleichzeitig als Alarmsignal für eine mögliche Bedrohung des Ökosystems und der menschlichen Gesundheit.

Die Untersuchung von lebenden Systemen auf Veränderungen vom Sollzustand, anhand derer eine Belastung eines Umweltmediums sichtbar wird, kann als Biomonitoring bezeichnet werden. Im folgenden wird dieser Begriff auf das Effektmonitoring begrenzt[1]. Es dient der Minimierung des Restrisikos, welches bei einer ausschließlich chemischen Analyse des Umweltmediums immer bleibt:

- Toxische Wirkungen und biologische Anpassungs- und Vermeidungsstrategien sind Antworten auf Zeitintegrale von Stoffkonzentrationen. Diese häufig starken Schwankungen unterworfenen Konzentrationen können mittels chemischer Analytik weniger, zeitlich und örtlich punktueller Stichproben nur sehr unvollständig erfaßt werden.
- Die Reaktionen lebender Systeme integrieren die Gesamtheit aller synergistischen und antagonistischen Wirkungen aller im Medium vorhandenen Substanzen. Chemische Analytik von Einzelsubstanzen erfaßt nur im Medium erwartete Stoffe, summenparametrische Messungen (BSB, AOX) erlauben keine Rückschlüsse auf besonders gefährliche enthaltene Einzelsubstanzen.
- Eine nach heutigem Stand der Technik umfassende chemische Analytik kostet inklusiv der notwendigen Probenaufbereitung erheblich mehr Zeit und

[1]Das Monitoring auf Akkumulation bestimmter Substanzen folgt einer anderen Aufgabenstellung und ist methodisch eher der Umweltanalytik zuzuordnen.

Geld als verfügbare ökotoxikologische Tests. Ein flächendeckender Einsatz und eine kurze Reaktionszeit auf akute Belastungen sind damit ausgeschlossen.

Diese Aspekte gelten für alle Einsatzfelder von ökotoxikologischen Untersuchungen in komplexen Matrizes. Ihre zeitlich wie stofflich summarische Stärke in der Detektion von Belastungen ist zugleich auch ihre Schwäche: Wird aus positiven Ergebnissen des Effektmontorings unmittelbarer Handlungsbedarf abgeleitet, kann sich dieser zunächst nur auf das gesamte Medium beziehen (Abdichtung von Deponien, Verringerung der Abwassermenge, Schließen der Brunnen zur Trinkwasserversorgung). Die Kausalanalyse der Wirkung, die Identifikation des oder der verantwortlichen Substanz(en), kann nur die chemische oder biochemische Analytik leisten, falls sie im Einzelfall überhaupt zu leisten ist. Sie ist aber Voraussetzung, um die Herkunft der Belastung zu ermitteln, diese zu reduzieren und die Qualität des betreffenden Mediums langfristig zu verbessern. So sind ökotoxikologische Untersuchungen nie als grundsätzliche Alternative zur chemischen Analytik zu sehen, sondern als absichernde Unterstützung oder vorausgehende Untersuchung, um aufwendigere Analytik zielgerichteter einsetzen zu können. Nach heutigem Wissensstand ist eine Umweltüberwachung - ganz im Sinne des Titels dieses Buches - nur durch Umweltanalytik **und** ökotoxikologische Untersuchungen zu erreichen (Abb. 4.16).

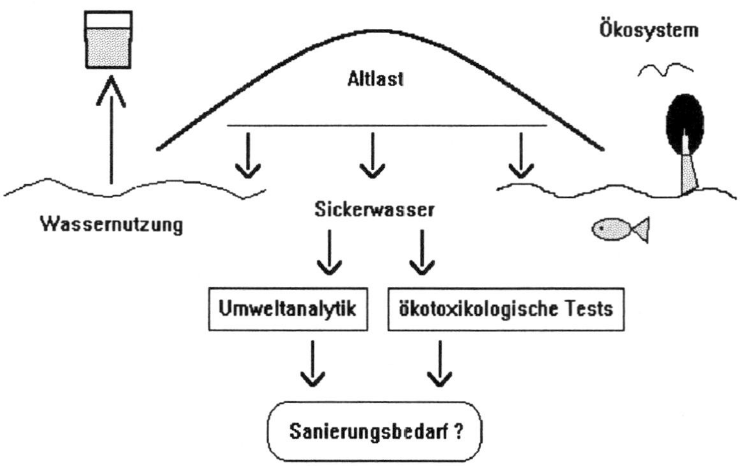

Abb. 4.16. Zur Beurteilung des von belasteten Umweltmedien ausgehenden Gefährdungspotentials für Mensch und Ökosystem ist eine Kombination aus chemisch-analytischen und ökotoxikologischen Verfahren sinnvoll: Nur sie sichert gleichzeitig eine stoffbezogen exakte und summenparametrisch umfassende Untersuchung unbekannter Belastungen.

4.6.2 Prüfung des toxischen Potentials von anthropogenen Umweltmedien

Abwasserprüfung. Das Wasserhaushaltsgesetz (WHG, BRD 1986b) schreibt die Festlegung von Mindestanforderungen an das Einleiten von Abwässern in Gewässer vor, die in der diesbezüglichen Allgemeinen Rahmen-Verwaltungsvorschrift (Rahmen-AbwasserVwV, BRD 1992) näher geregelt sind. Ein Kriterium dieser Mindestanforderungen ist die geringe Toxizität einer Originalprobe des zu testenden Abwassers gegenüber Wasserorganismen aller trophischen Ebenen (vgl. Kap. 4.4.2). Der Nachweis geschieht in Form von Selbstkontrollen und stichprobenhaften Überprüfungen durch die zuständige Behörde. Als Testverfahren werden die in den deutschen Einheitsverfahren zur Wasser-, Abwasser und Schlammuntersuchung (DEV 1995) zusammengefaßten DIN-Verfahren 38412, Teil 30-34 verwendet (Tabelle 4.6). Ziel ist in allen Fällen die Bestimmung der ganzzahligen Verdünnungsstufe, bei der kein Effekt bezüglich des untersuchten Endpunktkriteriums (vgl. Kap. 4.4.3) mehr festzustellen ist. Der Nenner dieses Verdünnungsverhältnisses wird als G-Wert bezeichnet: Treten bei einer Verdünnung von 1:3 Wirkungen auf, bei 1:4 jedoch nicht mehr, ergibt sich ein G-Wert von 4.

Abwasserabgabengesetz. Eine Besonderheit umweltgesetzlicher Regelungen stellt das Abwasserabgabengesetz (AbwAG, BRD 1976) dar. Nach eingeleiteter Menge und Giftigkeit wird für Abwässer eine Abgabe erhoben, die dem Gewässerschutz zugute kommt. Diese erste Umweltsteuer ist ein regulatives Instrument, das über die Festsetzung der Höhe der pro Abwassereinheit zu zahlenden Gelder umweltpolitisch eingesetzt werden kann. Die Berechnung der Einheiten richtet sich nach dem Wirtschaftszweig und den damit verbundenen unvermeidbaren Belastungen, sowie dem Stand der Klärungstechnik. Für die Bestimmung der für die Abwasserabgabe mit ausschlaggebenden Giftigkeit wird ausschließlich der Goldorfentest (Tabelle 4.6) verwendet.

Tabelle 4.6. Vorgesehene Prüfungen von Abwässern nach der Rahmen-AbwasserVwV (BRD 1992, DEV 1995). Für den Leuchtbakterientest (DEV-Verfahren L 34 ohne Beachtung der Ergänzungen in Punkt 5, Satz 5) existieren verschiedene Automatisierungsverfahren mit unterschiedlicher Testdauer.

Trophiestufe	G-Wert Klasse	Art	Endpunkt	Dauer	DEV-Verfahren
Sekundär-konsument	G_F Fische	Goldorfe *Leuciscus idus melanotus*	Letalität	48 h	L 31
Primär-konsument	G_D Krebse	Großer Wasserfloh *Daphnia magna*	Immobilisation	24 h	L 30
Produzent	G_A Grünalgen	*Scenedesmus subspicatus*	Hemmung der Fluoreszenz	72 h	L 33
Destruent	G_L Bakterien	Leuchtbakterium *Photob. phosphoreum*	Hemmung der Lumineszenz	min-h	L 34

Deponien und Altlasten. Die in Deponien und an Altlaststandorten konzentriert vorliegenden Fremdstoffe können auf verschiedene Weise Umweltgefährdungen darstellen: Sie können durch Ausgasung die Luft belasten, durch Auswaschung in Grund- und Oberflächenwässer gelangen oder sich in der Pflanzendecke akkumulieren. Der größten Gefahr ist dabei das Umweltmedium Wasser ausgesetzt. Da langjährige Erfahrungen in der aquatischen Ökotoxikologie vorliegen und die definierte Exposition gegenüber wässrigen Medien einfacher ist, werden einige der in Tabelle 4.6 aufgeführten aquatischen Tests zunehmend auch im Deponie- und Altlastbereich eingesetzt. Bei der Deponieüberwachung werden vorwiegend Sickerwässer untersucht. Zur Erkundung von Altlaststandorten, zur Bewertung der Dringlichkeit einer Sanierung oder der Bewertung des Sanierungserfolgs werden wässrige Bodenextrakte ("Bodeneluate") als Testlösung verwendet. Der Einsatz ökotoxikologischer Tests ist auf diesem Sektor noch ein Novum, gesetzliche Vorschriften bestehen bislang nicht. So sind Wirkungstests auch weniger im Rahmen verwaltungsrechtlicher Vorschriften als vielmehr aus gutachterlichem Interesse und vor dem Hintergrund des neuen Umwelthaftungsrechts interessant: "Ökotoxikologische Analytik" dient der Auswahl von Standorten, bei denen sich ein höherer Aufwand chemischer Analytik lohnt. Nach erfolgter Bodensanierung minimieren die Tests das Risiko einer falschen Unbedenklichkeitserklärung für die weitere Nutzung.

Hund und Traunspurger (1994) konnten zeigen, daß ökotoxikologische Testverfahren mit Bodeneluaten in der Lage sind, die Anwesenheit toxischer Metabolite anzuzeigen, die bei einer chemischen Analyse der Ausgangssubstanzen oder durch summenparametrische Routineverfahren nicht entdeckt worden wären. Zudem korrelierten die in aquatischen Tests beobachteten Wirkungen gut mit Befunden begleitender bodenökologischer Untersuchungen: Die Verringerung der Abundanz der Bodennematoden war kein empfindlicherer Endpunkt als die Immobilität von Daphnien oder die Leuchthemmung von Leuchtbakterien. Für die Bioverfügbarkeit einer Substanz für Bodenorganismen spielt offensichtlich der Weg über die Bodenwasserphase eine entscheidende Rolle. Schwer wasserlösliche und adsorptive Substanzen, die an organischen Bodenbestandteilen gebunden sind, akkumulieren über ein entsprechend extremes Verteilungsgleichgewicht und niedrigste Konzentrationen im Bodenwasser sehr langsam, aber möglicherweise dennoch wirkrelevant in Organismen. Eine einfache Extraktion mit Wasser reicht für einen analytischen Nachweis nicht aus. Die definierte Zugabe von gelösten Huminstoffen zur Extraktionslösung ist ein möglicher Weg, das Verteilungsgleichgewicht langfristig bioverfügbarer Stoffe zugunsten der wässrigen Phase zu verschieben.

Für die laufende Überprüfung des Sanierungserfolgs von Bodenwaschanlagen können nur Tests Anwendung finden, die sich durch kurze Ansprechzeiten und niedrige Kosten auszeichnen. Die diskutierten Verfahren entsprechen weitgehend den für Gewässerwarnsystemen geeigneten (s.u.); die Anpassung auf die Testmatrix wässriger Bodenextrakt und die Entwicklung geeigneter Probenvorbereitungsverfahren steht noch aus.

Abluftüberprüfung. Die Luft stellt den größten und bestdurchmischten Verteilungsraum für chemische Substanzen dar. Eine ökotoxikologische Untersuchung von Abluft ist bislang nicht üblich. Es wird davon ausgegangen, daß Boden,

Wasser und Pflanzen eine Senke für die umweltrelevanten Stoffe bilden, in die sie mittels trockener, feuchter oder nasser Deposition (vgl. Kap. 2.1.3) gelangen. Begasungsexperimente mit Pflanzen oder aquatische Tests mit abluftdurchströmtem Wasser sind problemlos durchzuführen.

Grenzen der ökotoxikologischen Prüfung von Umweltmedien. Bei der Erfassung des von anthropogen belasteten Medien ausgehenden Gefährdungspotentials bieten ökotoxikologische Tests eine Sicherheit der Aussage, die die immer nur auswählende und nicht wirkungsbezogene chemische Analytik allein nicht leisten kann. Der Informationsgehalt der verwendeten Tests ist jedoch gering im Vergleich zur Chemikalienprüfung. Bereits angesprochen wurde das Problem der Zuordnung der Wirkung zu einer oder mehreren auslösenden Substanz(en), die nur mit Glück und (bio-)chemischer Analytik zu leisten ist. Darüber hinaus muß klar sein, daß es sich bei den Tests mit Metazoen lediglich um akute Tests auf organismischer Ebene handelt, die zudem ausgesprochen kurze Expositionszeiträume umfassen. Chronische und subletale Wirkungen werden nicht erfaßt. Auswirkungen auf Populationen oder gar Biozönosen sind nicht abzuschätzen. Auf die Kalkulation statistischer Signifikanzen wird ebenso verzichtet wie auf jegliche Form der Risikoabschätzung. Bei den gegebenen Belastungssituationen, vor allem der unbekannten und zeitlich schwankenden Zusammensetzung der untersuchten Medien, sind längerfristige Untersuchungen problematisch. Der "öko-" toxikologische Anspruch ist deshalb stark zu relativieren.

Betrachtet man den geringen erzielten Informationsgehalt, ist es fraglich, ob vor dem Hintergrund der Tierschutzproblematik ein akuter Fischtest sinnvoll ist (vgl. Kap. 4.7). Ersatzmethoden wie Fischzellinien oder Fischei-Tests werden zur Zeit erprobt. Zur Festsetzung der Abwasserabgabe könnte jeder wirbellose Testorganismus mit ungefähr vergleichbarer Durchschnittsempfindlichkeit herangezogen werden. Hier stehen den Argumenten des Tierschutzes neben der psychologischen Komponente (Fischgiftigkeit wird ernster genommen als die Unbeweglichkeit von Wasserflöhen) vor allem verwaltungstechnische Schwierigkeiten entgegen. Die Giftigkeit gegenüber der Goldorfe ist als zentrales und verläßliches Bezugsystem nur unter großem Aufwand durch einen anderen Test zu ersetzen.

Mit dem Untersuchung von Umweltmedien unbekannter Belastung durch ökotoxikologische Verfahren wird häufig der Wunsch verbunden, neben der allgemeinen Toxizität des Mediums bereits die Anwesenheit spezifischer verursachender Stoffe oder Stoffgruppen feststellen zu können. Dies würde eine gezielte Analytik erheblich vereinfachen. Dabei ergibt sich jedoch ein Widerspruch: Zur möglichst umfassenden Feststellung von Intoxikationen sind sehr unspezifische Endpunkte notwendig, die in der Regel Messungen allgemeiner physiologischer Leistungen darstellen. Diese zeigen jede starke kompensatorische Reaktion oder jede das Regelsystem in irgendeiner Weise schädigende Wirkung an. Endpunkte, die für bestimmte Wirktypen spezifisch sind, besitzen nicht die umfassende Sicherheit der Detektion und schwächen die eigentliche Stärke ökotoxikologischer Verfahren. Lösungen sind einerseits in komplexen Testbatterien zu suchen, wie sie in Gewässerwarnsystemen (s.u.) verwirklicht werden. Zum anderen ist die Untersuchung verschieden sensitiver Endpunkte an einem System möglich. Hier bieten sich in der Entwicklung befindliche Systeme an, die unterschiedliche Integrationsebenen sukzessiv ausbilden: Tests mit transparenten Fischeiern zeigen zunächst akut cytotoxische Wirkungen an, danach teratogene Schäden bei der Organentwicklung, die Beeinträchtigung von Organfunktionen (Nerv-Muskel-Interaktionen, Blutkreislauf) und schließlich den physiologischen Gesamtzustand (Herzschlagfrequenz). Eine Zuordnung von Wirkprofilen setzt jedoch eine umfangreiche Erarbeitung dieser Profile voraus, die nur sinnvoll zu leisten ist, wenn derselbe Test auch in der Chemikalienbewertung eingesetzt wird und die Daten allgemein zugänglich sind. Selbst unter solchen Bedingungen sind höchstens Hinweise auf spezifisch wirksame Substanzen zu erwarten. So ist zwar auf ein großes künftiges Entwicklungspotential "ökotoxikologischer Analytik" zu hoffen; vor allzu viel Euphorie bei der Kausalanalyse festgestellter Wirkungen durch ökotoxikologische Endpunkte muß jedoch gewarnt werden.

4.6.3 Untersuchung des Belastungszustands natürlicher Umweltmedien

Sollen Ökosystembelastungen durch Umweltchemikalien festgestellt und bewertet werden, kann dies auf verschiedene Weisen geschehen. In den einzelnen Umweltmedien oder in akkumulierenden Organismen können bestimmte Stoffkonzentrationen gemessen und mit Grenz- oder Richtwertkonzentrationen verglichen werden. Ein solches Vorgehen bleibt immer unvollständig (vgl. Kap. 4.6.1) und ist nicht unbedingt an potentiellen Wirkungen orientiert (vgl. Kap. 4.5.6). Eine andere Möglichkeit bietet das Biomonitoring, welches aktiv und passiv betrieben werden kann. In beiden Fällen werden lebende Systeme benutzt, um anhand festgestellter Veränderungen Hinweise auf den Belastungszustand eines Ökosystems zu bekommen. Beim aktiven Monitoring werden bislang unbelastete Organismen mit dem zu untersuchenden Umweltmedium in Kontakt gebracht. Dazu können alle ökotoxikologischen Labortests mit Umweltmedien gerechnet werden, aber auch der kontrollierte Einsatz von unbelasteten Organismen im Freiland. Im Falle des passiven Monitorings werden im Ökosystem natürlich lebende Systeme stichprobenhaft auf Effekte untersucht. Zeigen bestimmte lebende Systeme eine für eine bestimmte Belastungssituation charakteristische Eigenschaft, so werden sie als Bioindikatoren für diese Belastungssituation bezeichnet.

Gewässerwarnsysteme. Nach dem Sandoz-Unfall am Rhein wurden Forderungen nach einer ständigen Gewässerüberwachung laut. Im Falle einer beliebigen Havarie soll sie in die Lage versetzen, auch ohne Vorwarnung rechtzeitig zu reagieren und Schutzmaßnahmen einzuleiten, wie etwa die Warnung der Bevölkerung, die Abschottung der Trinkwasserversorgung und die Veranlassung umfangreicher chemischer Analysen. Ein solches Warnsystem ist nur im ständigen Durchstrom zu betreiben. Es kann stationär neben einem Gewässer oder mobil eingerichtet werden. Neben der ständigen Meßwertaufnahme grundlegender Wasserwerte wie pH-Wert, Sauerstoffsättigung, Leitfähigkeit, Chlorid- oder Sulfatkonzentration besteht das Herzstück eines solchen Warnsystems aus einer

Batterie standardisierter Biotests, die jede toxische Akutbelastung aufdecken sollen. An derartige Biotests wird ein bestimmtes Anforderungsprofil gestellt:

- schnell, um die Reaktionsfähigkeit zu gewährleisten,
- zuverlässig, um Entscheidungskonsequenzen zu verantworten,
- billig, um einen räumlich und zeitlich möglichst lückenlosen Einsatz zu ermöglichen.

Besonders geeignet sind Testverfahren, die möglichst wartungsarm (automatisierbar) und platzsparend (miniaturisierbar, modulare Bauweise) in Containern installiert werden können. Lange Vorbehandlungen des Durchstromwassers sind nicht möglich, eine geringe Aussagekraft im Hinblick auf ökosystemare Wirkungen reicht aus. Wichtig ist einerseits ein möglichst breites Ansprechen auf alle denkbaren Belastungen, zu anderen möglichst spezifische Reaktionen, die bereits eine Eingrenzung der mutmaßlichen Schadstoffe gestatten und Hinweise für eine differenzierte Analytik liefern. Aus diesen Gründen ist die gewählte Zusammensetzung der Testbatterie von entscheidender Bedeutung für die Güte des Warnsystems: Eine richtige Mischung aus Tests auf verschiedenen Integrationsebenen lebender Systeme; aus Tests mit systematisch wenig verwandten Spezies, sowie mit spezifischen, rezeptorbezogenen Verfahren mit Indikatorfunktion einerseits und unspezifischen Untersuchungen der allgemeinen physiologischen Leistungsfähigkeit andererseits.

Beispiele und Probleme möglicher Verfahren. Alle suborganismischen Verfahren benötigen eine künstliche Regulation der Umgebungsbedingungen. Salinität, Ionenzusammensetzung, pH-Wert und teilweise die Temperatur dürfen nur in mehr oder weniger begrenzten Spielräumen variiert werden. Alle anderen Homöostase-Regulationsleistungen des Organismus, die für das jeweilige System von Bedeutung sind, müssen simuliert werden (Energiezufuhr, Stoffaustausch). Das zugeführte Flußwasser ist eine in der Zusammensetzung wechselnde unphysiologische Matrix. Suborganismische Systeme besitzen eine kurze Ansprechzeit und Lebensdauer (vgl. Tabelle 4.3). Derartige Verfahren sind deshalb zumeist nicht im Durchfluß, sondern mit hochfrequenten Folgen von Stichproben durchzuführen. Für die subzelluläre Ebene gibt es gut funktionierende Beispiele (z.B. Acetylcholinesterasehemmung, Atmungshemmung bei Mitochondrien, Photosynthesehemmung bei Chloroplasten; vgl. Kap. 4.4.1), langfristiges Ziel ist die breite Entwicklung preiswerter rezeptortragender "Biosonden", die bereits weitgehende Aufgaben bei der Identifizierung von Belastungen übernehmen können. Bis zum automatisierten Einsatz von Fischzellkulturen ist noch viel Entwicklungsarbeit zu leisten. Tests auf der Organebene sind zu aufwendig und aus Gründen des Tierschutzes keine Alternative zu organismischen Tests.

Auf der Ebene des Organismus oder der (Einzeller-)Population beschränkt sich die Eignung für ein schnell reagierendes und empfindliches Warnsystem auf die Untersuchung leicht meßbarer physiologischer Leistungen, der Bestimmung der Zellzahl oder der akuten Sterblichkeit. Bei diesen Tests liegt der Schwerpunkt auf der möglichst breiten Erfassung aller denkbaren Belastungen. Dies erfordert den Einsatz möglichst unterschiedlicher Spezies. Für die in der Abwasserprüfung eingesetzten Standardtests mit Leuchtbakterien (Lumineszenz), einzelligen Grünalgen (Fluoreszenz) und Daphnien (Schwimmfähigkeit) werden automatisierte Varianten angewandt oder erprobt. Eine Fülle weiterer Verfahren mit einzelligen Organismen (Bakterien, Algen, Protozoen) oder einfach zu kultivierenden Metazoen ist denkbar; neben den genannten Endpunkten sind über Lichtschranken zu messende Vermeidungsreaktionen von Protozoen besonders interessant. Toxische oder abschreckende Wirkungen auf Fische sind mit Hilfe verschiedener Verhaltensparameter zu messen, die über Lichtschranken oder Videokameras erfaßt werden (vgl. Kap. 4.4.1). Die Exposition gegenüber Flußwasser ist für Wasserorganismen zwar grundsätzlich unproblematischer als bei suborganismischen Tests, doch erzeugen Reaktionen auf leicht zu messende und als mindergefährlich eingestufte stoffliche Belastungen wie bestimmte Salzfrachten ein "Hintergrundrauschen", von dem Antworten auf unerkannte und damit wirkliche Problemsubstanzen nur schwer zu trennen sind. Auch nicht stoffliche Einflüsse wie Temperaturänderungen oder Lärm können Reaktionen hervorrufen und müssen so weit wie möglich minimiert oder berücksichtigt werden. Neben diesen abiotischen Faktoren bieten die biologische Variabilität, die Reaktion auf die Versuchsbedingungen und das begrenzte Alter, bzw. die begrenzte Haltbarkeit der Testorganismen weitere Unsicherheiten. Der in der Ökotoxikologie normalerweise übliche Einsatz von bedingungsgleichen aber stofflich unbelasteten Kontrollen ist bei Durchflußexperimenten mit Umweltmedien nicht unter vertretbarem Aufwand zu leisten. Für die Entscheidung, ob im Einzelfall Alarm ausgelöst werden soll, muß folglich das gesamte Reaktionsprofil der Testbatterie herangezogen werden.

Ob der mögliche und reale Nutzen eines ökotoxikologischen Warnsystems den Aufwand rechtfertigt, kann diskutiert werden. Die Verbreitungswellen nach großen und gemeldeten Unfällen wie im Fall Sandoz können auch anhand einfacherer physikochemischer Parameter und der Untersuchung von gezielten Stichproben verfolgt werden; eine wissentliche Vergiftung der Warncontainer wäre nicht einmal sinnvoll. Unbekannte Belastungen mit spezifischen, aber nicht durch Indikatoren nachweisbaren Substanzen durchlaufen die Testbatterien vielleicht folgenlos, wenn aufgrund vereinzelter Reaktionen niemand die Verantwortung für einen Alarm übernehmen will. Nutzen im Sinne einer folgenauslösenden Detektion bietet das Warnsystem nur in den wenigen Fällen, in denen ungemeldete Belastungen, die routinechemisch nicht nachweisbar sind, solch durchschlagende Wirkungen erzeugen, daß ein Alarm verantwortet wird. Die Frage nach der Rechtzeitigkeit eines solchen Alarms ist damit noch nicht geklärt. Zur Ursachenforschung trägt das System nur bei sehr dichter Positionierung an allen relevanten Gewässern bei. Eine häufige, strenge und unangemeldete Einleiterüberwachung greift das Problem früher und gezielter, wenn auch lückenhafter. Der Nutzen eines Gewässerwarnsystems zur Beruhigung der Bevölkerung und als Anlaß zur Entwicklung und Anwendung moderner biologischer Meßverfahren ist unbestritten.

Aktives Effektmonitoring im Freiland. Soll ein Umweltmedium an einem bestimmten Standort auf den Belastungsgrad mit subletal toxischen Substanzen untersucht werden, ist die längerfristige Exposition gegenüber diesem Medium von Interesse. Diese kann bei der unbekannten und wechselnden Zusammensetzung des Mediums besser im Freiland als im Labor untersucht werden. Wenn eine sinnvolle Stichprobennahme von natürlich vorkommenden geeigneten Organismen vor Ort nicht möglich ist oder wenn Abweichungen vom "Normalzustand" auf andere Ursachen als eine Exposition gegenüber Umweltchemikalien zurückgeführt werden kann, ist eine kontrollierte Verbringung unbelasteter Organismen an den gewünschten Standort das Mittel der Wahl. Dabei muß jedoch berücksichtigt werden, daß unbelastete Organismen nur aus Laborzuchten oder mutmaßlich unbelasteten Biotopen zu erhalten sind und damit möglicherweise aus speziellen Genpools stammen. Dies kann sich in der Empfindlichkeit gegenüber den am Einsatzort gegebenen Stressoren niederschlagen.

Der Belastungszustand von Gewässern wird beispielsweise durch den Einsatz von Muscheln, Krebsen, Insektenlarven oder Fischen in Käfigen untersucht. Je nach Fragestellung kann eine Längsschnittuntersuchung (Veränderung des Gesundheitszustands über die Zeit) oder eine Querschnittuntersuchung (Vergleich von verschiedenen Gruppen in unterschiedlich belasteten Gewässern nach bestimmten Expositionszeiträumen) Aufschluß über die Anwesenheit von Schadstoffen geben. Die untersuchten Endpunkte können sowohl die Individualebene betreffen (Überleben, Größe, Gewicht, Sauerstoffverbrauch) alsauch suborganismische Untersuchungen umfassen (vgl. Kap. 4.4.1): Organschäden, Proliferation oder Hemmung von Immunzellen, Veränderungen von Zellstrukturen, biochemische Untersuchungen auf Hemmung oder Induktion von Proteinen, Gehalt und Verhältnis organischer Phosphatverbindungen oder beliebige weitere Indikatoren für spezifische oder unspezifische Veränderungen. Die gefundenen Veränderungen können mit den Gehalten von in den Organismen nachgewiesenen Fremdstoffen verglichen werden. Dominanzveränderungen in Periphytongesellschaften, die auf rückholbaren Substraten ausgebracht wurden, können Wirkungen auf biozönotischer Ebene andeuten.

Für das Monitoring von Luftschadstoffen bedient man sich pflanzlicher Organismen. Das Überleben und die Biomassezunahme verschiedener schnellwüchsiger (zumeist Kultur-) Pflanzen wird in aufgestellten und ständig kontrollierten Pflanzkästen untersucht. Für die Wahl der Pflanzen ist der zu untersuchende Expositionspfad (Gas, Art der Deposition) entscheidend. Unterschiedlich empfindliche Flechtenarten sind besonders gute Indikatoren für Luftschadstoffe, da sie sich ausschließlich aus der Luft versorgen. Durch geschickte Ausbringung sind Luftbelastungen in Abhängigkeit von vorherrschender Windrichtung und Windstärke oder Niederschlagsmenge auszumachen. Ein dichtes Netz ermöglicht die Einkreisung verantwortlicher Emittenten.

Passives Effektmonitoring. Prinzipiell sind alle Untersuchungsverfahren an Organismen, die bei aktivem Monitoring durchgeführt werden, auch bei passivem Monitoring anwendbar. Es ergeben sich jedoch einige wesentliche Unterschiede.

Natürlich vorkommende Organismen befinden sich im systemaren Zusammenhang mit allen biotischen und abiotischen Faktoren des Ökosystems. Im Einzelfall können viele dieser Faktoren schwerwiegendere Auswirkungen auf das Vorkommen und den Zustand lebender Systeme haben als die Exposition gegenüber

Umweltchemikalien. In der Geschichte der Population oder des untersuchten Individuums haben alle vorhandenen Stressoren in Kombination gewirkt. Genetische und individuelle Anpassungen, Selektion und Abwanderung sorgten dafür, daß an einem Standort die gegenüber der spezifischen Stressorenkombination tolerantesten Arten, Populationen und Individuen zu finden sind. Bezüglich der Expositionsdauer und -dynamik oder der Einbindung in das ökologische Faktorengefüge erzielt passives Monitoring deshalb eine größere Umweltrelevanz als alle anderen Untersuchungsmethoden, bezüglich der Feststellung und Kausalzuordnung von Wirkungen allerdings die geringste Aussageschärfe.

Die lebenslange Expositionszeit der untersuchten Systeme gegenüber der standortspezifischen Belastungssituation erlaubt über die Untersuchung der beim aktiven Monitoring einbezogenen Endpunkte hinaus auch die Betrachtung von Integrationsebenen mit längerfristiger Manifestationszeit. Untersuchungen von chronischen Wirkungen auf organismischer Ebene, von Populationen und Biozönosen erfordern komplexes artspezifisches und ökologisches Wissen. Die Untersuchung von Stichproben gefangener Fische auf Parasiten gibt Aufschluß über den allgemeinen Gesundheitszustand und die Abwehrleistungen des Immunsystems. Verschlechterungen gegenüber definierten Normalzuständen können auf eine Belastung durch Umweltchemikalien hindeuten. Die Reproduktionsleistung und die Überlebensrate früher Lebensstadien ist durch Altersklassenbestimmungen zu ermitteln. Die Verteilung der Altersklassen gibt auch Aufschlüsse über die Populationsstruktur und deren Entwicklungspotential.

Auf biozönotischer Ebene wird aus den Abundanzen einzelner Arten auf die Zusammensetzung der Lebensgemeinschaft geschlossen. Die Berechnung von Diversitätsindizes vermittelt einen Eindruck von der augenblicklichen strukturellen (qualitativen) Vielgestaltigkeit, die Berechnung von Nahrungstypenverhältnissen (Schweder 1992) verbindet strukturelle Daten mit funktionalen Aspekten, Messungen der Gesamtbiomasse, der Mineralisierungsaktivität oder des Gesamtchlorophyllgehalts sind Beispiele für rein funktionale (quantitative) Betrachtungen von Ökosystemen. In allen Fällen muß ein Normalzustand definiert sein, damit eine mögliche Wirkung von diesem unterschieden werden kann. Eine solche Definition ist auf der Integrationsebene des Organismus mit der Beschreibung des "gesunden Zustands" klar vorgegeben, wenn auch meist nicht einfach zu leisten. Auf der Ebene der Lebensgemeinschaft ist eine solche Vorgabe (gesund = potentiell natürlich) häufig nicht sinnvoll.

Für Mitteleuropa kann davon ausgegangen werden, daß keine natürlichen Biozönosen mehr existieren. Veränderungen der Gewässer- und Bodenstruktur sowie starke Eingriffe in die Biozönosen haben langfristig einen Systemzustand geschaffen, der zumeist stark von der potentiell natürlichen Situation abweicht. Hinzu kommen klimatisch und systembedingte Schwankungen, die die Definition eines Normalzustands erschweren. In Abhängigkeit von der menschlichen Nutzung des Ökosystems mit der damit verbundenen akzeptierten Belastung werden wirtschafts-, gesundheits- oder naturpolitische Zielvorgaben für Umweltmedien formuliert, an denen sich Monitoringprogramme orientieren. Bislang enthalten die meisten Zielvorgaben Richt- oder Grenzwerte für die wichtigsten chemischen Stoffe, aber wenige Vorgaben über biozönotische Strukturen oder Leistungen außerhalb land- oder forstwirtschaftlicher Kulturarten. So ist ein qualitatives

Monitoring auf biozönotischer Ebene auf die Suche nach einigen für bestimmte Biotope charakteristischen Leitarten beschränkt, wie sie zum Beispiel die Leitfischarten der Leitfischregionen darstellen. Ausnahmen bilden Untersuchungen, die sich an Bioindikatoren für bestimmte Belastungen orientieren.

Bioindikation. Deutet die Anwesenheit oder Abwesenheit von Organismen bestimmter Arten auf eine bestimmte Belastung hin, so können diese Arten als Bioindikatoren verwendet werden. Da die Zusammensetzung einer Biozönose durch die Zahl und Abundanzen der zu ihr beitragenden Arten bestimmt wird, kann Bioindikation auf Art- oder Populationsniveau als passives Monitoring auf der Ebene der Biozönose verstanden werden. Als ein hilfreiches Verfahren für die Erschließung bestimmter oberflächennaher Bodenschätze oder landwirtschaftlicher Nutzungen wurde die positive oder direkte Bioindikation mit Hilfe von "Zeigerpflanzen" schon seit der Antike angewendet. Heute liegt der Schwerpunkt stärker auf der Detektion schädlichen Belastungen, die durch die negative oder indirekte Bioindikation durch Abwesenheit nachgewiesen werden können. Ein Bioindikator muß folgende Eigenschaften haben:

- Eine eindeutige Indikatoreigenschaft bezüglich der untersuchten Belastung,
- eine ausreichend hohe Abundanz, damit bei vertretbarem Stichprobenumfang eine verläßlichew Aussage über das örtliche Vorkommen möglich ist,
- ein großes Verbreitungsgebiet, damit möglichst wenige Arten an möglichst vielen Orten untersucht werden können,
- eine eindeutige Merkmalskombination, damit eine leichte, schnelle und sichere Bestimmung möglich ist,
- leichte Auffindbarkeit und ausreichende Unempfindlichkeit für eine schnelle und einfache Probennahme,
- Bindung an den Standort und das bewohnte Kompartiment, damit eine Einwanderung aus anderen Belatungssituationen ausgeschlossen werden kann,
- eine ausreichend lange Generationsdauer und möglichst keine Ruhestadien, um eine ständige und ausreichend lange Exposition zu gewährleisten.

Neben der reinen Abundanz kann die Altersstruktur der Populationen von Indikatororganismen untersucht werden; sie liefert Hinweise auf Verbesserungen oder Verschlechterungen des bewohnten Umweltmediums hinsichtlich der indizierten Belastung.

Für die meisten chemischen Belastungen sind noch keine im oben verstandenen Sinne geeigneten Indikatoren ausgemacht worden. So beschränkt sich eine Bioindikation, die diesen Namen auch verdient, bislang auf wenige und relativ unspezifische Belastungskonstellationen wie den Säuregrad, die Salinität, die Trophie (Gehalt an Nährstoffen) oder Saprobie (Gehalt an organischen Schmutzstoffen) von Gewässern. Zur Bestimmung dieser Belastungen werden, je nach gewünschter Aussageschärfe oder -sicherheit, wenige Arten mit hohem Indikationswert oder umfangreiche Listen mit Arten unterschiedlichster systematischer Stellung verwendet.

Gewässergütebestimmung. Die Gewässergüte wird von den zuständigen Landesbehörden ermittelt und in Gewässergütekarten festgehalten. Neben allgemeinen chemischen Parametern, wie Durchschnittswerten der Sauerstoffsättigung des pH oder der Leitfähigkeit, und Summengrößen wie dem biochemischen Sauerstoffbedarf (BSB) gehen in die Bewertung vor allem biologisch-ökologische Untersuchungsdaten ein: Der Struktur der vorgefundenen Biozönose wird ein Indikatorwert für den Verschmutzungsgrad des Wassers mit organischen (Nähr-)Stoffen zugeordnet. Dieser sogenannte Saprobienindex ist damit eigentlich nur ein Maß für bestimmte Aspekte der Wassergüte. Da ein Gewässer neben seinem Wasser noch wichtige andere Charakteristika, wie Gerinneprofil, Sedimentstruktur oder Ufervegetation aufweist, wird seit neuerer Zeit in einigen Bundesländern parallel eine zusätzliche Klassifikation der sogenannten Strukturgüte eines Gewässers vorgenommen.

Der Saprobienindex ist das älteste verwendete Indikationssystem. Es wurde 1909 von Kolkwitz und Marsson entwickelt, um anhand ursprünglich mikrobieller Indikatoren den organischen Verschmutzungsgrad und die dadurch bedingte Sauerstoffzehrung in Fließgewässern zu bestimmen. Seitdem wurde es auf alle in Fließgewässern vorkommenden Organismen ausgeweitet. Die lange Tradition stellt gleichzeitig ein in vielen wissenschaftlichen Diskussionen gewachsenes Wissen um die Indikationskraft der einzelnen Arten dar, das im Bereich der Bioindikation einzigartig ist. Das im Sinne der Aussageabsicht sehr aussagekräftige System benötigt vergleichsweise aufwendige Bestimmungsarbeit. Insbesondere bei häufigen und flächendeckenden Untersuchungen werden deshalb vereinfachte, aber ausreichend aussagesichere Abwandlungen eingesetzt (z.B. Meyer 1987). Diese beschränken sich häufig auf bestimmte Ausschnitte der Biozönose, wie etwa das Makrozoobenthon (sichtbare tierische Lebensgemeinschaft des Sediments).

Die am Standort vorkommenden Organismen werden nach ihrer Art bestimmt, bezüglich ihrer Vorkommensdichte eingeschätzt und bekommen jeweils einen Wert auf der Saprobieskala von 1.0 bis 4.0. Dieser Wert wird mit dem aus der Dichte ermittelten Häufigkeitszahl und meist einer Gewichtungszahl, die den Indikationswert der Art beschreibt, multipliziert. Der Durchschnittswert für alle Arten ist der Saprobienindex für die genommene Stichprobe.

Da bei diesem Verfahren nur die vorhandenen Organismen bewertet werden, handelt es sich um direkte Indikation im Falle stenöker Arten (mit enger ökologischer Nische), oder um indirekte Indikation im Falle euryöker Arten (weite ökologische Nische), die aufgrund größerer Toleranz normalerweise vorhandene überlegene Konkurrenten verdrängen konnten: So führt die O_2-Mangeltoleranz der euryöken Wasserassel zu Beharrungsvermögen in verschmutzten, aber nährstoffreichen Biotopen; in sauberen Biotopen ist die Art im harten Konkurrenzkampf um dort knappe Nahrung den konkurrenzstärkeren Flohkrebse unterlegen (vgl. Tabelle 4.7).

Neben dem Saprobiensystem existieren zahlreiche weitere Indikationssysteme für organische Verschmutzungen, die sich in der Regel durch Beschränkungen auf wenige Indikatorarten oder taxonomische Großgruppen innerhalb der Makroinvertebraten beschränken. Diese insbesondere in Großbritannien und den USA

Tabelle 4.7. Bioindikation am Beispiel einer Selbstreinigung: Der Oberlauf eines Baches empfängt die Einleitungen einer überlasteten Kläranlage. Danach folgt ein langer Gewässerabschnitt ohne weitere Einleiter (nach Meyer 1987).

Güteklasse	Saprobienindex	Befunde am Probenahmestandort
Abwassereinleitung:		Schwarzer Schlamm, reduzierende Verhältnisse (Eisen(II)-sulfid). Keimzahlen > 1 Mio/ml.
IV polysaprob	3.5-4.0	Schlammröhrenwürmer (*Tubifex sp.*), rote Zuckmückenlarven (Chironomiden), Luftatmer (Rattenschwanzlarven). Wenig Arten, hohe Individuenzahlen, geringe Diversität, bei geringen Individuendichten: Zusätzlicher Hinweis auf toxische Effekte.
IV -> III-IV		Geringere Keimzahl, höherer O_2-Gehalt. Erste Wasserasseln, einzelne Rollegel.
III-IV		Wasserasseldichte übersteigt Chironomiden- und Tubificidendichte.
III alpha-mesosaprob	2.5-3.0	O_2-Sättigung 20-30%. Chironomiden und Tubificiden fast fehlend, Wasserasseln und Schlundegel (= Rollegel) massig, Schlammschnecken, Fadenalgen.
II-III	2.3-2.5	O_2-Sättigung ≥ 50%. Wasserasseln und Rollegel seltener, Schlammschnecken häufig, erste Rüsselegel und Flohkrebse, Artenvielfalt hoch
II beta-mesosaprob	1.8-2.3	O_2-Sättigung von ≥ 75 %. Wasserassel von Flohkrebsen abgelöst, Rollegel von Rüssel-/Fischegeln (allgemeine Räuber durch Schnecken- und Insektenräuber ersetzt; Folge der Toleranz des Wirtes). Noch genügend Nährstoffe, größter Artenreichtum. Schmutzwasserarten nur noch in Ruhezonen; an Sohlstürzen bereits Reinwasserarten.

In dicht besiedelten Gebieten ist keine weitere Reinigung mehr möglich, da weitere Einleitungen und das Absterben der rei-chen Bestände der Oberläufe dies verhindern.

Güteklasse	Saprobienindex	Befunde am Probenahmestandort
I-II	1.5-1.8	O_2-Sättigung 85-100%. Nur noch in unbelasteten Gebirgs- und Mittelgebirgsbächen oder im Quellbereich: Bachflohkrebse, Köcherfliegen-, Eintagsfliegen-, Steinfliegenlarven, Planarien. Mäßige Individuendichten, hohe Diversität. Beginnende Nahrungsknappheit, Abhängigkeit von eingeschwemmtem Fallaub.
I oligosaprob	1.0-1.5	Quellbereiche, Hochgebirgsbäche. Nur noch Reinwasserorganismen; Flohkrebse fehlen. Nahrungsknappheit, geringe Dichten, wenige Arten.

angewandten Systeme zeichnen sich durch weniger Bestimmungsarbeit aus und resultieren in anderen Gewichtungs- und Berechnungsverfahren der aus ihnen ableitbaren Indizes. In ihrer Aussagekraft sind sie weniger empfindlich (z.B. Trent Biotic Index TBI) oder vergleichbar. In ihrer geographischen Anwendungsbreite weisen die verschiedenen Indizes Unterschiede auf, da sie verschieden stark auf Substratunterschiede reagieren und je nach Bestimmungstiefe nur für regional eng begrenzte Bereiche oder ganze Klimazonen geeignet sind. In der Beschränkung ihres Indikationswertes auf organische Verschmutzungen ähneln sich die Verfahren, wobei der Anspruch bei einigen ungerechtfertigterweise darüber hinausgeht.

Die Biozönosen stehender Gewässer und großer Fließgewässer mit ihrem großen Planktonanteil zeichnen sich durch kürzere Generationsdauern und schnellere Stoffkreisläufe aus. Die Abundanzen des Zoo- und Phytoplanktons sind stärkeren Schwankungen unterworfen, die zwar einem jahreszeitlichen Rhythmus folgen, in ihrer Ausprägung jedoch oft nicht vorhersagbar sind. Zudem sind die Sedimente stehender Gewässer große Senken für Nähr- und Schadstoffe, wodurch diese dem Wasser teilweise entzogen werden. Die Saprobie (organischer Verschmutzungsgrad) wird von der Trophie (Nährstoffgehalt für die Primärproduktion) überlagert. Die Indikationssysteme für stehende Gewässer sind weniger weit entwickelt als die für Fließgewässer und stärker auf den Nährstoffgehalt ausgerichtet. Die unterschiedlichen, an verschiedene Nährstoffgehalte angepaßten Kieselalgenarten können als Beispiel für Trophieindikatoren angeführt werden.

Grenzen und Möglichkeiten der Bioindikation. Die enge Verbindung des Saprobiensystems mit der Gewässergüteklassebestimmung darf nicht vergessen lassen, daß es sich bei jedem Indikationssystem nur um eine Nachweismöglichkeit spezieller und dominanter Belastungen handelt. Dies waren über Jahrzehnte Sauerstoffzehrungen durch organische Belastungen, die heute durch den Ausbau der Kläranlagendichte eine immer geringere Rolle spielen. Stattdessen gehen vom technischen Gewässerbau, der die Fließgeschwindigkeit, Sediment- und Uferstruktur verändert hat, und von toxischen Inhaltsstoffen weit größere Bedrohungen für die Biozönose aus. Die Artenverarmung infolge toxischer Wirkungen trifft Saprobie-Indikatoren mit gleicher Wahrscheinlichkeit wie andere Arten, wodurch der Saprobienindex auch noch mit wenigen verbliebenen Arten sauberes Wasser anzeigen kann. So reicht das Saprobiensystem für eine moderne Gewässergütebestimmung allein nicht mehr aus. Je nach Belastungssituation sind weitere Indikationssysteme zu verwenden (z.B. Halobienindizes für Salzbelastungen) oder zu entwickeln.

Die Säureindikation in Fließgewässern Baden-Württembergs basiert auf Untersuchungen an Poplationen säureempfindlicher Algen, Schnecken (Mützenschnecke *Ancylus fluviatilis*) und Fische (Bachforelle *Salmo trutta*). Die Algen und Schnekken wurden nur hinsichtlich ihrer Abundanzen erfaßt; ihre Abwesenheit deutet auf eine Überschreitung der Toleranzschwelle für diese Arten bezüglich der indizierten Belastung (zu hoher Säuregehalt, zu niedriger pH-Wert) hin. Die Forellen werden genauer untersucht: Neben der reinen Abundanz werden die Altersstruktur, sowie die individuellen Längen, Gewichte und Korpulenzen festgestellt. Dies ermöglicht eine Charakterisierung des Zustands der vorkommenden Populationen und damit eine feiner Differenzierung des Belastungsgrades. Dabei werden durch die trophische Stellung der Forelle indirekte Wirkungen mit erfaßt: Eine Reduzierung der Artenvielfalt oder der Individuendichte niedrigerer trophischer Ebenen wirkt sich auf den Ernährungszustand und die Empfindlichkeit der Forellenpopulationen aus. Zusätzlich zu diesen Effektuntersuchungen werden die Lebern gefangener Tiere auf ihre Gehalte an Aluminium und Schwermetallen (Pb, Zn, Cd) untersucht. Eine mögliche Akkumulation spiegelt sowohl die Belastung des Gewässers mit diesen Metallen, alsauch die Milieubedingungen wider: Die Löslichkeit im Wasser und die Mobilisierung aus dem Sediment wird durch den Säuregrad bestimmt (vgl. Kap. 2.1.2).

Die Ergebnisse werden mit bestimmten Wasserparametern verglichen und zu erfaßbaren Ereignissen (Schneedecken, Regenphasen, Trockenperioden) und den Strukturdaten des Gewässers in Beziehung gesetzt. Unter Berücksichtigung der Formation des umgebenden Urgesteins und der Folgen für das Gewässer (geogene Inhaltsstoffe, Pufferkapazität) wird der Anteil anthropogener Beiträge abgeschätzt und ein ökologisches Wirkkataster von Säurebelastungen erstellt. Mit seiner Hilfe kann der Erfolg von Maßnahmen zur Verringerung der Belastungen anhand späterer Untersuchungen kontrolliert werden.

Für spezielle Belastungen durch toxische Stoffe sind Untersuchungen von suborganismischen Indikatoren (Biomarker, vgl. Kap. 4.4.1) erfolgversprechender als die Entwicklung abundanzbezogener Indikationssysteme. Eine summarische Belastung durch unterschiedliche toxische Substanzen ist prinzipiell nicht mit Indikatoren nachweisbar. Eine Untersuchung und Bewertung eines Umweltmediums bezüglich unbekannter Belastungen muß somit unter Verzicht auf spezifische Indikatorsysteme geschehen. Auf Basis der vorgefundenen Arten und artspezifischen Abundanzen können Artenfehlbeträge und Ähnlichkeitsindizes im Vergleich zu unbelasteten Ökosystemausschnitten bestimmt werden. Die ebenfalls berechenbaren Dominanz- und Diversitätsindizes sind zwar schwierig zu interpretieren (vgl. Kap. 1.7.1, 1.7.3). Im zeitlichen Vergleich und in Kombination mit Indikationssystemen können sie jedoch wertvolle Hinweise auf biozönotische Veränderungen liefern (vgl. Biotischer Index, Braukmann 1992). Wenn genaue Untersuchungsvorschriften und auf den Gewässertyp bezogene Sollwerte existieren, sind Abweichungen der Diversität als Kennzeichen einer Belastungssituation zu werten.

Eine Nutzung von retrospektiven Wirkungsdaten aus Biomonitoring und Bioindikation für die Bewertung von Altstoffen schlägt Güttinger (1993) vor. Die Auswertung aller erreichbaren bestandsökologischen und wasserchemischen Daten ermöglicht eine Ermittlung freilandbezogener NOEC-Werte: Ist nach der Messung einer bestimmten Konzentration eines bestimmten Stoffs eine Art im selben und folgenden Jahr (abhängig von der Generationsdauer) am Meßort gefunden worden, so hat sie diese Konzentration einschließlich ihrer Sekundäreffekte unter Realbedingungen toleriert. Zu dieser Aussage genügt eine einzige Meßwertzuordnung; alle negativen Funde bei niedrigeren Konzentrationen müssen auf andere Faktoren oder Kombinationswirkungen zurückgeführt werden. Der Vorteil dieser Methode liegt darin, daß bei einer schlechten Datensituation die NOEC immer zu niedrig liegt und bei zunehmender Datenlage steigt. Unter Einsatz ökotoxikologischer Labortests fällt die NOEC bei wenigen Daten hingegen immer zu hoch aus, eine Verbesserung der Datenlage läßt die NOEC sinken. Eine Kombination beider Verfahren ist im Sinne einer Risikobewertung sicherlich hilfreicher, als die Operation mit wissenschaftlich nicht begründbaren Sicherheitsfaktoren. Eine breitere Nutzung bestehender Daten muß sich über Denk- und Informationsgrenzen zwischen Chemikalienprüfung und angewandtem Umweltschutz, zwischen Ökotoxikologie und Ökologie hinwegsetzen.

4.7 Tierversuchsproblematik

4.7.1 Tierschutz

In ökotoxikologischen Tests finden große Menge von Tieren unterschiedlichster Arten den Tod. Das Tierschutzgesetz unterscheidet zwischen Wirbeltieren und Wirbellosen: Während bei letzteren ein Versuch bei der zuständigen Behörde lediglich angezeigt werden muß, sind Versuche mit Wirbeltieren genehmigungspflichtig. Gründe für eine Genehmigung sind gesetzliche Vorschriften, die eine Durchführung von Tierversuchen mit Wirbeltieren verlangen, Ausbildungszwecke und Forschungsvorhaben, bei denen der Nutzen höher eingestuft wird als die zugefügten "Schmerzen und Leiden". Tierversuche dürfen nur von geeignet ausgebildeten und erfahrenen Kräften verantwortlich durchgeführt werden.

Eine prinzipielle Benutzung und Tötung von tierischen Organismen wird vom Tierschutzgesetz nicht in Frage gestellt. Die Unterscheidung von Wirbeltieren und Wirbellosen ist sinnvoll, da "Schmerzen und Leiden" als zentrale Aspekte der Genehmigung durch ihren subjektiven Charakter schwierig zu bewerten sind. Es wird davon ausgegangen, daß lediglich die Hirnstrukturen von Wirbeltieren einen Komplexitätsgrad besitzen, der eine Empfindung ermöglicht, die wir als "Schmerzen" oder "Leiden" beschreiben. Schlüssige Grenzen im weiten systematischen Bereich der wirbellosen Tiere zu ziehen, ist nicht erfolgversprechend.

Aus der Perspektive radikalen Tierschutzes besteht ein Unterschied zwischen ökotoxikologischen gegenüber (human-)toxikologischen Tests: Schutzziel sind die Ökosysteme und damit auch die Minimierung von Schmerzen und Leiden der Tiere natürlicher Biozönosen. Ein Verzicht auf ökotoxikologische Tests kann aus dieser Perspektive nur mit einem Verzicht auf die Chemikalienproduktion einhergehen; im Abwasser- und Altlastbereich ist er tierethisch nicht vertretbar.

4.7.2 Fische in ökotoxikologischen Tests

In ökotoxikologischen Tests sind die Wirbeltiere neben wenigen Vögeln (z.B. bei der Prüfung von Pflanzenschutzmitteln) vor allem durch die Fische vertreten. Ihre Zahl ist aufgrund ihrer zentralen Stellung in Konzepten der Chemikalienprüfung und der Abwassergesetzgebung beträchtlich; der Großteil der Tiere wird für akute Tests verwendet. In hohen Konzentrationen oder niedrigen Verdünnungsstufen gehen sie unter erheblichen Schmerzen und Leiden zugrunde. Der Informationsgehalt der akuten Tests ist relativ gering, die ökologische Relevanz bei den getesteten Chemikalienkonzentrationen häufig nicht gegeben. So zielen die Bemühungen zur Vermeidung von Tierversuchen in der Ökotoxikologie vor allem auf den Ersatz der akuten Fischtests. Auf die Aussagekraft bezüglich der Gefährdung des Wasserwirbeltiers Fisch soll allerdings nach Möglichkeit nicht verzichtet werden. Neben der ökologischen, wirtschaftlichen und systematischen Bedeutung der Fische ergibt sich ein weiterer Grund in der Vergleichbarkeit künftiger Ergebnisse mit bestehenden Daten zur Einstufung von Chemikalien oder der Festsetzung von Abwasserabgaben.

Ein erster Schritt ist die Verringerung der Zahl eingesetzter Fische durch die Harmonisierung von Rechtsvorschriften und Richtlinien, damit die Ergebnisse von Fischtests weltweit akzeptiert werden. In einigen Richtlinien darf die Zahl der pro Konzentration einzusetzenden Fische von 10 auf 7 herabgesetzt und eine größere statistische Unsicherheit in Kauf genommen werden. Weiter gehen Bemühungen, akute Tests mit Individuen durch Fischzelltests zu ersetzen. Da die Integrationsebene des Gesamtorganismus auf viele Substanzen erheblich empfindlicher reagiert als eine bestimmte Zellinie, müßte eine Batterie verschiedener Zellinien zum Einsatz kommen. Bislang stehen Zelltests bezüglich Aufwand und Aussagekraft noch in keinem Verhältnis zum akuten Fischtest. Erfolgversprechender scheint die Verwendung von befruchteten Fischeiern in 48-Stunden-Tests zu sein. Die Ver-suche enden vor dem Schlupf der Larven und erzielen durch die Beobachtung verschiedener Endpunkte im sich entwickelnden System eine erheblich höhere Informationsausbeute. Die Handhabung ist weniger aufwendig als die Fischzellkultur, der Platzaufwand und Chemikalienanfall (Entsorgung!) ist im Vergleich zum akuten Fischtest minimal. Natürlich handelt es sich auch bei einem Fischembryo um ein Wirbeltier, Schmerzen und Leiden sind aufgrund der noch nicht voll entwickelten Hirnstrukturen lediglich graduell geringer zu erwarten. Eine gesetzliche Gleichsetzung mit adulten Fischen wäre vor dem Hintergrund der Abtreibungsgesetzgebung jedoch inkonsistent.

4.7.3 Artenschutz

Durch die Priorität des Arten- und Biotopschutzes verbieten sich ökotoxikologische Versuche in natürlichen Ökosystemen. Die im Rahmen der Bewertung von Chemikalien oder Umweltmedien eingesetzten ökotoxikologischen Tests zeichnen sich durch den repräsentativen Charakter der zu gewinnenden Aussagen und den Zwang zur Kostenminimierung aus. Dem würde ein Einsatz seltener Arten entgegenstehen. Aus denselben Gründen sind jedoch auch die Testergebnisse meistens nicht geeignet, Prognosen des Gefährdungspotentials für spezielle Arten mit geringen Indiviuendichten zu treffen.

Zitierte und weiterführende Literatur

Aced G, Möckel HJ (1991) Liquidchromatographie. Apparative, theoretische und methodische Grundlagen der HPLC. VCH Verlagsgesellschaft mbH, Weinheim.

Aldenberg T, Slob W (1993) Confidence limits for hazardous concentrations based on logistically distributed NOEC toxicity data. Ecotox. Environ. Safety 25: 48-63.

Alef K (1991) Methodenhandbuch Bodenmikrobiologie. Aktivitäten · Biomasse · Differenzierung. Ecomed Verlagsgesellschaft mbH, Landsberg/Lech.

Barkay T (1992) The mercury cycle. Encyclopedia of Microbiology, Vol 3. Academic Press Inc., San Diego.

BBA (1981a) Richtlinie zur Prüfung der Wirkung von Pflanzenschutzmitteln auf die Nutzarthropoden der Baumschicht im Freiland, Richtlinie 23-2.3.3. Saphir Verlag, Ribbesbüttel.

BBA (1981b) Richtlinie für die amtliche Prüfung von Pflanzenschutzmitteln im Zulassungsverfahren, Teil VI, 25-1: Richtlinie zur Prüfung der Wirkung von Pflanzenschutzmitteln auf Vogelgefährdung - Annahmeversuche. Saphir Verlag, Ribbesbüttel.

BBA (1990) Richtlinie für die amtliche Prüfung von Pflanzenschutzmitteln im Zulassungsverfahren, Teil VI, 1-1: Auswirkungen auf die Aktivität der Bodenmikroflora. Pigge Lettershop GmbH.

BBA (1991a) Richtlinie für die amtliche Prüfung von Pflanzenschutzmitteln im Zulassungsverfahren, Teil VI, 23-1: Auswirkungen von Pflanzenschutzmitteln auf die Honigbiene. Saphir Verlag, Ribbesbüttel.

BBA (1991b) Richtlinie für die amtliche Prüfung von Pflanzenschutzmitteln im Zulassungsverfahren, Teil VI, 23-2.3.4: Auswirkungen von Pflanzenschutzmitteln auf Raubmilben im Weinbau. Saphir Verlag, Ribbesbüttel.

Braukmann U (1992) Typologischer Ansatz zur ökologischen Bewertung von Fließgewässern. In: Limnologie aktuell = Friedrich G, Lacombe J (Hg) Ökologische Bewertung von Fließgewässern. Gustav Fischer Verlag, Stuttgart, S. 45-65.

Braunbeck T (1989) Die Wirkung des Herbizids Atrazin auf die Leber von Zebrabärbling (Brachydanio rerio) und Regenbogenforelle (Salmo gairdneri): Ein zweiter Artenvergleich. Dissertation, Universität Heidelberg.

Braunbeck T, Hanke W, Segner H (Hg) (1993) Fish. Ecotoxicology and ecophysiology. VCH Verlagsgesellschaft, Weinheim.

BRD (1976) Abwasserabgabengesetz (AbwAG), Bundesgesetzblatt I, S. 2721 (ber. S. 3007; zuletzt geändert am 5. Juli 1994, BGBl I, S. 1453).

BRD (1980) Gesetz zum Schutz vor gefährlichen Stoffen (Chemikaliengesetz - ChemG). Bundesgesetzblatt I, S. 1703 (zuletzt geändert am 2. August 1994, BGBl. I, S. 1963).

BRD (1986a) Gesetz zum Schutz der Kulturpflanzen (Pflanzenschutzgesetz - PflSchG). Bundesgesetzblatt I, S. 1505; Bundesgesetzblatt III, 7823-5.

BRD (1986b) Wasserhaushaltsgesetz (WHG). Bundesgesetzblatt I, S. 1529 (zuletzt geändert am 27. Juni 1994, BGBl I, S. 2157).

BRD (1987) Verordnung über Pflanzenschutzmittel und Pflanzenschutzgeräte (Pflanzenschutzmittelverordnung) vom 28. Juni 1987. Bundesgesetzblatt I, Nr. 39, S 1754 vom 31.Juli 1987.

BRD (1992) Allgemeine Rahmen-Verwaltungsvorschrift über Mindestanforderungen an das Einleiten von Abwässern in Gewässer (Rahmen-AbwasserVwV) vom 25. Nov. 1992. Bundesanzeiger Nr. 233/Gemeinsames Ministerialblatt der Bundesministerien 1994 S. 498.

Christen HR (1977) Grundlagen der organischen Chemie. 4. Auflage. Verlag Sauerländer, Aarau, Verlag Moritz Diesterweg/Otto Salle Verlag, Frankfurt am Main.

Czihak G, Langer H, Ziegler H (Hrsg.) (1992) Biologie. 5. korrigierte Auflage. Springer-Verlag, Berlin Heidelberg.

Debus R, Fliedner A, Schäfers C (1995) An artificial stream mesocosm to simulate fate and effects of chemicals: Technicals and initial experience with the biocenosis. Chemosphere, in Druck.

Deutsche Forschungsgemeinschaft (1983) Ökosystemforschung als Beitrag zur Beurteilung der Umweltwirksamkeit von Chemikalien. Symposiumsbericht der Arbeitsgruppe "Umweltwirksamkeit von Chemikalien" des Senatsausschusses der DFG. Würzburg, 20.-21.11.1980. Bearbeitet von Ellenberg H, Konransky W, Nösler HG, Siebert G. VCH Verlagsgesellschaft, Weinheim.

Deutsche Forschungsgemeinschaft (1994) Ökotoxikologie von Pflanzenschutzmitteln. Sachstandsbericht. VCH Verlagsgesellschaft, Weinheim.

DEV (1995) Deutsche Einheitsverfahren zur Wasser-, Abwasser- und Schlammuntersuchung. Physikalische, chemische, biologische und bakteriologische Verfahren. Herausgegeben von der Fachgruppe Wasserchemie in der Gesellschaft Deutscher Chemiker in Gemeinschaft mit dem Normenausschuß Wasserwesen (NAW) im DIN Deutsches Institut für Normung e.V. 32. Lieferung. VCH Verlagsgesellschaft mbH, Weinheim; Beuth Verlag GmbH, Berlin.

Drummond RA, Russom CL, Geiger DL, Defoe DL (1986) Behavioral and morphological changes in fathead minnow (*Pimephales promelas*) as diagnostic endpoints for screening chemicals according to mode of action. In: Poston TM, Purdy R (Hg) Aquatic toxicology and environmental fate 9 (921). American Society for Testing and Materials, Philadelphia, S: 415-435.

Eadie BJ, Morehead NR, Landrum PF (1990) Three-phase partitioning of hydrophibic organic compounds in Great Lakes waters. Chemosphere 20: 161-178.

Emde von der W (1977) Beitrag zur Effizienz der Gewässerreinhaltung; systematische Untersuchungen von Abwasseranlagen. Bundesministerium für Land- und

Forstwirtschaft (Hg), Wien, zitiert nach: Marr IL, Cresser MS, Ottendorfer LJ (1988) Umweltanalytik. Thieme Verlag, Stuttgart

Ensenbach U (1991) Kinetik und Dynamik von Fremdstoffgemischen beim Zebrabärbling (*Brachydanio rerio*). Dissertation, Johannes Gutenberg-Universität Mainz.

EWG (1991) Richtlinie des Rates vom 15. Juli 1991 über das Inverkehrbringen von Pflanzenschutzmitteln. 91/414/EWG. ABL. EG, Nr. L230 H/34 vom 19. August 1991.

Fischer B, Köchling P (Hg) (1995) Praxisratgeber Altlastensanierung. Systematische Anleitung für eine erfolgreiche Sanierung belasteter Flächen. WEKA Fachverlag für technische Führungskräfte GmbH, Augsburg.

Friege H, Nagel R (1982) Umweltgift PCB, BUND Information Nr. 21, BUND, Freiburg, zitiert nach: Heintz A, Reinhardt G (1991) Chemie und Umwelt. 2., durchgesehene Auflage, Vieweg Verlag, Braunschweig

Förstner U (1995) Umweltschutztechnik. Eine Einführung. 5. überarbeitete und erweiterte Auflage. Springer-Verlag, Berlin Heidelberg.

Gäb S, Schmitzer J, Turner WV, Korte F (1980) Mineralization of CCl_4 and CCl_2F_2 on Solid Surfaces. Zeitschrift für Naturforschung 35B:946-952

Gerke J, Dabrock R, Reichert, G (1994) Schotterwaschanlagen im Dienste der Deutschen Bahnen. TerraTech 3:36-40.

Güttinger H (1993) Combined interpretation of biological and chemical field data to evaluate ecotoxicity of chemical substances. The Science of the Total Environment, Supplement 1993: 1539-1545.

Gunkel G (1994) Bioindikation in aquatischen Ökosystemen. Gustav Fischer Verlag Jena · Stuttgart.

Hadorn E, Wehner R (1978) Allgemeine Zoologie. 20. Auflage. Thieme, Stuttgart.

Heintz A, Reinhardt G (1991) Chemie und Umwelt. Ein Studienbuch für Chemiker, Physiker, Biologen und Geologen. 2., durchgesehene Auflage. Friedr. Vieweg & Sohn Verlagsgesellschaft mbH, Braunschweig/Wiesbaden.

Hölting B (1992) Hydrogeologie. Einführung in die Allgemeine und Angewandte Hydrogeologie. 4., überarbeitete Auflage. Ferdinand Enke Verlag, Stuttgart.

Hösel G, Lindner KH (Hg) (1972) Technische Vorschriften für die Abfallbeseitigung. Erich Schmidt Verlag, Berlin.

Hund K, Traunspurger W (1994) Ecotox-evaluation strategy for soil bioremediation exemplified for a PAH-contaminated site. Chemosphere 28:371-390.

Kayser R (1989) Biologische und physikalisch-chemische Verfahren zur Abwasserreinigung. Skript Weiterbildendes Fernstudium -Umweltinngenieurwesen Gewässerschutz-Technische Universität Braunschweig.

Keppler E (1988) Die Luft in der wir leben. Piper Verlag, München, zitiert nach: Heintz A, Reinhardt G (1991) Chemie und Umwelt. 2., durchgesehene Auflage, Vieweg Verlag, Braunschweig

Klee O (1991) Angewandte Hydrobiologie. Trinkwasser - Abwasser - Gewässerschutz. 2. neubearbeitete und erweiterte Auflage. Georg Thieme Verlag, Stuttgart.

Kobelt G (1995) Biologische Abluftreinigung. Grundlagen - Planung - Betrieb. VDI-Verlag, Düsseldorf.

Koch R. (1989) Umweltchemikalien. Physikalisch-chemische Daten, Toxizitäten, Grenz- und Richtwerte, Umweltverhalten. VCH Verlagsgesellschaft, Weinheim.

Kompa R, Fehlau KP (Hg) (1988) Altlasten und kontaminierte Standorte. Verlag TÜV Rheinland GmnH, Köln.

KuntzeH, Niemann J, Roeschmann G, Schwerdtfeger G (1983) Bodenkunde. 3., verbesserte Auflage. UTB, Verlag Eugen Ulmer, Stuttgart.

Lamberti GA, Steinman AD (Hg) (1993) Research in artificial streams: applications, uses, and abuses. J. N. am. Benthol. Soc. 12 (4): 313-384.

Lehninger AL (1985) Grundkurs Biochemie. 2., verbesserte Auflage. Walter de Gruyter, Berlin.

Libbert E (1979) Lehrbuch der Pflanzenphysiologie. 3., völlig neu bearbeitete Auflage. Gustav Fischer Verlag, Stuttgart.

Litchfield JT jr, Wilcoxon F (1949) A simplified method of evaluating dose-effect experiments. J. Pharmacol. Exp. Ther. 96 (2): 99-113.

Loskill R (1991) Entwicklung von Kriterien zur Bewertung der Bioakkumulation für den Vollzug ChemG/PflSchG. Umweltbundesamt, Forschungsbericht 106 03 092.

Mann HB, Whitney DR (1947) On a test whether one of two random variables is stochastically larger than the other. Ann. Math. Stat. 18: 50-60.

Marr IL, Cresser MS, Ottendorfer LJ (1988) Umweltanalytik. Eine allgemeine Einführung. Georg Thieme Verlag, Stuttgart.

Mathes K, Weidemann G (1991) Indikatoren zur Bewertung der Belastbarkeit von Ökosystemen. Zusammenfassung und Bewertung der Ergebnisse des BMFT-Forschungsprogramms. Berichte aus der Ökologischen Forschung Bd 2, Forschungszentrum Jülich GmbH, Jülich.

McKim JM, Schmieder PK, Veith G (1985) Absorption dynamics of organic chemical transport across trout gills as related to octanol-water partition coefficient. Toxicol. Appl. Pharmacol. 77: 1-10.

McKim JM, Bradbury SP, Niemi GJ (1987) Fish acute toxicity syndromes and their use in the QSAR approach to hazard assessment. Environ. Hlth. Perspectives 71: 171-186.

McKim JM, Erickson RJ (1991) Environmental impacts on the physiological mechanisms controlling xenobiotic transfer across fish gills. Physiol. Zoology 64 (1): 39-67.

Meyer D (1987) Makroskopisch-biologische Feldmethoden zur Wassergütebeurteilung von Fließgewässern; 3. Auflage. ALG Hannover und BUND, Lv Niedersachsen, Hannover.

Nagel R (1988) Umweltchemikalien und Fische - Beiträge zu einer Bewertung. Habilitationsschrift, Johannes Gutenberg-Universität Mainz.

Nagel R (1990) Ökotoxikologie - eine junge Wissenschaft mit hohem Anspruch. Biologie in unserer Zeit 20 (6): 299-304.

Nagel R (1993) Fish and environmental chemicals - a critical evaluation of tests. In: Braunbeck T, Hanke W, Segner H (Hg) Fish. Ecotoxicology and ecophysiology. VCH Verlagsgesellschaft, Weinheim, S. 147-156.

Nagel R, Loskill R (Hg) (1991) Bioaccumulation in aquatic systems. VCH Verlagsgesellschaft, Weinheim.

Naumer H, Heller W (Hg) (1990) Untersuchungsmethoden in der Chemie. Einführung in die moderne Analytik. 2., durchgesehene Auflage. Georg Thieme Verlag, Stuttgart.

Nendza, M (1991) QSARs of bioconcentration: Validity assessment of log P_{OW} / log BCF correlations. In: Nagel R, Loskill R (eds.) Bioaccumulation in aquatic systems. VCH Verlagsgesellschaft, Weinheim, S. 43-66.

Odzuck W (1982) Umweltbelastungen, Ulmer-Verlag, Stuttgart, zitiert nach: Heintz A, Reinhardt G (1991) Chemie und Umwelt. 2., durchgesehene Auflage, Vieweg Verlag, Braunschweig

OECD (1981a) Guidelines for testing of chemicals. Section 2: Effects on biotic systems No. 203 "Fish, acute toxicity test". Update 1991. OECD, 4 Vol. 1, Paris.

OECD (1981b) Guidelines for testing of chemicals. Section 3: Degradation and accumulation No. 305 A-E "Bioaccumulation:". OECD, 4 Vol. 1, Paris.

OECD (1984a) Guidelines for testing of chemicals. Section 2: Effects on biotic systems No. 201 "Alga, growth inhibition test". OECD, 4 Vol. 1, Paris.

OECD (1984b) Guidelines for testing of chemicals. Section 2: Effects on biotic systems No. 202 "Daphnia sp. Acute Immobilisation test and reproduction test". OECD, 4 Vol. 1, Paris.

OECD (1984c) Guidelines for testing of chemicals. Section 2: Effects on biotic systems No. 204 "Fish, prolonged toxicity test: 14 day study". OECD, 4 Vol. 1, Paris.

OECD (1984d) Guidelines for testing of chemicals. Section 2: Effects on biotic systems No. 205 "Avian dietary toxicity test". OECD, 4 Vol. 1, Paris.

OECD (1984e) Guidelines for testing of chemicals. Section 2: Effects on biotic systems No. 206 "Avian reproduction test". OECD, 4 Vol. 1, Paris.

OECD (1984f) Guidelines for testing of chemicals. Section 2: Effects on biotic systems No. 207 "Earthworm, Acute toxicity test". OECD, 4 Vol. 1, Paris.

OECD (1984g) Guidelines for testing of chemicals. Section 2: Effects on biotic systems No. 208 "Terrestrial plants, growth test". OECD, 4 Vol. 1, Paris.

OECD (1987) Guidelines for testing of chemicals. Section 4: Health effects No. 401 "Acute oral toxicity" and No. 402 "Acute dermal toxicity". OECD, 4 Vol. 1, Paris.

OECD (1992) Guidelines for testing of chemicals. Section 2: Effects on biotic systems No. 210 "Fish, early-life stage toxicity test". OECD, 4 Vol. 1, Paris.

Oertel D (1992) Beiträge zu Methoden, Möglichkeiten und Grenzen der Simulation von Schadstoffauswirkungen in aquatischen Ökosystemen. Dissertation, Johannes Gutenberg-Universität Mainz.

Ott J (1988) Meereskunde. Einführung in die Geographie und Biologie der Ozeane. UTB, Verlag Eugen Ulmer, Stuttgart.

Parlar H, Angerhöfer D (1991) Chemische Ökotoxikologie. Springer-Verlag, Berlin Heidelberg.

Poethke A (1994) Modellieren, Verstehen, Prognostizieren. Habilitationsschrift, Johannes Gutenberg-Universität Mainz.

Remmert H (1989) Ökologie. Ein Lehrbuch. Fünfte, neubearbeitete und erweiterte Auflage. Springer-Verlag, Berlin Heidelberg.

Reznick D (1982) The impact of predation on life history evolution in Trinidadian guppies: genetic basis of observed life history patterns. Evolution 36 (6): 1236-1250.

Reznick D, Endler JA (1982) The impact of predation on life history evolution in Trinidadian guppies (*Poecilia reticulata*). Evolution 36 (1): 160-177.

Reznick D, Bryga H, Endler JA (1990) Experimentally induced life-history evolution in a natural population. Nature 346 (6282): 357-359.

Rippen G (Hg) (1995) Handbuch Umweltchemikalien. Stoffdaten · Prüfverfahren · Vorschriften. 3. Auflage, 28. Ergänzungslieferung. Ecomed Verlagsgesellschaft mbH, Landsberg/Lech.

Rosenberg DM, Resh VH (Hg) (1993) Freshwater monitorung and benthic macroinvertebrates. Chapman & Hall, New York.

Rudolph P, Boje R (1986) Ökotoxikologie. Grundlagen für die ökotoxikologische Bewertung von Umweltchemikalien nach dem Chemikaliengesetz. Ecomed Verlagsgesellschaft mbH, Landsberg/Lech.

Saarikoski J, Lindström R, Tyynelä M, Viluksela M (1986) Factors affecting the absorption of phenolics and carboxylic acids in the guppy (*Poecilia reticulata*). Ecotxicology and Environmental Safety 11 (2): 158-173.

Sauerbeck D (1985) Funktionen, Güte und Belastbarkeit aus agrikulturchemischer Sicht. Kohlhammer Verlag, Stuttgart, zitiert nach: Heintz A, Reinhardt G (1991) Chemie und Umwelt. 2., durchgesehene Auflage, Vieweg Verlag, Braunschweig

Schäfers C (1991) Toxizität und Populationsökolgie - Einfluß von 3,4-Dichloranilin auf Fische mit unterschiedlichen Reproduktionsstrategien. Dissertation, Fachbereich Zoologie, Johannes-Gutenberg-Universität Mainz.

Scheffer F, Schachtschabel P (1984) Lehrbuch der Bodenkunde. 11., neu bearbeitete Auflage. Ferdinand Enke Verlag,, Stuttgart.

Schlegel HG (1985) Allgemeine Mikrobiologie. 6. überarbeitete Auflage. Georg Thieme Verlag, Stuttgart.

Schomburg G (1987) Gaschromatograhie. Grundlagen, Praxis, Kapillartechnik. Zweite, bearbeitete und erweiterte Auflage. VCH Verlagsgesellschaft mbH,Weinheim

Schönwiese CD, Diekmann B (1988) Der Treibhauseffekt. DVA, Stuttgart, zitiert nach: Heintz A, Reinhardt G (1991) Chemie und Umwelt. 2., durchgesehene Auflage, Vieweg Verlag, Braunschweig

Schulte C, Nagel R (1994) Testing acute toxicity in embryo of zebrafish, Brachydanio rerio as alternative to the acute fish test - preliminary results. ATLA Alternatives to Laboratory Animals 22: 12-19.

Schwedt G (1992) Taschenatlas der Analytik. Georg Thieme Verlag, Stuttgart.

Schwedt G, Schnepel FM (1981) Analytisch-chemisches Umweltpraktikum. Anleitung zur Untersuchung von Luft, Wasser und Boden. Georg Thieme Verlag, Stuttgart.

Schweder H (1992) Neue Indizes für die Bewertung des ökologischen Zustands von Fließgewässern, abgeleitet aus der Makroinvertebraten-Ernährungstypologie. In: Limnologie aktuell = Friedrich G, Lacombe J (Hg) Ökologische Bewertung von Fließgewässern. Gustav Fischer Verlag, Stuttgart, S. 353-377.

Schwoerbel J (1980) Einführung in die Limnologie. 4., überarbeitete und ergänzte Auflage. UTB, Gustav Fischer Verlag, Stuttgart.

Siewing R (Hrsg.) (1980) Lehrbuch der Zoologie. Band I Allgemeine Zoologie. 3. Auflage. Gustav Fischer Verlag, Stuttgart.

Strasburger E (1978) Lehrbuch der Botanik. 31. Auflage neubearbeitet von D.v.Denffer, F.Ehrendorfer, K.Mägdefrau, H.Ziegler. Gustav Fischer Verlag, Stuttgart.

Traub-Eberhard U, Schäfer H, Debus R (1994) New experimental approach to aquatic microcosm systems. Chemosphere 28 (3): 501-510.

US-EPA (1984) Esimating concern levels for concentrations of chemical substances in the environment. Washington, DC.

VDI-Bildungswerk GmbH (Hg) (1991) Analytik bei Abfallentsorgung und Altlasten. VDI-Verlag, Düsseldorf.

Washington HG (1984) Diversity, biotic and similarity indices. A review with special relevance to aquatic ecosystems. Water Res. 18 (6): 653-694.

Weber HH (1990) Altlasten: Erkennen, Bewerten, Sanieren. Springer-Verlag, Berlin Heidelberg.

Weiß J (1991) Ionenchromatographie. Zweite, erweiterte Auflage. VCH Verlagsgesellschaft mbH, Weinheim

Wilcoxon F (1945) Individual comparison by ranking methods. Biometrics 1: 80-83.

Williams DA (1971) A test for differences between treatment means when several dose levels are compared with a zero dose control. Biometrics 27: 103-117.

Williams DH, Fleming I (1991) Strukturausfklärung in der organischen Chemie. Eine Einführung in die spektroskopischen Methoden. 6. überarbeitete Auflage. Georg Thieme Verlag, Stuttgart.

Wilson EO, Bossert WH (1973) Einführung in die Populationsbiologie. Springer-Verlag, Berlin Heidelberg.

Zok S (1991) Metabolismus substituierter Aniline beim Zebrabärbling. Dissertation, Johannes Gutenberg-Universität Mainz.

Stichwortverzeichnis